第14章实例　贵宾卡正面效果

第14章实例　贵宾卡背面效果

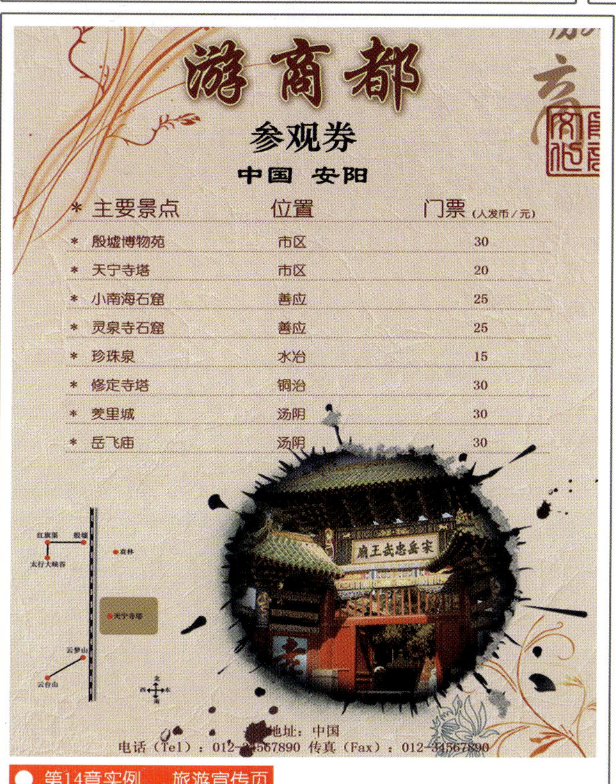

第14章实例　旅游宣传页

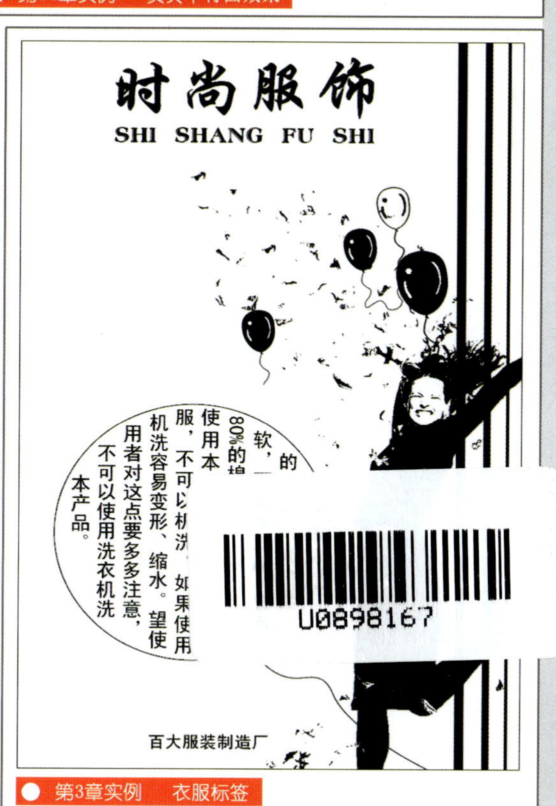

第3章实例　衣服标签

实例赏析

世纪明琪汽车销售有限公司

SHI JI MING QI QI CHE XIAO SHOU YOU XIAN GONG SI

售后服务部
广告设计部
市场企划部
客户服务部
事故理赔部

售后服务部

市场企划部

事故理赔部

应聘要求：

YING PIN YAO QIU

不断追求新的东西，独创性与推进力相结合，以及看待事物不同的姿态，这些都是应该具备的。

需要对别人有永不干涸的热情和深深的反省。为什么呢？因为广告最终将是人做的事情，因为它需要的是人们的心动。

热情，是我们最看重的人才素质。拥有自己的梦想并确立远大目标的同时，为了实现这一目标，不惜付出自己一切，勇往直前。

通过多样的经历扩大生活的范围。同时，对于小事也不乏好奇心、专研精神。因为我们很难有洞察世事的慧眼，因此我们就要像海绵吸水一样，对什么事都要有求知的欲望。

广告不是一个人就能做的，它是团队性的工作和组织协调的结果。因此领导和组织协调是非常必需的。

欧莱斯

MING QI QI CHE
XIAO SHOU GONG SI

MING QI QI CHE XIAO SHOU YOU XIAN GONG SI

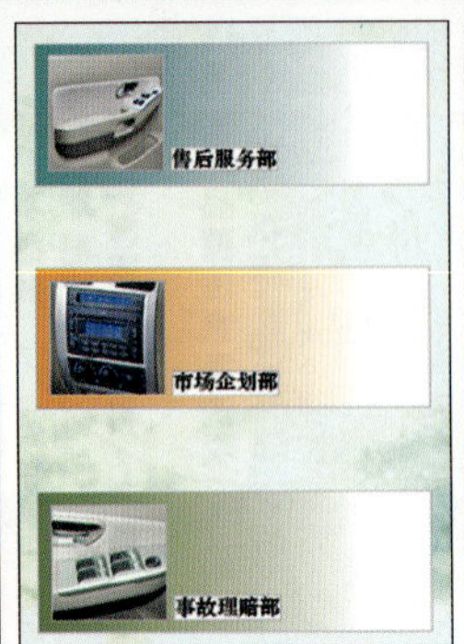

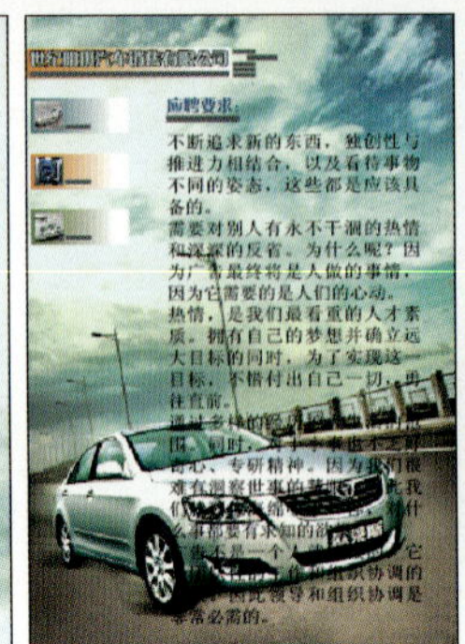

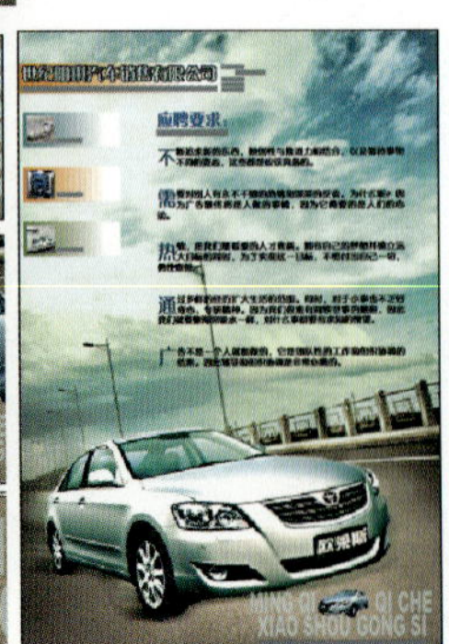

第14章实例　招聘启事

Airen
Lanseyaoji
Huaxiang

wen ya
duan zhuang
dong ren

Lan Se Yao Ji
Eye Serum Series
蓝色妖姬

看我一眼...幼纹没了！
再看我一眼...浮肿也没了！
还多看我一眼...连黑眼圈都消失了！

LanSeYaoJi.men.com

眼部修护精华素

蓝色妖姬系列

看我一眼...幼纹没了！
再看我一眼...浮肿也没了！
还多看我一眼...连黑眼圈都消失了！

蓝色妖姬

中国代理：美丽娅美容品（上海）有限公司

客户热线：（86）21-1234 5678 传真：（86）21-1234 9876 网址：www.mly163.com.hk

第15章实例　化妆品宣传册封面

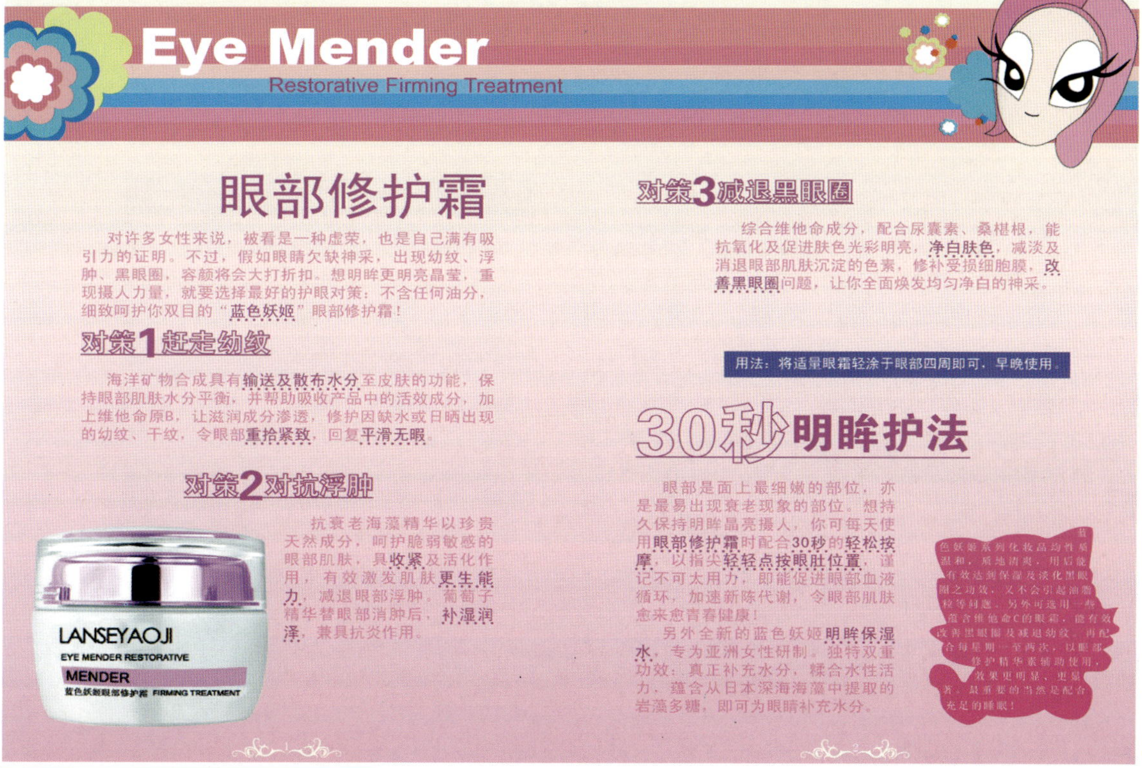

Eye Mender

Restorative Firming Treatment

眼部修护霜

对许多女性来说，被看是一种虚荣，也是自己满有吸引力的证明。不过，假如眼睛欠缺神采，出现幼纹、浮肿、黑眼圈，容颜将会大打折扣。想明眸更明亮晶莹，重现摄人力量，就要选择最好的护眼对策：不含任何油分，细致呵护你双目的"蓝色妖姬"眼部修护霜！

对策1赶走幼纹

海洋矿物合成具有输送及散布水分至皮肤的功能，保持眼部肌肤水分平衡，并帮助吸收产品中的活效成分，加上维他命原B，让滋润成分渗透，修护因缺水或日晒出现的幼纹、干纹，令眼部重拾紧致，回复平滑无暇。

对策2对抗浮肿

抗衰老海藻精华以珍贵天然成分，呵护脆弱敏感的眼部肌肤，具收紧及活化作用，有效激发肌肤更生能力，减退眼部浮肿。葡萄子精华替眼部消肿后，补湿润泽，兼具抗炎作用。

对策3减退黑眼圈

综合维他命成分，配合尿囊素、桑椹根，能抗氧化及促进肤色光彩明亮，净白肤色，减淡及消退眼部肌肤沉淀的色素，修补受损细胞膜，改善黑眼圈问题，让你全面焕发均匀净白的神采。

用法：将适量眼霜轻涂于眼部四周即可，早晚使用。

30秒明眸护法

眼部是面上最细嫩的部位，亦是最易出现衰老现象的部位。想持久保持明眸晶亮摄人，你可每天使用眼部修护霜时配合30秒的轻松按摩，以指尖轻轻点按眼肚位置，谨记不可太用力，即能促进眼部血液循环，加速新陈代谢，令眼部肌肤愈来愈青春健康！

另外全新的蓝色妖姬明眸保湿水，专为亚洲女性研制。独特双重功效：真正补充水分，糅合水性活力，蕴含从日本深海海藻中提取的岩藻多糖，即可为眼睛补充水分。

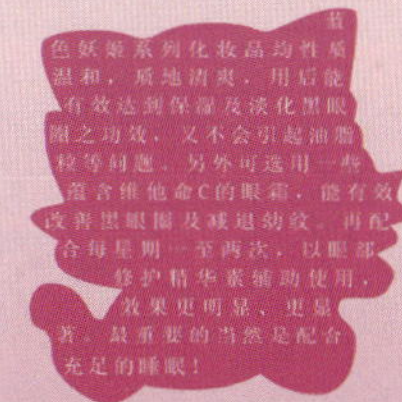

第15章实例　化妆品宣传册内页（1）

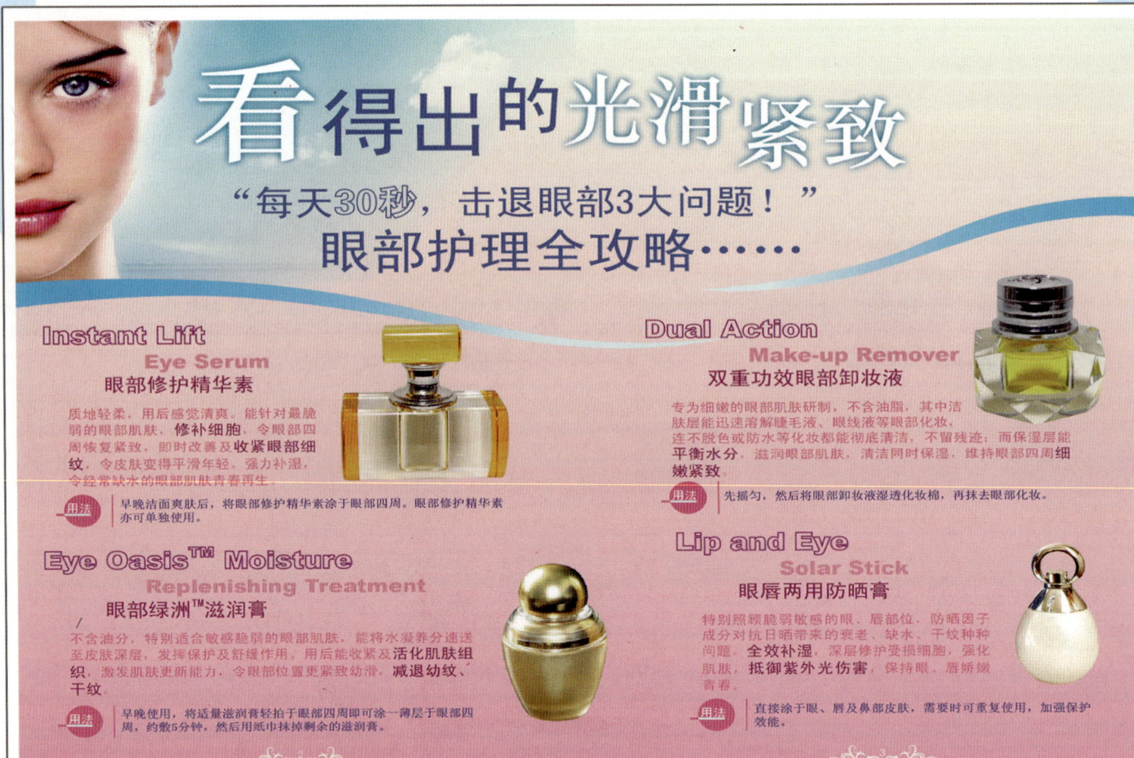

● 第15章实例　化妆品宣传册内页（2）

蓝色妖姬

2008

看得出的光滑紧致

LANSEYAOJI

目 录

“每天30秒，击退眼部3大问题！”

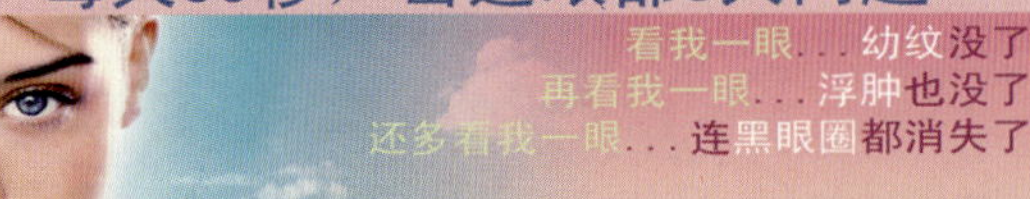

LANSEYAOJI

眼部修护霜

Q1 同一时间涂上两种眼霜，油脂粒会否容易于眼部周围形成？

油脂袜形成往往是错误运用护肤品所致，假如正确使用合适之产品，就算同时涂上两种眼霜也绝对不会形成油脂粒。好像眼部绿洲滋润膏，性质温和，质地清爽，用后再涂上眼部修护霜，能有效达到保湿及淡化黑眼圈之功效，又不会引起油脂粒等问题。

Q2 既然早晚使用同一瓶眼霜是十分平常的事，为什么蓝色妖姬认为需要早晚使用不同的眼霜呢？

其实提议客人早晚使用不同的眼霜更能全面照顾眼部所需，日间可选用较清爽及以补水为主的产品，而晚间则可选用以滋润及修护为主的眼霜，这样能使肌肤充分吸收养分，有效保护眼部皮肤。

Q3 如果本身较容易形成黑眼圈和干纹，应如何为眼部肌肤作出特别护理？

可选用一些蕴含维他命C的眼霜，如蓝色妖姬的眼部修护霜就能有效改善黑眼圈及减退幼纹。再配合每星期一至两次，以眼部绿洲滋润膏作眼膜使用，效果就更明显。最重要的当然是配合充足的睡眠！

● 第15章实例　化妆品宣传册内页（3）

电脑艺术

易学易用系列

孙丽珍 张现伟 主编

InDesign CS3 中文版 完全自学手册

InDesign CS3 是一款极为优秀的排版软件，为杂志、书籍、报纸、广告等灵活多变、复杂的设计工作提供了一系列完善的排版功能，增加了设计人员用排版工具软件表达创意和观点的能力。

本书详尽地介绍了 InDesign CS3 的基本知识和操作方法。为了使读者更有效地学习，每章都安排了操作演示，通过具体的操作步骤为读者讲述软件功能的操作方法，并介绍相关理论知识，使读者快速进入学习状态，掌握操作方法，从而大大节省学习时间，提高学习效率。

随书附赠多媒体教学光盘 1 张，包含书中实例素材、最终效果及部分实例操作演示。本书既可作为初学者的入门教程，也可作为专业图形设计人员的参考书。

图书在版编目（CIP）数据

InDesign CS3 中文版完全自学手册/孙丽珍，张现伟主编．—北京：机械工业出版社，2008.6

（电脑艺术易学易用系列）

ISBN 978-7-111-24337-3

Ⅰ. I… Ⅱ. ① 孙… ② 张… Ⅲ. 排版—应用软件，InDesign CS3—技术手册 Ⅳ. TS803.23-62

中国版本图书馆 CIP 数据核字（2008）第 088103 号

机械工业出版社（北京市百万庄大街 22 号 邮政编码 100037）

责任编辑：孙 业

责任印制：杨 曦

三河市国英印务有限公司印刷

2008 年 7 月第 1 版·第 1 次印刷

184mm×260mm·19.5 印张·2 插页·468 千字

0001－5000 册

标准书号：ISBN 978-7-111-24337-3

ISBN 978-7-89482-722-7（光盘）

定价：42.00 元（含 1CD）

前　言

Adobe 公司推出的 InDesign 是一款极为优秀的排版软件。其功能博众家之长，从多种桌面排版技术汲取精华，为杂志、书籍、报纸、广告等灵活多变、复杂的设计工作提供了一系列更完善的排版功能，大大增加了设计人员用排版工具软件表达创意和观点的能力。

新推出的 InDesign CS3 功能卓越，它提供了多种版面设置方案，可以自由地对文字的行距、缩进、外观效果等进行控制。在彩色印刷方面，提供了专业级质量的全彩输出。另外还支持多种输出设备和格式，例如 PostScript 文件、PDF 文件和 XML 文件等。

本书详尽的介绍了 InDesign CS3 的基本知识和操作方法。为了使读者学习更有效，每个教学单元有功能综述和操作演示。功能综述为读者介绍教学单元中的学习重点，以及相关理论知识。操作演示则通过具体的操作步骤为读者讲述软件功能的具体操作方法。通过这种连贯、整合的教学方式，可以使读者快速进入学习状态，领会讲述内容，快速掌握操作方法，从而大大节省学习时间，有效提高学习效率。

全书共 15 章，主要内容如下：

第 1 章首先从基础知识开始讲起，循序渐进地介绍 InDesign CS3 的工作界面、工具、菜单和设置工作快捷键等内容，使读者对 InDesign CS3 的工作环境有一个整体的认识。

第 2 章主要讲解创建文件、打开文件、保存文件等文件的操作方法，以及浏览和查看文档、调整文档大小、设置参考线、查看标尺等一些基本的排版操作。

第 3 章为读者介绍 InDesign CS3 中提供的多种文本创建工具的使用方法，以及导入各种格式文本的操作技巧。

第 4 章重点介绍在排版中设置文字样式的方法与技巧，还为读者介绍选择字符、段落或整个文本框中文字的方法等。

第 5 章详细介绍设置段落样式及段落样式的应用技巧。熟练掌握段落样式的使用是使用 InDesign CS3 排版的关键之一。

第 6 章介绍绘画工具的使用方法与技巧。这些工具可以在排版时绘制各种底纹和装饰图像，是丰富版面的重要工具。

第 7 章介绍设置颜色的几种模式，为文字、图像等对象应用各种颜色的技巧，以及存储颜色和设置颜色的方法。

第 8 章详细介绍将处理好的位图图像导入到 InDesign CS3 中的技巧和编辑、选择图像的各种操作方法。

第 9 章讲解编辑对象的工具。这些工具可以方便用户快速、精确地调整对象的大小、位置和角度，还可以使对象按照指定的方式进行排列，快速创建出对象副本等。

第 10 章讲解图层和对象效果的应用技巧。学会使用这些功能可以快速选择需要的对象，从而提高工作效率。

第 11 章介绍创建表格的方法，以及设置表格样式的技巧。熟练掌握创建表格可以使用户方便、直观地查看各种需要的信息。

第 12 章讲述设置页面页数、调整页面位置的技巧，以及将多个文档创建为书籍，并从书籍中抽出目录的方法。

第 13 章为读者介绍在打印和输出前要注意的事项，以及避免出现错误的方法。

第 14 章和第 15 章为了使读者更熟练地掌握 InDesign CS3 软件，安排了综合实例。

随书附带多媒体教学光盘 1 张，其中收录了书中的实例素材和最终作品，以及高清晰视频教学文件。通过使用光盘进行辅助教学，读者可以制作出和书中一样的例子。

本书由孙丽珍、张现伟主编，参与编写的人员还有关运泽、张瑞娟、侯辉、杨昆、孙姣、段海鹏、李明、何玉风、时盈盈、李海燕、张瑞玲、姚敏等。由于作者水平有限，书中错误与不妥之处在所难免，敬请读者批评指正。如果读者有什么意见或建议，可以通过邮件发送到 jsjfw@mail.machineinfo.gov.cn。

编　者

目　录

第1章 初识 InDesign

Adobe InDesign 是一个功能强大的版面设置和制作软件。它提供了各种各样的版面设置，在文字方面，可以设置字符的大小、字距、字符缩放的比例、字符颜色等；在段落方面，可以设置行距、首行缩进、首字下沉等；在彩色印刷方面，提供了专业级质量的全彩输出。InDesign 还支持多种输出设备和格式，如：标准的 PostScript 文件、PDF 文件和 XML 文件。

Adobe InDesign 软件把版面设计提升到了一个新的境界，将高度生产力、自由创造力与创新跨媒体支持有机的结合在一起。InDesign 有英语、法语、德语、日语等十几个语言版本，在世界各地广泛使用。经过 1.0、1.5、2.0、CS 和 CS2，以及发展到今天的 CS3，InDesign 已经逐渐成为国内外版面设计师的首选工具。

1.1 安装与卸载

1. 安装

参照以下软件安装过程的步骤即可将 InDesign CS3 安装完成。

1）将 InDesign CS3 的安装光盘放入光盘驱动器中，然后在桌面上双击“我的电脑”图标，打开“我的电脑”窗口。

2）双击驱动器图标，打开光盘，并在其中找到 InDesign CS3 的安装程序文件，双击该文件，这时就会出现安装 InDesign CS3 的对话框，如图 1-1 所示。

3）按照提示的步骤单击相关按钮，直至出现“安装完成”对话框，单击其中的“完成”按钮，即可将 InDesign CS3 程序安装到计算机上。

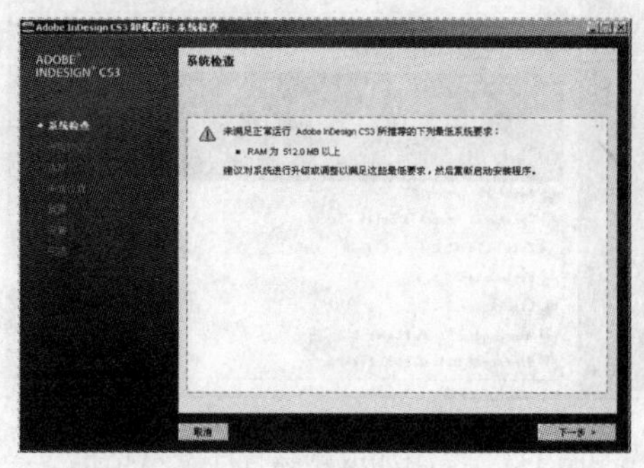

图 1-1　开始安装界面

2. 卸载

如果不再需要 InDesgin CS3，可以将该软件卸载。

1）单击桌面上的“开始”按钮，执行“设置”→“控制面板”命令，打开“控制面板”窗口，如图 1-2 所示。

图 1-2　“控制面板”窗口

2）在“控制面板”窗口中双击“添加或删除程序”图标，弹出“添加或删除程序”对话框，如图 1-3 所示。在其中选择 Adobe InDesign CS3，然后单击“更改/删除”按钮。

3）接着弹出一个卸载程序对话框，在其中单击“确定”按钮，删除程序会自动搜索 InDesign CS3 的各个文件并将其删除。

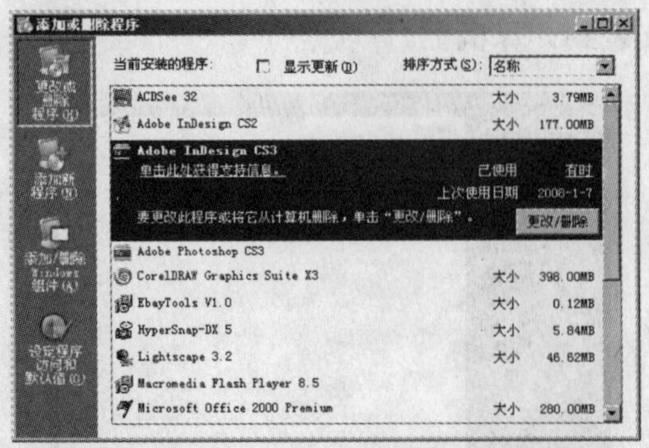

图 1-3　“添加或删除程序”对话框

1.2 熟悉工作环境

安装 InDesign CS3 并运行，可以看到 InDesign CS3 的界面环境，如图 1-4 所示。工具箱在界面的最左侧，成为了条状形态。并且调板可以以按钮状态出现在界面中，既节省了工作空间，也方便对其进行使用。中间为欢迎界面，在该界面中可以执行新建、打开和打开最近的文档命令，还提供了对软件介绍的相关链接。

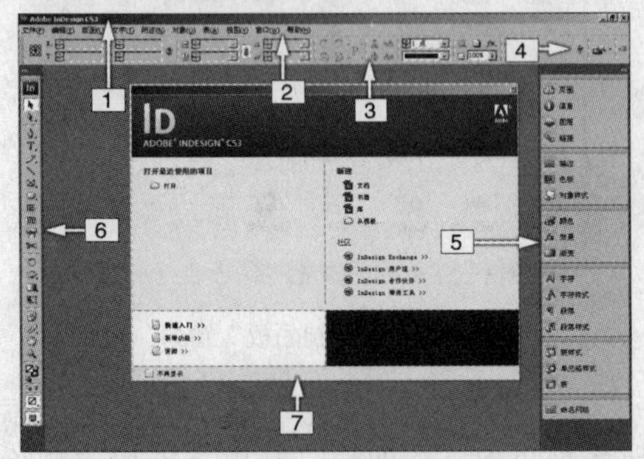

图 1-4　工作界面

① 标题栏：在工作空间的最顶端为标题栏，可以关闭、最小化、最大化工作空间。

② 菜单栏：包含执行任务的菜单命令。

③ “控制”调板：根据使用的工具不同，该调板的设置选项也不同。

④快速应用：可以快速查找应用样式。

⑤停放折叠为图标的面板：可以将常用的调板停放到这里。

⑥ 工具箱：将工具以图标形态陈列。

⑦ 欢迎界面：可以执行一些常用的命令，并且提供了介绍软件的链接。

1.2.1　欢迎界面

欢迎界面在每次启动软件或关闭所有文档时出现，如图 1-5 所示。在该对话框左侧单击“打开”图标，可以打开文档。并且显示最近打开文档的名称，单击这些名称可以打开相应的文档。在右侧的“新建”选项区中，单击相应的图标可以创建文档、书籍或库。在“社区”选项区中有对该软件介绍的相关信息，单击链接可以打开相关的网页。将“不再显示”选项复选，关闭欢迎界面，以后将不再显示该界面。单击其他选项将打开帮助中的相关链接。

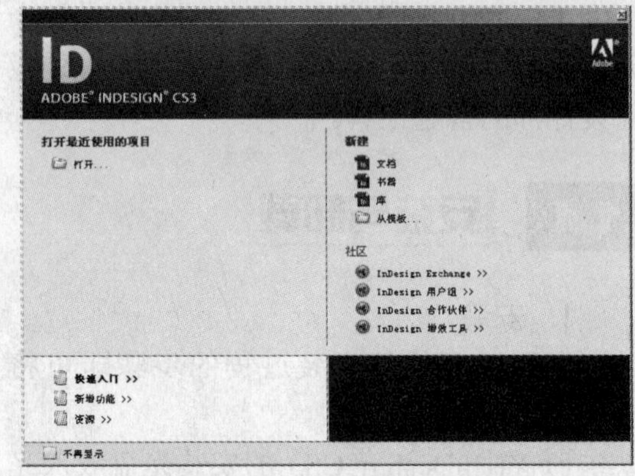

图 1-5　欢迎界面

1.2.2　标题栏

标题栏在 InDesign CS3 界面的最顶端，它用于显示当前应用程序的名称和图标，它的使用与所有基于 Windows 平台的应用程序一样。在标题栏右边都有三个按钮，分别用于改变程序窗口的大小，使窗口在两种视图尺寸间切换和关闭窗口，如

图 1-6 所示。

图 1-6 标题栏

标题栏主要包括以下几部分：

①程序图标。

②程序名称。

③“最小化”按钮。

④“向下还原”按钮。

⑤“关闭”按钮。

单击“程序图标”弹出一个菜单，如图 1-7 所示。菜单内的命令是对程序窗口的尺寸、位置、打开及关闭操作进行控制，与标题栏右方的三个按钮作用基本相同。

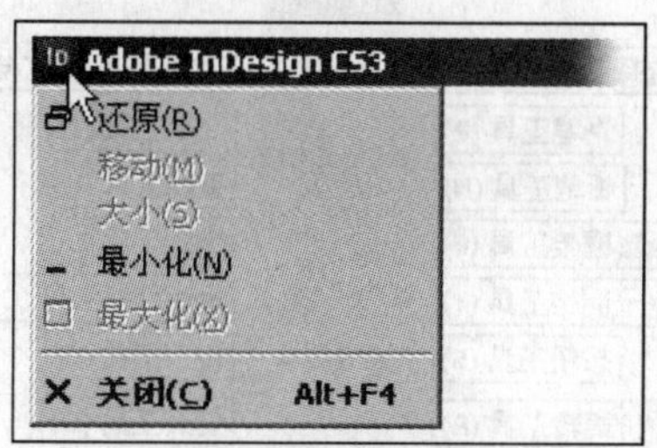

图 1-7 程序图标

1.2.3 菜单栏

菜单栏在标题栏的下方，它包含执行任务的菜单命令。InDesign CS3 将绝大多数功能命令分类并分别放在 10 个菜单中。

1）单击“文件”菜单，整个菜单即可呈现在屏幕中，如图 1-8 所示。

2）观察菜单内容，可以发现在菜单的左侧为命令名称，右侧是该命令的快捷键。菜单命令中标有▶符号的菜单，包含下级菜单；当菜单命令中命令为浅灰色，则表示该命令在目前状态下不能执行；在命令后面带有省略号，则表示执行该命令会出现对话框。

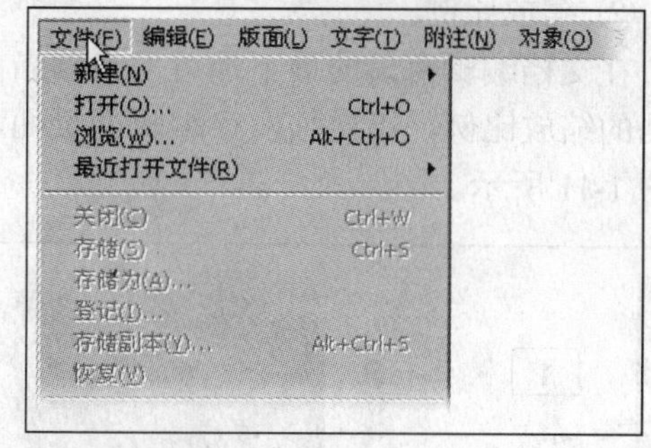

图 1-8 “文件”菜单

3）执行“文件”→“打开”命令，打开本书附带光盘\Chapter-01\“封面.indd”文件，如图 1-9 所示。

图 1-9 打开文件

1.2.4 文档编辑窗口

观察打开的文档，文档窗口为最大化状态。这时，文档窗口的标题栏将在工作标题栏中显示，显示打开文档的名称和缩放比例；最小化、向下还原和关闭按钮在菜单栏中显示，如图 1-10 所示。

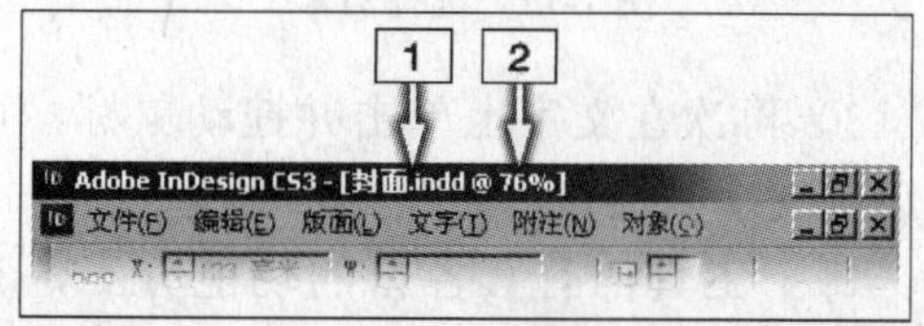

图 1-10 文档的标题栏

文档的标题栏包括：

① 文档名称。

② 缩放比例。

在文档编辑窗口的最下端可以设置当前文档的缩放比例，指定当前可编辑的页面，如图 1-11 所示。

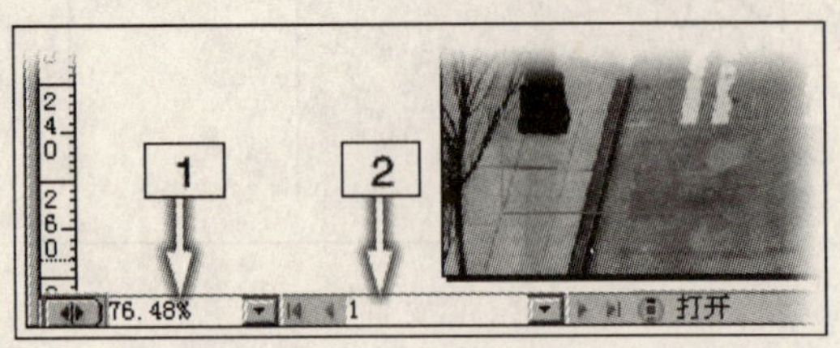

图 1-11 编辑窗口的下端

编辑窗口的下端包括：

① 缩放比例。

② 当前可编辑页面的页数。

1.2.5 工具箱

在 InDesign CS3 界面的左侧是工具箱，工具箱中的工具以图标形式陈列，从每个工具图标的形态就可以基本了解该工具的功能。单击工具图标，可以选择使用该工具。

1）确认工具箱中“选择”工具为选择状态。

2）参照图 1-12 所示在相应的文字上单击可将该文字选中。

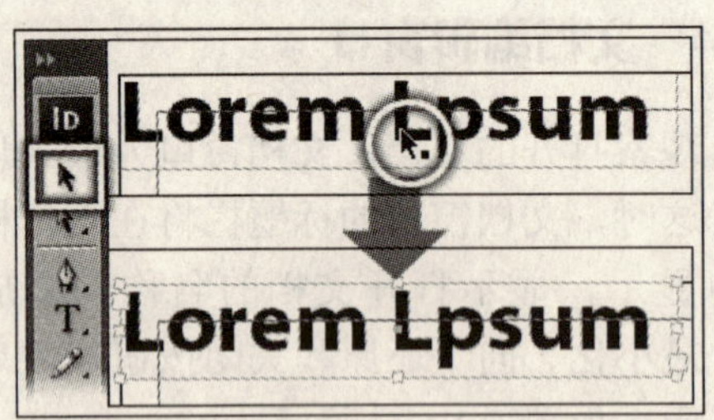

图 1-12 选择对象

3）再次在文字上单击并拖动鼠标，可以调整文字的位置，如图 1-13 所示。

每个工具都有其各自的功能分工，有些用于选择，有些用于绘图，有些则用于创建文本。当把光标移动到工具图标上稍停几秒钟，便会显示出工具提示，它提示工具的名称和快捷键，如图 1-14 所示。要调用工具箱中的工具，可以直接单击工具图标，或者使用对应的快捷键。建议大家记熟各工具的快捷键，这样可以减少鼠标在工具箱和文档窗口间来回移动的次数，提高工作效率。

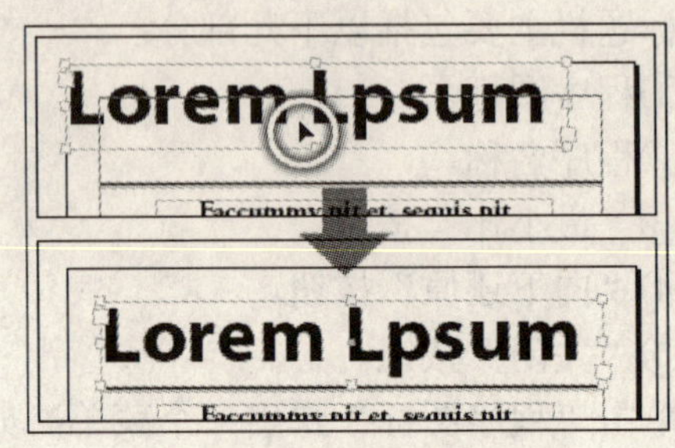

图 1-13 调整文字的位置

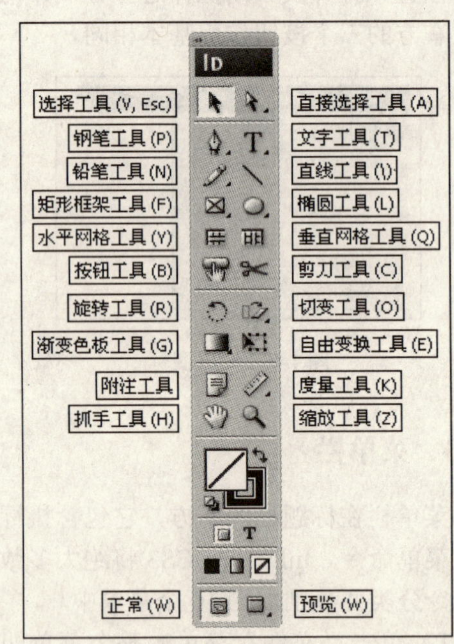

图 1-14 工具箱

在右下角带有三角的工具图标上单击并停留一定时间，将会显示其他相似功能的隐藏工具。图 1-15 出示了工具箱中隐藏的工具。在菜单的左侧为工具的图标和名称，右侧的英文字母为快捷键。

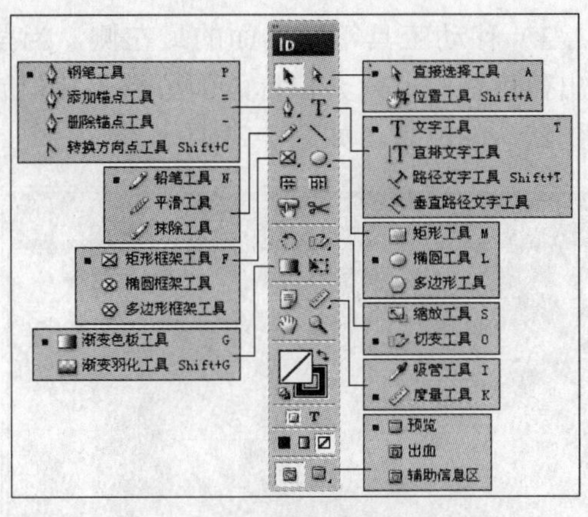

图 1-15 隐藏的工具

1.2.6 “控制”调板

“控制”调板在工作标题栏的下方。当用户选择不同对象或使用不同工具时，该调板将显示不同的选项。这些选项与控制选择对象的调板中选项完全相同。使用控制栏进行编辑可以提高工作效率，如图 1-16 所示为选择“选择”工具时的状态。

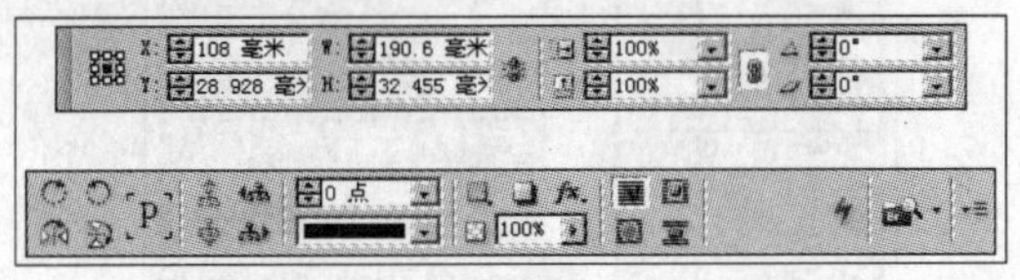

图 1-16 “控制”调板

1.2.7 调板

在 InDesign CS3 界面的右侧为停放图标的调板，如图 1-17 所示。调板是可以修改和监视作品外观变化的小型工具或控制框。大多数调板集中了某一方面功能，比如：字符、段落、颜色等。

在界面的调板按钮中没有将所有的调板存储，如果需要打开隐藏的调板可以在菜单栏的“窗口”菜单中执行相应的命令，如图 1-18 所示。当命令前面有√符号时，表示调板已在屏幕上打开。再次执行该命令，命令前的√符号将会消失，表示调板已经关闭。

图 1-17 调板按钮界面

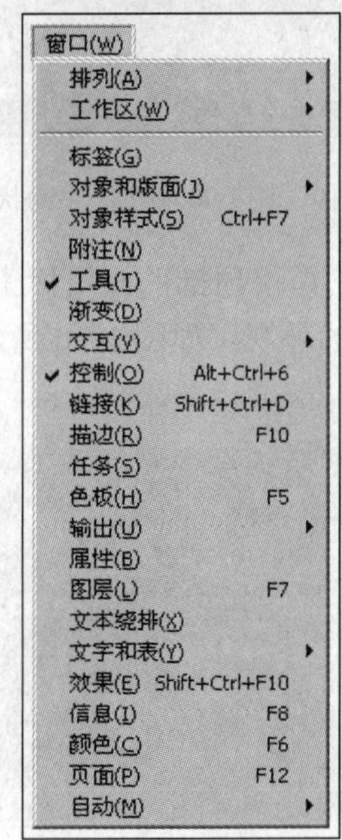

图 1-18 窗口菜单

1.3 自定义工作环境

在 InDesign CS3 中可以根据自己的习惯对工作环境进行设置，并且可以将设置好的工作环境存储。设置工作环境不仅可以调整调板、工具箱的位置，还可以对工作中的快捷键重新设置。

1.3.1 自定义工作区域

下面通过操作来演示工作区域设置的方法。

1. 工具箱

1）单击工具箱的顶部并拖动到工作区域，可以将工具箱处于浮动状态，如图 1-19 所示。

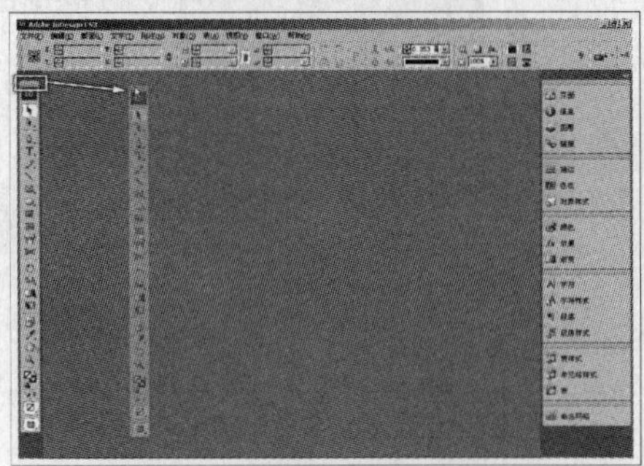

图 1-19 使工具箱处于浮动状态

2）在工具箱顶部的▪图标上单击可以更改工具箱的外观，如图 1-20 所示。

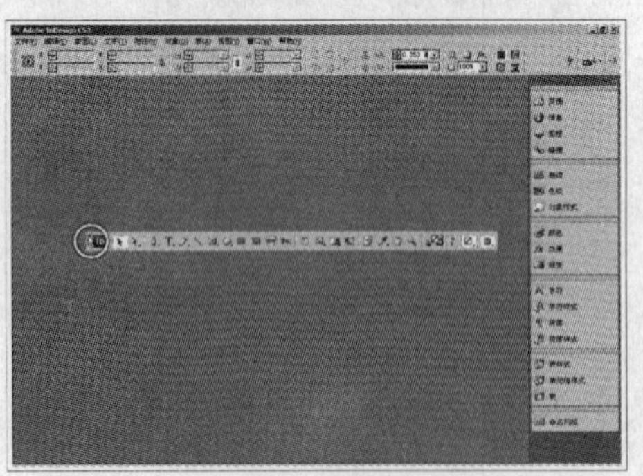

图 1-20 更改工具箱的外观

3）移动工具箱到界面的最左侧，当呈现出蓝色线时，松开鼠标，即可将工具箱放回到默认的位置，如图 1-21 所示。

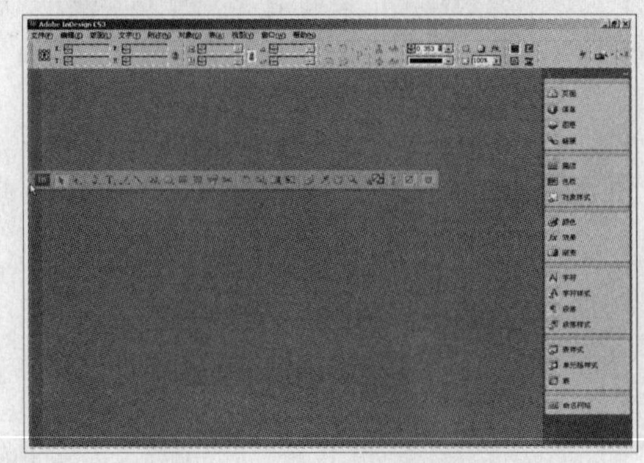

图 1-21 将工具箱放回到原位

2. 调板

1）在调板按钮的顶部单击，可以将调板按钮转换为打开的调板，如图 1-22 所示。

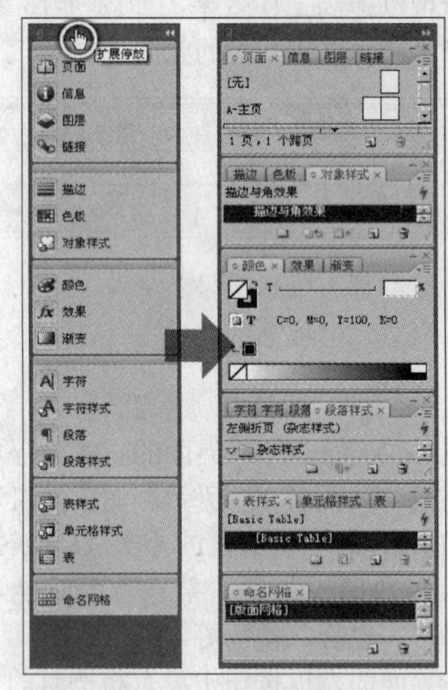

图 1-22 打开的调板

2）再次单击即可将打开的调板转换为调板按钮。然后单击调板按钮，即可将相应的调板打开，如图 1-23 所示。

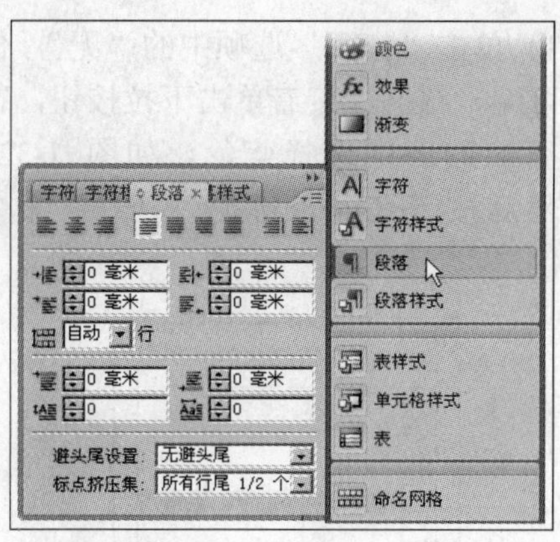

图 1-23　调板按钮

提 示

如果需要关闭调板，可以单击调板右上角的▶▶按钮，或单击调板的名称。

3）移动鼠标到调板的顶部，接着单击并拖动鼠标到工作区域，可以将该调板组从按钮调板中拆分出来，如图 1-24 所示。

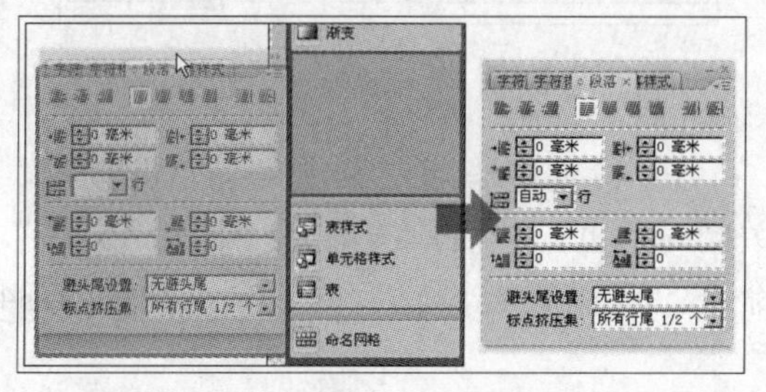

图 1-24　拆分调板

4）在调板的名称上单击并拖动鼠标，可以将调板从调板组中拆分出来，如图 1-25 所示。

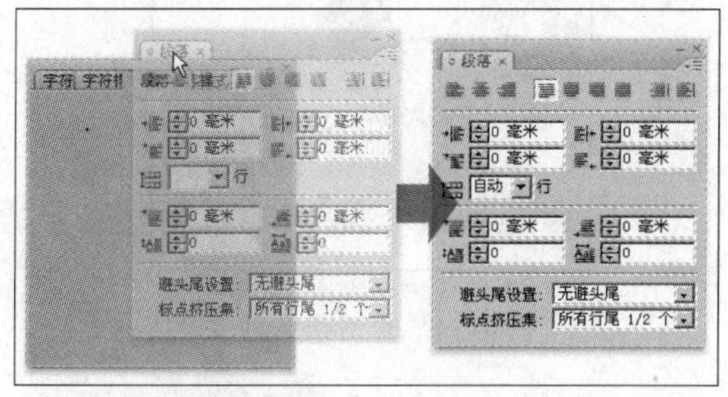

图 1-25　将调板从调板组中拆分出来

5）拖动“段落”调板到调板组中，当调板组呈蓝色时，松开鼠标，即可将这两个调板组合，如图 1-26 所示。

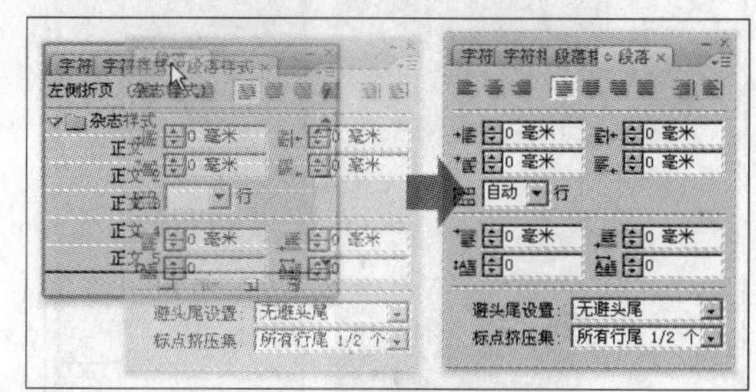

图 1-26　组和调板组

6）单击调板组上的▭图标，可以将调板组折叠，如图 1-27 所示。

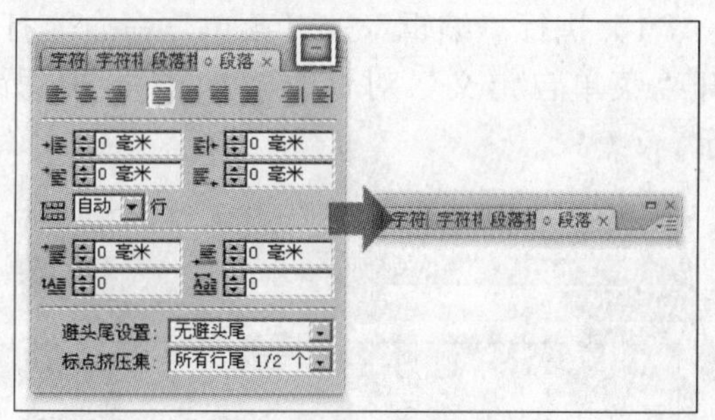

图 1-27　折叠调板组

7）单击调板组上的▭图标，可以将折叠的调板组打开。然后单击调板名称右侧的☒图标，可以将调板关闭，如图 1-28 所示。

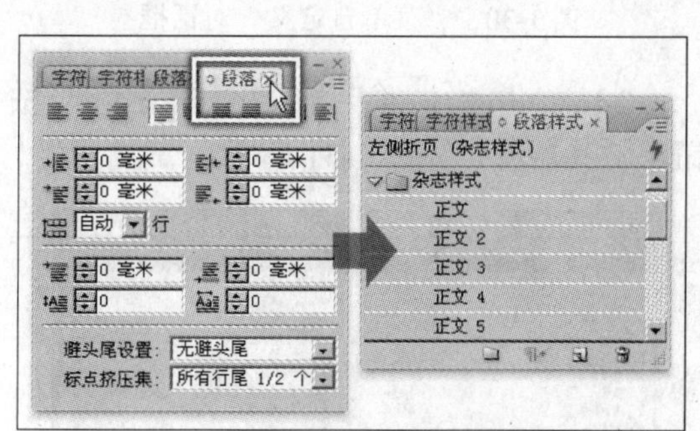

图 1-28　关闭调板

8）拖动调板组到调板按钮上，当呈现蓝色线时，可将该调板组添加到按钮调板中，如图 1-29 所示。

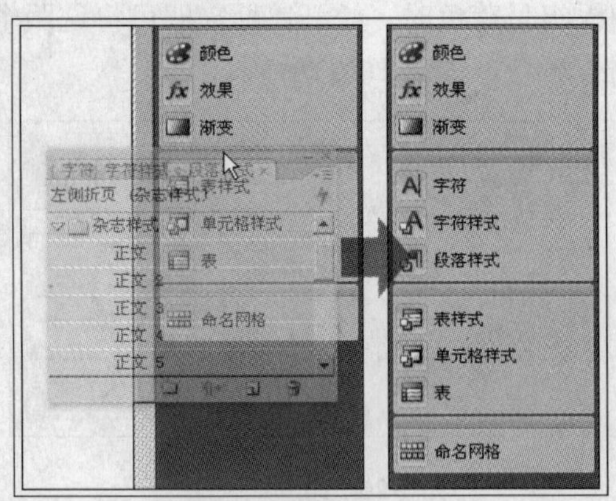

图 1-29　添加为按钮调板

3. 设置菜单样式

1）执行“编辑”→“菜单”命令，打开“菜单自定义”对话框，如图 1-30 所示。

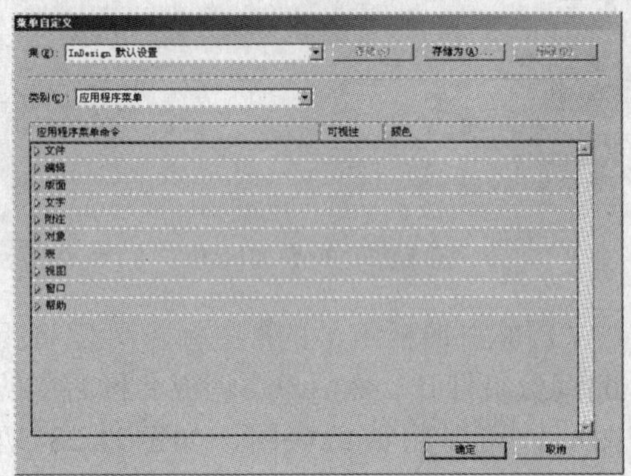

图 1-30　“菜单自定义”对话框

2）单击“文件”前的▷“三角”按钮，将其展开，如图 1-31 所示。

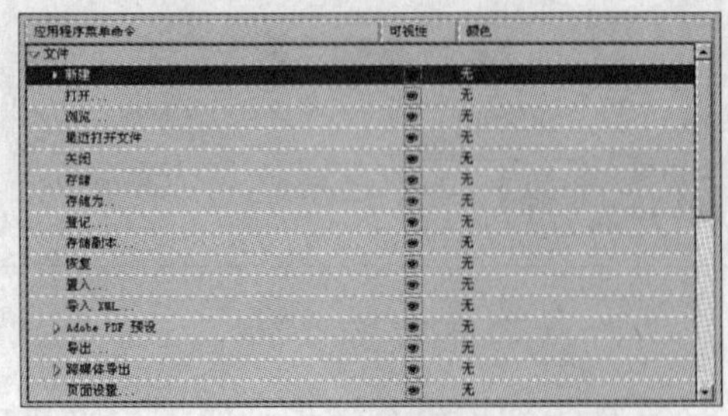

图 1-31　展开选项

3）单击“打开”选项中的“无”，使其成为可编辑状态，接着单击下拉按钮，在弹出的下拉列表中选择蓝色，如图 1-32 所示。然后按下<Enter>键使“打开”命令成为蓝色。

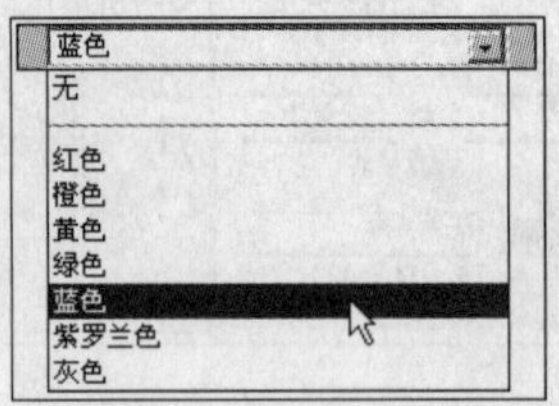

图 1-32　更改颜色

4）接着单击“浏览”中的眼睛图标，使眼睛图标关闭。可以使该命令不在菜单中显示，如图 1-33 所示。

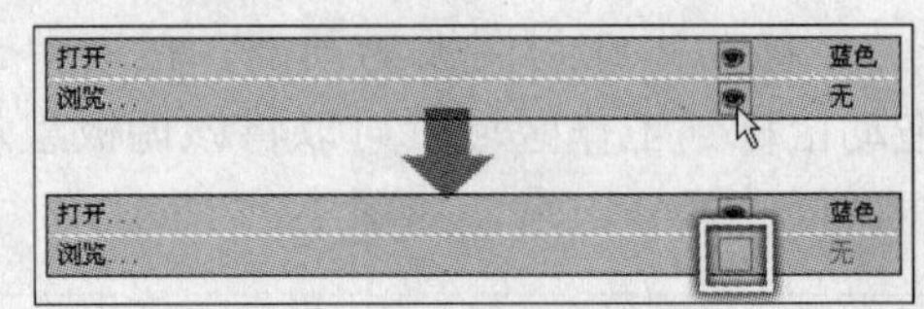

图 1-33　关闭浏览选项显示

5）设置完毕后，单击“确定”按钮，关闭对话框，然后单击菜单栏中的“文件”命令，可以查看设置后的效果，如图 1-34 所示。

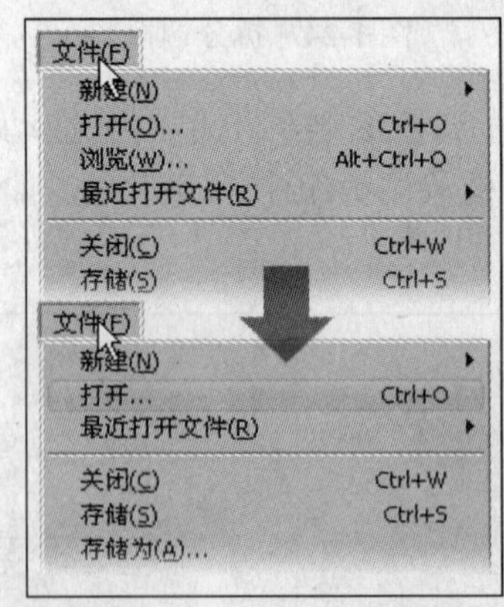

图 1-34　查看设置效果

4. 设置快捷键

1）执行“编辑”→“键盘快捷键”命

令，打开“键盘快捷键”对话框，如图 1-35 所示。

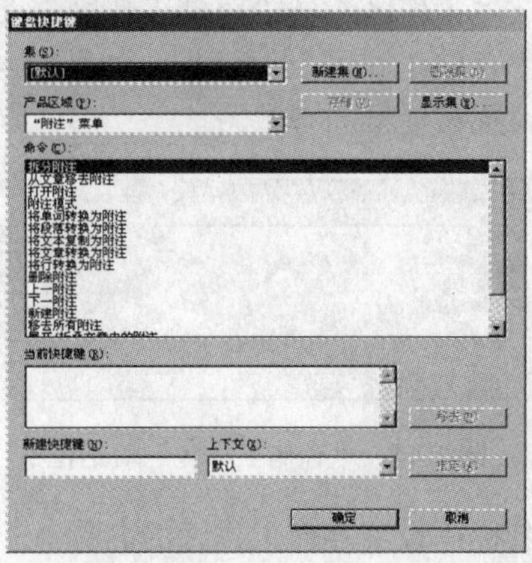

图 1-35　“键盘快捷键”对话框

2）单击“新建集”按钮，弹出“新建集”对话框，参照图 1-36 所示设置对话框参数。

图 1-36　“新建集”对话框

3）设置完毕后，单击“确定”按钮，关闭对话框。

4）单击“产品区域”的下拉按钮，在弹出的下拉列表中选择需要设置快捷键的区域，如图 1-37 所示。

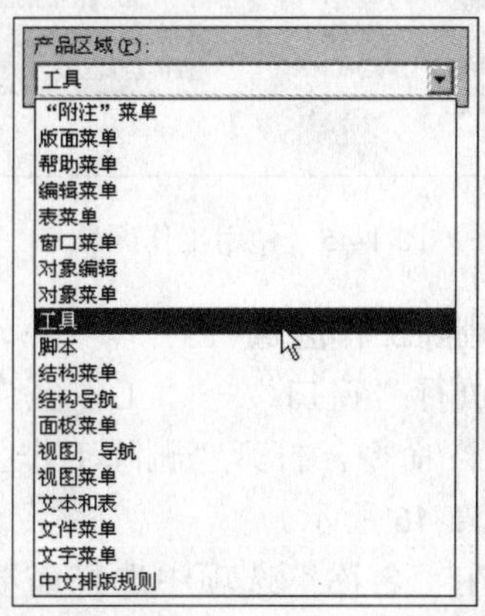

图 1-37　设置“产品区域”选项

5）接着在“命令”选项中，选择需要设置快捷键的工具，如图 1-38 所示。

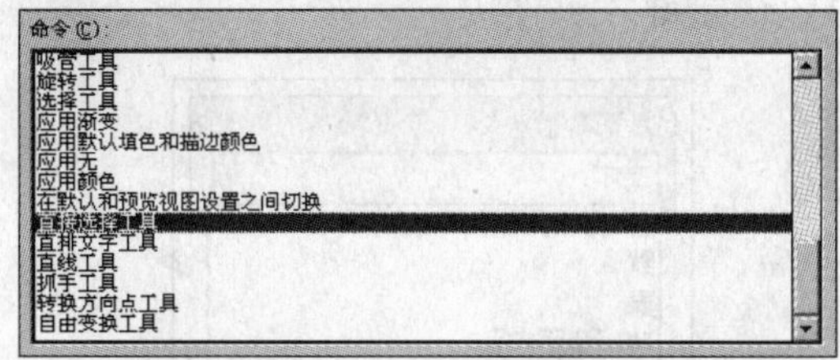

图 1-38　选择命令

6）选择需要设置快捷键的工具后，在“当前快捷键”选项中显示工具默认的快捷键，如图 1-39 所示。

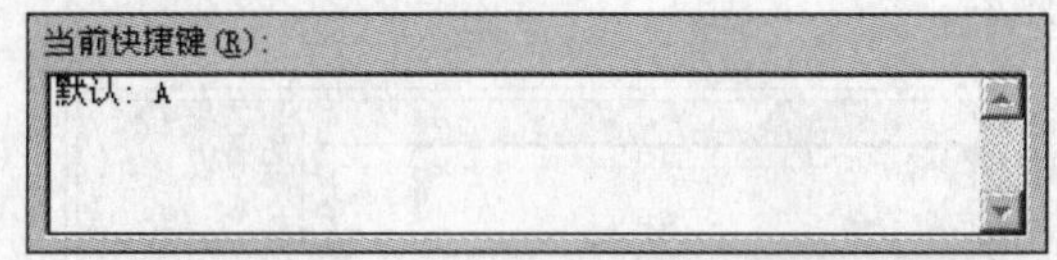

图 1-39　“当前快捷键”选项

7）在“新建快捷键”选项的文本框中插入光标，单击键盘上的<F9>键。这时在“新建快捷键”选项中显示 F9，表示已经指定快捷键，如图 1-40 所示。

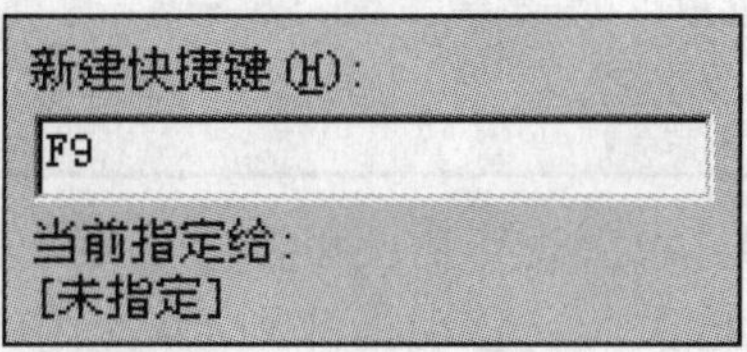

图 1-40　“新建快捷键”选项

注 意

设置“新建快捷键”选项时，在该选项的下方显示快捷键是否已经指定，如果已经指定会显示出指定的对象，如果未指定会显示“[未指定]”。

如果设置的快捷键和其他对象的快捷键相同，那么该快捷键使用于最后一个设置的对象。

8）在“上下文”选项的下拉列表中设

置键盘快捷键作用的环境，如图 1-41 所示。例如：选择“文本”选项，当输入文本时该快捷键才可使用。

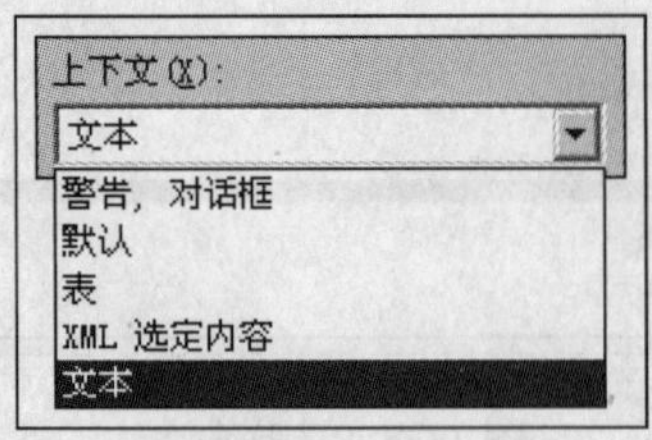

图 1-41 “上下文”选项

9）单击“指定”按钮，将设置的快捷键指定到“当前快捷键”选项中，如图 1-42 所示。

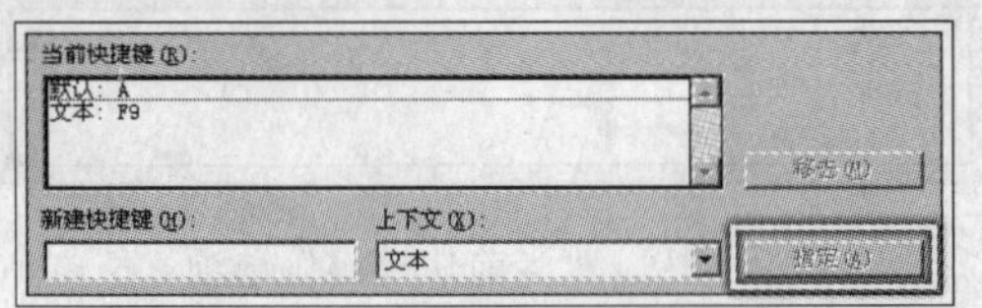

图 1-42 指定快捷键

提 示

如果需要删除快捷键，在“当前快捷键”选项中选择需要删除的快捷键，然后单击“移去”按钮，即可将快捷键删除。

10）设置完毕后，单击“确定”按钮，将对话框关闭。移动指针到工具箱中的“直接选择”工具上，停留一段时间，显示出该工具的提示，可以看到更改后的快捷键，如图 1-43 所示。

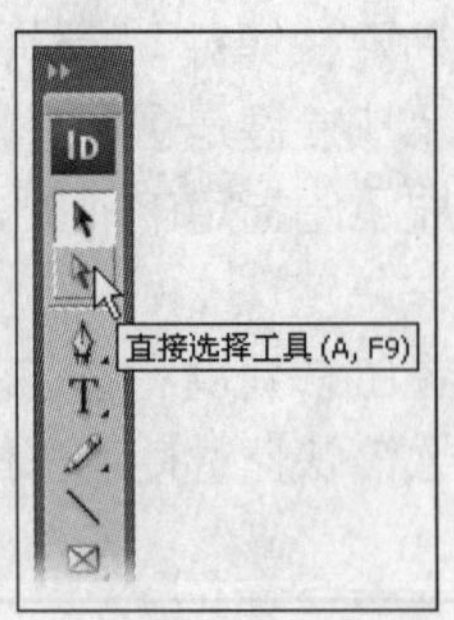

图 1-43 查看快捷键

5. 存储工作区域

1）设置工作区域完毕后，执行“窗口”→“工作区”→“存储工作区”命令，打开“存储工作区”对话框，如图 1-44 所示，设置对话框的参数。

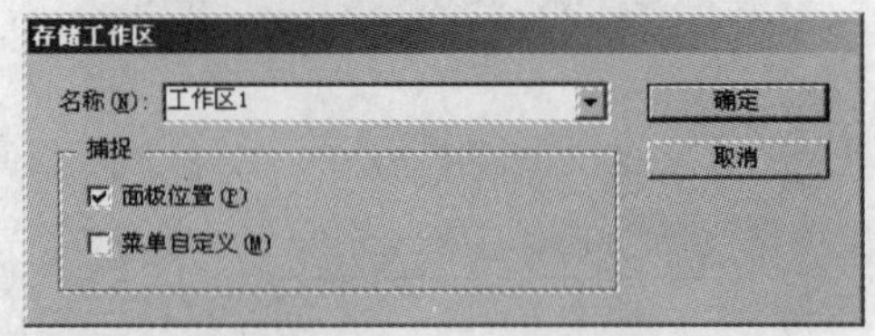

图 1-44 “存储工作区”对话框

名称：设置存储工作区的名称。

面板位置：是否存储更改后调板的位置。

菜单自定义：是否存储对菜单的设置。

2）完毕后，单击“确定”按钮，即可将该工作区域存储。

3）需要使用设置好的工作区域时，可以在“窗口”→“工作区”的子菜单中执行存储的工作区域，如图 1-45 所示。

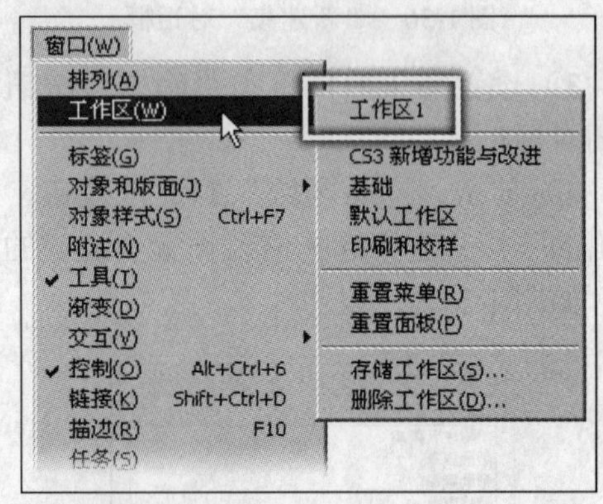

图 1-45 使用工作区域

6. 删除工作区域

1）执行“窗口”→“工作区”→“删除工作区”命令，打开“删除工作区”对话框，如图 1-46 所示。

2）在“名称”选项中选择需要删除的工作区，然后单击“删除”按钮，即可删除工作区。

图 1-46 “删除工作区”对话框

1.3.2 更改工作区域的默认设置

InDesign CS3 中的默认值，分为文档默认值和程序默认值两种。文档默认只对打开的文档有效，也就是只影响文档中创建的对象。程序默认一直有效，影响到以后新建的所有文档。下面学习设置文档默认和程序默认的方法。

1．设置文档默认

在打开的文档中不选择任何对象的情况下设置参数，那么该参数将设置为默认值，再次创建对象时使用该设置。

1）确认“封面”文档为打开状态，选择工具箱中的“矩形工具”，单击并拖动鼠标在视图中创建矩形图像，如图 1-47 所示，矩形图像为黑色的描边无填充色。

图 1-47 创建矩形图像

2）选择工具箱中的“选择”工具，在文档的空白处单击，取消文档中对象的选择。

3）在工具箱中双击“填色”按钮，打开“拾色器”对话框，然后设置对话框的参数，设置颜色，如图 1-48 所示。

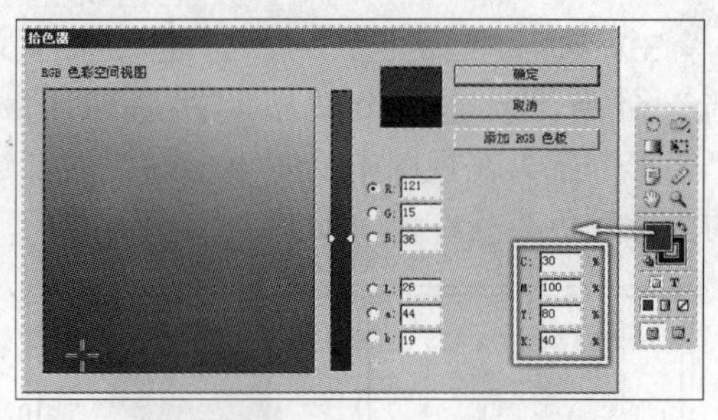

图 1-48 设置颜色

4）再次选择工具箱中的“矩形”工具，在视图中绘制矩形，如图 1-49 所示，绘制的矩形图像为暗红色。

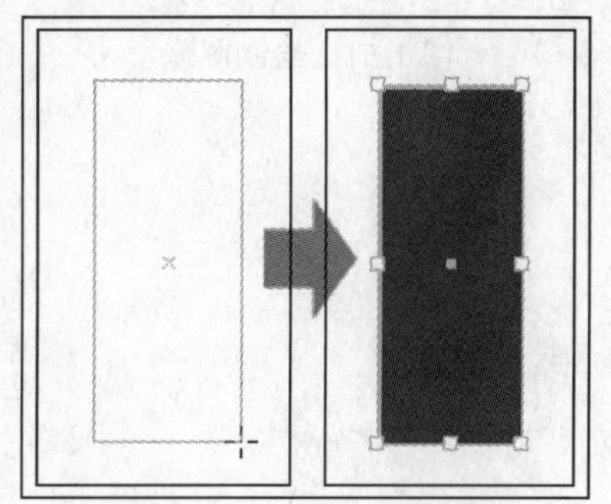

图 1-49 绘制图像

2．设置程序默认

在不打开任何文档的状态下设置参数，则更改程序默认参数，以后新建的文档将使用该参数值。

1）将所有文档关闭，弹出“欢迎”对话框，关闭“欢迎”对话框。

2）然后单击工具箱中的“填色”按钮，打开“拾色器”对话框，设置填充色，如图 1-50 所示。

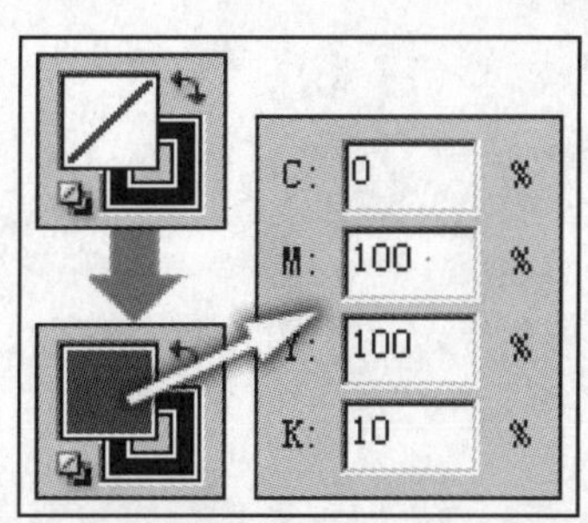

图 1-50 设置填充色

3）执行“文件”→“新建”→“文档”命令，新建一个文档，然后使用“矩形”工具在视图中绘制矩形图像，创建的图像颜色为暗红色，如图 1-51 所示。

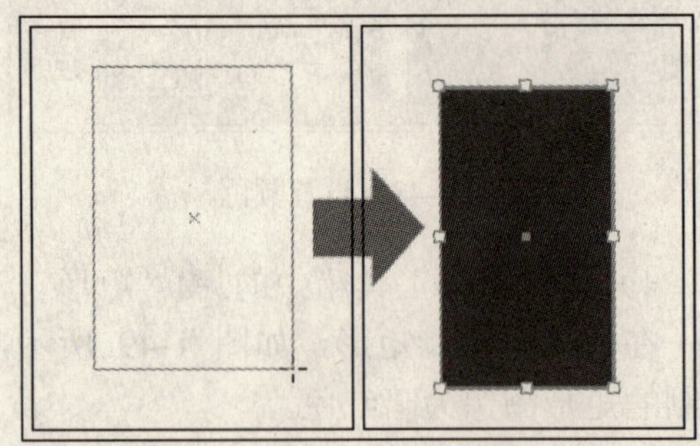

图 1-51 绘制图像

第2章

基本操作

在第 1 章中初步了解了 InDesign CS3 的工作环境。在本章中，将向读者介绍一些使用 InDesign CS3 进行排版时所涉及的基本操作，例如文件的创建、打开、关闭与保存等。通过这些文件基本操作来了解如何使用 InDesign CS3 进行排版工作，以使读者尽快熟悉 InDesign CS3 的操作习惯和文档基本操作，从而开始创作工作。

2.1 新建文档

在 InDesign CS3 中可以创建两种文档，一种为版面网格文档，另一种为空白文档。在创建这两种文档时都要打开“新建文档”对话框，设置完毕后单击该对话框底部的“版面网格对话框”按钮或“边距和分栏”按钮，才可创建版面网格文档或空白文档。下面学习新建文档的具体方法。

2.1.1 “新建文档”对话框

启动 InDesign CS3，执行“文件”→“新建”→“文档”命令，打开“新建文档”对话框，如图 2-1 所示。

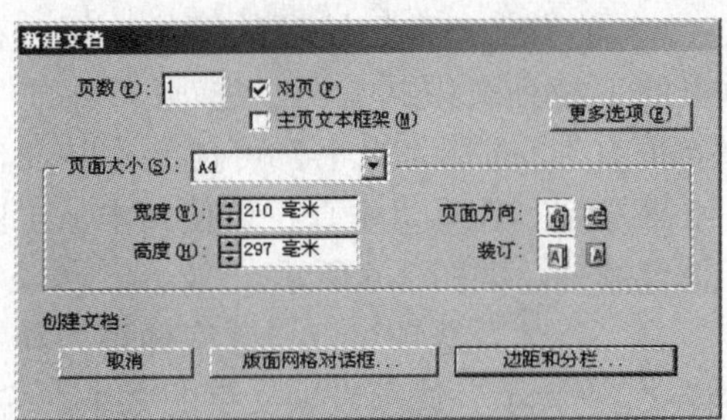

图 2-1 “新建文档”对话框

- 页数：在“新建文档”对话框中输入数值，设置创建文档的页数。
- 对页：复选该选项可以创建两个连页的文档，取消该选项的复选，可以创建单页的文档，如图 2-2 所示。

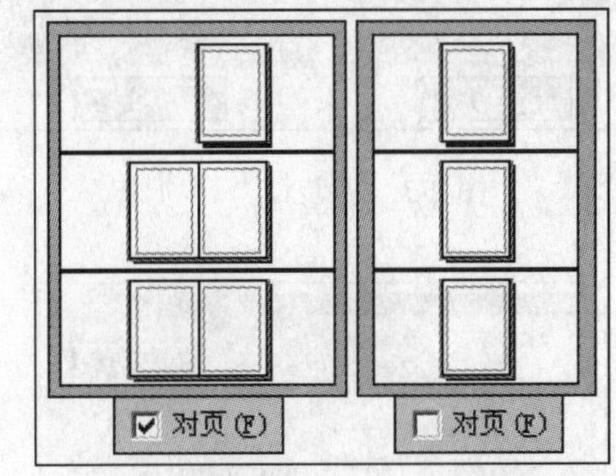

图 2-2 “对页”选项

- 主页文本框架：可以在名为“A-主页”中创建一个按照指定的分栏与版心大小相同的文本框。
- 页面方向：单击该选项中的图标，可以调整和转换“宽度”选项和“高度”选项中的参数，使页面横宽或竖高。这些图标也会随着在“宽度”选项和“高度”选项大小中输入的数值而动态调整。当“高度”的数值较大时，“纵向”按钮被选取。当“宽度”的数值较大时，“横向”按钮被选取。单击未被选中的图标会使高度和宽度的数值交换。
- 装订：指定装订的方向，一般正常书籍为左装订，特殊的书籍为右装订。装订方式并不影响页面中的对象，但会直接影响到“页面”调板中的显示方式，如图 2-3 所示。
- 更多选项：单击该按钮，可以打开“出血和辅助信息区”选项组，如图 2-4 所示。

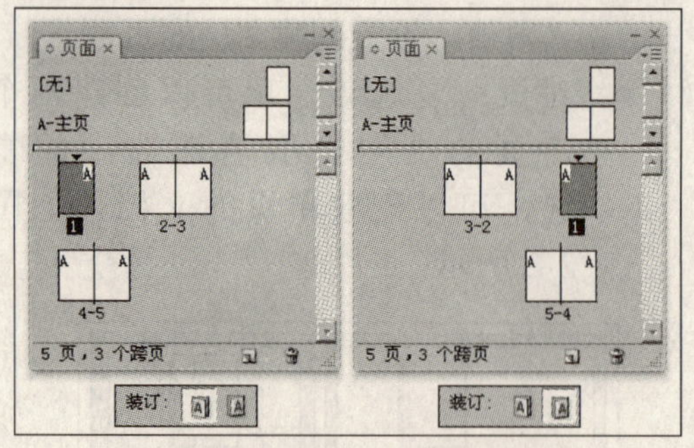

图 2-3 “装订”选项

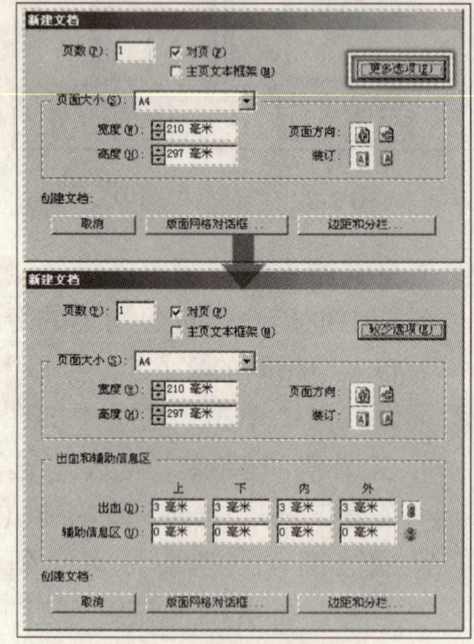

图 2-4 “更多选项”按钮

- 出血：出血区域用于安排超出页面尺寸之外的出血内容。在裁切带有超出成品边缘的图片或背景的作品时，因裁切误差可能会露出白边，出血正是为了避免白边出现而采取的预防措施，通常是把页面边缘的图片或背景向成品页面外扩展 3 毫米。使用 InDesign CS3 中的“出血区域”功能，可以在页面黑色实线外的粘贴板上放置一个红色框，用来确定出血的位置。
- 辅助信息区：辅助信息区用于放置一些印刷用标志相关信息，比如：设计公司名称、输出公司名称、印刷商的说明、预留签样位置，或其他有关文档的说明。当页面按成品尺寸裁切后，辅助信息域的内容便会被丢弃。设置的标志框，在黑色页面框外，使用蓝色表示。

2.1.2 “新建版面网格”对话框

设置“新建文档”对话框完毕后，单击“版面网格对话框”按钮，可以创建带有网格的文档。接着打开“新建版面网格”对话框，对文档中的网格进行设置，如图 2-5 所示。

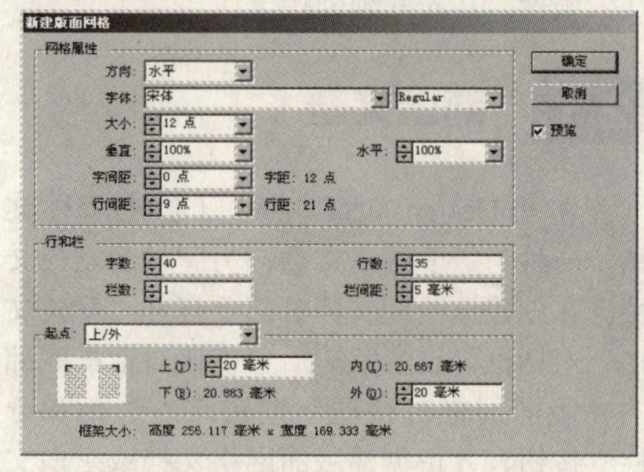

图 2-5 “新建版面网格”对话框

1. 网格属性

在“网格属性”选项组中，可以设置字体的大小、方向、缩放比例，字体与字体之间的距离等。这些设置体现在网格上，使网格的外观发生改变。

1）单击“方向”选项的下拉按钮，在弹出的下拉列表中共有两个选项：“水平”和“垂直”。选择“水平”可使文本从左向右水平排列，选择“垂直”可使文本从上向下竖直排列，如图 2-6 所示。

2）“字体”选项可以设置字体系列和字体样式。“大小”选项设置文字的大小。

3）“垂直”选项设置字体垂直比例。“水平”选项设置字体水平的比例。网格的大小将根据这些设置发生变化，如图 2-7 所示。

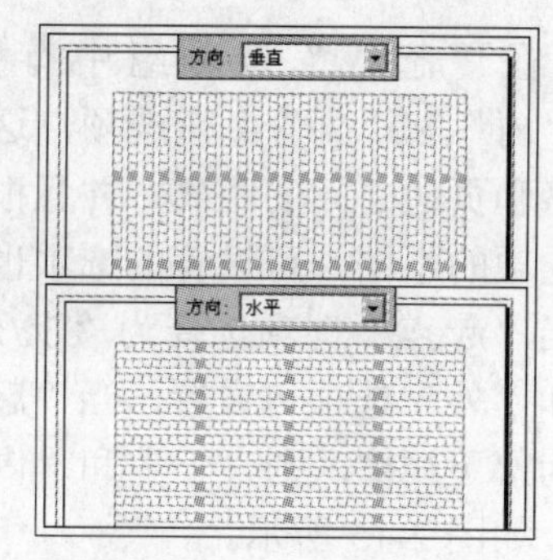

图 2-6 “方向”选项

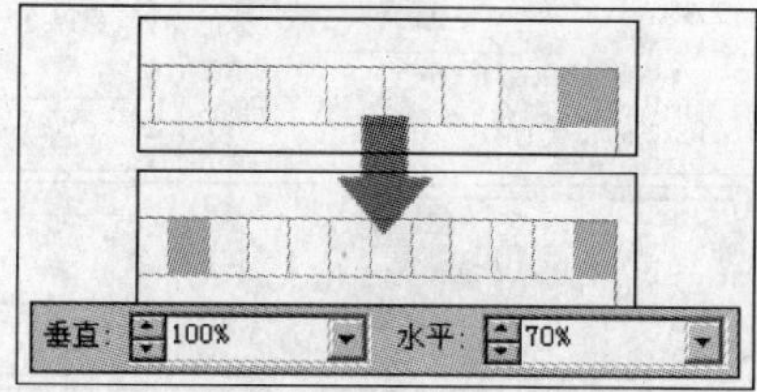

图 2-7 “垂直”和“水平”选项

4）“字间距”选项，设置文字与文字之间的距离。如果输入负值，网格将显示为互相重叠。设置正值时，网格之间将显示间距，如图 2-8 所示。

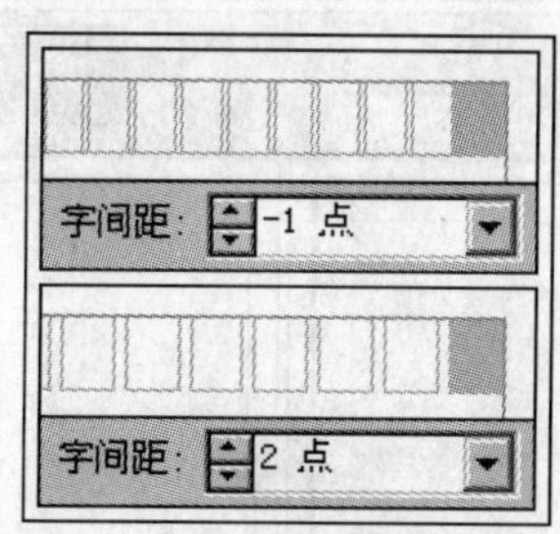

图 2-8 “字间距”选项

5）“行间距”选项，设置行与行之间的距离，如图 2-9 所示。

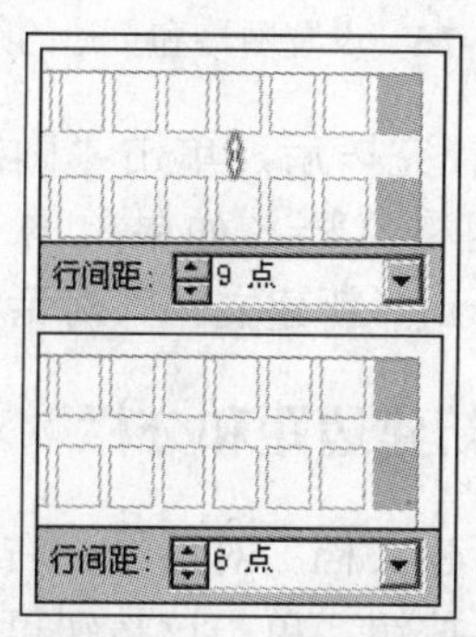

图 2-9 “行间距”选项

2. 行和栏

“行和栏”选项组设置每一栏中每行的字数和每栏中的行数，并设置每一页中的栏数和栏与栏之间的距离。

1）设置“字数”选项，设置每栏中每行的字数，如图 2-10 所示。

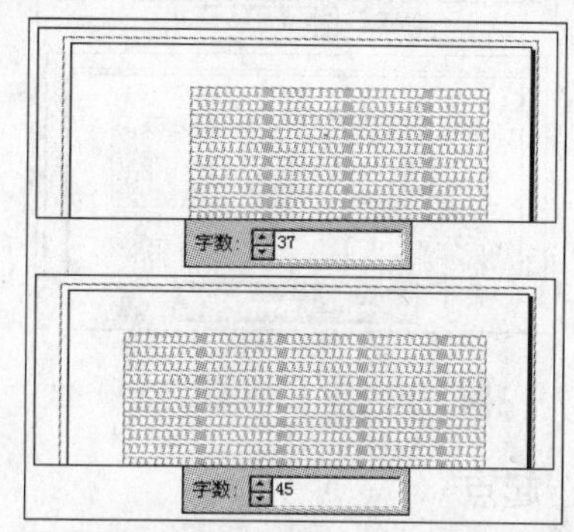

图 2-10 “字数”选项

2）“行数”选项设置每页中行的数目，如图 2-11 所示。

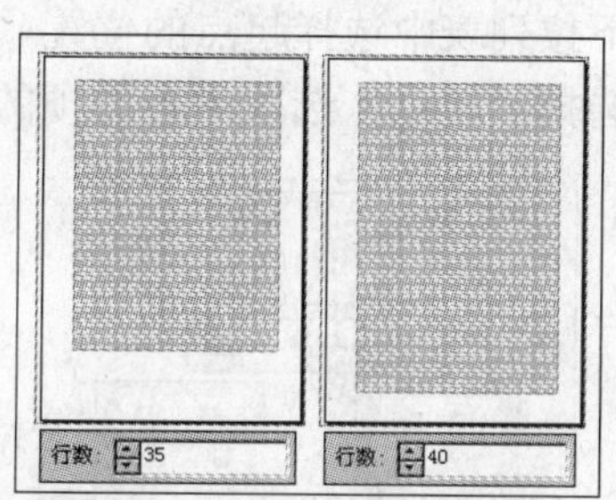

图 2-11 “行数”选项

3）“栏数”选项设置每一页中的栏数，如图 2-12 所示。

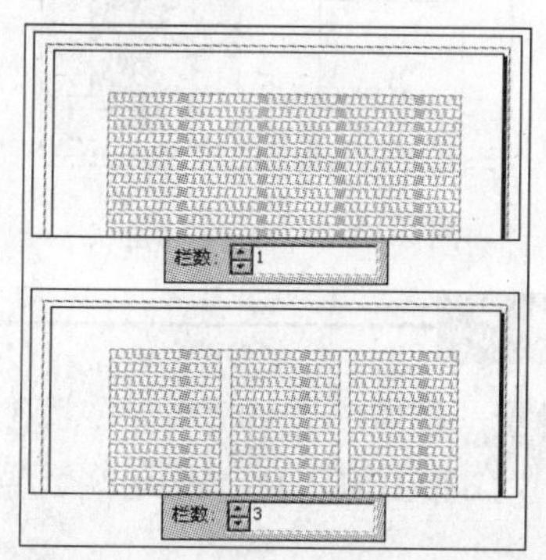

图 2-12 “分栏”选项

4）"栏间距"选项，设置栏与栏之间的距离，如图2-13所示。

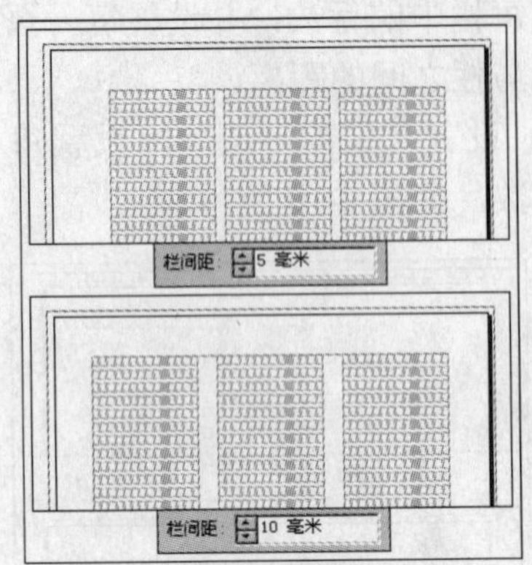

图2-13 "栏间距"选项

3. 起点

"起点"选项组设置网格在页面中开始排列的位置，从而调整网格在页面中的位置。

1）单击"起点"选项的下拉按钮，在弹出的下拉列表中选择起点的位置。图2-14出示了选择"起点"选项中各选项的效果。

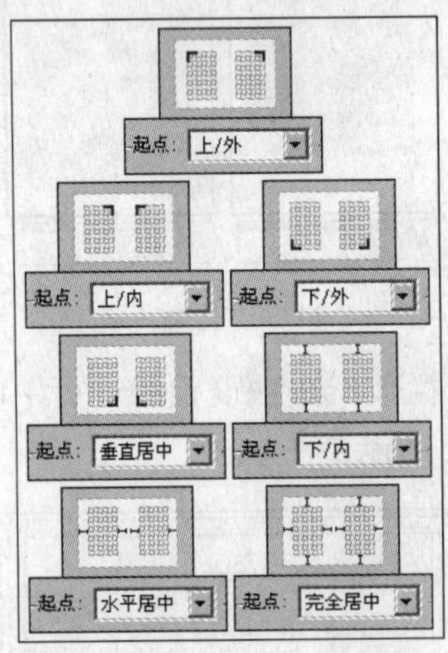

图2-14 "起点"选项

提 示

设置"起点"选项完毕后，可以在该选项下方的缩览图中查看网格起点的位置。

2）在"起点"选项组中有"上"、"下"、"内"和"外"4个选项，这些选项设置网格和页边之间的距离，并且根据"起点"中选项的不同，可设置的选项也不同。例如：当"起点"选项选择为"上/外"，则"上"和"外"选项可设置；当"起点"选项选择为"下/内"，则"下"和"内"选项可设置，如图2-15所示。

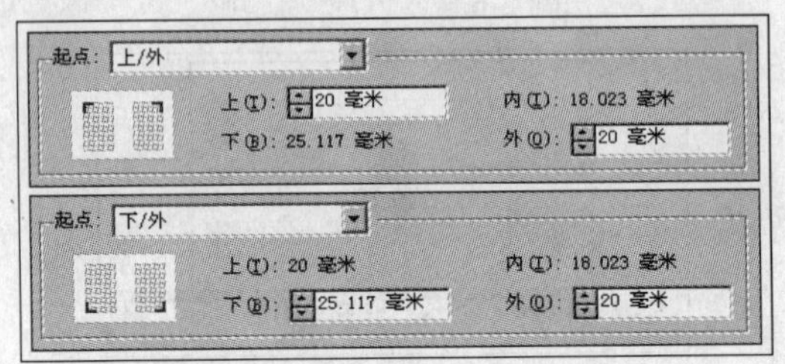

图2-15 设置网格和边框距离

3）选择"下/内"选项，设置"下"和"内"选项的参数，调整网格和页边的距离，如图2-16所示。

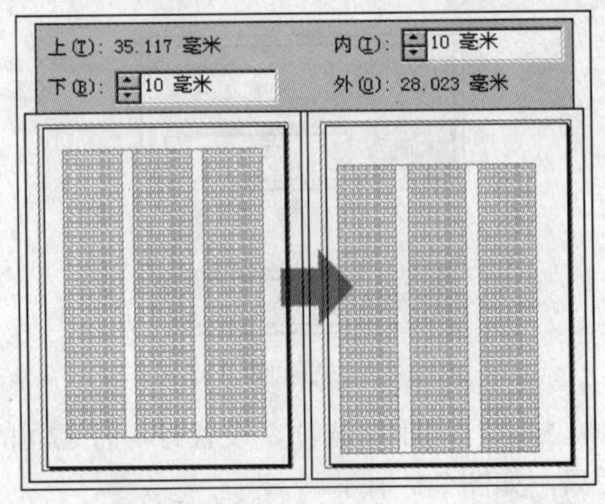

图2-16 设置网格和页边的距离

4）设置完毕后，单击"确定"按钮，创建版面网格文档。如果单击"取消"按钮，则返回到"新建文档"对话框。

2.1.3 "新建边距和分栏"对话框

在"新建文档"对话框的右下角是"边距和分栏"按钮，单击该按钮可以创建一个空白的分栏文档。这时弹出“新建边距和分栏”对话框，如图 2-17 所示。

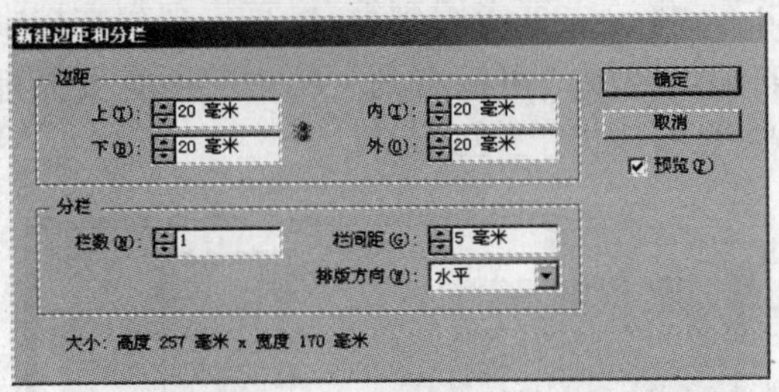

图 2-17 “新建边距和分栏”对话框

技巧

单击“将所有设置设为相同”按钮，使该按钮成为状，在“上”、“下”、“左”和“右”选项中任意一个输入值，其他的选项将同时更改。

1）在“边距”选项组中共有 4 个选项，“上”、“下”、“内”和“外”选项，这 4 个选项分别设置版心和页边之间的距离，如图 2-18 所示。

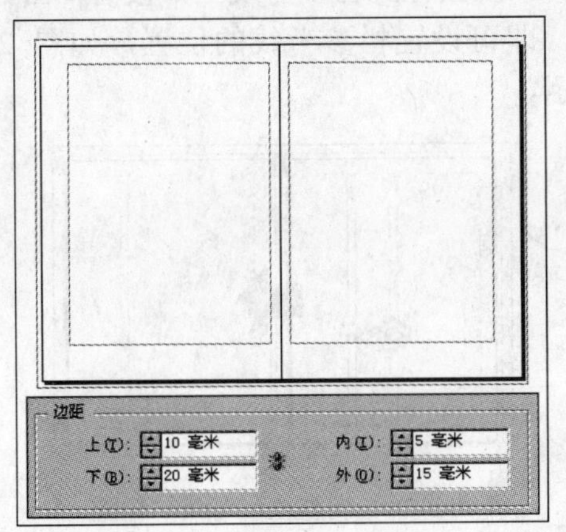

图 2-18 “边距”选项组

2）设置“分栏”选项组中的选项，可以设置页面中的栏数、栏与栏之间的距离和排版方向，如图 2-19 所示。

3）设置完毕后单击“确定”按钮，新建文档。

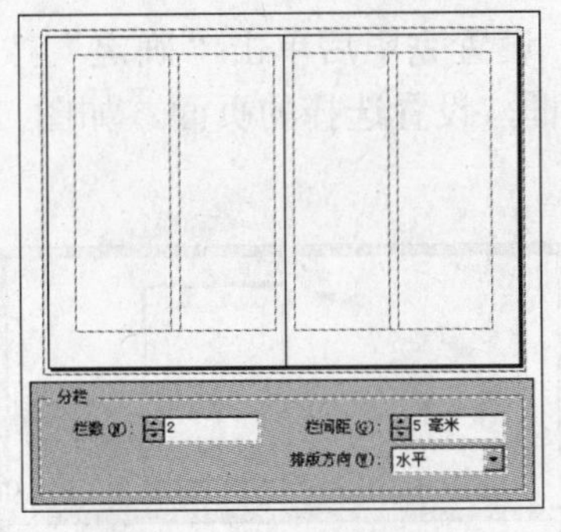

图 2-19 “分栏”选项组

2.1.4 更改文档设置

创建后的文档并不是固定的，在设计过程中可以根据需要对文档的页数、页面大小、版心等设置进行更改。下面通过操作学习更改文档设置的方法。

1．更改页面设置

1）执行“文件”→“页面设置”命令，打开“页面设置”对话框，如图 2-20 所示，设置对话框中的参数。

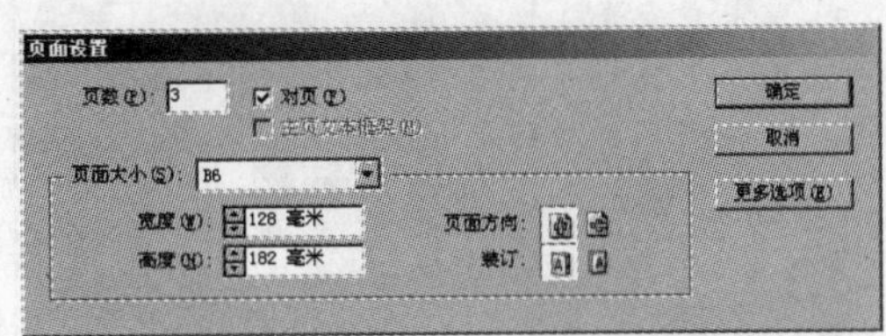

图 2-20 “页面设置”对话框

2）设置完毕后单击“确定”按钮，对文档中所有的页面进行设置。

2．更改边距与分栏

1）执行“版面”→“边距和分栏”命令，打开“边距和分栏”对话框，如图 2-21 所示，设置对话框中的参数。

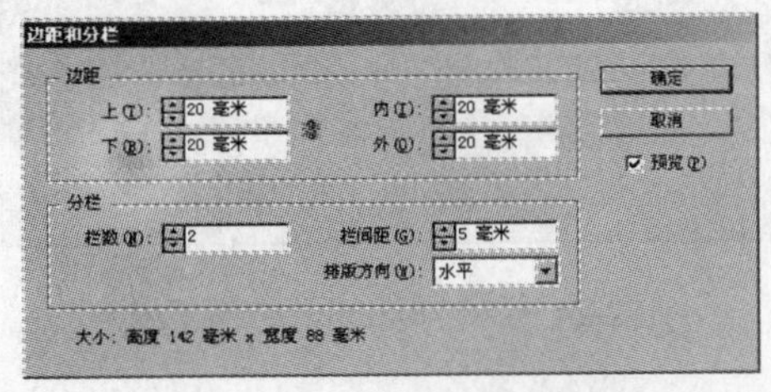

图 2-21 “边距和分栏”对话框

2）设置完毕后单击“确定”按钮，关闭对话框，设置选择的页面，如图 2-22 所示。

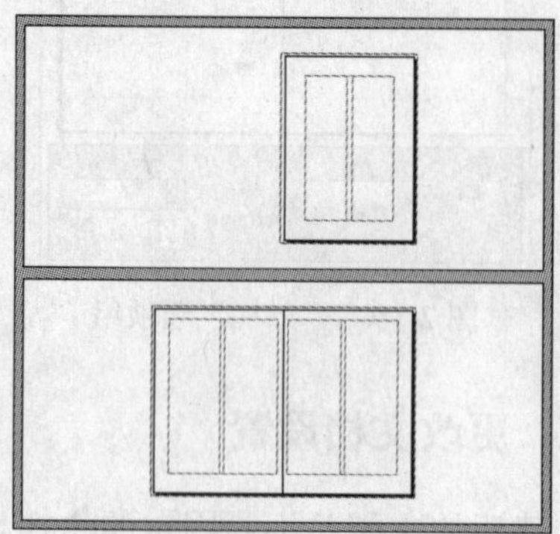

图 2-22　设置页面

3）如果需要设置文档中的全部页面。执行“窗口”→“页面”命令，打开“页面”调板。接着在“A-主页”名称上双击，使该主页成为目标页面，如图 2-23 所示。

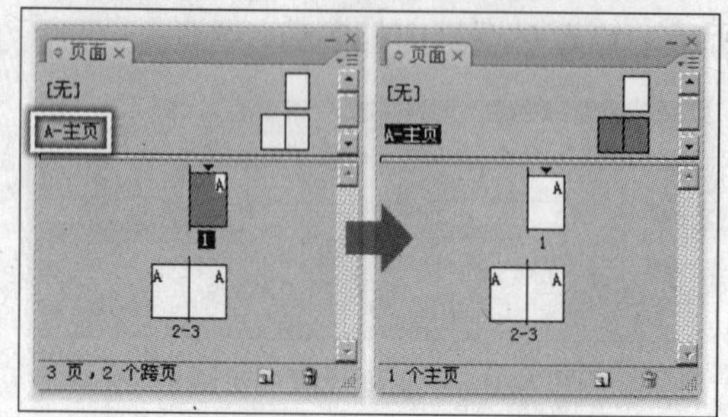

图 2-23　“页面”调板

4）接着再次打开“边距和分栏”对话框，设置对话框的参数，如图 2-24 所示。

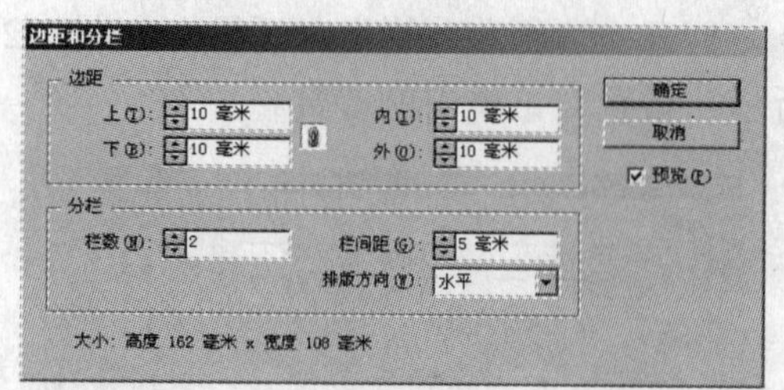

图 2-24　“边距和分栏”对话框

5）设置完毕后单击“确定”按钮，关闭对话框。接着在“页面”调板中双击第 1 页，然后按下<Alt>键的同时单击“A-主页”，将该主页应用到第 1 页。观察文档中的工作区域，可以看到文档中的所有页面都被更改，如图 2-25 所示。

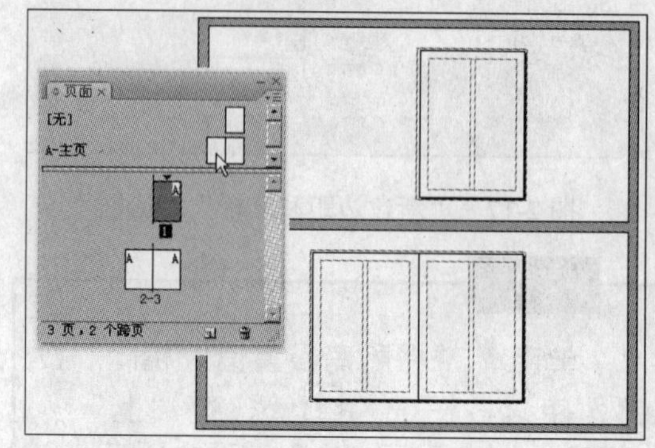

图 2-25　更改所有页面

6）执行“视图”→“网格和参考线”→“锁定栏参考线”命令，将该命令前的对号取消。

7）然后选择工具箱中的“选择”工具，移动鼠标到栏参考线上，接着单击并拖动，即可设置栏参考线的位置，如图 2-26 所示。

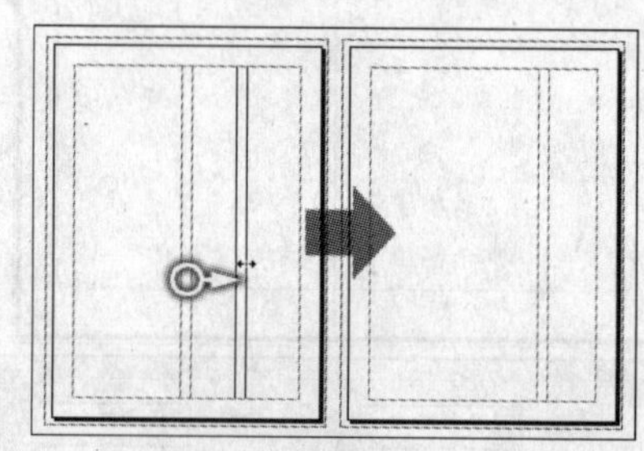

图 2-26　调整栏参考线的位置

3. 更改版面网格设置

1）执行“视图”→“网格和参考线”→“显示版面网格”命令，可显示文档中的版面网格，如图 2-27 所示。

2）执行“版面”→“版面网格”命令，打开“版面网格”对话框，如图 2-28 所示。

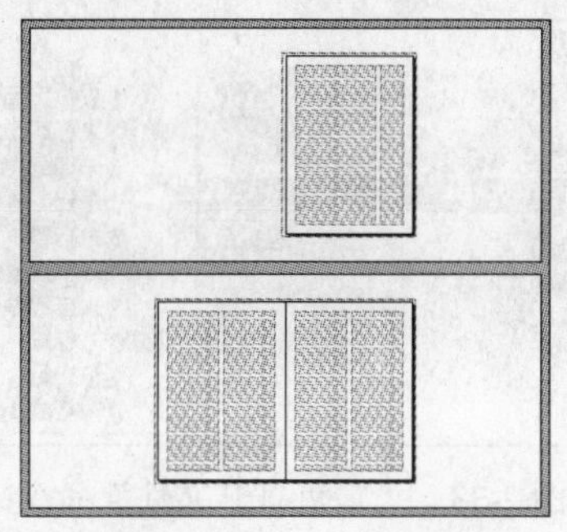

图 2-27　显示版面网格

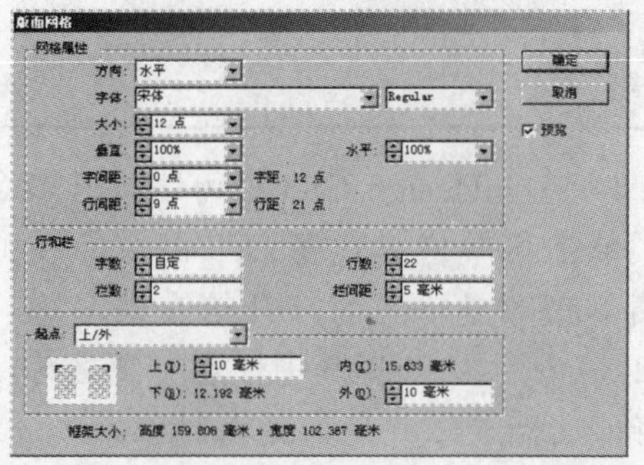

图 2-28　“版面网格”对话框

3）设置完毕后，单击“确定”按钮，即可设置版面网格。

2.1.5　利用模板创建新文档

1）执行“文件”→“新建”→“来自模板的文档”命令，打开浏览器，在其中选择一个模板文件，如图 2-29 所示。

图 2-29　“来自模板的文档”命令

2）接着在选择的模板文件上双击，即可将该文件打开。打开的文件为副本未命名的文档，如图 2-30 所示。

图 2-30　打开模板

2.2　文档操作

本节介绍文档打开、存储、恢复和撤销误操作的方法。这些操作在制作和设计文件时是必不可少的，因此读者要认真仔细地学习这些简单的操作方法。

2.2.1　打开文档

执行“打开”命令，可以打开文档、模板、书籍和库。当打开模板文件（扩展名为“.indt”）时，默认情况下，将作为一个新建的无标题文档打开。下面学习打开文档和模板的具体方法，打开书籍和库的方法将在后面的章节中学习。

1．打开普通文档

1）执行“文件”→“打开”命令，打开“打开文件”对话框，如图 2-31 所示。

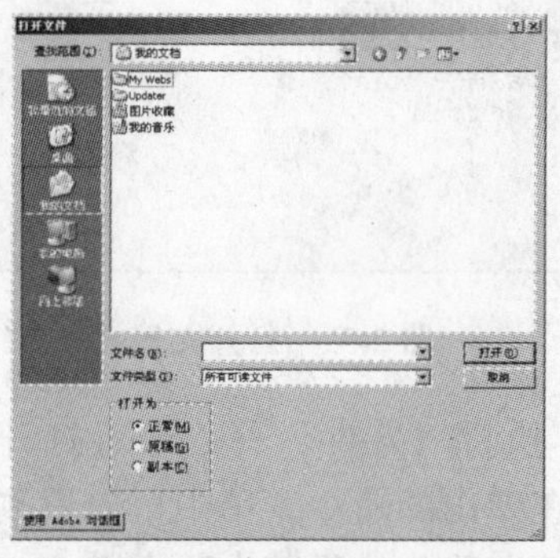

图 2-31　“打开文件”对话框

- 查找范围：指定将放置文件或文件夹的位置。在此处单击将打开下拉列表以选择其他位置。
- 文件名：显示打开文件的名称。
- 文件类型：在下拉列表中选择某种特定格式，在对话框中将只显示该格式的文件，加快寻找需要文件的速度。
- 打开为：共有 3 个单选项，“正常”、“原稿”和“副本”选项。“正常”选项打开原稿文档或模板的副本；“原稿”选项打开原稿文档或模板；“副本”选项打开文档或模板的副本。
- 使用 Adobe 对话框：单击此按钮，“打开”对话框将转换为 Adobe 样式的“打开”对话框。

2）选择本书附带盘\Chapter-02\“宣传页面.indd”文件，然后单击“打开”按钮，即可将文档打开，如图 2-32 所示。

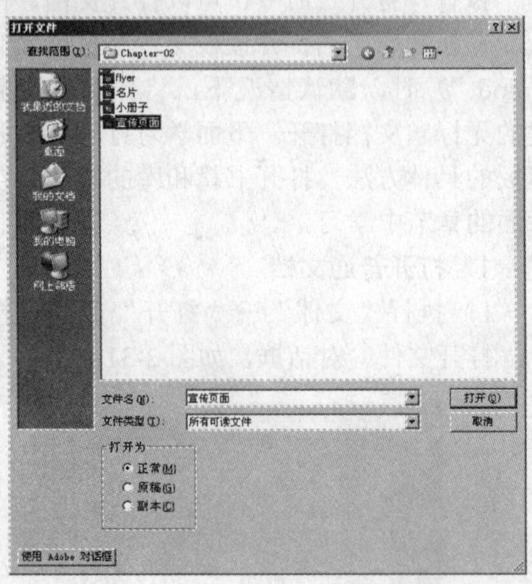

图 2-32 打开文档

3）执行“文件”→“最近打开文件”命令，在弹出的命令菜单中可以看到最近打开的文档名称，执行其中一个命令，即可打开相应的文档，如图 2-33 所示。

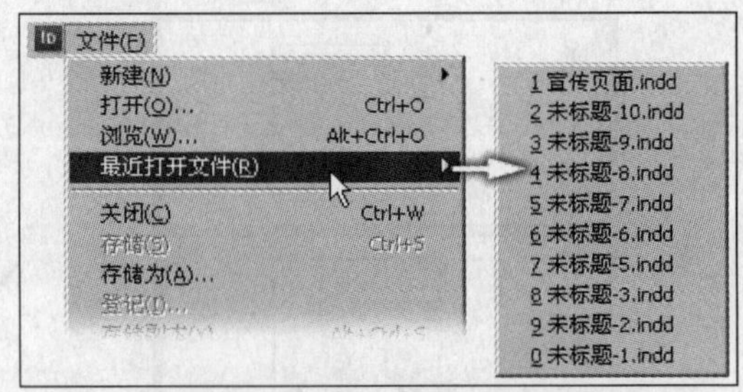

图 2-33 “最近打开文件”命令

提 示

“最近打开文件”命令中最多可以存储最近打开的 10 个文件。

4）在 InDesign CS3 中可以打开多个文档，单击菜单栏中“窗口”命令，在弹出的菜单底部显示当前打开的文档名称，如图 2-34 所示。选择其中任意一个名称，可以将该文档显示并且为编辑对象。

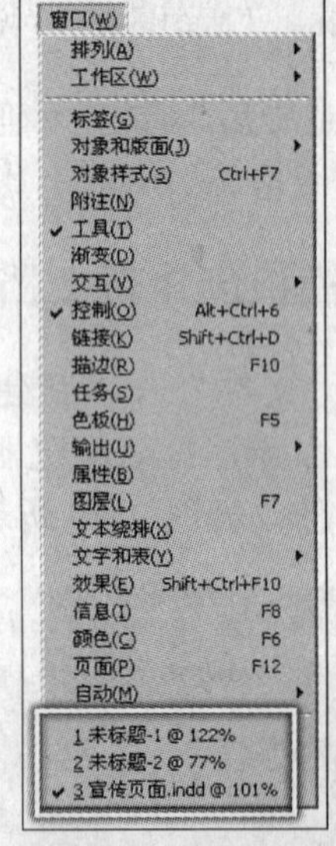

图 2-34 打开的文档

2．打开文档时的提示

1）当打开的文档中字体缺失时，会弹出“缺失字体”对话框，如图 2-35 所示。

2）单击“查找字体”按钮，弹出“查找字体”对话框，如图 2-36 所示。在该对话框中可以查找和替换缺失的字体，具体的使用方法将在第 5 章中为读者具体讲述。

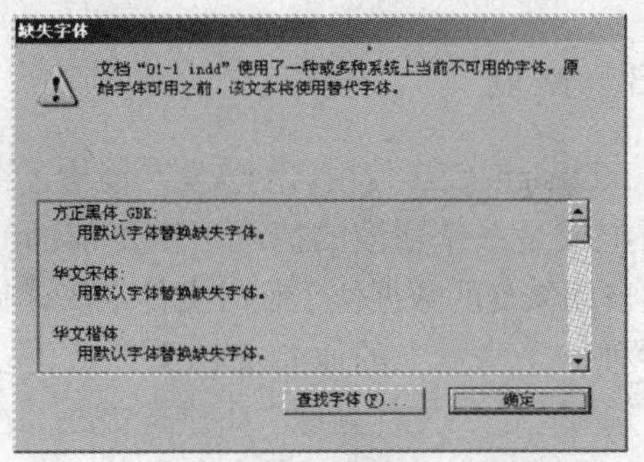

图 2-35 “缺失字体”对话框

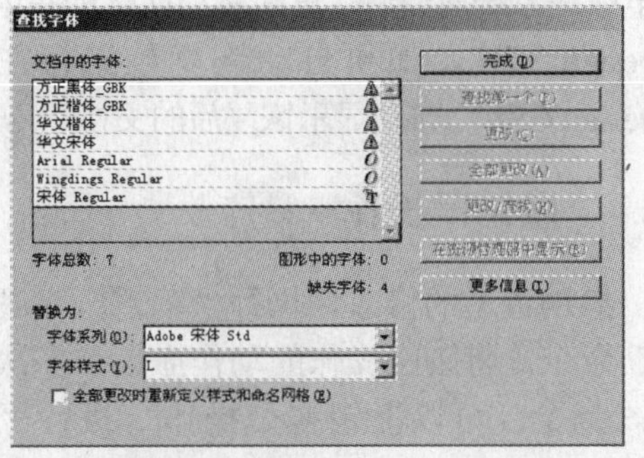

图 2-36 “查找字体”对话框

3）设置完毕后，单击“完成”按钮。如果文档中的图片链接缺失，这时就会弹出提示对话框，如图 2-37 所示。

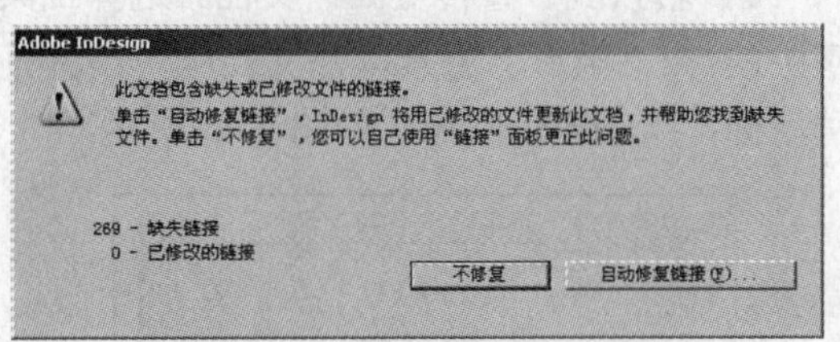

图 2-37 提示对话框

4）单击“不修复”按钮，将对话框关闭；单击“自动修复链接”按钮，弹出“重新链接”对话框，如图 2-38 所示。

图 2-38 “重新链接”对话框

浏览：单击该按钮可以设置替换链接的图像。如果替换的图像和原图像的名称不同，那么会弹出提示对话框，如图 2-39 所示。

跳过：单击该按钮将不更改该图像的链接，跳到下一个需要更改的图像。

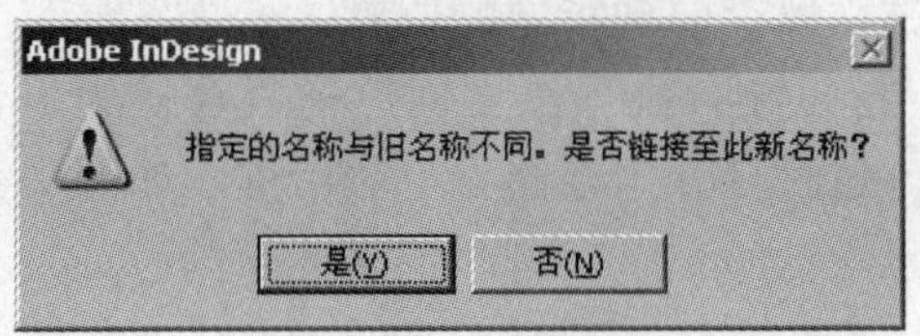

图 2-39 提示对话框

5）设置完毕后单击“确定”按钮，即可进入到文档操作视图。

2.2.2 存储文档

1）设置文档完毕后，执行“文件”→“存储”命令，打开“存储为”对话框，如图 2-40 所示。

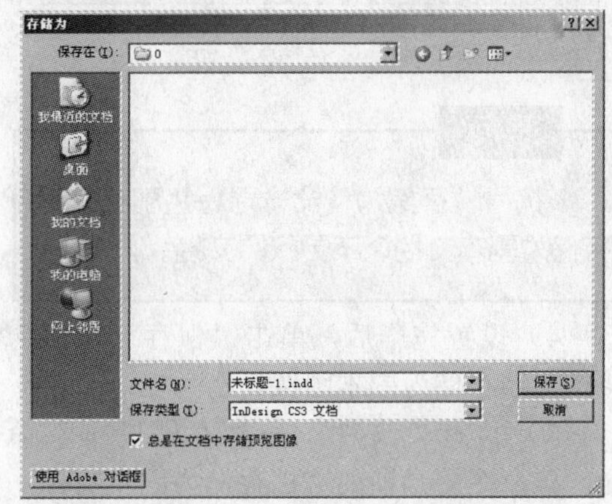

图 2-40 “存储为”对话框

保存在：指定存储文档的位置。在此处单击将打开下拉列表以选择其他位置。

文件名：输入文本设置文件的名称。

保存类型：选择文档存储的类型。

提 示

当前文档没有存储过，那么就会弹出“存储为”对话框，选择存储的位置并设置文档的名称，将该文档存储。如果该文档已经有存储的位置和文件名称，那么执行“文件”→“存储”命令会使更改后的文档覆盖原来位置上的文件并且不弹出对话框。

2）设置完毕后，单击“保存”按钮，将该文档存储到指定的位置。

3）接着执行“文件”→“存储为”命令，这时打开“存储为”对话框，如图2-41所示。

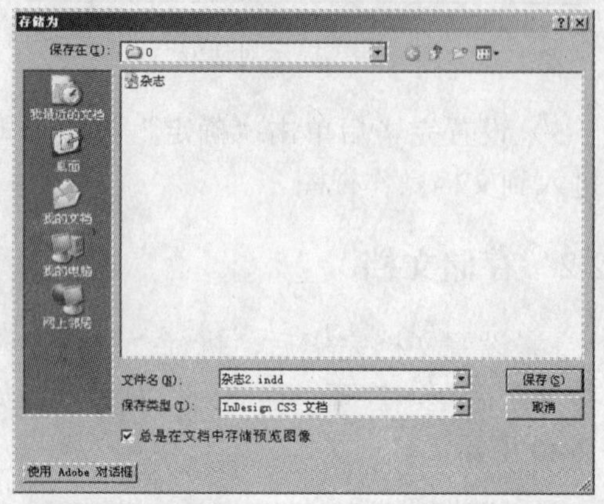

图2-41 “存储为”命令

提 示

执行“存储为”命令可将当前的文档存储为副本文档，不更改原文档。

4）设置完毕后，单击“保存”按钮，将该文档存储为副本图像。

5）执行“文件”→“存储副本”命令，该命令将当前的文档存储为副本文档，但编辑对象为原文件，这时打开“存储副本”对话框，如图2-42所示。

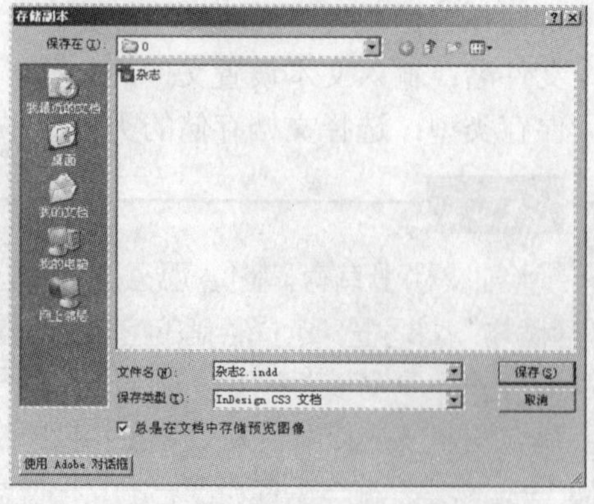

图2-42 “存储副本”对话框

2.2.3 恢复

InDesign CS3使用自动恢复功能用于在意外断电或是系统崩溃的情况下恢复前面的工作。自动恢复的数据位于临时文件中，该临时文件独立于磁盘上的原始文档文件，可以在“首选项”的“文件处理”中进行更改。在正常情况下不需要考虑自动恢复的数据，当意外断电或是系统崩溃后，重新启动计算机并运行InDesign CS3，如果自动恢复数据存在，InDesign CS3会自动显示恢复后的文档。

2.2.4 撤销误操作

撤销最近的修改，执行“编辑”→“还原”命令，将刚刚操作的动作撤销。多次执行该命令，可以撤销多个操作。执行“编辑”→“重复”命令，可以将撤销的操作还原。在处理某个操作的过程中（通常可以看到进度条），如果希望中断操作，可以按下<Esc>键。

1）转换到“宣传页面”文档。选择工具箱中的“矩形”工具，在文档中单击并拖动鼠标，绘制矩形图像，如图2-43所示。

图2-43 绘制图像

2）执行“编辑”→“还原添加项目”命令，可将刚刚的操作撤销，如图2-44所示。

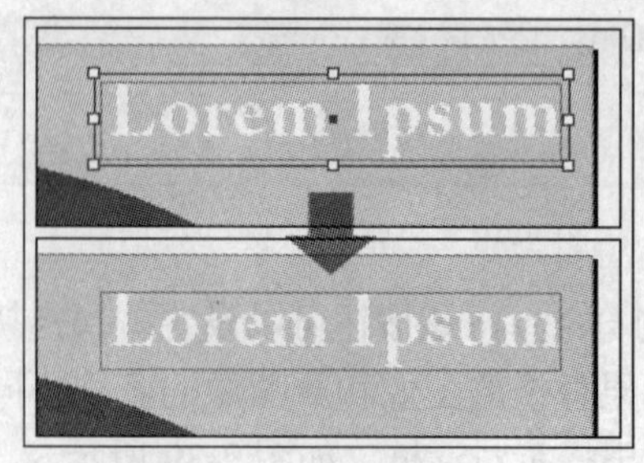

图2-44 还原操作

3）执行“编辑”→“重做添加项目”命令，将刚刚撤销的操作恢复，如图 2-45 所示。

图 2-45　恢复操作

2.2.5　关闭文档

执行“文件”→“关闭”命令，可将当前的文档关闭。如果关闭文档时没有保存，将打开提示对话框，单击“是”按钮，保存文档并关闭；单击“否”按钮，关闭文档不保存；单击“取消”按钮，关闭提示对话框返回到文档中。

2.3　浏览和查看

在设计过程中需要在文档的整体和局部中切换，整体观察文档的效果，局部调整文档内容，才可以得到满意的效果。在 InDesign CS3 中提供了多种浏览和观察文档的工具和设置，既可以整体观察，又可以局部调整。下面学习浏览和查看文档的方法。

2.3.1　导航器

“导航器”调板中包含文档中所有的页面缩览图，以方便选择文档窗口中显示的页面。在该调板中还可以缩放视图的大小。

1）执行“文件”→“打开”命令，打开本书附带光盘\Chapter-02\“flyer.indd”文件，如图 2-46 所示。

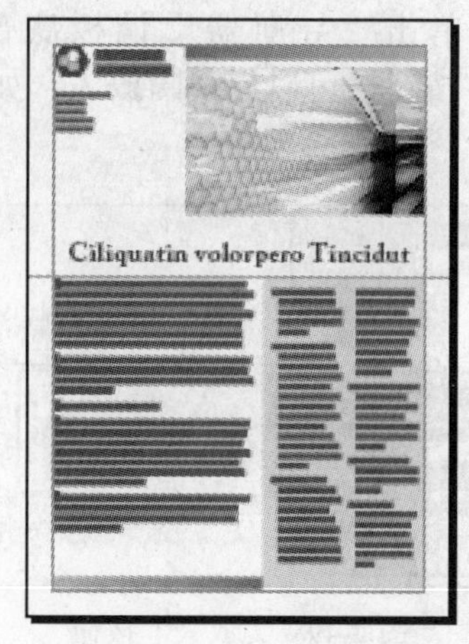

图 2-46　打开素材

2）执行“窗口”→“对象和版面”→“导航器”命令，打开“导航器”调板，如图 2-47 所示。

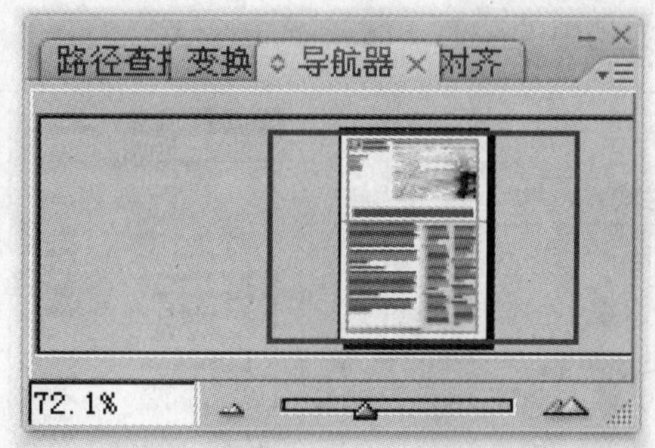

图 2-47　“导航器”调板

3）在“导航器”调板中，红色边框表示当前文档中显示的区域，如图 2-48 所示。

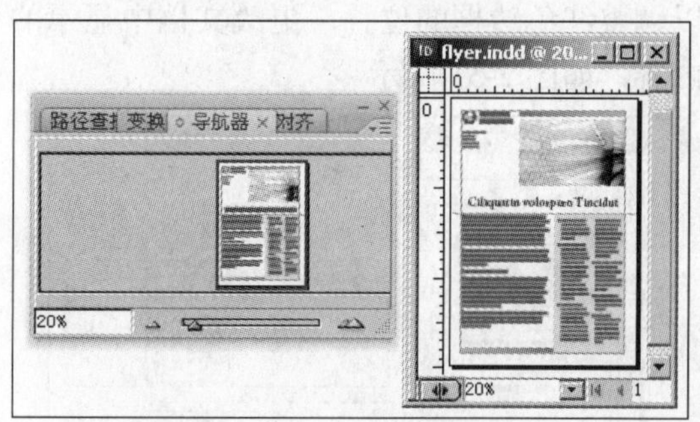

图 2-48　显示文档中图像的区域

4）单击“导航器”调板底部的“放大”按钮，可以使视图放大，如图2-49所示。

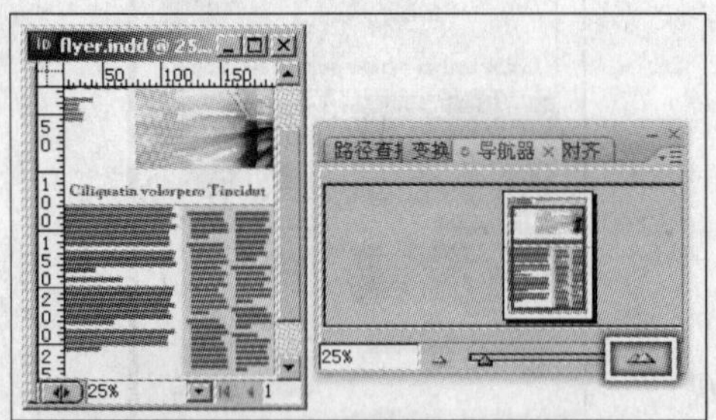

图2-49 “放大”按钮

提示

单击“导航器”调板底部的“缩小”按钮，可以使视图缩小。

5）拖动调板底部的滑块向右，可以放大文档中的图像，如图2-50所示。

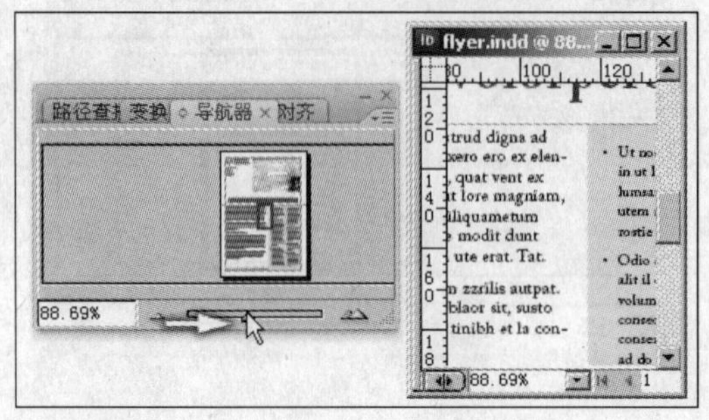

图2-50 拖动滑块调整图像的大小

6）移动鼠标指针到红色边框上，当鼠标指针呈状时，单击并拖动鼠标指针，可以调整红色边框的位置，更改文档中显示的内容，如图2-51所示。

图2-51 更改显示内容

2.3.2 使用工具查看文档

使用工具箱中的“缩放”工具可以放大或缩小文档。使用“抓手”工具可以调整文档窗口中显示的文档。

1）选择工具箱中的“缩放”工具，在视图中单击并拖动鼠标可以将局部的图像放大，如图2-52所示。

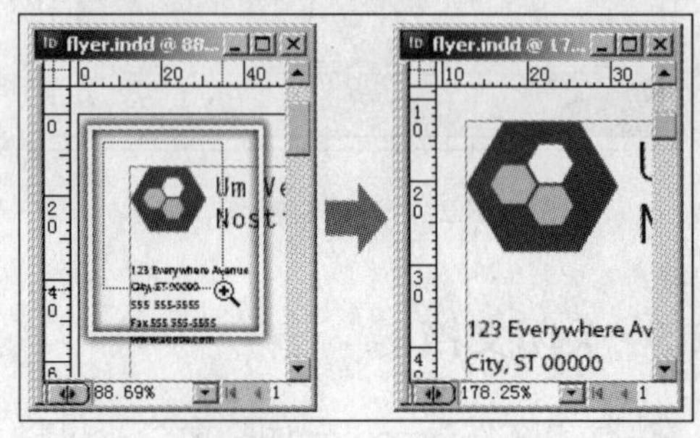

图2-52 放大文档

2）或者直接使用“缩放”工具在视图中单击，即可以单击的点为中心显示图像，将图像放大至下一个预设百分比，如图2-53所示。

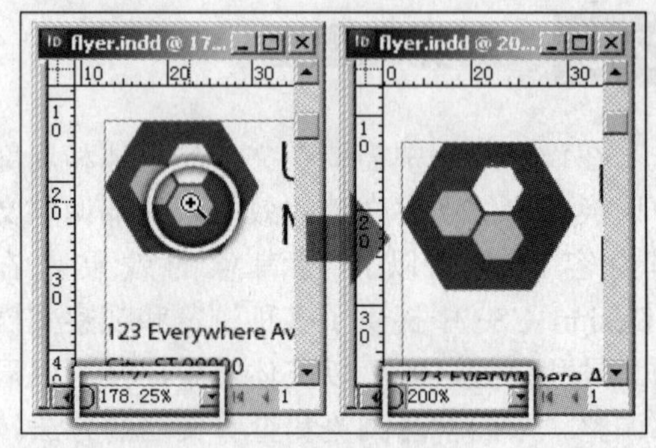

图2-53 单击放大文档

技巧

按下<Ctrl++>键同样可以使图像按照预设百分比放大文档。

3）按下<Alt>键，在视图中移动鼠标，鼠标指针呈状，单击可以将图像缩小到上一个预设百分比，如图2-54所示。

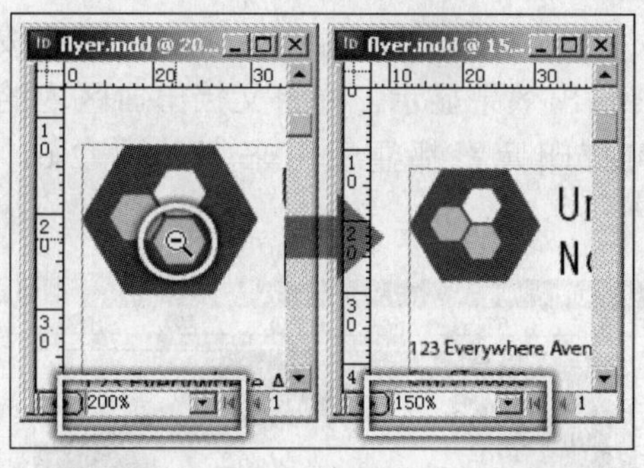

图 2-54　缩小文档

技 巧

按下<Ctrl+->键同样可以使图像按照预设百分比缩小文档。

4）单击缩放栏的下拉按钮，在弹出的列表中选择缩放的比例，可以直接设置文档显示的比例，如图 2-55 所示。

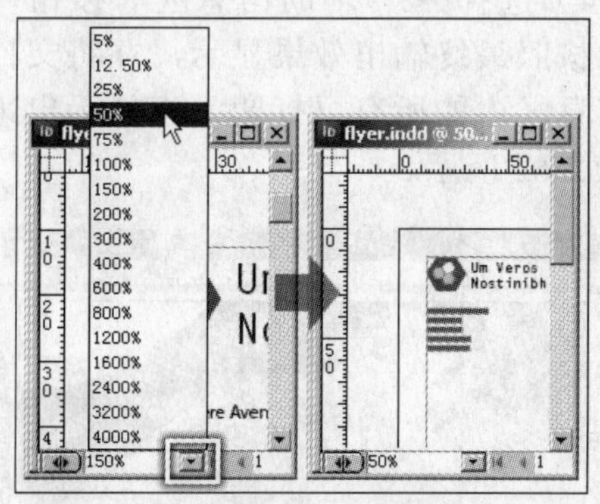

图 2-55　缩放栏

5）选择 “抓手”工具，在视图中单击并拖动鼠标可以移动文档窗口中文档的位置，更改显示的文档，如图 2-56 所示。

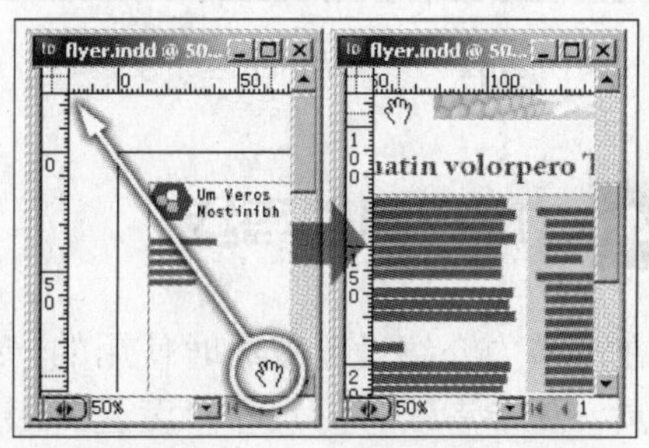

图 2-56　“抓手”工具

技 巧

当使用其他工具时，按下空格键可以转换为“抓手”工具，调整文档窗口中文档的位置。松开空格键可继续使用其他工具。

2.3.3　使用命令显示窗口

在菜单栏中的“视图”菜单中，提供了部分调整文档在文档窗口中的比例。

1）执行“视图”→“页面适合窗口”命令，使文档中页面的大小和文档窗口的大小成比例，如图 2-57 所示。

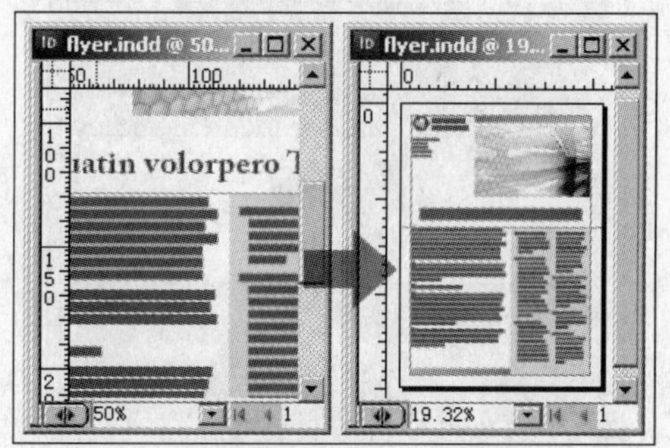

图 2-57　页面适合窗口

2）执行“视图”→“完整粘贴板”命令，将整个文档的内容全部显示，效果如图 2-58 所示。

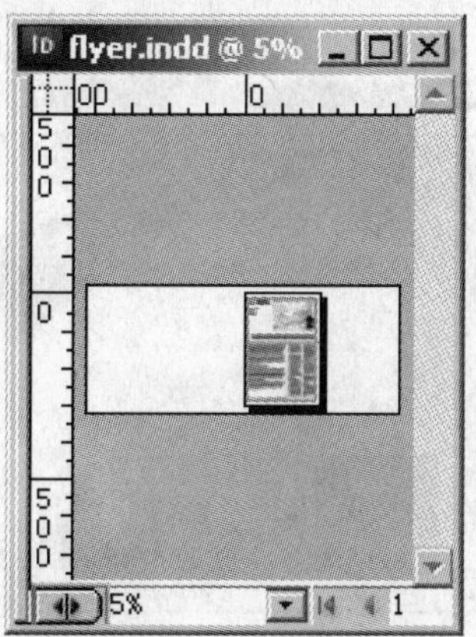

图 2-58　“完整粘贴板”命令

2.3.4 窗口屏幕模式

InDegin CS3 为用户提供了 4 种屏幕显示模式，分别为“正常”、“预览”、“出血”以及“辅助信息区”模式。通过单击位于工具箱底部的屏幕显示模式按钮，即可在这 4 种屏幕显示模式之间切换。

1）执行“文件”→“打开”命令，打开本书附带光盘\Chapter-02\“单页.indd”文件。在默认状态下“正常”按钮为选择状态，显示版面及所有可见网格、参考线、非打印对象、空白粘贴板等，如图 2-59 所示。

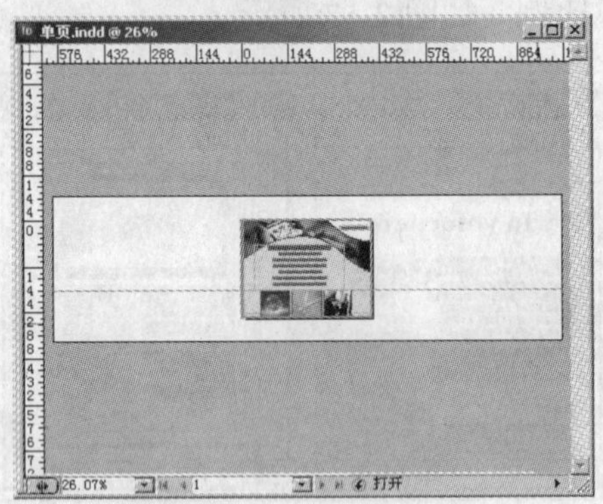

图 2-59 “正常”按钮

2）单击工具箱中的“预览”按钮，使图像完全按照最终输出效果显示，网格、参考线、非打印对象都不显示，效果如图 2-60 所示。

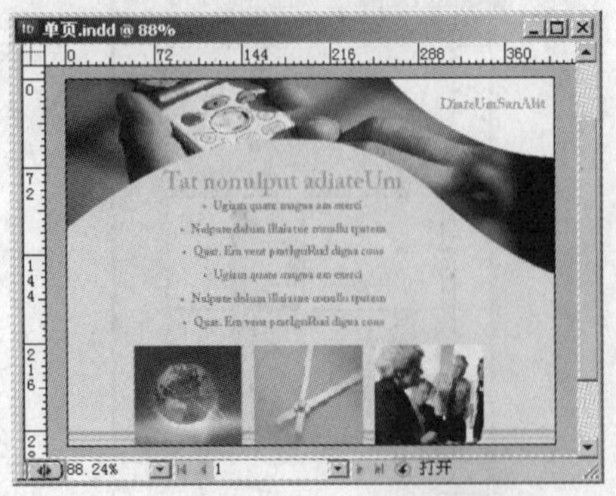

图 2-60 “预览”按钮

3）选择“出血”按钮，使图像按照最终输出效果显示，并将文档出血区内的所有可打印元素都显示出来，如图 2-61 所示。

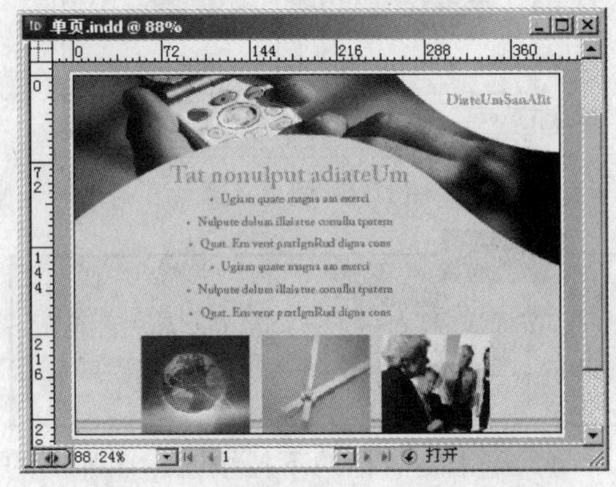

图 2-61 “出血”按钮

4）选择“辅助信息区”按钮，使图像按照最终输出效果显示，并将文档辅助信息区内的所有可打印元素显示出来，如图 2-62 所示。

图 2-62 “辅助信息区”按钮

2.4 标尺和参考线

在本节中介绍设置版面时使用的一些辅助工具，如参考线、标尺和“度量”工具。使用这些工具可以增强工作效率，在输出时默认状态下不会影响文档效果。

2.4.1 “信息”调板

“信息”调板显示有关选定对象、当前文档或当前工具下区域的信息，包括位置、大小和旋转的值。移动对象时，“信息”调板还会显示该对象相对于其起点的位置。下面学习查看“信息”调板的方法。

1）执行“文件”→“打开”命令，打开本书附带光盘\Chapter-02\“名片.indd”文件，如图 2-63 所示。

图 2-63 素材文件

2）执行“窗口”→“信息”命令，打开“信息”调板对话框，如图 2-64 所示。

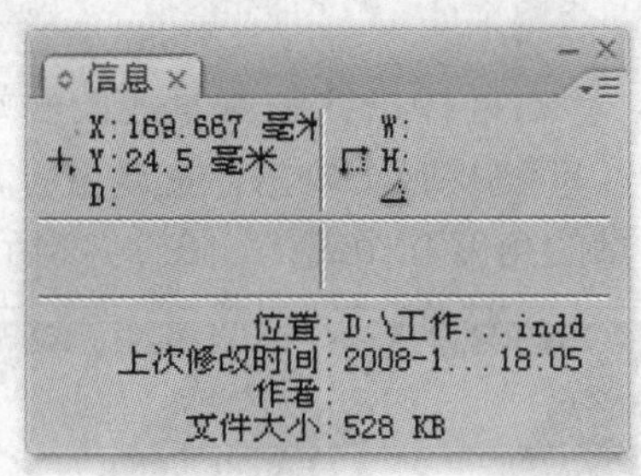

图 2-64 “信息”调板

3）在“信息”调板中可以查看鼠标指针在当前的位置。X 选项显示光标的水平位置；Y 选项显示光标的垂直位置；D 选项显示对象或工具相对于起始位置移动的距离，如图 2-65 所示。

4）在“信息”调板第二个信息窗中，显示当前选择对象的尺寸，W 选项显示被选对象的宽度；H 选项显示被选对象的高度，如图 2-66 所示。

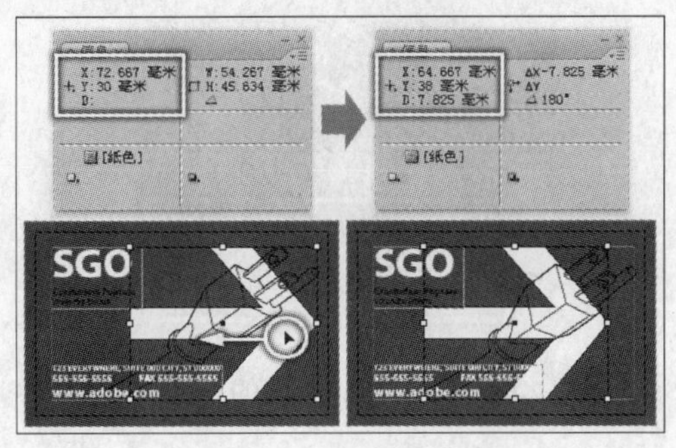

图 2-65 鼠标指针的位置

图 2-66 显示对象的尺寸

5）移动图像时，W 选项更改为 AX 参数，显示对象横向移动的距离；H 选项更改为 AY 参数，显示对象纵向移动的距离；图标为△选项显示移动的角度，如图 2-67 所示。

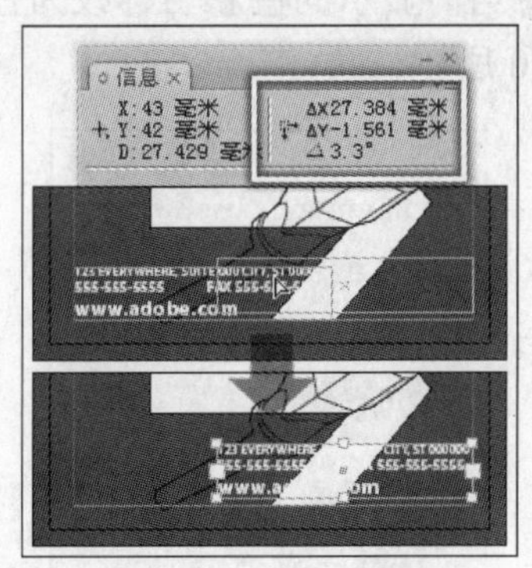

图 2-67 对象移动

6）当不选择对象时，在“信息”调板下方的信息栏中显示当前文档的相关信息，如图 2-68 所示。

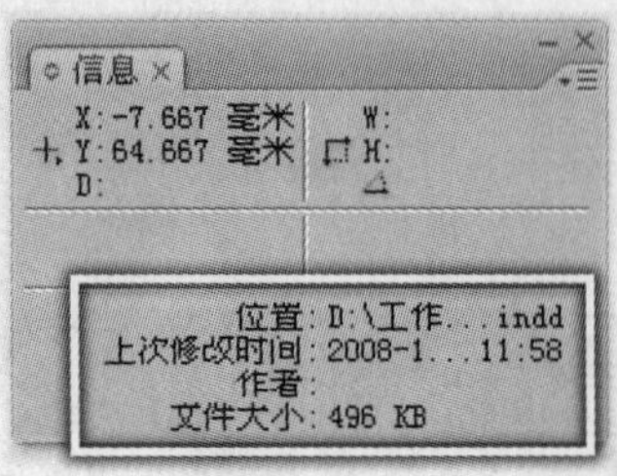

图 2-68　显示当前文档的相关信息

7）当选择任意对象时，该信息栏分为两个，图标为显示对象填充颜色的相关信息；图标为显示对象描边颜色的相关信息，如图 2-69 所示。

图 2-69　显示对象的相关信息

8）在显示对象颜色信息的图标上单击，弹出一个菜单，执行“色彩空间”命令，可将当前显示的色彩名称改为色彩值，如图 2-70 所示。

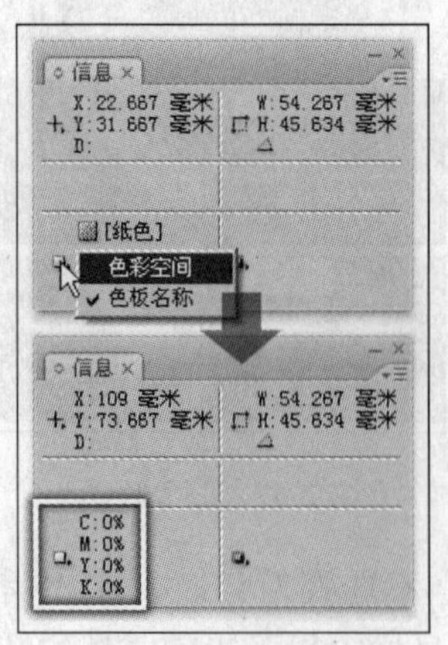

图 2-70　更改为色彩值

2.4.2　“度量”工具

“度量”工具可以测量工作区域中任意两点之间的距离和两条直线之间的夹角。测量的结果会显示在“信息”调板中。除角度外的所有度量值都以当前文档设置的度量单位计算。

1）选择工具箱中的“度量”工具，在视图中单击并拖动鼠标，即可绘制一条标尺线，这时可以看到“信息”调板中显示该标尺线测量的相关信息，如图 2-71 所示。其中 D1 显示测量的长度，显示测量的角度。

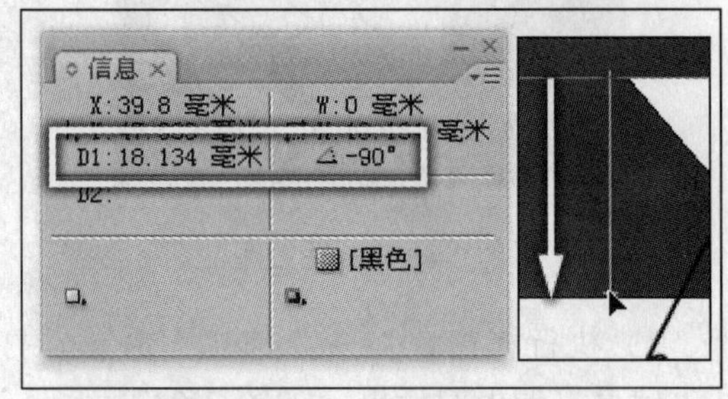

图 2-71　测量的相关信息

2）移动鼠标指针到测量线的一端，当鼠标指针呈状时，单击并拖动鼠标，即可调整测量的角度和距离，如图 2-72 所示。

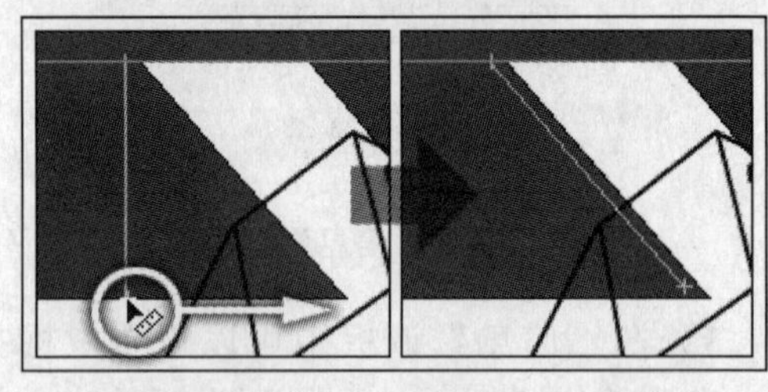

图 2-72　调整测量角度和距离

3）按下<Alt>键的同时移动鼠标到测量线的一端，当指针呈状时，单击并拖动鼠标，可以拖动出第二测量线，测量出需要测量的角度，如图 2-73 所示。“信息”调板中 D2 显示第二条测量线的长度；显示当前测量的角度。

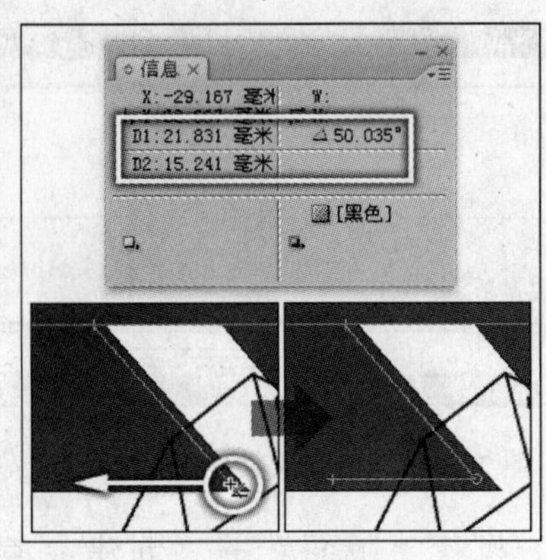

图 2-73 测量角度

2.4.3 标尺

标尺可以精确地确定对象的位置。默认状态下标尺为显示状态，标尺出现在现用窗口的顶部和左侧。标尺原点也确定了网格的原点。

1）执行“文件”→“打开”命令，打开本书附带光盘\Chapter-02\“小册子.indd”文件，如图 2-74 所示。

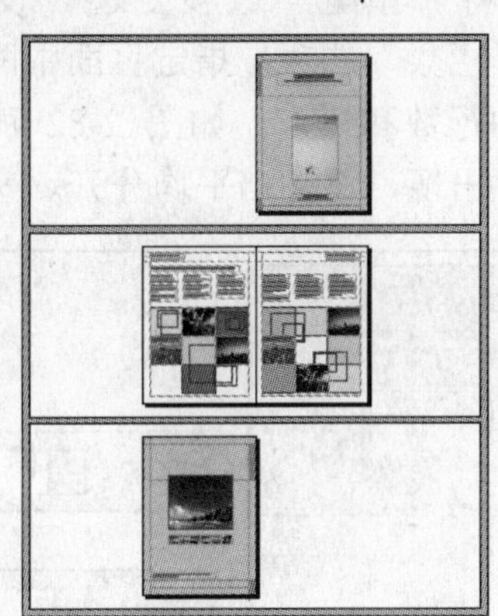

图 2-74 素材图片

2）执行“视图”→“隐藏标尺”命令，可以将显示在窗口的标尺隐藏，如图 2-75 所示。

3）再次执行“视图”→“显示标尺”命令，显示窗口的标尺。在水平标尺上右击，在弹出的菜单中执行“厘米”命令，更改标尺的单位为厘米，如图 2-76 所示。

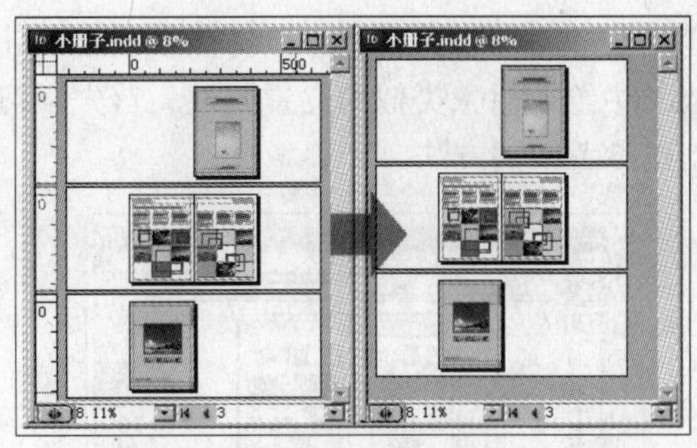

图 2-75 隐藏标尺

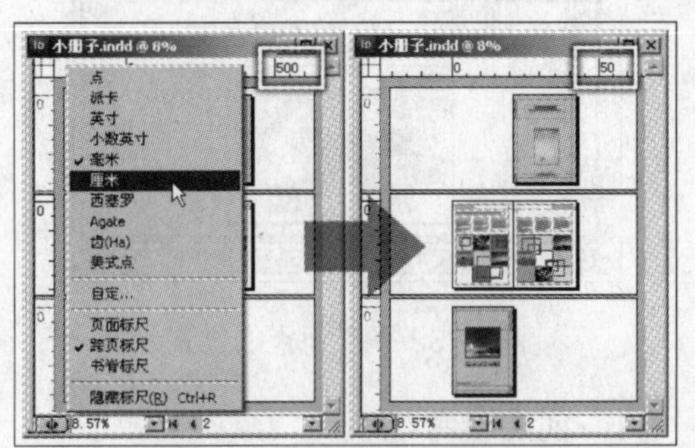

图 2-76 更改标尺的单位

4）在水平标尺上用鼠标右键单击，在弹出的菜单中执行“页面”命令，将标尺原点设在每个页面的左上角，水平标尺起始于跨页中各个页面的零点，如图 2-77 所示。

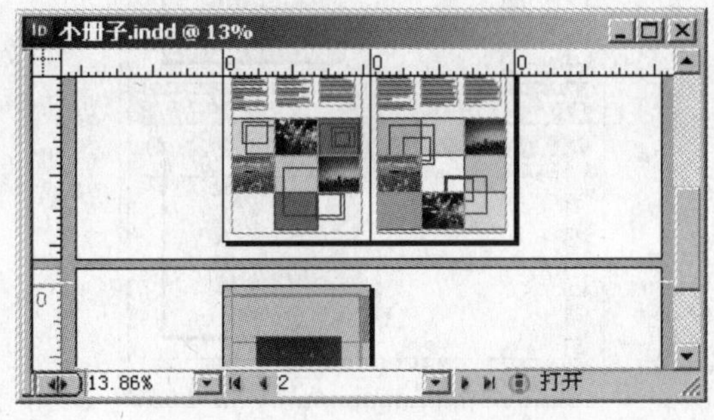

图 2-77 设置标尺

5）在标尺的拐角处单击并拖动鼠标，可以调整原点的位置，如图 2-78 所示。

2.4.4 参考线

参考线是用于版面布局时精确定位的辅助对象，使用常规打印命令不能打印出参考线。参考线可以被选择，并具有和 InDesign CS3 中绘制对象类似的位置属性。首先学习创建参考线的方法。

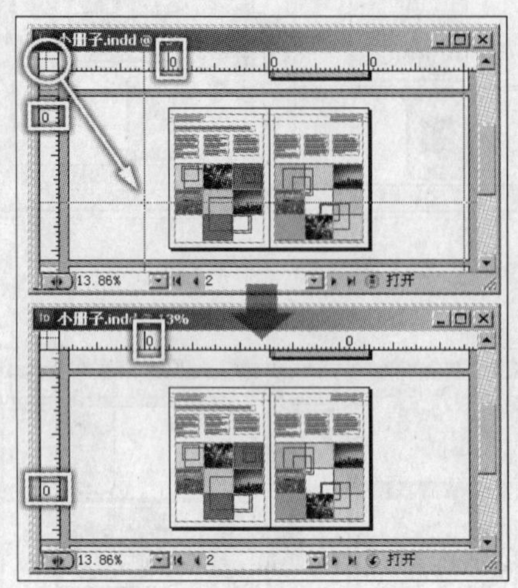

图 2-78 调整原点的位置

1．创建参考线

1）在第 1 页上单击，使该页成为当前可编辑的页面。然后在水平标尺栏上单击并拖动鼠标，创建水平参考线，如图 2-79 所示。

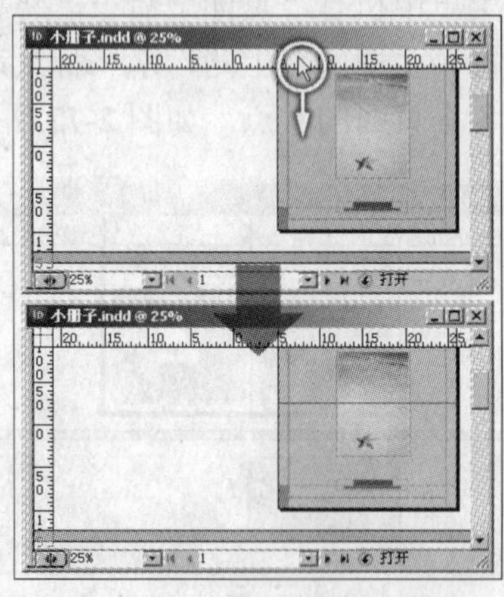

图 2-79 创建水平参考线

提 示

在创建参看线时，拖动鼠标到页面上，那么参考线只显示在页面上，如果拖动鼠标到粘贴板上，那么参考线将显示在整个文档中，如图 2–80 所示。

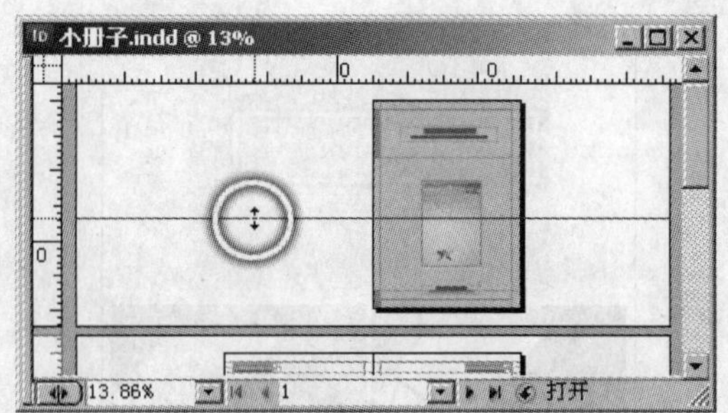

图 2-80 在整个文档中显示参考线

2）执行“版面”→“创建参考线”命令，打开“创建参考线”对话框，参照图 2-81 所示设置对话框。

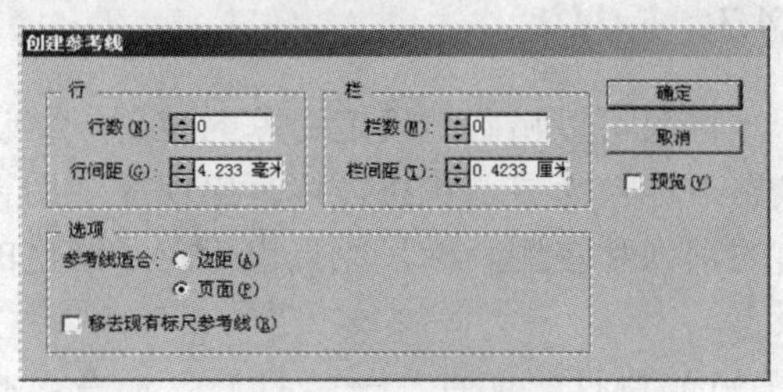

图 2-81 “创建参考线”对话框

3）将“预览”选项复选。设置“行数”和“栏数”选项，指定页面中网格标尺参考线的行数和栏数，如图 2-82 所示。参考线成对出现，将文档平均分开。

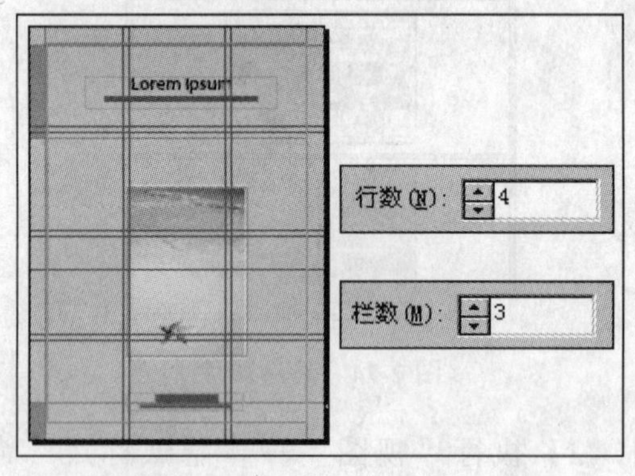

图 2-82 创建等比例的参考线

4）接着设置“行间距”和“栏间距”的参数，设置成对参考线之间的距离，如图 2-83 所示。

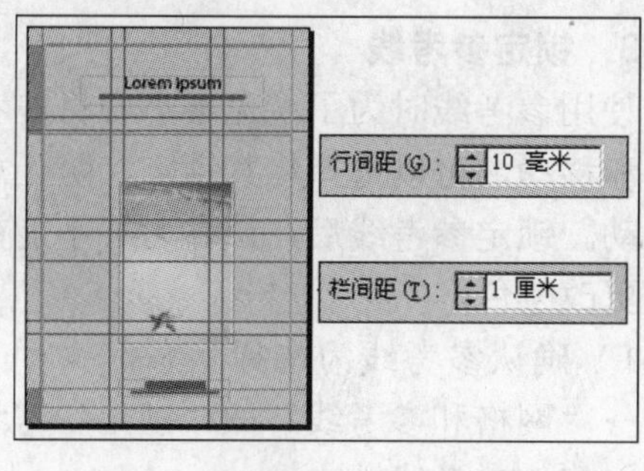

图 2-83　设置成对参考线之间的距离

5）在“参考线适合”选项中选择“边距”，将页面板心等分；选择“页面”将整个页面等分，如图 2-84 所示。

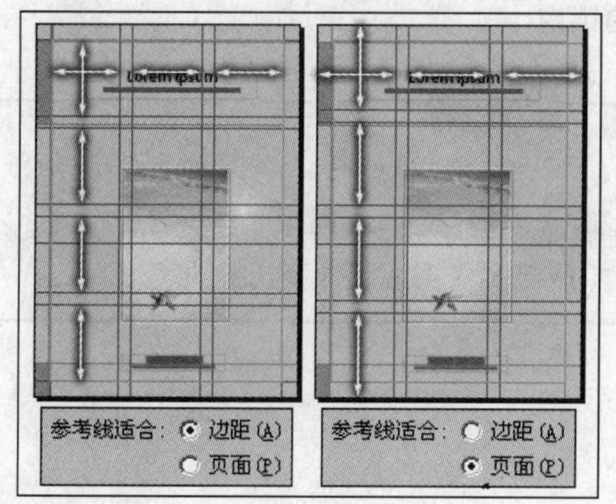

图 2-84　“参考线适合”选项

6）单击“移去现有标尺参考线”选项，将该选项复选，删去文档中原有的参考线，如图 2-85 所示。

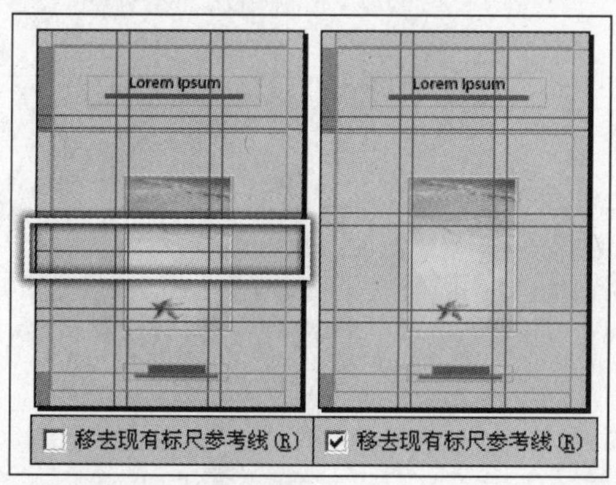

图 2-85　移去现有标尺参考线

7）设置完毕后，单击“确定”按钮，关闭对话框。

2. 设置参考线

1）使用“选择”工具，在参考线上单击，即可将参考线选中，如图 2-86 所示。

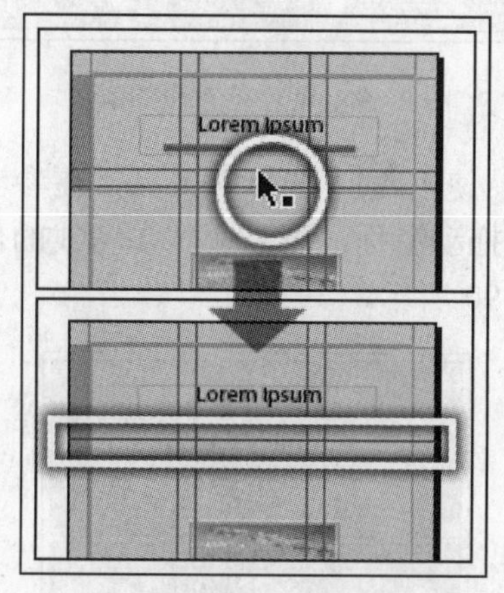

图 2-86　选中参考线

2）执行“版面”→“标尺参考线”命令，打开“标尺参考线”对话框，如图 2-87 所示。

图 2-87　“标尺参考线”对话框

3）单击“视图阈值”选项的下拉按钮，在弹出的下拉列表中可以选择参数，指定视图缩放大于或等于指定的数值时显示参考线，如图 2-88 所示。

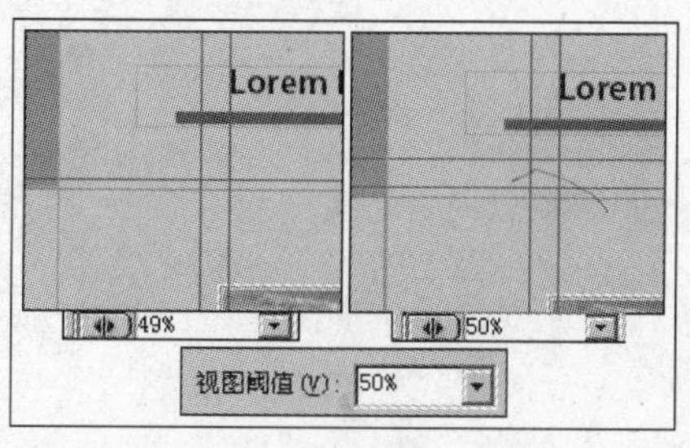

图 2-88　“视图阈值”选项

4）在“颜色”选项的下拉列表中可以设置参考线的颜色。设置完毕后，单击“确定”按钮，关闭对话框，效果如图2-89所示。

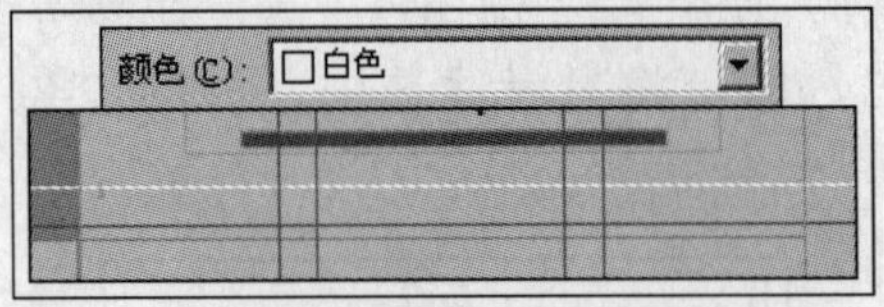

图2-89　设置参考线的颜色

5）使用“选择”工具，在参考线上单击并拖动鼠标，可以调整参考线的位置，如图2-90所示。

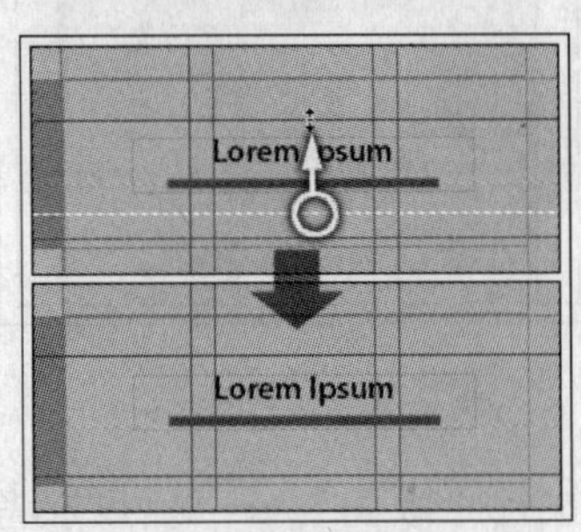

图2-90　调整参考线的位置

6）在“控制”调板中设置Y选项，准确调整参考线的位置，如图2-91所示。

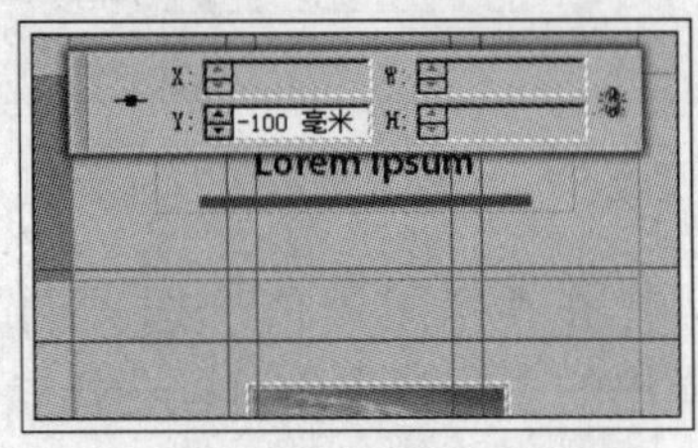

图2-91　准确调整参考线的位置

3. 锁定参考线

使用参考线时为了避免不小心将参考线选择和移动，可以选择将其锁定，防止意外的移动。锁定参考线后，该参考线不能被选择或更改颜色。

1）确认参考线为选择状态，执行“视图”→“网格和参考线”→“锁定参考线”命令，将该参考线锁定。

2）使用“选择”工具，再次选择锁定的参考线，该参考线将无法选择。

3）再次执行“视图”→“网格和参考线”→“锁定参考线”命令，可取消参考线的锁定。

提示

当“锁定参考线”命令前有“✓”对号时，表示文档中有参考线为锁定状态。执行该命令将取消参考线的锁定。

第3章

文本编辑

文本是版面设计中重要且难处理的部分，文本处理的好坏直接关系到出版物的质量。使用 InDesign CS3 文字工具不仅可以在文件中任意位置插入竖直或者水平的文本，而且还可以在图形内部或者路径上创建文本。下面将为读者介绍文字工具的使用方法和导入文字的方法。

3.1 文字工具

InDesign CS3 为用户提供了多种文字创建工具，分别为 T.“文字”工具、IT.“直排文字”工具、“路径文字”工具和“垂直路径文字”工具4种。

使用“文字”工具和“直排文字”工具创建文字时，需要先建立文本框，文本框可以管理所输入的文本内容。使用“文字”工具，在视图中单击并拖动鼠标即可创建文本框。“路径文字”工具和“垂直路径文字”工具可以沿路径创建文字，路径可以是任意形状。将文本框和路径文字结合使用，可以灵活多样地定义出版物的版面。下面通过一组操作，对文字创建工具的使用方法进行介绍。

3.1.1 创建文本

T.“文字”工具和IT.“直排文字”工具使用方法比较接近，不同的是“文字”工具用于创建横排文本，“直排文字”工具用于创建竖排文本。接下来以“文字”工具为例介绍创建文本的方法。

1）启动 InDesign CS3，执行“文件”→“打开”命令，打开本书附带光盘\Chapter-03\“衣服标签背景.indd”文件，如图 3-1 所示。

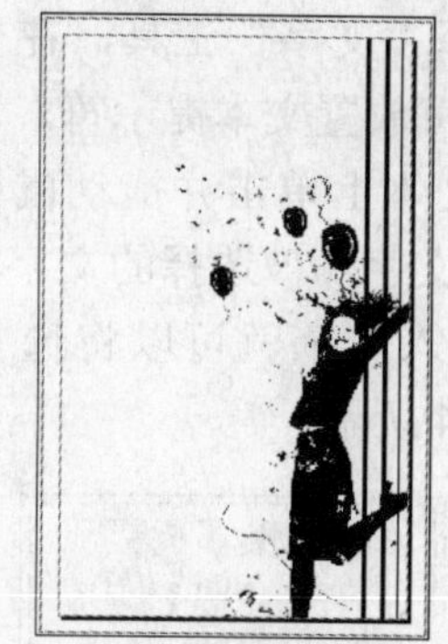

图 3-1　素材文件

2）选择工具箱中的 T.“文字”工具，在页面上方单击并拖动鼠标绘制文本框，如图 3-2 所示。

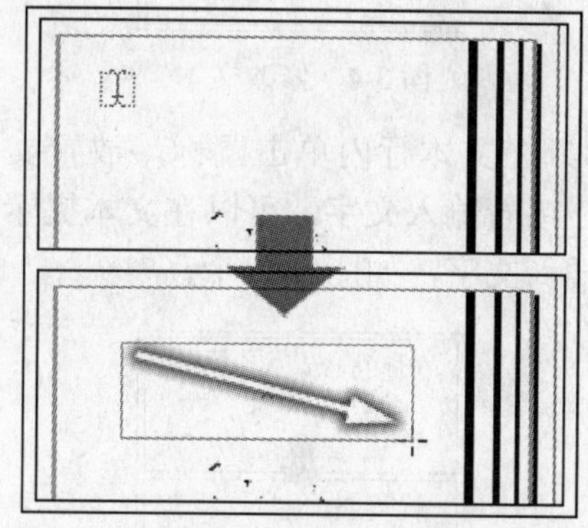

图 3-2　绘制文本框

3）这时在新绘制的文本框中会出现闪烁的输入光标，然后输入文本，输入的文本将会出现在文本框中，如图 3-3 所示。

图 3-3　输入文本

3.1.2 修改文本

1）选择“文字”工具，在文本行内单击鼠标，即可放置文本提示符。

2）在文本上单击并拖动鼠标可以选择需要修改的文字，被选择的文字将以反白状态出现，输入文字就可以将选中的文字替换，如图3-4所示。

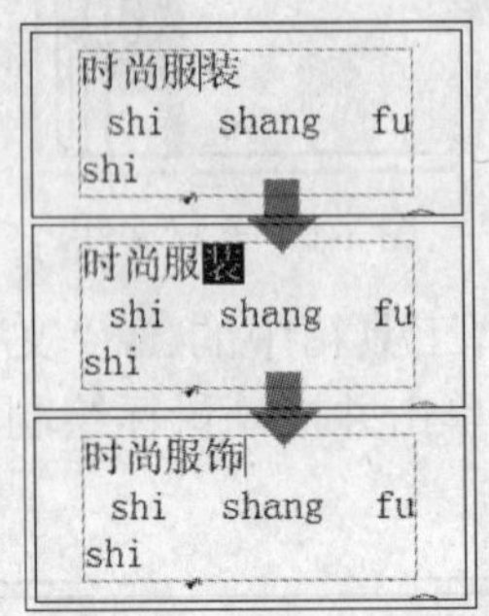

图3-4 修改文本

3）在文本行内单击鼠标，放置文本提示符，接着输入文字，可以在文本提示符的位置插入文字，如图3-5所示。

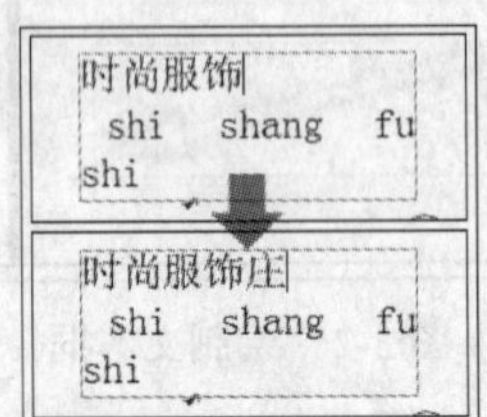

图3-5 插入文字

4）如果需要删除文字，可以先将文字选择，然后按下<Delete>键或<Backspace>键将文字删除，如图3-6所示。

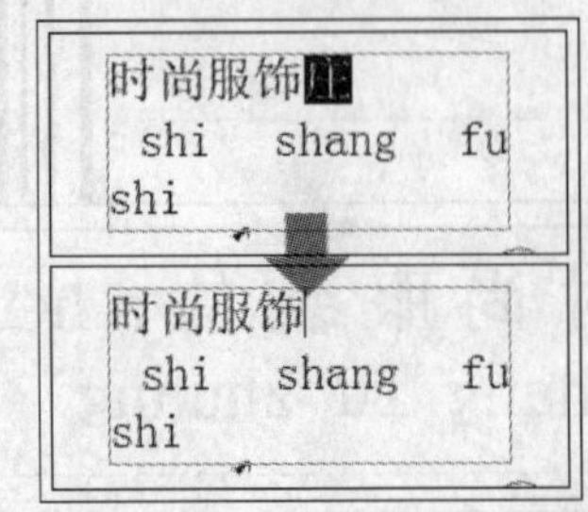

图3-6 删除文字

5）参照图3-7所示将相应的文字选择，接着在“控制调板”中，设置文字的字体类型、大小和行距。

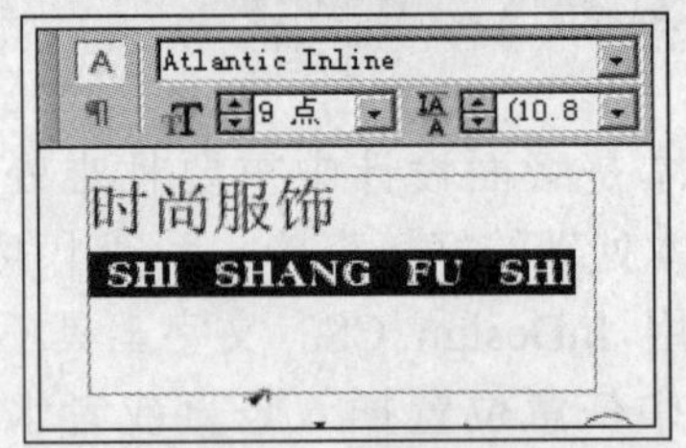

图3-7 设置字母文字的属性

6）使用同样的方法对其他文字进行设置，如图3-8所示。

图3-8 设置文字的属性

3.1.3 创建路径文本

“路径文字”工具和“垂直路径文字”工具都可以在路径上创建文字，不同的是“路径文字”工具在路径上创建横排文字，“垂直路径文字”工具在路径上创建竖排文字。

1）首先创建路径，使用工具箱中的“矩形”工具，在页面的底部单击并拖动鼠标绘制矩形路径，如图3-9所示。

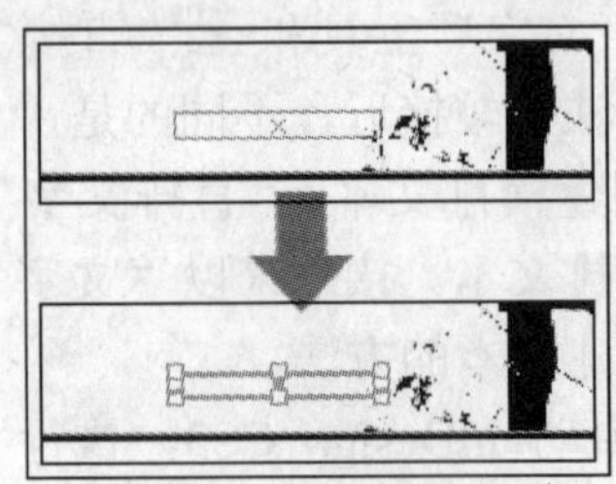

图3-9 绘制矩形路径

2）在工具箱中的底部单击“描边”框使其成为可编辑状态，然后单击“应用无”按钮，使矩形路径的边不填充颜色，如图 3-10 和图 3-11 所示。

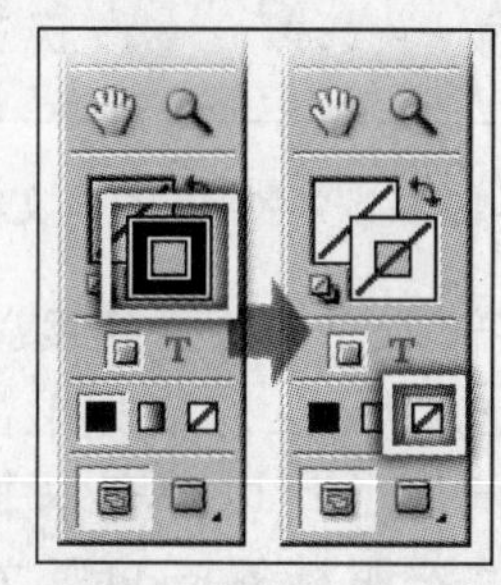

图 3-10　设置路径的边为不填充颜色

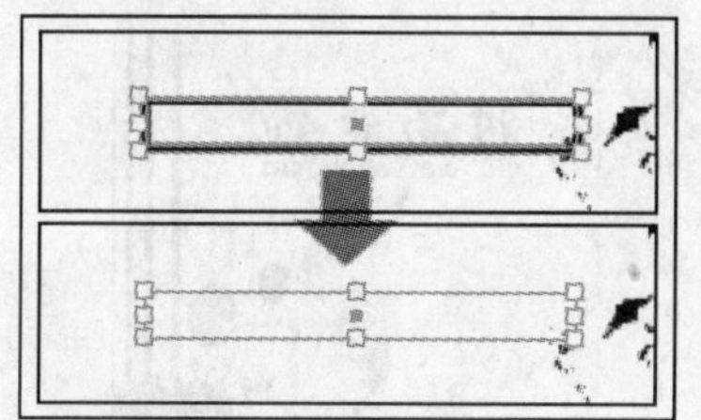

图 3-11　设置矩形路径的边

3）选择“路径文字”工具，将指针移动到路径上，当指针呈状时单击，插入文本提示符，如图 3-12 所示。

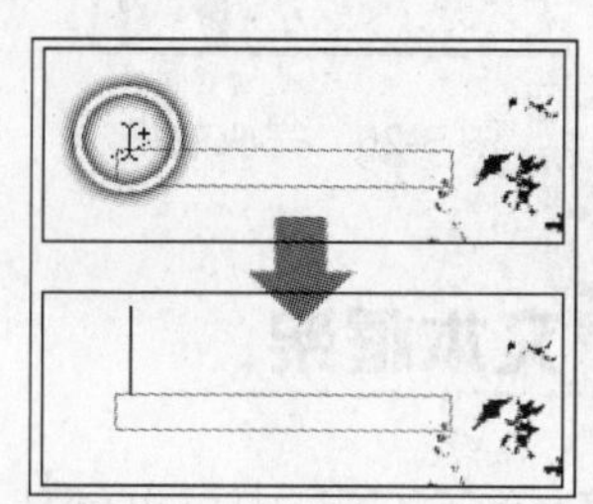

图 3-12　在路径中插入文本提示符

4）输入文字，可以看到文字沿图形形状进行摆放，当路经弯曲或翻转时文字也会跟随产生旋转效果，如图 3-13 所示。

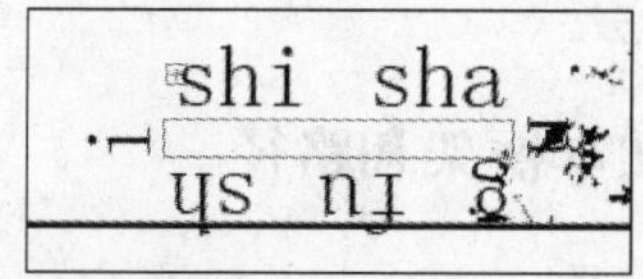

图 3-13　沿路径输入文字

在路径上创建文本时，可以沿整个路径摆放文本，也可以在路径上指定一个区域来摆放文字。

1）使用“选择”工具在已经插入文字的矩形图形上单击，将其选择，按下键盘上<Delete>键将其删除，然后重新绘制一个矩形图形。

2）选择“路径文字”工具为选择状态，将指针移动到路径上，当指针呈状时单击并拖动鼠标，可以在路径上指定插入文字的区域，如图 3-14 所示。

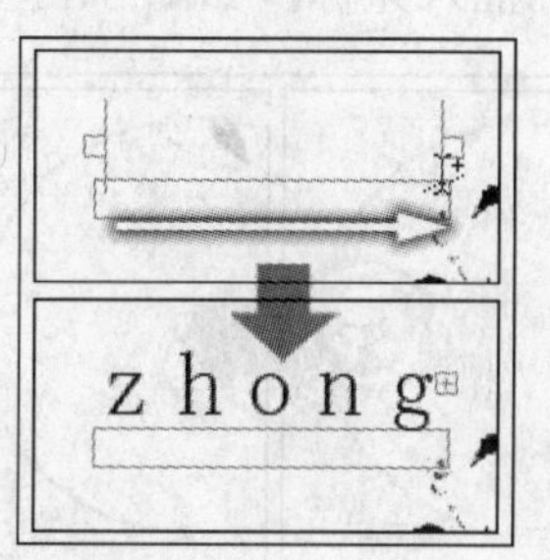

图 3-14　设置文字显示的区域

3）在路径上输入文字并对文字进行设置，如图 3-15 所示。

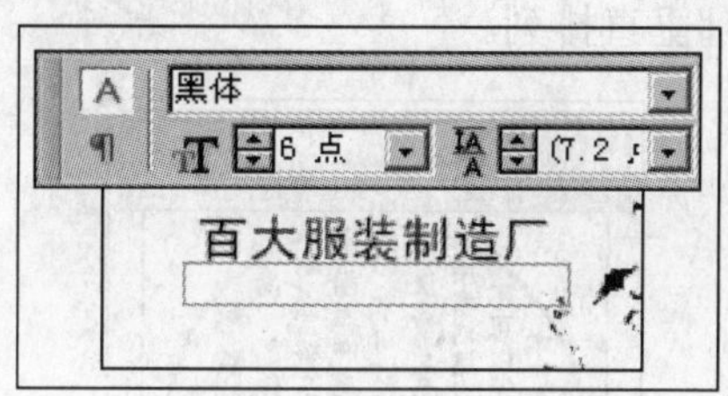

图 3-15　输入文字

3.1.4　在路径内创建文本

路径图形除了可以作为文字的摆放轨迹，还可以作为输入文字的文本框。图形作为文本框的优点是，其形状可以根据页面排版的需要定义成任意形状。下面介绍在路径内创建文本的方法。

1）选择工具箱中的“椭圆”工具，在视图的左侧单击，按住<Shift>键的同时并

3 文本编辑

拖动鼠标绘制圆形路径，如图 3-16 所示。

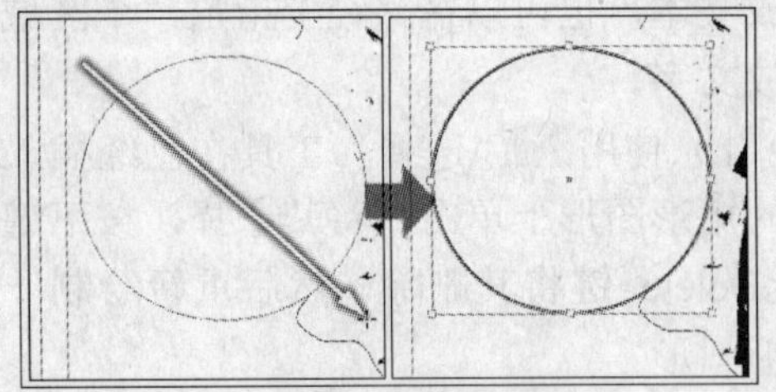

图 3-16 绘制圆形路径

2）选择“直排文字”工具，移动鼠标指针到圆形路径的内部，当指针呈状时单击鼠标插入光标，如图 3-17 所示。

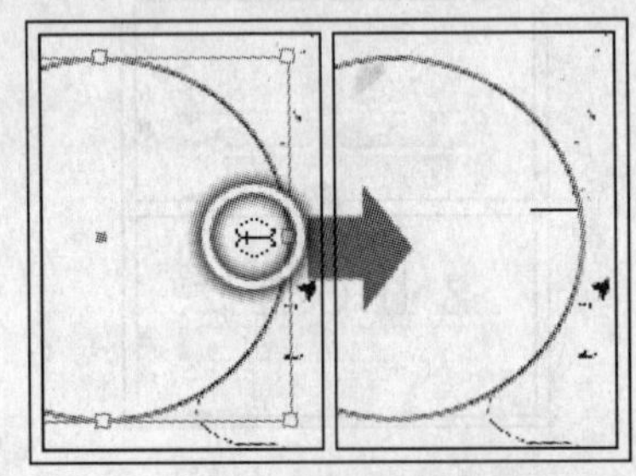

图 3-17 插入光标

3）参照图 3-18 所示对“控制调板”进行设置，然后输入文字。输入的文本将在圆形内部垂直排列。

图 3-18 输入文字

> **提 示**
>
> 如果使用“直排文字”工具输入的文本为英文时，InDesign CS3 自动将英文字母的方向顺时针旋转 90°，效果如图 3-19 所示。

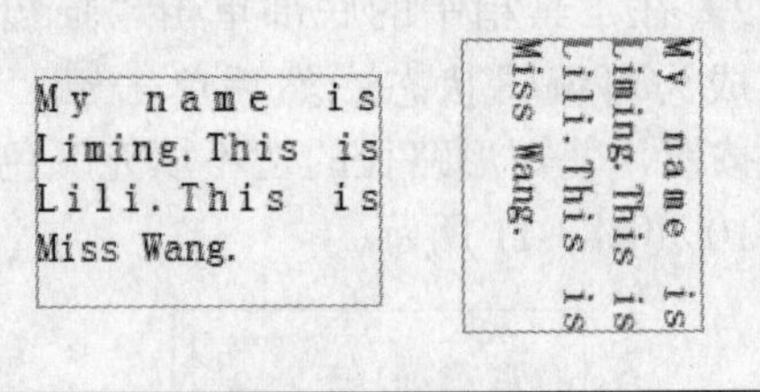

图 3-19 英文字母的直排文字

4）文字输入完毕后，实例就制作完成了，如图 3-20 所示。读者如果在制作过程中遇到什么问题，可以打开本书附带光盘\Chapter-03\“衣服标签.indd”文件进行查看。

图 3-20 完成效果

3.2 文本框架

在 InDesign CS3 中可以创建多种文本框架，这大大丰富了用户在排版时的编辑手段。有些文本框架专门用于创建和编辑文本，有些则既可以输入文本，也可以置入图片。在本节中将介绍各种文本框架工作特点与创建方法。

3.2.1 文本框架和路径

1．路径

路径是矢量图形，类似于在绘图程序

（如 Illustrator、CorelDRAW）中创建的图形。可以使用“工具箱”中的矢量绘图工具和钢笔工具直接绘制路径。用户可以沿路径放置文本，文本会按照路径的形状进行摆放，如图 3-21 所示。

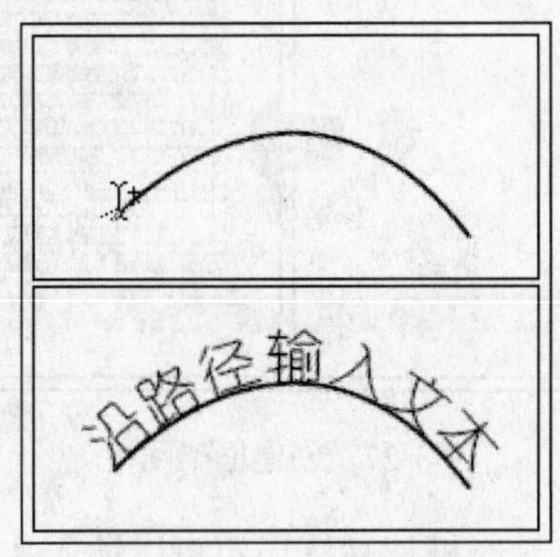

图 3-21 沿路径输入文本

2．框架

用图文框工具绘制的对象或者用钢笔工具以及图像工具绘制的对象，用来容纳图片或文本，在没有指定内容或置入内容时对这种对象的总称为框架或图文框。用户除了可以沿路径放置文本以外，还可以将路径图形作为文本框架，这时图形就像一个容器，框架内输入的文本将按照框架的形状进行摆放，如图 3-22 所示。

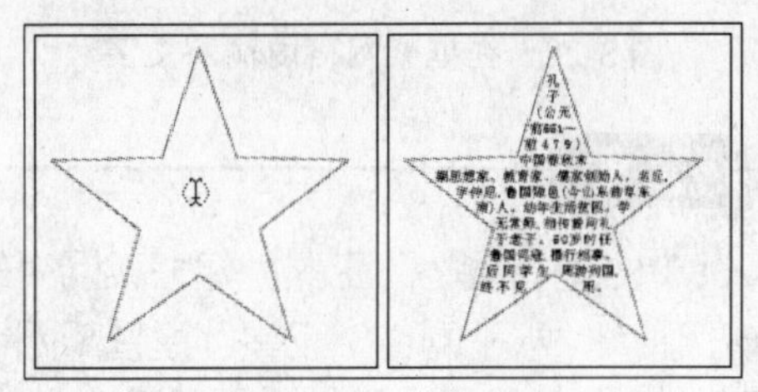

图 3-22 在路径中输入文本

在路径内部输入文本内容后，路径将转化为文本框架。由于框架由路径组成，因此框架可以按照路径的设置方法进行操作，例如为其设置填色或描边颜色。同时，可以使用“钢笔”等路径编辑工具对框架的形状进行调整，如图 3-23 所示。

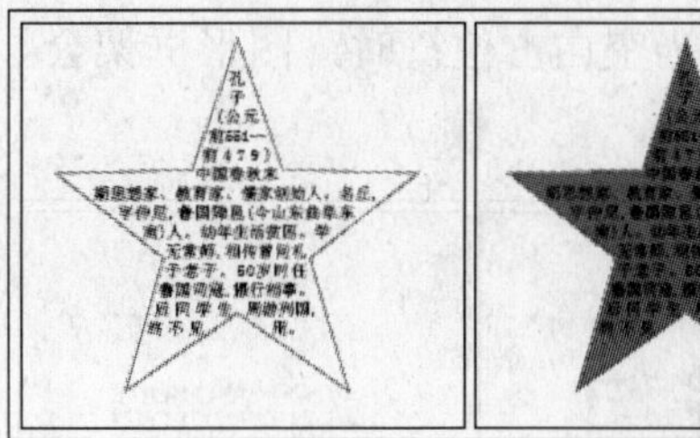

图 3-23 设置框架属性

3．文本框

文本框是由“文字”工具所创建，专门用于输入和管理文本的框架区域，分为框架网格和纯文本框架两种。框架网格是中文排版特有的文本框架类型，其中字符的全角字框和间距都显示为网格。在框架网格中设置网格的属性，文本在网格上的分布方式也会做出相应的改变，该框架是中文排版特有的文本框架类型。纯文本框架是不显示任何网格的普通文本框架。图 3-24 出示了框架网格和纯文本框架。

老子是中国春秋时期的思想家、道家学派创始人。一说老子即老聃，姓李名耳，字聃，楚国苦县（今河南鹿邑东）人，曾为周“守藏室之史”（管藏书的史官），后隐退著《老子》一书。他把宇宙万物的本体看做“道”，认为它是超越时空静止不动的实体，是产生整个物质世界的总根源。

15W x 10L = 150(127)

老子是中国春秋时期的思想家、道家学派创始人。一说老子即老聃，姓李名耳，字聃，楚国苦县（今河南鹿邑东）人，曾为周“守藏室之史”（管藏书的史官），后隐退著《老子》一书。他把宇宙万物的本体看做“道”，认为它是超越时空静止不动的实体，是产生整个物质世界的总根源。

图 3-24 框架网格和纯文本框架

框架网格和纯文本框架都可以插入文本。框架网格包含字符属性设置，这些字符属性会应用于置入的文本。而纯文本框架没有字符属性设置，文本在置入后，会采用“字符”调板中当前选定的字符属性。

4．图形框架

图形框架是用来容纳图片的图文框，或者是指定了内容为图片的图文框。图片框裁切图片通过用户更改框的大小来裁切，框是可见的，如图 3-25 所示。图形框架可以充当框架和背景，并可以对图形进行裁切或蒙版操作。充当空白占位符时，图形框架会显示一个十字条。

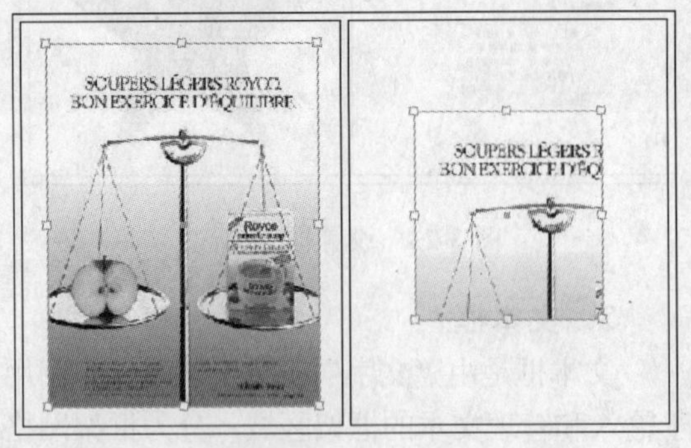

图 3-25　图形框架

3.2.2　创建文本框

创建文本框的方法很多，如使用文字工具创建纯文本框；使用网格工具创建框架网格；使用文字工具在路径上单击即可使路径转换为文本框等。下面通过操作的方式介绍创建文本框的各种方法。

1. 创建框架网格

使用“水平网格”工具和“垂直网格”工具都可以在文档中创建框架网格，不同的是“水平网格”工具创建的框架网格输入的文本是横排的；“垂直网格”工具创建的框架网格输入的文本是竖排的。

1）执行“文件”→“新建”命令，参照图 3-26 所示新建一个 1 页 A4 的文档，不分栏。

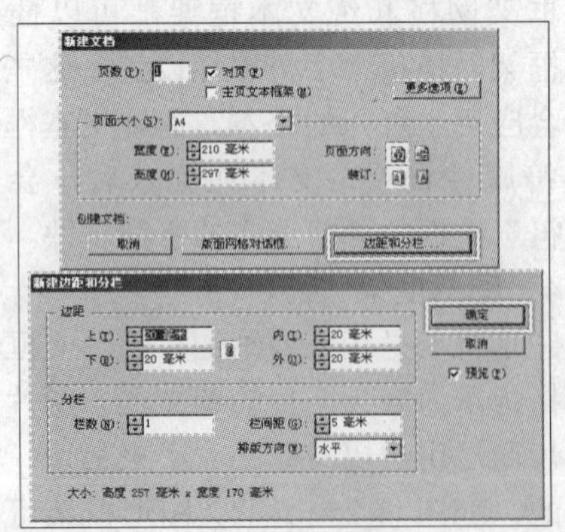

图 3-26　新建文档

2）选择工具箱中的“水平网格”工具，接着在页面中单击并拖动鼠标，即可创建框架网格，如图 3-27 所示。

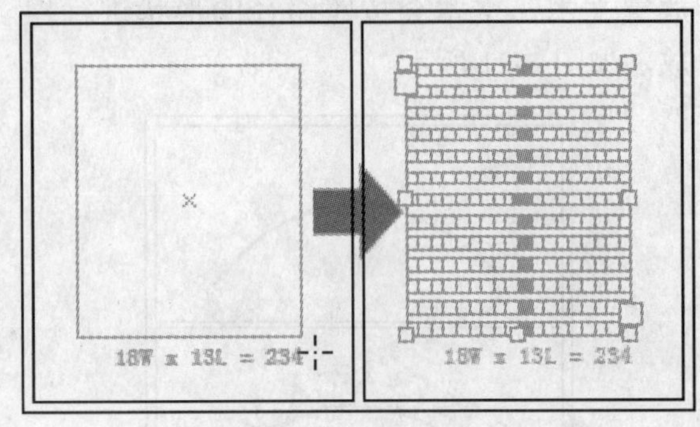

图 3-27　创建框架网格

3）这时框架网格还不可以输入文字。必须选择“文字”工具在框架网格上单击，插入光标后才可以输入文字，如图 3-28 所示。

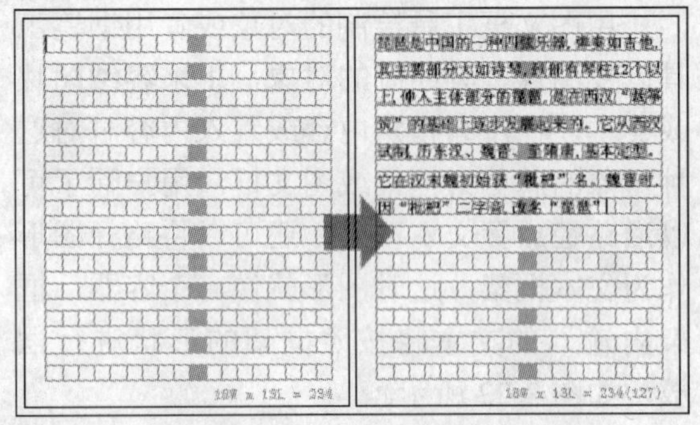

图 3-28　在框架网格内输入文字

提 示

“垂直网格”工具创建框架网格的方法和“水平网格”工具创建框架网格的方法相同，在这里不再重复讲述。

2. 创建纯文本框

创建纯文本框的工具有两种，分别是“文字”工具和“直排文字”工具。这两种工具都可以在文档中创建纯文本框，也可以将路径转换为文本框。不同的是“文字”工具创建的是横排文本，“直排文字”

工具创建的是竖排文本。在 3.1 节中已经讲述这些文字工具的使用方法，在这里不再重复讲述。

3.2.3 编辑文本框

在工具箱的顶部有两个选择工具：“选择”工具和“直接选择”工具。“选择”工具可以移动文本框，调整文本框的大小；“直接选择”工具可以对文本框的形状进行编辑。下面通过操作演示这两个工具的使用方法。

1）确认新建的文档没有关闭。选择工具箱中的“选择”工具，移动鼠标到刚刚创建的框架网格上，鼠标指针呈状时单击，将其选择，如图 3-29 所示。可以发现被选择的文本框四周会出现八个框架手柄和两个端口。

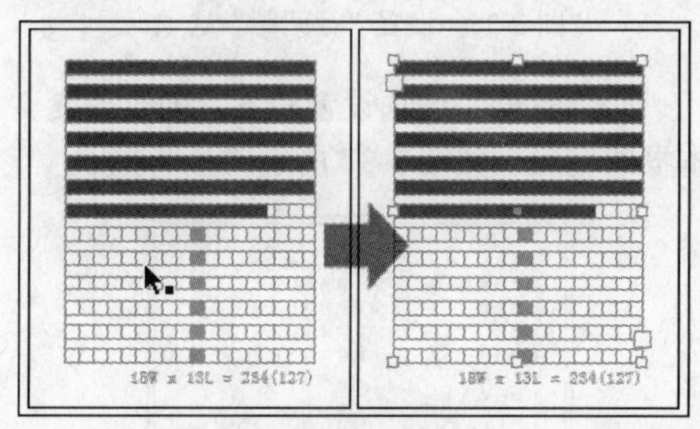

图 3-29 选择框架网格

2）移动鼠标指针到底部的框架手柄上，鼠标指针呈状时单击并拖动鼠标，可以调整框架的大小，如图 3-30 所示。

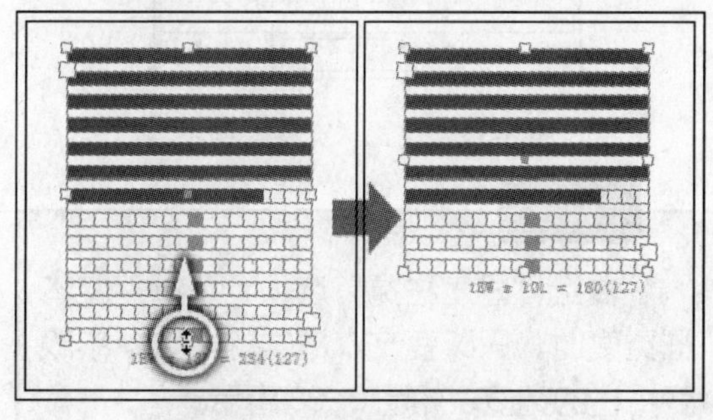

图 3-30 调整文本框的大小

3）在框架网格上单击并拖动鼠标，可以移动框架网格的位置，如图 3-31 所示。

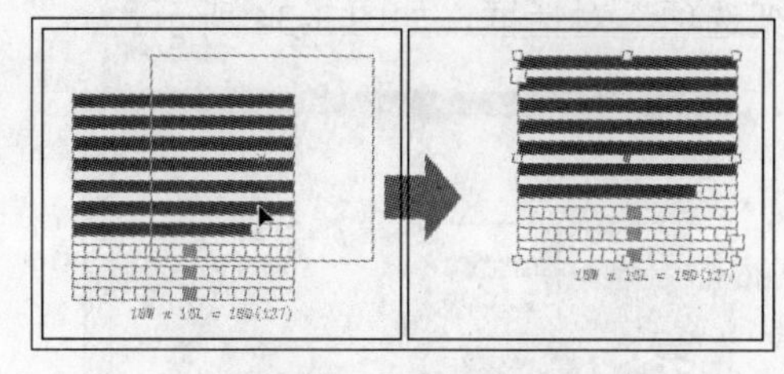

图 3-31 移动文本框

4）选择工具箱中的“直接选择”工具，移动鼠标指针到右下角的控制点上，鼠标指针呈状时单击并拖动鼠标，可以对框架网格的形状进行编辑，如图 3-32 所示。

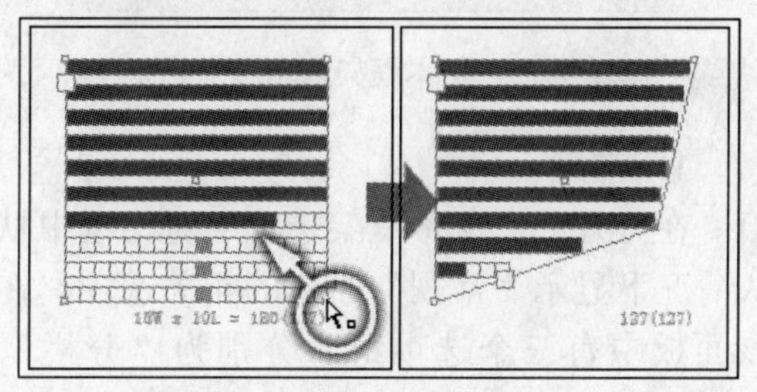

图 3-32 编辑框架网格的形状

3.2.4 文本框架选项

文本框架选项可以对文本框属性进行设置，例如设置框架中的分栏数、框架内文本的对齐方式或内边框外观等。下面通过操作来学习文本框架选项的设置方法。

1）使用“文字”工具，在文档中创建文本框，并在文本框中输入文字，如图 3-33 所示。

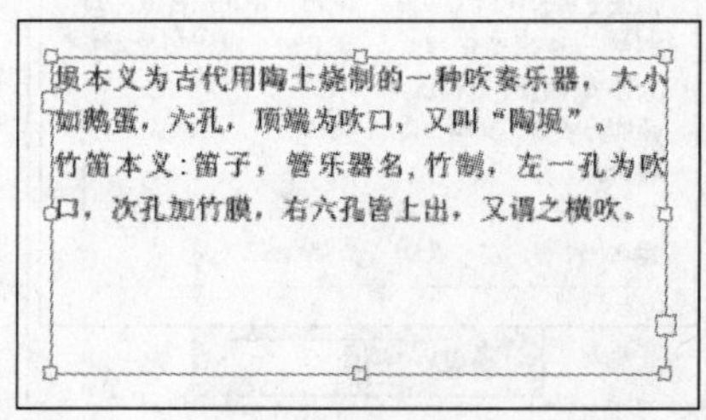

图 3-33 创建文本框

2）确认文本框为选择状态。执行“对象”→“文本框架选项”命令，打开“文本框架选项”对话框，如图 3-34 所示。

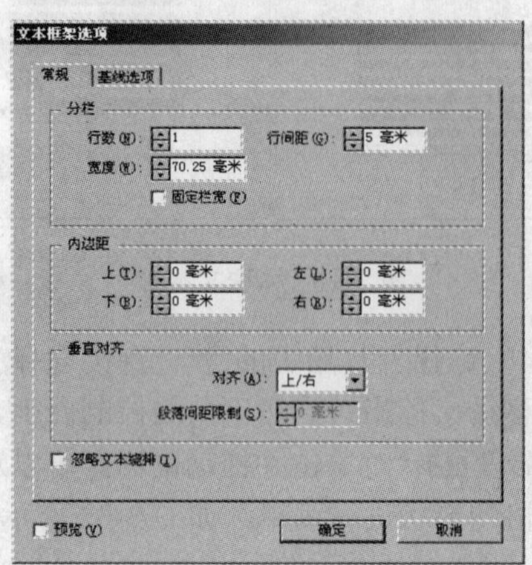

图 3-34 “文本框架选项”对话框

1. 常规

在打开的“文本框架选项”对话框中默认情况下显示“常规”面板的相关选项，在该面板中有三个选项组，分别为“分栏”、“内边距”和“垂直对齐”，每个选项组中的选项用法各不相同，接下来详细介绍各个选项组的使用方法。

“分栏”选项组可以设置文本框中的分栏数、栏间距和栏宽。

1）单击对话框左下角的“预览”复选框，可以在文档中显示设置的效果。

2）单击“行数”选项文本框左侧的三角按钮，可以设置文本框的分栏数，如图 3-35 所示。

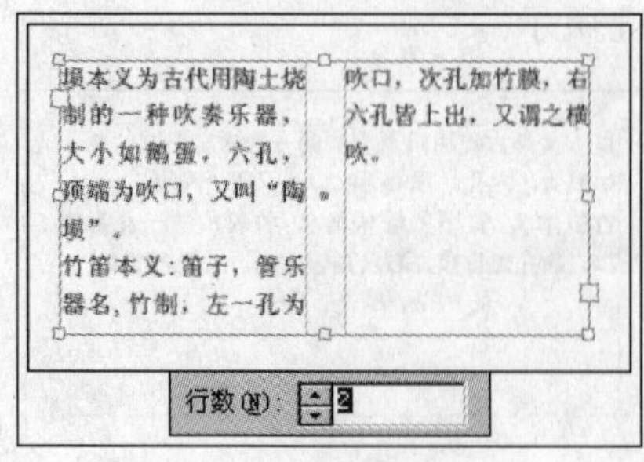

图 3-35 设置“行数”选项

提 示

单击“行数”选项文本框左侧的按钮，可以增加文本框的栏数；单击按钮，可以减少文本框的栏数。

3）设置“行间距”选项的参数，可以调整栏与栏之间的距离，如图 3-36 所示。

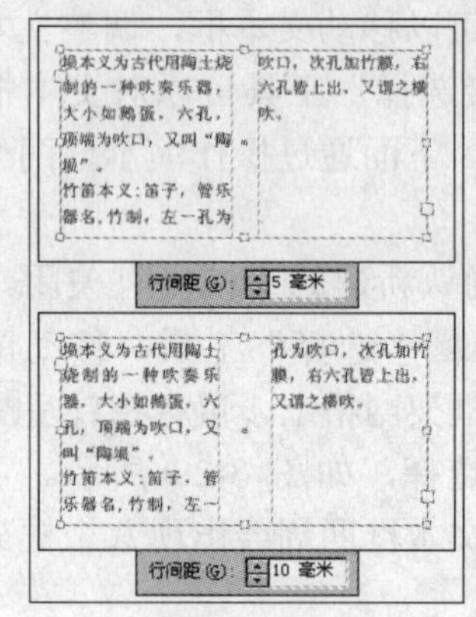

图 3-36 设置“行间距”选项

4）“宽度”选项设置栏宽，同时改变文本框的宽度，如图 3-37 所示。

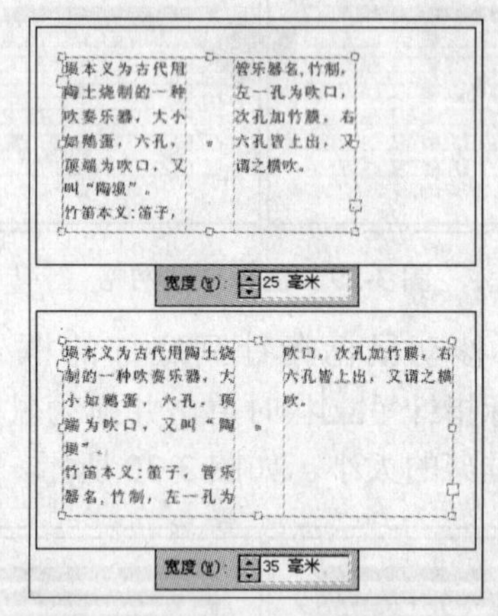

图 3-37 设置“宽度”选项

提 示

复选“固定栏宽”选项，在调整文本框宽度时，只改变文本框中的栏数，不改变每栏的宽度，如图 3-38 所示。

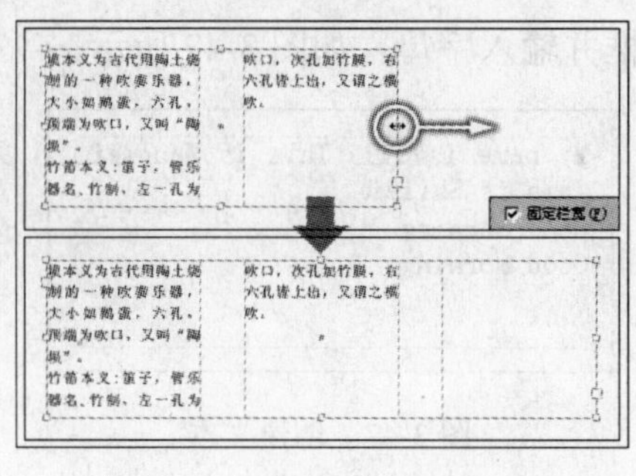

图 3-38　复选“固定栏宽”选项

“内边距”选项组设置文本框边线与文本框中文本边缘之间的间距。

1）设置“上”选项的参数，可以看到文本框上方的边线和文本之间有了一定的距离，如图 3-39 所示。

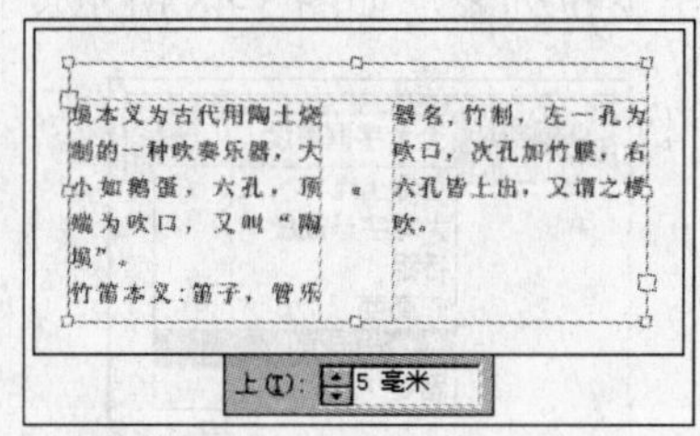

图 3-39　设置“上”选项

2）分别对其他三个选项进行设置，效果如图 3-40 所示。

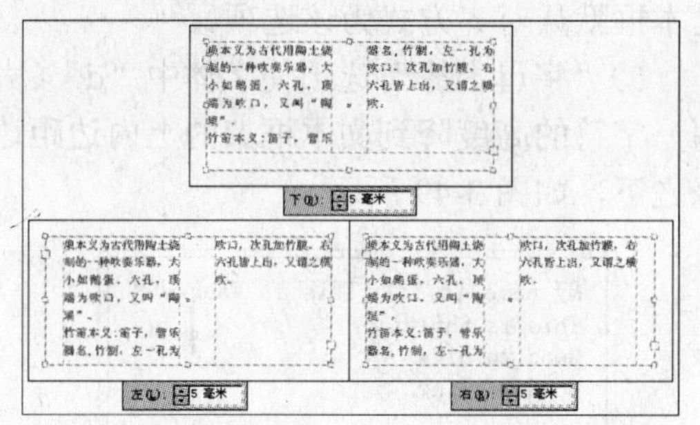

图 3-40　设置“下”、“左”和“右”选项

“垂直对齐”选项组可以控制在纵向文本框中的文本以何种方式填满文本框，可以沿着框架的纵轴对齐或分布其中的文本行。

1）设置“行数”选项为 1，设置“上”、“下”、“左”和“右”选项为 0。单击“对齐”选项的下拉按钮，弹出一个下拉列表，如图 3-41 所示。

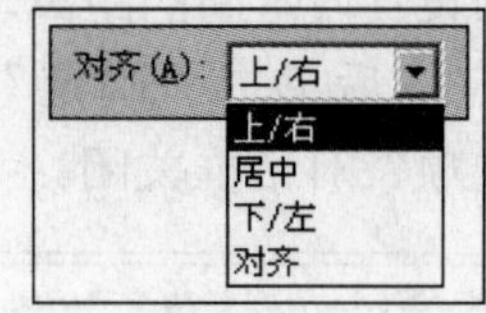

图 3-41　“对齐”选项的下拉列表

2）“上/右”选项使文本的第一行和文本框的顶部对齐，如图 3-42 所示。

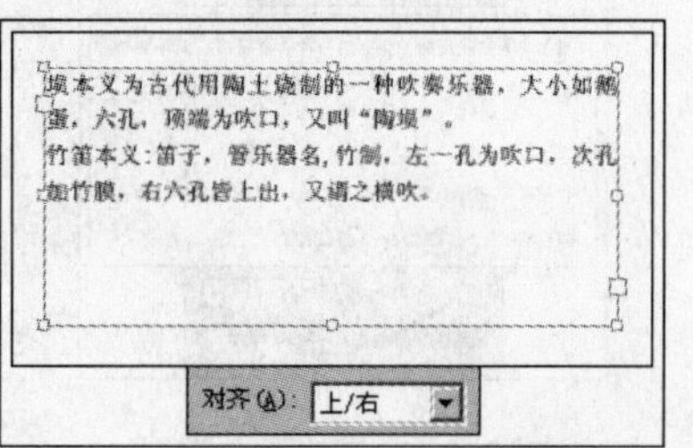

图 3-42　“上/右”选项

3）“居中”选项使文字和文本框垂直中心对齐，如图 3-43 所示。

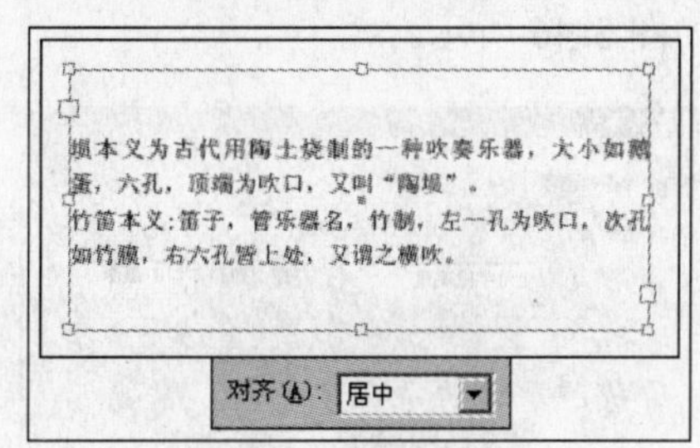

图 3-43　“居中”选项

4）“下/左”选项使文本的最后一行和文本框的底部对齐，如图 3-44 所示。

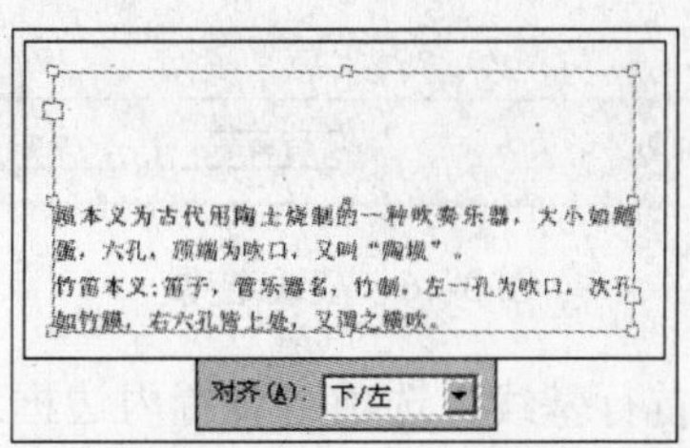

图 3-44　“下/左”选项

5）选择“对齐”选项使文本强行占满文本框。这时“段落间距限制”选项为可用状态，该选项设置段落间的距离，如图 3-45 所示。设置完毕后单击“确定”按钮，将“文本框架选项”对话框关闭。

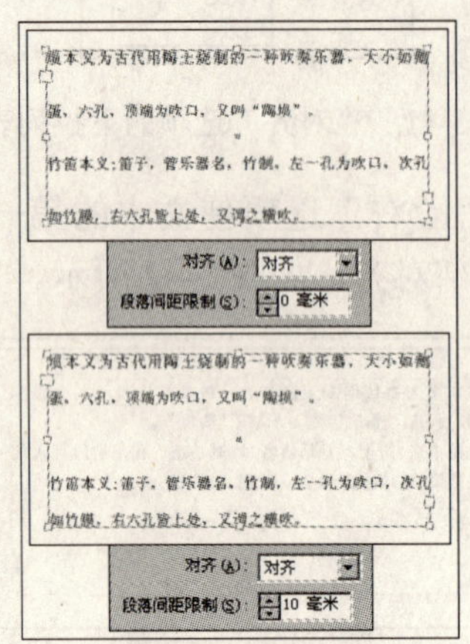

图 3-45　“对齐”选项

2. 基线选项

单击“文本框架选项”对话框顶部的“基线选项”标签，打开“基线选项”面板，如图 3-46 所示。

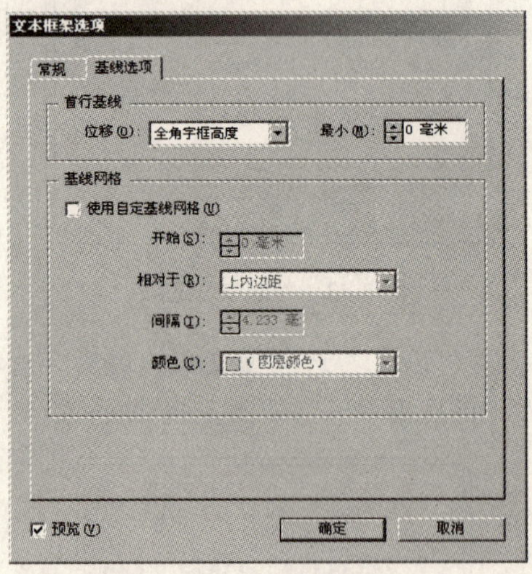

图 3-46　基线选项

“首行基线”选项组设置内边框边缘与第一行文本的基线之间的对齐方式。

1）使用“文字”工具，在文档中创建文本框并输入字母，如图 3-47 所示。

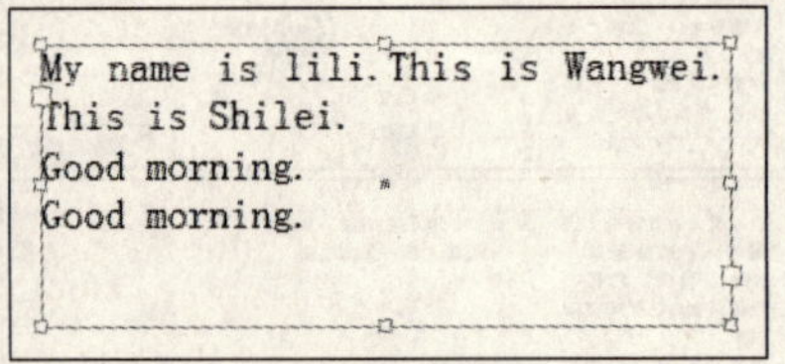

图 3-47　创建文本

2）执行“对象”→“文本框架选项”命令，打开“文本框架选项”对话框，单击顶部的“基线选项”标签，打开“基线选项”对话框并确认“预览”复选框为激活状态。

3）接着单击“位移”选项的下拉按钮，弹出下拉列表，如图 3-48 所示。

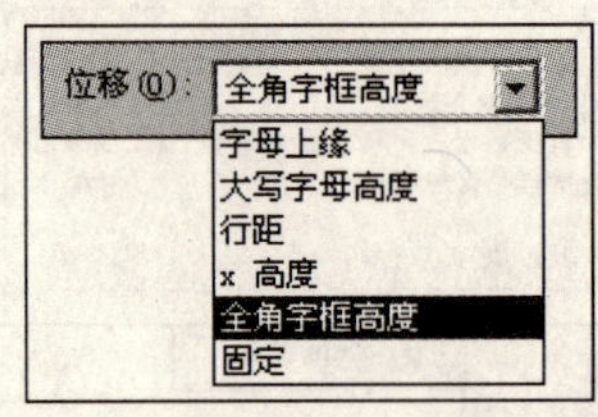

图 3-48　“位移”选项的下拉列表

4）“全角字框高度”选项以全角字框的高度确定框架顶部与首行基线之间的距离，文本框默认对齐方式为该选项。

5）“字母上缘”选项使字体中“d”（大写）字符的高度降到文本框架的上内边距边缘之下，如图 3-49 所示。

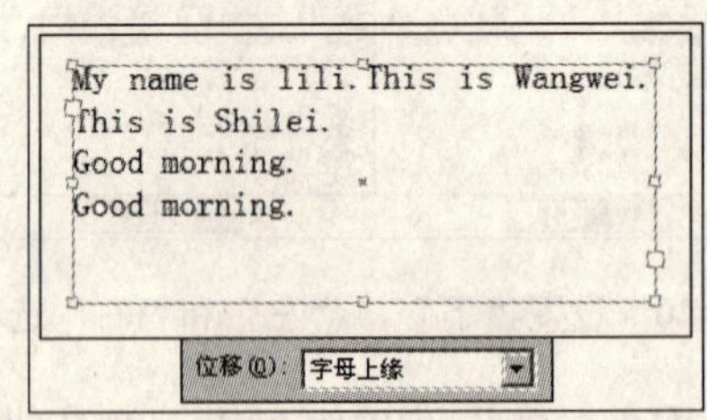

图 3-49　“字母上缘”选项

6）选择“大写字母高度”选项使大写字母的顶部触及文本框架的上内边距边缘，如图 3-50 所示。

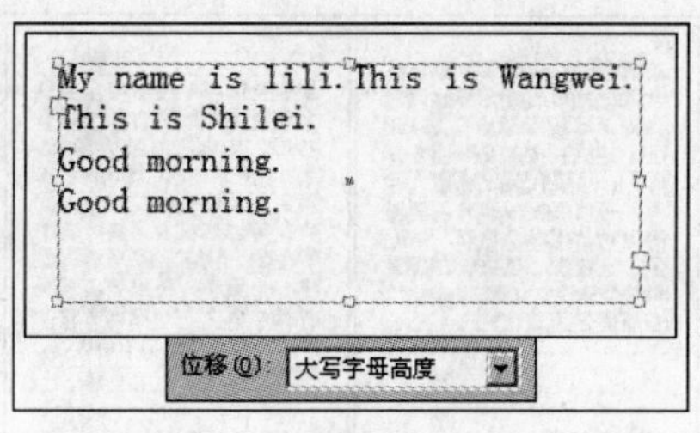

图 3-50　“大写字母高度”选项

7）选择“行距”选项将文本的行距值用作文本首行基线和框架的上内边距边缘之下，如图 3-51 所示。

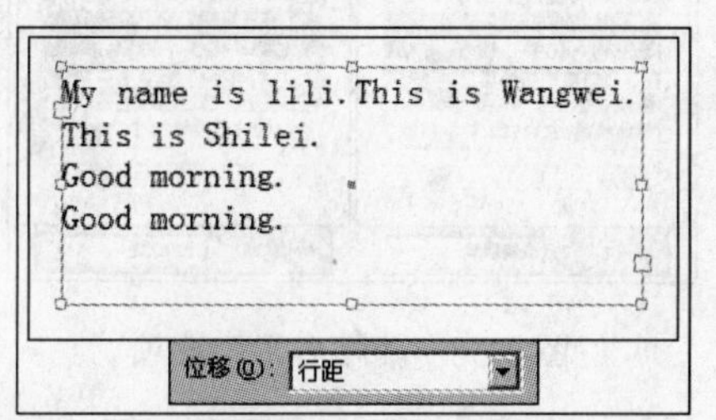

图 3-51　“行距”选项

8）“x 高度”选项使字体中“x”（小写）字符的高度降到框架的上内边距边缘之下，如图 3-52 所示。

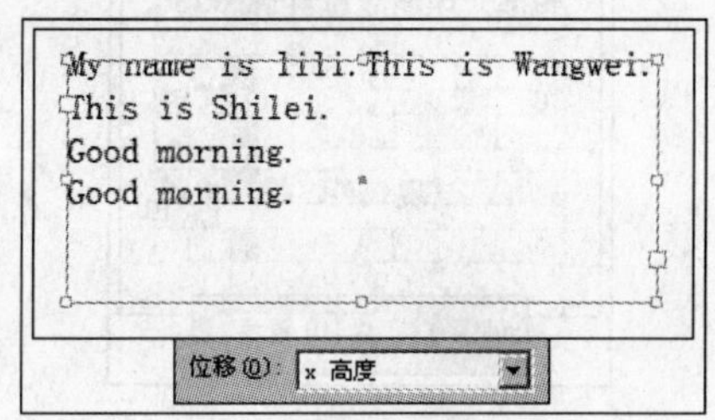

图 3-52　“x 高度”选项

9）“固定”选项指定文本首行基线和框架的上内边距边缘之间的距离，如图 3-53 所示。

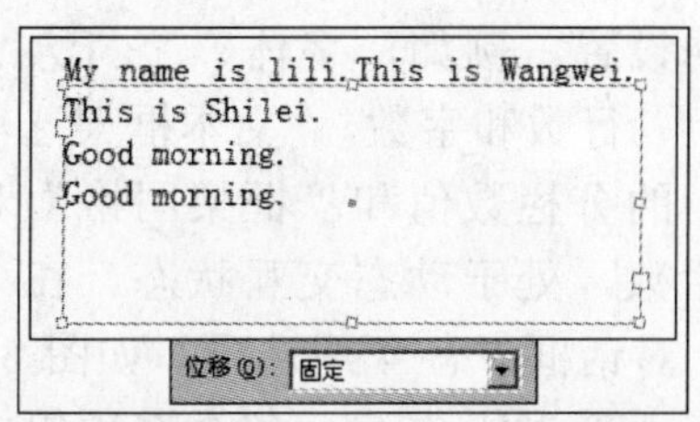

图 3-53　“固定”选项

10）“最小值”选项设置文本首行基线和框架的上内边距边缘之间的最小距离，如图 3-54 所示。

图 3-54　“最小值”选项

11）设置完毕后单击“确定”按钮，将“文本框架选项”对话框关闭。

基线网格表示文本中正文文本的行距，可以对页面的所有元素使用该行距值的倍数，以确保文本在栏与栏之间、页与页之间始终保持对齐状态。在每个新建的文档中都有默认的文档基线网格，这些网格为隐藏状态。可以执行“视图”→“网格和参考线”→“显示基线网格”命令将基线网格隐藏。如果基线网格仍未显示，将视图放大即可看到。

“基线网格”选项组将基线网格应用于文本框架。

1）使用“水平网格”工具，在视图中绘制框架网格，然后输入文字，如图 3-55 所示。

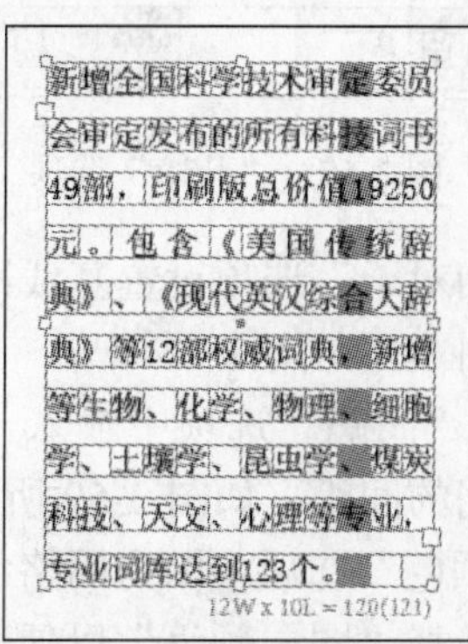

图 3-55　创建框架网格

2）打开“文本框架选项”对话框，单击“基线选项”标签。

3）然后选择“使用自定基线网格”复选框，将基线网格应用于文本框架。文本随着基线网格的出现，而产生分布上的变化，如图 3-56 所示。

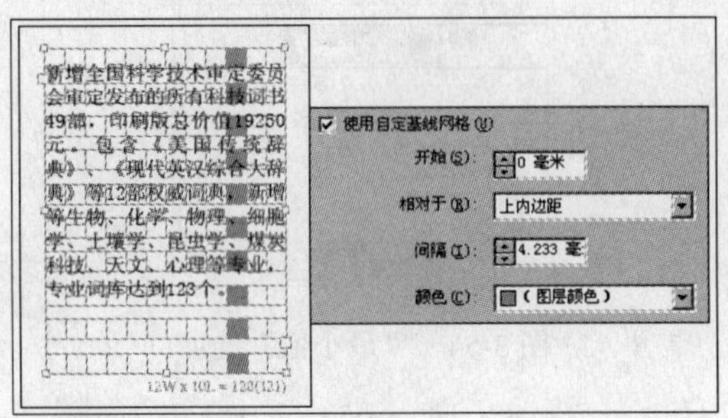

图 3-56 选择“使用自定基线网格”复选框

4）在“开始”选项中输入一个值以从页面顶部、页面的上边距、框架顶部或框架的上内边距（取决于从“相对于”下拉列表框中选择的内容）移动网格，如图 3-57 所示。

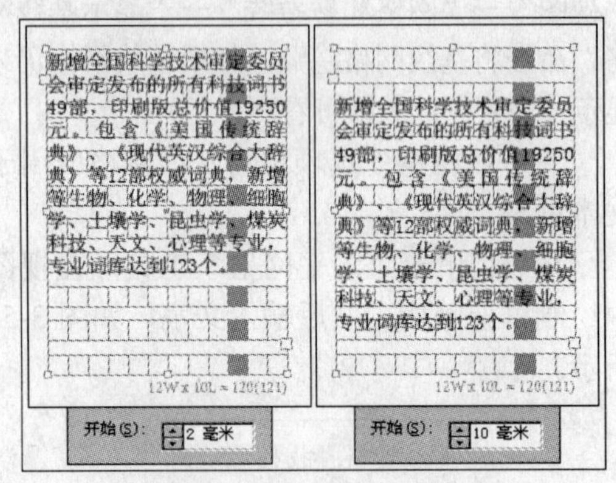

图 3-57 “开始”选项

5）“相对于”选项设置基线网格对齐的方式，如图 3-58 所示。

6）在“间隔”选项中输入一个值作为网格线之间的间距，如图 3-59 所示。

7）“颜色”选项可以为网格线选择一种颜色，或选择“图层颜色”以便与显示文本框架的图层使用相同的颜色。

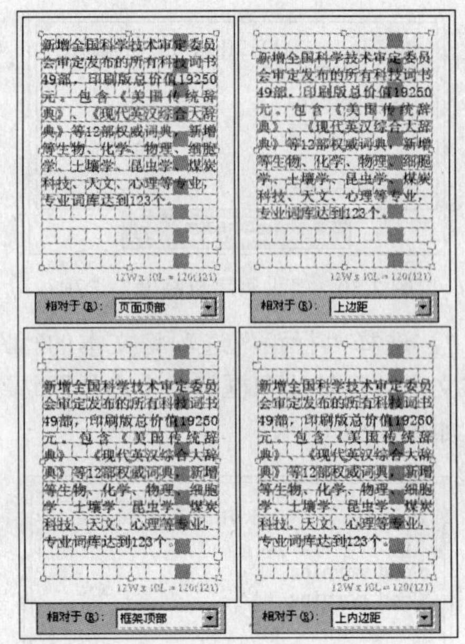

图 3-58 “相对于”选项

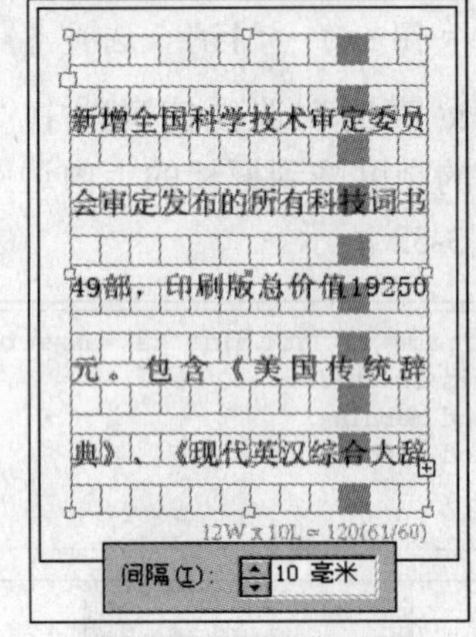

图 3-59 “间隔”选项

3.2.5 框架网格属性

使用“框架网格”对话框可以更改框架网格的设置，例如，字体、字符大小、字符间距、行数和字数。“文本框架选项”对话框中的分栏数值和“框架网格”对话框中的栏数，处于动态交互状态。在“框架网格”对话框中有 4 组选项，如图 3-60 所示。下面通过操作演示各个选项组中选项设置的方法。

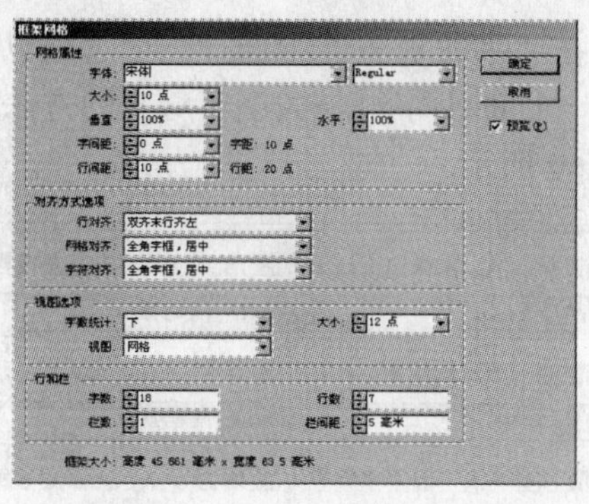

图 3-60 “框架网格”对话框

1. 网格属性

1）在文档中创建网格框架，并在网格框架中输入文字，如图 3-61 所示。

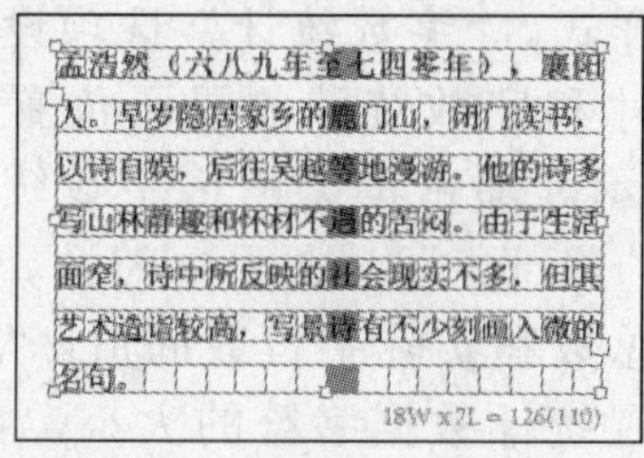

图 3-61 创建框架网格文本

2）执行“对象”→“框架网格选项”命令，打开“框架网格”对话框，然后选择右侧的“预览”复选框。

3）在“字体”选项中选择字体和字体样式，框架网格中的单元格将根据这些字体设置，如图 3-62 所示。

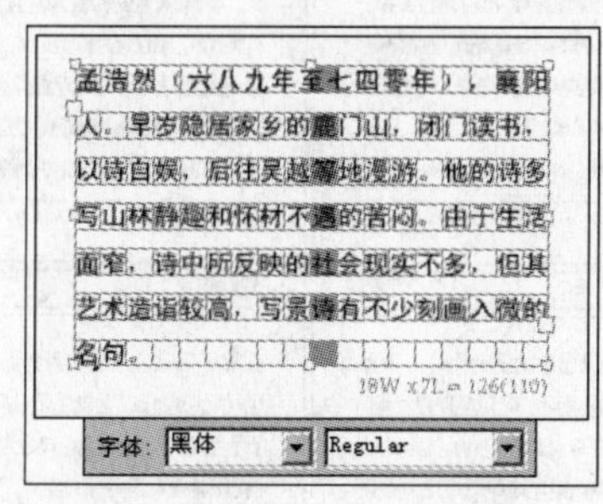

图 3-62 “字体”选项

4）“大小”选项指定基准字符大小，这个值将作为网格单元格的大小，如图 3-63 所示。

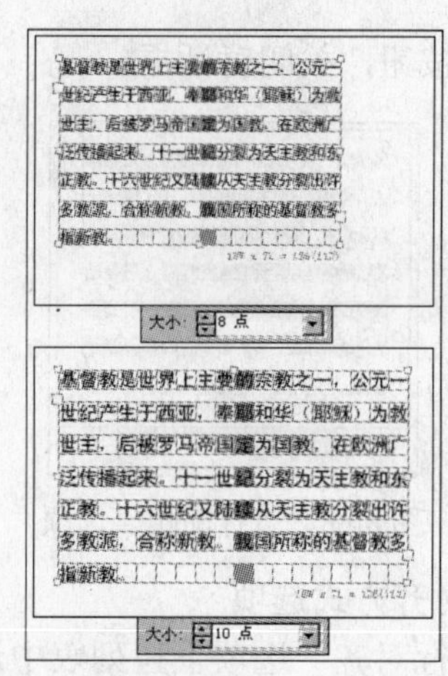

图 3-63 “大小”选项

5）“垂直”和“水平”选项以百分比形式为全角中文字符指定网格缩放。设置“大小”选项为 8 点，然后分别对“垂直”和“水平”选项进行设置，如图 3-64 所示。

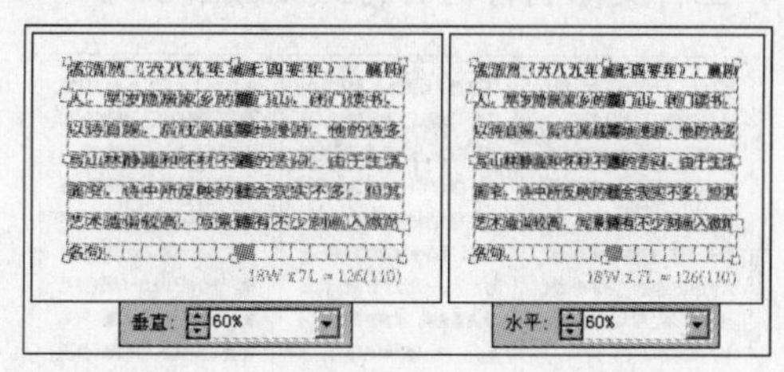

图 3-64 “垂直”和“水平”选项

6）“字间距”选项设置框架网格中网格单元格之间的间距。将“垂直”和“水平”选项设置为 100%，然后设置“字间距”选项，如图 3-65 所示。

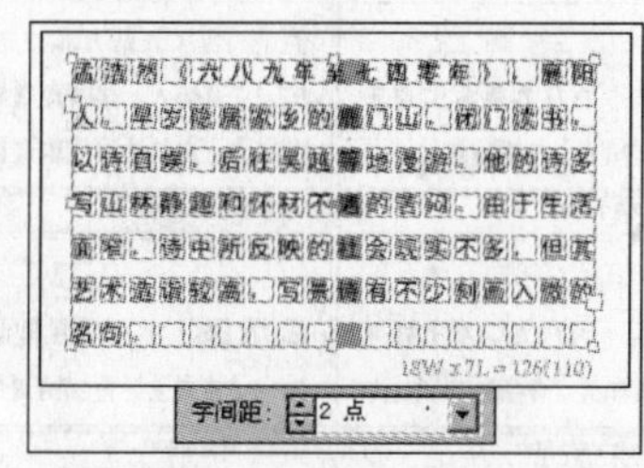

图 3-65 “字间距”选项

7）设置“字间距”选项为 0 点，然后设置“行间距”选项，对网格间距进行设置，如图 3-66 所示。设置完毕后，单击

“确定”按钮，关闭对话框。

图 3-66 “行间距”选项

2．对齐方式选项

在“行对齐”选项下拉列表中选择一个选项，以指定文本的行对齐方式。文本可以与文本框架一侧或两侧的边缘（或内边距）对齐，当文本与两个边缘同时对齐时，即称为双齐。例如，如果为垂直框架网格选择“上”，则每行的开始将与框架网格的顶部对齐。三种文本的行对齐方式如图 3-67 所示。

图 3-67 “行对齐”选项

在“网格对齐”中选择一个选项，以指定将文本与全角字框、表意字框对齐，还是与罗马字基线对齐，如图 3-68 所示。

图 3-68 “网格对齐”选项

在“字符对齐”中选择一个选项以指定将同一行的小字符与大字符对齐的方法，如图 3-69 所示。

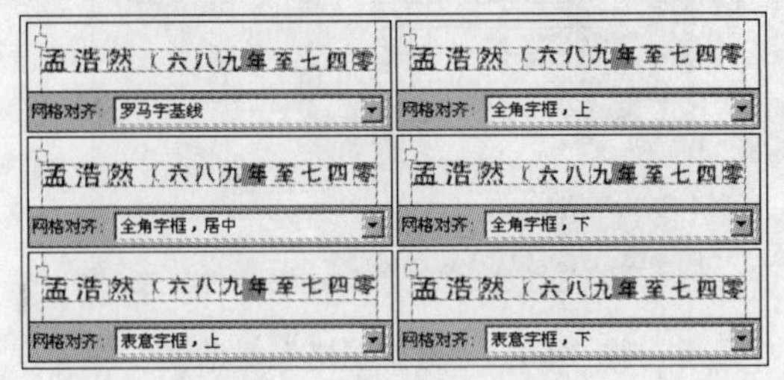

图 3-69 “字符对齐”选项

3．视图选项

在“视图”选项组中可以通过选项设置网格样式。“字数统计”选项设置框架网格尺寸和字数统计的显示位置，如图 3-70 所示。通常框架网格字数统计显示在网格的底部。可以显示字符数、行数、单元格总数和实际字符数的值。“大小”选项设置统计数据字符的大小，如图 3-71 所示。“视图”选项设置框架的显示方式，如图 3-72 所示。在“视图”选项中，“N/Z 视图”将框架网格显示为对角线，但是插入文本后将不显示这些线条。“N/Z 网格”的显示情况即为“N/Z 视图”与“网格”的组合。

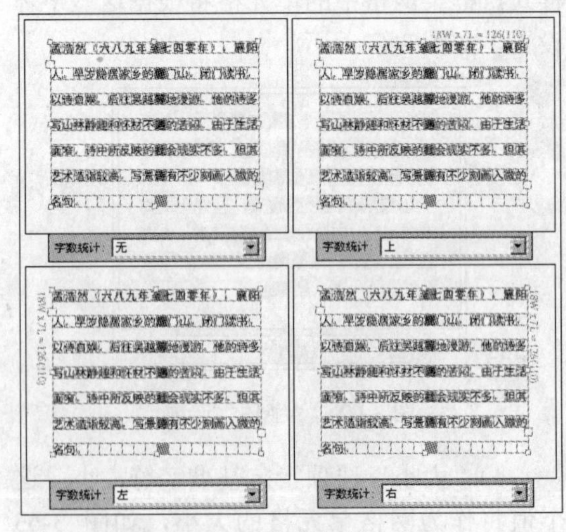

图 3-70 “字数统计”选项

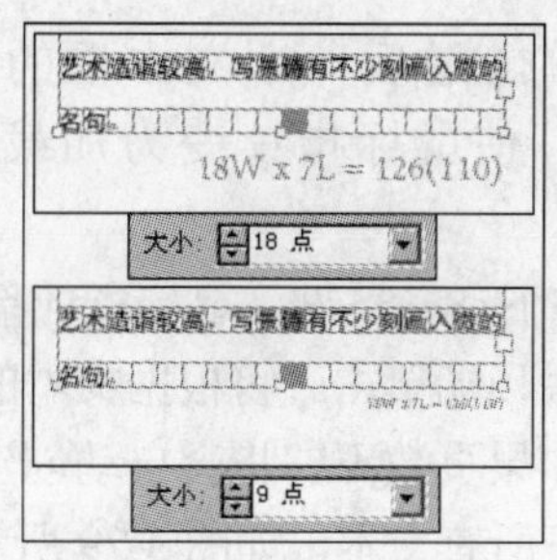

图 3-71 “大小”选项

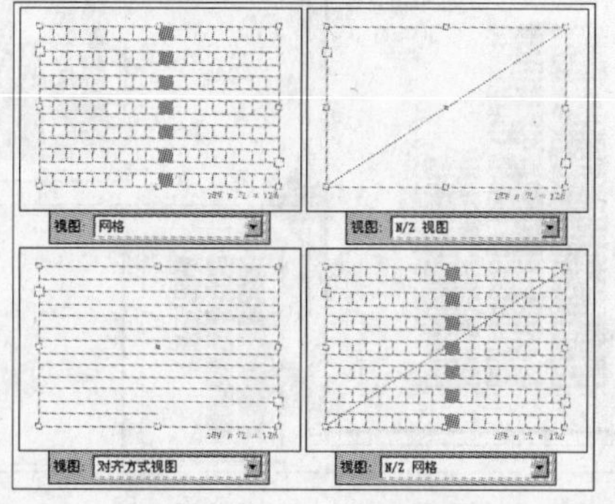

图 3-72 “视图”选项

4．行和栏

在“行和栏”选项组中“字数”选项设置一栏中的字符数；“行数”设置一栏中的行数；“栏数”选项设置框架网格中的栏数；“栏间距”选项设置相邻栏之间的间距，如图 3-73 所示。

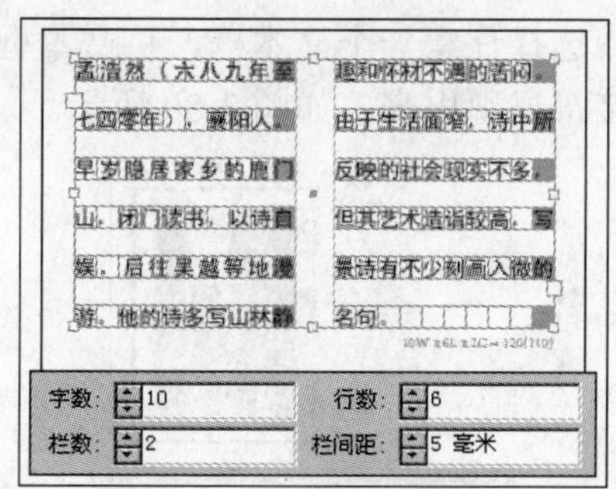

图 3-73 “行和栏”选项组

3.3 串接文本

框架中的文本可独立于其他框架，也可在多个框架之间连续排文。要在多个框架之间连续排文，首先必须将框架串接起来。串接的框架可位于同一页或跨页，也可位于文档的其他页。

每个文本框架都包含一个入口和一个出口，这些端口用来与其他文本框架进行连接。空的入端口或出端口分别表示文章的开头或结尾。端口中的箭头表示该框架链接到另一框架。出端口中的红色加号（+）表示该文章中有更多要置入的文本，但没有更多的文本框架可放置文本。这些剩余的不可见文本称为溢流文本。

3.3.1 串接文本框架

1）执行“文件”→“打开”命令，打开本书附带光盘\Chapter-03\“串接文本.indd”文件，如图 3-74 所示。

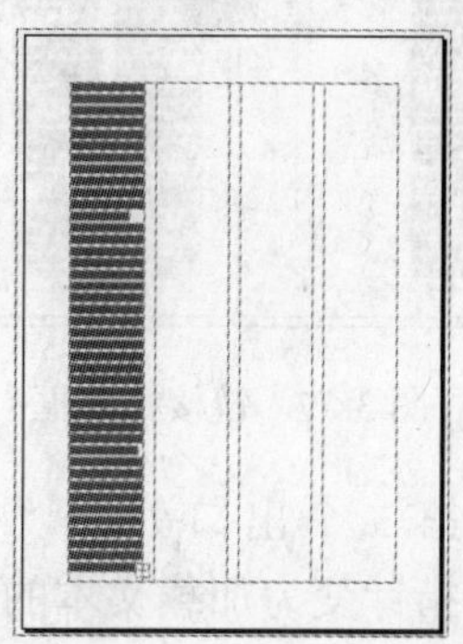

图 3-74 打开文档

2）使用“文字”工具绘制一个和第二栏相同大小的文本框，如图 3-75 所示。

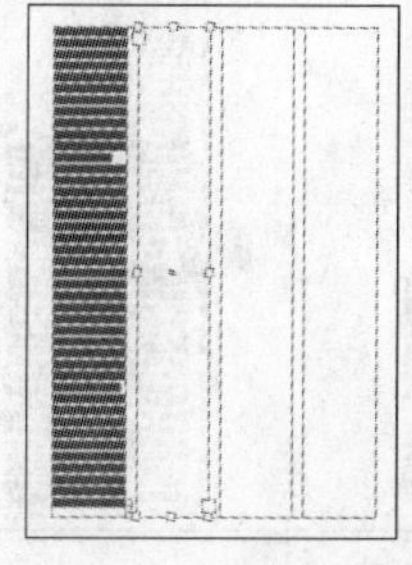

图 3-75 绘制文本框

3）选择 “选择”工具，在第一栏中出口处“+”号的位置单击，鼠标指针变为加载文本的状态，如图 3-76 所示。

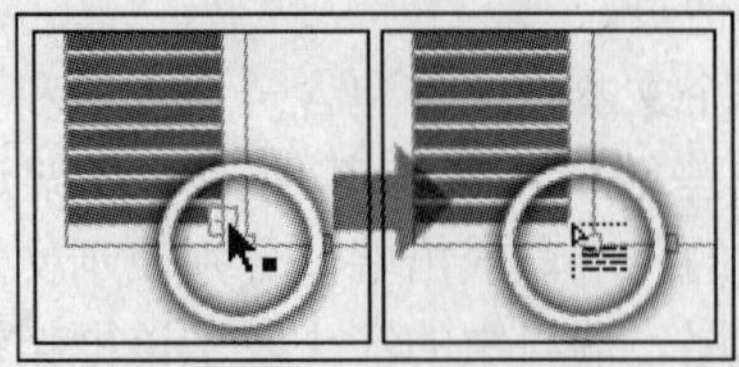

图 3-76　单击出口处

4）移动鼠标到空白的文本框上，当鼠标指针呈状时单击，可以将没有显示的文本，显示到创建的文本框中，如图 3-77 所示。

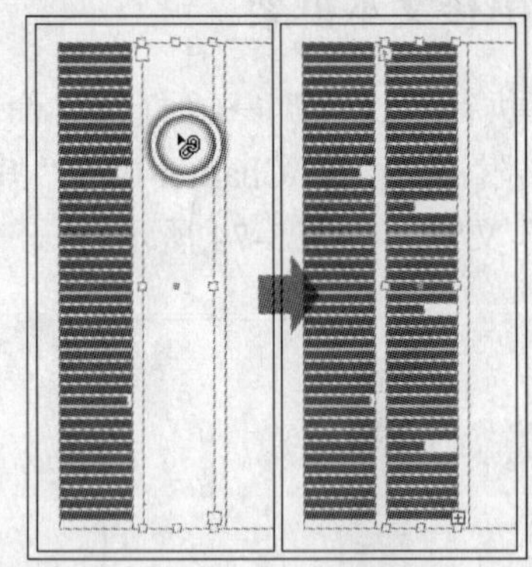

图 3-77　链接文本框

5）在第二个出口处的“+”号上单击，使鼠标指针变为加载文本的状态。

6）在第三栏的中间单击。在单击的位置到栏底创建出一个同宽的文本框，并且填入前两个文本框的溢流文本，如图 3-78 所示。

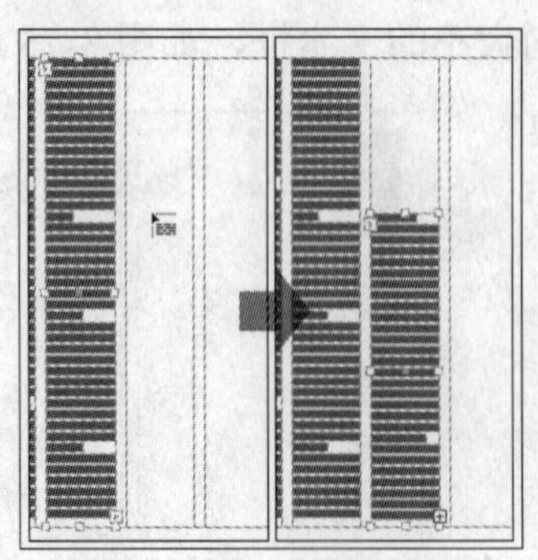

图 3-78　填充溢流文本

7）单击最后一个文本框的出口处的“+”号，使鼠标指针变为加载文本的状态。

8）按下<Shift>键，鼠标指针呈状，在第四栏的最顶端单击。将根据文本的多少创建文本框，如果页数不够将会自动创建新页面直到完全容下所有文本，如图 3-79 所示。

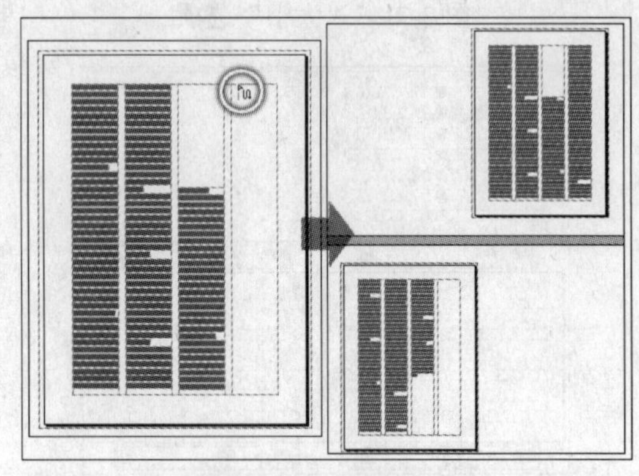

图 3-79　自动排文

3.3.2　取消文本框架串接

取消串接可以单击文本框的出口或入口，并连接到其他文本框。也可以双击文本框的出口断开文本框间的串接关系。下面我们通过操作来学习取消串接的方法。

1）执行“视图”→“显示文本串接”命令，选择任意一个文本框，将文本框之间的串接符显现出来，如图 3-80 所示。

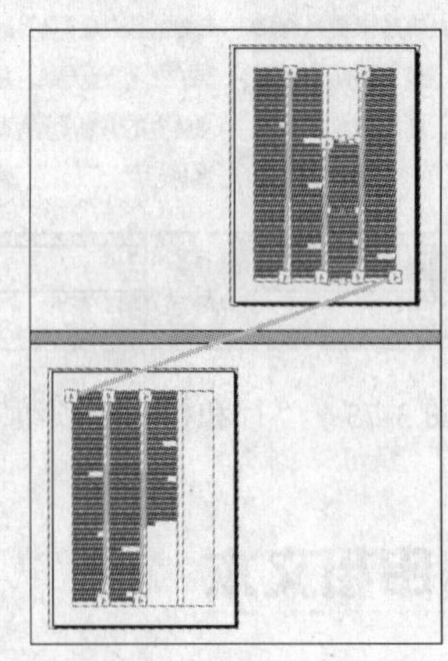

图 3-80　显示文本串接符

2）先选择需要取消串接的文本框，接着在该文本框的入口处单击，然后移动鼠标到文本框中指针呈状时单击，即可取消该文本框的串接，如图 3-81 所示。

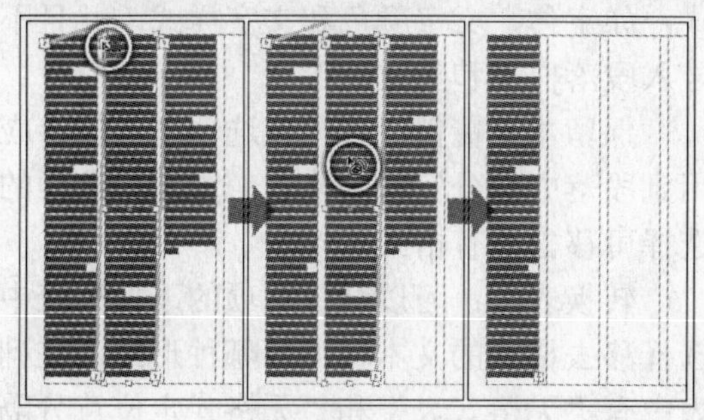

图 3-81　取消串接

3.3.3　在串接中删除文本框

使用“选择”工具选择要删除的文本框，按下<Delete>键将文本框删除。其他文本框的串接将不受影响，如图 3-82 所示。

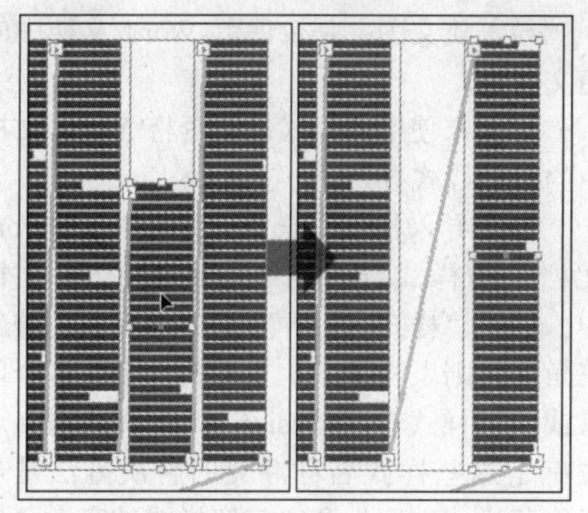

图 3-82　删除串接中的文本框

3.3.4　在串接中插入文本框

1）使用“文字”工具在刚刚删除的文本框的位置中绘制一个同等大小的文本框。

2）选择“选择”工具，单击需要插入串接的文本框的出口处，移动鼠标到创建的文本框中单击，即可将刚刚创建的文本框插入到串接中，如图 3-83 所示。

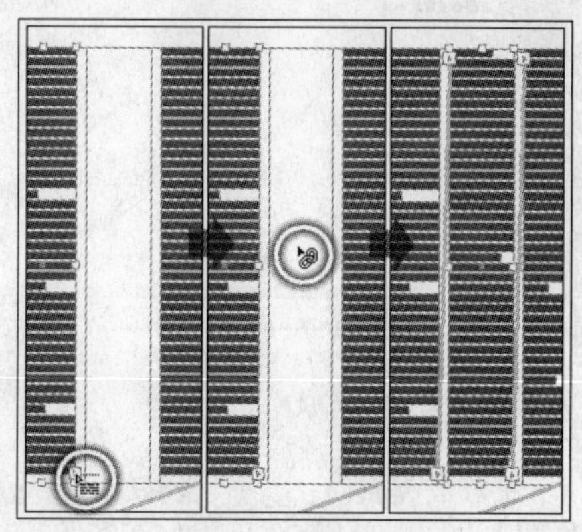

图 3-83　插入串接

3.4　置入文本

在 InDesign CS3 中可以从文本文件中导入大多数字符和段落格式属性，却忽略大多数页面布局信息，如边距、分栏设置等。在导入文件时，可以根据选项来设置导入文字的样式。导入不同格式的文本，将会有不同的设置选项。接下来通过操作学习导入不同格式文本的方法。

3.4.1　置入 Word 文本

1）执行“文件”→“新建”→“文档”命令，创建一个 1 页 A4 的空白文档。

2）执行“文件”→“置入”命令，打开“置入”对话框，在对话框中选择需要导入的 Word 文本，然后选择“显示导入选项”复选框，如图 3-84 所示。

显示导入选项：在导入文件时是否显示“导入选项”对话框。

应用网格格式：是否将导入的文件使用框架网格。

替换所选项目：是否替换所选文本框架中的内容。

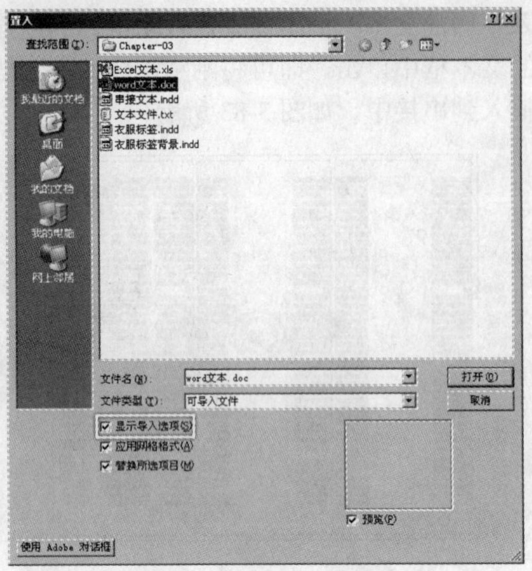

图 3-84 “置入”对话框

3）设置完毕后，单击“打开”按钮，打开“Microsoft Word 导入选项（word 文本.doc）”对话框，如图 3-85 所示。

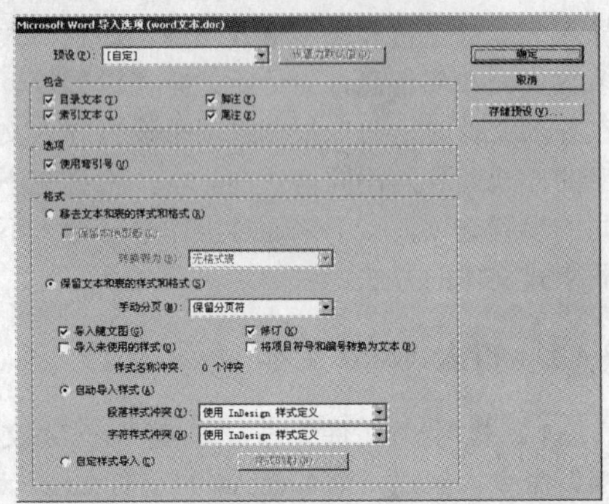

图 3-85 “Microsoft Word 导入选项”对话框

预设：可以将设置好的设置存储或应用。

包含：设置这些选项可以把 Word 文档中的目录、索引、脚注和尾注作为文本的一部分导入到文章中，其中的条目将被作为纯文本导入。

使用弯引号：选择该选项将确保导入的文本包含中文左右引号（“”）和撇号（‘’），而不包含英文直接引号（""）和撇号（'）。

移去文本和表的样式和格式：选择该选项将移去导入文本（包括表中的文本）的格式，如字体、文字颜色和文字样式，并且不导入段落样式和随文图形。

保留本地覆盖：选择该选项可以保持应用到段落中部分字符的格式，取消该选项的选择可移去所有格式。

转换表为：可以从该选项的下拉列表中选择移去格式的文本转换为哪种形式，在列表中有“无格式表”和“无格式定位符分隔文本”两个选项。

保留文本和表的样式和格式：选择该选项将保留 Word 文档中的格式。

手动分页：该选项确定 Word 文档中的分页在 InDesign CS3 中格式的方式。选择“保留分页符”可使用与 Word 文档中相同的分页符，还可以选择“转换为分栏符”或“不换行”选项。

导入随文图：是否保留 Word 文档中的随文图形。

导入未使用的样式：是否将 Word 文档中的所有样式导入。

自动导入样式：选择该选项将把 Word 文档中的样式导入到 InDesign CS3 文档中。如果“样式名称冲突”旁出现黄色警告三角形，则表明 Word 文档的一个或多个段落或字符样式与 InDesign CS3 样式重名。要确定这些样式名称冲突的解决方法是从“段落样式冲突”和“字符样式冲突”菜单中选择一个选项。

4）设置完毕后，单击“确定”按钮，鼠标指针变为加载文本的状态，然后在视图中单击并拖动鼠标，绘制一个矩形文本框，并且在文本框中显示导入的文本，如图 3-86 所示。

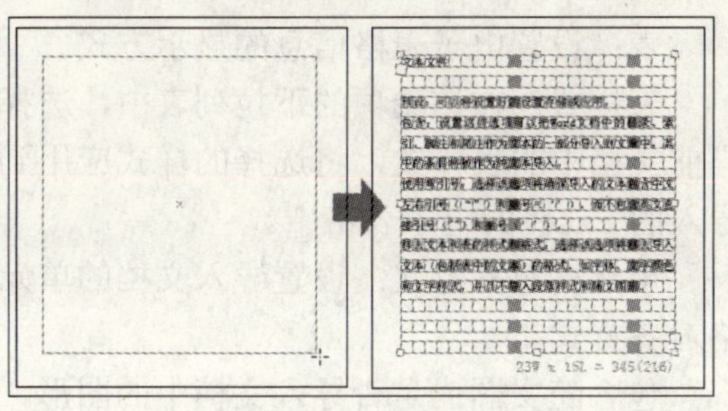

图 3-86　置入文本

3.4.2　置入文本文件

1）确认当前没有选择任何文本。执行“文件”→“置入”命令，打开“置入”对话框，在对话框中选择需要导入的文本文件，如图 3-87 所示。

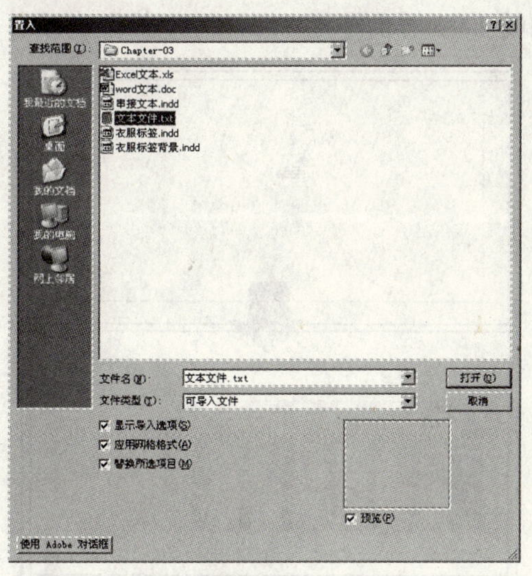

图 3-87　“置入”对话框

2）接着单击“打开”按钮，打开“文本导入选项（文本文件.txt）”对话框，如图 3-88 所示。

字符集：指定用于创建文本文件的计算机语言字符集，默认选项是与 InDesign CS3 的默认语言对应的字符集。

平台：指定文件是在 Windows 还是在 Mac OS 中创建。

将词典设置为：为导入的文本指定使用的词典。

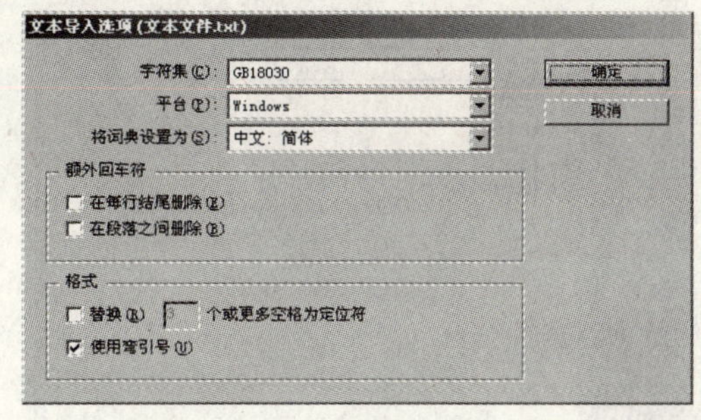

图 3-88　“文本导入选项”对话框

额外回车符：指定导入额外段落回车符的方式。可以选择“在每行结尾删除”或“在段落之间删除”选项。

替换：用制表符替换制定数目的空格。

使用弯引号：确保导入的文本包含中文左右引号（“”）和撇号（‘’），而不包含英文直引号（""）和撇号（''）。

3）设置完毕后，单击“确定”按钮，鼠标指针变为加载文本的状态，然后在视图中单击并拖动鼠标，绘制一个矩形文本框，并且在文本框中显示导入的文本，如图 3-89 所示。

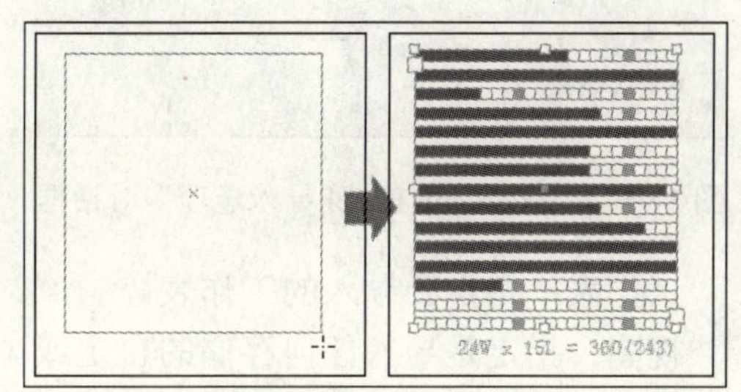

图 3-89　置入文本文件

3.4.3　置入 Excel 文件

1）确认当前没有选择任何文本。执行“文件”→“置入”命令，打开“置入”对话框，在对话框中选择需要导入的 Excel 文件并设置对话框，如图 3-90 所示。

2）设置完毕后，单击“打开”按钮，打开“Microsoft Excel 导入选项（Excel 文本.xls)”对话框，如图 3-91 所示。

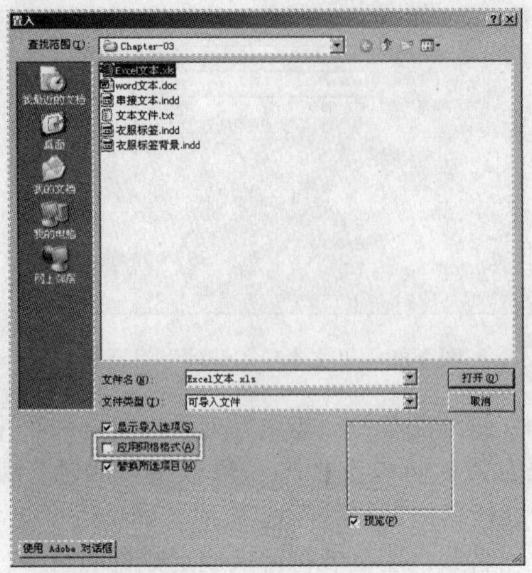

图 3-90 “置入”对话框

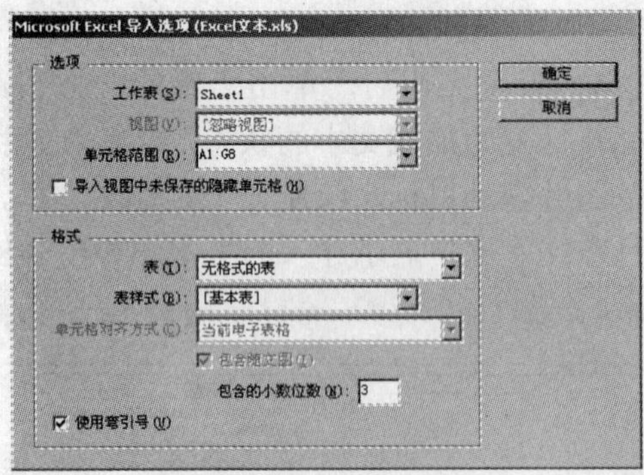

图 3-91 “Microsoft Excel 导入选项”对话框

工作表：指定要导入的工作表。

视图：指定是导入任何存储的自定或个人视图，还是忽略这些视图。

单元格范围：设置导入单元格的范围。

导入视图中未保存的隐藏单元格：选择该选项将 Excel 中的电子表格中的任何表格都导入。

表：设置电子表格信息的显示方式。

表样式：在该选项的下拉列表中，选择当前文档中的表样式，将选择的样式应用到导入的 Excel 的电子表格中。

单元格对齐方式：设置导入文档的单元格对齐方式。

包含随文图：是否导入文档中的图形。

包含的小数位数：该选项设置小数保留的位数。

使用弯引号：确保导入的文本包含中文左右引号（“ ”）和撇号（‘ ’），而不包含英文直引号（""）和撇号（''）。

3）设置完毕后，单击“确定”按钮，鼠标指针变为加载文本的状态，然后在视图中单击，创建一个和文本栏同宽的文本框，如图 3-92 所示。

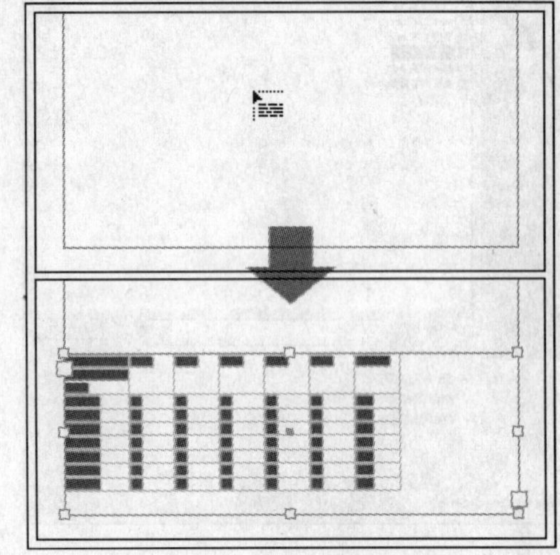

图 3-92 置入 Excel 文件

第 4 章 应用样式

InDesign CS3 提供了多种可以将设置存储起来以备将来再用的方法，其中包括段落样式、字符样式、对象样式、“陷印”预设、“透明度拼合”预设、目录样式等。这些样式和预设在哪个文本中创建就存储在哪个文档中，并不在调板中存储。在本章中将为读者介绍字符样式和对象样式。字符样式是一系列字符级格式，在单步执行中，可应用于被选择的文字。对象样式可以快速设置图形和框架的格式。

4.1 设置字符样式

对字符属性的编辑和修改可以在“控制”调板、“字符”调板和“字符样式”调板中设置，如图 4-1 所示。下面以“字符样式”调板为线索来学习设置字符属性的方法。

字符样式
正文
[无]
标题
正文
字符
宋体
Regular
语言 中文：简体

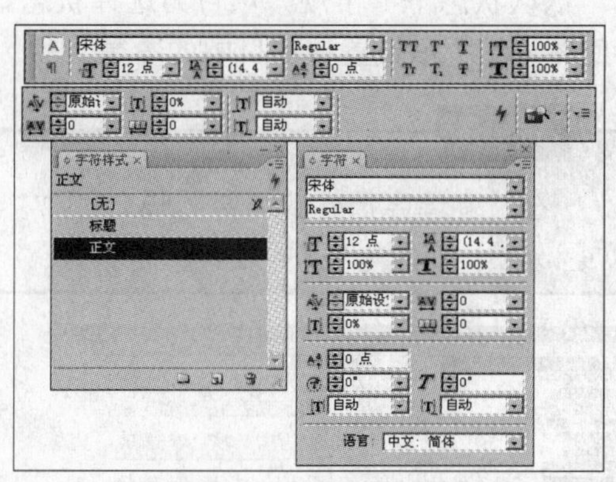

图 4-1　设置字符属性的调板

4.1.1 选择字符

在编辑字符属性前先来学习选择字符的方法，这样可以方便指定需要设置的文本。

1）启动 InDesign CS3，执行“文件”→“打开”命令，打开本书附带光盘\Chapter-04\“行路难.indd”文件，如图 4-2 所示。

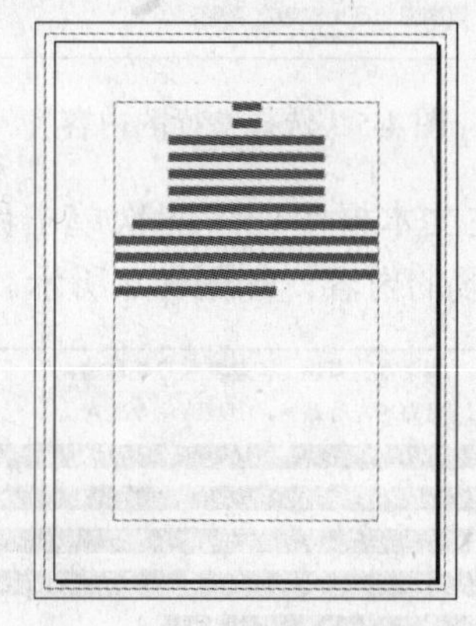

图 4-2　素材文本

2）使用 T.“文字”工具，在文本框中单击，将光标插入到文本框中，如图 4-3 所示。

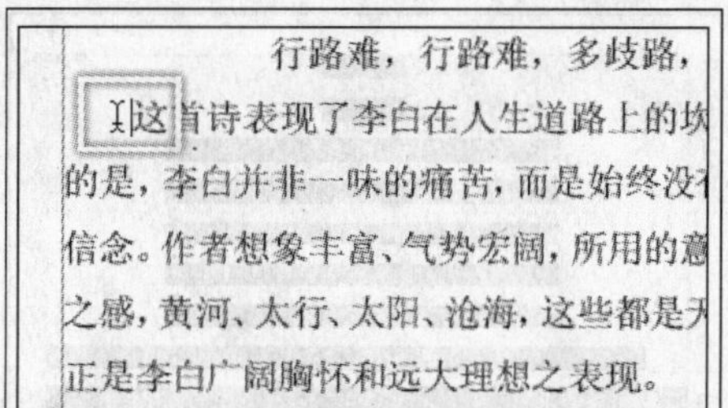

行路难，行路难，多歧路，
这首诗表现了李白在人生道路上的坎
的是，李白并非一味的痛苦，而是始终没
信念。作者想象丰富、气势宏阔，所用的意
之感，黄河、太行、太阳、沧海，这些都是天
正是李白广阔胸怀和远大理想之表现。

图 4-3　插入光标

3）在文本框中双击鼠标，可以选择相同类型的连续字符，如图 4-4 所示。

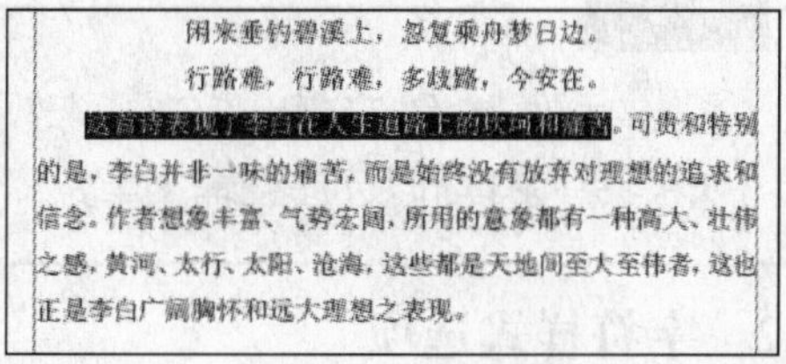

闲来垂钓碧溪上，忽复乘舟梦日边。
行路难，行路难，多歧路，今安在。
这首诗表现了李白在人生道路上的坎坷和痛苦。可贵和特别
的是，李白并非一味的痛苦，而是始终没有放弃对理想的追求和
信念。作者想象丰富、气势宏阔，所用的意象都有一种高大、壮伟
之感，黄河、太行、太阳、沧海，这些都是天地间至大至伟者，这也
正是李白广阔胸怀和远大理想之表现。

图 4-4　选择连续字符

4）在文本框中连续三次单击鼠标，可以选择整行的内容，如图 4-5 所示。

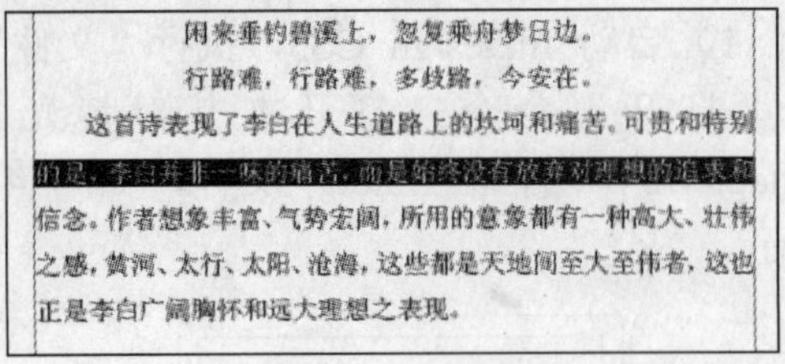

闲来垂钓碧溪上，忽复乘舟梦日边。
行路难，行路难，多歧路，今安在。
这首诗表现了李白在人生道路上的坎坷和痛苦。可贵和特别
的是，李白并非一味的痛苦，而是始终没有放弃对理想的追求和
信念。作者想象丰富、气势宏阔，所用的意象都有一种高大、壮伟
之感，黄河、太行、太阳、沧海，这些都是天地间至大至伟者，这也
正是李白广阔胸怀和远大理想之表现。

图 4-5　选择整行的内容

5）在文本框中连续四次单击鼠标，可以选择整段的内容，如图 4-6 所示。

闲来垂钓碧溪上，忽复乘舟梦日边。
行路难，行路难，多歧路，今安在。

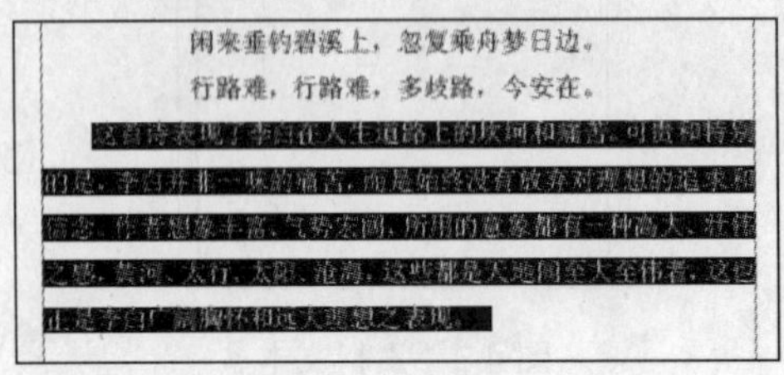

图 4-6　选择整段的内容

6）在文本框中连续五次单击鼠标，可以选择整篇文章，如图 4-7 所示。

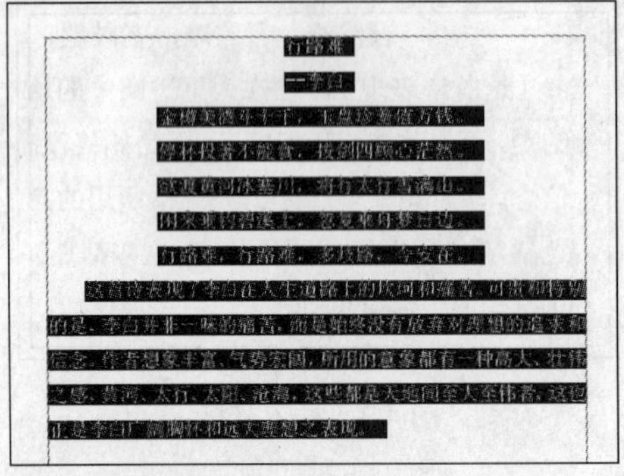

图 4-7　选择整篇文章

技 巧

将光标插入到文本框中，按下<Ctrl+A>键同样可以选择整篇文章。

4.1.2　字符样式选项

在“新建字符样式”对话框的“常规”项目中可以更改样式的名称，更改样式的快捷键，显示当前字符样式中的设置，重新设置样式或者基于某种样式创建新样式。

1）首先使用 T. “文字”工具，在页面中将“行路难”文字选中。执行“窗口”→“文字和表”→“字符样式”命令，打开“字符样式”调板，单击调板右上角的调板菜单图标，在弹出的快捷菜单中执行“新建字符样式”命令，如图 4-8 所示。

行路难
--李白
字符样式
[无]
新建字符样式...
直接复制样式...
删除样式...
重新定义样式
样式选项...
断开到样式的链接
载入字符样式...
载入所有文本样式...
选择所有未使用的
新建样式组...
打开所有样式组
关闭所有样式组

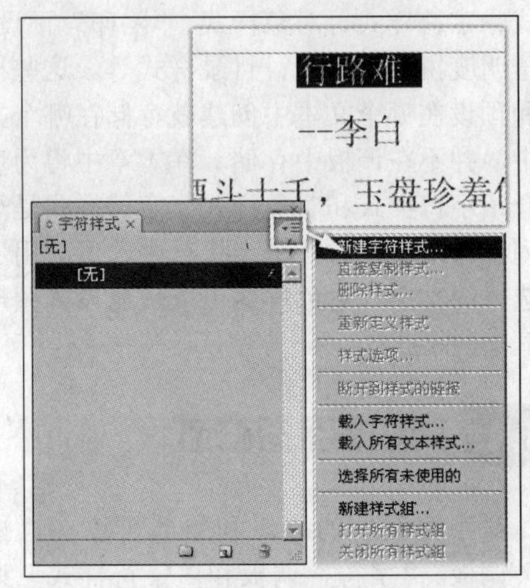

图 4-8　打开“字符样式”调板

2）这时将打开“新建字符样式”对话框。默认状态下“常规”项目为选择状态。参照图 4-9 所示设置该项目中的参数。

提 示

在“新建字符样式”对话框的左侧为项目选项，右侧为该项目的相关选项。

新建字符样式
常规
基本字符格式
高级字符格式
字符颜色
下划线选项
删除线选项
样式名称(N): 标题
基于(B): [无]
快捷键(S): Ctrl+Num 1
样式设置
[无]
预览(P)
确定
取消

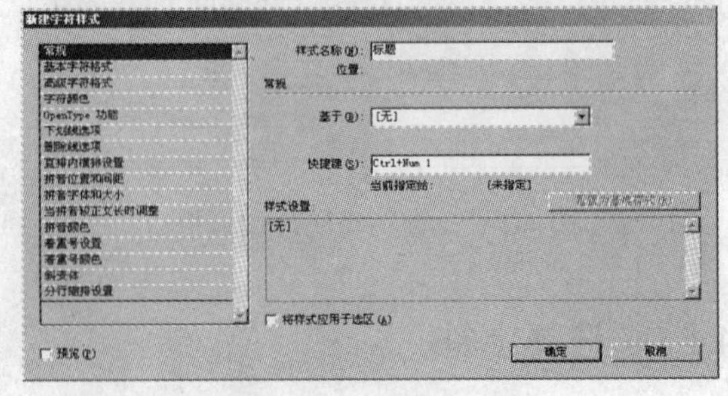

图 4-9　设置对话框的参数

● 样式名称：更改样式的名称。

- 基于：在另一个样式的基础上创建新样式。当原样式更改，使用该样式创建的新样式也会发生改变。
- 快捷键：指定快捷键。要添加快捷键，请将插入点放在“快捷键”选项输入框中，并确保<NumLock>键已打开。然后，按住<Shift>、<Alt>或<Ctrl>键并按下小键盘上的数字键。不能使用字母或非小键盘数字定义样式快捷键。
- 重置为基准样式：单击该按钮将重新设置样式。
- 样式设置：显示当前字符样式中的设置。

4.1.3 字体系列和字体样式

一款字体就是具有同样粗细、宽度和样式的一组字符。一种字体，在不改变其风格特征的前提下，有可能在以下三方面产生种种变化，如图 4-10 所示。

			正体 (Standard/Roman/Regular)	长体 (Condensed)	扁体 (Extended)
字幅			ABCDEFG HIJKLMN	ABCDEFG HIJKLMN	ABCDEFG HIJKLMN
黑度	细 (Light)	中 (Medium)	半粗 (Semibold)	粗 (Bold)	特粗 (Extra Bold/Black)
	ABCDEFG HIJKLMN	ABCDEFG HIJKLMN	ABCDEFG HIJKLMN	ABCDEFG HIJKLMN	ABCDEFG HIJKLMN
直斜	细斜体 (Light Italic)		斜体 (Italic)	粗斜体 (Bold Italic)	特粗斜 (Black Italic)
	ABCDEFG HIJKLMN		ABCDEFG HIJKLMN	ABCDEFG HIJKLMN	ABCDEFG HIJKLMN

图 4-10　字体系列表格

“字体系列”是具有相同整体外观的字体所形成的集合。具有代表性的西文字体大都根据字幅、黑度、直斜变化而设计多款变体，犹如若干成员组成的“家族”，因此称其整体为一个“字体系列”。同一字体系列中各种变体成为一种“字体样式”。字体系列和字体样式的设置取决于字体制造商。在设置字体系列和字体样式时在列表中进行选择即可。

1．设置字体系列和字体样式

在“新建字符样式”对话框和“字符”调板中都可以设置“字体系列”和“字体样式”选项，如图 4-11 所示。下面学习字体系列和字体样式设置的方法。

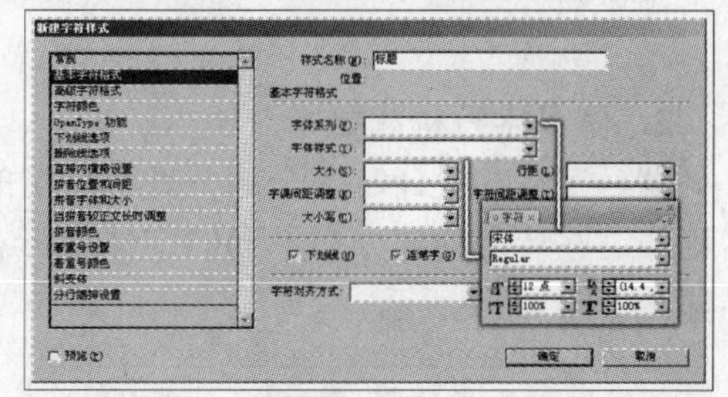

图 4-11　“基本字符格式”和“字符”调板的对照图

1）单击“字符样式选项”对话框左侧的“基本字符格式”项目，显示该面板中的相关设置，如图 4-12 所示。

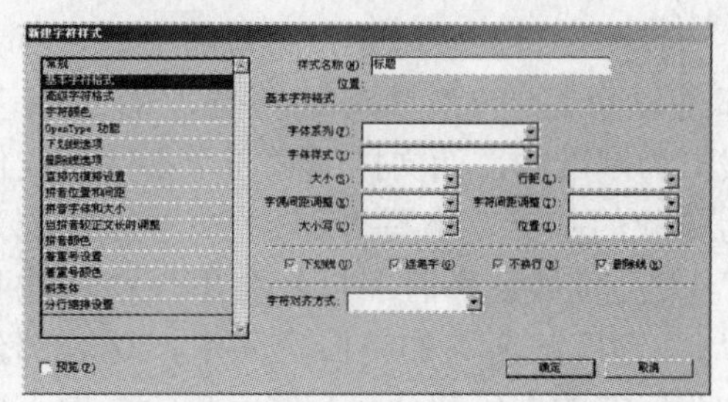

图 4-12　“基本字符格式”项目

2）单击“字体系列”选项的下拉按钮，在弹出的下拉列表中，可以选择字符的字体，如图 4-13 所示。

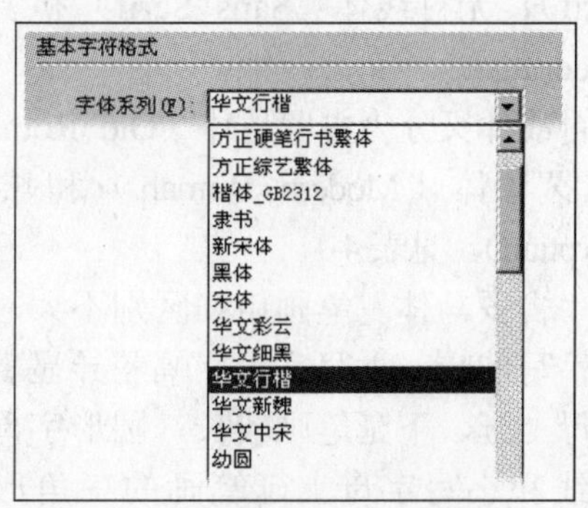

图 4-13　设置字符的字体

3）这时可以看到“字符样式”已经设置完成，如图 4-14 所示。然后单击“确定”按钮，创建样式。

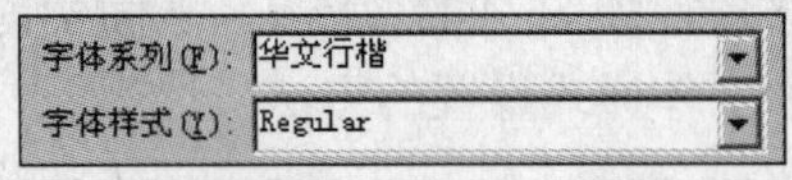

图 4-14　设置字符样式

2. 罗马字符构成要素

罗马字符在设计时各个部分都有特定的名称，这些特定的部分在不同的字体里形态各异，如图 4-15 所示。

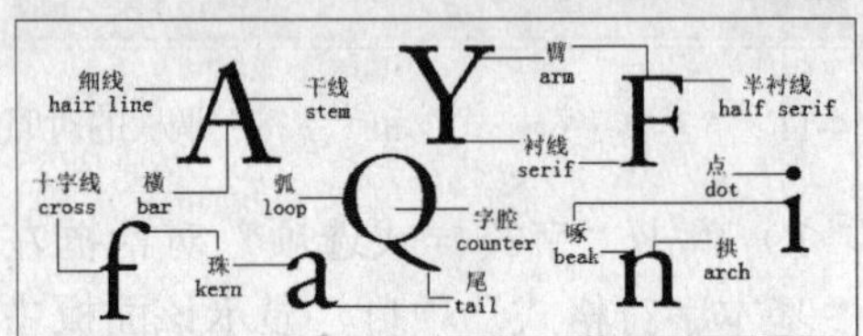

图 4-15　罗马字符构成要素

罗马字符的字母分为大写和小写，两者都是以小写“x”字母的下端平行线（基线）为基准的，西文排版时通常都以基线作为排版的基准。小写“x”上端平行线成为“x”高度线，所有字母都会出现在基线和“x”高度线所夹的空白空间中，这一部分称为字符的主体部分。有些字母笔画向上延伸或向下延伸，前者称为上行部分，后者称为下行部分，如图 4-16 所示。

3. 罗马字体分类

罗马字体大体分为三种，分别为衬线体（Serif）、无衬线体（Sans Serif）和装饰体（Decorative）。

衬线体又分为古罗马体（Old Roman）、现代罗马体（Modern Roman）和埃及体（Egyptian），见表 4-1。

“古罗马体”笔画粗细区别不大，笔形具有手写韵味。大写字母字幅差异显著，小写字母上延、下延笔画较长，圆形字母倾斜的轴线和小写字母上延笔画的三角形“啄突”独具特色。

“现代罗马体”始创于 18 世纪后期，字样以绘图仪器绘制，具有几何式严谨精确之美。基本特征：

1）大写字母字幅差比古罗马体缩小。

2）圆形字母轴线垂直。

3）干线和细线粗细区分显著。

4）多采用水平衬线。常用于出版物标题导语，因笔画反差较大，不宜排印正文及户外广告和公共标示。

“埃及体”由现代罗马体演变而来，产生于 19 世纪初的英国。特征是笔画粗细差别细微，衬线呈矩形，故又称为“方衬线体”。字体庄重醒目，主要用于报刊和各类广告中的标题导语。

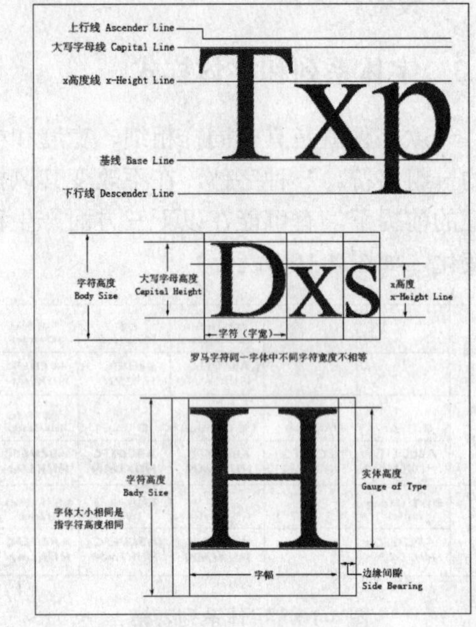

图 4-16　基线位置图

表 4-1　衬线体分类

类　型	字体演示	字体名称
古罗马体 (Old Roman)	AYFQ fain	Garamond、Caslon
现代罗马体 (Modern Roman)	AYFQ fain	Times New Roman、Century
埃及体 (Egyptian)	AYFQ fain	American Typewriter Egyptienne

“无衬线体”起源于19世纪中期，这类字体取消了拉丁字母的衬线，而且大多没有干线和细线的区别，其简洁规整的风格符合工业化时代的审美标准，见表4-2。

表4-2　无衬线体

类　型	字体演示	字体名称
无衬线体（Sans Serif）	AYFQ fain	Arial、Helvetica、Univers、Myriad

装饰体又分三类，为哥特体（Gothic）、草体/手写体（Script）和装饰体（Fancy），见表4-3。

“哥特体”又名“黑体”或“英国古体”，源于中世纪晚期修道院的僧侣抄写经书的字体。该字体富有中古时代神秘、浪漫的气息和宗教意味，加之结构繁复不易识读，今天仅用于某些特殊场合，如证书封面、圣诞卡、婚礼请柬和传统产品如手工艺品和酒类商标等。

“草体/手写体”又称“古典草书”，由斜体字演变而来，行笔圆转舒畅，字间以细线相连，具有流动的体势和优雅的风韵。这种字体盛行于17世纪。现代自由手写体，结构简洁明快，笔画奔放有力，尤其强调用笔的顿挫转折和书写工具的特点。

“装饰体”风格各异，无论何种风格的装饰字体都不宜用在对易读性要求较高的阅读材料中。

表4-3　装饰体分类

类　型	字体演示	字体名称
哥特体（Gothic）	AYFQ fain	Gothic
草体/手写体（Script）	AYFQ fain	Kunstler Script
装饰体（Fancy）	AYFQ FAIN	Fancy Pan

4. 汉字构成要素

永字八法相传为隋代智永所传，一说以东晋王羲之或唐代张旭所创，因其为写楷书的基本法则，后人又有将八法引为书法的代称。“永”字共有八画，画画不同，比较集中地反映了汉字楷书的点画形式。以“永”字八笔顺序为例，阐述正楷笔势的方法：点为侧，侧锋峻落，铺毫行笔，势足收锋；横为勒，逆锋落纸，缓去急回，不可顺锋平过；直笔为努，不宜过直，太挺直则木僵无力，而须直中见曲势；钩为趯（tì），驻锋提笔，使力集于笔尖；仰横为策，起笔同直划，得力在划末；长撇为掠，起笔同直划，出锋稍肥，力要送到；短撇为啄，落笔左出，快而峻利；捺笔为磔，逆锋轻落，折锋铺毫缓行，收锋重在含蓄，如图4-17所示。

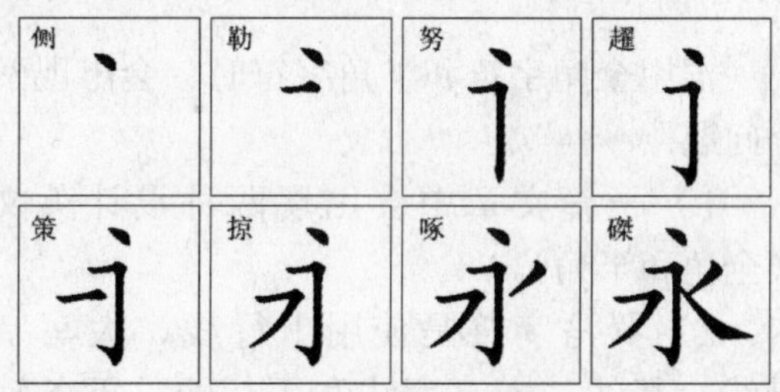

图4-17　汉字结构

“永字八法”其实是指汉字八种基本点画的写法，趯（钩）是笔画连续书写的产物，是整饬后的笔势，属于笔画的附属部分，策（挑）是勒（横）的一半，啄（短撇）是掠（长撇）的一半，在形态与写法上有相同之处。因此，从严格的意义上说，永字的基本点画只有五种：点、横、竖、撇、捺。这就是常说的汉字五种基本笔画，如图4-18所示。

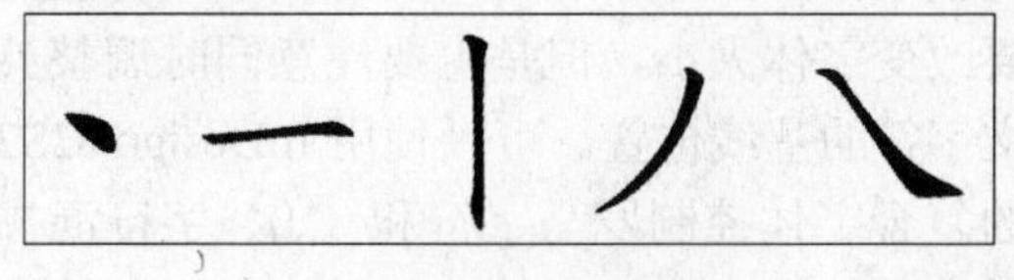

图4-18　汉字的五种笔画

5. 全角字符和半角字符

全角的英文和汉字都有一个假想的正方形框，也叫全角字符框，设计时都是根据这个框设计。因此数字和英文在横排时较竖排时大。半角字符没有假想的外框，每个字符的幅面不相同。在横排文章中连续使用时不会出现间隔过大的情况，使得阅读顺畅。但是，竖排式半角字符会旋转，造成阅读的困难。

罗马字符中字符数目比 CJK 字符来说数量较少，自己设计字体时可以将各种字符组合情况一一罗列出来。CJK 字符在设计时将每个字符放在同样大小假想的正方形外框中，照此纵横排列时效果都非常不错。但是，在遇到数字和罗马字符时，由于外框大小相同就会显得零散，因此最好使用半角字符。

混用全角字符和半角字符时，会出现两个问题：

1）一篇文章中会出现两种设计英文（全角和半角）。

2）罗马字符是使用上行线、大写字母线、基线、x 高度线和下行线这五条辅助线来进行设计的，很难与基于方块的汉字统一起来。例如：通常情况下汉字的大小和大写字母的高度差不多，但是下行的小写字符的下行部分可能会影响下一行，因此汉字和小写字母在一起的时候会显得小写字母很小。

实际使用中，有这样的原则：横排文本中罗马字符和数字使用半角，竖排文本中使用全角，尽管全角字符和半角字符本身在字形设计上基本没有太大差异。标题字体这种比较醒目的字体，半角英文比较小，可能需要改变字体大小，但是也要注意同时调整英文字符的基线位置。可以使用 InDesign CS3 的复合字体控制罗马字符和 CJK 字符混排时字符基线位置的调整，使用标点间距挤压功能控制字符间间距的大小。

6. 汉字字体分类

汉字字体分为宋体、仿宋体、黑体、宋黑、楷体、手写体和美术体，见表 4-4。

表 4-4 汉字字体分类

类 型	字体演示	字体名称
宋体	永	宋体（SimSun）
仿宋体	永	仿宋（FangSong）
黑体	永	黑体（SimHei）
宋黑	永	宋黑
楷体	永	楷体（KaiTi_GB2312）
手写体	永	隶书（Lishu）
美术体	永	圆体、综艺体、琥珀体、姚体、长美黑

“宋体”起源于北宋，定型于明代，故又称“明体”。特征为字形方正规整，笔画竖粗横细，棱角分明，结构严谨，整齐均匀，起笔、收笔和笔画转折处吸取楷书特点而形成修饰性的笔型。宋体是应用最广的汉字印刷字体。依据字面的黑度可分为特粗宋、大标宋、小标宋和书宋、报宋等。粗宋多见于书刊标题和广告导语，细宋体最适合排印长篇正文。

“仿宋体”又称真宋体。其特点是宋体结构，楷书笔法，字行娟秀，笔画细劲，横直粗细匀称，字体清秀挺拔，常用于排印诗集短文、标题、引文等，杂志中也有用这种字体排整篇文章的。多用于排印古籍正文及各类书刊中的引言、注释、图版说明等。

“黑体”又称方体、等线体。受西文无衬线体的影响，于 20 世纪初在日本诞生。字形略同于宋体，但其特点是字面呈正方形，字形端庄，笔画横平竖直等粗，粗壮醒目，结构紧密。黑体字有特粗黑、大黑、中黑等，它适用于作标题或重点导语，因色调过重，不宜排印正文。细黑体通称等线体，可排印短文和图版说明。

“宋黑”创于 20 世纪 60 年代，是上海印刷研究所首创字体，兼有宋体的典雅美观和黑体的稳重敦厚，常见于报刊的中型标题、广告导语和展览陈列。

“楷体”又称活体。其特点是字形端正，笔迹挺美秀丽，字体均整，用笔方法与手写楷书基本一致，初学文化的读者易于辨认，所以广泛用于印刷小学课本、少年读物和通俗读物等。

“手写体”分为两种，一种是传统书法和印文，一种是现代风格的自由手写体。源于传统书法和印文的有：隶书、新魏、行楷、古印体和篆书。现代风格的自由手写体有广告体、POP、海报体和新潮体。手写字体只宜排印字数较少的篇名题目，并且应该避免在同一场合下使用两种不同的手写体，因为这类字体各有其显著的形式特点，很难形成统一的风格；反之，手写体与宋体、黑体等组合可相得益彰。

“美术体”为了美化版面，将文字的结构和字行加以形象化。这些字一般字面较大。字形结构更趋于几何化并具有鲜明的风格特征，它可以增加印刷品的艺术性。大多适用于广告展示、书刊封面或标题，不宜排印正文。

7. 复合字体

很多时候在要出版的刊物中，经常会出现中文与英文、阿拉伯数字夹杂的情况。为了让它们之间很协调或者很凸显，就要为它们设置不同的字体。可是在大篇幅的文字中英文和数字是跳着出现的，逐一查找变换字体是一个非常繁琐的操作。使用复合字体功能可以快速高效地解决这个问题。下面通过操作来学习复合字体创建的方法。

1）执行“文字”→“复合字体”命令，打开“复合字体编辑器”对话框，如图4-19所示。

2）单击右侧的“新建”按钮，打开“新建复合字体”对话框，在对话框中输入该复合字体的名称，如图4-20所示。

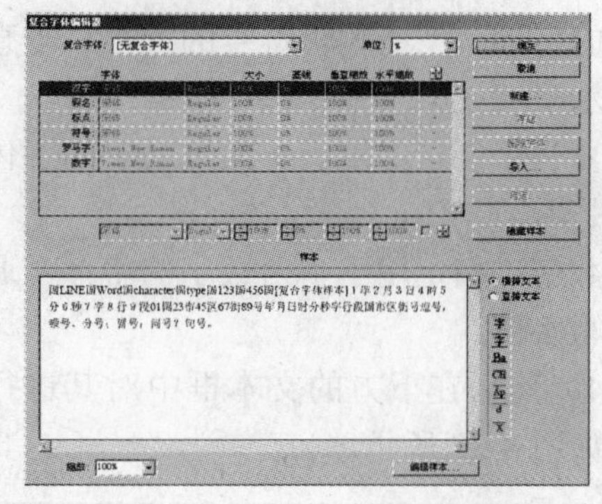

图4-19 “复合字体编辑器”对话框

图4-20 “新建复合字体”对话框

名称：设置复合字体的名称。

基于字体：可以在下拉列表中选择已经创建好的复合字体，在选择字体的基础之上进行设置。

3）设置完毕后，单击“确定”按钮。然后在字符分类中选择“罗马字”选项,如图4-21。

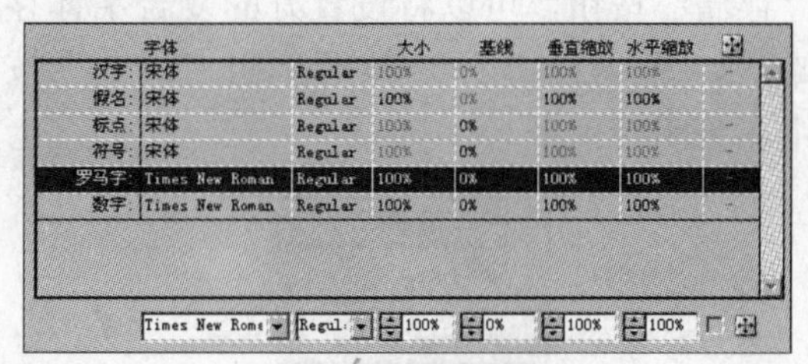

图4-21 字符表

汉字：构成复合字体基本的字体。其他字体类别的大小和基线，都是根据在此指定的大小和基线而设置的。该选项不能编辑汉字的大小、基线、垂直缩放或水平缩放。

假名：指定用于日文中的片假名和平假名的字体。

标点：指定用于标点的字体。不能编辑标点的大小、垂直缩放或水平缩放。

符号：指定用于符号、全角数字和全角

字母的字体。不能编辑符号的大小、垂直缩放或水平缩放。

罗马字：指定用于半角罗马字的字体，通常是罗马字体。

数字：指定用于半角数字的字体，通常是罗马字体。

4）然后在下方的文本框中对其进行设置，如图 4-22 所示。

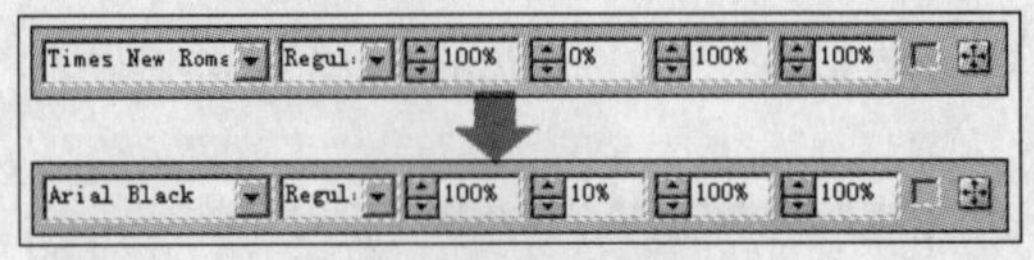

图 4-22　设置选项

5）在设置过程中可以在“样本”中查看设置的效果，如图 4-23 所示。

图 4-23　查看效果

6）设置完毕后，单击对话框右侧的“存储”按钮，可以将设置好的复合字体存储，如图 4-24 所示。然后单击“确定”按钮，关闭对话框。

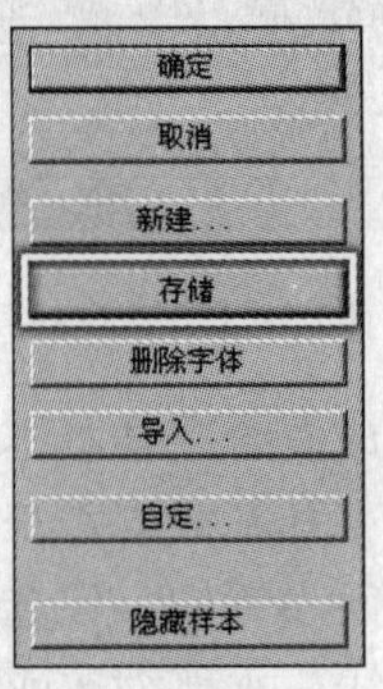

图 4-24　存储复合字体

7）确认“行路难”文档为打开状态，使用 T “文字”工具，在文本框中输入文字，如图 4-25 所示。

大、壮伟之感，黄河、太行、太阳、沧海，这些都是天地间至大至伟者，这也正是李白广阔胸怀和远大理想之表现。

李白[Li Bai]（701—762）中国唐朝诗人。字太白，号青莲居士。绵州昌隆人。才华横溢。诗歌今存900首。

图 4-25　输入文字

8）将刚刚输入的文字选中，然后在“字符”调板中选择刚刚设置的复合字体，效果如图 4-26 所示。

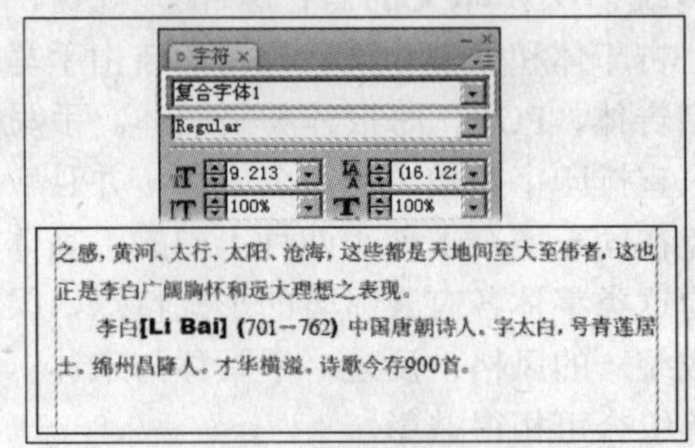

图 4-26　设置字体

4.1.4　字符大小

我国字符大小的规格单位有两种：号制和点制。国际上通用点制，其相互关系和信息见表 4-5。

表 4-5　字号表

字　号	磅数	字身大小/mm	倍数关系
特大号	63	22.05	五号字的六倍
特中号	56	19.60	四号字的四倍
特初号	48	16.80	小四号的四倍
特　号	45	15.75	小五号的五倍
小特号	42	14.70	五号字的四倍
初　号	36	12.60	小五号的四倍
小初号	30	10.50	七号字的五倍
大　号	28	9.80	小号字的两倍
小大号	24	8.40	小四号的两倍
二　号	21	7.35	五号字的两倍
小二号	18	6.30	小五号的两倍
三　号	15.57	5.5125	六号字的两倍
四　号	14	4.90	
小四号	12	4.20	七号字的两倍
五　号	10.5	3.675	
小五号	9	3.15	
六　号	7.875	2.75625	
七　号	6	2.10	

号制是以互不成倍数的三种活字为标准，加倍或减半自成系统，有四号字、五号字和六号字系统。四号字比五号字大，六号字比五号字小。例如五号字系统：小特号字为四倍五号字，二号字为二倍五号字。为适应各种印刷品的需要，又增加了比原号数稍小的小五号、小四号和小二号等种类。

点制又称磅，是由英文 Point 翻译的，缩写为 P，是通过计量单位“点”为专用尺度，来计量字的大小。1985 年 6 月，文化部出版事业管理局为了革新印刷技术，提高印刷质量，提出了活字及字模规格化的决定。规定每一点（1pt）等于 0.35 毫米，误差不超过 0.005 毫米，如五号字为 10.5 点，即 3.675 毫米。外文活字大小都以点来计算，每点大小等于 1/72 英寸，即 0.5146 毫米。下面来设置字符的大小。

1．在“字符”调板中设置字符大小

1）使用“文字”工具，将“行路难”文字选中。

2）然后在“字符”调板中设置“字体大小”选项，更改字体大小，如图 4-27 所示。

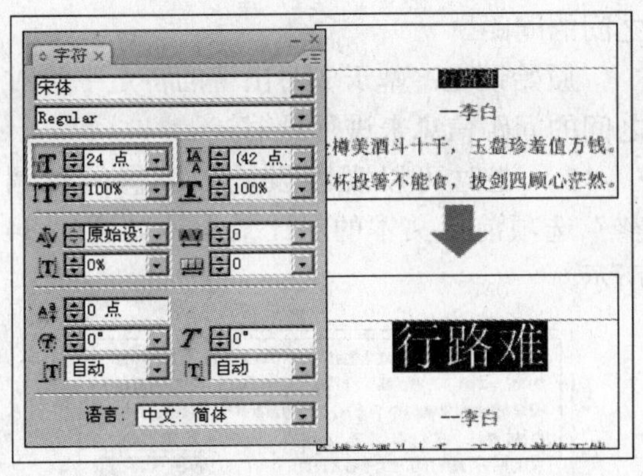

图 4-27　设置“字体大小”

2．字体大小的应用

杂志的正文最低使用 6~7pt，通常用 8~9pt，对于高龄阅读者来说至少应该为 10pt。用于长度距离阅读的设计（例如封面的标题）至少应该在 17~23pt 以上，低于这个值就不容易看清楚。地图中普通文本使用 5pt，最低使用 3pt（低于这个值是不可以印刷的），地图在设计的时候要以原来两倍大小进行设计。大量的大号文本给人压迫感，建议使用小号文本加大行距以便于阅读。在设计整篇文章的格式时，建议增大不同级别文本间（例如：标题与正文）的大小差异以增加对比度。

4.1.5　行距、字偶间距调整和字符间距调整

行距、字偶间距调整和字符间距调整的对照图如图 4-28 所示。

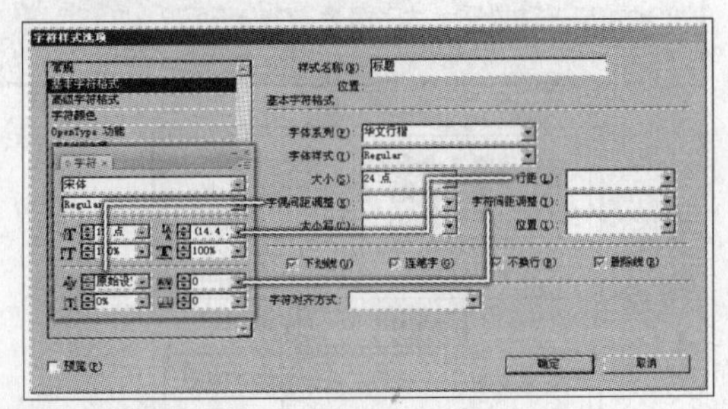

图 4-28　对照图

1．行距

相邻行文字间的垂直间距称为行距。测量行距时是计算一行文本的基线到上一行文本基线的距离，如图 4-29 所示。基线是一条无形的线，多数字符的底部为基线，均以它为准对齐。

图 4-29　行距

1）在“字符样式”调板中，双击“标题”样式，打开“字符样式选项”对话框，选择“基本字符格式”项目。

2）单击“行距”选项的下拉按钮，在弹出的下拉列表中选择“自动”。然后设置“大小”选项为24点，如图4-30所示。

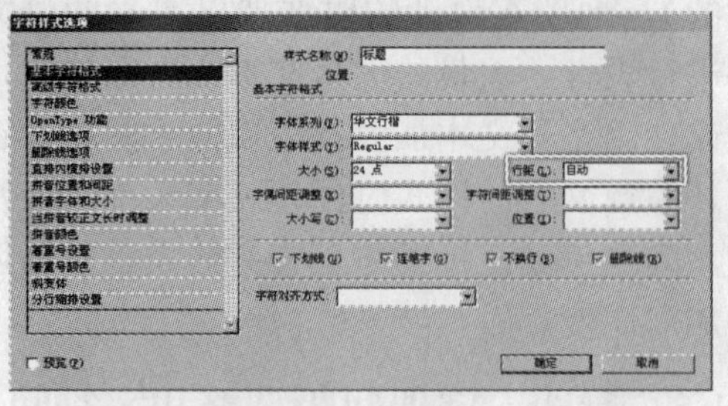

图4-30 设置行距

提 示

设置行距选项的数值越大，行与行之间的距离越远，如图4-31所示。

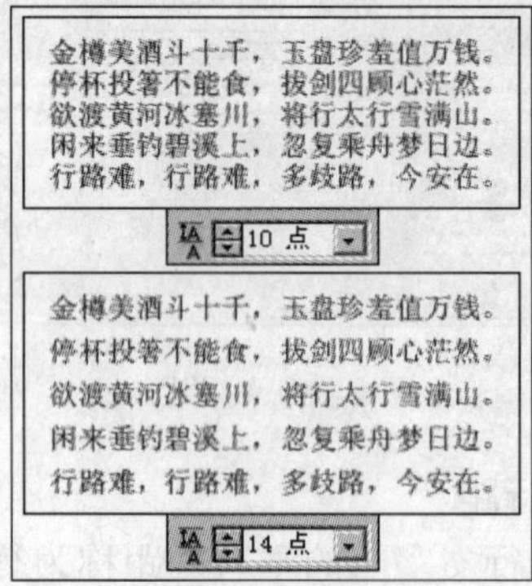

图4-31 行距数值

3）设置完毕后，单击“确定”按钮，关闭“字符样式选项”对话框。

2．字偶间距调整和字符间距调整

字偶间距调整是增大或减小特定字符之间间距的过程。字符间距调整是加宽或紧缩文本框的过程。下面设置字偶间距和字符间距。

1）参照图4-32所示将相应的文字选中。

2）接着在“字符”调板中单击“字偶间距调整”选项的下拉按钮，在弹出的下拉列表中选择“原始设定－仅罗马字”选项，如图4-33所示。

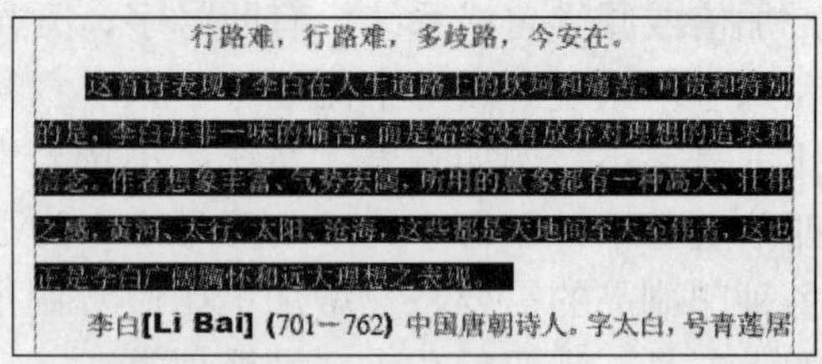

图4-32 选择文本

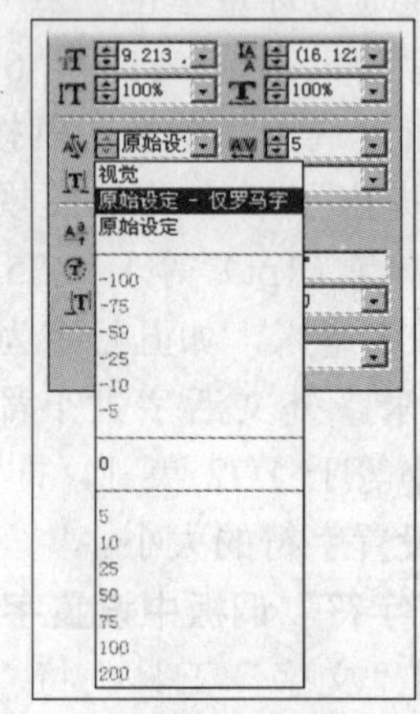

图4-33 “字偶间距调整”选项

视觉：根据相邻字符的形状调整它们之间的间距。

原始设定-仅罗马字：只设置半角字符之间的间距。

原始设定：基于成对出现的特定字符对之间的间距信息来进行紧缩。

3）这时可以观察设置“字偶间距调整”选项前后文本的对比效果，如图4-34所示。

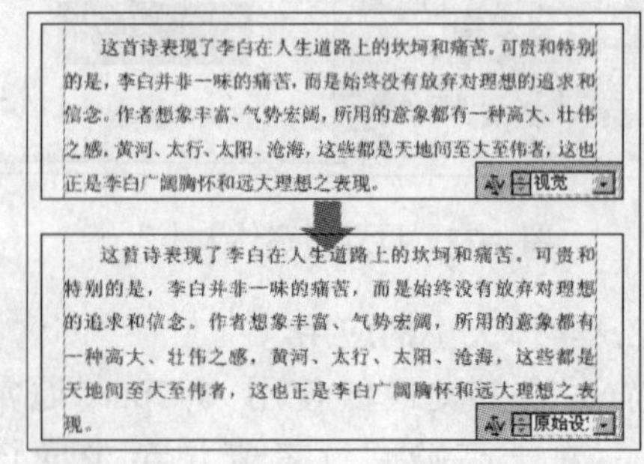

图4-34 设置“字偶间距调整”选项

注 意

为了便于读者更清楚地查看“字偶间距调整”选项的效果，暂时取消文本的选择。

使用原始设定或视觉方式自动进行字偶间距调整。原始设定方式针对特定的字符对（字偶）预先设定间距调整值。字偶间距调整包含有关特定字母对间距的信息。其中包括：LA、P、To、Tr、Ta、Tu、Te、Ty、Wa 等，如图 4-35 所示。要禁用原始设定，在“字偶间距调整”选项下拉列表中选择“0”即可。

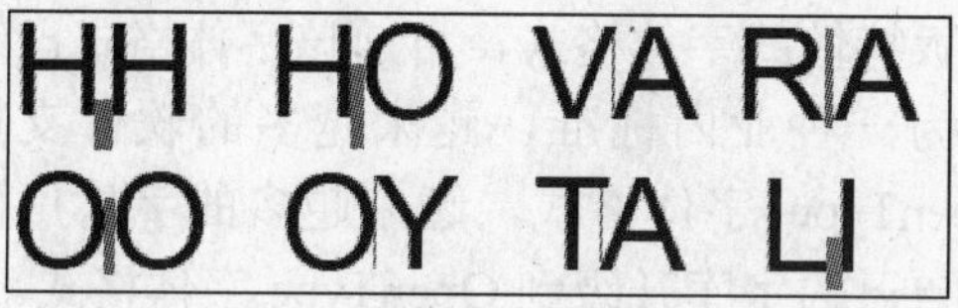

图 4-35　不同字偶的间距

4）设置“字符间距调整”选项，在该选项的文本框中输入数字，可以调整字符间的距离。数值越大，字符间的距离越大，如图 4-36 所示。

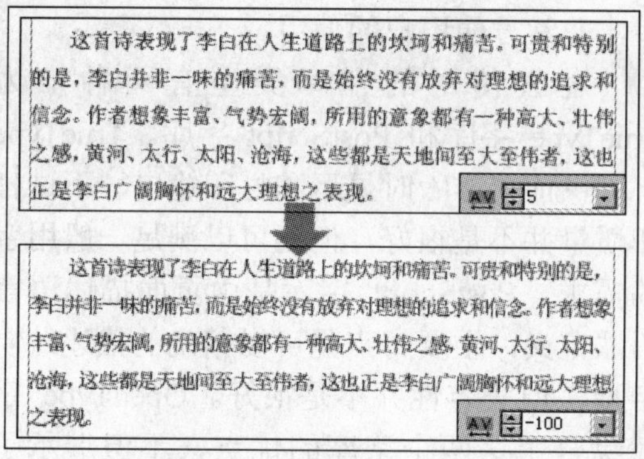

图 4-36　设置字符间的距离

4.1.6　大写和位置

图 4-37 所示为大写和位置的对照图。在图中的菜单为“字符”调板中的菜单。

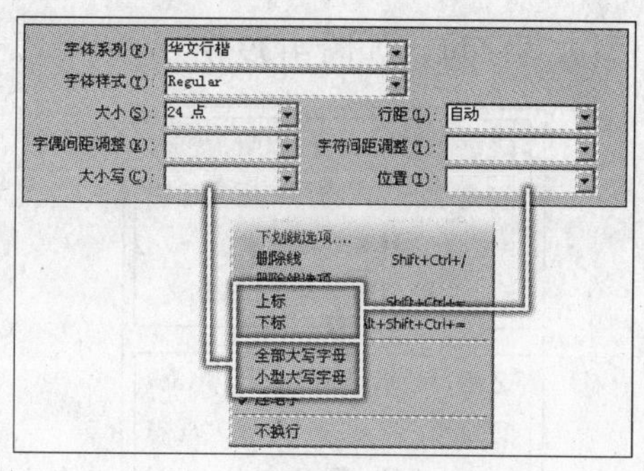

图 4-37　大写和位置的对照图

1. 大写

大写是罗马字符特有的，可以对字符使用全部大写、小型大写和 OpenType 小型大写。

1）使用“文字”工具选择页面中的罗马字符，然后单击“字符”调板右上角的调板菜单图标，在弹出的菜单中执行“全部大写字母”命令，将选择的罗马字符全部大写，如图 4-38 所示。

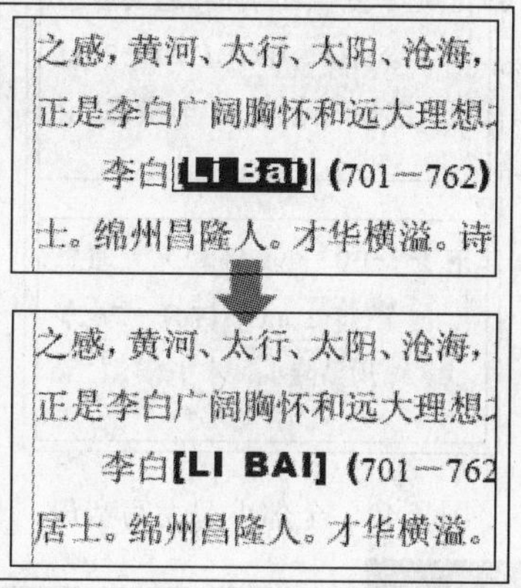

图 4-38　全部大写

注 意

为了便于读者更清楚地查看“字偶间距调整”选项的效果，暂时取消文本的选择。

2）接着打开“字符”调板的快捷菜单，在弹出的菜单中执行“小型大写字母”命令，将选择的罗马字符中小写的字体转换为小型大写字母，如图 4-39 所示。

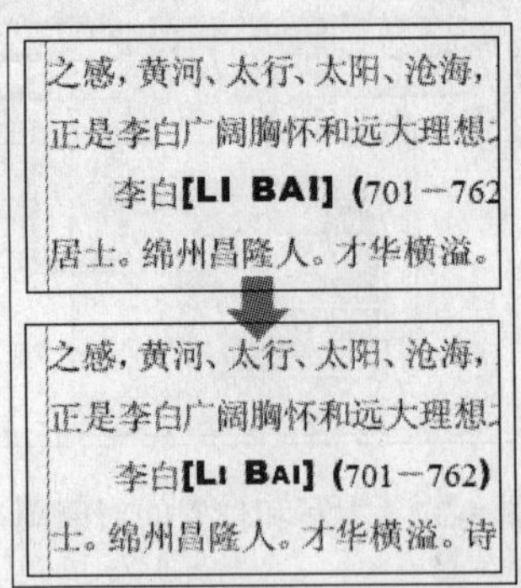

图 4-39　小型大写字母

3）设置选择的字符为 Adobe Caslon Pro 字体。

4）再次打开“字符”调板的快捷菜单，在弹出的菜单中执行 OpenType→“全部小型大写字母”命令，将选择的所有罗马字符转换为小型大写字母，如图 4-40 所示。

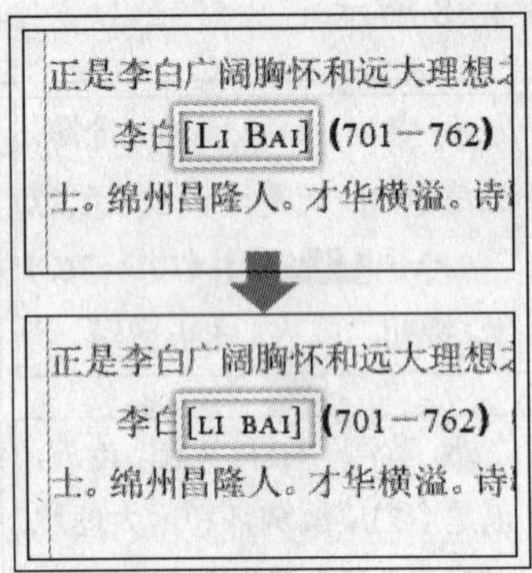

图 4-40　全部小型大写字母

提 示

OpenType 子菜单中的命令只对 OpenType 字体格式中的字体产生作用。因此读者要按照书上出示的字体设置。如果没有出示的字体，可以使用其他 OpenType 格式的字体。需要注意的是，并不是每个 OpenType 格式的字体都可以使用 OpenType 子菜单中的命令，只有当该菜单中命令没有中括号时，该命令才可以使用，如图 4-41 所示。

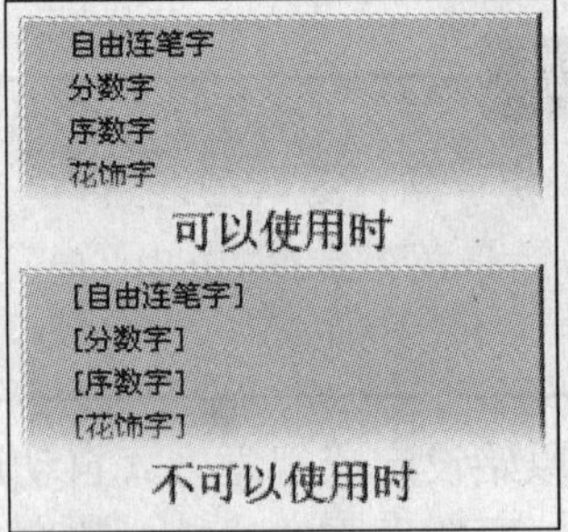

图 4-41　可以使用的 OpenType 功能

2. OpenType 字体格式

OpenType 是一种字体格式，是 Adobe 和 Microsoft 公司从 1995 年开始联合开发的。该字体除了开发一种新型的跨平台字体文件格式外，还旨在为用户提供具有更丰富排版特性的字体格式，目前该字体格式已经成为一种业内标准，越来越多的软件支持 OpenType 字体格式，越来越多的字体厂商将自己的字库升级到 OpenType 字体格式。

OpenType 字库的兼容性很强。从 Windows 2000 系统开始 OpenType 字库就已经可以使用，并且系统自带的西文字库也已升级到 OpenType 字库。苹果公司也从 MAC OS X 开始完全兼容 OpenType 字库。这样 OpenType 字体文件成为了跨平台的字库，非常方便用户的使用。

过去使用的字库类型有两种，为 TrueType 字库和 PostScript 字库。TrueType 字库供前端排版时显示和打印输出，不过打印质量并不是很好，但还可以满足一般用字的需求。PostScript 字库是由页面描述语言语法定义，主要特点是可以精确的描述绘制字型，但兼容性并不是很好。OpenType 字库综合了这两个字库的优点，不但继承了 TrueType 格式，而且在这个基础上增加了对 Postscript 字型数据的支持，为用户提供了更高效率的排版模式。

3. 位置

1）参照图 4-42 所示将部分字符选中，然后单击“字符”调板右上角的调板菜单图标，在打开的快捷菜单中执行“下标”命令，将选择的字符降低并缩小。

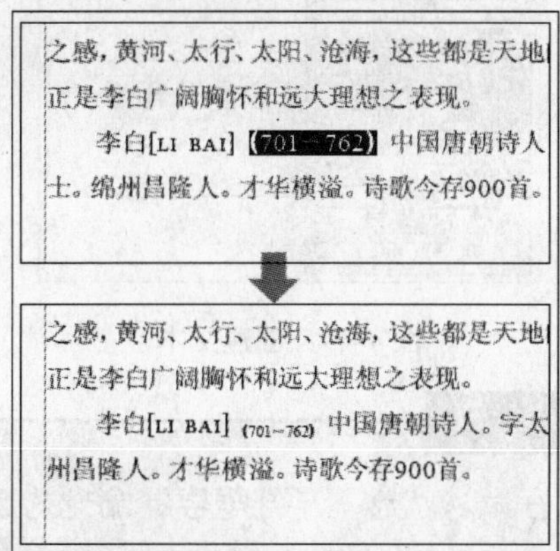

图 4-42　执行“下标”命令

技 巧

将文本上标的快捷键为<Ctrl+Shift+=>键；将文本下标的快捷键为<Ctrl+Shift+Alt+=>键。

2）接着再次打开“字符”调板的快捷菜单，执行“上标”命令，将选择的字符升高并缩小，如图 4-43 所示。

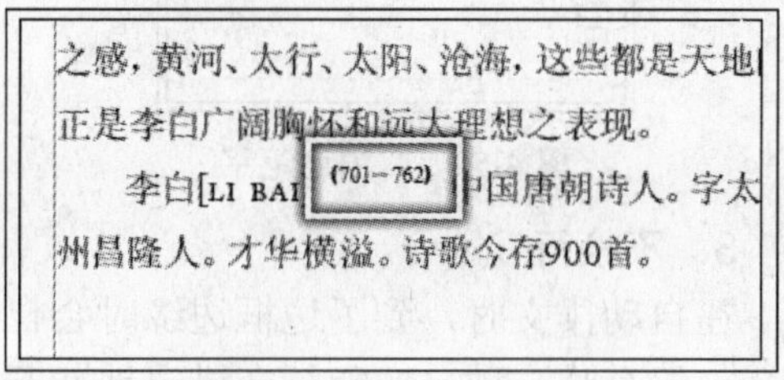

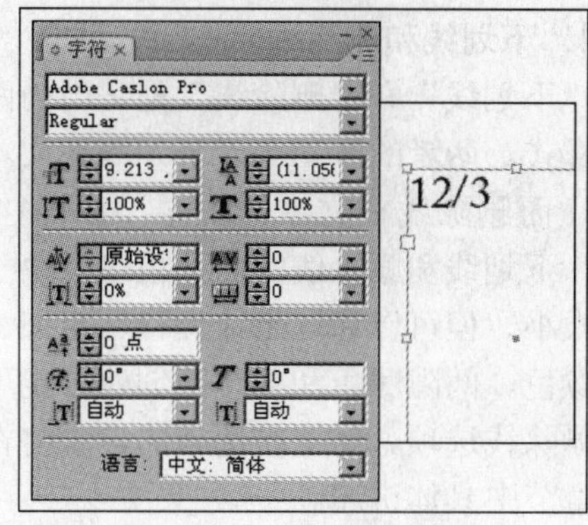

图 4-44　创建文本框

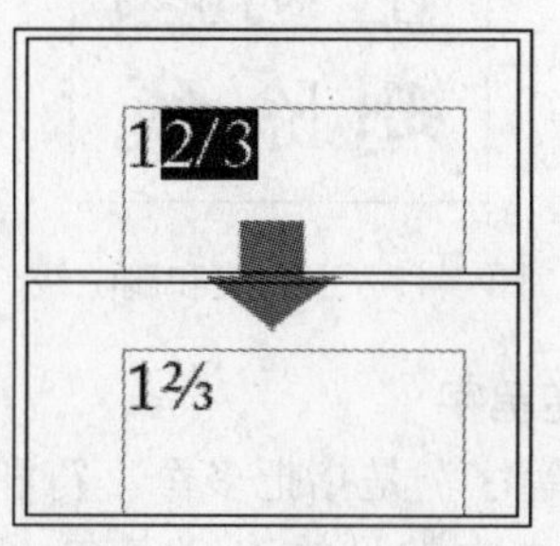

图 4-45　“分数字”命令

3）使用 T “文字”工具，在文档空白处创建文本，并输入一个分数，然后在“字符”调板中再对文字进行设置，如图 4-44 所示。

4）将需要转换为分数的字符选中，打开“字符”调板的快捷菜单，执行 OpenType→“分数字”命令，将选择的字符转换为分数，如图 4-45 所示。完毕后将该文档关闭，不保存。

图 4-43　上标

提 示

在 OpenType 子菜单中执行“上标”和“下标”命令和在“字符”调板的快捷菜单中执行“上标”和“下标”命令的效果相同，在这里不再重复讲述。

4.1.7　下划线、连笔字、不换行和删除线

图 4-46 所示为下划线、连笔字、不换行和删除线的对照图，在图中出示的菜单为“字符”调板的快捷菜单。

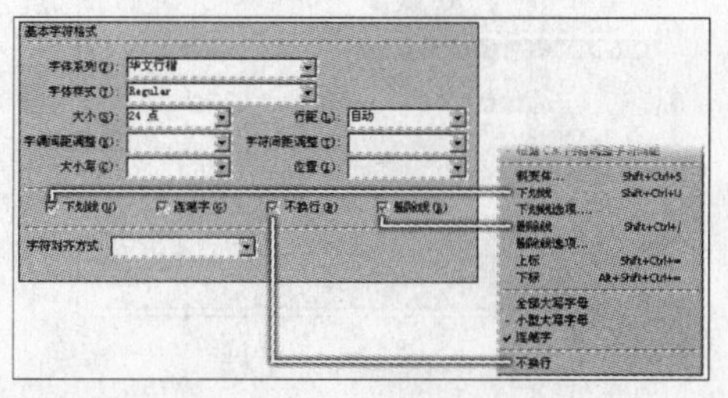

图 4-46　对照图

1．下划线和删除线

“下划线”和“删除线”是常用的两种装饰样式。两者的区别在于下划线在文本的下层，而删除线在文本的上层，如图 4-47 所示。下划线和删除线的默认粗细取决于文字的大小。但可以通过更改位移、粗细、文字、颜色、间隙颜色和叠印，创建自定下划线和删除线选项。对这些选项的设置将在下面的章节中具体讲述。

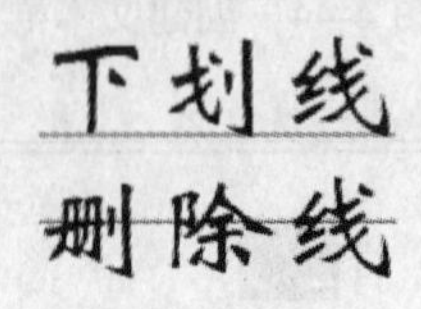

图 4-47　下划线和删除线

2．连笔字

“连笔字”是指把多个字符和并为一个字型。英文中常见的连笔字有：ff，fi，ffl 和 ffi。大多数字体都包含连笔字字型，但是要插入会非常麻烦，可能会在拼写检查时报错。在 InDesign CS3 中从“字符”调板菜单中选中连笔字即可，连笔字的字符不会合并为一个字符，用户可以任意修改，并且不会导致拼写检查程序产生单词标记错误。

1）执行“文件”→“新建”→“文档”命令，参照图 4-48 所示创建一个空白文档。

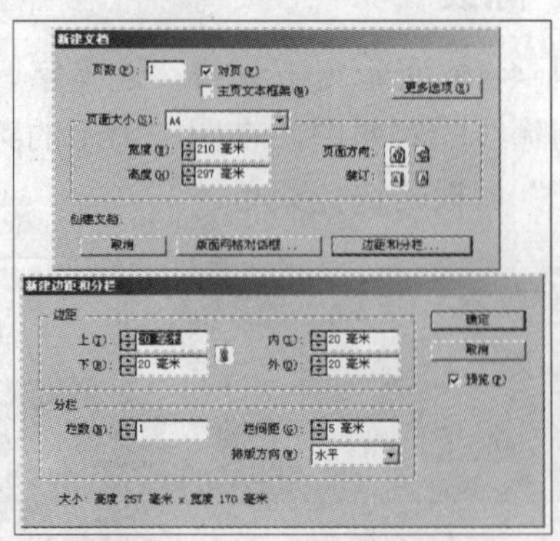

图 4-48　新建文档

2）在文档中创建如图 4-49 所示文本，并对其进行设置。

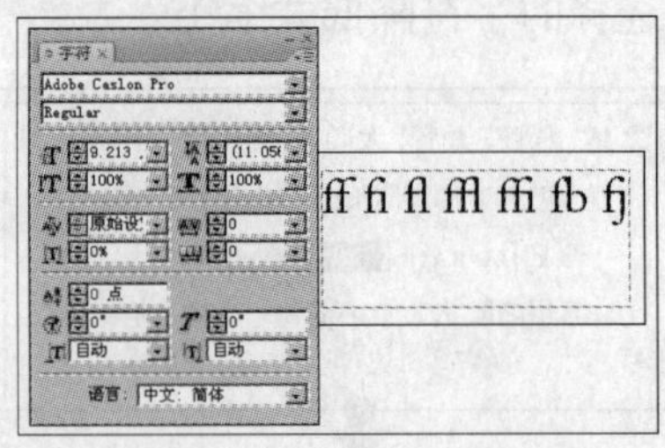

图 4-49　创建文本

提 示

在默认状态下“连笔字”命令为选择状态。

3）在“字符”调板快捷菜单中执行“连笔字”命令，将“连笔字”前的对号取消，使字体不再连笔，如图 4-50 所示。

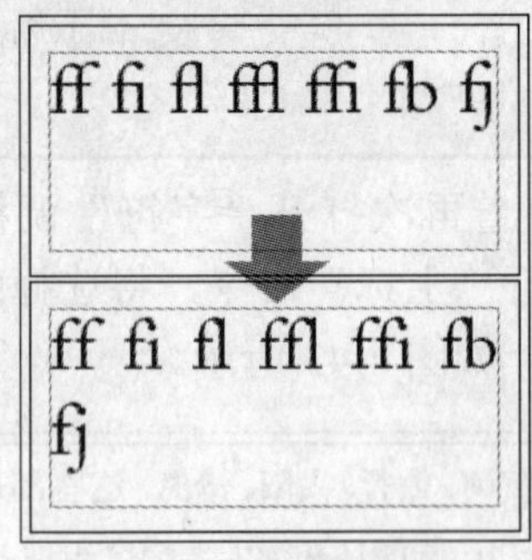

图 4-50　取消连笔字

3．不换行

在自动排文时，到了边框边缘时会自动断行，但有时这种自动断行会错误地断开单词。用户可以使用“不换行”命令来指定不能断开的单词，如图 4-51 所示。首先选中单词，然后从“字符”调板的菜单中选择“不换行”命令即可。

图 4-51　不换行

4.1.8 字符对齐

一行文本中包含多种大小的字符时，用户可以指定文本如何与最大的字符对齐。提供的选择有：罗马字基线、全角字符外框顶、全角字符外框居中、全角字符外框底、ICF 框顶和 ICF 框底。在“字符样式选项”对话框和“字符”调板的快捷菜单中都有这些命令，如图 4-52 所示。其中 ICF 框是指文本可被放置的虚拟框。

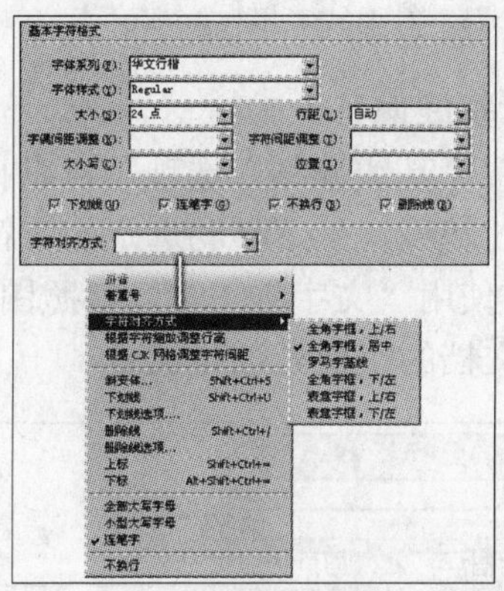

图 4-52 字符对齐对照图

1）在文档的空白处创建字符大小不一的文本，如图 4-53 所示。

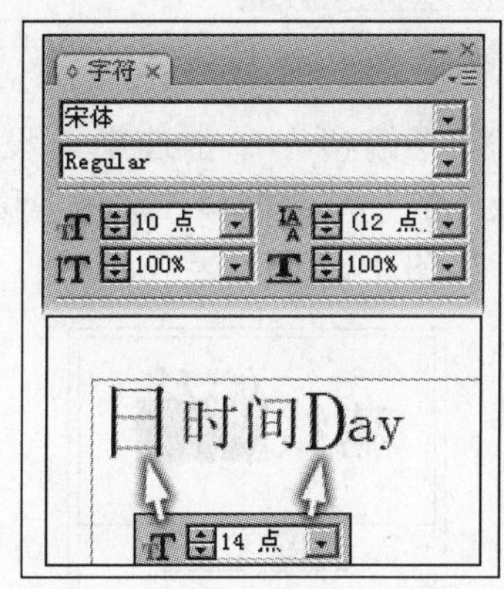

图 4-53 创建文本

2）使用“选择”工具，将该文本框选中，接着打开“字符”调板的快捷菜单，执行“字符对齐方式”→“全角字框，上/右”命令，将文本框中的字符以全角字框顶部对齐，如图 4-54 所示。

图 4-54 全角字框顶部对齐

3）读者可以依次执行“字符对齐方式”子菜单中的命令，查看字符对齐的效果，如图 4-55 所示。

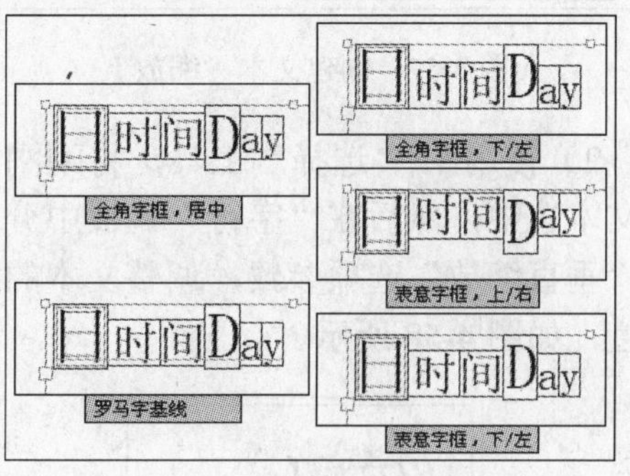

图 4-55 字符对齐方式

4.1.9 缩放、基线偏移和倾斜

图 4-56 所示为水平/垂直缩放、基线偏移和倾斜对照图。

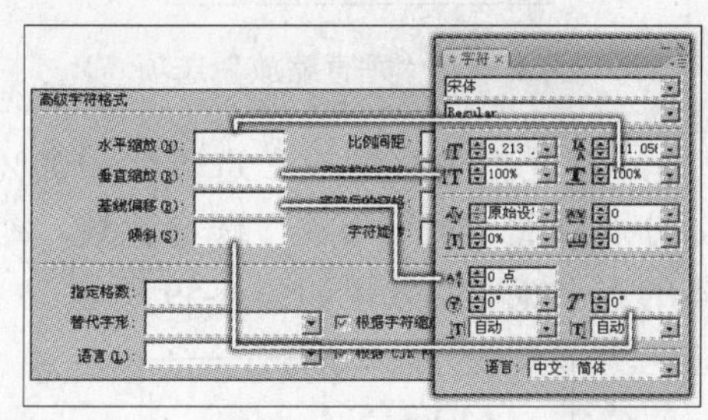

图 4-56 水平/垂直缩放、基线偏移和倾斜对照图

1. 水平缩放和垂直缩放

“水平缩放”选项可以让用户根据字符的原始宽度，通过挤压或扩展来人为的创建缩小或扩大的文本；“垂直缩放”选项可以垂直地缩小或放大字体。无缩放字符的比例值为 100%。

1）使用 T “文字”工具，参照图 4-57 所示在文档的空白处创建文本。

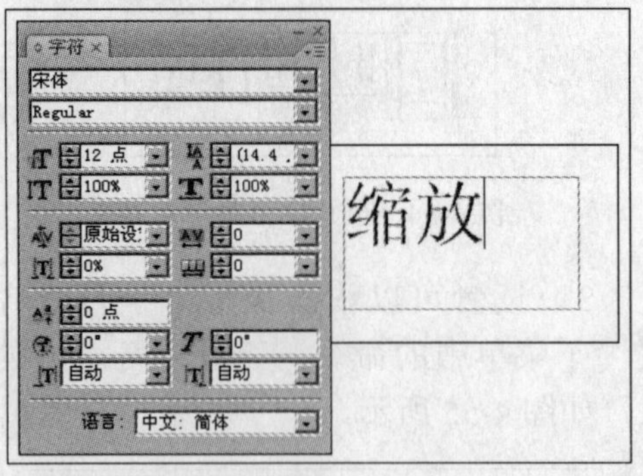

图 4-57　创建文本“缩放”

2）使用 “选择”工具，将刚刚创建的文本选中，然后在“字符”调板中分别设置“垂直缩放”选项参数，调整文本的垂直高度，如图 4-58 所示。

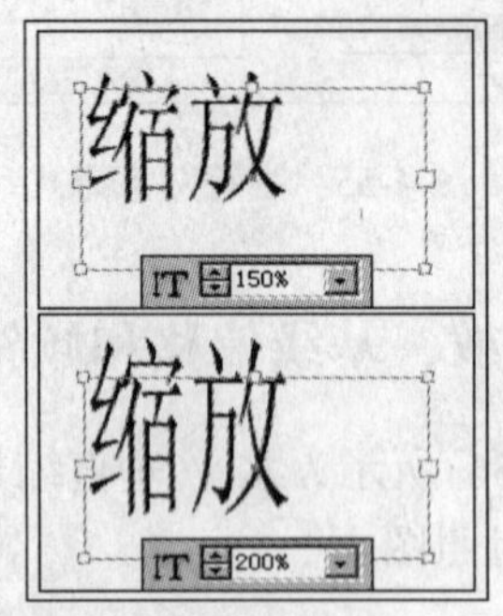

图 4-58　“垂直缩放”选项

3）设置“垂直缩放”选项为 100%，然后分别设置“水平缩放”选项参数，缩放文本的水平宽度，效果如图 4-59 所示。

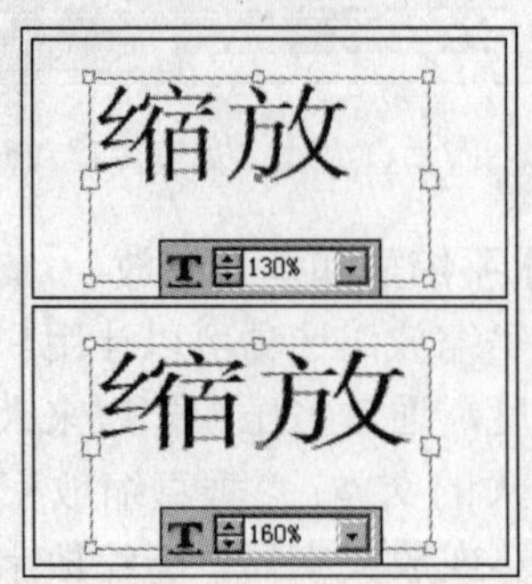

图 4-59　“水平缩放”选项

4）将“水平缩放”选项设置为 100%。按下<Ctrl>键的同时使用“选择”工具调整文本框的宽度或高度，可以对文本的宽度或高度进行缩放，如图 4-60 所示。

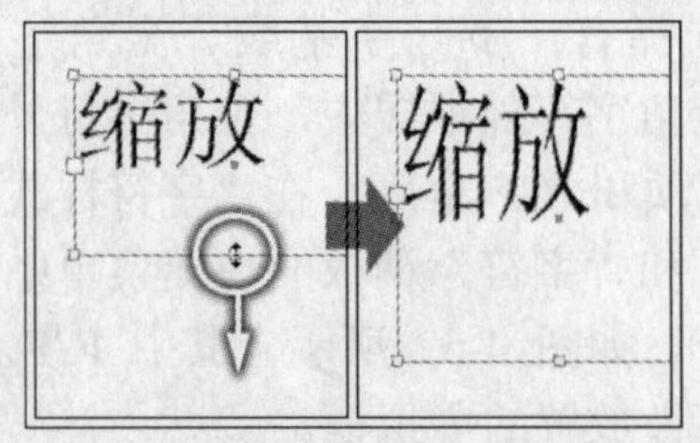

图 4-60　鼠标缩放文本

2. 基线偏移

设置“基线偏移”选项，可以相对于周围文本的基线，上下移动选定的字符。

1）使用“文字”工具，参照图 4-61 所示，在文档的空白处创建文本。

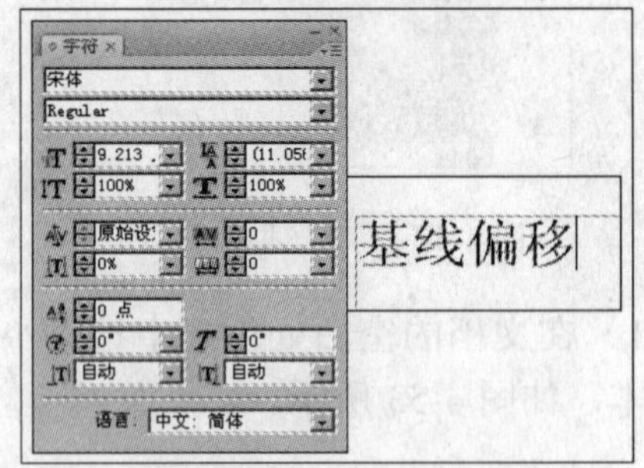

图 4-61　创建文本

2）将“偏移”二字选中，设置“字符”调板中的“基线偏移”选项，移动选中的文本，如图 4-62 所示。

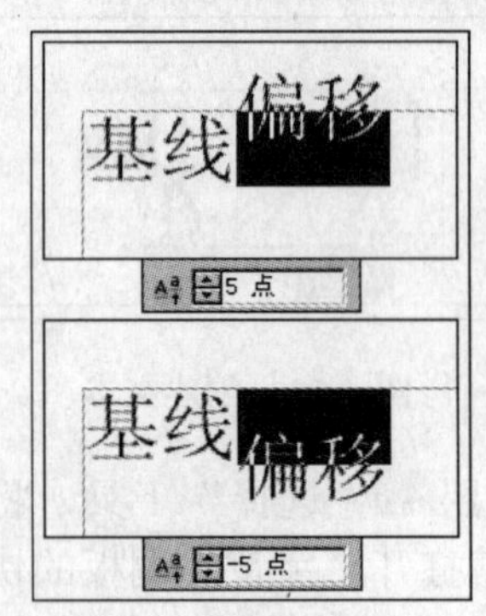

图 4-62　“基线偏移”选项

技 巧

基线偏移的快捷键为<Shift+Alt+↑>或<Shift+Alt+↓>键。

3. 倾斜

“倾斜”选项可以对所选择的文字设置任意角度的倾斜，弥补了中文字库无斜体字的缺憾。

1）使用“文字”工具在文档的空白处创建文本，如图 4-63 所示。

图 4-63 输入文本“字体偏移”

2）将刚刚创建的文本选中，然后在“字符”调板中分别对“倾斜”选项数值进行设置，调整文本的倾斜角度。正值表示文字向右倾斜；负值表示文字向左倾斜，如图 4-64 所示。

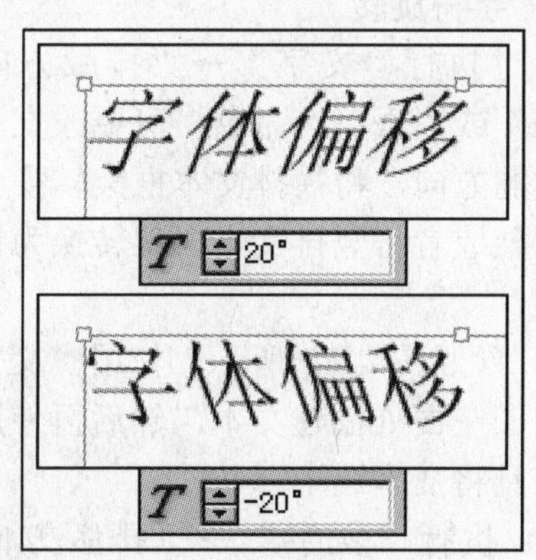

图 4-64 “倾斜”选项

4.1.10 比例间距、字符前/后挤压间距和字符旋转

如图 4-65 所示为比例间距、字符前/后挤压间距、字符旋转对照图。

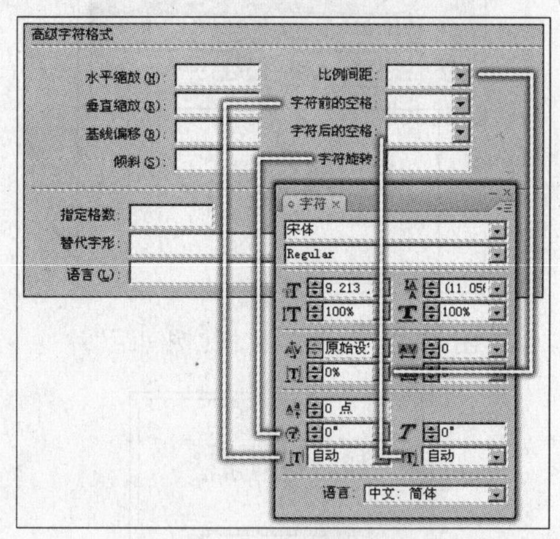

图 4-65 比例间距、字符前/后挤压间距和字符旋转对照图

1. 比例间距

“比例间距”选项，会在不缩放字符的前提下，在字符前后挤压空格间距，也就是挤压全角框比 ICF 框大的部分，如图 4-66 所示。其中 0%代表不压缩，100%代表将间距压缩为 0。下面通过操作来学习设置“比例间距”选项的方法。

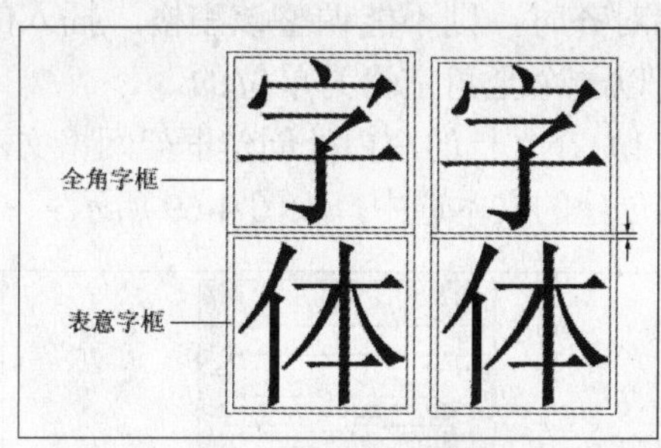

图 4-66 比例间距选项

1）使用“文字”工具，参照图 4-67 所示在文档的空白处创建文本，并使用“选择”工具将文本选中。

2）在“字符”调板中设置“比例间距”选项，数值越大，字符间的间距越小，如图 4-68 所示。

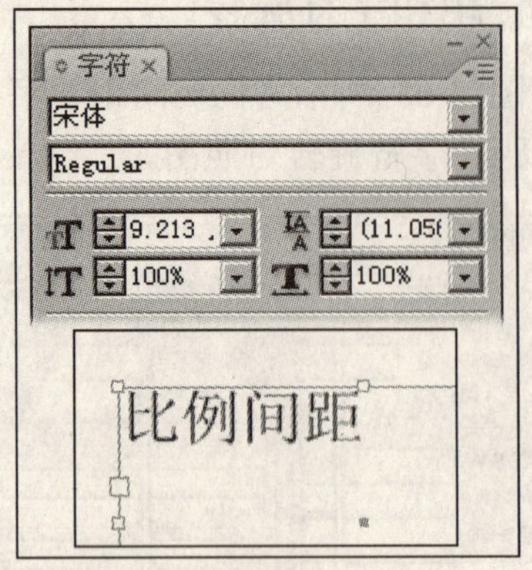

图 4-67　创建文本“比例间距”

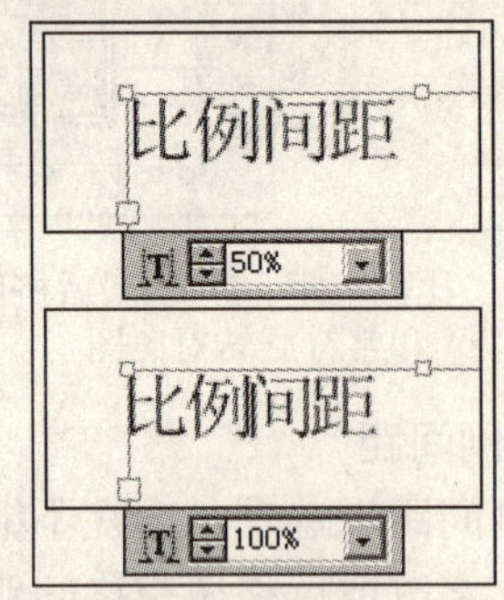

图 4-68　“比例间距”选项

2. 字符前/后挤压间距

字符前/后挤压间距是以当前文本为基础，在字符前或后插入空白。当该行设置为两端对齐时，则不能调整该空格。插入的空格是以一个全角空格为单位的。

1）在文档的空白处创建框架网格文本，并将创建的文本选中，如图 4-69 所示。

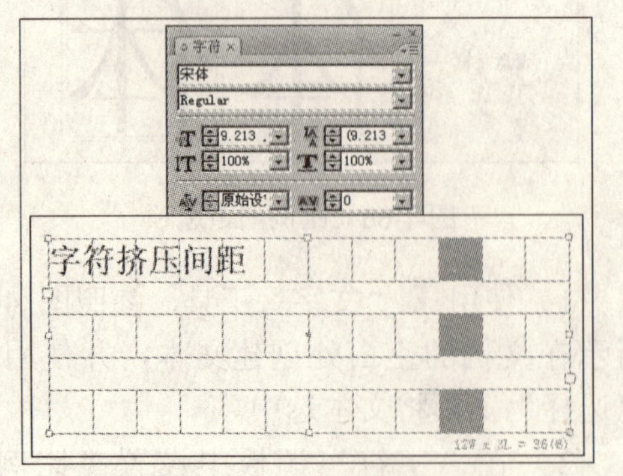

图 4-69　创建框架网格文本

2）单击“字符”调板中“字符前挤压间距”选项的下拉按钮，在弹出的下拉列表中选择字符前插入空白的距离，如图 4-70 所示。

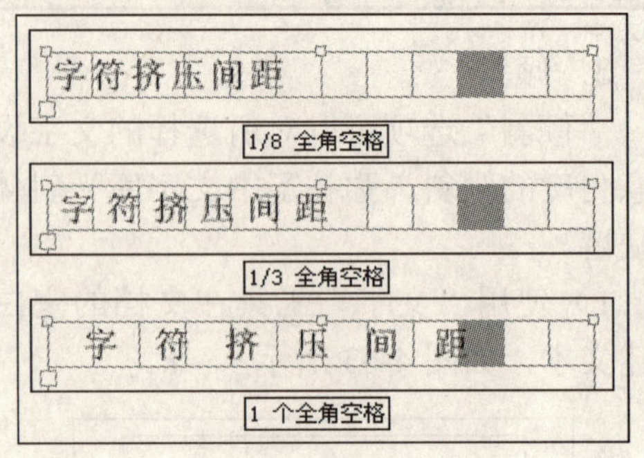

图 4-70　字符前挤压间距

3）设置“字符前挤压间距”选项为自动，然后分别设置“字符后挤压间距”选项，观察字符效果，如图 4-71 所示。

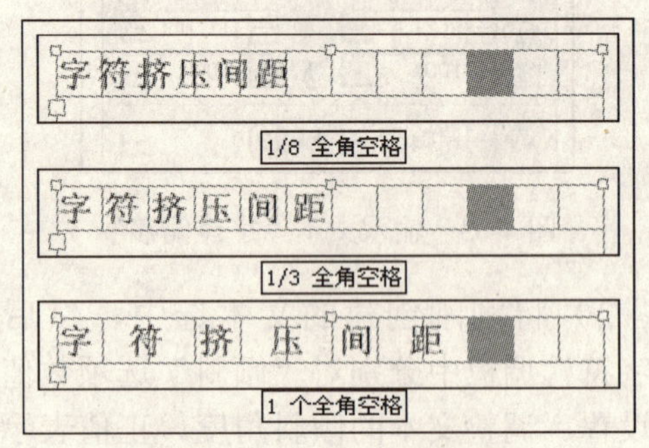

图 4-71　字符后挤压间距

3. 字符旋转

通过执行“文字”→“排版方向”→“水平”或“垂直”命令，可更改文本框架中文本的方向，将横排文本框架转换为竖排文本框架或者将竖排文本框架转换为横排文本框架。

1）参照图 4-72 所示，使用“文字”工具在视图空白处创建文本，然后再使用“选择”工具将文本选中。

2）执行“文字”→“排版方向”→“垂直”命令，将横排文本转换为竖排文本，如图 4-73 所示。

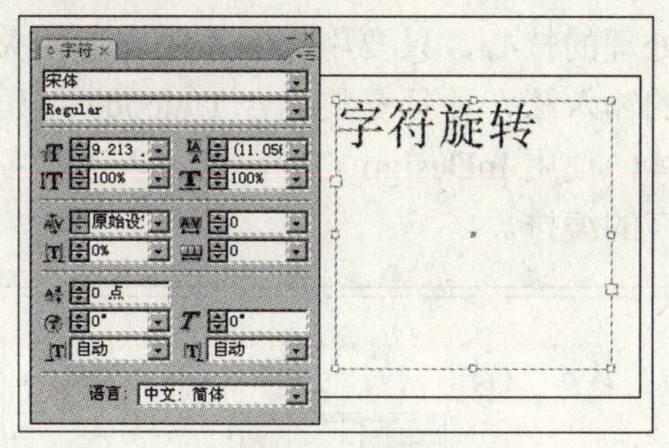

图 4-72　横排文本框

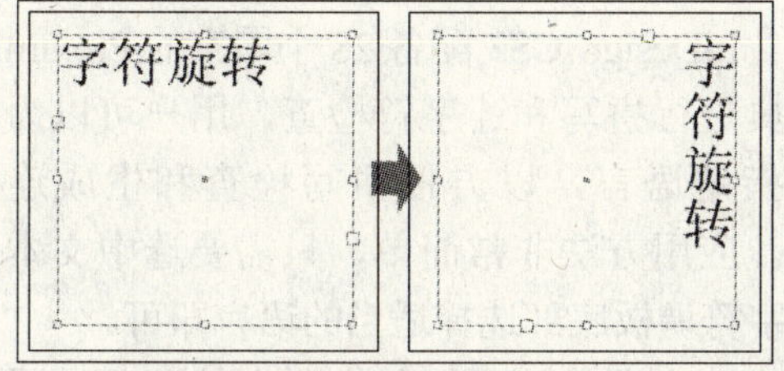

图 4-73　转换为竖排文本

在“文章”调板中同样可以更改文本框架中文本的方向。

1）继续上面的操作，执行“窗口”→“文字和表”→“文章”命令，将“文章”调板打开，如图 4-74 所示。

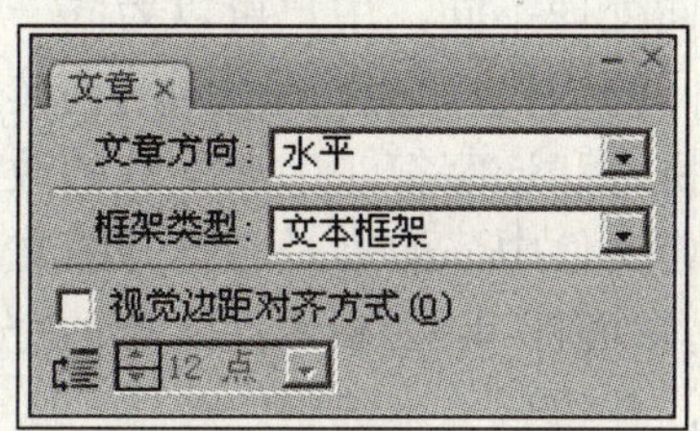

图 4-74　“文章”调板

2）然后单击该调板中的“文章方向”选项的下拉按钮，在弹出的下拉列表中选择“水平”选项，将竖排文本框转换为横排文本框，如图 4-75 所示。

要更改框架中单个字符的方向，可以使用“字符”调板中的“字符旋转”选项，将选中的字符旋转任意角度。

1）使用“文字”工具将“旋转”字符选中，如图 4-76 所示。

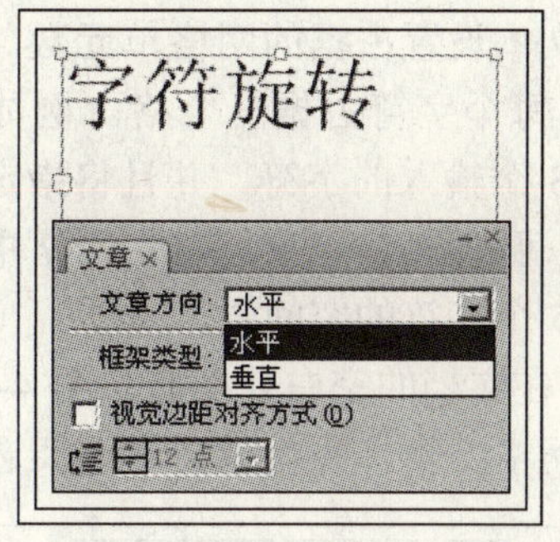

图 4-75　“文章方向”选项

图 4-76　选中字符

2）接着在“字符”调板中设置“字符旋转”选项，将选中的字符旋转任意角度，如图 4-77 所示。

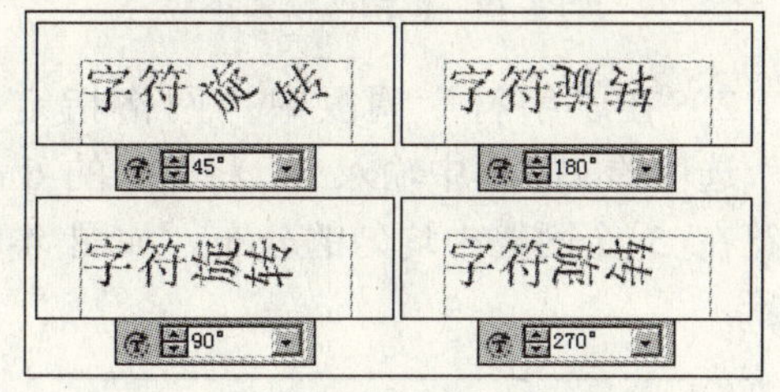

图 4-77　设置“字符旋转”选项

4.1.11　网格指定格数和语言

图 4-78 所示为网格指定格数和语言对照图。

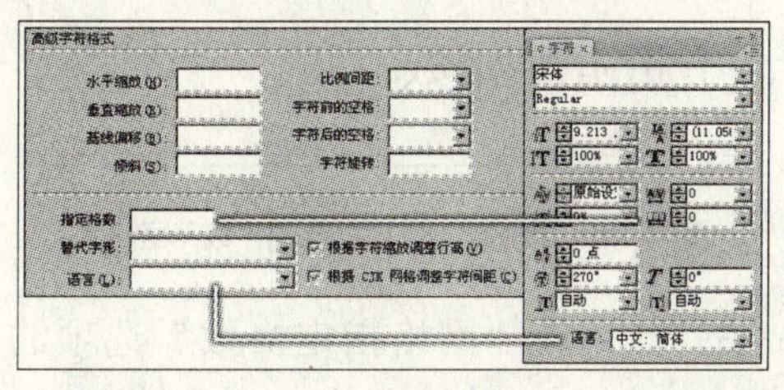

图 4-78　网格指定格数和语言对照图

1．网格指定格数

使用“网格指定格数”选项可以直接为

选中的文本设置占据的网格单元数。默认为0，是指每个字符占据一个格。例如，如果选择了3个输入的字符，并且将指定格数设置为5，那么这3个字符将在网格中均匀地分布在5个字符的空间中。

1）在文档的空白处创建如图4-79所示的框架网格文本，并将该文本框架选中。

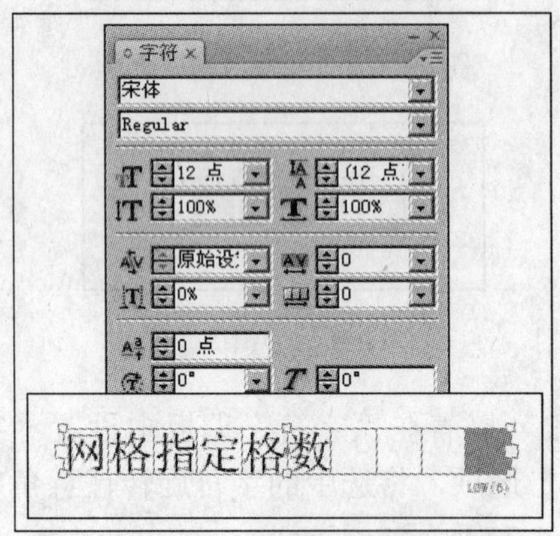

图4-79　框架网格文本

2）在“字符”调板中“网格指定格数”选项的文本框中输入5，将输入的6个字符在5个网格中均匀的分布，如图4-80所示。

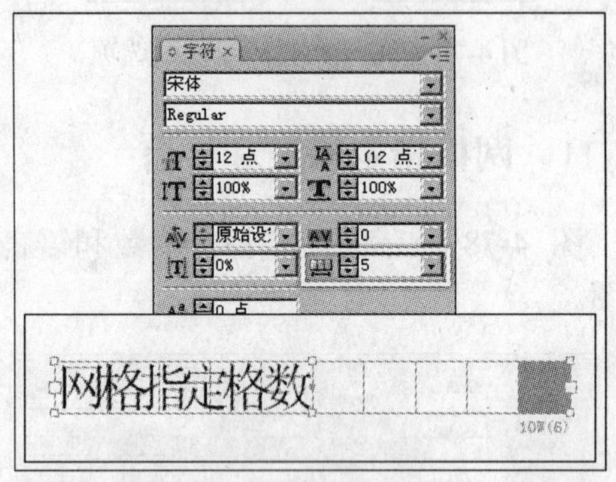

图4-80　设置“网格指定格数”选项

3）然后在“网格指定格数”选项的文本框中输入10，将输入的6个字符在10个网格中均匀的分布，如图4-81所示。

2．语言和词典

InDesign CS3采用Unicode作为文字编码处理的核心，只要用户的系统支持相关语系的输入法、并且安装符合Unicode编码的字体，使用InDesign CS3，就可以进行各国语言的编排。

图4-81　在10个网格中均匀的分布6个字符

InDesign CS3配备28个国家的Proximity词典进行拼写和连字符检查，用户可以为文本指定语言，以方便拼写检查和生成连字符。应用方法非常简单，只需要选中文本后在字符调板底部选择适当的语言即可。

一个词典不可能包含所有的基础词语，常用字典中通常无法找到工业词语和专业名词。用户为InDesign CS3购买了第三方词典，需要把它们放到InDesign/Plug-ins/Dictio naries目录下并在“首选项”对话框中选中它。另外，如何断字或添加连字符在不同词典中会有区别。选择不同词典对同一个单词处理不同。用户可以为同一个词语指定不同的词典，这样让不同的词典来处理词语的拼写和连字符。字典文件的改变只包含在字典文件中，而不是在打开的文档中。

1）参照图4-82所示在文档的空白处创建文本，并将该文本选中。

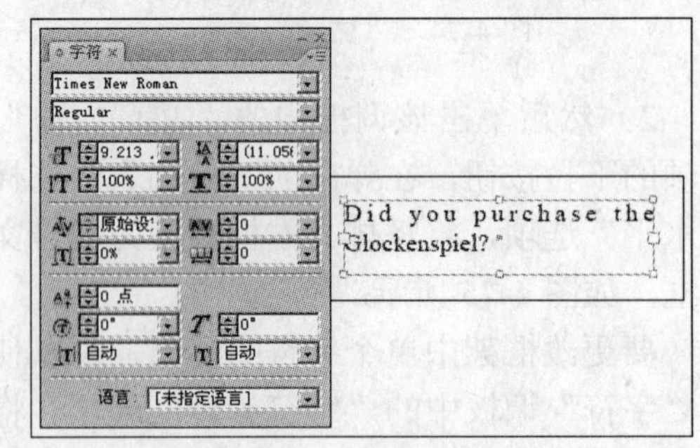

图4-82　创建文本

2）单击“字符”调板中“语言”选项

的下拉按钮，在弹出的下拉列表中选择“英语：美国”选项，更改词语的连字符，如图 4-83 所示。

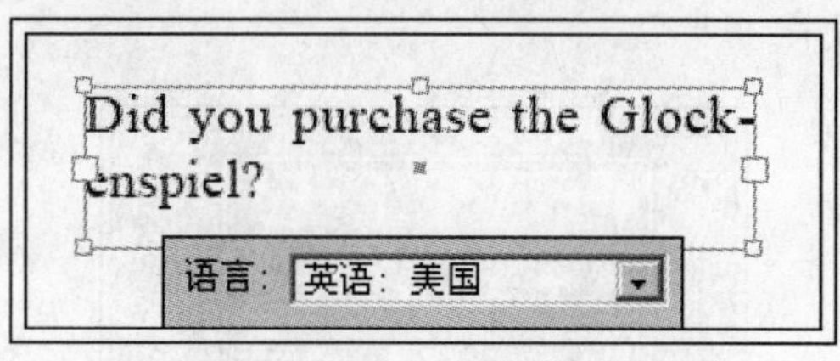

图 4-83　设置“语言”选项

4.1.12　字符行高和 CJK 网格字符间距调整

如图 4-84 所示为调整字符行高和调整 CJK 网格字符间距对照图。

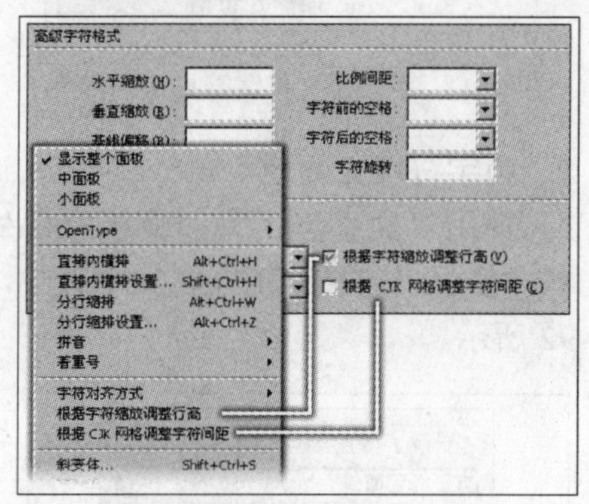

图 4-84　调整字符行高和调整 CJK 网格字符间距对照图

1. 根据字符比例调整行高

行高随机进行调整。作为字符属性，该功能是针对每个字符而设置的，但行高会应用于包含所设置字符的整行文本中。如果将某框架网格中的文本方向更改为与其相反的方向（对横排文本，改为垂直文本；对直排文本，则改为水平方向），则默认情况下，无论该网格的大小如何，行高都会更改。下面通过纯文本框来介绍该选项的使用方法。

1）参照图 4-85 所示在文档的空白处创建文本，并使用“选择”工具将文本选中。

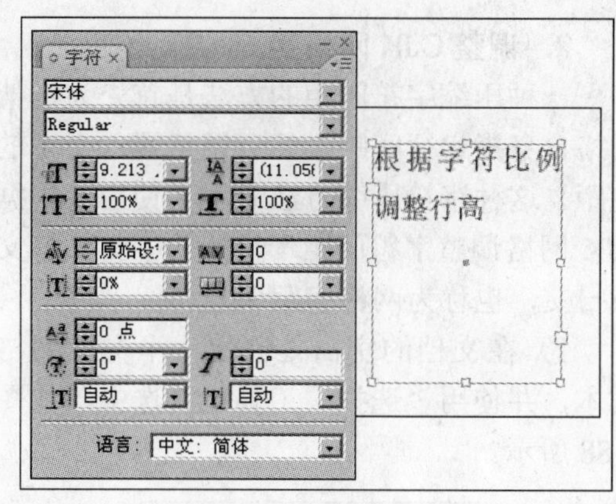

图 4-85　创建纯文本框

2）在“字符”调板中，设置“垂直缩放”和“水平缩放”选项为 180%。设置后的文本，挤压在一起，行高并没有发生变化，如图 4-86 所示。

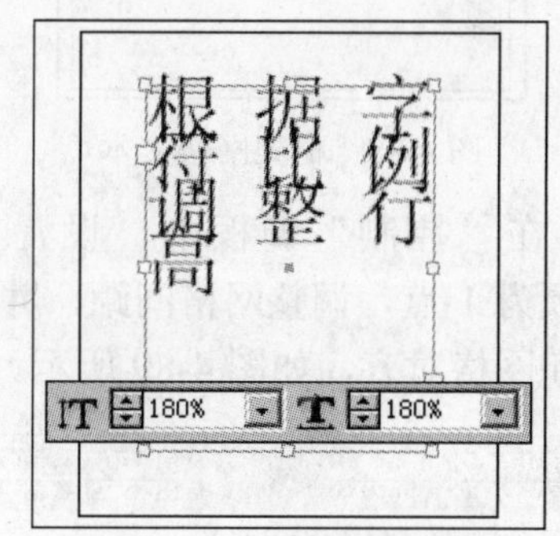

图 4-86　缩放字符

3）单击“字符”调板右上角的调板菜单图标，在弹出的菜单中执行“根据字符缩放调整行高”命令，使字符根据缩放后的高度调整行高，如图 4-87 所示。

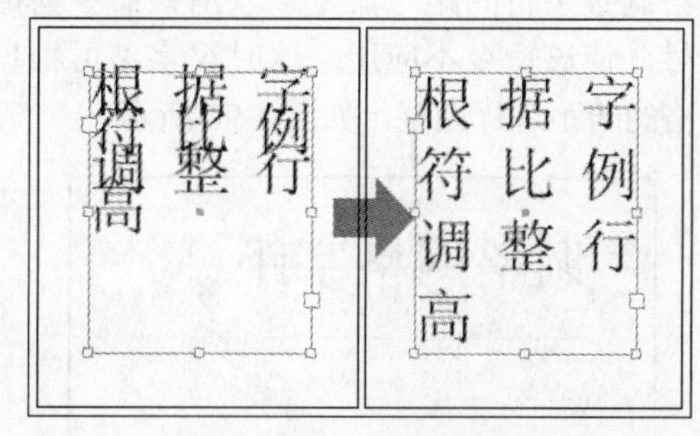

图 4-87　“根据字符缩放调整行高”命令

2．调整 CJK 网格字符间距

一种压缩字符间距的方法是首先为框架网格自身指定行间距，然后调整置入文本的字距。这种字符压缩方法专用于使用“根据 CJK 网格调整字符间距”功能的中文、韩文或日文，也称为网格字距调整。

1）在文档的空白处创建一个框架网格文本，并使用“选择”工具将其选中，如图 4-88 所示。

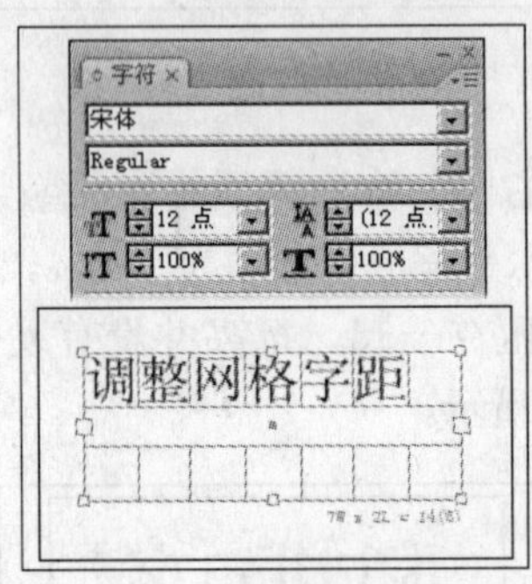

图 4-88　框架网格文本

2）在“控制”调板中，设置“字间距”选项为 1 点，调整网格间距，并且每个汉字都和网格对齐，如图 4-89 所示。

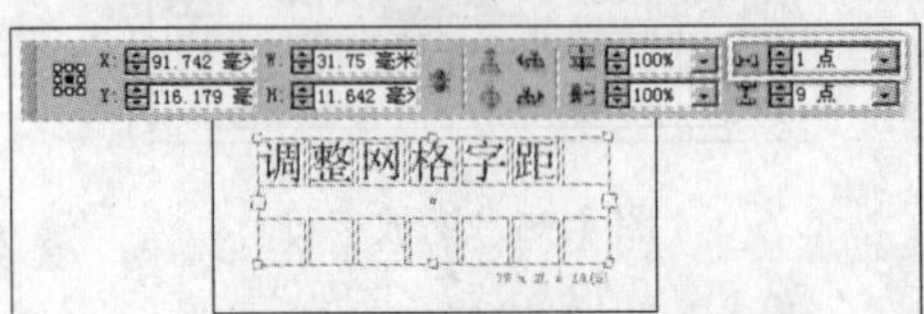

图 4-89　设置“字间距”选项

3）单击“字符”调板右上角的调板菜单图标，在弹出的快捷菜单中执行“根据 CJK 网格调整字符间距”命令，取消该命令前的对号，使该命令不应用。这时汉字不再根据网格的间距进行调整，如图 4-90 所示。

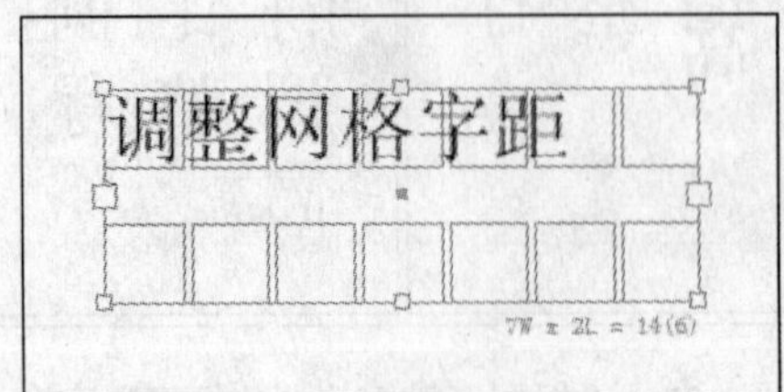

图 4-90　不应用“根据 CJK 网格调整字符间距”选项

4.1.13　字符颜色和描边

字符颜色与字符描边的对照图如图 4-91 所示。

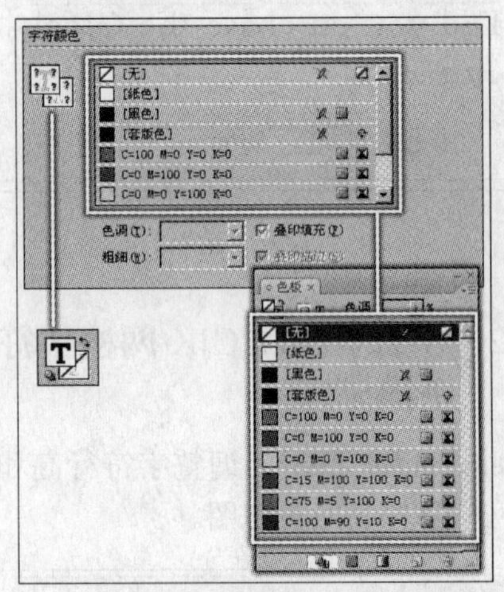

图 4-91　字符颜色和字符描边对照图

1．为字符填充颜色

1）使用“文字”工具在文档空白处创建文本，使用“选择”工具将文本选中，如图 4-92 所示。

图 4-92　创建文本“字符填充颜色”

2）单击工具箱底部或“色板”调板顶部的“格式针对文本”按钮，只对文本框中的文本进行设置，如图 4-93 所示。

3）执行“窗口”→“色板”命令，打开“色板”调板。在该调板中选择需要的颜色，即可为文本填充颜色，如图 4-94 所示。

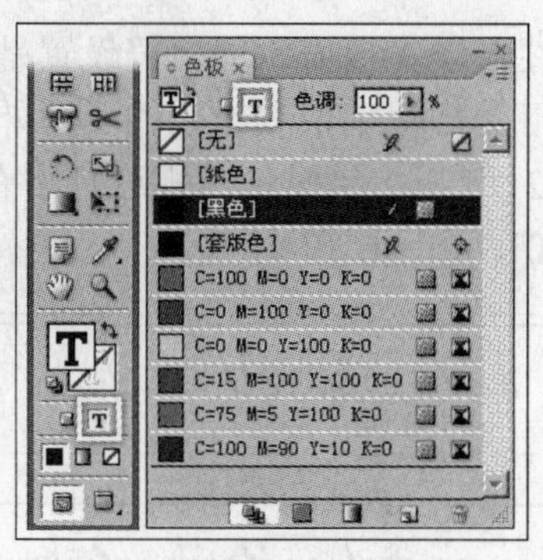

图 4-93　单击“格式针对文本”按钮

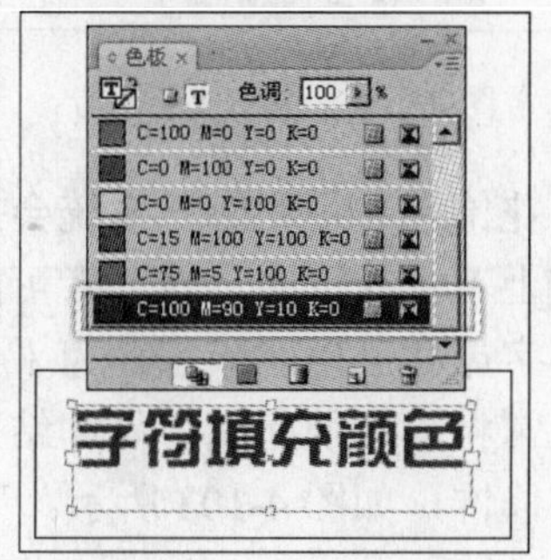

图 4-94　为文本填充颜色

4）使用 “文字”工具，将文本框中的“填充”两字选中，如图 4-95 所示。

图 4-95　选择文字

5）确认“格式针对文本”按钮为激活状态，然后在“色板”调板中选择需要的颜色，即可将选中的颜色填充，如图 4-96 所示。

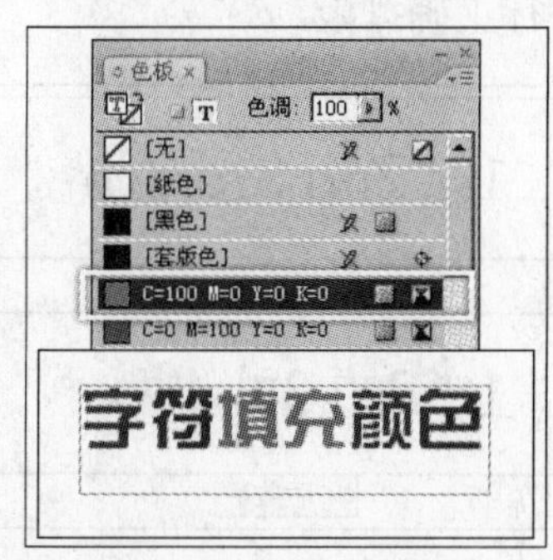

图 4-96　填充颜色

2．描边宽度

描边宽度的对照图如图 4-97 所示。

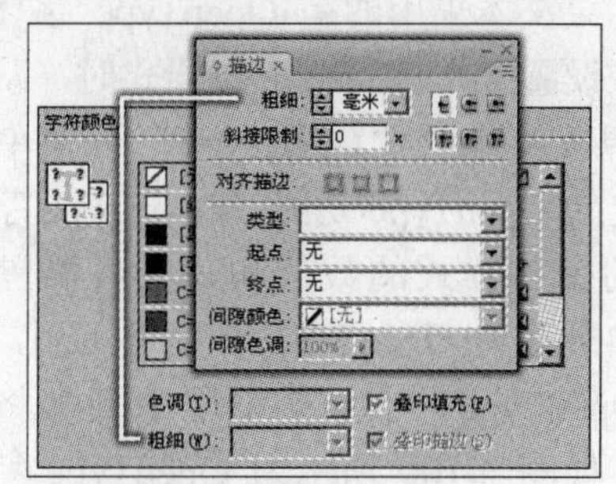

图 4-97　描边宽度对照图

1）在文档空白处创建文本，并将其选中，如图 4-98 所示。

图 4-98　创建文本“描边宽度”

2）单击工具箱底部的 “格式针对文本”按钮。

3）执行“窗口”→“描边”命令，打开“描边”调板，在该调板中分别设置“粗细”选项参数，数字越大，为文字添加的描边效果越粗，如图 4-99 所示。

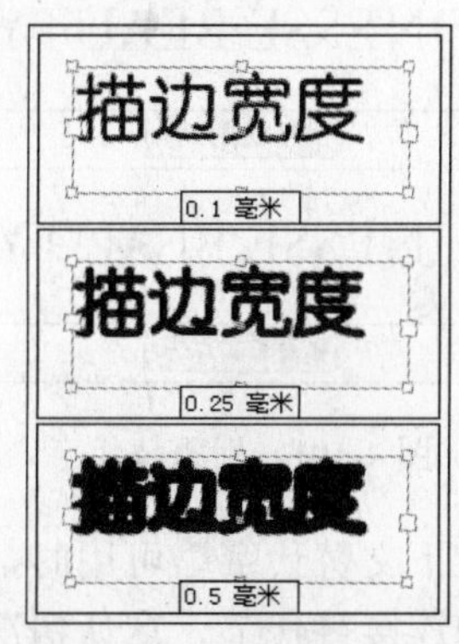

图 4-99　添加描边效果

4.1.14 OpenType 特性

如果文本采用的是 OpenType 字体，则可以在设置文本格式或定义样式时，从“字符”调板菜单的“OpenType”子菜单中选择特定的 OpenType 功能。OpenType 字体所提供的字体样式的数量和功能种类差异很大。如果某项 OpenType 功能不可用，则会在“OpenType”子菜单中用中括号将其括起来。如图 4-100 所示为 OpenType 特性对照图

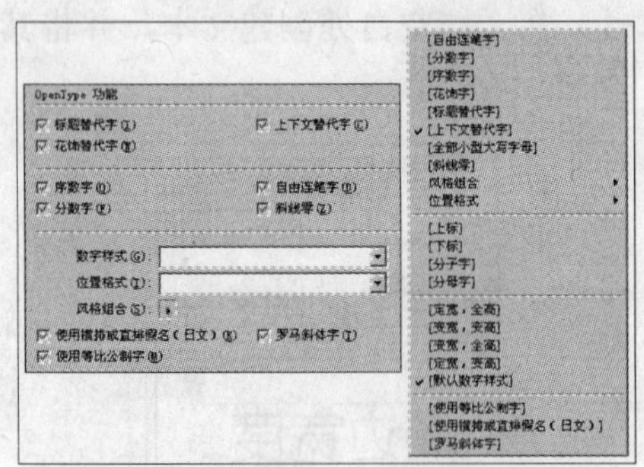

图 4-100 OpenType 特性对照图

1. OpenType 特性展示

“标题替代字”是专门为大字号字符设计的字型，如图 4-101 所示。当它们可用时，会激活用于大写标题的字符。在某些字体中，选择该选项为同时包含大、小写字母的文本设置格式，效果可能不理想。

图 4-101 标题替代字

当“上下文替代字”可用时，会激活上下文连字和连接替代字。默认情况下，该选项处于打开状态。和基本字符格式中“连笔字”特性一样，根据相邻字符设置是否连笔字，上下文替代字带有很强的手写外观，如图 4-102 所示。包括的常规连笔字有：ff、fl、fi、ffi、ffl、fj 和 ffj 等。

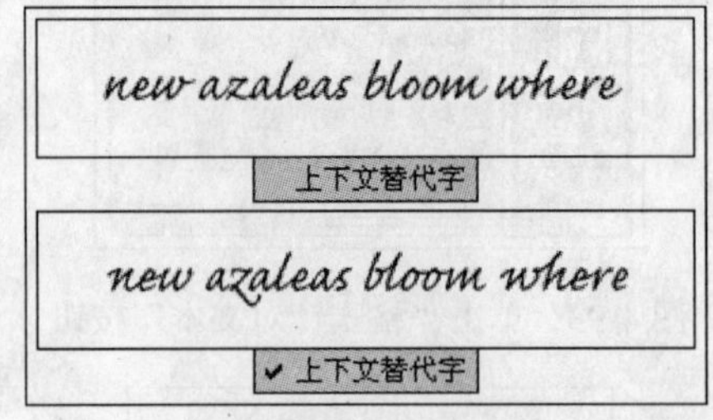

图 4-102 上下文替代字

当“花饰字”可用时，系统会提供常规花饰字和上下文花饰字，这二者可能会包含替代大写字母和字尾替代字。为了美化字体外观，通常将单词的起始字母和结束字母作为花饰字修饰，如图 4-103 所示。

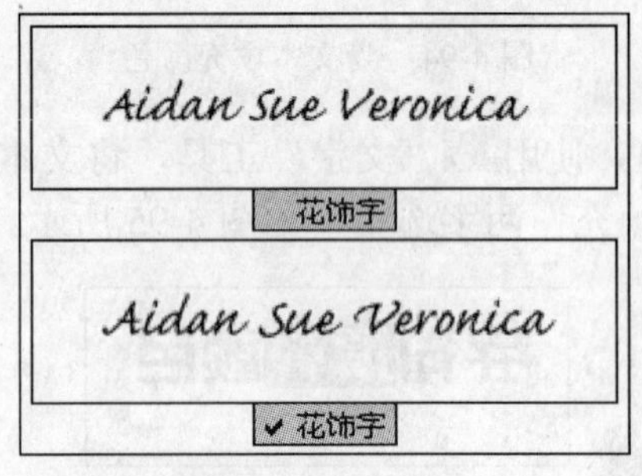

图 4-103 花饰字

“序数字”是专门为序数次字符设计的字型。当序数字可用时，会采用商标字母格式表示序数字，如图 4-104 所示。系统也会对字母进行正确排版。

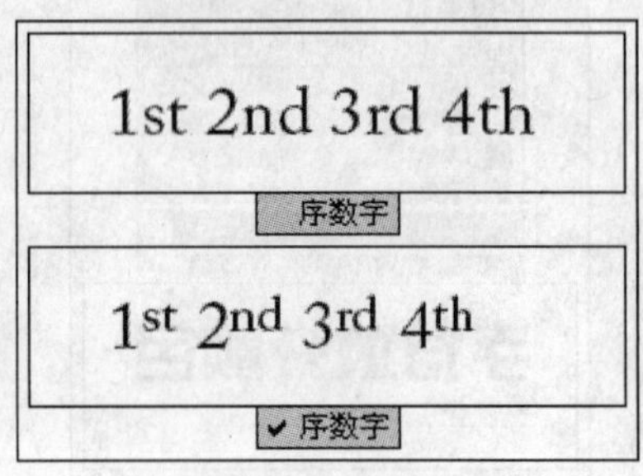

图 4-104 序数字

“自由连笔字”是除“连笔字和上下文替代字”包含的常规连笔字字符外的非常规连笔字，包括：ct，sp，st 和 fh，如图 4-105 所示。自由连笔字字体设计程序可能会包含不适宜在某些情形下打开的可选连笔字。选择该选项后，就可以使用这些附加的可选连笔字。

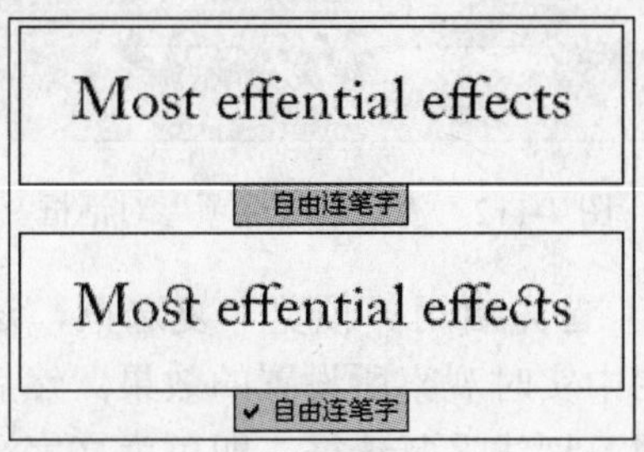

图 4-105　自由连笔字

“分数字”是专门为分数字符设计的字型。当“分数字”可用时，系统会将以斜线分隔的数字转换为分数，如图 4-106 所示。

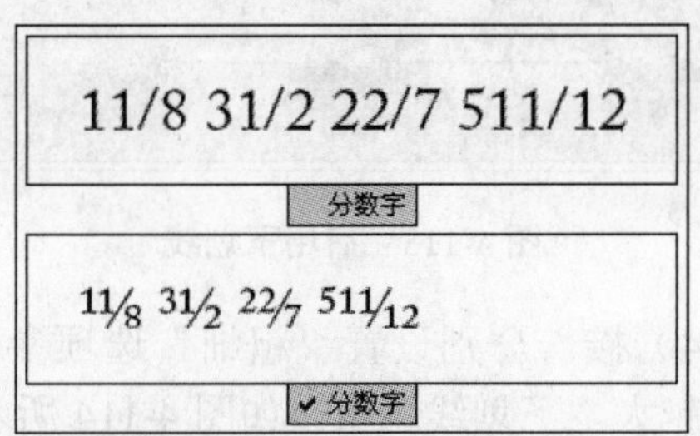

图 4-106　分数字

“斜线零”选项可以将显示的数字 0 上划一条斜线。在某些字体中，很难去区分数字 0 和大写字母 O，如图 4-107 所示。

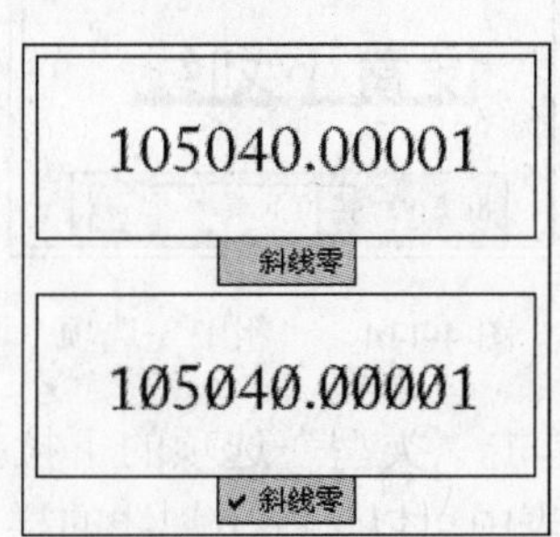

图 4-107　斜线零

“定宽，全高”提供宽度完全相同的全高数字。该选项适用于数字需要按行对齐的环境，例如表格。“变宽，变高”根据字体本身设计而定，提供宽度和高度均有变化的数字。当文本并非全部为大写字母时，建议使用该选项进行标准的复杂搜索。如果不是特殊要求，通常是使用变宽形式。“变宽，全高”提供宽度变化的全高数字，通常和大写字母高度相同，用在大写字母中间或者某些现代外观的设计中。“定宽，变高”提供宽度固定且相等，高度变化的数字。如果既需要变高数字的标准外观，又需要按栏对齐，例如报告，则建议使用该选项。通常用在大小写混合的文本中，或者是古典外观的设计中，如图 4-108 所示。

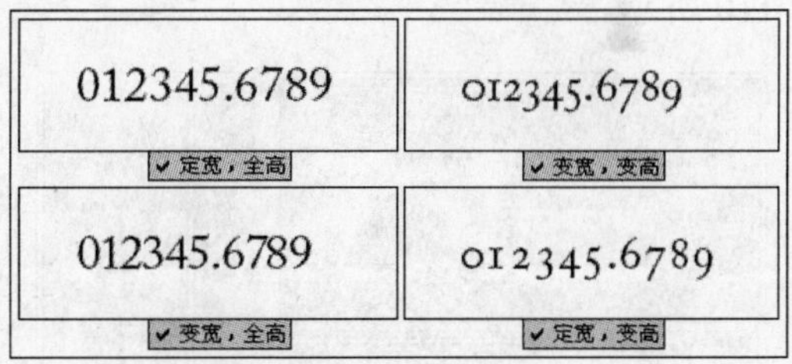

图 4-108　数字样式

“全部小型大写字母”选项对于包含真小型大写字母的字体，选择该选项会将字符转换为小型大写字母。

“风格组合”是某些 OpenType 字体包含为获得审美效果而设计的替代字形集。“风格组合”是字形替代字组，既可以一次应用到一个字符上，也可以应用到一定范围的文本中。如果选择另一组合，则会使用该组合中定义的字形，而不是字体的默认字形。如果将某组合的一个字形字符与另一个 OpenType 设置结合使用，则该设置中的字形会覆盖字符集字形。可以使用“字形”调板查看每个集的字形。

2．OpenType CJK 特性

“使用等比公制字”选项是使用等比公制字字体复合字符。

"罗马斜体字"选项是如果字体包含斜体字形，则会将等比罗马字形切换为斜体文字，效果如图 4-109 所示。

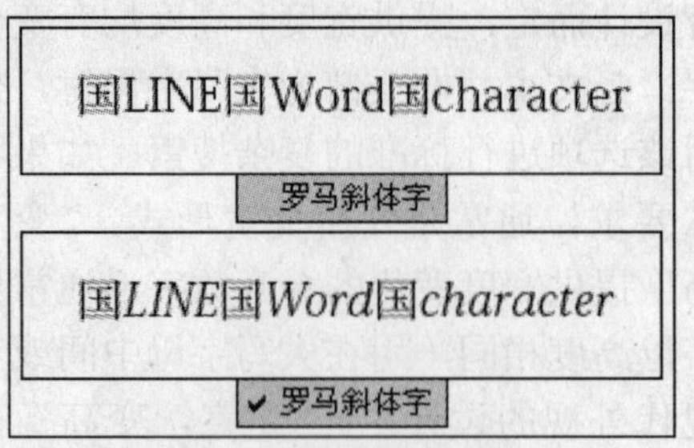

图 4-109　罗马斜体字

4.1.15　设置下划线和删除线

为下划线和删除线选项的对照图如图 4-110 所示。

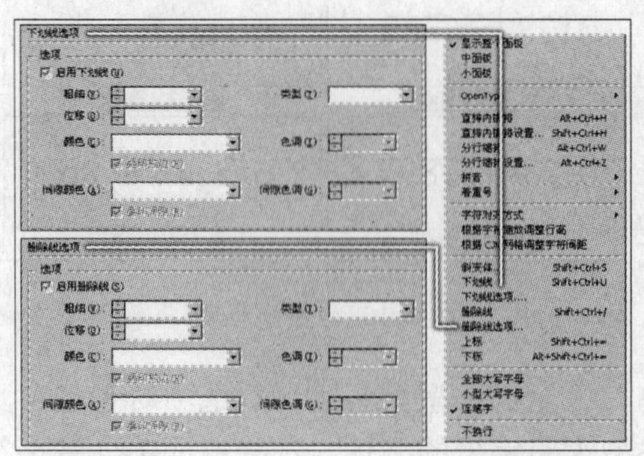

图 4-110　下划线和删除线选项对照图

1．设置下划线

1）使用"文字"工具在文本空白的区域创建文本，使用"选择"工具将文本选中，如图 4-111 所示。

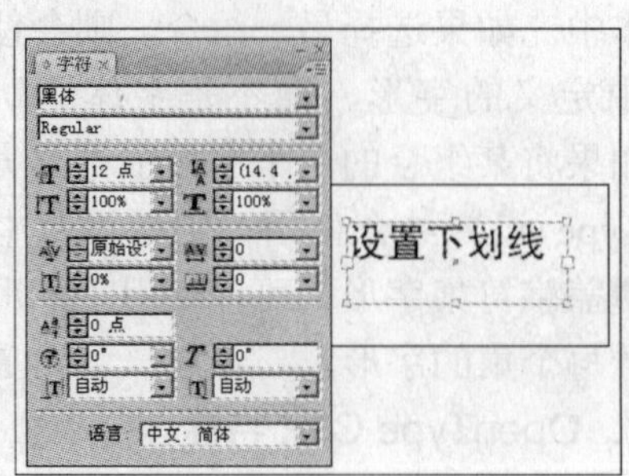

图 4-111　创建文本"设置下划线"

2）单击"字符"调板右上角的调板菜单图标，在弹出的菜单中执行"下划线选项"命令，打开"下划线选项"对话框，如图 4-112 所示。

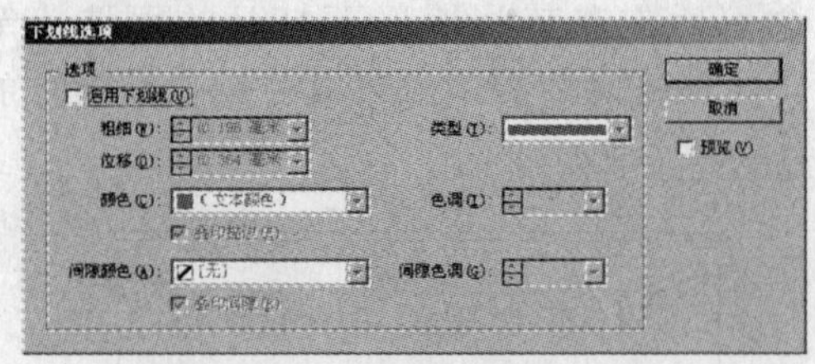

图 4-112　"下划线选项"对话框

3）首先启用"预览"复选框，这样可在视图中实时观察所设置的效果。然后单击"启用下划线"复选框，即可为文字添加下划线，如图 4-113 所示。

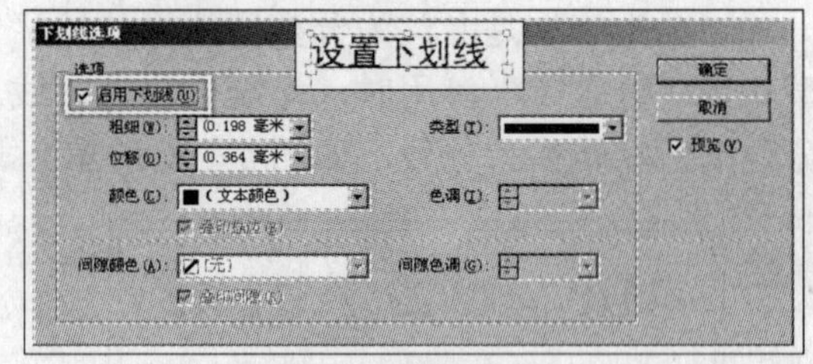

图 4-113　启用下划线

4）接着分别设置"粗细"选项参数，数值越大，下划线越粗，如图 4-114 所示。

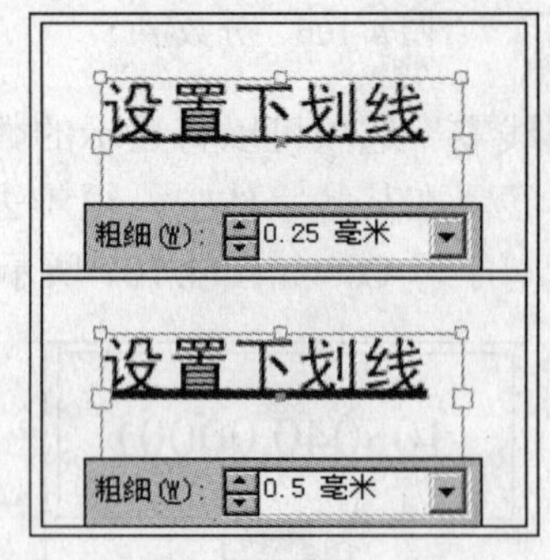

图 4-114　"粗细"选项

5）单击"类型"选项的下拉按钮，在弹出的列表中可以选择下划线的样式，如图 4-115 所示。

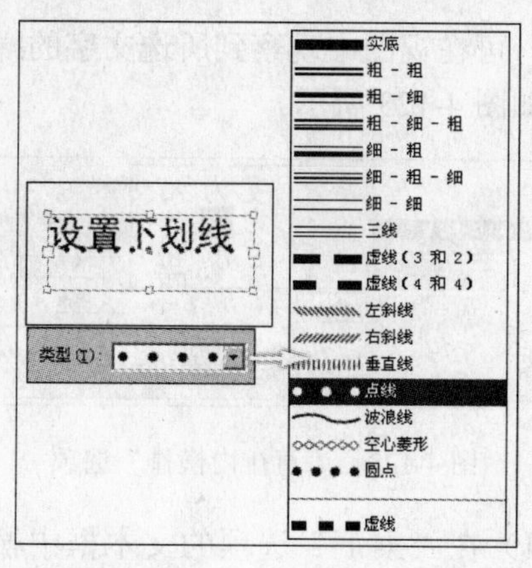

图 4-115 “类型”选项

6）“位移”选项设置下划线和文字的距离，数值越大，下划线和文字距离越远，如图 4-116 所示。

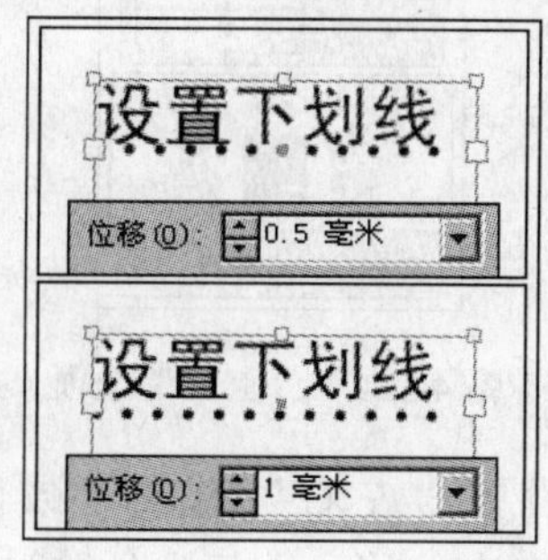

图 4-116 “位移”选项

7）单击“颜色”选项的下拉按钮，在弹出的下拉列表中选择一个选项来设置下划线的颜色，如图 4-117 所示。其中“文本颜色”选项可以使下划线和文本的颜色始终保持一致。

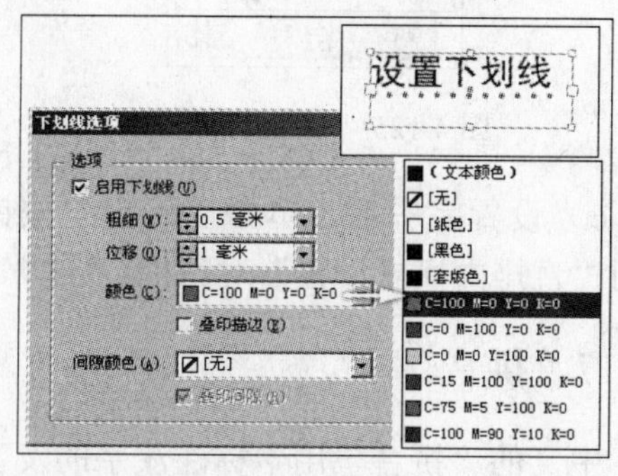

图 4-117 “颜色”选项

提示

复选“叠印描边”选项可以确保在印刷时描边不会使下层油墨挖空。

8）当选择的下划线类型为实线以外的线条类型时，“间隙颜色”选项为可用状态，可以更改虚线、点或线之间区域的颜色，如图 4-118 所示。

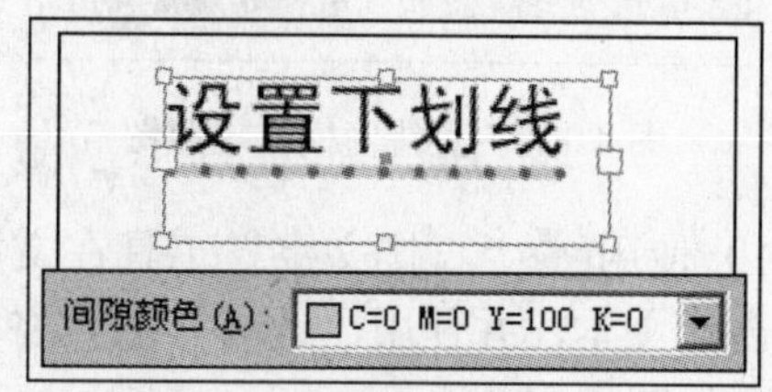

图 4-118 设置间隙颜色

9）设置完毕后，单击“确定”按钮，关闭“下划线选项”对话框。

2. 设置删除线

选择需要添加删除线的文本，单击“字符”调板右上角的三角按钮，在弹出的快捷菜单中执行“删除线选项”，打开“删除线选项”对话框，如图 4-119 所示。该对话框中的选项和“下划线选项”对话框中选项相同，使用方法也相同，在这里不再重复讲解。

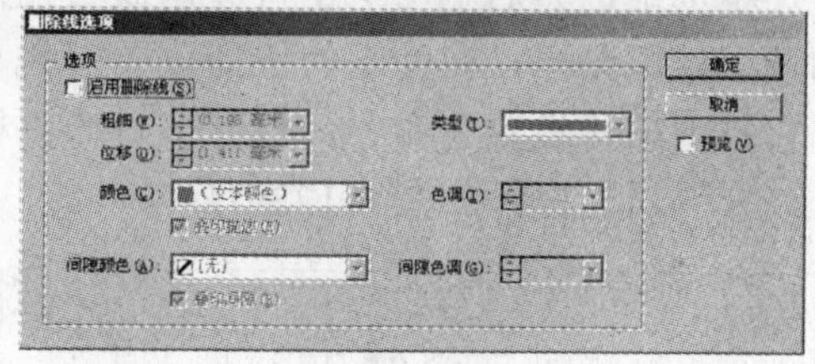

图 4-119 “删除线选项”对话框

4.1.16 直排内横排

使用“直排内横排”选项在使用繁体中文的地区称为折题，是指在竖排文本中将选中字符进行横排，并调整上下左右的偏移。该选项通过旋转文本，可使直排文本框架中的半角字符更容易阅读。图 4-120 所示为直排内横排对照图，在图中的菜单为“字符”调板的菜单。

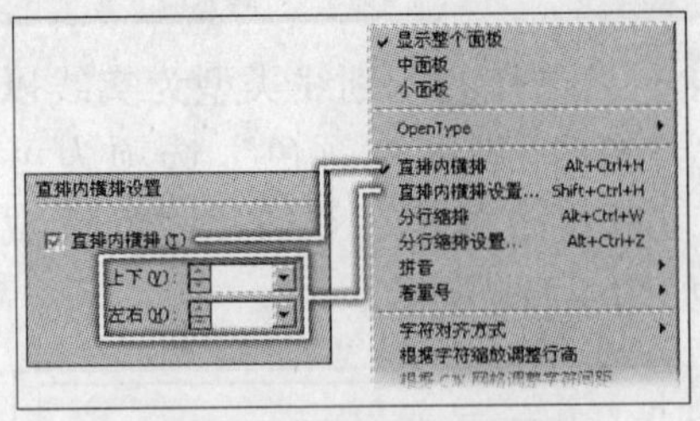

图 4-120　直排内横排对照图

1）使用“直排文字”工具在文档空白处创建文本，并使用“选择”工具将文本选中，如图 4-121 所示。

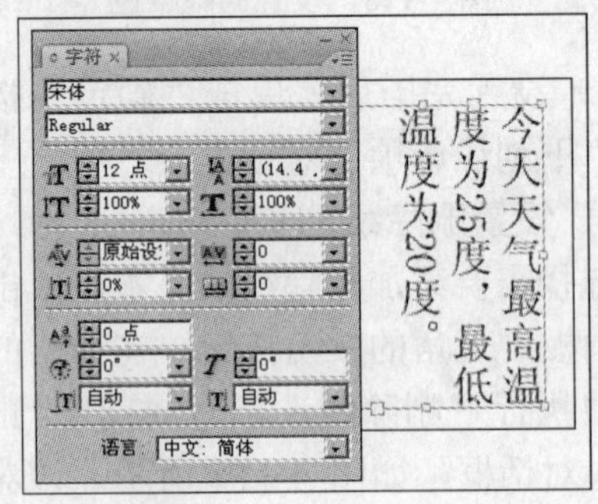

图 4-121　创建文本

2）接着再使用“直排文字”工具将部分文本选中，然后单击“字符”调板右上角的调板菜单图标，在弹出的快捷菜单中执行“直排内横排设置”命令，打开“直排内横排设置”对话框，如图 4-122 所示。

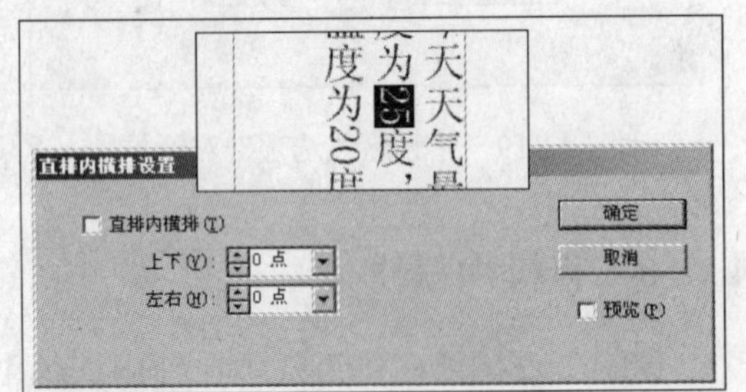

图 4-122　“直排内横排设置”对话框

3）选择“直排内横排”和“预览”复选框，可在视图中观察到所选文字的横排效果，如图 4-123 所示。

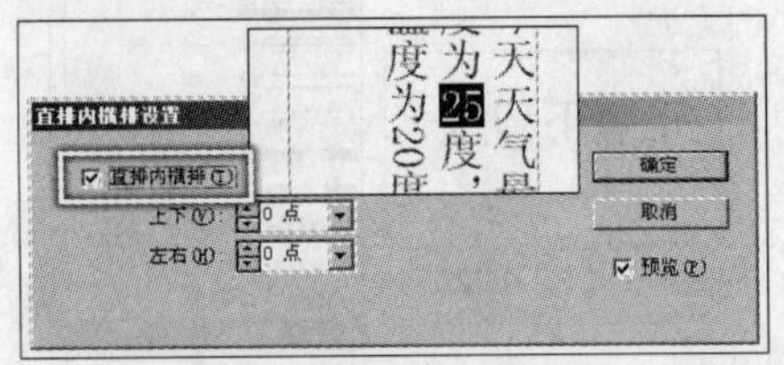

图 4-123　“直排内横排”选项

4）在“上下”选项的文本框中输入数值，数值为正数时，字符向上偏移；数值为负数时，字符向下偏移，如图 4-124 所示。

图 4-124　“上下”选项

5）设置“左右”选项，数值为正数时，字符向右偏移；数值为负数时，字符向左偏移，如图 4-125 所示。

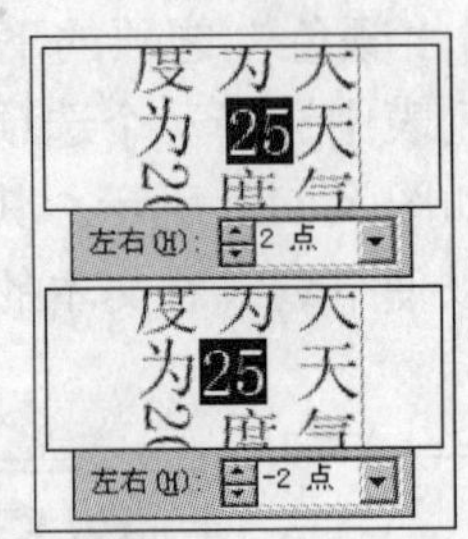

图 4-125　“左右”选项

6）设置完毕后，单击“确定”按钮，关闭“直排内横排设置”对话框。

4.1.17　拼音

中文的“拼音”用于标注汉字的发音。同样，日文的拼音用于显示日文平假名中的汉字读音。InDesign CS3 提供完善的日文注音功能和有限的中文拼音功能。可以调整“拼音”设置，以指定拼音的位置、大小或颜色。此外，当拼音长度超过正文时，可以指定拼音分布范围，还可以将“自动直排内横排”应用于拼音中。图 4-126、图 4-127 中出示了拼音的对照图，图中的菜单为“字符”调板快捷菜单中“拼音”的子菜单。

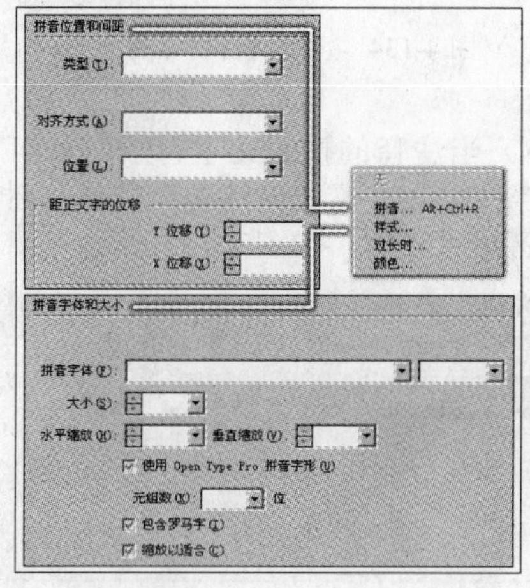

图 4-126 拼音对照图（一）

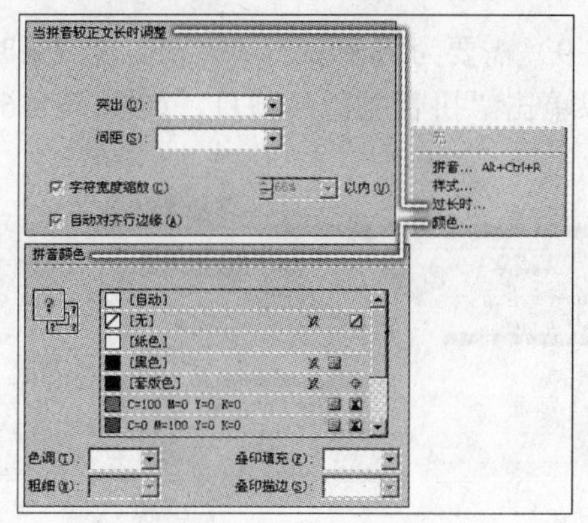

图 4-127 拼音对照图（二）

1）使用“文字”工具在文档的空白处创建文本，并将文本内容选中，如图 4-128 所示。

2）单击“字符”调板右上角的调板菜单图标，在弹出的菜单中执行“拼音”→“拼音”命令，打开“拼音”对话框。参照图 4-129 所示在对话框中进行设置，然后选择“预览”复选框，观察设置的效果。

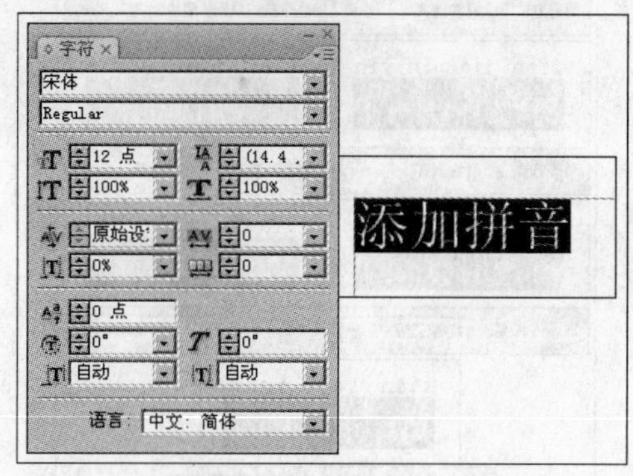

图 4-128 创建并选中文本

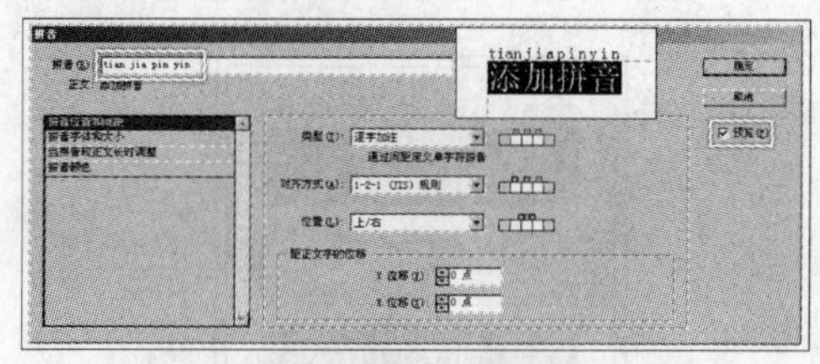

图 4-129 “拼音”选项

注 意

在输入拼音字母时，每个字的拼音之间需要添加一个空格，这样才能够使每个拼音与单个字符对齐。

3）单击“类型”选项的下拉按钮，在弹出的下拉列表中可以设置拼音的间距，如图 4-130 所示。

图 4-130 “类型”选项

4）设置“对齐方式”选项，可以根据字符调整拼音对齐的方式，如图 4-131 所示。

5）“位置”选项可以设置拼音在字符的上方还是下方，如图 4-132 所示。

4 应用样式

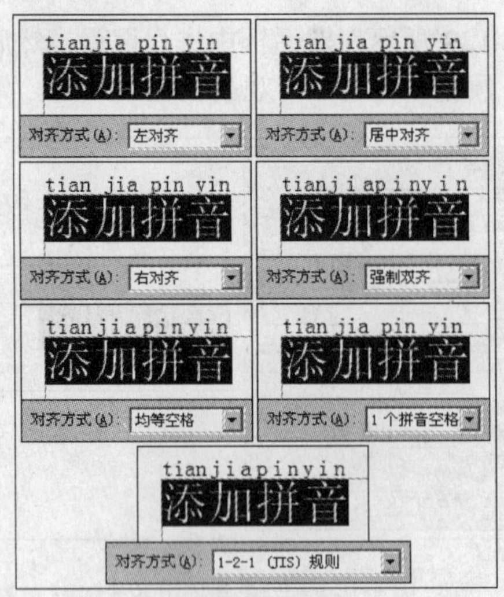

图 4-131 “对齐方式”选项

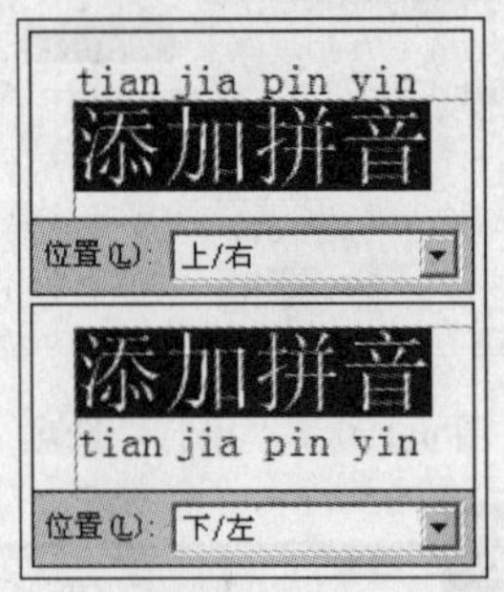

图 4-132 “位置”选项

6）设置“距正文字的位移”选项，可以调整拼音和文字的距离，如图 4-133 所示。

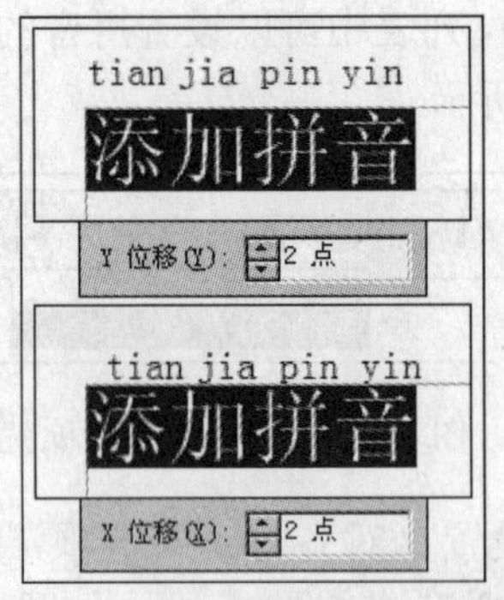

图 4-133 调整拼音和文字的距离

7）设置“X 位移”和“Y 位移”选项为 0。然后单击“拼音”对话框左侧的“拼音字体和大小”项目，可以对拼音的字体、大小、缩放等样式进行设置，如图 4-134 所示。

图 4-134 设置拼音字体的样式

8）当注释的拼音比字符长时，可以选择“当拼音较正文长时调整”项目，对较长的拼音进行设置，如图 4-135 所示。

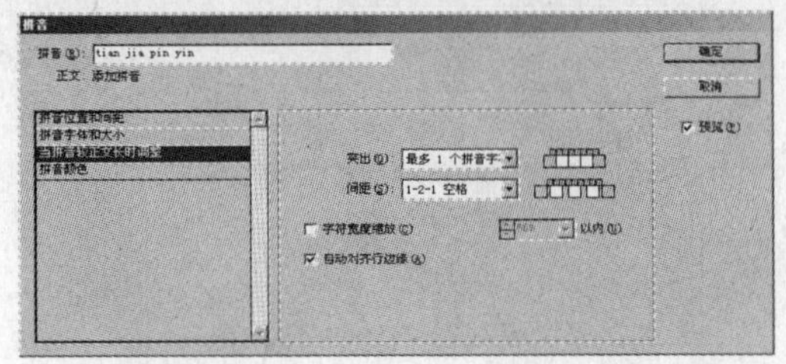

图 4-135 设置较长的拼音

9）需要为拼音添加颜色和描边效果时，可以单击“拼音颜色”项目，如图 4-136 所示。

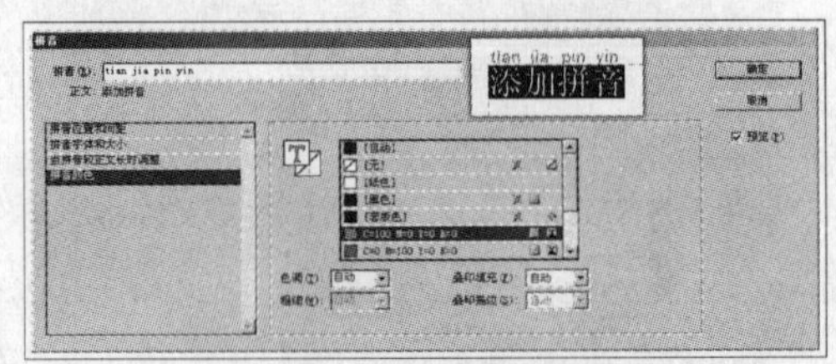

图 4-136 设置拼音颜色

10）设置完毕后，单击“确定”按钮，关闭对话框。

4.1.18 着重号

着重号指附加在要强调的文本上的点。既可以从现有着重号形式中选择点的类型，也可以指定自定的着重号字符。此外，还可以通过调整着重号设置，制定其位置、缩放和颜色。图 4-137 所示出示了着重号的对照图。图中的菜单为“字符”调板快捷菜单“着重号”的子菜单。

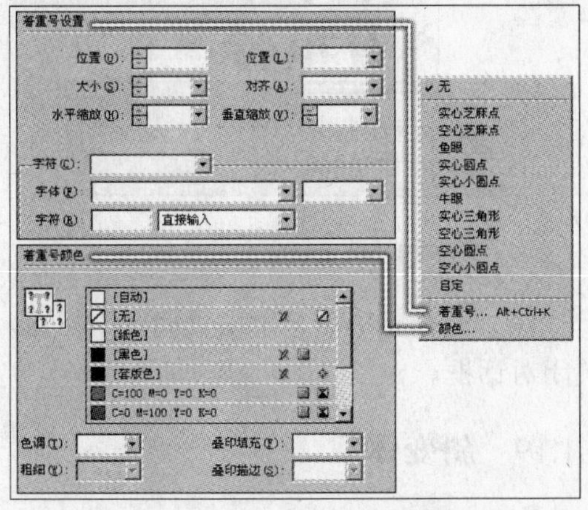

图 4-137　着重号对照图

1）使用“文字”工具在文档的空白处创建文本，并使用“选择”工具将文本选中，如图 4-138 所示。

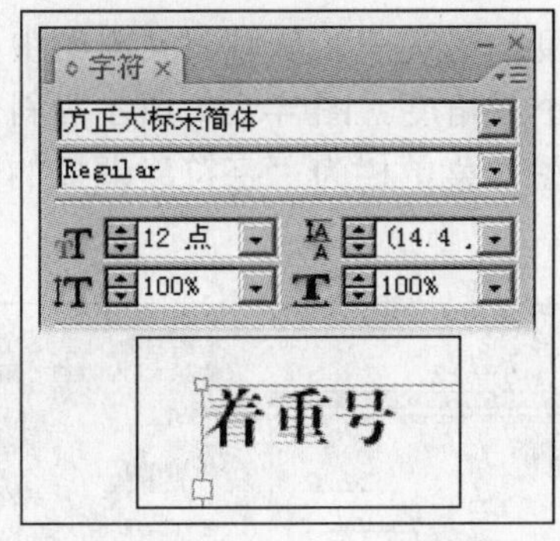

图 4-138　创建文本“着重号”

2）单击“字符”调板右上角调板菜单图标，在弹出的快捷菜单中执行“着重号”→“实心小圆点”命令，为字符添加着重号，如图 4-139 所示。

图 4-139　添加着重号

3）接着再次单击“字符”调板右上角的调板菜单图标，执行“着重号”命令，打开“着重号”对话框，如图 4-140 所示。

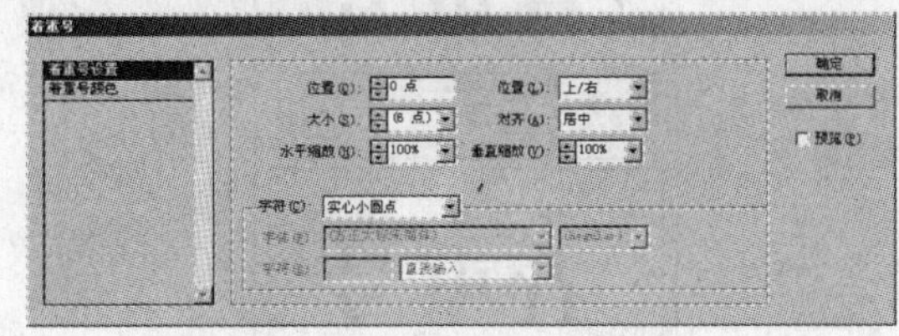
图 4-140　“着重号”对话框

4）在左侧的“位置”选项文本框中输入数值，可以调整着重号和字符的距离。右侧的“位置”选项可以设置着重号是在字符的上方还是下方，如图 4-141 所示。

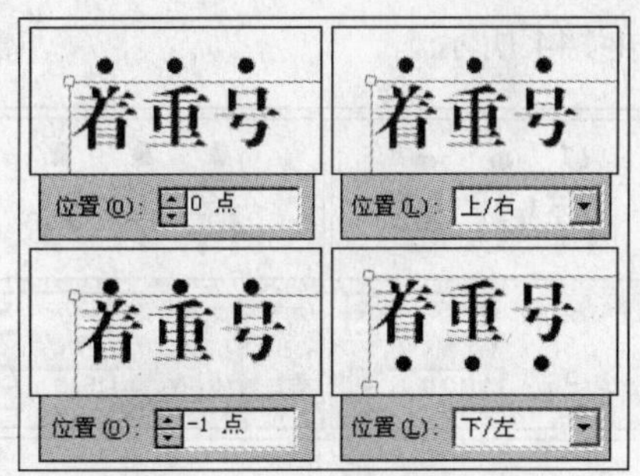

图 4-141　设置“位置”选项

5）设置“位置”选项为默认状态，然后参照图 4-142 所示分别对“大小”选项参数进行设置，调整着重号的大小，如图 4-142 所示。

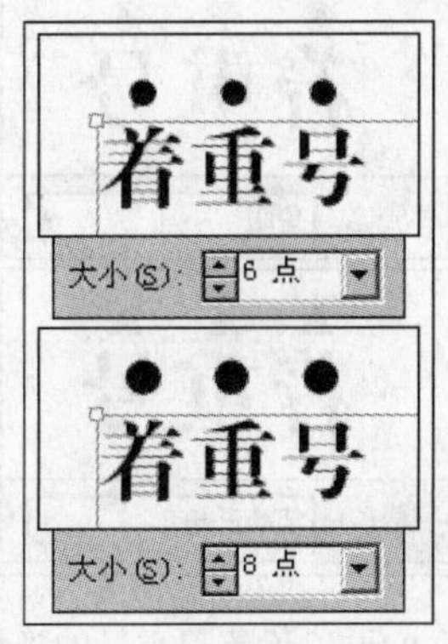

图 4-142　设置着重号的大小

6）“对齐”选项设置着重号和字符对齐的方式，如图 4-143 所示。

图 4-143　对齐着重号

7）设置“水平缩放”和“垂直缩放”选项参数，可以调整着重号的大小，如图 4-144 所示。

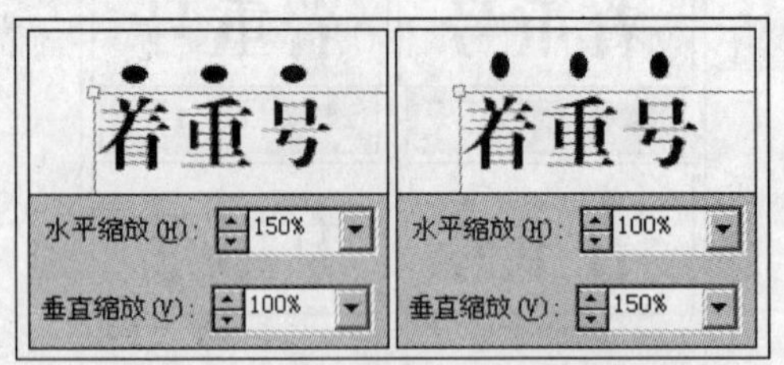

图 4-144　设置着重号的缩放比例

8）恢复“水平缩放”和“垂直缩放”选项参数为 100%，然后在“字符”选项中设置着重号的类型，如图 4-145 所示。

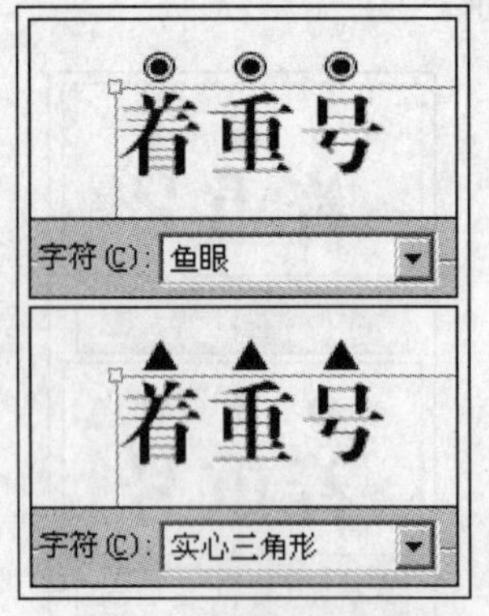

图 4-145　设置着重号的类型

9）当“字符”选项为“自定”时，“字体”选项和“字符”选项为可用状态。然后在对话框最底部的“字符”文本框中输入字符，可以自定义着重号，如图 4-146 所示。

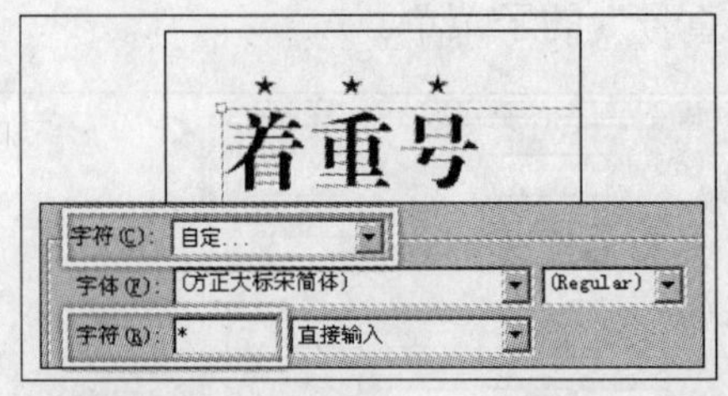

图 4-146　自定义着重号

10）设置完毕后，单击“确定”按钮，关闭对话框。

4.1.19　斜变体

在传统照相排版技术中，在将字符记录到胶片时使用镜头令字形变形，从而实现字符倾斜。这种倾斜样式称为斜变体。斜变体与简单的字形倾斜不同，区别在于它同时会缩放字形。利用斜变体功能，可以在不更改字形高度的情况下，从倾斜文本的中心点调整其大小或角度。图 4-147 所示为斜变体对照图，图中菜单栏为“字符”调板的快捷菜单栏。

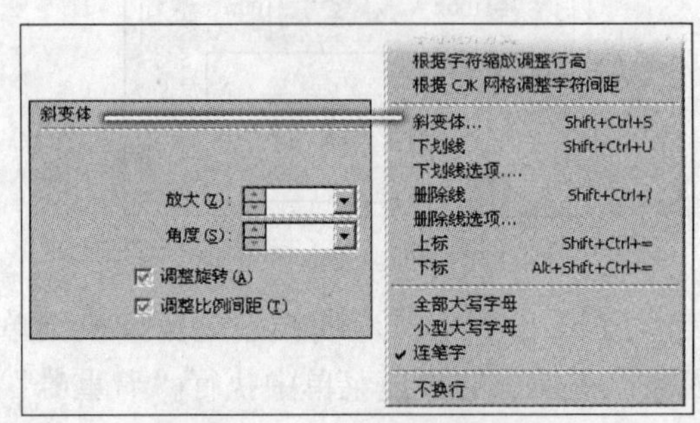

图 4-147　斜变体对照图

1）在文档空白处创建框架网格文本，并将其选中，如图 4-148 所示。

2）单击“字符”调板右上角的调板菜单图标，在弹出快捷菜单中执行“斜变体”命令，打开“斜变体”对话框，如图 4-149

所示。

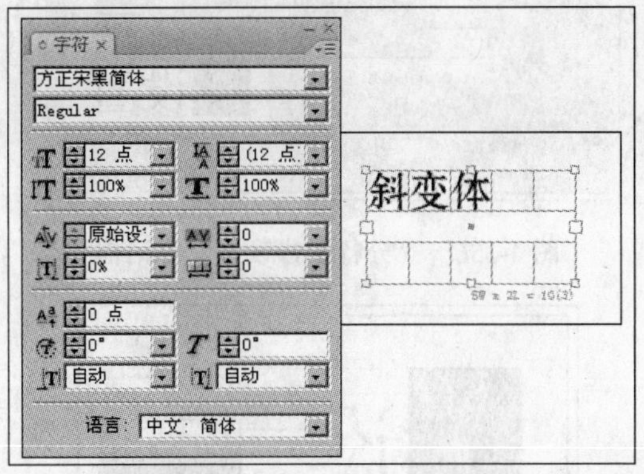

图 4-148　创建文本“斜变体”

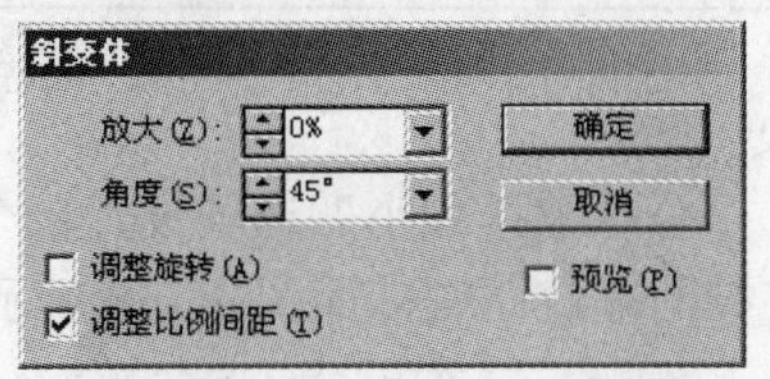

图 4-149　“斜变体”对话框

3）启用“预览”复选框，这样可在视图中实时观察所设置的效果。然后设置“放大”选项参数，调整字符倾斜的程度，如图 4-150 所示。

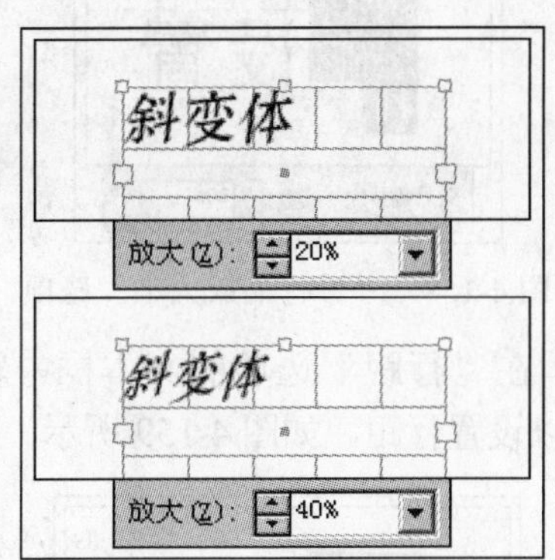

图 4-150　设置“放大”选项

4）设置“角度”选项，调整字符倾斜的角度，如图 4-151 所示。

5）选择“调整旋转”复选框，使字形以水平方向显示横排文本的水平行，如图 4-152 所示。

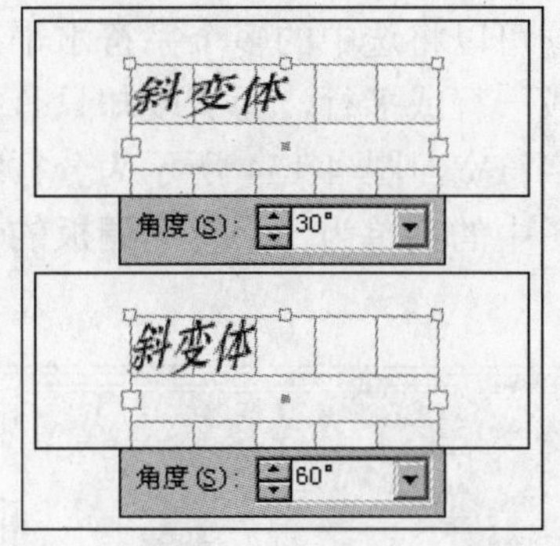

图 4-151　设置“角度”选项

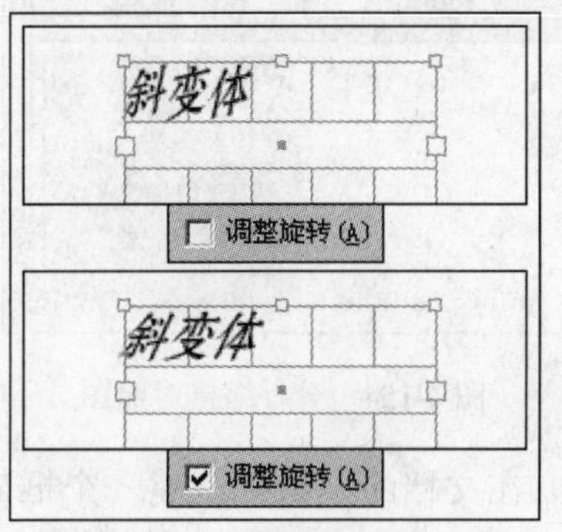

图 4-152　“调整旋转”选项

6）将“调整比例间距”选项的复选取消，使文字以网格为间距，如图 4-153 所示。

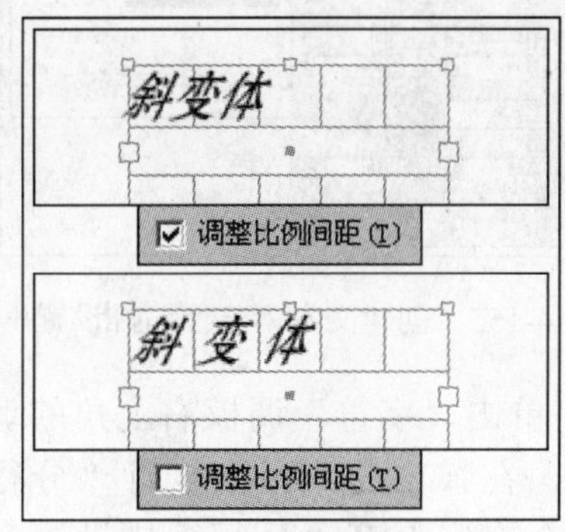

图 4-153　“调整比例间距”选项

7）设置完毕后，单击“确定”按钮，关闭对话框。

4.1.20　分行缩排

“字符”调板快捷菜单中的“分行缩

排”选项可以将选中的多个字符水平或竖直地堆叠成一行或多行，而宽度却只有指定数量正常字符宽，图 4-154 所示为分行缩排对照图。图中的菜单为“字符”调板的快捷菜单。

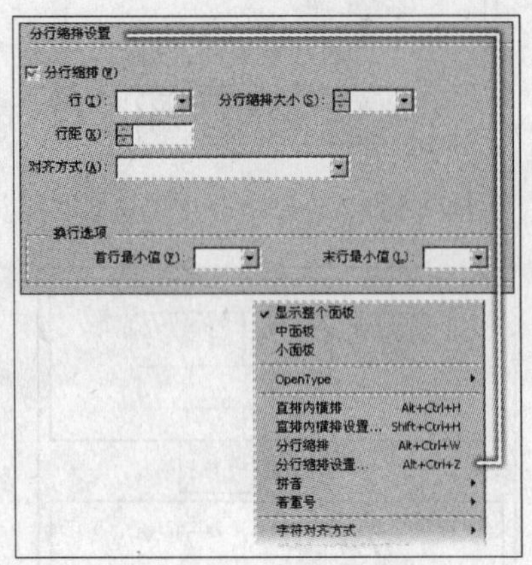

图 4-154　分行缩排对照图

1）在文档的空白处创建一个框架网格的文本，并使用“文字”工具将相应文字选中，如图 4-155 所示。

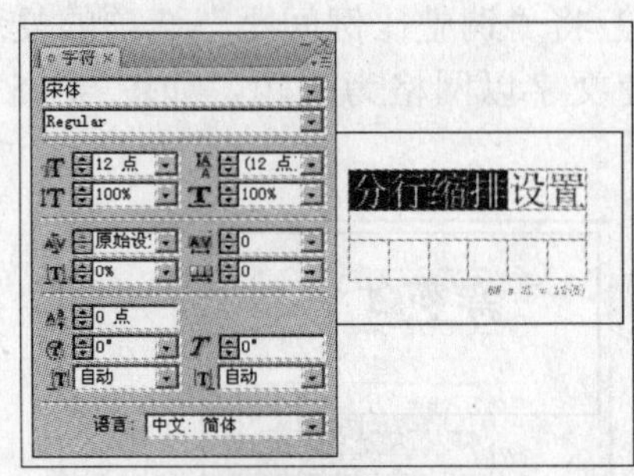

图 4-155　创建文本“分行缩排设置”

2）单击“字符”调板右上角的调板菜单图标，在弹出的菜单中执行“分行缩排设置”命令，打开“分行缩排设置”对话框。依次选择“预览”和“分行缩排”复选框，在选择的文本中应用分行缩排设置，如图 4-156 所示。

3）参照图 4-157 所示对“行”选项进行设置，调整所选文字的堆叠行数。

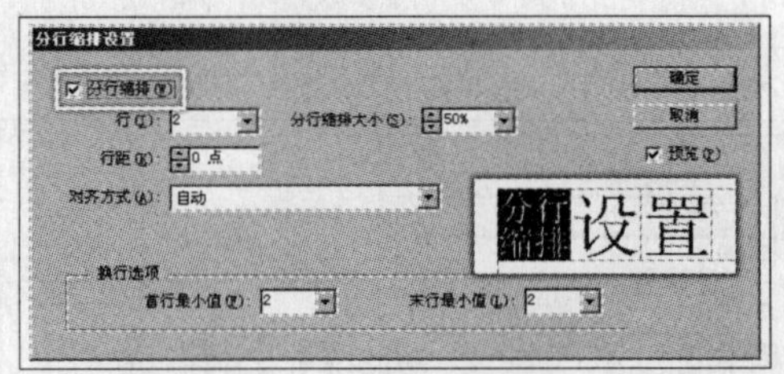

图 4-156　“分行缩排设置”对话框

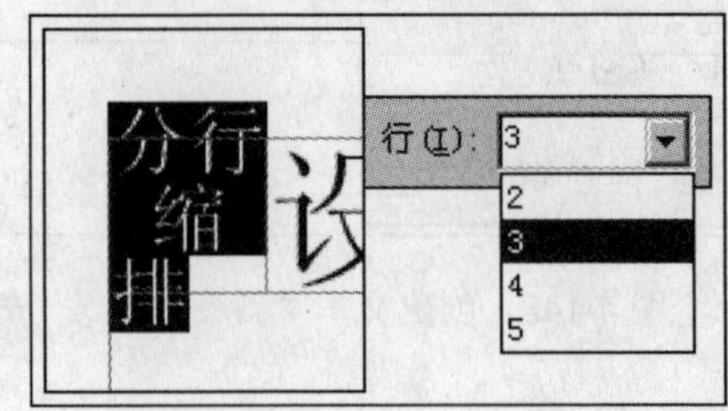

图 4-157　“行”选项

4）“分行缩排大小”选项设置单个分行缩排字符的缩放比例，如图 4-158 所示。

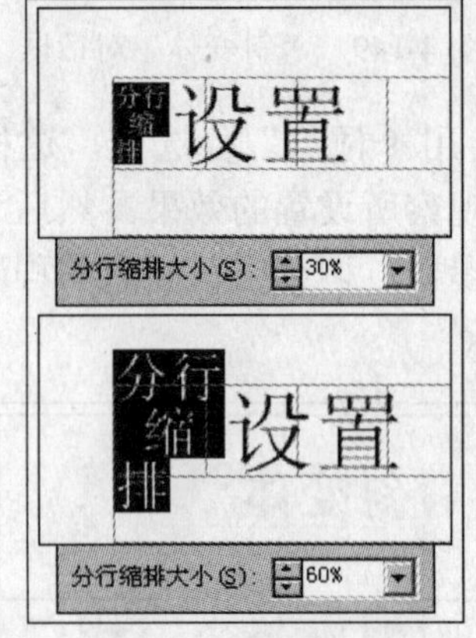

图 4-158　“分行缩放大小”选项

5）在“行距”选项的文本框中输入数值，可以设置行距，如图 4-159 所示。

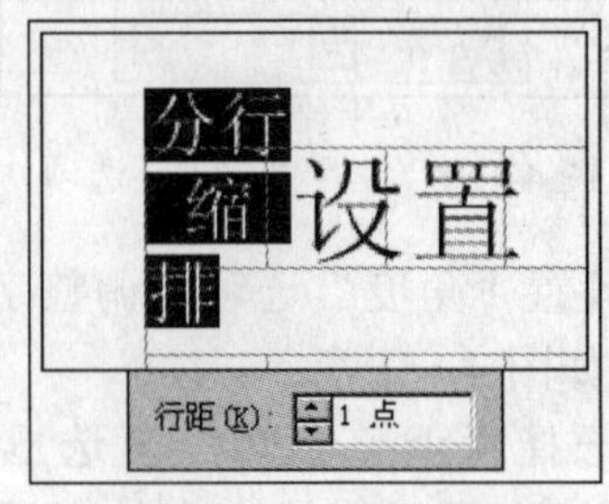

图 4-159　“行距”选项

6）“对齐方式”选项设置应用后字符的对齐方式，如图 4-160 所示。

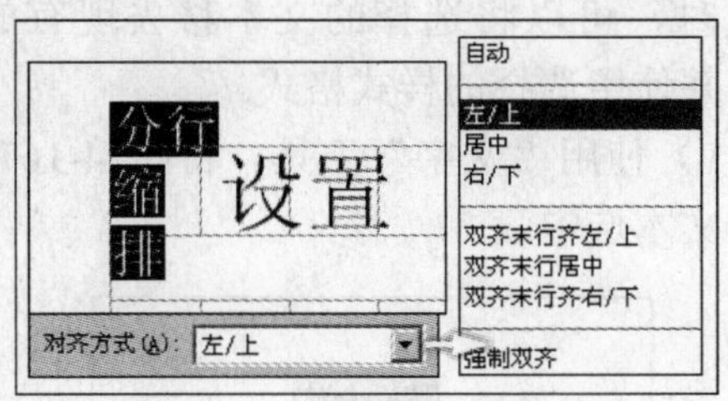

图 4-160 “对齐方式”选项

7）设置完毕后，单击“确定”按钮，关闭对话框。

4.2 应用样式

在 InDesign CS3 中有多种样式调板，例如“字符样式”调板、“段落样式”调板、“表样式”调板、“表格样式”调板等。在这些样式调板中都可以存储、应用、导入、删除相应的样式，并且操作方法基本相同。在这里以“字符样式”调板为例为读者介绍样式调板的使用方法。

4.2.1 存储样式

存储样式可以先将设置好的样本选取，然后在“字符样式”调板底部的 “创建新样式”按钮上单击，可创建新的样式。也可以在“字符样式”调板菜单中执行“新建字符样式”命令，创建新样式。

1）执行“文件”→“打开”命令，再次打开本书的附带光盘\Chapter-04\“行路难.indd”文件。

2）然后使用 “文字”工具，将文档中“行路难”文本选中，如图 4-161 所示。

3）参照图 4-162 所示设置，在“字符”调板中设置文本的样式。

4）单击“字符样式”调板底部的 “创建新样式”按钮，即可将被选中文字的样式存储，如图 4-163 所示。

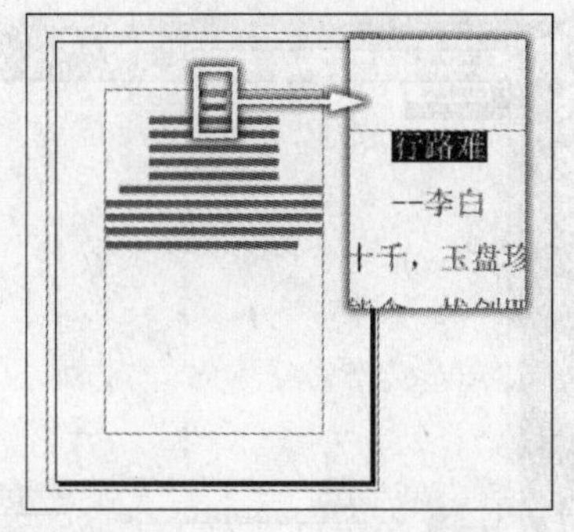

图 4-161 选择文本

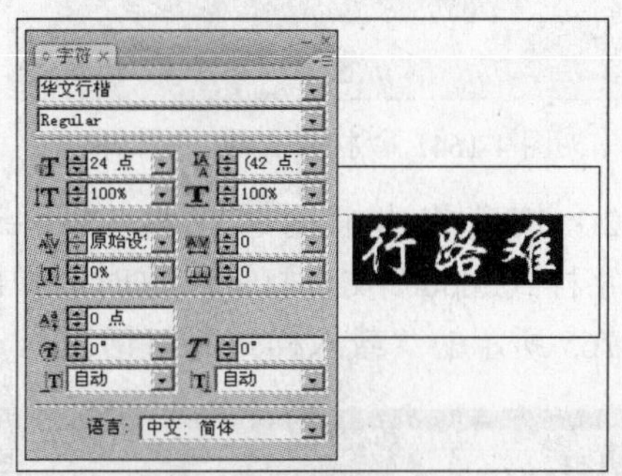

图 4-162 设置文本的样式

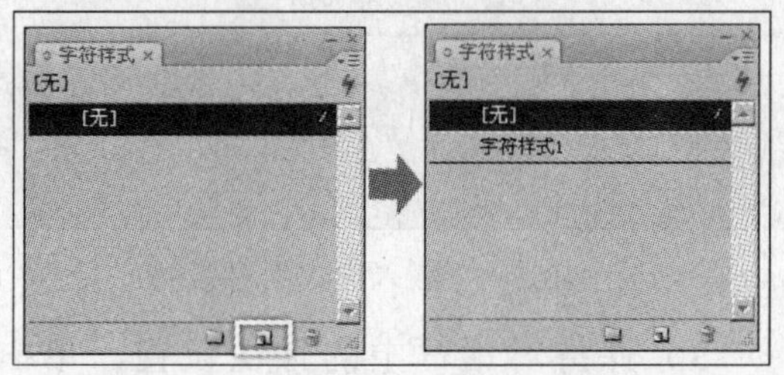

图 4-163 创建样式

4.2.2 导入样式

在导入 Word 文本时，可以将文本中的样式一起导入到 InDesign CS3 中。也可以将“.indd”格式文件中的样式导入到当前的文档中，在当前文档中使用。下面通过操作学习导入样式的方法。

1）确认“行路难”文档为打开状态，单击“字符样式”调板右上角的调板菜单按钮，在弹出的快捷菜单中执行“载入字符样式”命令，打开“打开文件”对话框，如图 4-164 所示。

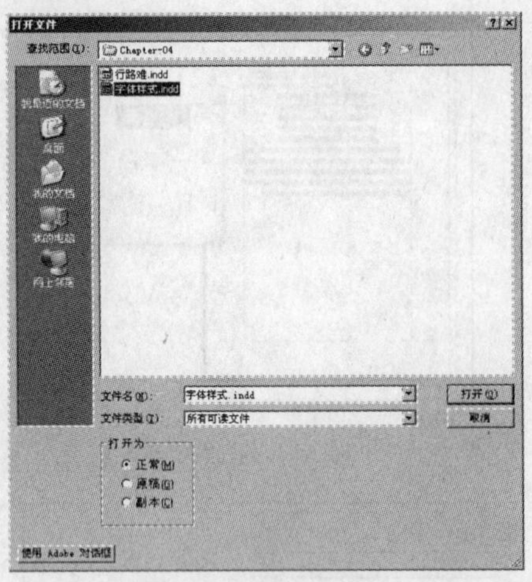

图 4-164 “打开文件”对话框

2）接着将本书附带光盘\Chapter-04\“文字样式.indd”文件打开，这时会弹出如图 4-165 所示的“载入样式”对话框。

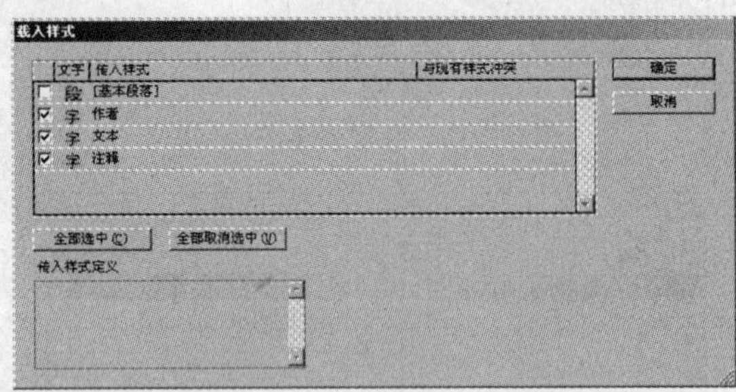

图 4-165 “载入样式”对话框

3）保持对话框中的默认设置，单击“确定”按钮，即可将样式载入到文档中，如图 4-166 所示。

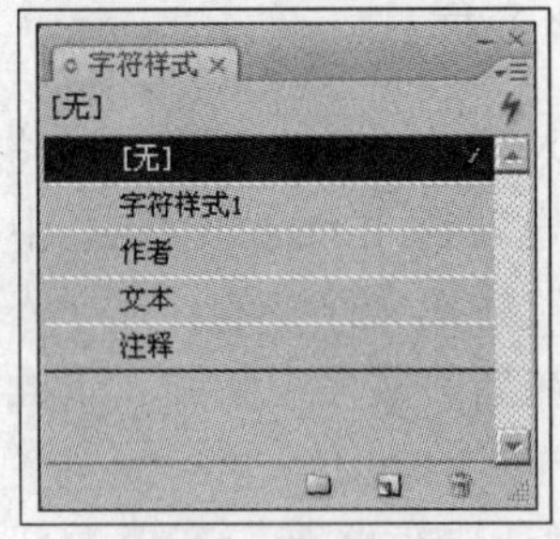

图 4-166 载入样式

4.2.3 应用样式

应用样式的方法比较简单，选择需要应用样式的文本，然后在“字符样式”调板中单击要应用于文本的样式即可。在应用字符样式时，可以将选择的文本移去现有的格式，并使用选择的样式格式。

1）使用“文字”工具，将图 4-167 所示的文本选中。

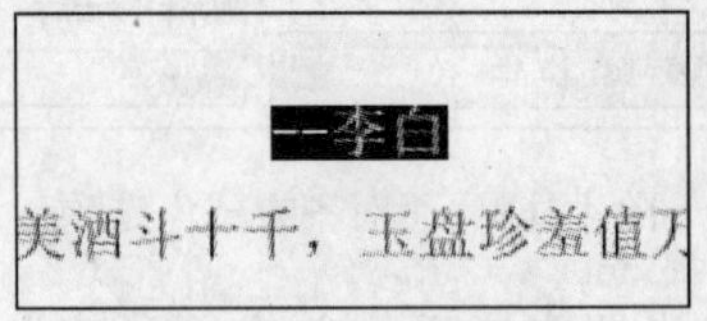

图 4-167 选择文本

2）然后单击“字符样式”调板中的“作者”，即可将该样式应用于选择的文本，如图 4-168 所示。

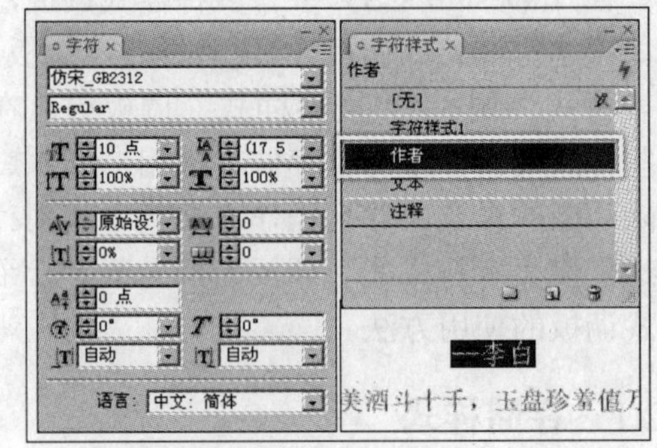

图 4-168 使用样式

3）接着再使用“文本”工具将图 4-169 所示文本选中，

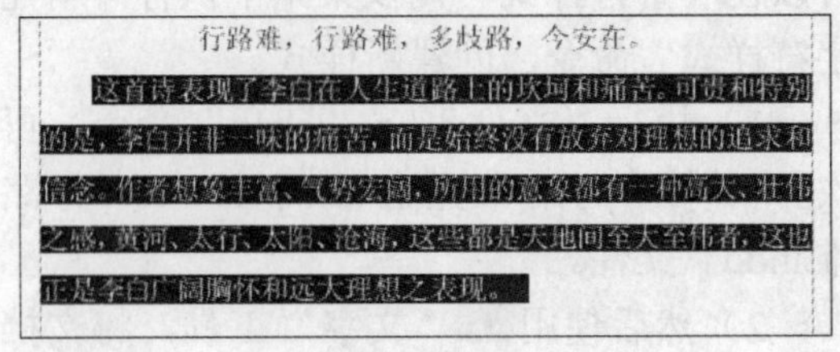

图 4-169 选择文本

4）执行“编辑”→“快速应用”命令，弹出“快速编辑”列表。

5）接着在“快速编辑”列表的文本框中，输入“注释”，即可将“注释”样式找出。然后按下<Enter>键，即可将该样式应用到选择的文本，如图 4-170 所示。

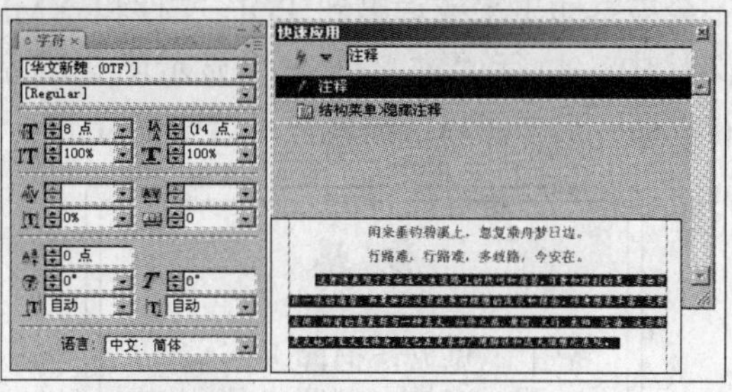

图 4-170　应用文本样式

技 巧

按下<Ctrl+Enter>键或者单击“控制”调板中的“快速应用”按钮，即可弹出“快速编辑”列表。

4.2.4　删除样式

1）在“字符样式”调板中，单击“文本”样式将该样式选中，接着单击该调板底部的“删除选定样式/组”按钮，即可将该样式删除，如图 4-171 所示。

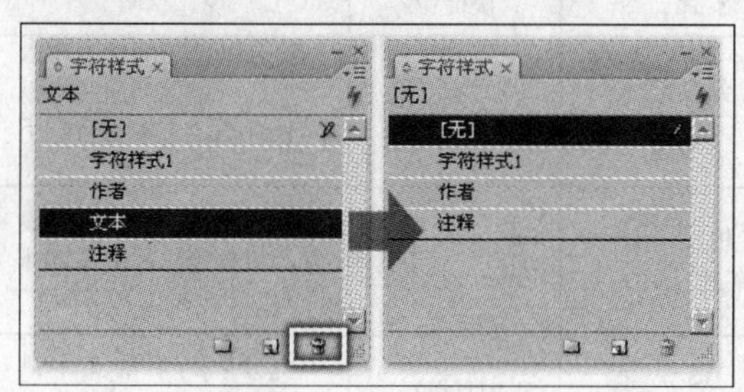

图 4-171　删除选定的样式

2）选择“注释”样式，单击“删除选定样式/组”按钮，弹出“删除字符样式”对话框，如图 4-172 所示。

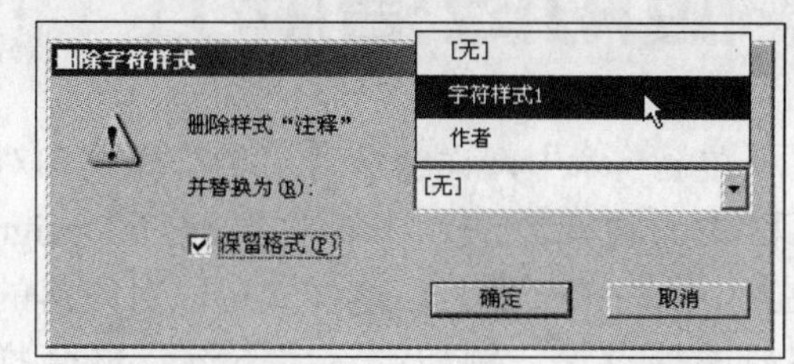

图 4-172　“删除字符样式”对话框

替换为：在下拉列表中选择替换的样式。

保留格式：将该选项复选，保留应用该样式的文字格式。

3）设置“替换为”选项为“字符样式1”样式，单击“确定”按钮，将“注释”样式删除，效果如图 4-173 所示。

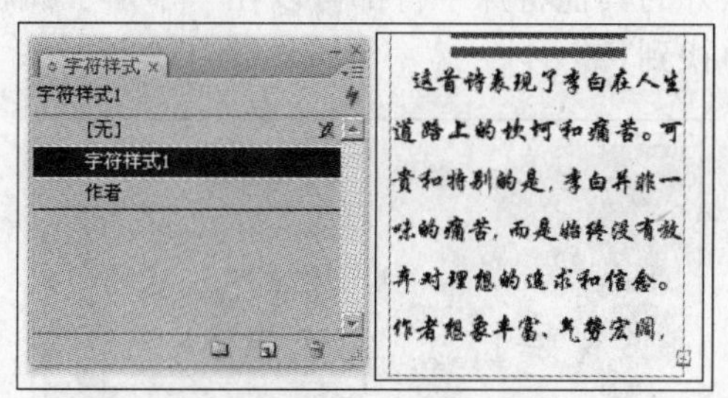

图 4-173　删除样式

第5章 应用段落样式

在上一章中，详细学习了字符样式和对象样式的设置方法，本章将了解 InDesign CS3 中的段落样式。段落样式可以对段落的外观进行设置，例如：首字下沉、嵌套样式、项目符号、段前和段后等。

5.1 特殊符号

特殊符号有三类：分隔符、特殊字符和空格字符，如图 5-1 所示。这三类特殊字符都可以从“文字”菜单中的“插入……”命令子菜单中选择。除分隔符和部分空格字符以外的其他特殊字符都可以在“字形”调板中找到。

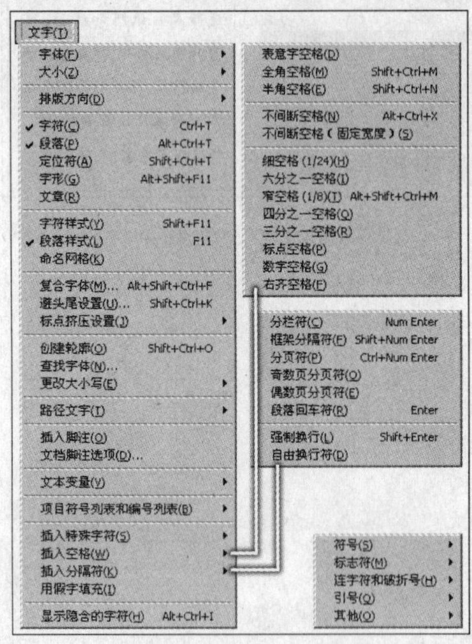

图 5-1 特殊符号命令

在编辑文本时，如果能看到像空格、段落结尾、索引标记和文章结尾等非打印字符，将会对排版有所帮助，如图 5-2 所示，上图为隐藏，下图为可见。这些特殊字符只有在文档窗口和文章编辑器中可见，这些字符不会被打印出来或输出到 PDF 文件和 XML 文件中。执行“文字”→“显示隐含的字符”命令后，可以隐藏或显示这些字符。

鹿 柴
—王维
空山不见人，但闻人语响。
返景入深林，复照青苔上。

鹿 柴¶
—王维¶
空山不见人，但闻人语响。¶
返景入深林，复照青苔上。#

图 5-2 隐藏和显示特殊符号

1. 分隔符

分隔符中命令、快捷键和说明见表 5-1。

表 5-1 分隔符

命 令	快捷键	说 明
分栏符	<Nun Enter>	将分隔符后的文本排入下一栏。如果当前文本框只有一栏，文本将转到下一个续接的文本框
框架分隔符	<Shift+Nun Enter>	不管当前文本框的设置，将分隔符后的文本排入下一个续接的文本框
分页符	<Ctrl+Nun Enter>	将分隔符后的文本排入下一页面上与当前文本框续接的文本框
奇数页分页符		将分隔符后的文本排入下一个奇数页面上与当前文本框续接的文本框
偶数页分页符		将分隔符后的文本排入下一个偶数页面上与当前文本框续接的文本框
强制换行	<Shift+Enter>	在插入字符的地方强制换行
段落回车符 ¶	<Enter>	插入一个段落回车符，在分隔符处分段，与按<Enter>键效果相同

2. 特殊字符

（1）章节、页码类

章节、页码类的命令、快捷键和说明见表 5-2。

表 5-2　章节、页码类

命令	快捷键	说　明
当前页码	<Alt+Shift+Ctrl+N>	插入当前页面的页码。如果自动页码出现在主页上，它将显示该主页前缀。在文档页面上，自动页码将显示页码。在粘贴板上，它显示PB。默认情况下，使用阿拉伯数字作为页码。使用“页码和章节选项”命令，则可以制定页码的样式，如罗马数字、阿拉伯数字、汉字等。该样式选项允许用户选择页码中的数字位数，例如 001 或 0001
下转页码	<Alt+Shift+Ctrl+]>	插入包含文章的下一个框架页面的页码。在创建“下转……”跳转行时使用此字符。使用跳转行页码，可以在移动或重排文章的串接文本框架时自动更新包含文章的下一个或上一个串接文本框架的页面的页码。通常跳转行页码应当与其所跟踪的文章位于不同的文本框架中。这样，即使文章的文本重排，跳转行页码仍将保留原位
上接页码	<Alt+Shift+Ctrl+[>	插入包含文章的上一个框架的页面的页码。在创建“上接……”跳转行时使用此字符
章节标志符		在 Numbering&Section Options 对话框中键入一个标签，InDesign CS3 将把该标签插入页面上章节标志符字符所在的位置
脚注编号		可添加意外删除了脚注文本开头的脚注编号

（2）常用特殊字符类

常用特殊字符类的命令、快捷键和说明见表 5-3。

表 5-3　特殊字符类

命　令	快捷键	说　明
半角中点	<Alt+8>	• 列表圆点
日文中点		· 日文字符的中点
版权符号	<Alt+G>	© 版权所有符号
省略号	<Alt+;>	… 省略号
段落符号	<Alt+7>	¶ 段落符号
注册商标符号	<Alt+R>	® 注册商标符号
小节符	<Alt+6>	§ 小节符号
商标符号		™ 商标符号

（3）破折号类

破折号类的命令、快捷键和说明见表 5-4。

表 5-4　破折号类

命　令	快捷键	说　明
全角破折号	<Alt+Shift+->	— 全角破折号
半角破折号	<Alt+->	- 半角破折号
自由连字符	<Ctrl+Shift+->	可以手动或自动进行连字，也可以结合使用这两种方法。最安全的手动连字方法是插入自由字符，该字符不可见，除非需要在行末断开单词。在单词开头置入一个自由连字符可防止其断开。在单词中输入自由连字符，并不能保证会用连字号连接该单词。单词是否会断开取决于其他连字和排版设置。不过，在单词中输入自由连字符，可确保该单词只在出现自由连字符的地方断开
不间断连字符	<Ctrl+Alt+->	通过使用不间断连字符，可防止某些单词断开（例如，转行或断开时会显得不美观的单词）。使用不间断空格，还可以防止断开多个单词。例如：用首字母构成的缩写（R.K.Luolin），如果对超过一行的文本应用不间断属性，InDesign CS3 会将该文本压缩为一行

（4）引号类

引号类的命令、快捷键和说明见表 5-5。

表 5-5　引号类

命　令	快捷键	说　明
英文左双引号	<Alt+[>	“左双引号
英文右双引号	<Alt+Shift+[>	”右双引号
英文左单引号	<Alt+]>	‘左单引号
英文右单引号	<Alt+Shift+]>	’右单引号
直双引号		"直双引号
直单引号（撇号）		'直单引号

（5）缩进类

缩进类的命令、快捷键和说明见表 5-6。

表5-6　缩进类

命令	快捷键	说　明
定位符 »	<Tab>	定位符文本定位在文本框中特定的水平位置。默认定位符设置依赖于在“单位和增量”首选项对话框中选定的度量单位。定位符对整个段落起作用。所设置的第一个定位符会删除其左侧的所有默认制表位。后续定位符会删除位于所设置定位符之间的所有默认定位符。可以设置左对齐、居中、右对齐、小数点对齐或特殊字符对齐等定位符
右对齐定位符 ⇥	<Shift+Tab>	在右缩进一侧添加右对齐定位符，有效简化了将通栏的文本调整为表格样式的准备工作。右对齐定位符与常规定位符稍有不同。右对齐定位符：（1）将所有后续文本与文本框架的右边缘对齐。如果在同一段落中右对齐定位符后存在任何定位符，那么这些定位符及其文本会被移至下一行（2）是文本中的特殊字符，并不在“定位符”调板中。可以使用上下文菜单添加右对齐定位符，但不能使用“定位符”调板。因此，右对齐定位符不能作为段落样式的一部分（3）不同于“段落”调板中的“右缩进”值。“右缩进”值会使整个段落的右边缘远离文本框架的右边缘（4）不能与制表前导符一同使用。要创建包含制表前导符的右对齐定位符，请使用“定位符”调板
在此缩进对齐 †	<Ctrl+\>	可以使用“在此缩进对齐”特殊字符，独立于段落的左缩进段落中的行：（1）“在此缩进对齐”属文本流的一部分，如同可视字符。如果文本重排，则该缩进会随之移动（2）“在此缩进对齐”特殊字符影响的是它所在行之后的所有行，因此只能缩进段落的一部分行
在此处结束嵌套样式 \		大多数情况下，嵌套样式在满足所定义样式的条件位置结束，如三个单词后面或句点出现的位置。不过，也可以使用“在此处结束嵌套样式”字符，将插入字符处作为嵌套样式的结束位置

3．空格字符

空格字符的命令、快捷键和说明见表5-7。

表5-7　空格字符表

命　令	快捷键	说　明
表意字空格 ·		该空格的宽度等于1个全角空格，与其他全角字符一起时会绕排到下一行
全角空格 —	<Ctrl+Shift+M>	宽度等于文字大小（与大写字母M宽度相同）。在12磅的文字中，一个全角空格为12磅宽。在当前文本大小时宽度和高度相同。多被用来在表中对齐对象和控制缩进字符间距调整
半角空格 -	<Ctrl+Shift+N>	长空格的一半，与大写字母N宽度相同。被用来在表中对齐对象（因为它和大多数字等宽），还在列表中跟在一个项目符号之后（帮助对齐所有段落中项目符号后的文本）
三分之一空格		宽度为全角空格的1/3
四分之一空格		宽度为全角空格的1/4
六分之一空格		宽度为全角空格的1/6
右齐空格 ~		将大小可变的空格添加到强制对齐的段落的最后一行。强制对齐的段落中，使空格后对象与以上文本行宽度相同，多用于对齐表中的对象
细空格 ·		宽度为长空格宽度的1/24，用来对齐表中的元素（因为它大约是一个英文句号或和英文逗号的宽度）和在可能彼此交叠的对象之间（例如字母与括号之间）插入小间隙。使用字符间距调整来调整这些空格会很方便
不间断空格 ^	<Alt+Ctrl+X>	与按下空格键时的宽度相同，但是它可防止在出现空格字符的地方换行
不间断空格（固定宽度）^		固定宽度的空格可防止在出现空格字符的地方换行，但在对齐的文本中不会扩展或压缩
窄空格 |	<Alt+Shift+Ctrl+M>	宽度为全角空格的1/8，与小写字母t宽度相同。用来对齐表中的元素和分隔单个引号、双引号、放在全角破折号或半角破折号前后
数字空格 #		与字体中数字的宽度相同，在财务报表中对齐数字
标点空格 !		与英文字体中的感叹号、句号或分号宽度相同

5.2 段落样式

用户可通过“段落样式选项”对话框对段

落文本的各种样式进行设置，如缩进和间距、段落线、保持选项、连字、字距调整、首字下沉和嵌套样式、自动直排内横排设置、中文排版设置、网格设置以及项目符号和编号等。下面为读者详细讲述这些选项的用法。

5.2.1 常规选项

图 5-3 出示了“新建段落样式”对话框内的“常规”项目，该项目与“新建字符样式”对话框内的“常规”项目相比，只是多了“下一样式”选项，该选项功能是在输入完本段文本后，下一段文本自动应用提前设置的段落样式。

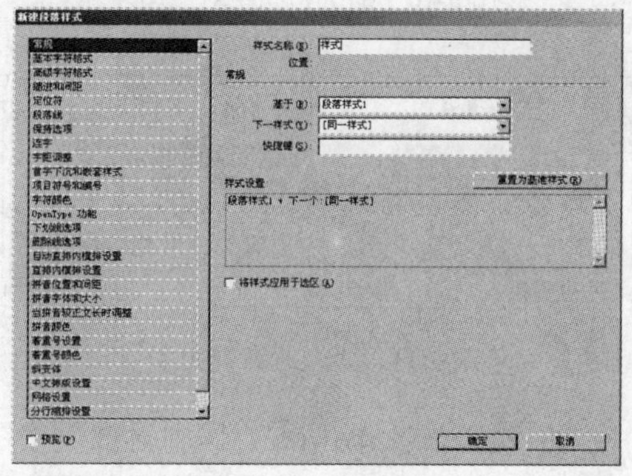

图 5-3 常规选项

1）启动 InDesign CS3，执行“文件”→“打开”命令，打开本书的附带光盘\Chapter-05\“一剪梅.indd”文件，如图 5-4 所示。

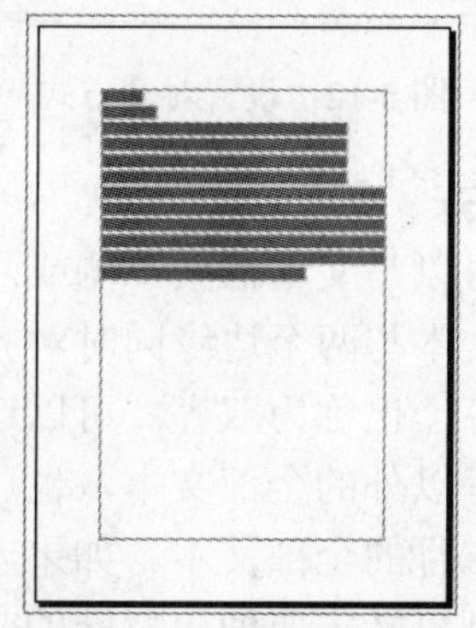

图 5-4 素材图片

2）参照图 5-5 所示，使用 “文字”工具，将相应文字选中，并在“控制”调板中对文字属性进行设置。

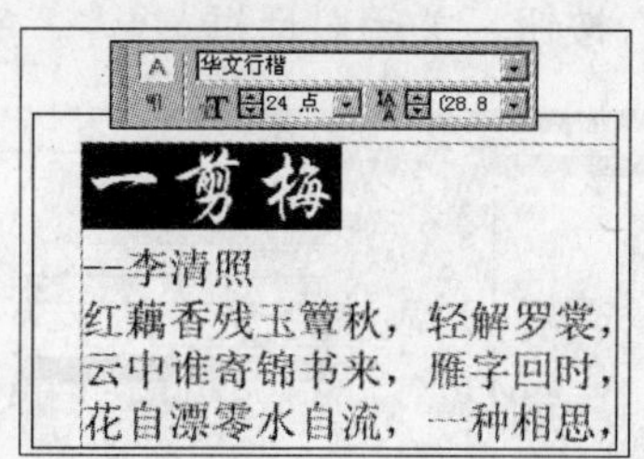

图 5-5 设置文字

3）保持选择的文字不变，执行“窗口”→“文字和表”→“段落”命令，打开“段落”调板，单击调板上的 “居中对齐”按钮，将选择的文本居中对齐，如图 5-6 所示。

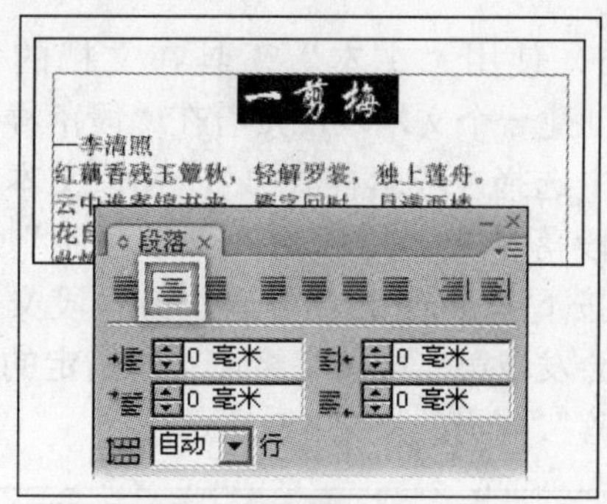

图 5-6 居中对齐

4）保持选择的文字不变，再次执行“窗口”→“文字和表”→“段落样式”命令，打开“段落样式”调板，单击调板底部的 “创建新样式”按钮，将设置的样式存储到“段落样式”调板中，如图 5-7 所示。

图 5-7 存储段落样式

5）在“段落样式 1”上双击，打开“段落样式选项”对话框，参照图 5-8 所示设置“下一样式”选项，设置完毕后，单击“确定”按钮，关闭对话框。

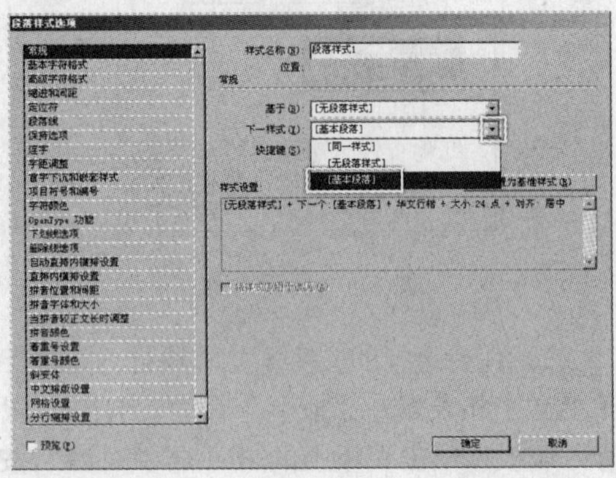

图 5-8　设置“下一样式”选项

6）使用“文本”工具在文档的空白处，创建一个文本框，接着在“段落样式”调板中选择“段落样式 1”，使该文本框应用此段落样式。然后输入“李清照”3 个字，按下<Enter>键，再输入另一段文字，读者会发现第二段文字将使用所指定的“基本段落”样式，如图 5-9 所示。

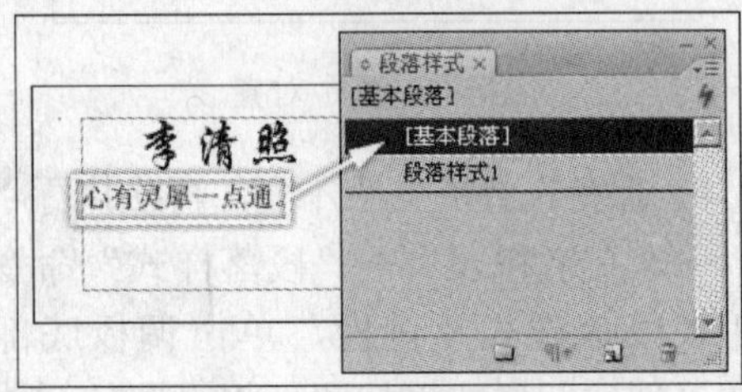

图 5-9　输入文字

5.2.2　缩进和间距

图 5-10 所示为缩进和间距对照图，图中菜单为“段落”调板中的菜单。

1. 对齐

1）使用“选择”工具将文本选中，单击“段落”调板左上角的“左对齐”按钮，将文本框中的文本以文本左边缘为基准排列文本，如图 5-11 所示。

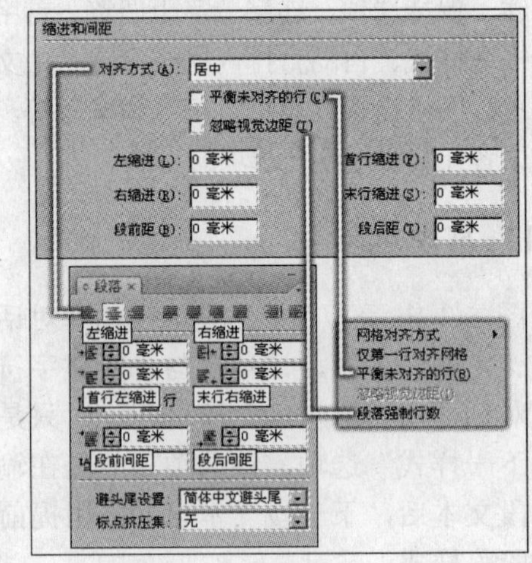

图 5-10　缩进和间距对照图

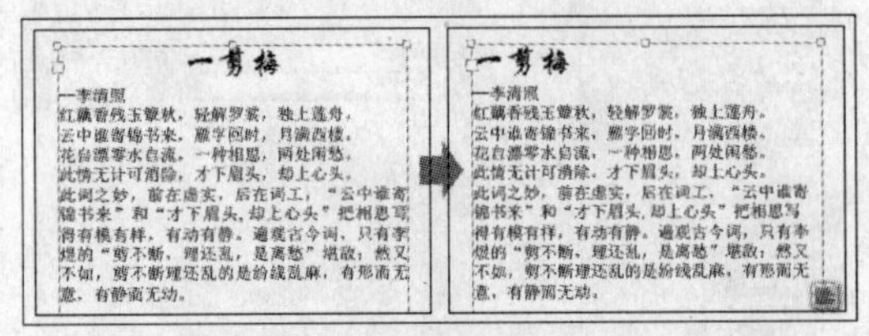

图 5-11　“左对齐”文本

2）然后依次单击“居中对齐”按钮和“右对齐”按钮，效果如图 5-12 所示。

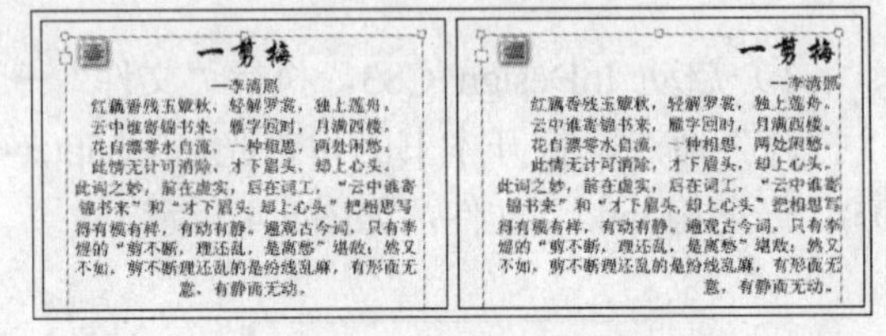

图 5-12　设置对齐方式

2. 双齐

文本可以与文本框架一侧或两侧的边缘对齐。当文本与两个边缘同时对齐时，既称为两端对齐，也称为双齐。可以选择对齐段落中除末行以外的全部文本，也可以对齐段落中包含末行的全部文本。如果末行只有几个字符，则可能需要使用特殊的文章末尾字符创建右对齐空格。

1）保持文本的选择状态，单击▤"双齐末行齐左"按钮，将段落最后一行以文本左上边缘为基准，向右排列文本，其余行两边都完全对齐，如图 5-13 所示。

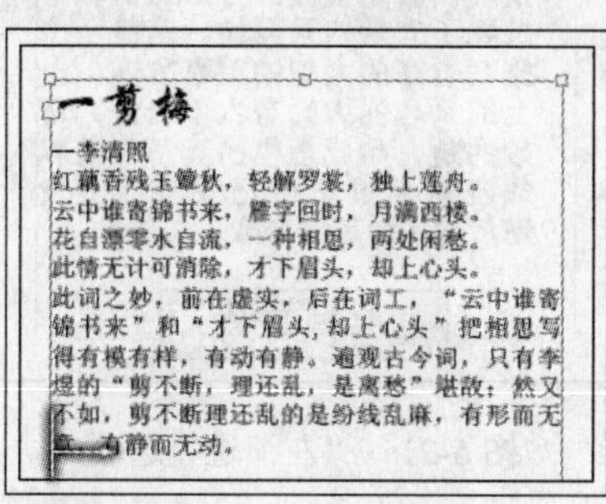

图 5-13　双齐末行齐左

2）单击▤"双齐末行居中"按钮，将段落最后一行以文本中线为基准，向两边排列文本，如图 5-14 所示。

图 5-14　双齐末行居中

3）单击▤"双齐末行齐右"按钮，将段落最后一行以文本右上边缘为基准，向左排列文本，其余行两边完全对齐，如图 5-15 所示。

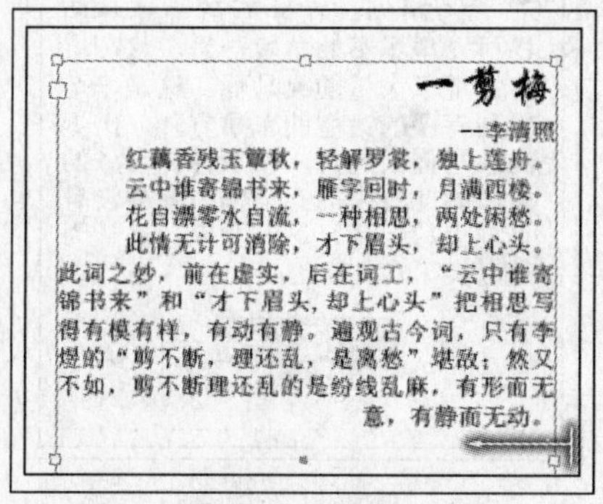

图 5-15　双齐末行齐右

4）单击▤"全部强制双齐"按钮，将段落所有行两边都完全对齐，如图 5-16 所示。

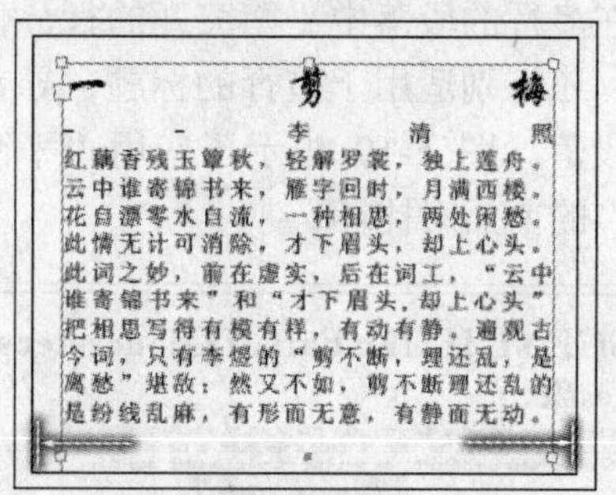

图 5-16　全部强制对齐

3．书籍对齐

在对段落应用▤"朝向书脊对齐"时，左手页文本将执行右对齐，但当该文本转入右手页时，会变成左对齐，如图 5-17 所示。同样，在对段落应用▤"背向书脊对齐"时，左手页文本将执行左对齐，而右手页文本会执行右对齐，如图 5-18 所示。在垂直框架中，"朝向书脊对齐"或"背向书脊对齐"将无效，因为文本对齐方式与书脊方向平行。

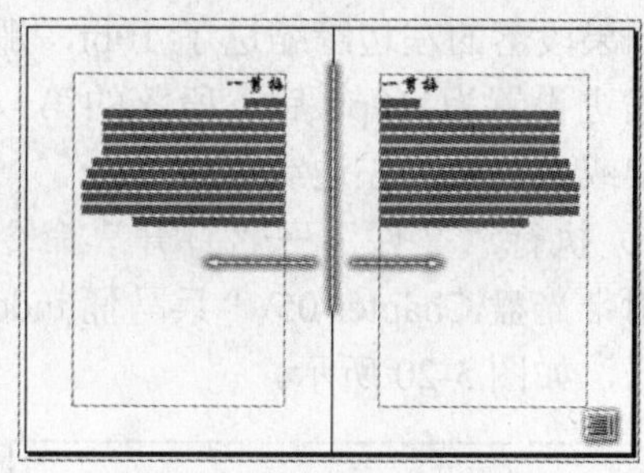

图 5-17　朝向书脊对齐

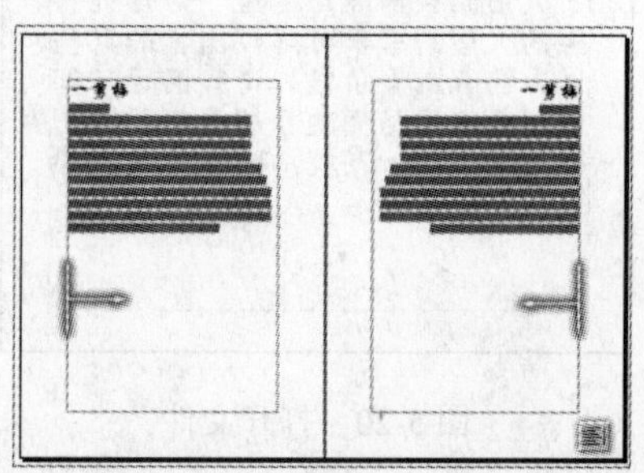

图 5-18　背向书脊对齐

4．平衡未对齐的行

应用“平衡未对齐的行”命令可以将文本硬拆成两行，使断行更加美观。这个特性用于在多行的段落中平衡突兀的行，使文本对齐，还特别适用于多行的标题、导言和居中的段落。图 5-19 出示了应用“平衡未对齐行”的前后对比图。

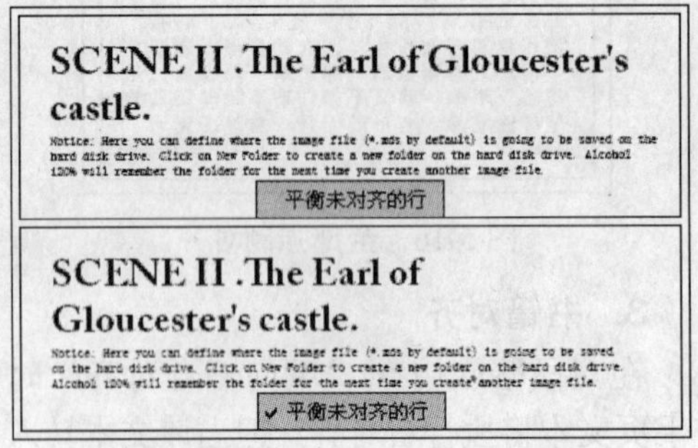

图 5-19　平衡未对齐行

5．左缩进和右缩进

左缩进和右缩进可以使文本从框架的左边缘和右边缘向内做少许移动。

首行缩进可以将段落的的第一行向文本框内缩进，是相对于左边距缩进定位的。例如，如果段落的左边缘缩进了 10pt，那么将首行缩进设置为 10pt 后，段落的第一行会从框架或内边距的左边缘缩进 20pt。

1）执行“文件”→“打开”命令，将本书附带光盘\Chapter-05\“兵马俑.indd”文件打开，如图 5-20 所示。

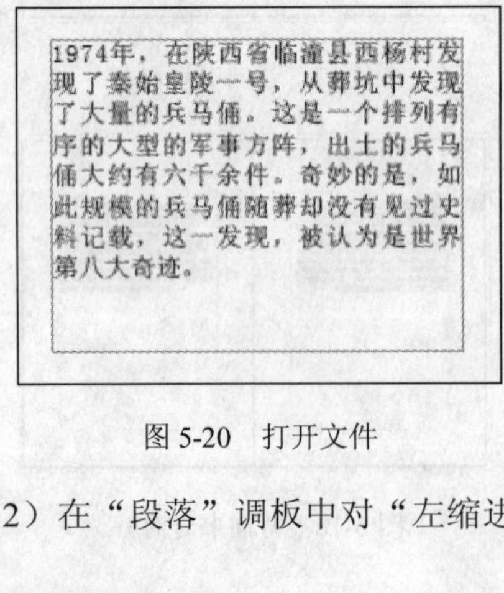

图 5-20　打开文件

2）在“段落”调板中对“左缩进”选项参数进行设置，使文本框中当前段落文本从左向右缩进，如图 5-21 所示。

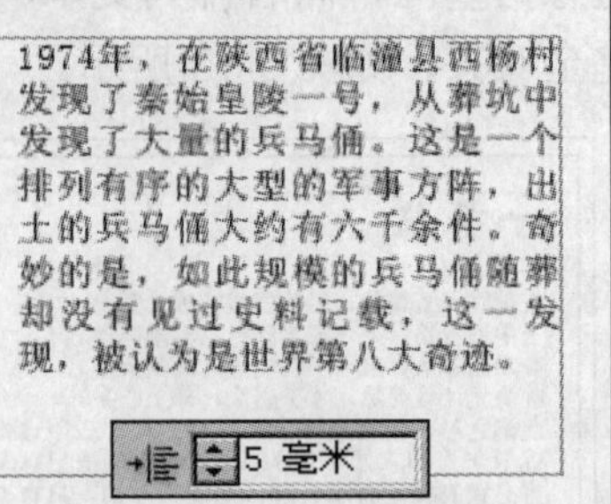

图 5-21　“左缩进”选项

3）设置“左缩进”选项为 0，然后设置“右缩进”选项参数，使文本框中当前段落文本从右向左缩进，如图 5-22 所示。

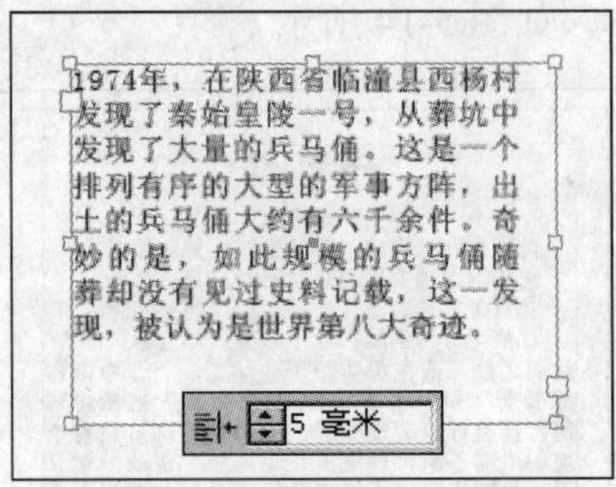

图 5-22　“右缩进”选项

4）设置“右缩进”选项为 0，接着设置“首行左缩进”选项，使文本框中的文本段落的第一行从左向右缩进，如图 5-23 所示。

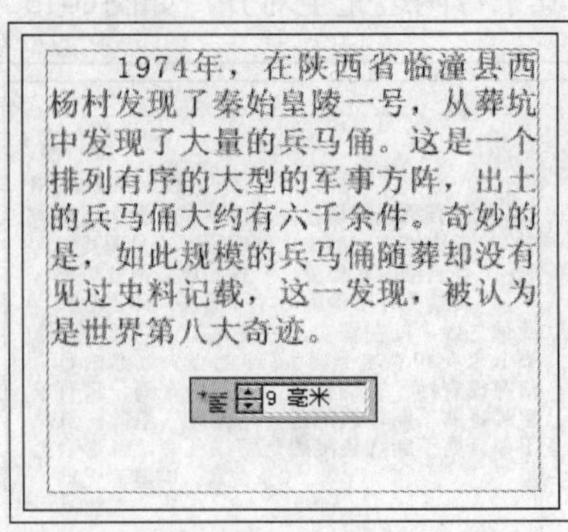

图 5-23　“首行缩进”选项

6. 段前距和段后距

段前距和段后距可以控制段落间的间距量。如果某段落始于栏或框架的顶部，则InDesign CS3不会在该段落前插入额外间距。对于这种情况，可以增大该段落第一行的行距或该框架的顶部内边距来进行调整。

1）执行“文件”→“置入”命令，打开“置入”对话框，选择本书附带光盘\Chapter-05\“兵马俑简介.txt”文件，并禁用“应用网格格式”复选框，如图5-24所示。

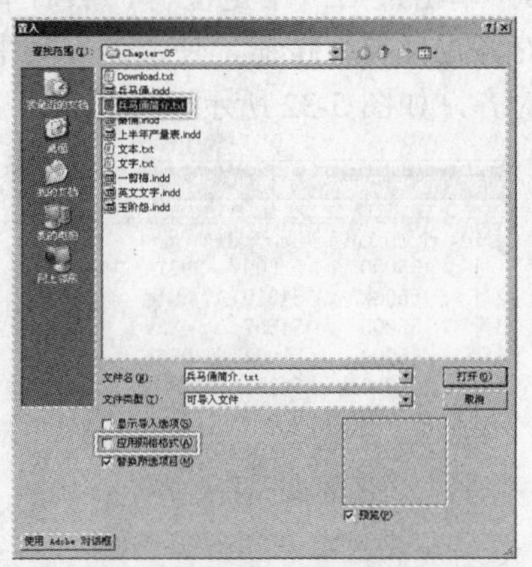

图5-24 置入文件

2）单击“打开”按钮，当光标指针显示为置入文本图标时，在页面相应位置单击，将文本置入到当前页面中。然后使用“文字”工具将第二段文本选中，并在“段落”调板中设置“段前间距”选项，调整该段和前一段之间的距离，如图5-25所示。

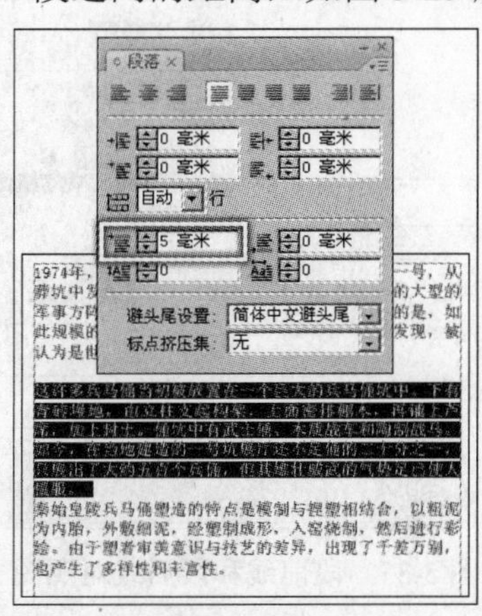

图5-25 设置“段前间距”选项

3）保持文本的选择状态，在“段落”调板中设置“段后间距”选项，调整该段和下一段之间的距离，如图5-26所示。

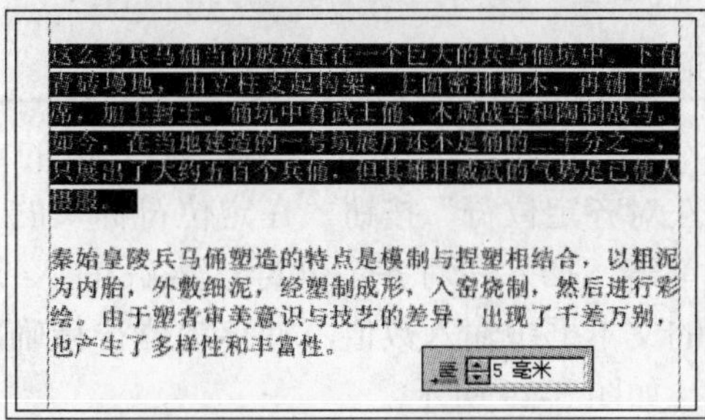

图5-26 设置“段后间距”选项

5.2.3 定位符

在文本中插入定位符，可以在“定位符”对话框中，根据定位符调整文本的位置，使文本左对齐、居中、右对齐或小数点对齐。接下来通过实际操作来学习定位符的使用方法。

1）执行“文件”→“打开”命令，打开本书附带光盘\Chapter-05\“上半年产量表.indd”文件，如图5-27所示。

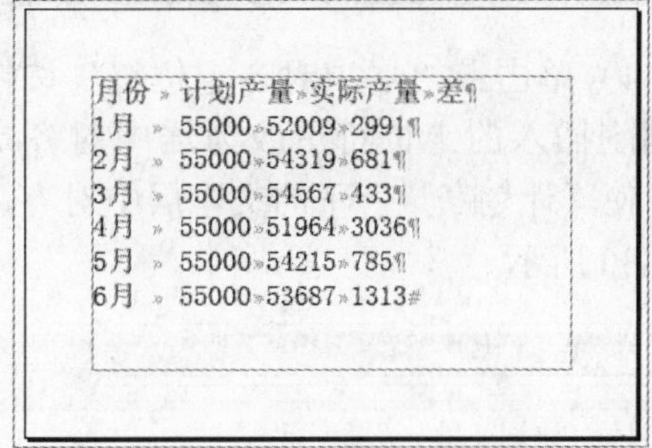

图5-27 素材文件

2）使用“选择”工具将文本框选中，然后执行“文字”→“定位符”命令，打开“定位符”调板，如图5-28所示。

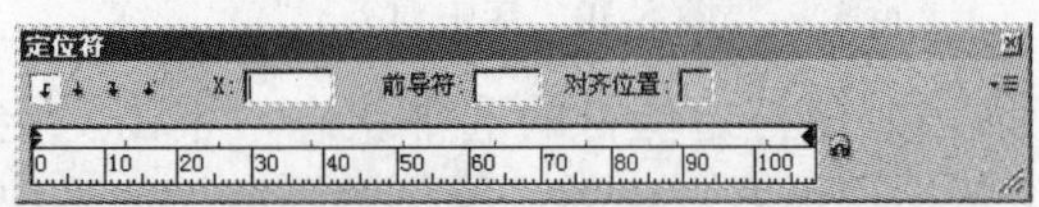

图5-28 打开“定位符”调板

> **提 示**
>
> 如果“定位符”调板没有和选择的文本框对齐，可以单击该调板右侧的“将面板放在文本框架上方”按钮。

3）单击“定位符”调板左上角的“左对齐定位符”按钮，在定位符标尺的上侧单击，插入左对齐定位符，然后在 X 选项的文本框中输入数值，使该定位符精确定位，如图 5-29 所示。

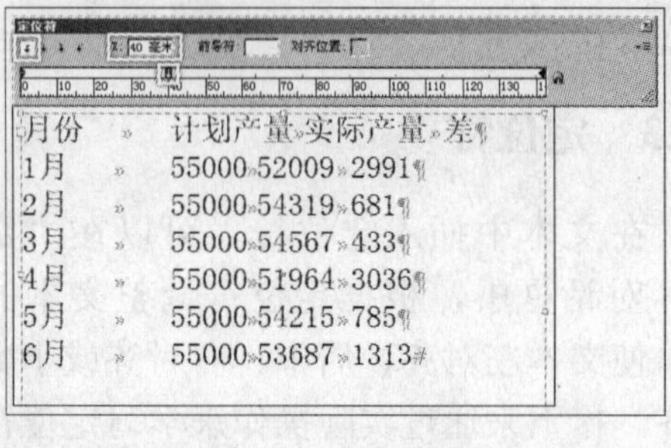

图 5-29　精确定位定位符

> **提 示**
>
> 定位符可以通过拖动鼠标来调整其位置。

4）单击“居中对齐定位符”按钮，将刚刚插入的定位符更改为居中对齐定位符，使“计划产量”下的文本居中对齐，如图 5-30 所示。

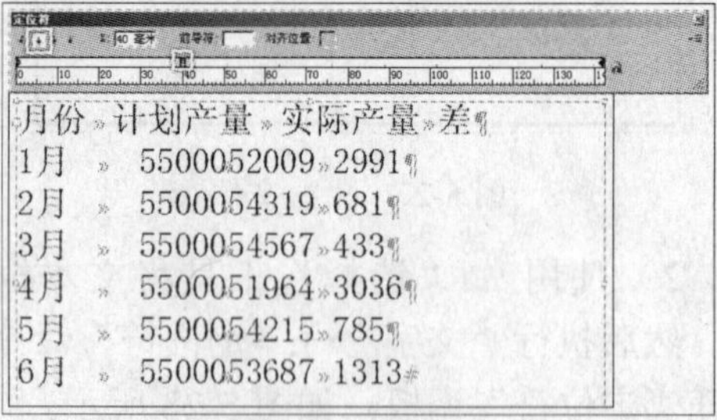

图 5-30　居中对齐

5）保持定位符的选中状态，单击“定位符”调板右上角的调板菜单图标，在弹出的快捷菜单中执行“重复定位符”命令，可以发现定位符后等距离创建出两个新的定位符，如图 5-31 所示。

图 5-31　创建新的定位符

6）单击最后一个定位符，然后单击“右对齐定位符”按钮，使“差”列中的文本右对齐，如图 5-32 所示。

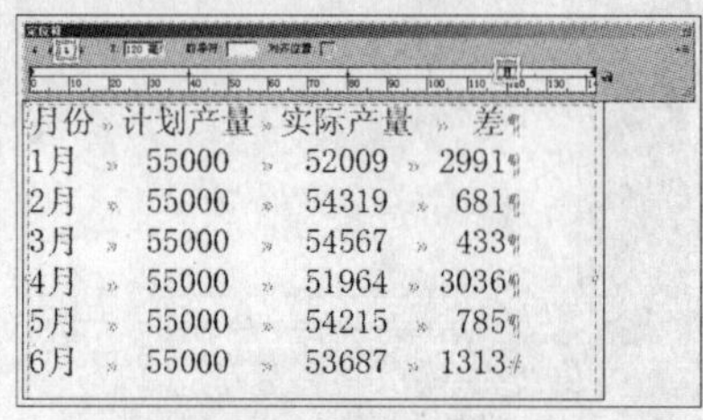

图 5-32　右对齐

5.2.4　段前线和段后线

段前线和段后线是嵌套在段落间的样式，可以随文本一起移动，并且可以根据字符调节线条的长短。在一个段落中可以同时添加段前线和段后线。段前线和段后线对照图如图 5-33 所示。

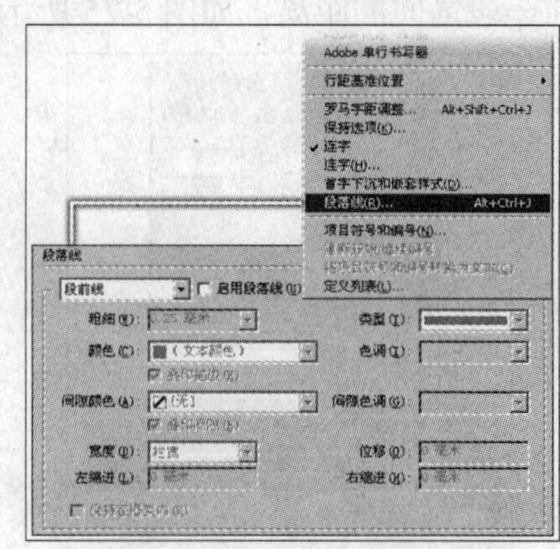

图 5-33　段前线和段后线对照图

1）执行“文件”→“打开”命令，打

开本书附带光盘\Chapter-05\“秦俑.indd”文件，如图 5-34 所示。

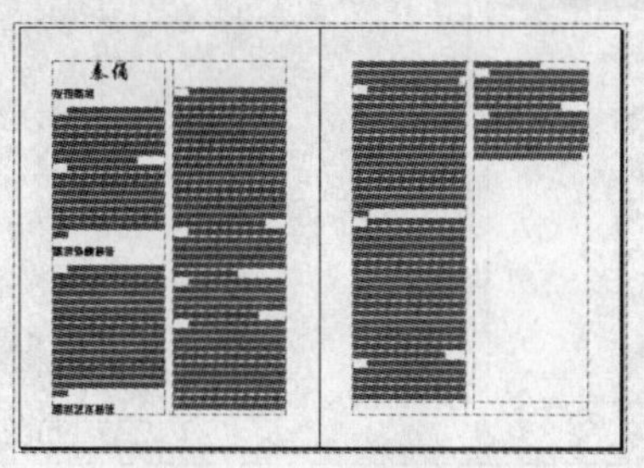

图 5-34　素材光盘

2）打开“段落样式”调板，双击“小标题”样式，打开“段落样式选项”对话框，选择“预览”复选框，接着单击左侧的“段落线”项目，打开“段落线”选项，如图 5-35 所示。

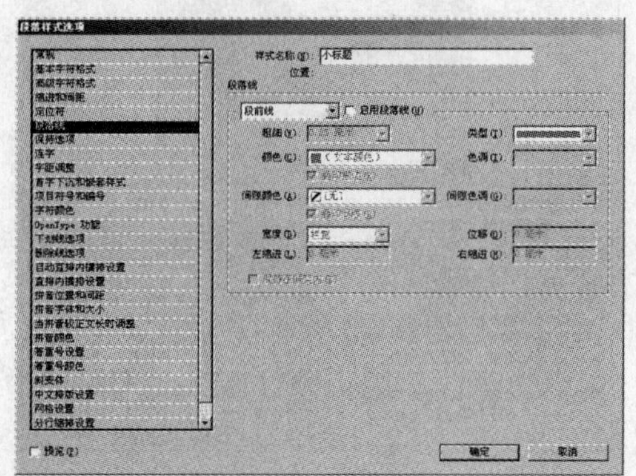

图 5-35　“段落线”项目

3）单击“段前线”选项的下拉按钮，在弹出的下拉列表中选择“段后线”，然后选择“启用段落线”复选框，即可在视图中的小标题上显示出段落线，如图 5-36 所示。

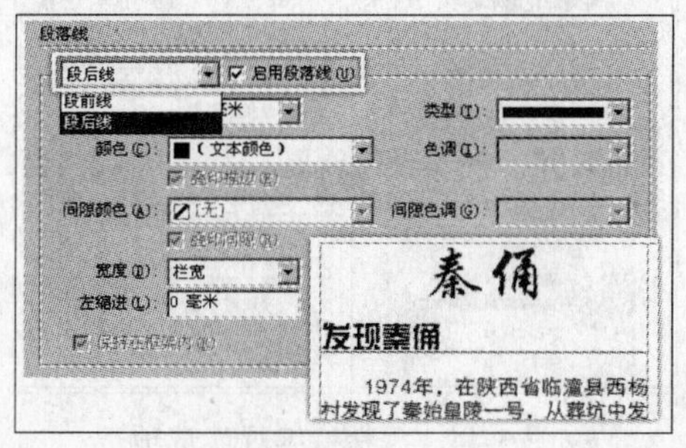

图 5-36　启用段落线

4）单击“宽度”选项的下拉按钮，在弹出的下拉列表中，选择“文本”选项。这时段落线只在有文本的下方显示，如图 5-37 所示。

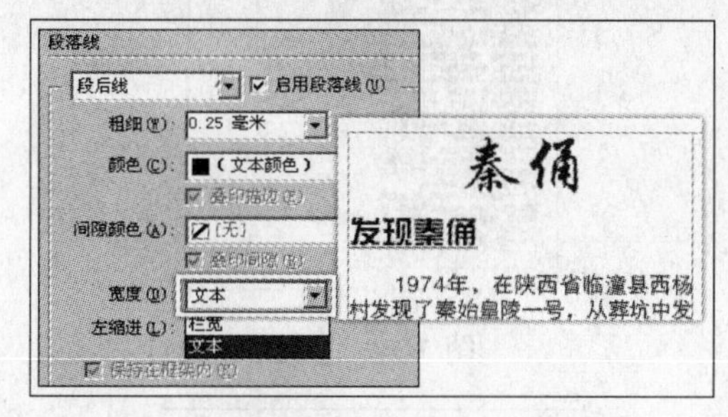

图 5-37　“宽度”选项

5）“位移”选项调整段落线和文本基线之间的距离，如图 5-38 所示。

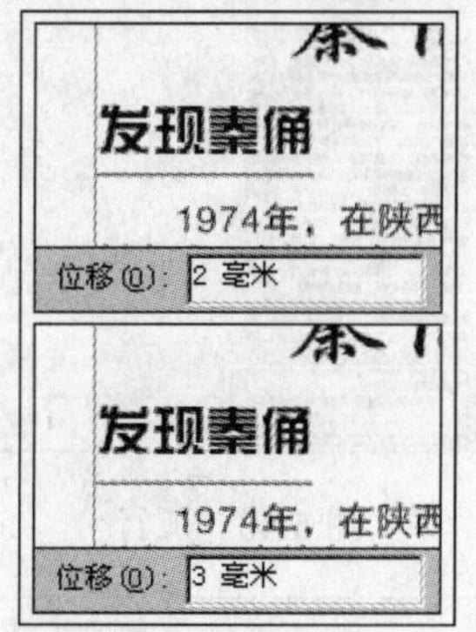

图 5-38　“位移”选项

6）设置完毕后，单击“确定”按钮，关闭对话框。

5.2.5　保持选项

“保持选项”可以让用户防止寡行和孤行发生。寡行是指落在一栏顶部的段落作后一行，如图 5-39 所示。孤行是指落在一栏底部的段落作第一行，如图 5-40 所示。当一个段落在栏的底部被分开时，可以让它保持与一个段落的文本在一起。图 5-41 出示了保持选项对照图，图中的菜单为“段落”调板中的菜单。

图 5-39　寡行

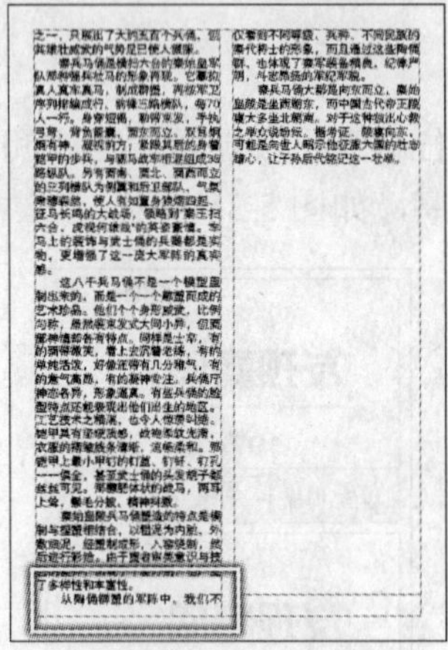

图 5-40　孤行

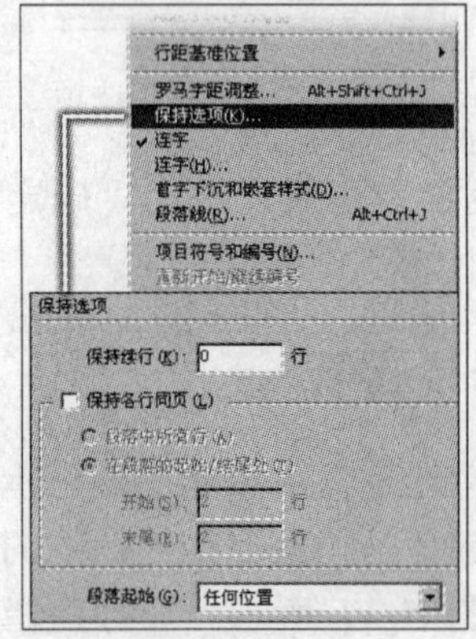

图 5-41　保持选项

1）在“段落样式”调板中“文本”样式上双击，打开“段落样式选项”对话框，在左侧选择“保持选项”项目，如图 5-42 所示。

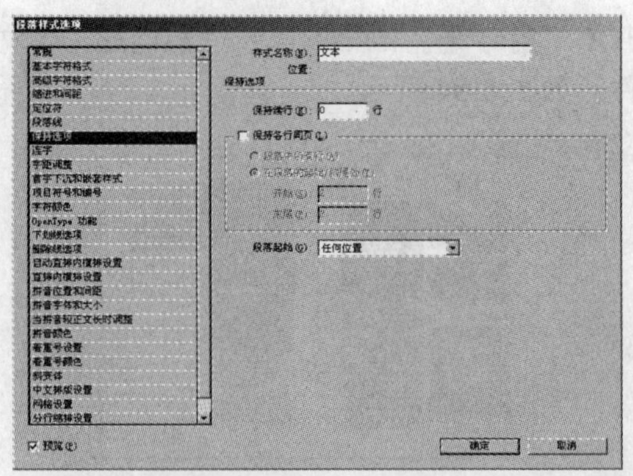

图 5-42　“保持选项”项目

2）选择“保持各行同页”复选框，这时文档中的文本发生了变化，如图 5-43 所示。

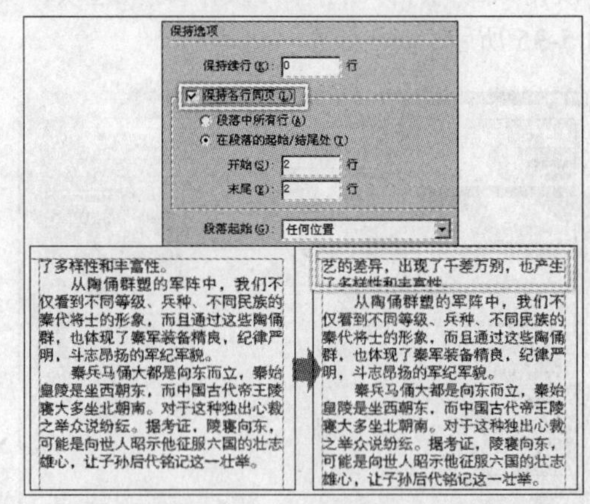

图 5-43　复选“保持各行同页”选项

3）设置“保持续行”选项，设置紧随当前段落末行的后续段落行数，输入值的范围为 0~5，如图 5-44 所示。

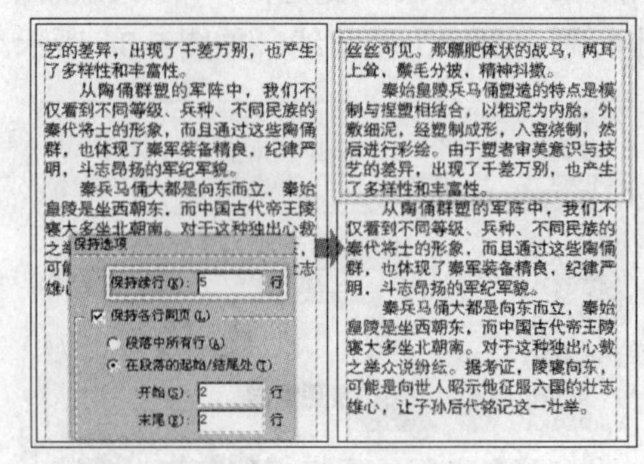

图 5-44　“保持续行”选项

4）设置“保持续行”选项为 0，然后选择“段落中所有行”单选按钮，防止段落从中断开，如图 5-45 所示。

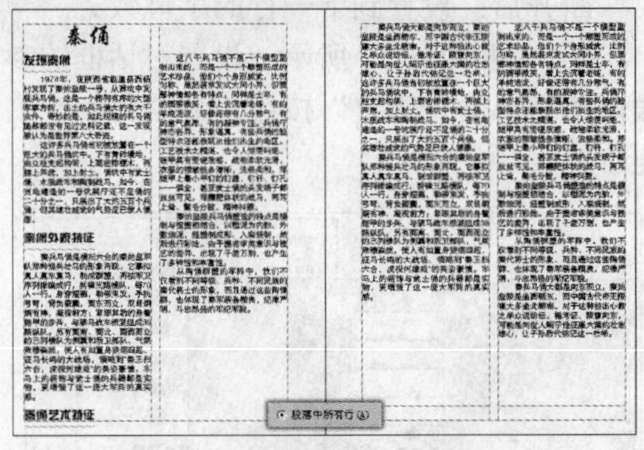

图 5-45　“段落中所有行”选项

5）选择“在段落的起始/结尾处”单选按钮，可强制将段落拖至下一栏、框架或页面中，如图 5-46 所示。

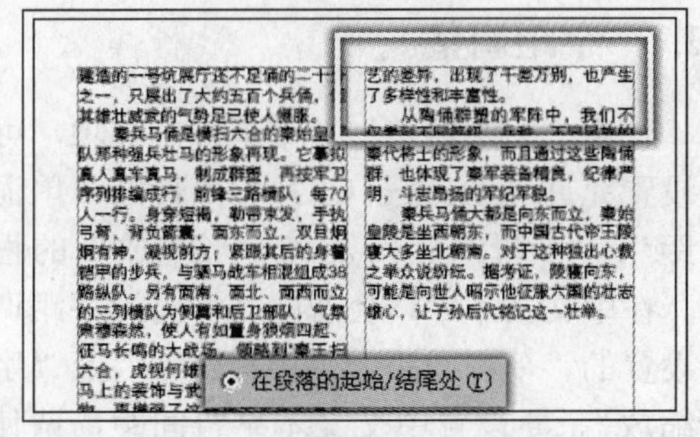

图 5-46　“在段落的起始/结尾处”选项

6）“开始”和“末尾”选项，可以设置强制到下一栏、框架或页面中的行数，如图 5-47 所示。

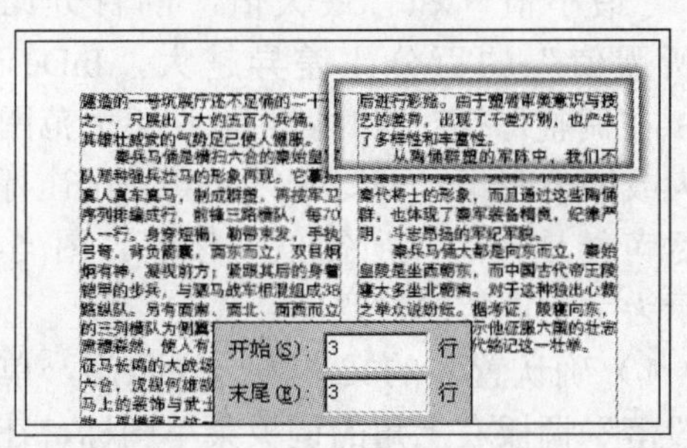

图 5-47　设置行数选项

7）单击“段落起始”选项的下拉按钮，在弹出的下拉列表中，可以设置段落起始位置，如图 5-48 所示。

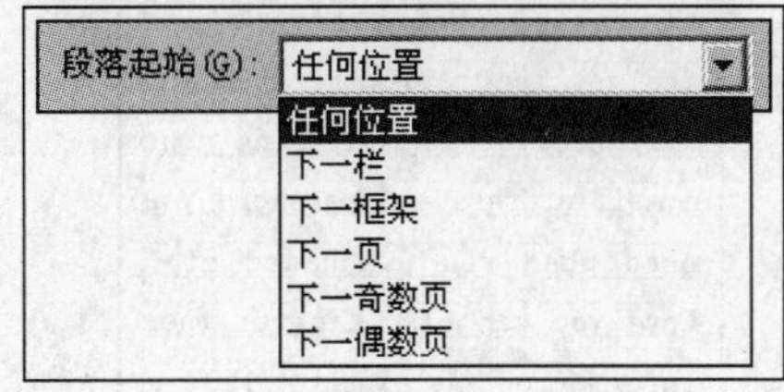

图 5-48　设置段落的起始位置

8）设置完毕后，单击“确定”按钮，关闭对话框。

5.2.6　连字

连字是根据特定的规则，在行尾断行的单词间添加的标识符。只有在使用强制对齐（强制左对齐、强制右对齐、强制中对齐和强制对齐行）才会出现连字符，因为为了让左右段落长度相同，不得不断开行尾的单词。单词断开的位置是由词典来决定的。图 5-49 所示为连字对照图。

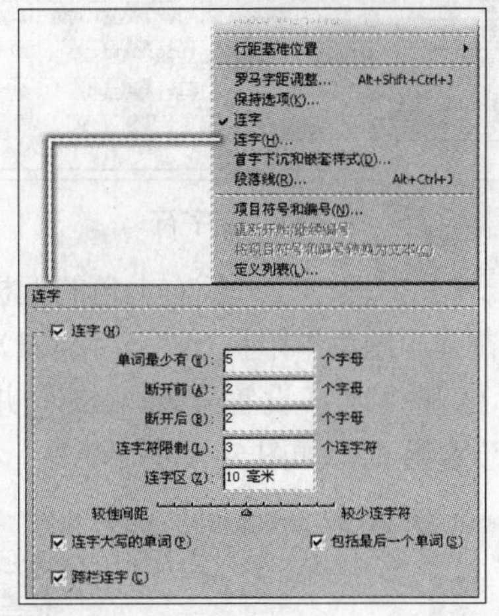

图 5-49　连字对照图

1）执行“文件”→“打开”命令，将本书附带光盘 \Chapter-05\“Download.indd”文件打开，如图 5-50 所示。

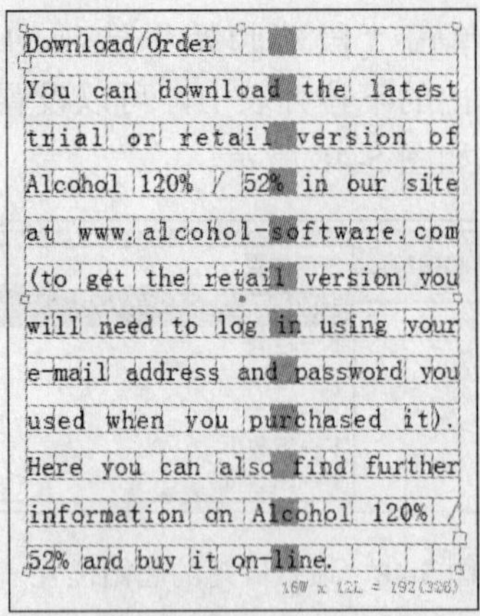

图 5-50　置入文本

2）确认置入的文本框为选择状态。按下<Ctrl+T>键打开“字符”调板，设置“语言”选项为“英语：美国”。这时在文本中出现了连字符，如图 5-51 所示。

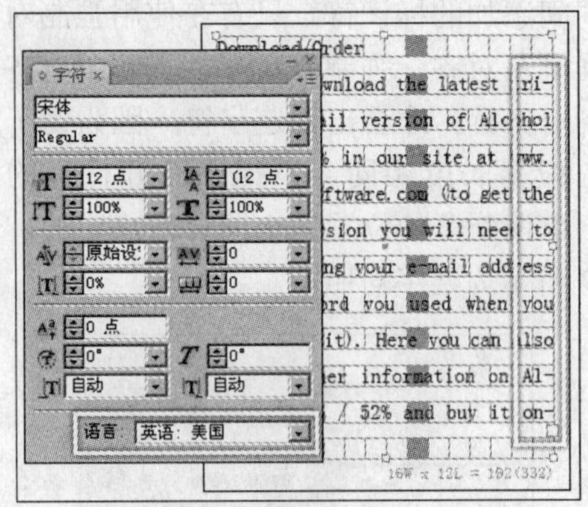

图 5-51　连字符

3）单击“段落”调板右上角的调板菜单图标，在弹出的菜单中执行“连字（H）…”命令，打开“连字设置”对话框，并选择“预览”复选框，如图 5-52 所示。

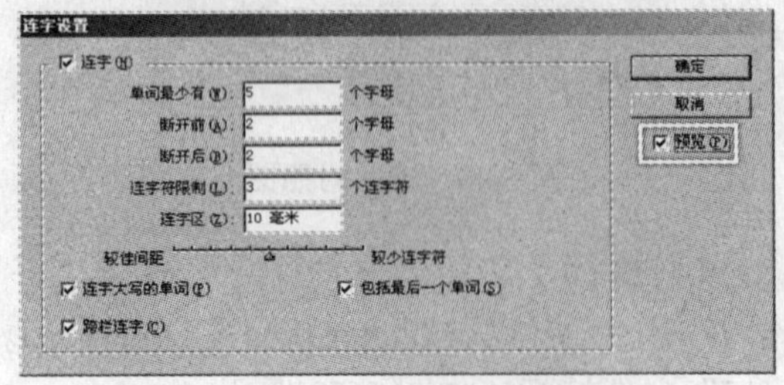

图 5-52　“连字设置”对话框

单词最少有：设置断开单词的长度。输入数值的范围为 3~25。

断开前：设置留在行末的字母数。

断开后：设置到下一行的字母数。

4）参照图 5-53 所示，设置对话框的参数，然后单击“确定”按钮，调整文本中的连字符。

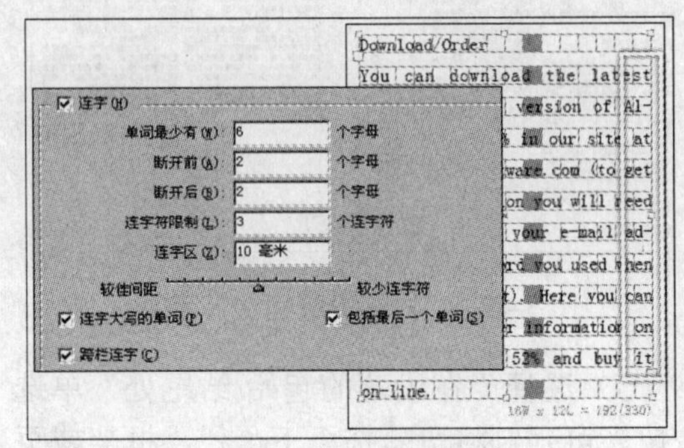

图 5-53　设置连字符

5.2.7　字距调整

使用“字距调整”对话框中的选项，可以设置允许 InDesign CS3 偏离标准“单词间距”、“字母间距”及“字形缩放”的程度。在中文文本中，会忽略（罗马）字距调整设置的“单词间距”、“字符间距”及“字形缩放”。要设置中文文本字符间距，请使用“标点挤压”对话框。“最小值”、“最大值”和“所需值”只有在设置双齐文字时才会生效。若是其他所有段落对齐方式，InDesign CS3 将使用在“所需值”中输入的值。“最小值”和“最大值”的百分比与“所需值”的百分比差异越大，InDesign CS3 在调整每行对齐时就可以在更大范围内增大或缩小间距。书写始终都会尝试让行间距尽可能地接近“所需值”设置。图 5-54 所示为字距调整的对照图。

1）确认置入的文本为选择状态，单击“段落”调板右上角的调板菜单图标，在弹出的快捷菜单中执行“罗马字距调整”命令，打开“字距调整”对话框，如图 5-55

所示。

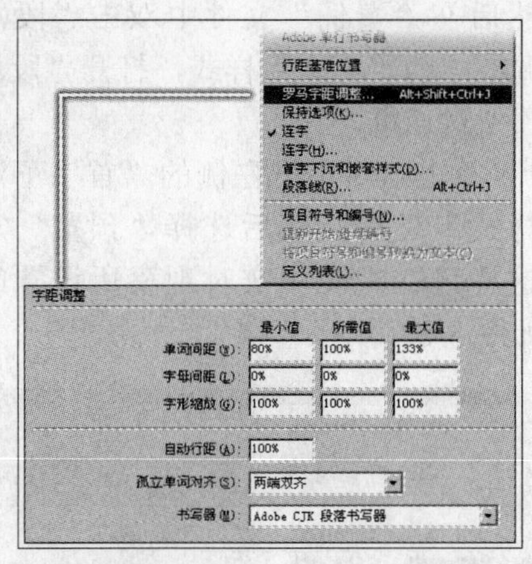

图 5-54 字距调整对照图

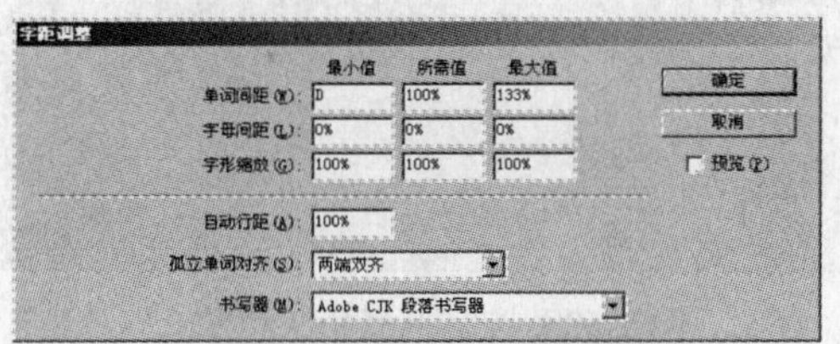

图 5-55 “字距调整”对话框

2）将“预览”选项复选，然后设置“单词间距”选项，调整单词之间空格的宽度，如图 5-56 所示。

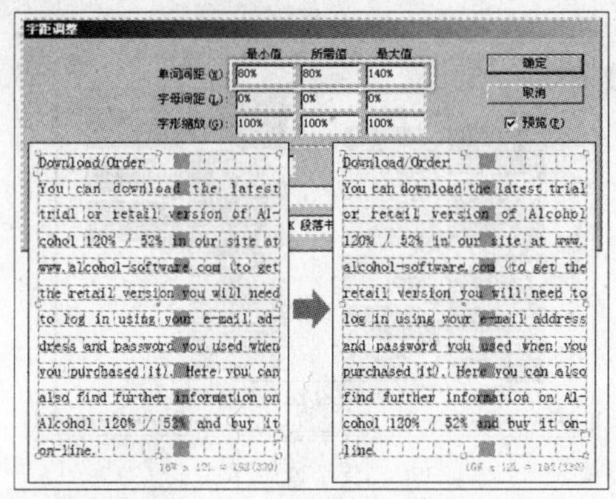

图 5-56 “单词间距”选项

3）设置“字母间距”选项参数，调整字母之间的距离，包括字母间距调整或单词间距调整，如图 5-57 所示。

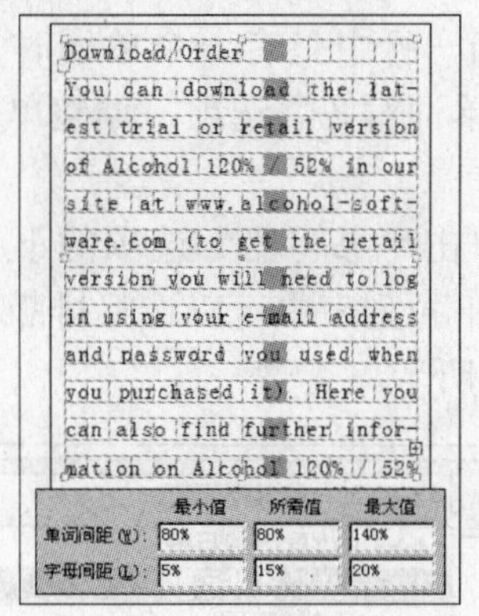

图 5-57 “字母间距”选项

4）“字形缩放”选项更改字符宽度。调整字形缩放可以获得一致对齐的效果，如图 5-58 所示。

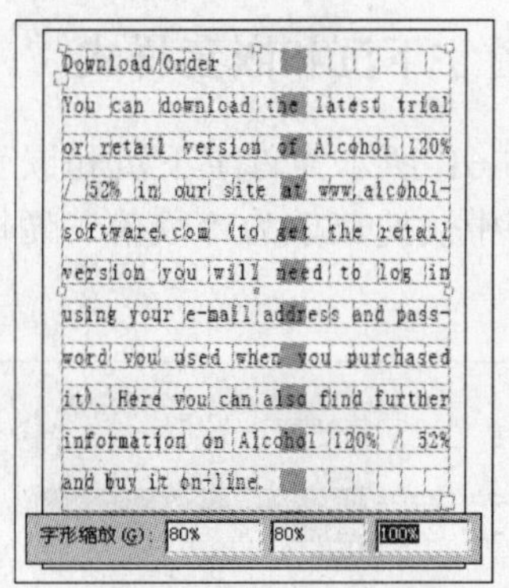

图 5-58 “字形缩放”选项

5）“自动行距”选项设置在字符菜单中行距选择“自动”时和字符大小的关系，如图 5-59 所示。

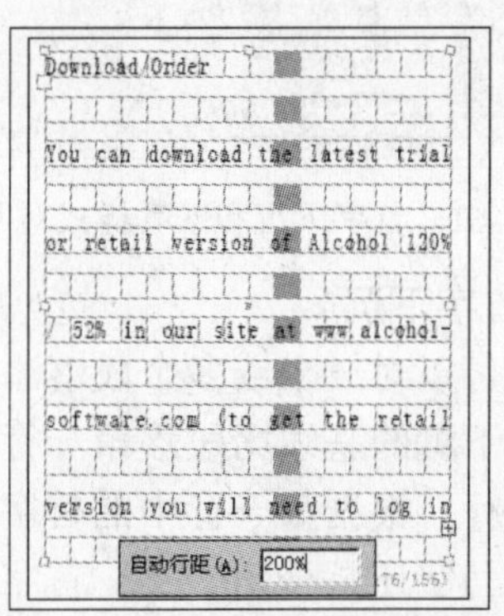

图 5-59 “自动行距”选项

5 应用段落样式

6）当一行中只有一个单词时，可以使用“孤立单词对齐”选项，调整单词对齐的方式。

7）单击“书写器”选项的下拉按钮，在弹出的下拉列表中可以选择排版的方法，如图 5-60 所示。

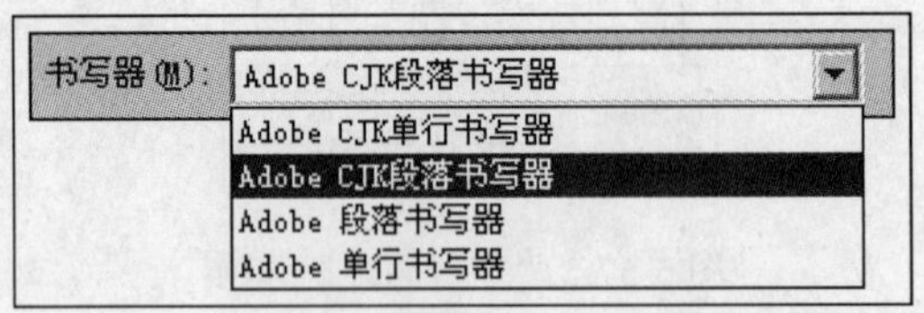

图 5-60 “书写器”选项

8）设置完毕后，单击“确定”按钮，关闭对话框。

5.2.8 首字下沉和嵌套样式

图 5-61 所示为首字下沉和嵌套样式对照图，图中快捷菜单为“段落”调板的快捷菜单。

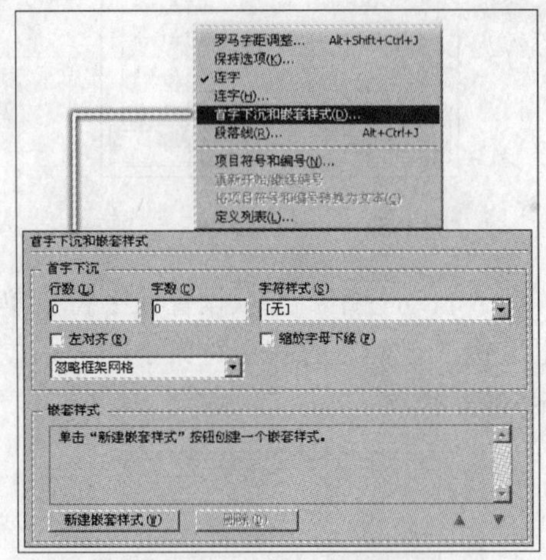

图 5-61 首字下沉和嵌套样式对照图

1. 首字下沉

一次可以对一个或多个段落添加首字下沉。首字下沉的基线比段落第一行的基线低一行或多行。根据第一行中的首字下沉字符是半角罗马字还是全角中文，首字下沉文本的大小会有所不同。下面通过操作来学习怎样设置首字下沉。

1）将“Download.indd”文件关闭不保存，然后在“秦俑”文件中双击“段落样式”调板中的“文本”样式，打开“段落样式选项”对话框。

2）单击该对话框左侧的“首字下沉和嵌套样式”项目，然后选择“预览”复选框，这样可在视图中实时观察所设置的效果，如图 5-62 所示。

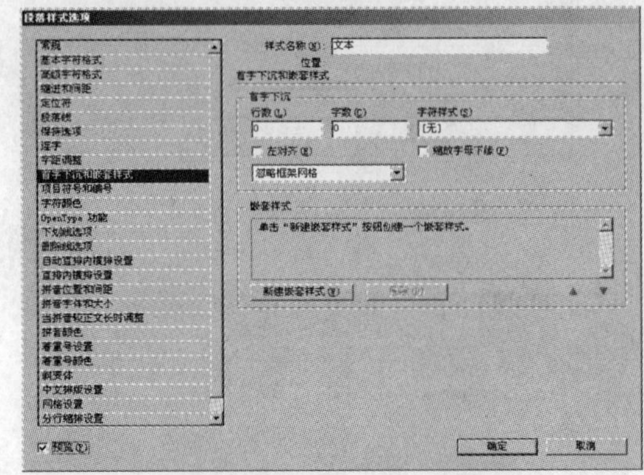

图 5-62 首字下沉和嵌套样式

3）对“行数”选项参数进行设置，然后在“字数”选项的文本框中单击，这时“字数”选项中的数值将直接转换为 1，页面中每段第一行的首字将变为两行的高度，效果如图 5-63 所示。

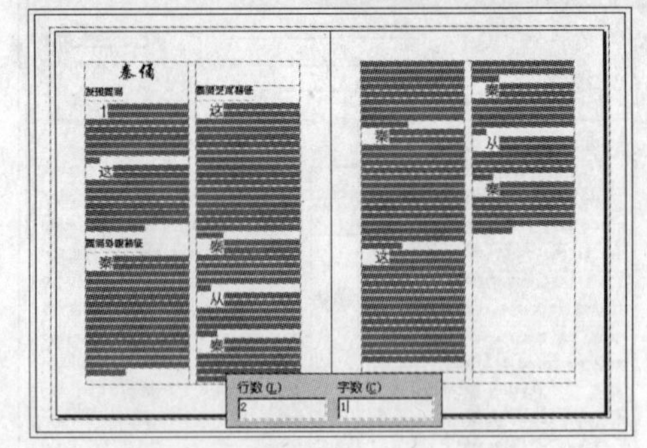

图 5-63 首字下沉

提 示

在“段落”调板中设置“首字下沉”选项，同样可以设置段落第一行首字下沉的效果。

4）“字符样式”选项可以设置首字的样式。单击“字符样式”选项的下拉按钮，在弹出的下拉列表中显示“字符样式”调板中存储的样式，如图 5-64 所示。

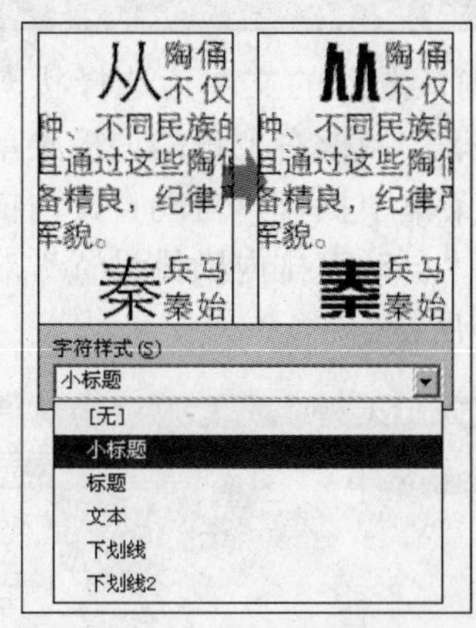

图 5-64 “字符样式”选项

2．嵌套样式

嵌套样式可以根据简单的规则将字符样式应用到段落中，特别适用于随文标题。可以为段落中的一个或多个范围的文本指定字符及格式。还可以设置两种或两种以上的嵌套样式一起使用。前一种样式结束后紧接着使用下一种样式。

1）确认“段落样式选项”对话框为打开状态，单击“新建嵌套样式”按钮，新建一个嵌套样式，如图 5-65 所示。

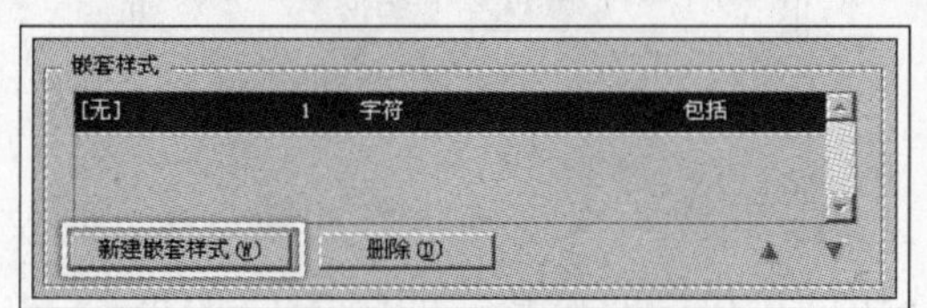

图 5-65 新建嵌套样式

2）单击“无”选项的下拉按钮，在弹出的下拉列表中选择“下划线”选项，设置嵌套文字的样式，如图 5-66 所示。

3）单击数字 1，使该文本框呈现可输入状态，然后输入数值，设置嵌套项目的实例数，如图 5-67 所示。

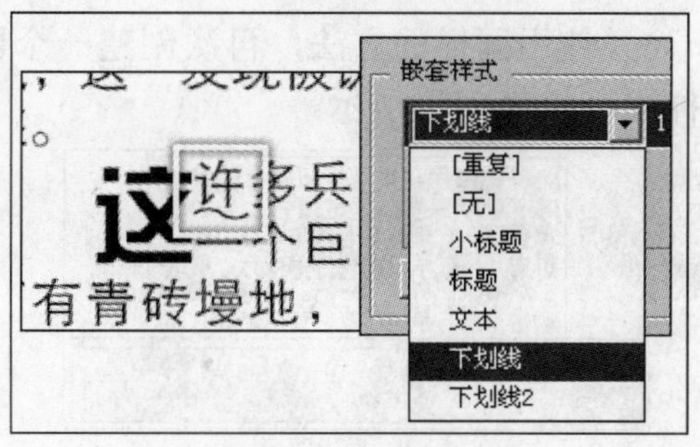

图 5-66 设置嵌套文字样式

图 5-67 设置嵌套文字的数目

4）单击“字符”，使该文本框呈现为可输入状态，输入“，”并按下<Enter>键，设置结束字符样式格式的项目，也可以在下拉列表中选择，设置结束字符样式格式的项目，如图 5-68 所示。

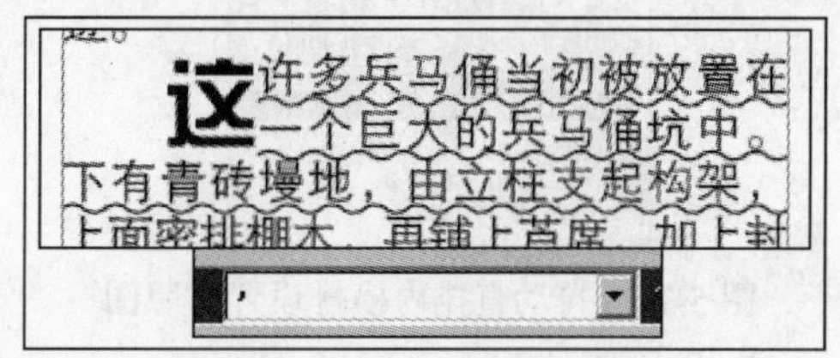
图 5-68 设置字符样式格式

5）设置“包括”或“不包括”选项，可以设置嵌套样式的字符是否应用格式，如图 5-69 所示。

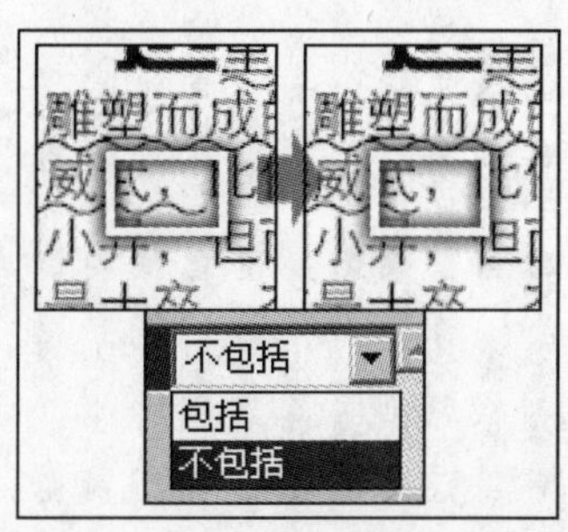

图 5-69 设置结束字符是否应用格式

6）使用同样的方法，再次创建一个嵌套样式，如图 5-70 所示。

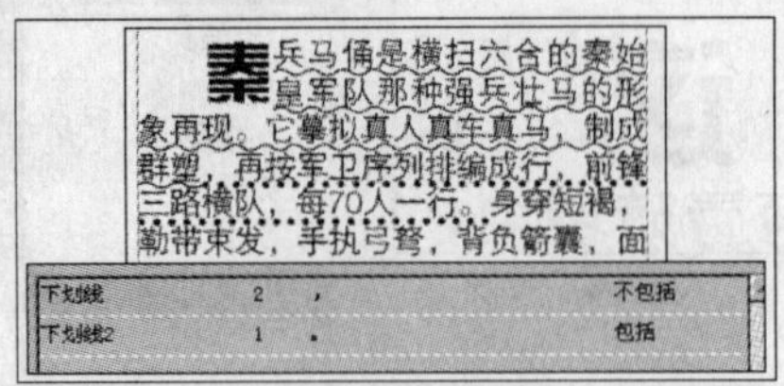

图 5-70 嵌套样式

7）设置完毕后，单击“确定”按钮，关闭对话框。

5.2.9 自动直排内横排设置

“自动直排内横排设置”可以将直排文本中半角的罗马文字转换为横排文字，以方便阅读。图 5-71 所示为自动直排内横排设置对照图。

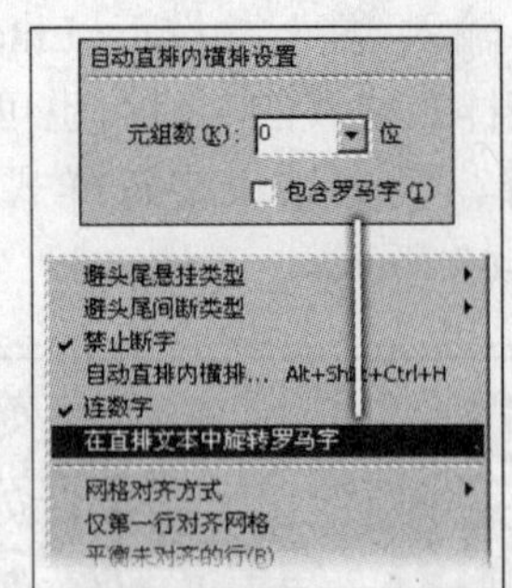

图 5-71 自动直排内横排设置对照图

1）将本书附带光盘\Chapter-05\“文字.txt”文件，置入到文档中，然后执行“文字”→“排版方向”→“垂直”命令，将置入的文本方向更改为垂直，如图 5-72 所示。

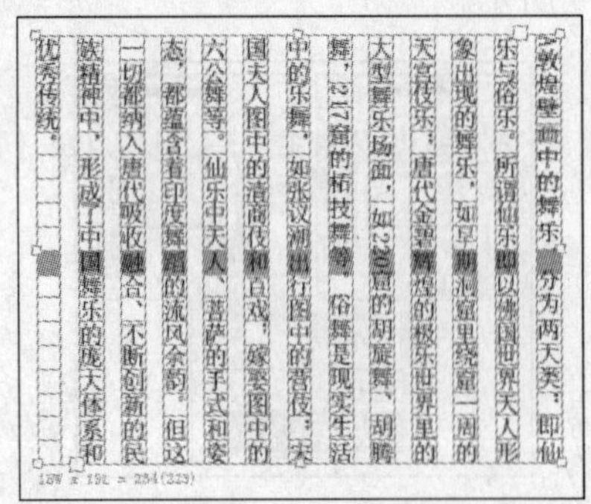

图 5-72 置入文本

提 示

当更改文本方向后，实际效果可能与图示效果不符，这时读者可使用“选择”工具调整文本框的大小。

2）确认置入的文本为选择状态，接着单击“段落”调板右上角的调板菜单图标，在弹出的菜单中执行“自动直排内横排”命令，打开“自动直排内横排设置”对话框，如图 5-73 所示。

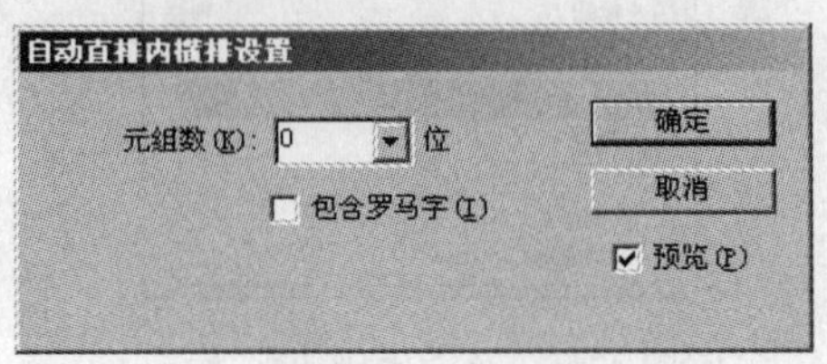

图 5-73 “自动直排内横排设置”对话框

3）选择“预览”复选框，接着在“元组数”选项的文本框中输入数值，设置旋转数值的位数，如图 5-74 所示。

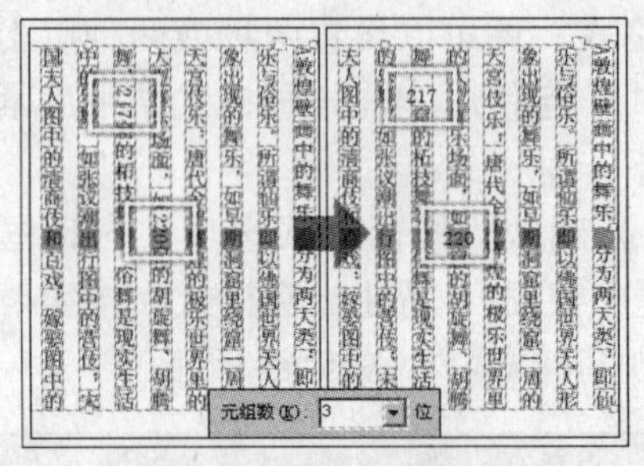

图 5-74 设置“元组数”选项

4）将“包含罗马字”选项复选，使文本中的字母同时旋转，如图 5-75 所示。

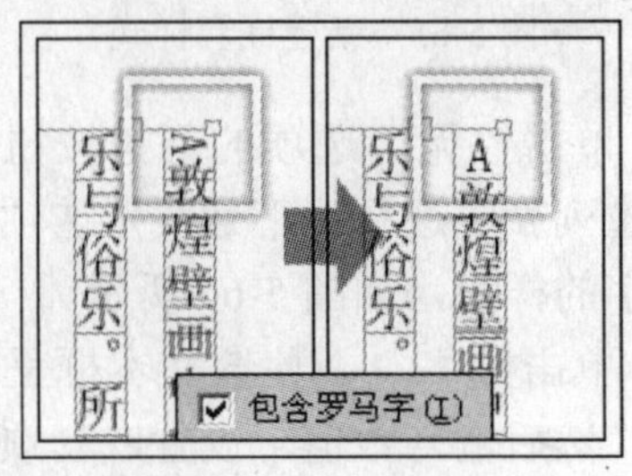

图 5-75 旋转字母文本

5）设置完毕后，单击“确定”按钮，关闭对话框。

5.2.10 中文排版设置

图 5-76 所示为中文排版设置对照图。

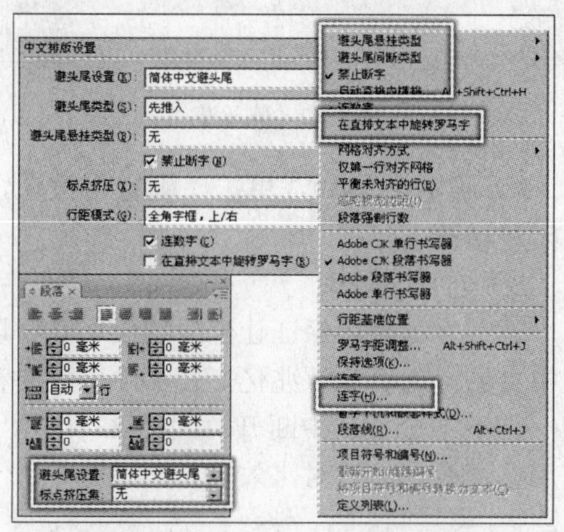

图 5-76　中文排版设置对照图

1．标点符号排法

首先介绍几种标点符号的排法。

全角式：在全篇文章中除了两个符号连在一起时，前一符号用半角外，其所有符号都用全角。

开明式：凡表示一句结束的符号用全角外，其他标点符号全都用半角。目前大部分出版物使用此方法。

行尾半角式：这种排法要求凡排在行尾的标点符号都用半角，以保证行尾版口都在一条直线上。

全部半角式：全部标点符号都用半角。这种排版多用于工具书。

竖排式：在竖排中标点一般为全角，排在字的中心或右上角。

自由式：一些标点符号不遵循排版禁则，一般在国外比较普遍。

2．禁则

标点符号的排法，在某种程度上体现了一种排版物的版面风格，因此，排版时应仔细了解出版单位的工艺要求。避头尾为中、日文文本指定换行。不能放置于行首或行尾的字符称为避头尾字符。InDesign CS3 中同时具有硬避头尾设置和软避头尾设置。软避头尾设置会忽略长元音符号和小平假名字符。既可以使用以上现有设置，也可以添加或删除避头尾字符，创建新设置。下面通过操作的方法学习创建禁则集的方法。

1）执行“文字”→“避头尾设置”命令，打开“避头尾设置”对话框，如图 5-77 所示。

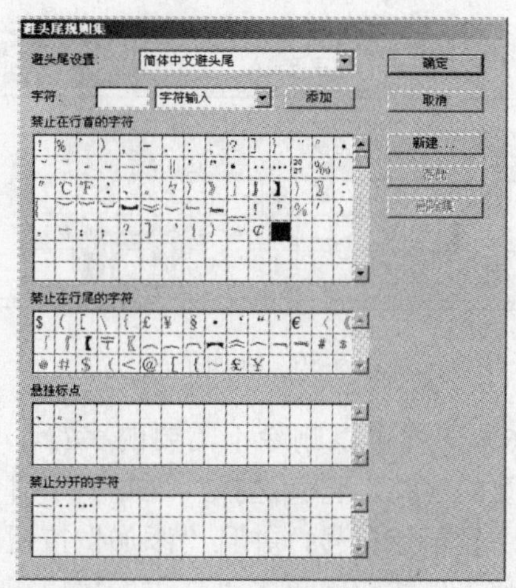

图 5-77　“避头尾设置”对话框

> **提 示**
>
> 在避头尾规则默认集中不可以删除或添加字符。

2）单击“新建”按钮，打开“新建避头尾规则集”对话框，保持对话框的默认状态，单击“确定”按钮，如图 5-78 所示。

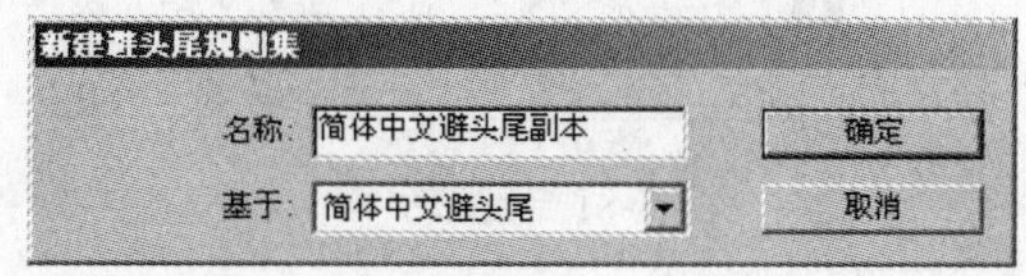

图 5-78　新建避头尾规则集

3）在“禁止在行尾的字符”中插入新字符。在该选项下方的第一个空白处单击，如图 5-79 所示。

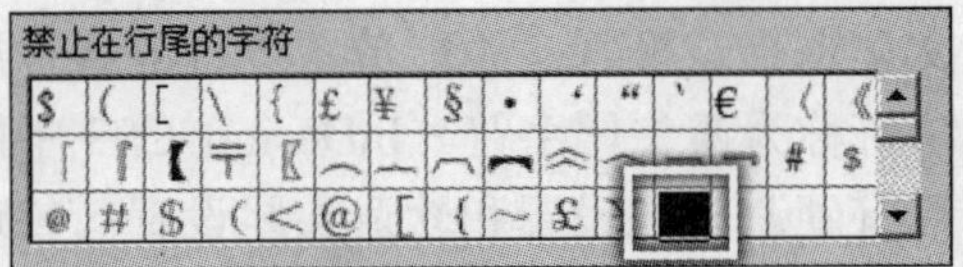

图 5-79　插入字符

4）在“字符”的文本框中单击，插入光标，输入需要添加的字符。

5）单击“添加”按钮，即可将输入的字符添加到“禁止在行尾的字符”中，如图 5-80 所示。

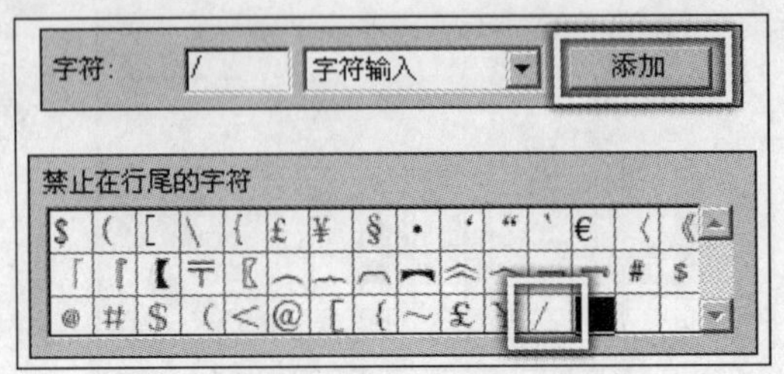

图 5-80　添加字符

6）同样可以删除不需要的字符。单击不需要的字符，将其选择，这时“字符”文本框中显示该符号，并且“添加”按钮转换为“移去”按钮。单击“移去”按钮，即可将其删除，如图 5-81 所示。

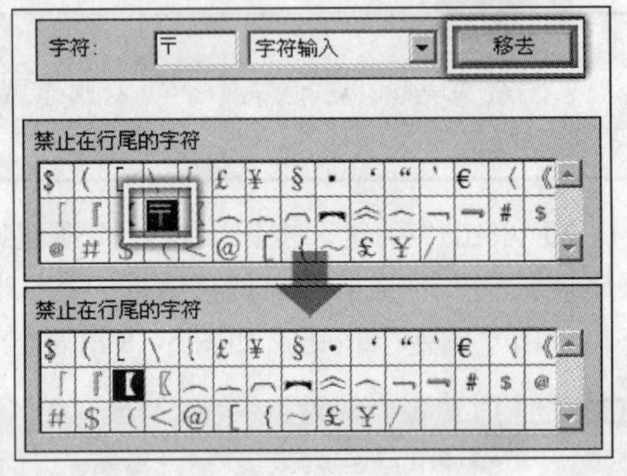

图 5-81　删除字符

7）单击对话框右侧的“删除集”按钮，弹出一个警示框，单击“确定”按钮。即可将刚创建的“简体中文避头尾副本”规则集删除，如图 5-82 所示。

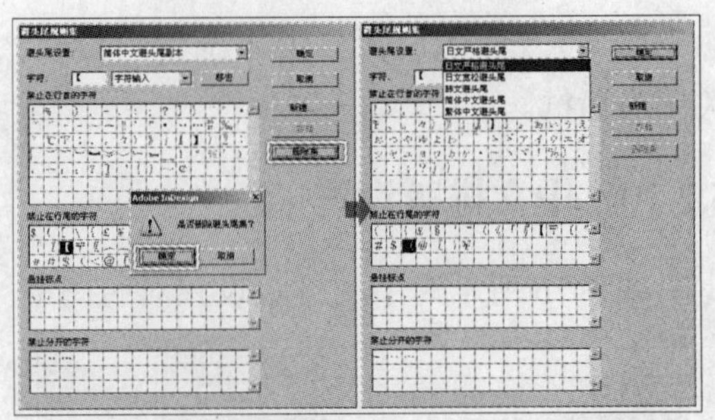

图 5-82　删除集

8）设置完毕后，单击“确定”按钮，关闭对话框。

3. 连数字处理

连数字处理可保证让全角的数字 0~9 以及中文的“十百千万兆亿”在文中出现时在同一行中不会被从中断开。图 5-83 出示了使用该命令的前后对比效果。

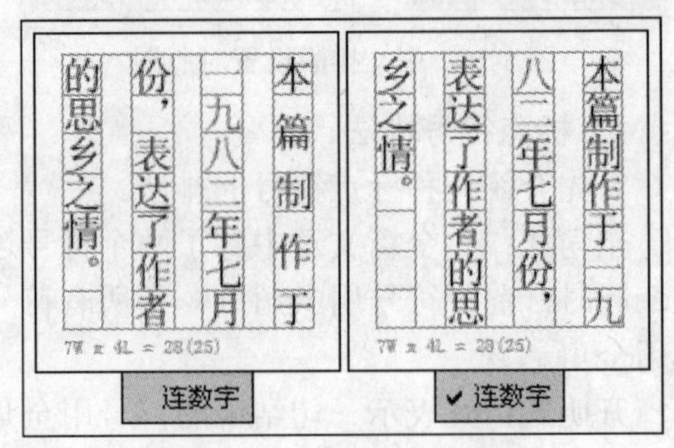

图 5-83　“连数字”命令

4. 标点挤压设置

在“标点挤压设置”对话框中，可以设置标点与标点之间距离分布的大小，这些标点距离的规则存储为集。可以从“段落”调板中“标点挤压集”选择中选择。下面学习设置创建标点挤压集的方法。

1）执行“文字”→“标点挤压设置”→“详细”命令，打开“标点挤压设置”对话框，如图 5-84 所示。

2）单击“新建”按钮，弹出“新建标点挤压集”对话框，保持对话框的默认设置，单击“确定”按钮，即可创建新的标点挤压集，如图 5-85 所示。

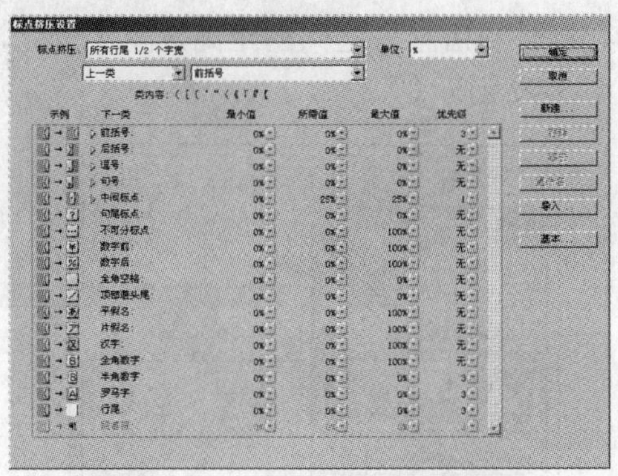

图 5-84 “标点挤压设置”对话框

图 5-85 新建标点挤压集

3）单击“确定”按钮，关闭“标点挤压设置”对话框。接着再执行“文件”→“新建”→“文档”命令，创建一个 A4 大小 1 页的空白文档。

4）使用“文字”工具在文档中创建文本框，并输入全角字符。然后再使用“选择”工具将该文本框选中，在“段落”调板中设置“标点挤压集”选项为刚才新建的“所有行尾 1/2 个字宽副本”选项，更改标点挤压设置，效果如图 5-86 所示。

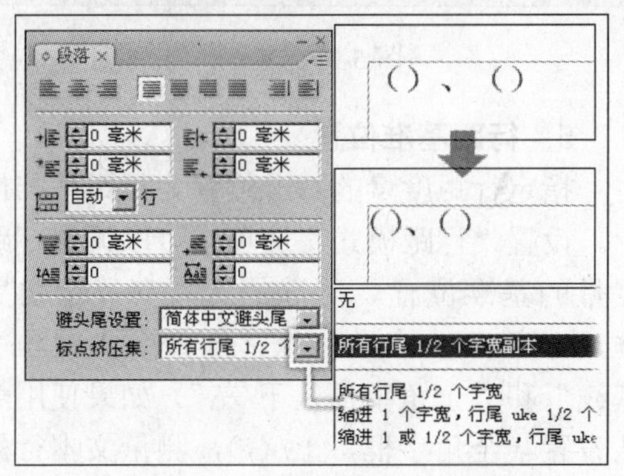

图 5-86 创建文本框

5）在“标点挤压集”选项下拉列表中选择“详细”选项，打开“标点挤压设置”对话框。确认“标点挤压”选项为“所有行尾 1/2 个字宽副本”选项，在“字符类”选项下拉列表中选择“顿号”选项，如图 5-87 所示。

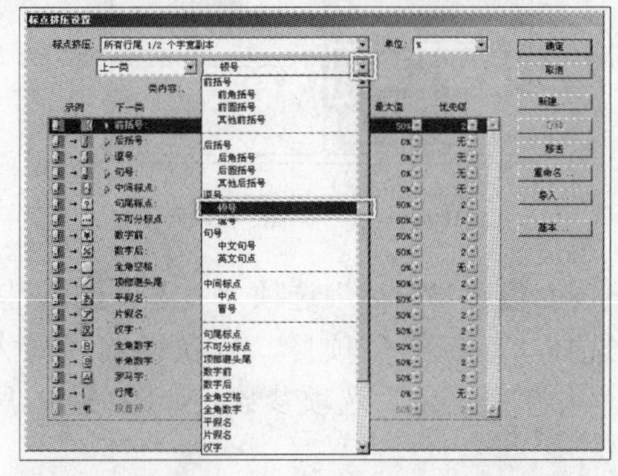

图 5-87 设置“字符类”选项

提 示

在“字符类”选项下拉列表中可以选择要编辑其字间距设置的字符类。从“前后”选项下拉列表选择“上一类”或“下一类”。“上一类”是指“字符类”中选择的符号和下一个符号之间的距离。选择“下一类”是指“字符类”中选择的符号和上一个符号之间的距离。

6）确认“前括号”项目为选择状态。单击该项目中“所需值”选项，使该文本框为可编辑状态，在下拉列表中选择所需数值，然后按下<Enter>键，如图 5-88 所示。

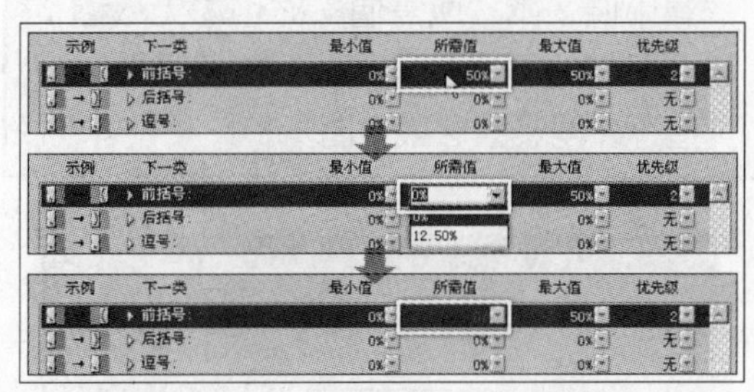

图 5-88 设置“前括号”选项

7）单击对话框右侧的“存储”按钮，将其应用，可以看到文档中前括号和顿号间距发生变化，效果如图 5-89 所示。

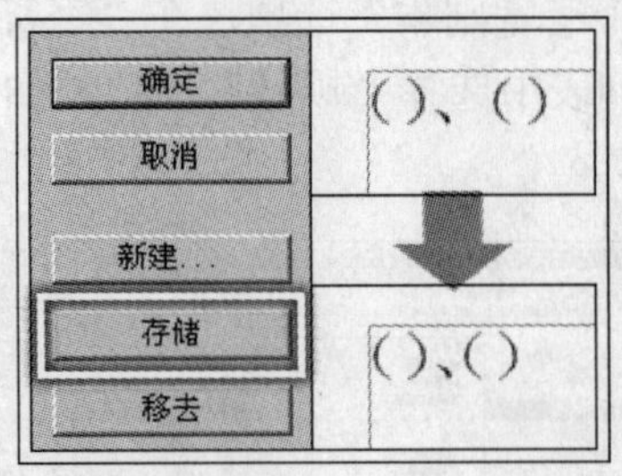

图 5-89　“存储”选项

8）设置“前后”选项为“下一类”。接着选择“后括号”项目，依次设置“最大值”和“所需值”选项参数，如图 5-90 所示。

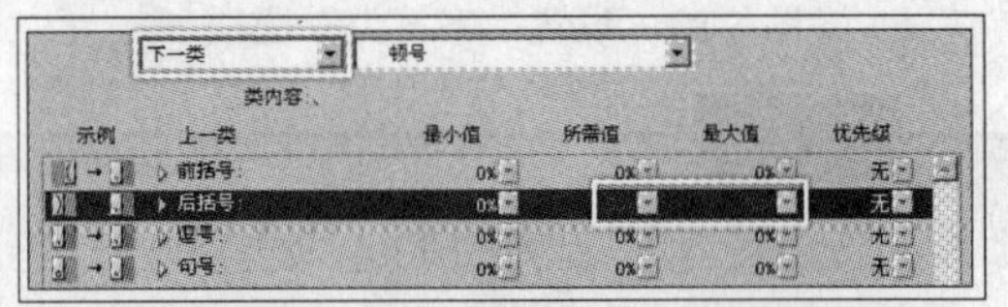

图 5-90　设置“后括号”选项

提　示

在设置“最小值”、“所需值”和“最大值”时要注意，当设置的“最小值”大于“最大值”或“所需值”时，将弹出一个提示对话框，如图 5-91 所示。提示此值为无效值。因此要先设置“最大值”，接着设置“所需值”，再设置“最小值”。同样当设置的“最大值”小于“最小值”或“所需值”时也为无效值，因此要先设置“最小值”，接着设置“所需值”，再设置“最大值”。

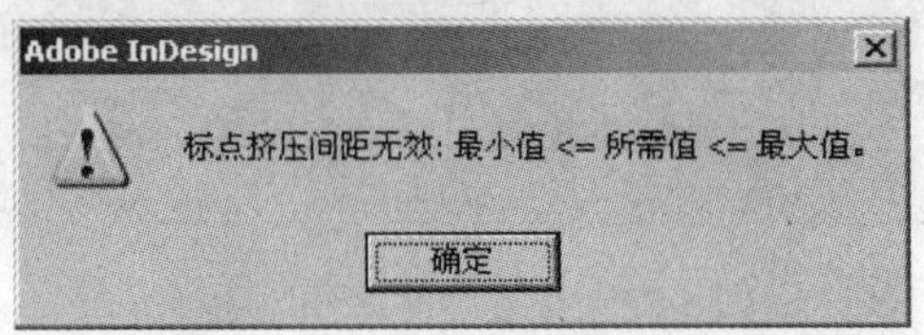

图 5-91　提示对话框

9）单击“存储”按钮，在文本中可以看到顿号和后括号之间的距离发生了变化，如图 5-92 所示。

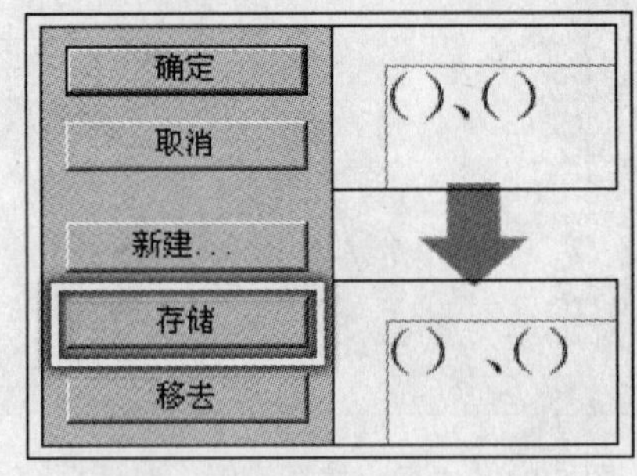

图 5-92　存储

单击“标点挤压设置”对话框右侧的“基本”按钮，即可切换到“标点挤压设置”基本对话框，如图 5-93 所示。在该对话框内可以在所创建标点挤压设置中，编辑常用间距的设置。

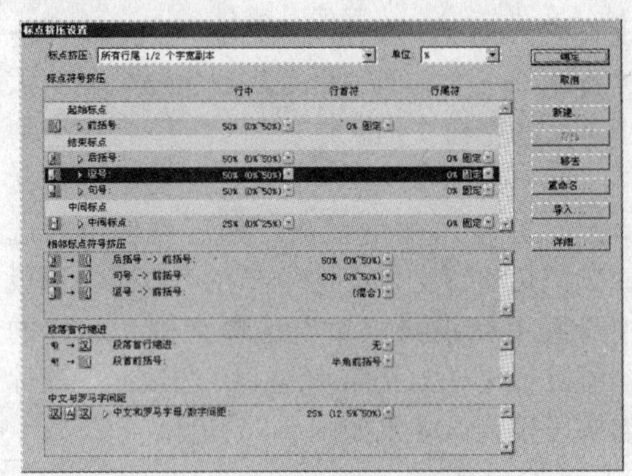

图 5-93　基本

5. 行距基准位置

指定行距度量的基准位置为行距基准位置。设置“行距模式”选项，可以调整行距度量的基准位置。可选的选项有“全角字框，上/右”、“全角字框，居中”、“罗马字基线”和“全角字框，下/左”。如果使用默认设置（全角字框，上/右），测量文本行的行距时将计算从其全角字框上边缘到下一行的全角字框上边缘之间的距离。选择一行并使用“全角字框，上/右”设置增大行距值，便可增大选定行与下一行之间的空间，因为测量行距的方向是从当前行向下一行进行测量。“行距基准位置”设置的其他所有选项在测量行距时都将计算当前行到上一行之间的距离，所以更改这些设置的行距值将会增大当前行上方的行间距。

6．英文在直排中旋转

英文在直排中旋转就是指在竖排文本时，自动将罗马字符和数字旋转 90°，如图 5-94 所示。

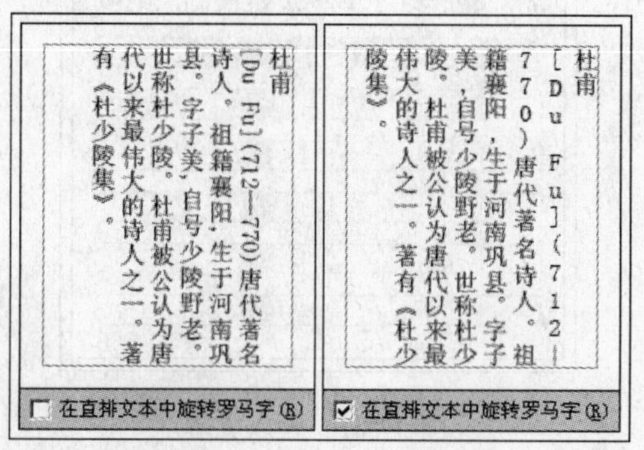

图 5-94　英文在直排中旋转

5.2.11　网格设置

图 5-95 所示为网格设置对照图。

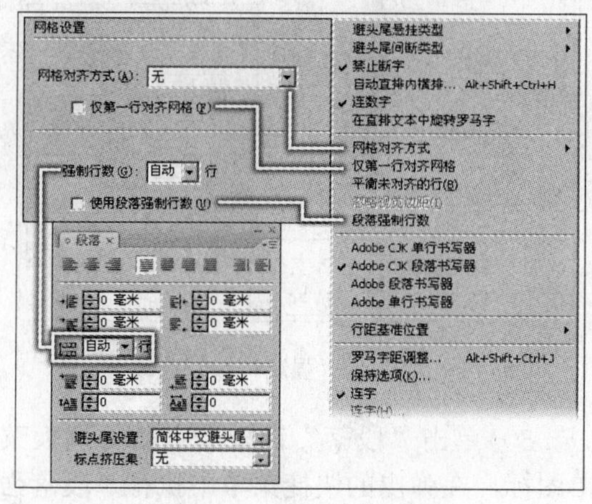

图 5-95　网格设置对照图

1．网格对齐

当在纯文本框架中设置段落格式时，将段落与基线网格对齐是一种非常有用的方法（默认情况下，框架网格中的文本将与网格内容对齐）。默认情况下，框架网格中的文本将与全角字框中心对齐，但是，也可以将单个段落网格对齐方式更改为与罗马字基线、框架网格全角字框或框架网格表意字框对齐。下面通过操作学习网格对齐的方法。

1）在文档的空白处创建框架网格并输入文本。将输入的文本全部选中，并设置文本大小，如图 5-96 所示。

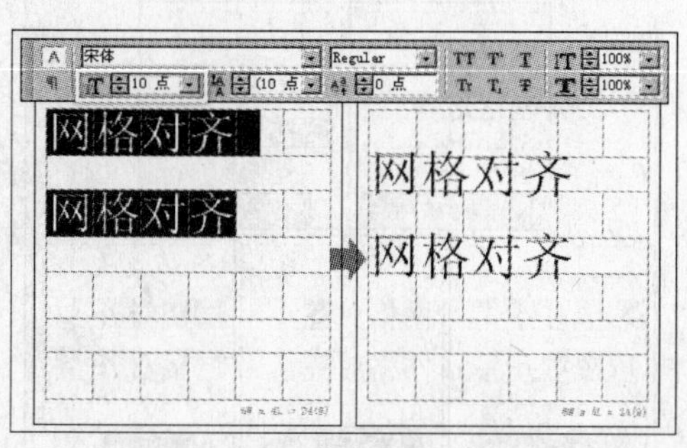

图 5-96　创建文本“网格对齐”

2）单击“段落”调板右上角的调板菜单图标，在弹出的快捷菜单中执行“网格对齐方式”→“无”命令，使文字不和网格对齐，如图 5-97 所示。

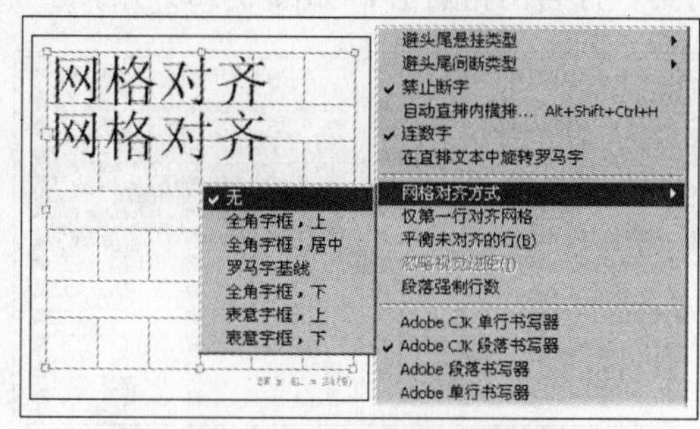

图 5-97　文字不和网格对齐

3）在“段落”调板的快捷菜单中执行“网格对齐方式”→“全角字框，上”命令，将文本和网格的顶部对齐，如图 5-98 所示。

4）依次执行“网格对齐方式”子菜单中命令，设置文本和网格对齐的方式，如图 5-99 所示。

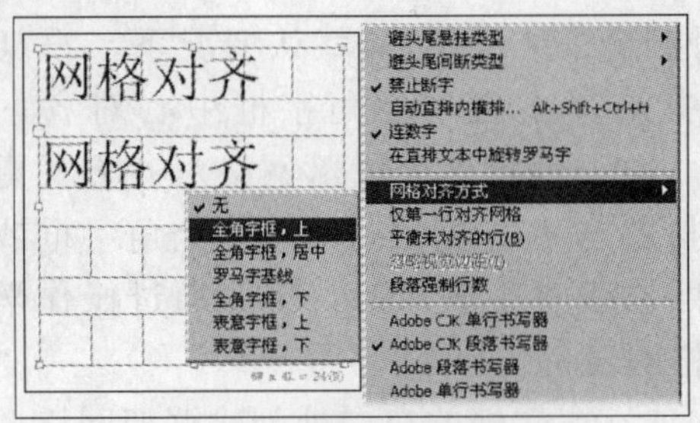

图 5-98 “全角字框，上”命令

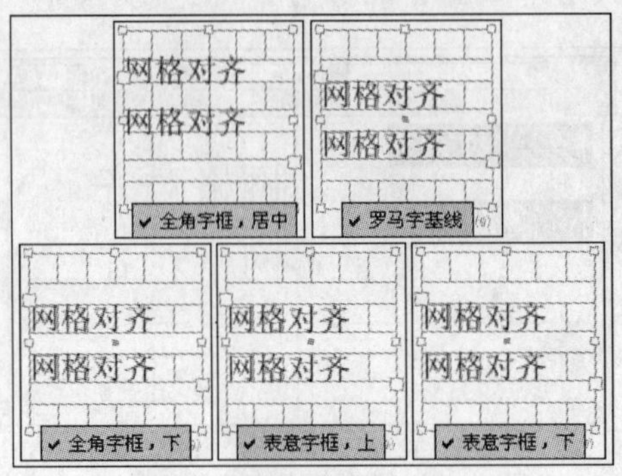

图 5-99 设置文本和网格对齐方式

除了指定网格对齐方式之外，还可以指定是否仅将段落的第一行与网格对齐。当选择“仅第一行对齐网格”选项，可以使段落的第一行与网格对齐，如图 5-100 所示。

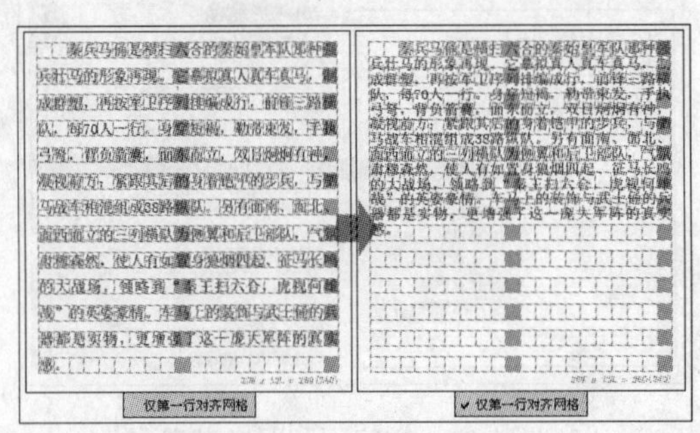

图 5-100 “仅第一行对齐网格”选项

2．强制行数

“强制行数”会使段落按指定的行数居中对齐。可以使用强制行数突出显示单行段落，如标题。如果段落行数多于 1 行，可以选择“段落强制行数”，这样整个段落就可以分布于指定行数，通常是两个段落分布于 3 个网格行。如果选择该选项，段落中的每一行都将跨越指定的标题行数。

1）将本书的附带光盘\Chapter-05\“文本.txt”文件置入到文档中，如图 5-101 所示。

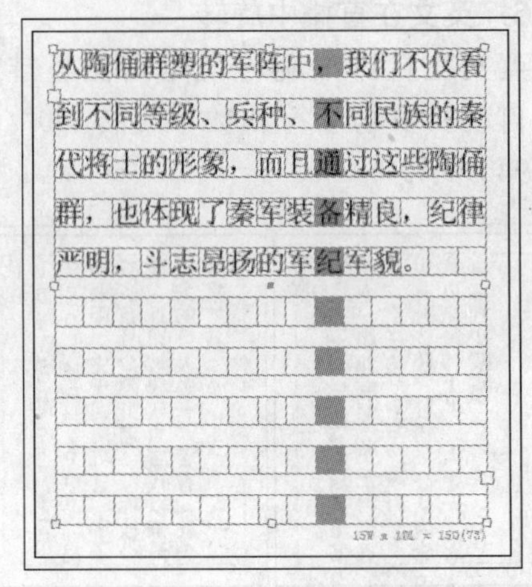

图 5-101 置入文本

2）保持文本的选择状态，在“段落”调板对“强制行数”选项参数进行设置，调整每行文本占据的行数，如图 5-102 所示。

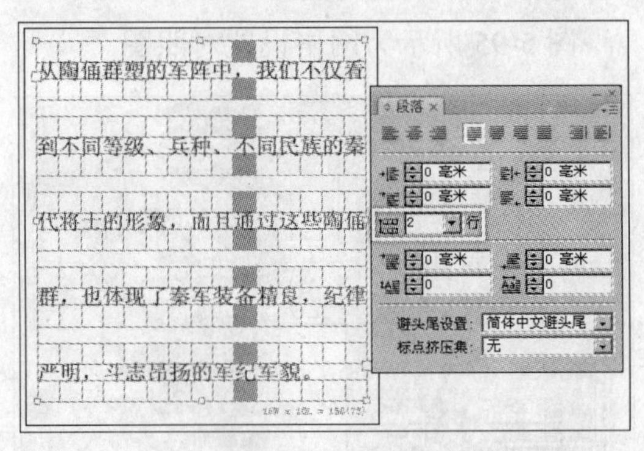

图 5-102 “强制行数”选项

3）单击“段落”调板右上角的调板菜单图标，在弹出的快捷菜单中执行“段落强制行数”命令，将段落中所有的文本强制安排到设置好的行中，如图 5-103 所示。

5.2.12 项目符号和编号

在项目符号列表中，每个段落的开头都

有一个项目符号字符。在编号列表中，每个段落的开头都有一个编号和分隔符。如果向编号列表中添加段落或从中移去段落，则其中的编号会自动更新。可以更改项目符号的类型、编号样式、编号分隔符、字体属性、文字和缩进量。

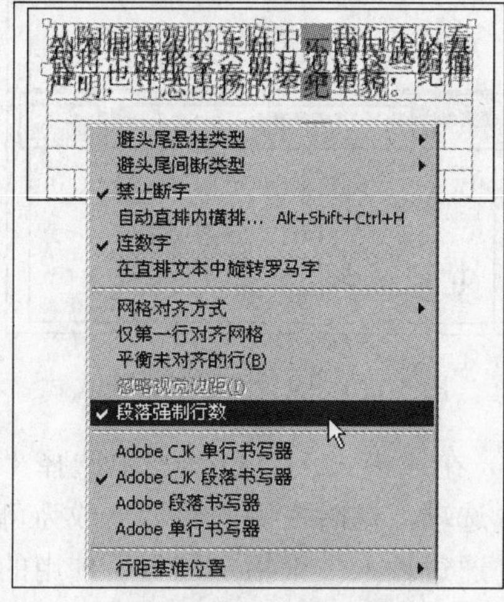

图 5-103　段落强制行数

项目符号或编号不能使用“文字”工具来选择，但可以使用“项目符号和编号”对话框来编辑其格式和缩进间距。如果它们是样式的一部分，则也可以使用“段落样式”对话框的“项目符号和编号”部分进行编辑。

1）参照图 5-104 所示在文档中创建文本。

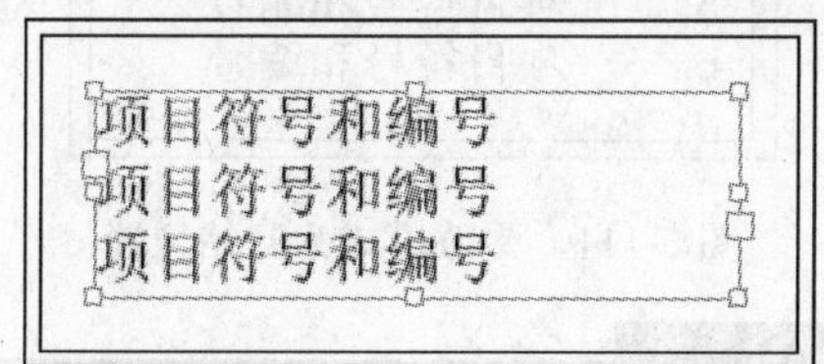

图 5-104　创建文本框

2）单击“段落”调板右上角的调板菜单图标，在弹出的快捷菜单中执行“项目符号和编号”命令，打开“项目符号和编号”对话框，如图 5-105 所示，然后选择“预览”复选框。

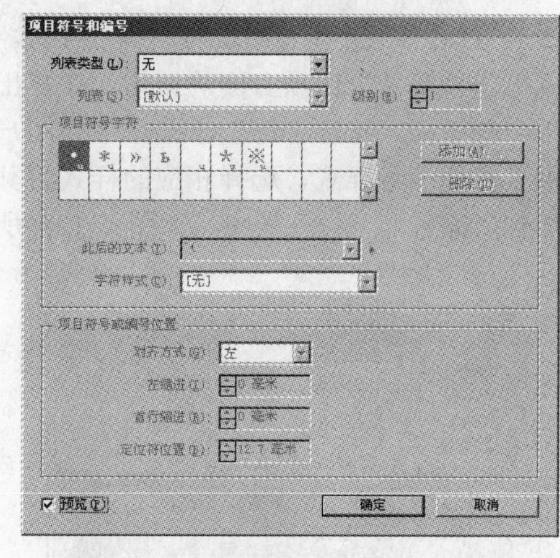

图 5-105　“项目符号和编号”对话框

3）单击“列表类型”选项的下拉按钮，在弹出的下拉列表中选择“编号”选项，这时在段落中每一个字符前都会显示编号，如图 5-106 所示。

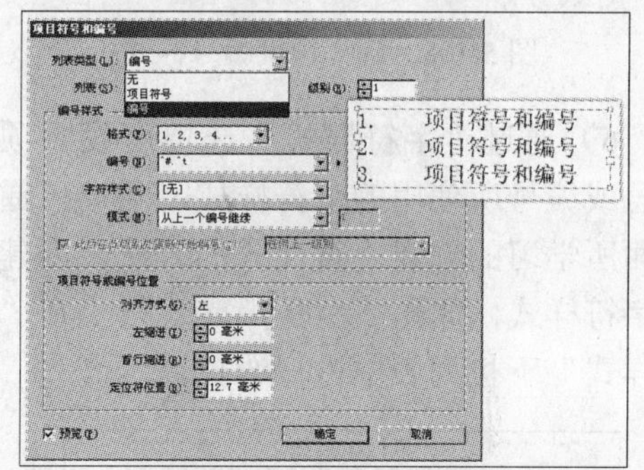

图 5-106　“编号”选项

4）在“编号样式”选项组内，从“格式”选项下拉列表中选择要使用的编号样式，如图 5-107 所示。

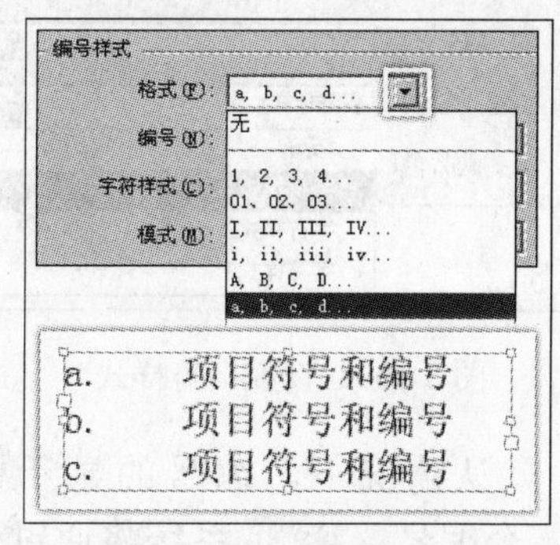

图 5-107　“样式”选项

5）读者如果不想使用现有的编号样式，可以单击“编号”选项右侧的按钮，在弹出菜单中的“插入特殊字符”子菜单中为用户提供了其他编号样式，选择相应的样式将其添加到“编号”下拉列表中，如图 5-108 所示。

图 5-108　选择预设编号样式

6）通过“字符样式”选项可设置项目符号或编号所使用的字符样式，用户可通过前面所学习的创建字符样式的方法，创建多种字符样式，如图 5-109 所示。以供在“字符样式”下拉列表中进行选择。

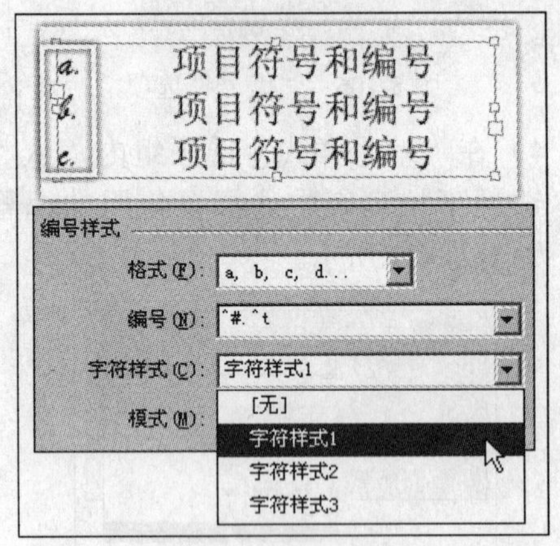

图 5-109　设置字符样式

7）默认情况下，编号的显示模式为“从上一个编号继续”，系统将通过该选项右侧所指定的值，按顺序对列表进行编号。如值为 1，编号则从 a 向后排列；如果值为 2，编号将从 b 向后排列，如图 5-110 所示。

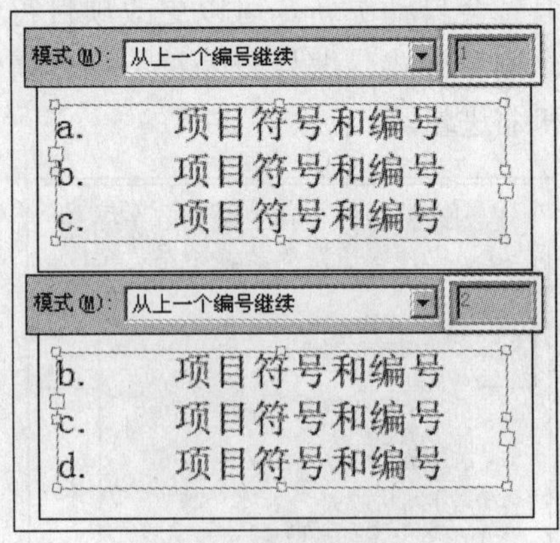

图 5-110　设置编号显示模式

8）在“模式”下拉列表中选择“开始位置”选项，这时右侧的数值框成为可编辑状态，通过输入值来指定编号所使用的同一个数字、字母等（由编号格式决定），如图 5-111 所示。

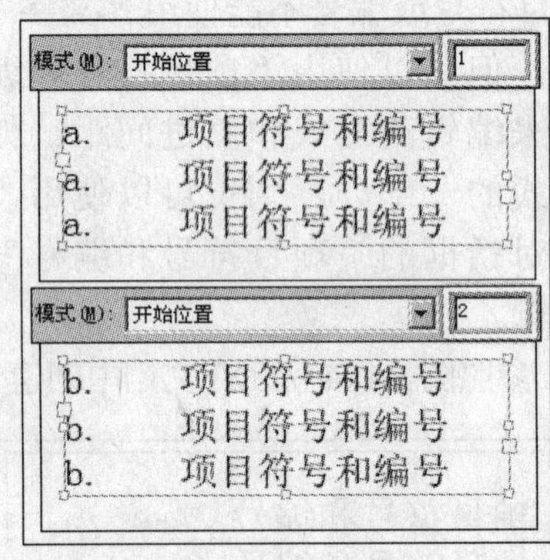

图 5-111　更改模式为开始位置

注意

当使用“从上一个编号继续”模式时，如果用户想要更改右侧的值，必须将其切换到“开始位置”模式，然后指定值，再将其模式切换回来即可。

9）设置“列表类型”选项为“项目符号”，然后在项目符号字符列表中选择相应的项目符号，如图 5-112 所示。

图 5-112　“项目符号”选项

10）如果读者不想使用现有的项目符号，可以单击“添加”按钮，在弹出的“添加项目符号”对话框中将其他项目符号添加到“项目符号字符”列表中，如图 5-113 所示。

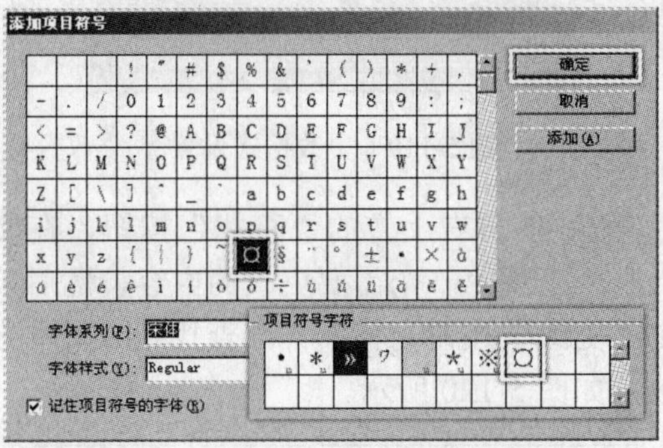

图 5-113　添加项目符号

5.3 查找和更改

InDesign CS3 的“查找和更改”功能是非常强大的，可以查找任意的字母、文字、单词、符号、数字，甚至应用了某种格式的字符、字符样式和段落样式等。使用查找和更改命令可以完成许多繁琐的重复性工作，比如替换字体和样式。查找和更改的范围可以限定在选中的文本、整篇文章、整个文档或多个打开的文档中。

可以查找和更改字符、词、词组，或是一定的文本格式。如果希望列出文档中使用的字体或查找更改字体，要用“查找字体”命令，而不是“查找和更改”命令。

5.3.1　使用查找/更改命令

通过“查找 / 更改”命令，可以对文档、文章和选区中的文本内容进行查找和更改。用户可以查找和更改当前文档中的文本，也可对打开的所有文档中的文本进行查找和更改。本节我们将对查找和更改文本的具体操作方法进行讲述。

1）执行“文件”→“打开”命令，打开本书附带光盘\Chapter-05\“玉阶怨.indd”文件，如图 5-114 所示。

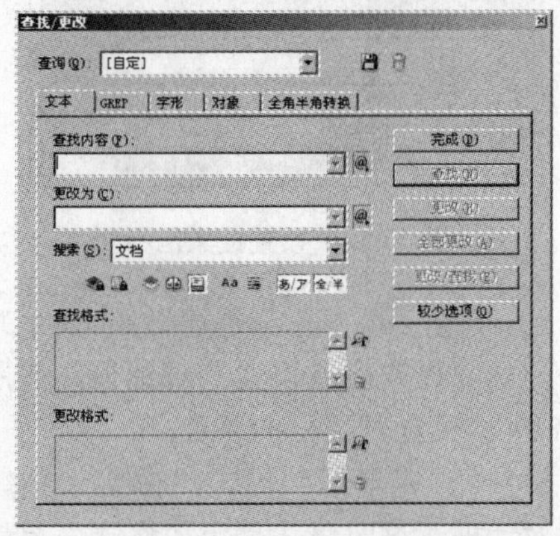

图 5-114　素材文件

2）执行“编辑”→“查找/更改”命令，打开“查找/更改”对话框，如图 5-115 所示。

图 5-115　“查找/更改”对话框

提 示

为了缩小查找和更改范围，可以将需要查找和更改的文本框选中，再执行“查找/更改”命令。

3）在“查找内容”选项的文本框中输入需要查找的内容，在“更改为”选项的文本框中输入需要更改的内容，如图 5-116 所示。

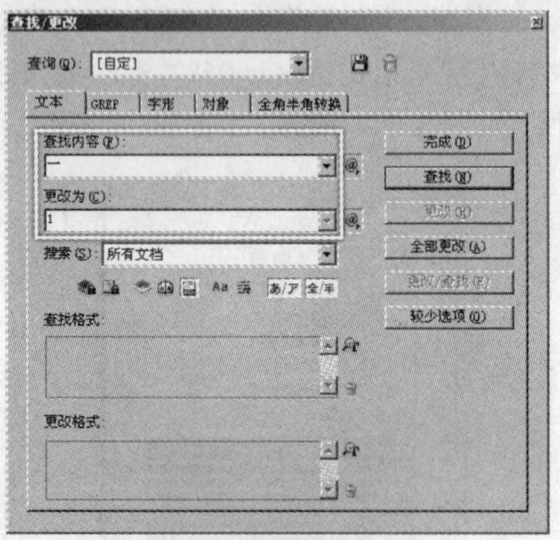

图 5-116 “查找内容”选项

4）在“搜索”选项下拉列表中，选择要搜索的范围，如图 5-117 所示。

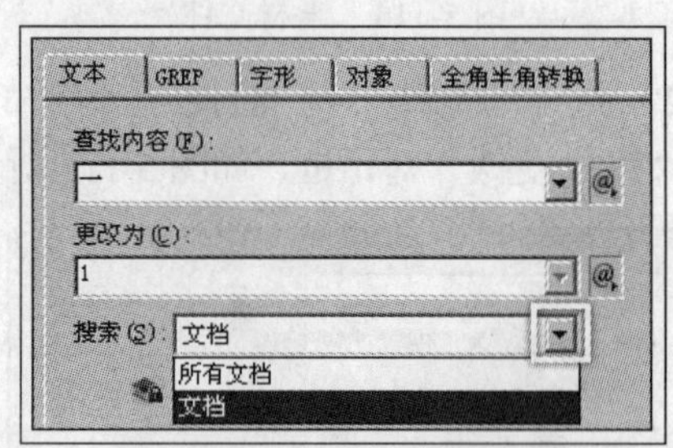

图 5-117 设置搜索范围

5）单击“指定要更改的属性”按钮，打开“更改格式设置”对话框，参照图 5-118 所示设置对话框的参数。

6）设置完毕后，单击“确定”按钮，关闭对话框，这时将在“更改格式”显示窗中显示相关的设置，如图 5-119 所示。

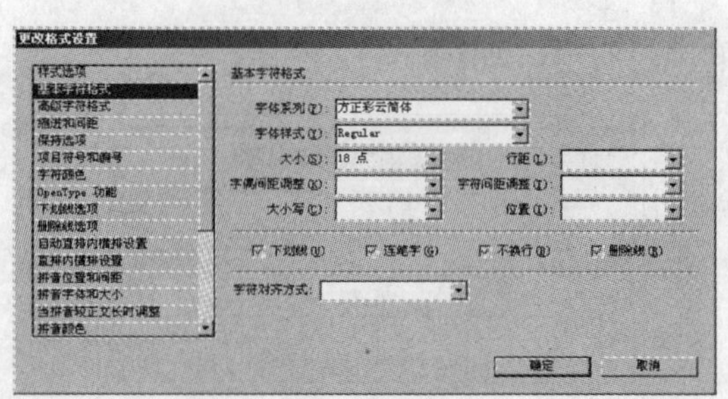

图 5-118 “更改格式设置”对话框

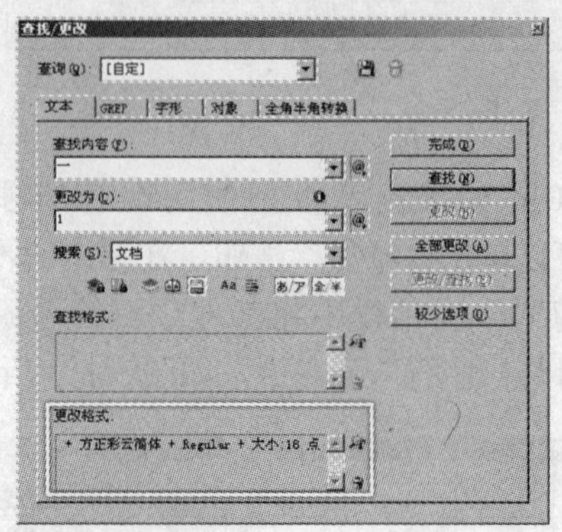

图 5-119 更改格式设置

7）单击右上方的“查找”按钮，在文档中，查找第一个需要更改的内容，然后单击“更改”按钮，将第一个查找到的文本更改，如图 5-120 所示。

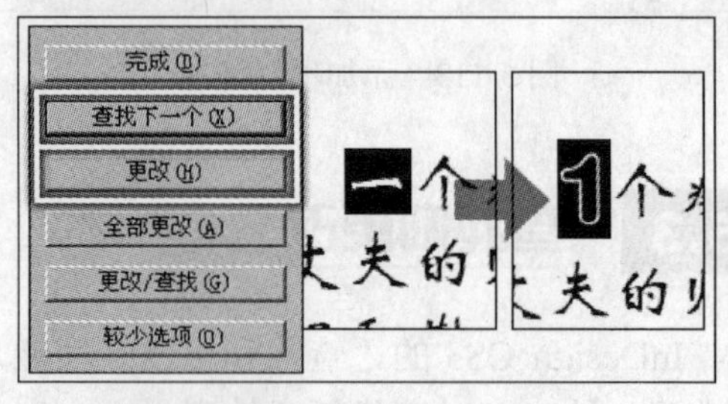

图 5-120 更改内容

提 示

当查找到第一个需要更改的字符后，“查找”按钮将自动切换为“查找下一个”按钮。

8）单击“全部更改”按钮将文档中所有需要更改的内容全部查找到并更改，这时将会弹出警示框，如图 5-121 所示。

图 5-121　提示对话框

9）单击“确定”按钮。返回到“查找/更改”对话框，然后单击“完成”按钮，关闭对话框，效果如图 5-122 所示。

这首诗的大意是说：深秋的夜晚，¶个痴心的女子在庭外石阶上静静地伫立着，等待丈夫的归来。¶直等到深夜了，寒冷的露水侵湿了罗裙和鞋袜，仍然不见丈夫回家。于是，她进屋放下帘子，却又怎么也难以安睡，隔着透明的窗帘，还在呆呆地遥望洒来银辉的秋月。句中无¶“怨”字，却句句都含有“怨”意，特别是“夜久”、“望秋月”几字，把画外之意，字外之怨，¶¶都表现了出来。诗人别具匠心地设置了这么¶、二段含蓄、¶、二处精华，真可称得上是画龙点睛，恰到好处。

图 5-122　完成效果

5.3.2　为查找/替换键入通配符

通配符代表 InDesign CS3 中的特殊字符或符号。通配符以尖号（^）开始，可以在“查找/更改”对话框中使用的通配符，见表 5-8。

表 5-8　通配符

字　符	输　入	字　符	输　入
自动编排页码	^#	右齐空格	^f
章节标志符	^x	细空格（1/24）	^|
段落尾	^p	不间断空格	^s
强制换行	^n	窄空格	^<
定为对象标志符①	^a	数字空格	^/
脚注引用标志符①	^F	标点空格	^.
半角中点	^8	英文左双引号	^{
全脚中点	^5	英文右双引号	^}
尖角符号	^	英文左单引号	^[

（续）

字　符	输　入	字　符	输　入
版权符号	^2	英文右单引号	^]
省略号	^e	定位符字符	^t
段落符号	^7	右对齐定位符	^y
注册商标符号	^r	三分之一空格	^3
小节符	^6	四分之一空格	^2
商标符号	^d	六分之一空格	^%
全角破折号	^_	在此缩进对齐	^I
半角破折号	^=	结束嵌套样式	^h
自由连接字符	^-	任意数字①	^9
不间断连字符	^~	任意字母①	^$
表意字空格	^(	任意字符①	^?
全角空格	^m	任意空格或定位符①	^w
半角空格	^>	汉字①	^k

① 表示仅可输入到“查找内容”框，而不能输入到“更改为”框。

5.3.3　查找和更改文档中的字体

通过“查找字体”命令，可以对文档中现有的字体进行查找和替换。该命令主要用于打开的文档缺失字体时，替换缺失的字体。本节我们将对查找字体的具体操作方法进行讲述。

1）确认“玉阶怨”文档没有关闭。执行“文字”→“查找字体”命令，打开“查找字体”对话框，如图 5-123 所示。

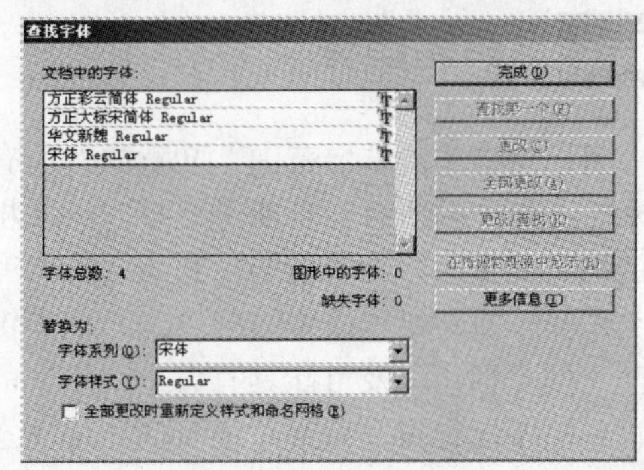

图 5-123　“查找字体”对话框

2）选择一个需要更改的字体，接着在“字体系列”选项下拉列表中选择需要更改的字体，如图 5-124 所示。

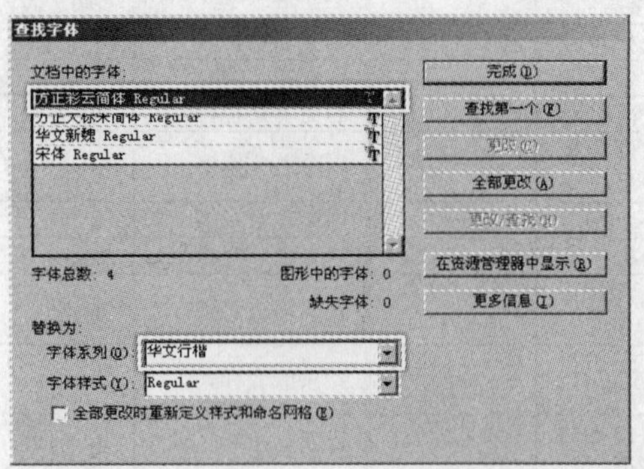

图 5-124　更改字体

3）单击“查找第一个”按钮，查找第一个需要更改的字符。然后单击“更改”按钮，替换所选文字的字体类型，如图 5-125 所示。

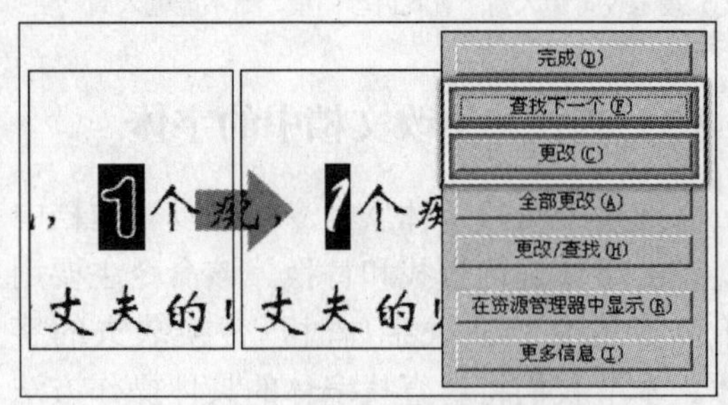

图 5-125　查找并更改字体

4）设置完毕后，单击“完成”按钮，关闭对话框。

5.4 拼写检查

可以对文本的选定范围、文章中的所有文本、文档中的所有文章或所有打开的文档中的所有文章进行拼写检查。InDesign CS3 会突出显示拼写错误或未知的单词、连续键入两次的单词，以及可能具有大小写错误的单词。除了运行拼写检查，还可以启用动态拼写检查以便在键入时，对可能拼写错误的单词加下划线。进行拼写检查时，InDesign CS3 将使用指定给文档中文本的语言词典，将单词快速添加到词典。

启用动态拼写检查时，可使用上下文菜单更正拼写错误。拼写错误的单词可能已带下划线。如果以不同的语言键入单词，请选择文本并指定正确的语言。

1）执行“文件”→“打开”命令，打开本书附带光盘\Chapter-05\“英文文字.indd”文件。

2）执行“编辑”→“拼写检查”→“拼写检查”命令，打开“拼写检查”对话框，这时系统将自动对文本进行拼写检查，语言词典中不存在的字符将被选取，如图 5-126 所示。

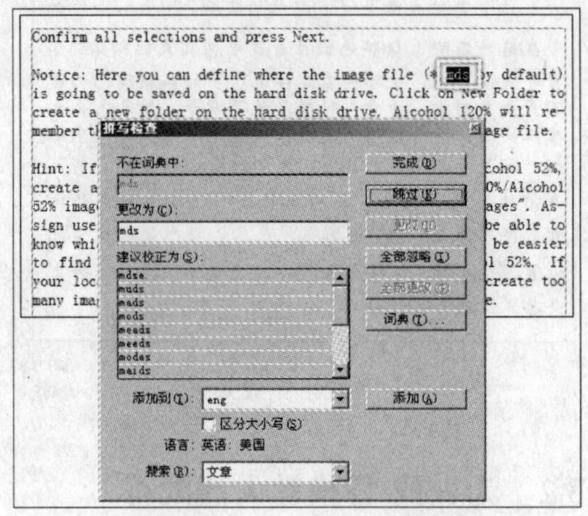

图 5-126　“拼写检查”对话框

更改为：在文档框中输入需要更改的英文文字。

建议校正为：在其中单击单词，可以在“更改为”中显示。

跳过：单击该按钮可以忽略先选择的单词。

更改：单击该按钮将根据“更改为”选项中的单词更改错误的单词。

全部忽略：单击该按钮将检查出的错误全部更改。

全部更改：单击该按钮，根据“更改为”选项中的单词更改所有错误的单词。

添加：单击该按钮将检查出的单词添加到词典中。

3）单击“跳过”按钮，将忽略当前选择的单词，继续对文本中错误的字符进行检查。检查完毕后，对话框显示为图 5-127 所示状态，单击“完成”按钮，关闭对话框。

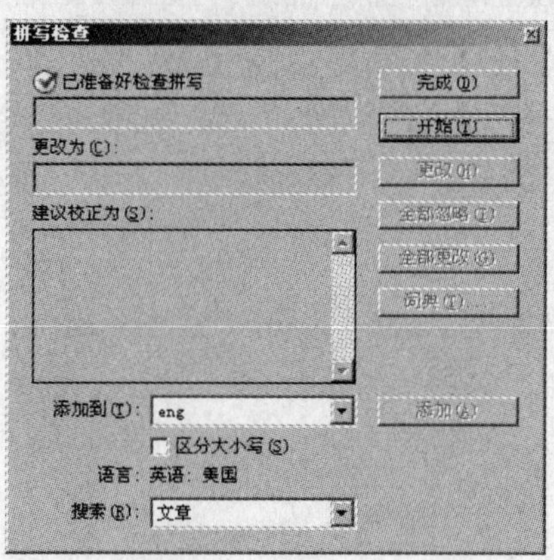

图 5-127　完成检查

5.5 脚注

脚注由两个链接部分组成：显示在文本中的脚注引用编号和显示在栏底部的脚注文本。可以创建脚注或从 Word 以及 RTE 文档导入脚注。将脚注添加到文档时，脚注会自动编号。每篇文章中都会重新启动编号。可控制脚注的编号样式、外观和版面。不能将脚注添加到表或脚注文本。

1）转换到“玉阶怨”文档，使用“文字”工具在“罗袜”文字的后面单击，插入光标，如图 5-128 所示。

图 5-128　插入光标

2）执行“文字”→“插入脚注”命令，在文档中插入脚注，并输入该文字的解释，如图 5-129 所示。

图 5-129　“插入脚注”对话框

3）执行“文字”→“文档脚注选项”命令，打开“脚注选项”对话框，如图 5-130 所示。在该对话框中可以对插入脚注的显示格式和位置进行设置。

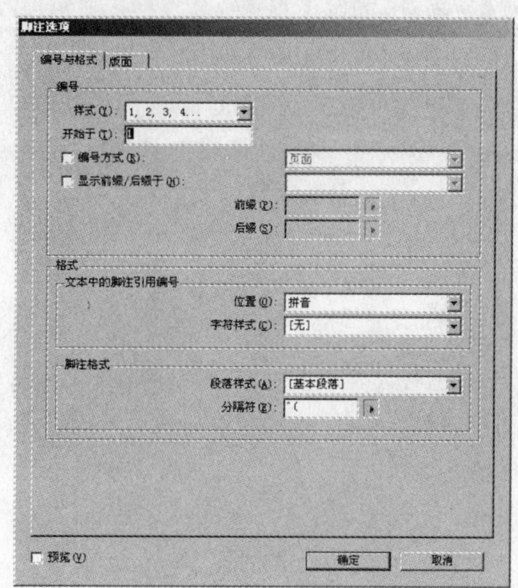

图 5-130　“脚注选项”对话框

4）对话框内各选项的功能都比较直观，在这里就不再对其做详细讲述。下面参照图 5-131 所示在对话框中对相应选项进行设置。

5）设置完毕后，单击“确定”按钮，关闭对话框。图 5-132 出示了设置脚注选项前后的对比效果。

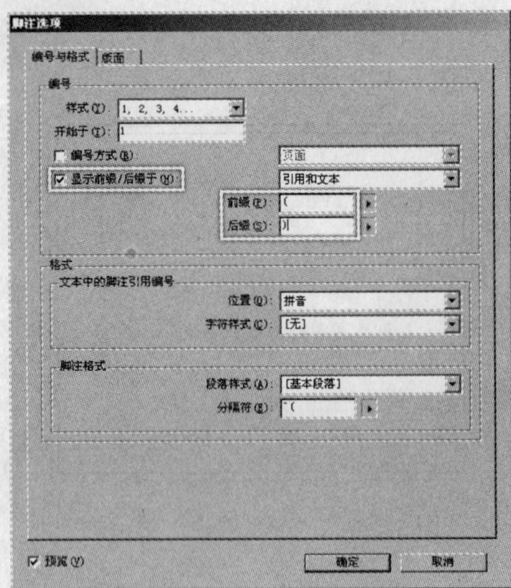

图 5-131　设置对话框

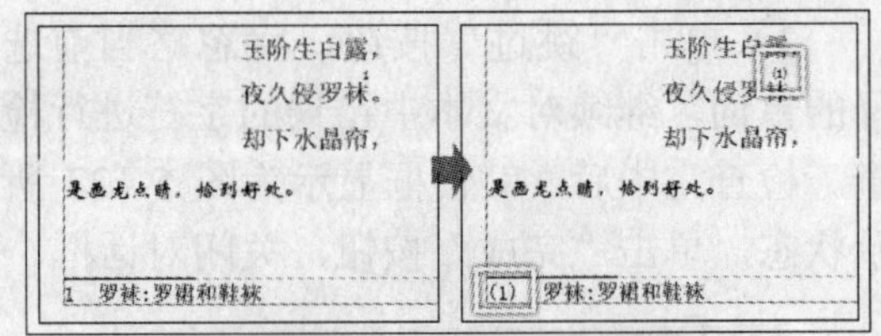

图 5-132　设置脚注前后对比效果

第6章

图形处理

在目前数字化的图像处理中，将图像主要分为两类：位图图像和矢量图像。位图图像也称作栅格图像，由位于网格上的小方形（称作像素）组成，网格也就是所谓位图或栅格，如图 6-1 所示。位图图像与分辨率相关。也就是说，它们表示固定数目的像素。因此，如果在屏幕上放大位图图像，或者在打印时采用比其创建目标分辨率更高的分辨率，就会丢失细节并呈现锯齿状。矢量图形由称作矢量的数学对象定义的直线和曲线组成。矢量图形中的图形称为对象，每个对象都是自成一体的实体。它与分辨率无关，可以随意调整图形的大小或对其执行放大等操作，都不会丢失图像的细节，如图 6-2 所示。

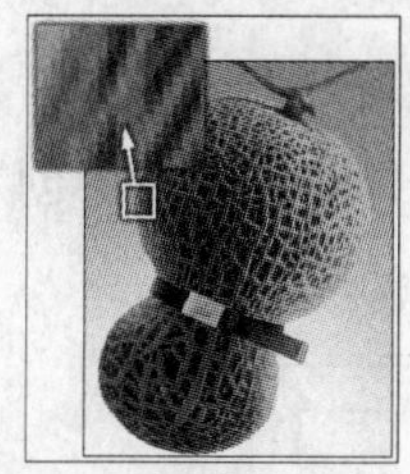

图 6-1　位图图像

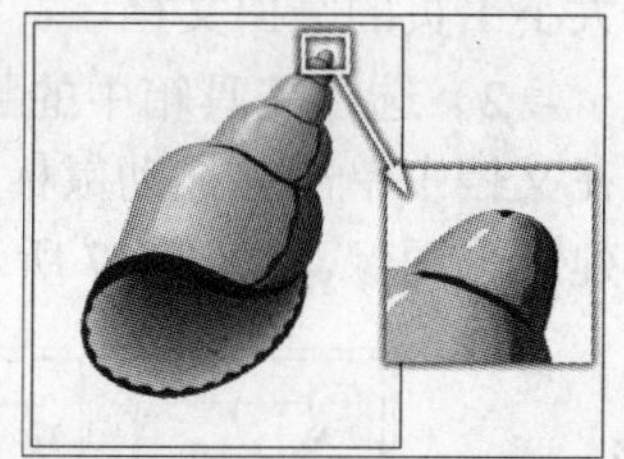

图 6-2　矢量图像

在 InDesign CS3 中使用工具箱中的工具创建的图像就是矢量图像，这些图像称为路径。在本章中将为读者详细介绍这些工具的使用方法和编辑图像的方法。

6.1 路径

路径是矢量图形，类似于在绘图程序（如 Adobe Illustrator）中创建的图形。可以使用“工具箱”中的矢量绘图工具和钢笔工具直接绘制路径。

6.1.1　路径类型

在 InDesign CS3 中将路径分为以下几种：

简单路径：是复合路径和形状的基本模块。简单路径由一条开放或闭合路径（可能是自交叉的）组成。

复合路径：由两个或多个相互交叉或相互截断的简单路径组成。复合路径比复合形状更基本，所有符合 PostScript 标准的应用程序均能够识别。组合到复合路径中的路径充当一个对象并具有相同的属性（例如：颜色或描边样式）。

复合形状：由两个或多个路径、复合路径、组、混合体、文本轮廓、文本框架彼此相交和截断，以创建新的可编辑形状的其他形状组成。有些复合形状虽然显示为复合路径，但是它们的复合路径可以在每条路径的基础上进行编辑，并且不需要共享属性。

6.1.2　路径特性

所有路径都共享某些特性，可以处理这些特性以创建各种形状，这些特性如下所示。

封闭路径是开放（例如弧形）或封闭（例如圆形）的，如图 6-3 所示。

方向路径的方向决定填充哪些区域以及如何应用起点形状和结束形状（如箭头），如图 6-4 所示。

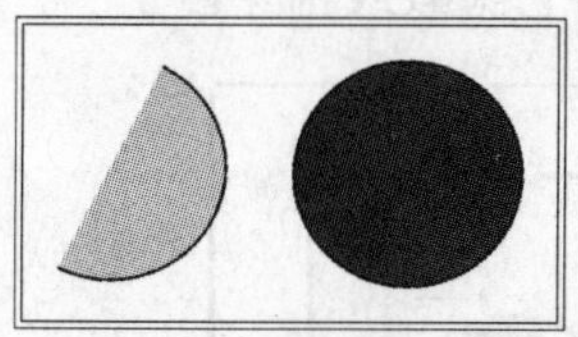

图 6-3　封闭路径

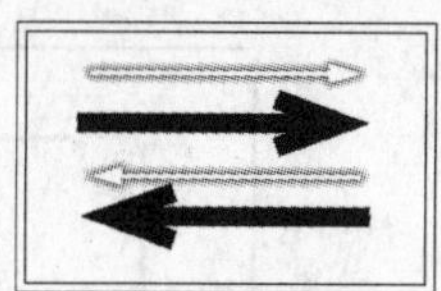

图 6-4　方向路径

设置路径的轮廓称作描边。描边可以设置粗细、颜色和虚线图案。应用于开放或封闭路径的内部区域的颜色或渐变称作填色。创建路径或形状后，可以更改它的描边和填

6 图形处理

色的特性。

段路径由一个或多个直线段或曲线段组成。

每个段的起点和终点由锚点标记。路径可以包含两种锚点：角点和平滑点，如图 6-5 所示。在角点处，路径会突然更改方向。在平滑点处，路径段连接为连续曲线，可以使用角点和平滑点的任意组合绘制路径，也可以通过编辑路径的锚点更改路径的形状。如果绘制了错误类型的路径，可以随时更改它。还要注意不要将角点和平滑点与直线段和曲线段混淆。角点可以连接任意两个直线段或曲线段，而平滑点始终连接两个曲线段。

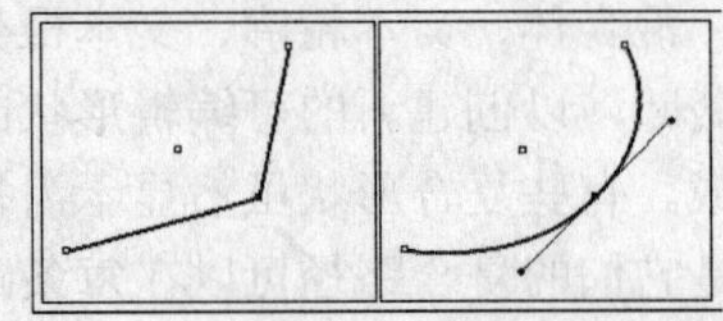

图 6-5 角点和平滑点

端点在开放路径中，开始锚点和结束锚点称作端点。

方向线可以通过拖动锚点处出现的方向线以构成曲线来控制曲线。

每个路径还显示一个中心点，如图 6-6 所示。它标记形状的中心，但并不是实际路径的一部分，可以使用此点将路径与其他元素对齐或选择路径上的所有锚点。中心点始终是可见的，无法将它隐藏或删除。

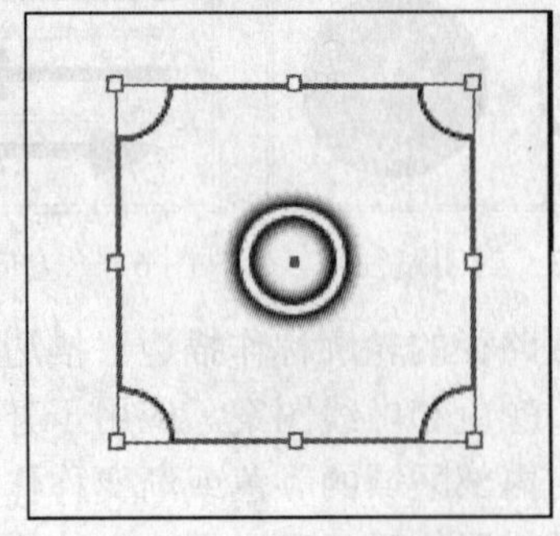

图 6-6 中心点

6.2 绘图工具

“矩形”工具、“椭圆”工具、“多边形”工具都为基本绘图工具，可以绘制出简单的基本图形。“钢笔”工具、“添加锚点”工具、“删除锚点”工具和“转换方向点”工具等可以对已经创建的路径进行编辑和修改。下面详细介绍这些工具的使用方法。

6.2.1 基本绘图工具

使用基本绘图工具绘制图形的方法较为简单，单击并拖动鼠标即可。也可以通过设置对话框的参数创建图形。下面学习基本绘图工具的使用方法。

1. 矩形工具

1）启动 InDesign CS3，执行“文件”→“新建”→“文档”命令，创建一个 A4 大小 1 页的空白文档。

2）选择工具箱中的“矩形”工具，在文档中单击并拖动鼠标，即可在视图中创建矩形图像，如图 6-7 所示。

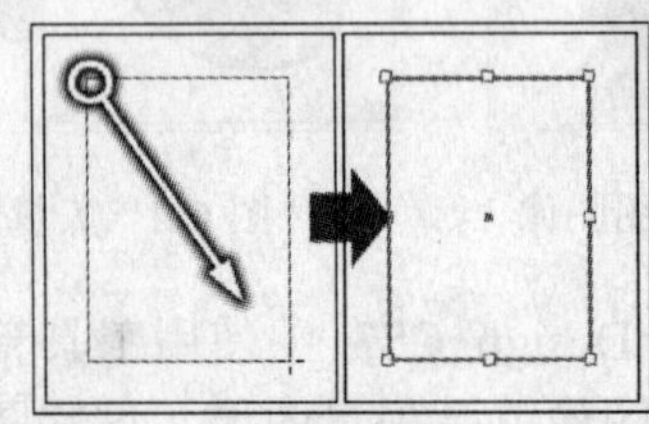

图 6-7 单击拖动鼠标

3）按下<Shift>键的同时在页面中单击并拖动鼠标，即可绘制正方形图像，如图 6-8 所示。

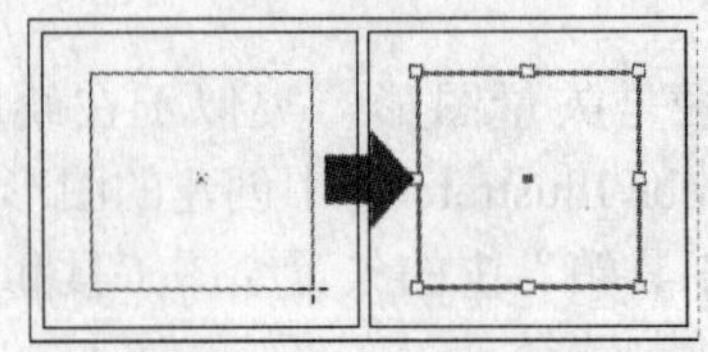

图 6-8 绘制正方形

4）按下<Alt>键的同时，在页面中单击并拖动鼠标。可以沿矩形图像的中心绘制矩形图像，如图 6-9 所示。

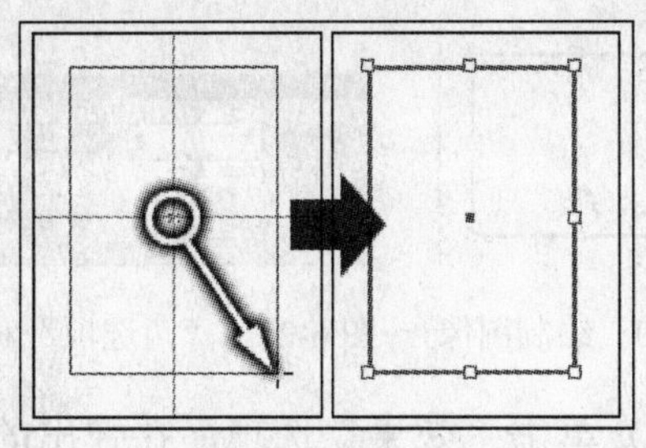

图 6-9　沿中心绘制矩形图像

5）使用“选择”工具，将刚刚绘制的所有图形全部选中，然后按下<Delete>键，将选择的图形删除。

6）选择“矩形”工具，在页面的空白处单击，打开“矩形”对话框并设置对话框中的参数，如图 6-10 所示。

7）然后单击“确定”按钮，即可在页面中创建图像，如图 6-11 所示。

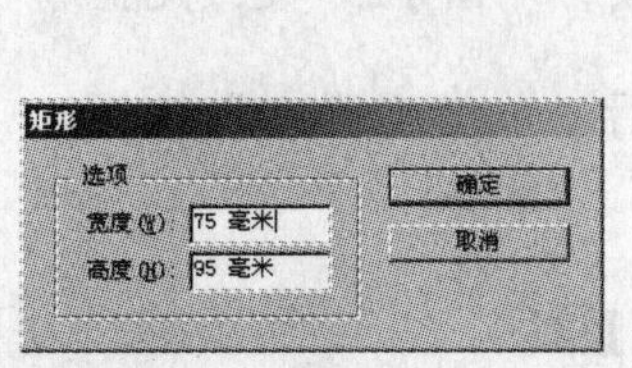

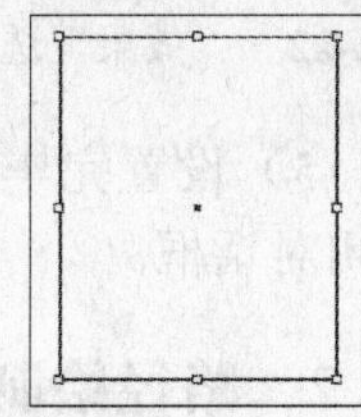

图 6-10　“矩形”对话框　图 6-11　创建矩形图像

2．椭圆工具

1）下面绘制一个熊猫。首先绘制熊猫的耳朵，单击“椭圆”工具，按下<Shift>键的同时单击并拖动鼠标，可以在视图中创建圆形图像，如图 6-12 所示。

2）使用“选择”工具将刚刚绘制的圆形图像选中。按下<Alt>键，移动鼠标指针到选择的图像上，当指针呈状时，单击并拖动鼠标，即可将该图像复制并移动位置，如图 6-13 所示。

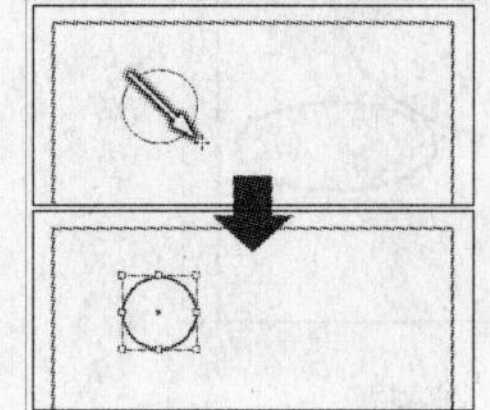

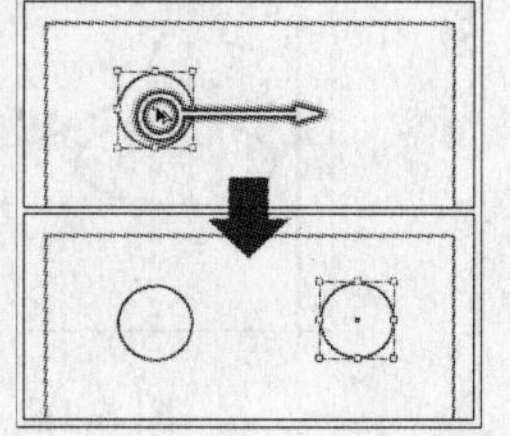

图 6-12　创建圆形　　图 6-13　复制图像

3）选择“椭圆”工具接着单击并拖动鼠标，在视图中绘制熊猫的脸，如图 6-14 所示。

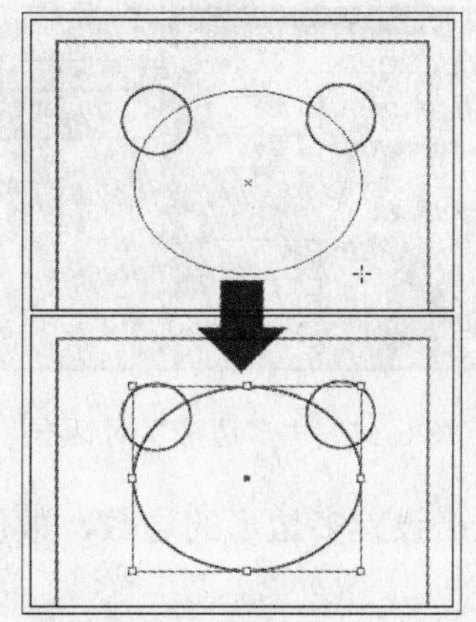

图 6-14　绘制熊猫的脸

4）继续使用“椭圆”工具，在视图中单击，打开“椭圆”对话框，参照图 6-15 所示设置对话框的参数，并单击“确定”按钮，在视图中创建椭圆图像，绘制熊猫的胳膊。

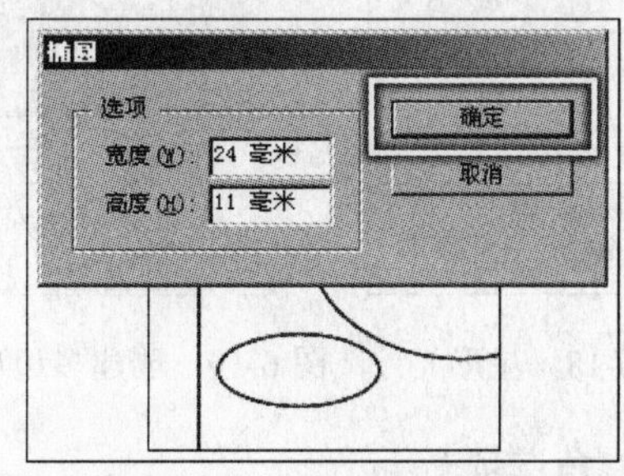

图 6-15　创建椭圆图像

5）使用复制耳朵的方法，将刚刚绘制的熊猫胳膊复制，并调整位置，如图 6-16 所示。

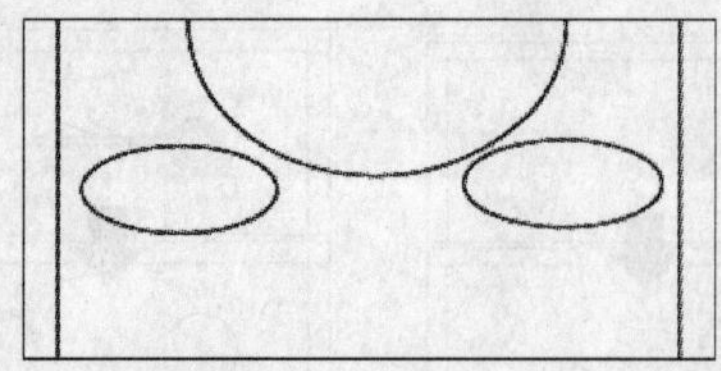

图 6-16　复制图像

3．多边形工具

1）选择工具箱中的 “多边形”工具，在视图中单击并打开“多边形”对话框，如图 6-17 所示。

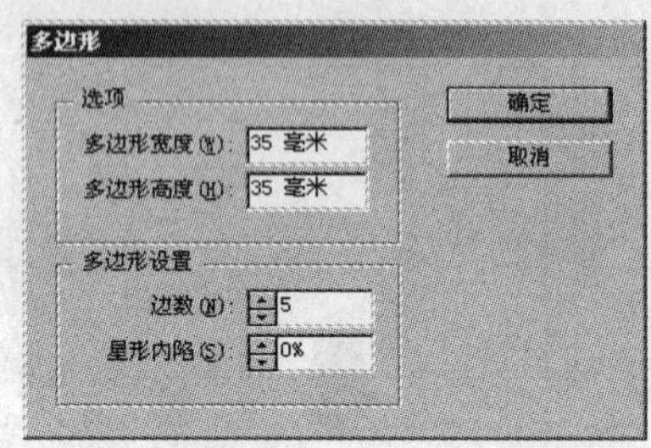

图 6-17　“多边形”对话框

边数：设置多边形的边数，数值范围为 3~100。

星形内陷：设置该选项，可以使多边形成为星形，如图 6-18 所示。

2）参照图 6-19 所示，设置“多边形”对话框，并单击“确定”按钮，在视图中创建多边形图像。

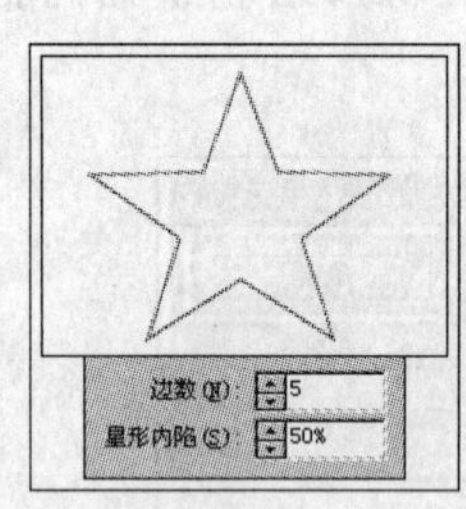

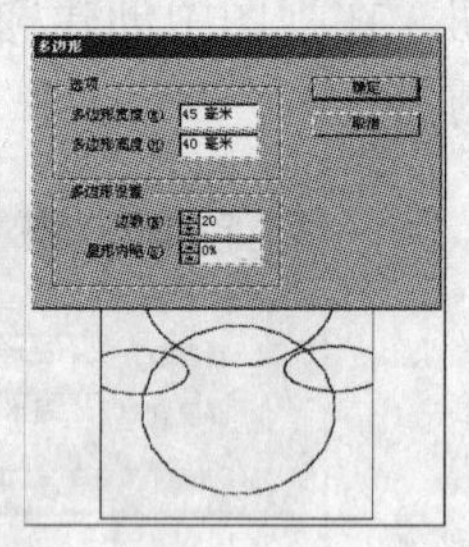

图 6-18　星形　　　图 6-19　创建多边形图像

4．角选项

在“角”选项中可以设置图像的拐角处的样式，如圆角、斜角、反向圆角等。

1）使用“矩形”工具，在视图中创建一个矩形图像，如图 6-20 所示。

2）执行“对象”→“角选项”命令，打开“角选项”对话框，如图 6-21 所示。

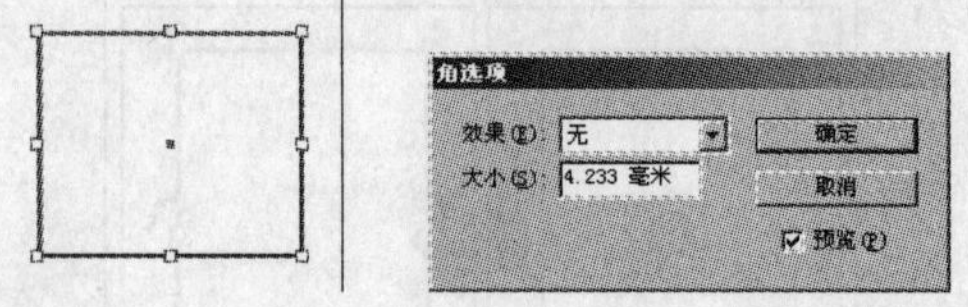

图 6-20　绘制图像　　图 6-21　“角选项”对话框

3）单击“效果”选项，在弹出的下拉列表中选择路径拐角处的样式，如图 6-22 所示。

4）然后在“大小”选项的文本框中输入数值，更改拐角处应用样式的大小，如图 6-23 所示。

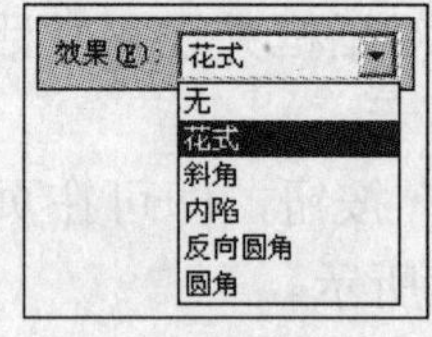

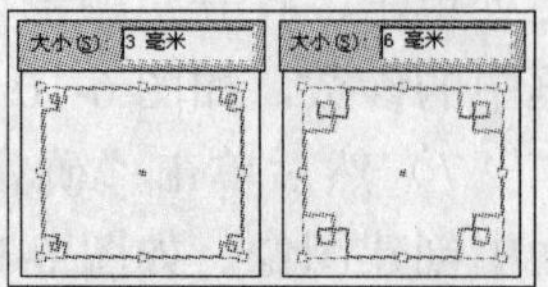

图 6-22　“效果”选项　　　图 6-23　更改大小

5）设置完毕后，单击“确定”按钮，关闭对话框。

6.2.2　路径绘制工具

简单、规则的图像使用基本图形工具就可以完成，但复杂的路径或图文框就需要使用钢笔类工具。“钢笔”工具的使用方法比基本绘图工具的使用方法要复杂一些，“铅笔”工具绘制路径的方法就较为简单，但不容易掌握。

1．钢笔工具

使用“钢笔”工具在视图中单击可以创建直线图像。

1）选择 “钢笔”工具，在文档的空白处单击，创建一个实心正方形的点，即为路径的起点，如图 6-24 所示。

2）在直线第一段的结束位置单击鼠标

左键，则两个点便会自动连起，成为一条直线，此时第一个锚点变为空心正方形，而第二锚点变成实心正方形，此点成为当前被选中的锚点，如图 6-25 所示。

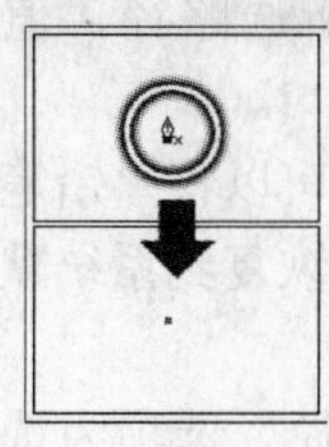

图 6-24　绘制起点

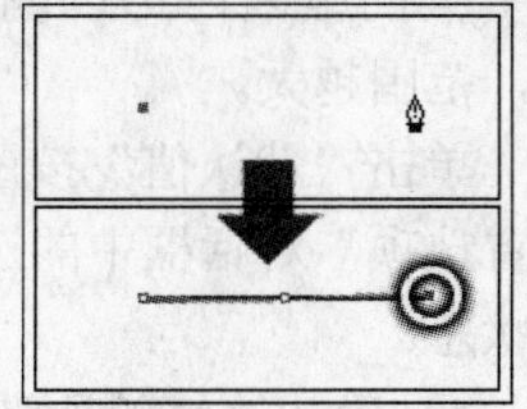

图 6-25　绘制直线路径

3）移动鼠标，然后单击，可以继续绘制直线路径，如图 6-26 所示。

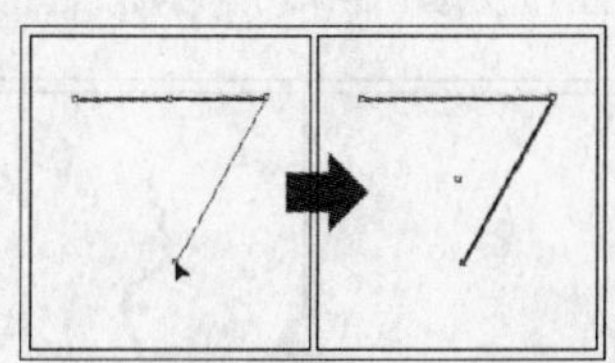

图 6-26　继续绘制直线路径

4）移动鼠标指针到起点，当指针呈状时，即可封闭路径，如图 6-27 所示。

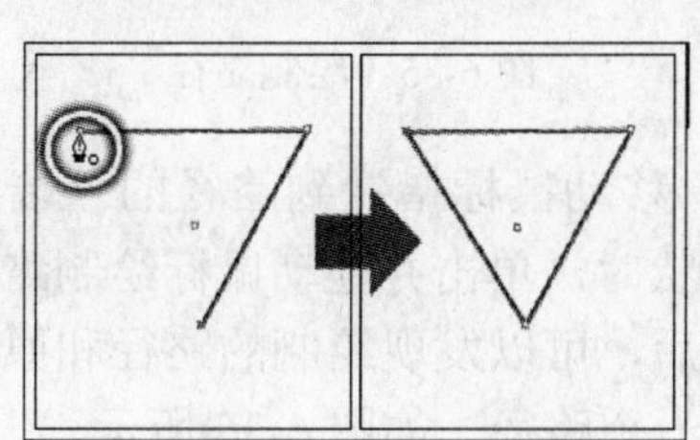

图 6-27　封闭路径

下面学习使用“钢笔”工具绘制曲线段的方法。

1）将刚刚绘制的路径删除，并确认“钢笔”工具为选择状态。

2）下面绘制熊猫的头发。在熊猫的头上单击，确认路径的起点，如图 6-28 所示。

3）接着在视图中单击出现第二锚点，并且钢笔工具图标变成一个箭头，向右拖动箭头，这时会出现两个方向线，调整方向线可以更改曲线弯曲程度，如图 6-29 所示。

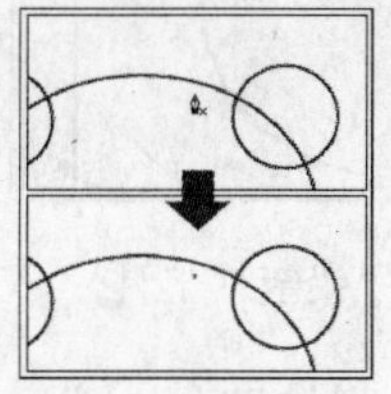

图 6-28　创建起点

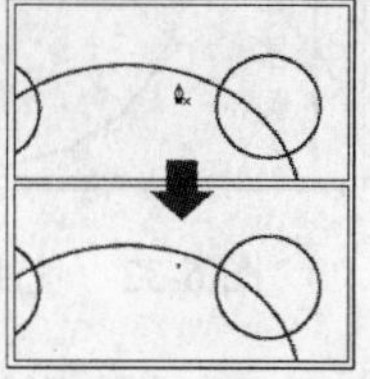

图 6-29　曲线的弯曲程度

4）接着创建第三个锚点绘制曲线。然后按下<Alt>键移动鼠标指针到第三个锚点，鼠标指针呈状时单击，即可删除一侧的方向线，如图 6-30 所示。

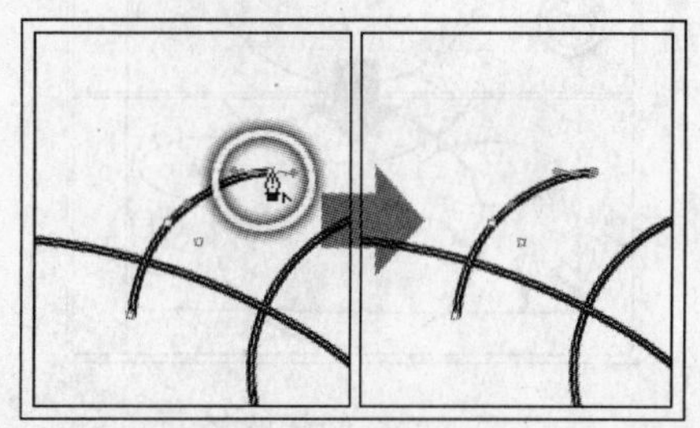

图 6-30　删除方向线

5）参照图 6-31 所示绘制熊猫的头发，然后按下<Ctrl>键的同时，单击文档的空白处，完成头发的绘制。

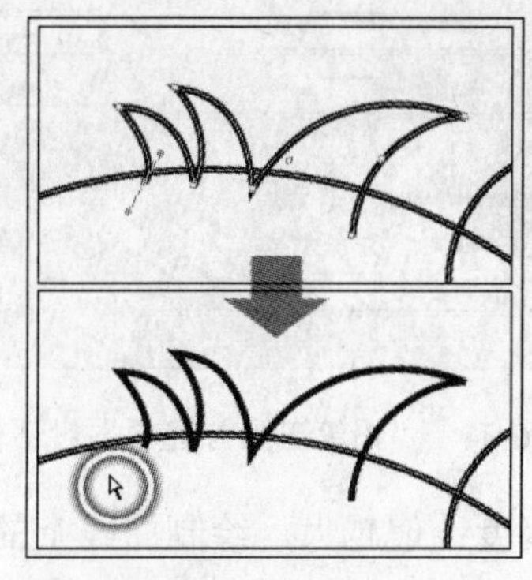

图 6-31　绘制头发

2．铅笔工具

1）下面绘制山脉。选择“铅笔”工具，在视图中单击并拖动鼠标，绘制一条虚线，如图 6-32 所示。

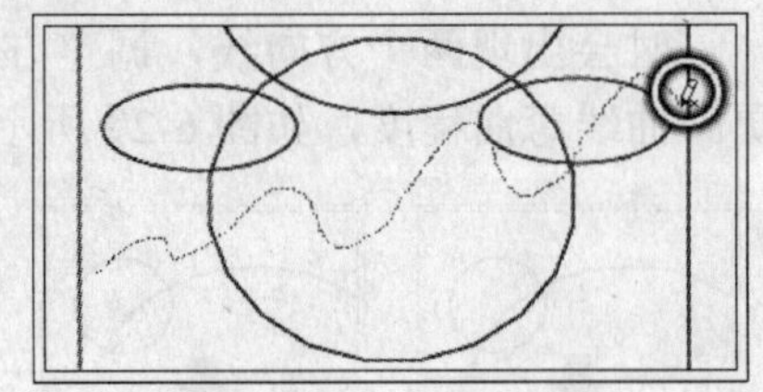

图 6-32　使用“铅笔”工具

2）如果需要将绘制的路径封闭，按下<Alt>键鼠标指针呈状，然后释放鼠标即可将绘制的路径封闭，如图 6-33 所示。

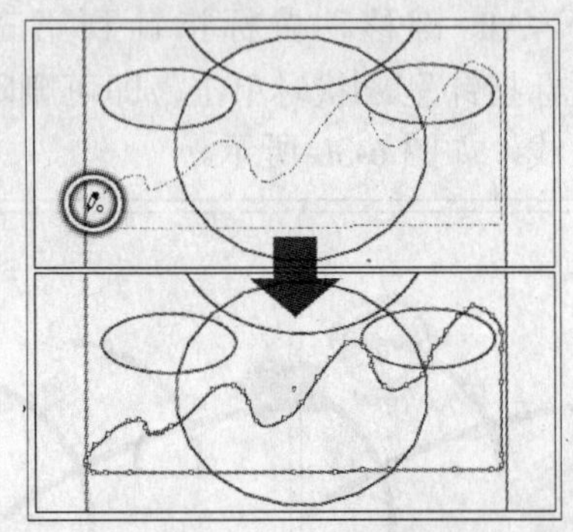

图 6-33　封闭路径

3）双击“铅笔”工具，打开“铅笔工具首选项”对话框，如图 6-34 所示。

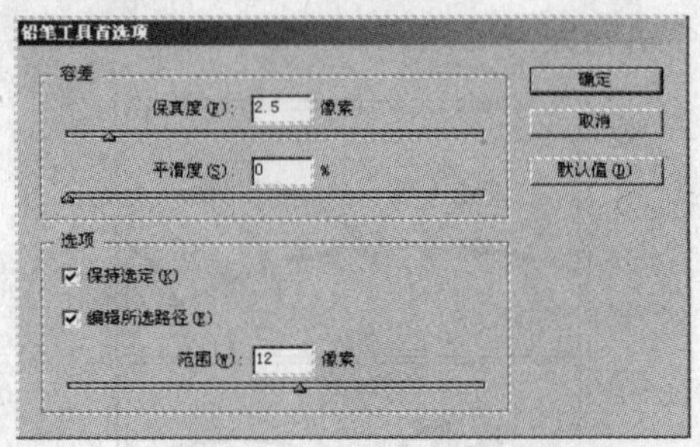

图 6-34　“铅笔工具首选项”对话框

保真度：值越大，绘制曲线上的锚点越少。

平滑度：值越大，所画曲线与铅笔移动的方向差别越大，也就越平滑。

保持选定：取消该选项的复选，使用铅笔绘制曲线后，曲线将不在选中状态。

编辑所选路径：如果取消该选项的选择，则无法使用“铅笔”工具编辑或合并路径。

当“编辑所选路径”选项为选择状态时，“范围”选项为可用状态，该选项调整在多大的范围内可以编辑所选路径，值越大，范围越大。

单击“默认值”按钮，可以将“铅笔工具首选项”对话框中的选项恢复到系统默认的状态。

4）确认“编辑所选路径”选项为选择状态，然后单击“确定”按钮，关闭“铅笔工具首选项”对话框。

5）使用“铅笔”工具，在文档空白处绘制路径，如图 6-35 所示。

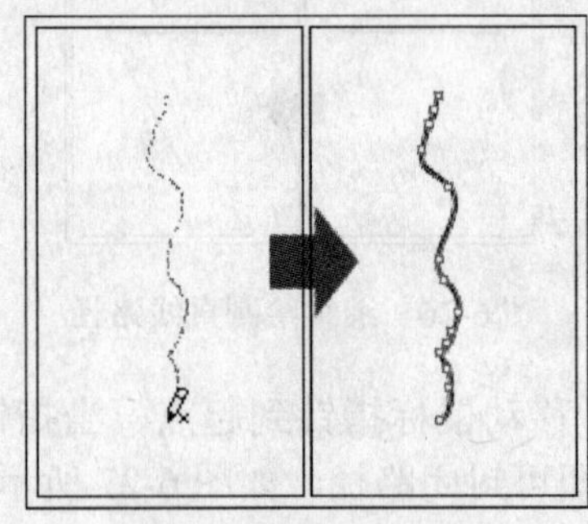

图 6-35　绘制路径

6）移动鼠标指针到路径的一端，当指针呈状时，单击并拖动鼠标绘制路径。绘制完毕后，可以发现绘制的路径和原路径连接成为一个路径，如图 6-36 所示。

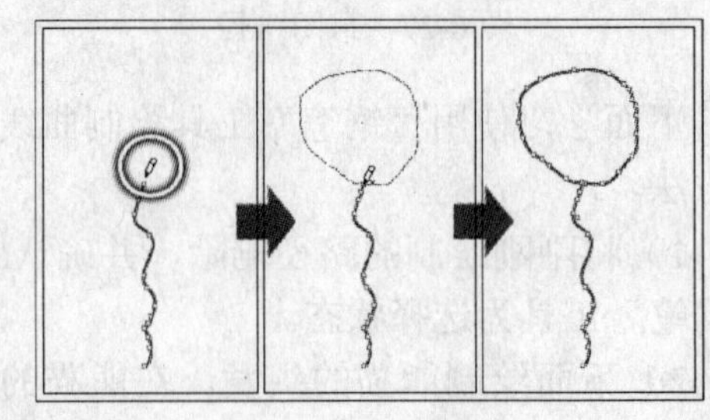

图 6-36　连接路径

7）双击工具箱中的“铅笔”工具，再次打开“铅笔工具首选项”对话框，取消

“编辑所选路径”选项。然后单击“确定”按钮，关闭对话框。

8）移动鼠标指针到路径的另一端，鼠标指针为状，单击并拖动鼠标绘制路径，刚刚绘制的路径和选择的路径分开，为单独的路径，如图6-37所示。

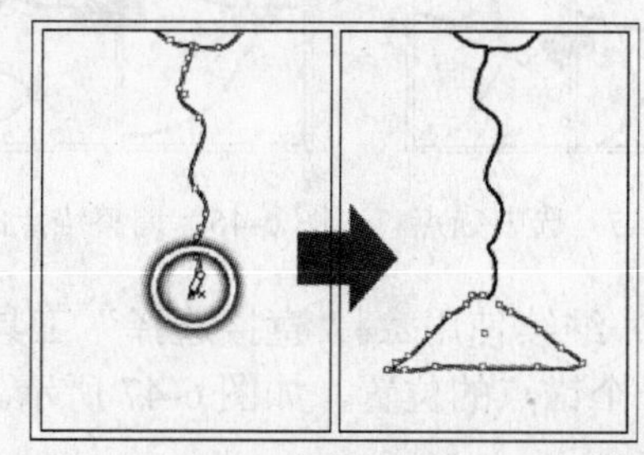

图6-37 取消“编辑所选路经”选项后的效果

6.2.3 路径编辑工具

使用“钢笔”工具或“铅笔”工具绘制出的路径，并不一定可以达到设计上的要求。这时可以使用“添加锚点”工具、“删除锚点”工具、“转换方向点”工具等对路径进行编辑，以达到需要的效果。

1．添加锚点工具

1）下面绘制熊猫的腿。首先使用“椭圆”工具，按住<Shift>键的同时，在视图相应的位置创建一个 21 毫米的圆形，如图6-38所示。

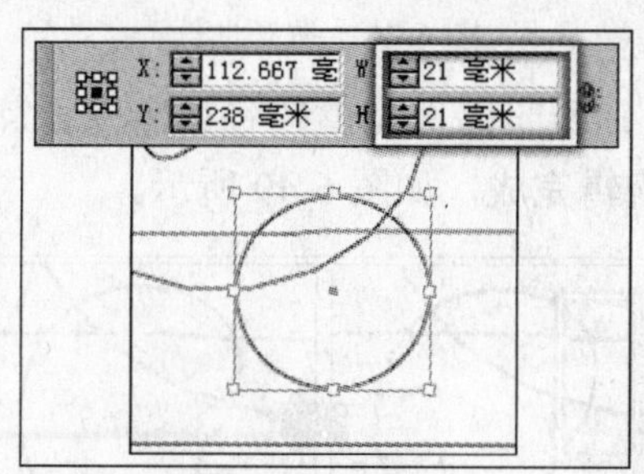

图6-38 创建圆形

2）选择“添加锚点”工具，参照图6-39所示在路径上单击，添加锚点。

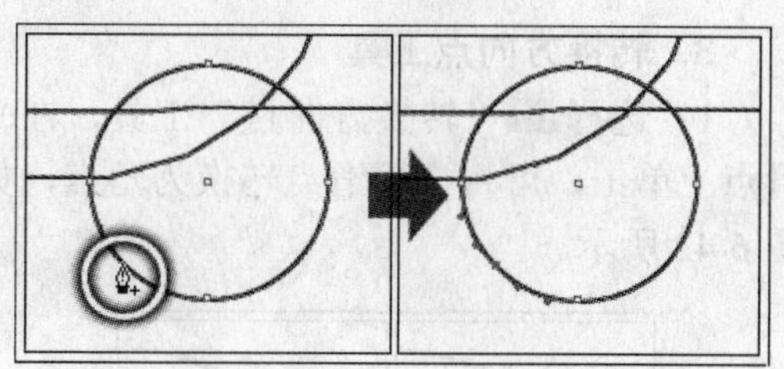

图6-39 添加锚点

提 示

当使用“钢笔”工具时，移动到选择的路径上，同样可以添加锚点。

3）接着在路径再添加两个锚点，如图6-40所示。

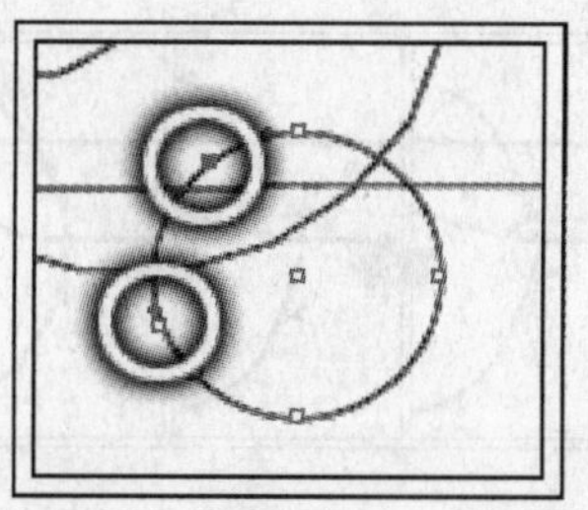

图6-40 再次添加两个锚点

2．删除锚点工具

使用“删除锚点”工具在路径锚点上单击，就可将锚点删除，删除锚点后的图像会自动调整形状，锚点的删除不会影响路径的开放或封闭属性。

选择“删除锚点”工具，然后在刚刚创建的锚点单击，删除该锚点，如图6-41所示。

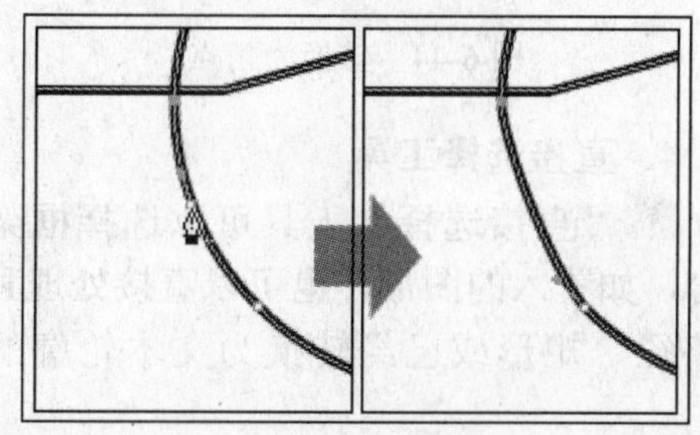

图6-41 删除锚点

3．转换方向点工具

1）选择“转换方向点”工具，在平滑点上单击，可将该平滑点转换为角点，如图 6-42 所示。

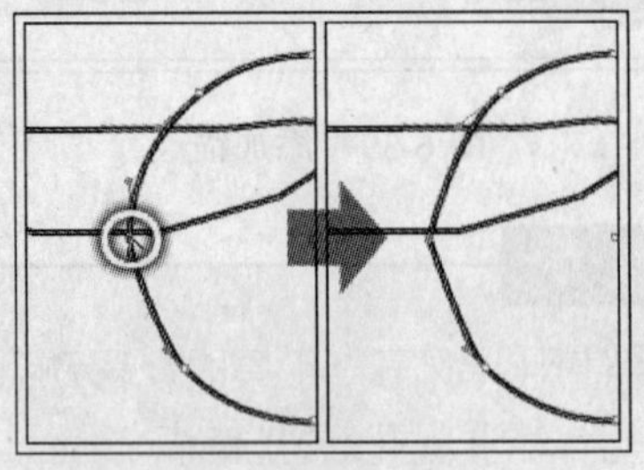

图 6-42　平滑点转换为角点

2）在角点上单击并拖动鼠标，可以将角点转换为平滑点，如图 6-43 所示。

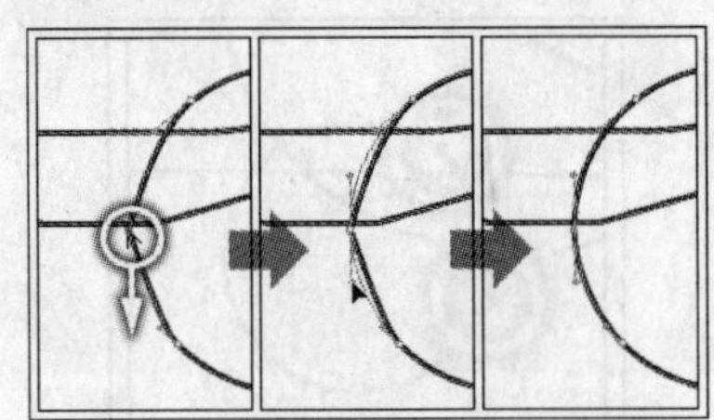

图 6-43　角点转换为平滑点

3）拖动方向点可以调整一侧的曲线，使平滑点转换为角点，如图 6-44 所示。

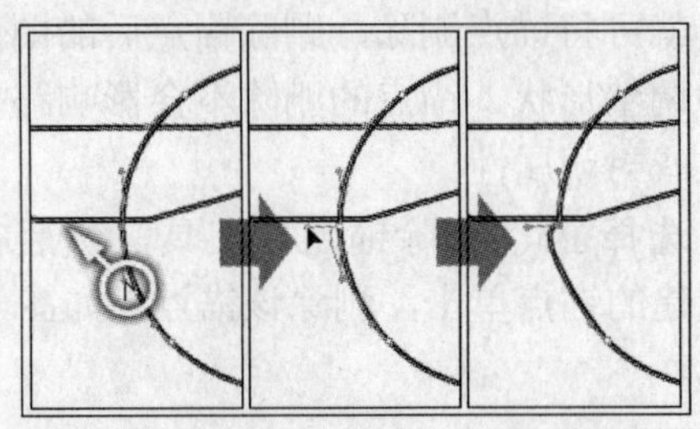

图 6-44　转换为角点

4．直接选择工具

“直接选择”工具可以选择框架的内容，如置入的图形，也可以直接处理和编辑路径、矩形或已经转换为文本轮廓的文字。

1）选择“直接选择”工具，在视图相应的锚点上单击，将该锚点选中，如图 6-45 所示。

2）然后拖动刚刚选择的锚点，可以调整该锚点的位置，如图 6-46 所示。

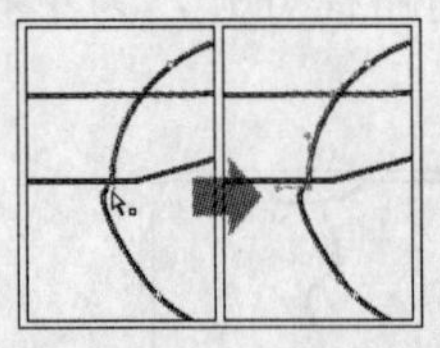

图 6-45　选中锚点

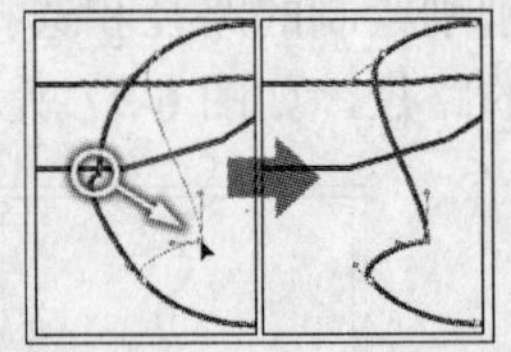

图 6-46　调整锚点的位置

3）继续使用“直接选择”工具，调整另一个锚点的位置，如图 6-47 所示。

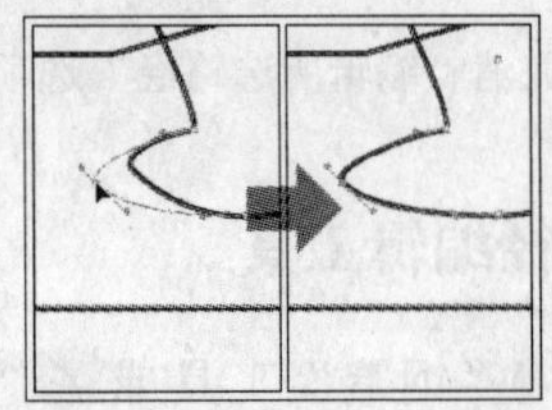

图 6-47　调整另一个锚点的位置

4）这时该锚点上的方向线显示。单击并拖动方向线，可以对曲线进行调整，如图 6-48 所示。

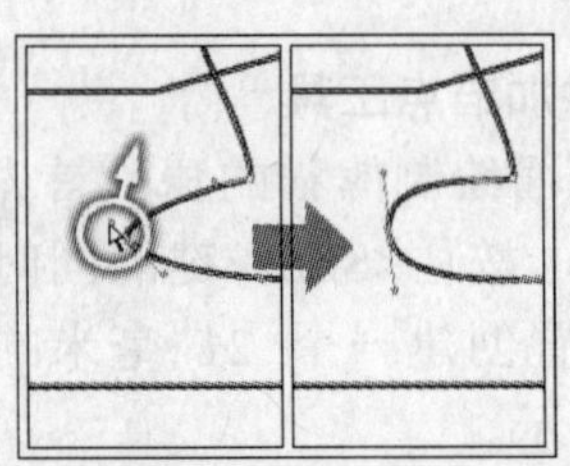

图 6-48　调整曲线

5）参照以上调整路径的方法，将熊猫的腿编辑完成，如图 6-49 所示。

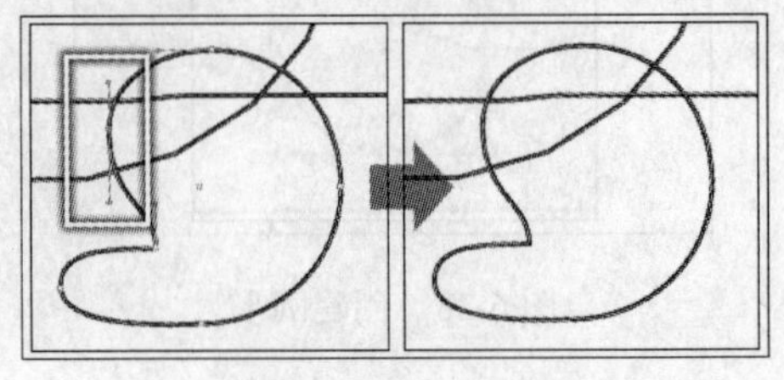

图 6-49　绘制熊猫的腿

5. 选择工具

使用“选择”工具可以选择路径、文本框、图片框等文本中的所有对象。下面通过操作讲述“选择”工具的使用方法。

1）选择“选择”工具，在空白处单击，取消所有路径的选择。

2）移动鼠标指针到刚刚编辑好的路径上单击，鼠标指针呈状时单击，这时该路径的四周出现了定界框，表示路径为选择状态，如图 6-50 所示。

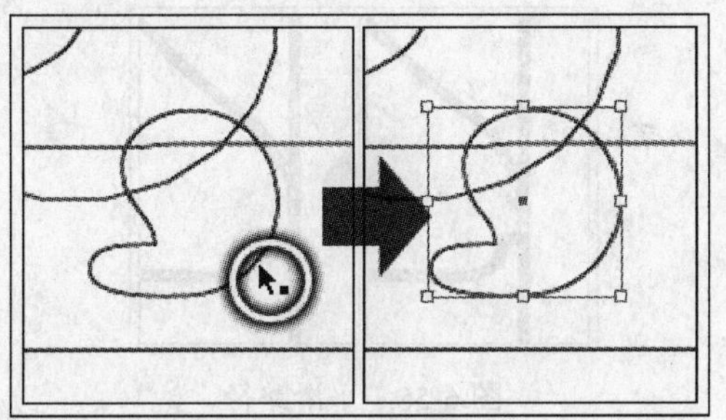

图 6-50　选择路径

提 示

如果需要选择多个对象，可以按下<Shift>键的同时单击多个路径，即可将其选择。

3）移动鼠标指针到选择的路径上，当指针呈状时，单击并拖动鼠标，可以调整路径的位置，如图 6-51 所示。

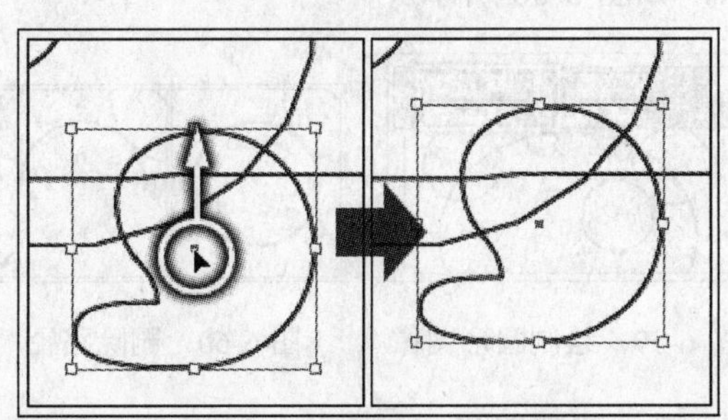

图 6-51　调整路径的位置

4）确认熊猫腿图像为选择状态，接着双击工具箱中的“选择”工具，打开“移动”对话框，如图 6-52 所示。

注 意

当双击工具箱中的“选择”工具却无法打开“移动”对话框时，请查看文档中的路径是否被选择。如果文档中没有路径为选择状态时，双击工具箱中的“选择”工具将无法打开“移动”对话框。

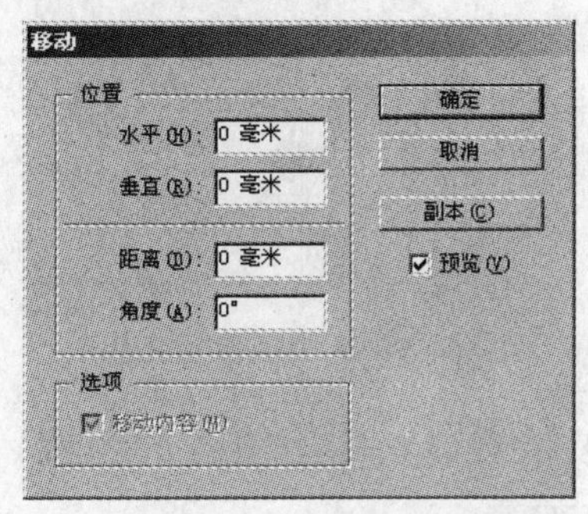

图 6-52　“移动”对话框

- 水平：设置被选择路径水平方向移动的距离。
- 垂直：设置被选择路径垂直方向移动的距离。
- 距离：设置被选择路径移动的距离。
- 角度：设置被选择路径移动的角度。

5）参照图 6-53 所示，设置对话框的参数，然后单击“副本”按钮，将图像移动并复制。

6）使用“选择”工具，选择熊猫肚子的图像，然后按下<Alt>键移动鼠标到图像的中心位置，鼠标指针呈状时单击并拖动鼠标，可以将选择的图像复制并拖动位置，如图 6-54 所示。

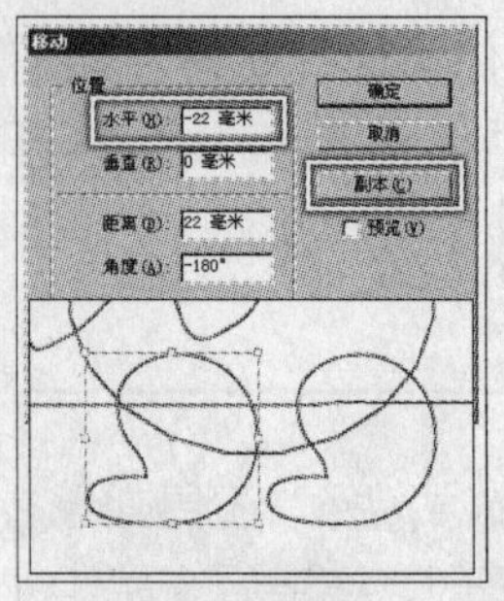

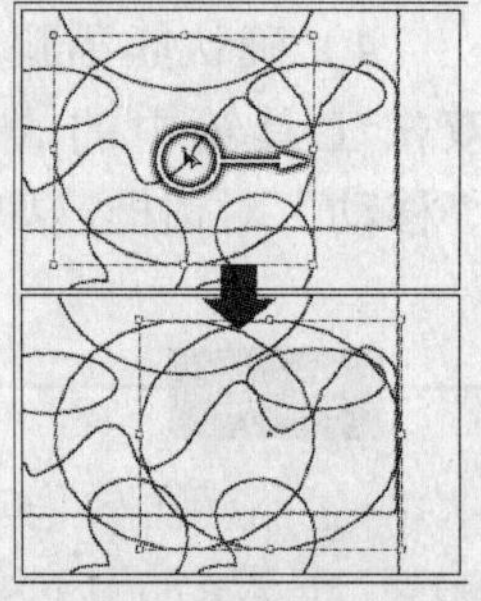

图 6-53 复制并移动图像　　图 6-54 复制图像

7）移动鼠标指针到框架手柄上，鼠标指针呈状时，单击并拖动鼠标，可以调整图像的大小，如图 6-55 所示。

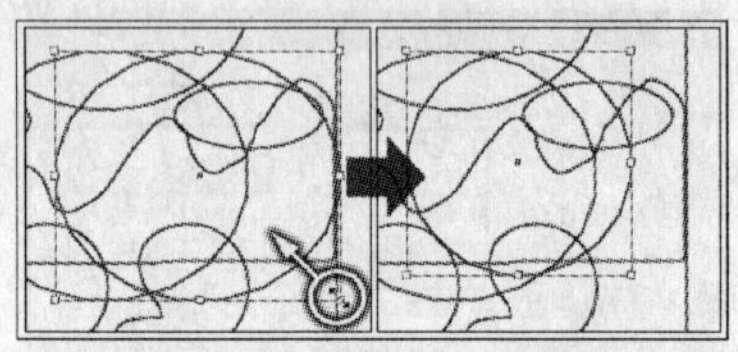

图 6-55 调整图像的大小

8）接着调整副本图像的位置，如图 6-56 所示。

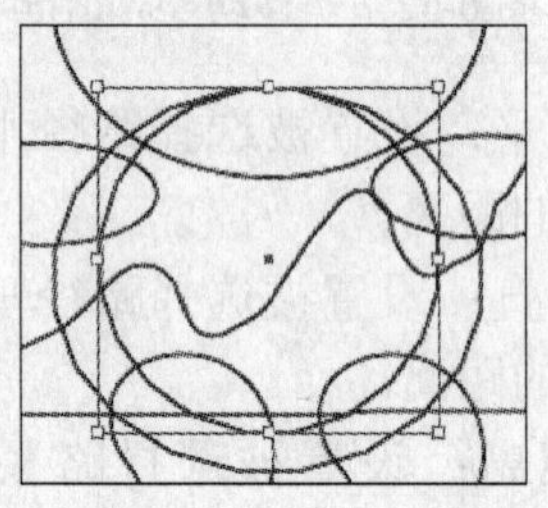

图 6-56 调整副本图像的位置

6. 平滑工具

“平滑”工具通过增加锚点或删除锚点来平滑路径。“平滑”工具在平滑锚点与路径时，尽可能保持路径原有的形状并使路径平滑。

1）使用“选择”工具将“山”图像选择，接着在工具箱中选择“平滑”工具。

2）双击“平滑”工具，打开“平滑工具首选项”对话框，参照图 6-57 所示设置其参数，然后单击“确定”按钮，关闭对话框。

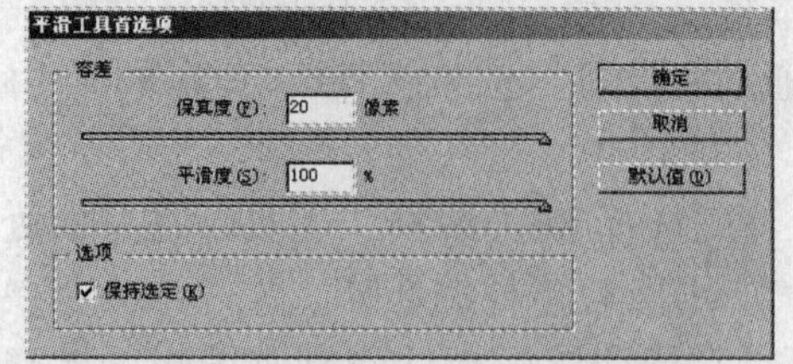

图 6-57 “平滑工具首选项”对话框

3）在“山”路径不平滑的位置，沿路径拖动鼠标，使路径平滑，如图 6-58 所示。

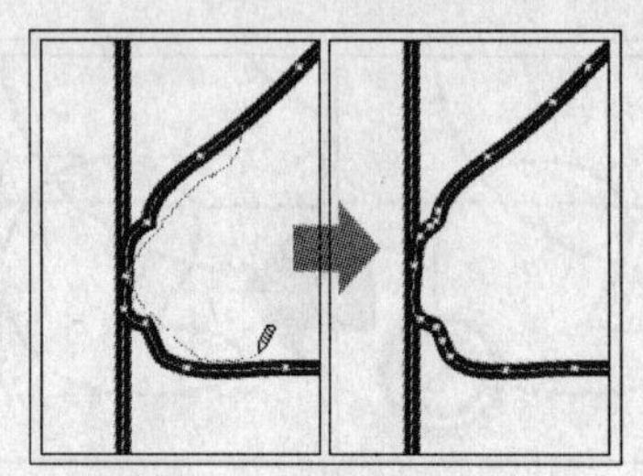

图 6-58 平滑路径

7. 抹除工具

“抹除”工具通过沿路径拖动鼠标，删除路径的一部分。在擦除路径时必须沿着路径的绘制顺序擦除，若是反方向擦除会导致意想不到的效果。

1）下面绘制熊猫的眼睛，使用“椭圆”工具在视图相应的位置绘制圆形图像，如图 6-59 所示。

2）选择“抹除”工具，沿绘制路径的方向单击并拖动鼠标，可以将部分路径擦除，如图 6-60 所示。

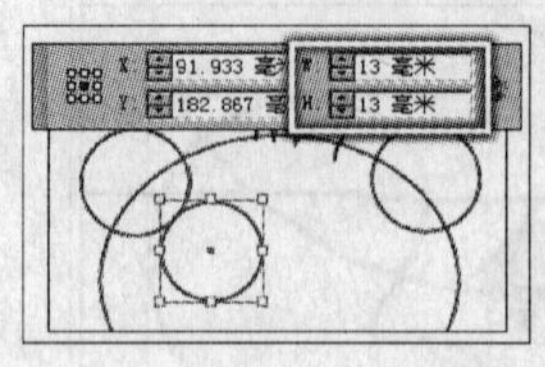

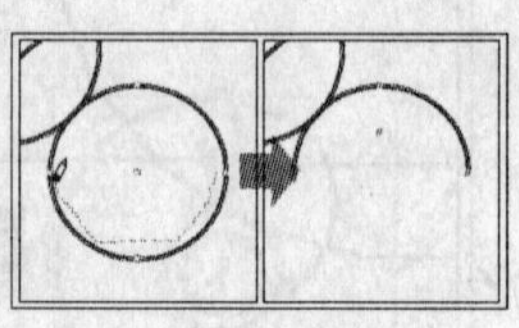

图 6-59 绘制圆形图像　　图 6-60 删除路径

8. 剪刀工具

“剪刀”工具通过在单击处添加两个不连续、重叠的锚点来分割路径，锚点位于两段剩余路径的末端。

1）使用“椭圆”工具，在文档中再次创建圆形图像，如图 6-61 所示。

2）选择“剪刀”工具，移动鼠标指针到路径上，当指针呈状时，单击鼠标即可将路径剪切，如图 6-62 所示。

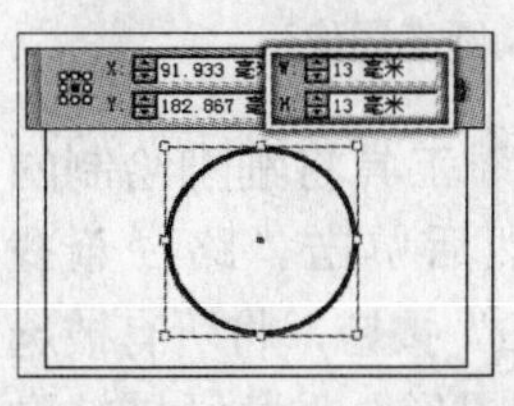

图 6-61　创建圆形图像

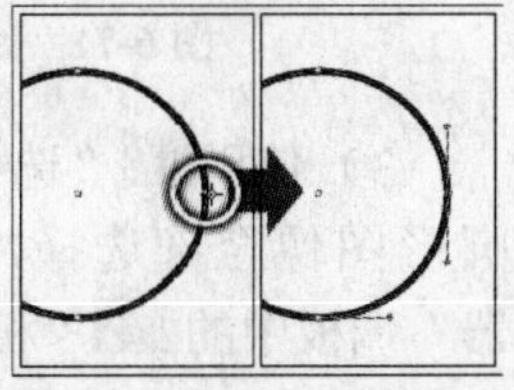

图 6-62　剪切路径一

3）然后使用同样的方法，将路径的另一段剪切开，如图 6-63 所示。

4）使用“选择”工具，将剪开的路径选择，按下<Delete>键将选择的路径删除，如图 6-64 所示。

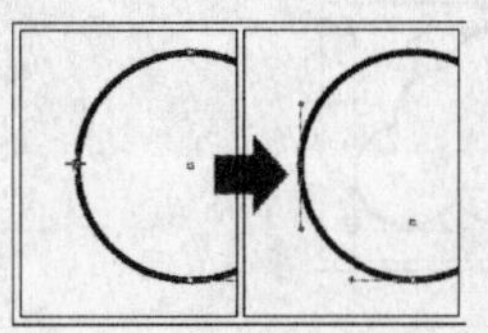

图 6-63　剪切路径二

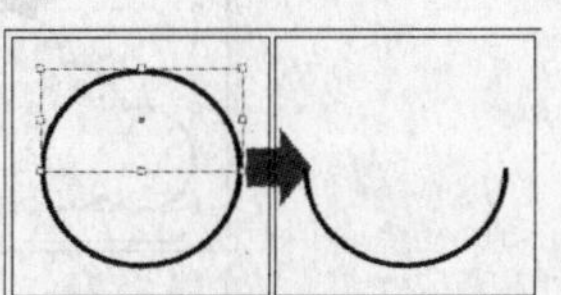

图 6-64　删除路径

5）然后调整路径的位置，如图 6-65 所示。

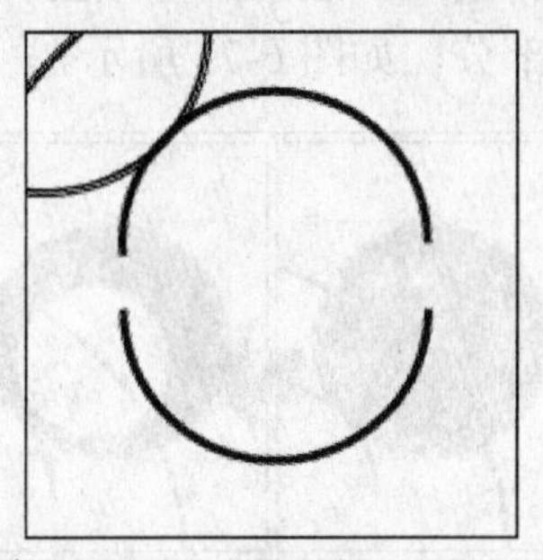

图 6-65　调整路径的位置

6.3 复合路径和路径查找器

除了上节讲述编辑路径的方法外，还可以通过“复合路径”命令和“路径查找器”调板对多个路径进行组合，使多个简单的路径组合为复杂的路径。

6.3.1　复合路径

“复合路径”命令把一个以上的路径图形组合在一起，它与一般路径图形最大的差别在于使用此命令可以产生镂空效果。

1. 创建复合路径

创建复合路径，将需要创建为复合路径的简单路径选中，然后执行“建立复合路径”命令。

1）使用“选择”工具，将熊猫的耳朵复制，调整副本的大小，如图 6-66 所示。

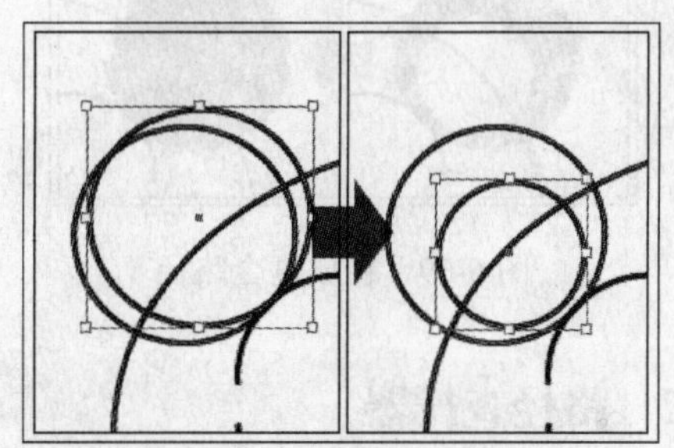

图 6-66　调整副本图像的大小

2）分别为图像填充颜色，如图 6-67 所示。

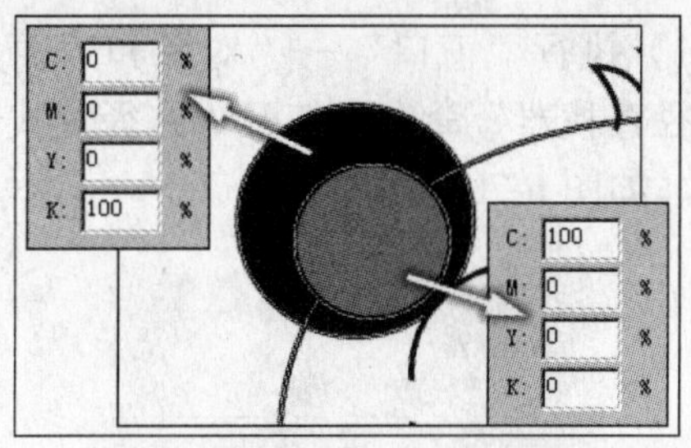

图 6-67　填充颜色

3）使用“选择”工具，将耳朵路径选择，然后执行“对象”→“路径”→“建立复合路径”命令，将选择的路径创建为复合路径，如图 6-68 所示将耳朵的中心镂空。

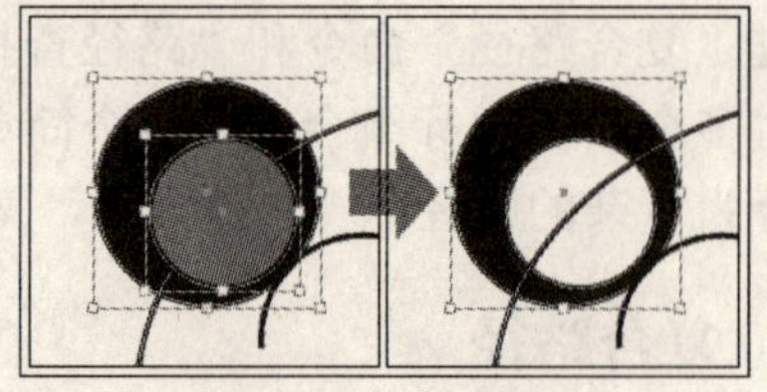

图 6-68　复合路径

2．释放复合路径

1）确认刚刚创建的复合路径为选择状态。

2）执行“对象”→“路径”→“释放复合路径”命令，即可将复合路径分解，如图 6-69 所示。

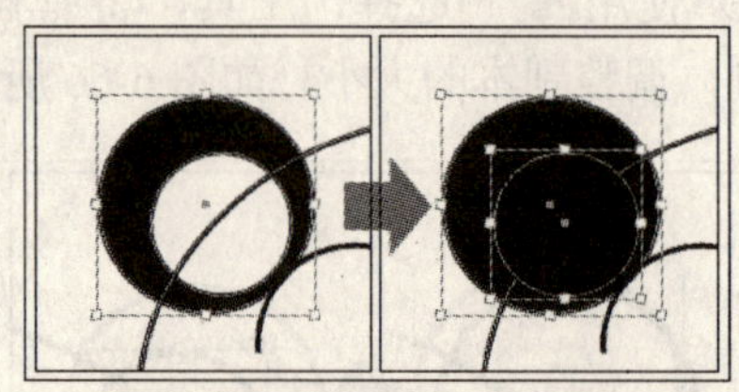

图 6-69　释放复合路径

6.3.2　路径查找器

“路径查找器”可以使两个以上的物体结合、分离和支解，并且可以通过物体的重叠部分建立新的物体，对制作复杂图形很有帮助。

1）执行“窗口”→“对象和版面”→“路径查找器”命令，打开“路径查找器”调板，如图 6-70 所示。

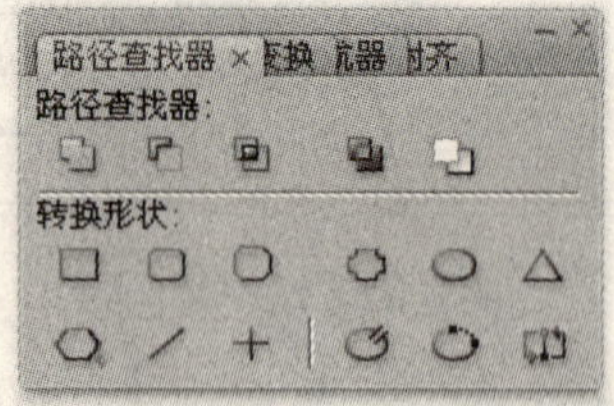

图 6-70　“路径查找器”调板

2）使用“椭圆”工具，在视图中绘制多个圆形图像，如图 6-71 所示。

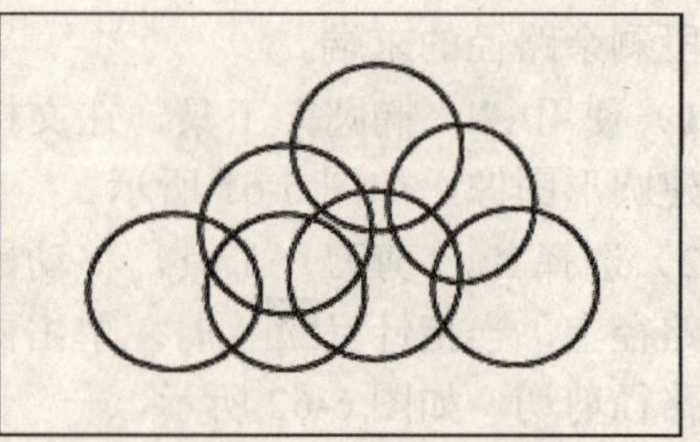

图 6-71　绘制圆形图像

3）使用“选择”工具将刚刚绘制的圆形图像全部选择，然后单击“路径查找器”调板中的“相加”按钮，将所有被选中的图形变成一个封闭图形，重叠区域被融合为一体，重叠的边线自动消失，如图 6-72 所示。

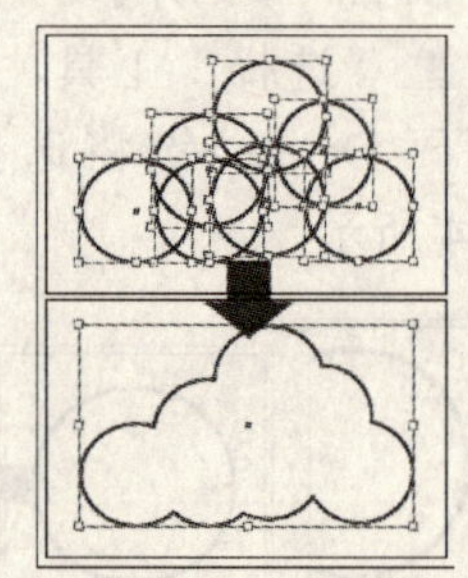

图 6-72　“相加”按钮

4）参照图 6-73 所示将耳朵图像选择，然后单击“路径查找器”调板中的“减去”按钮，使上一层的图像减去和下一层图像重叠的部分，如图 6-73 所示。

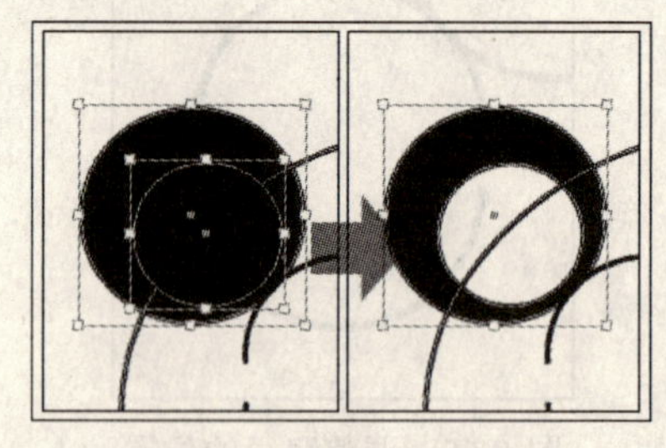

图 6-73　“减去”按钮

5）使用“椭圆”工具，配合按下<Shift>键在视图中绘制圆形图像，接着使用“矩形”工具绘制图像，如图 6-74 所示。

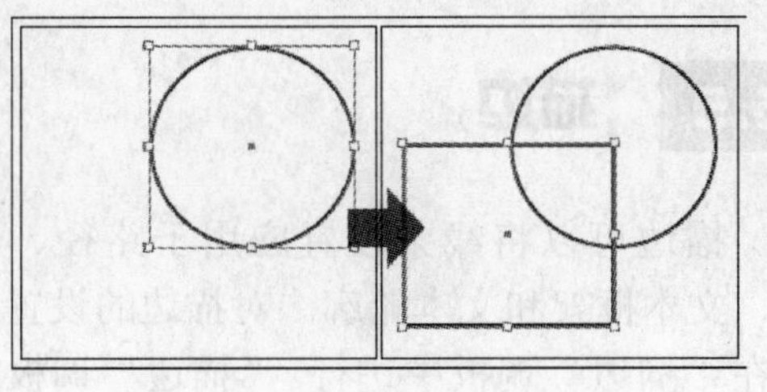

图 6-74　绘制图像

6）将刚刚绘制的图像选择，然后单击“路径查找器”调板中的　“交叉”按钮，将选择的图像重叠以外的部分删除，效果如图 6-75 所示。

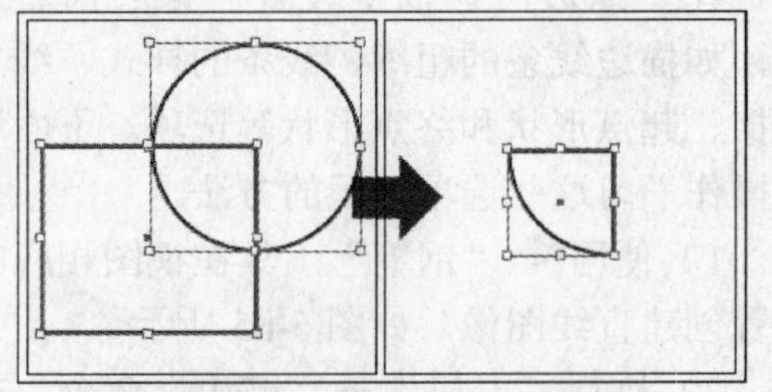

图 6-75　“交叉”按钮

提 示

　“排除重叠”按钮将选择的图像重叠部位删除。　“减去后对象”按钮使下一层的图像减去上一层图像重叠的部分，如图 6-76 所示。

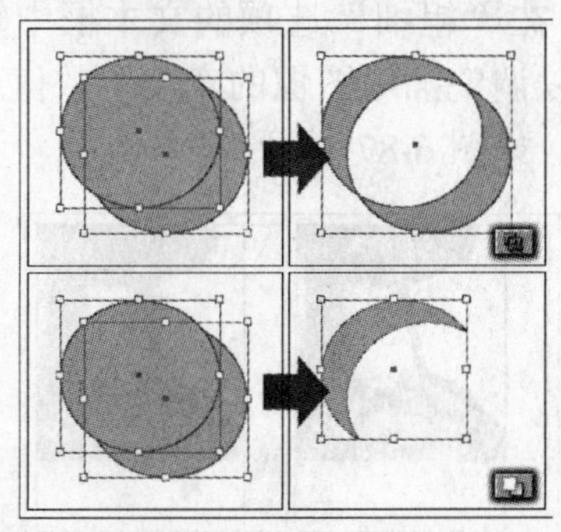

图 6-76　“排除重叠”按钮和“减去后对象”按钮

“路径查找器”调板中“转换形状”选项中的按钮，可以将选择的图像转换为预定义的形状，并且转换的形状不改变路径的对象样式，如图 6-77 所示。

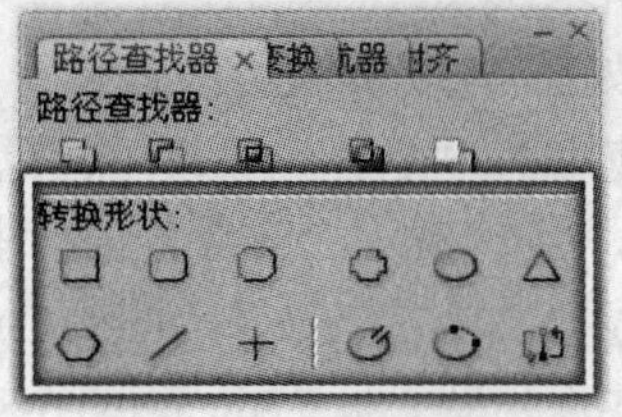

图 6-77　“转换形状”按钮

1）选择熊猫身体图像，然后单击“路径查找器”调板中的　“转换为椭圆”按钮，将绘制的多边形状转换为椭圆，如图 6-78 所示。

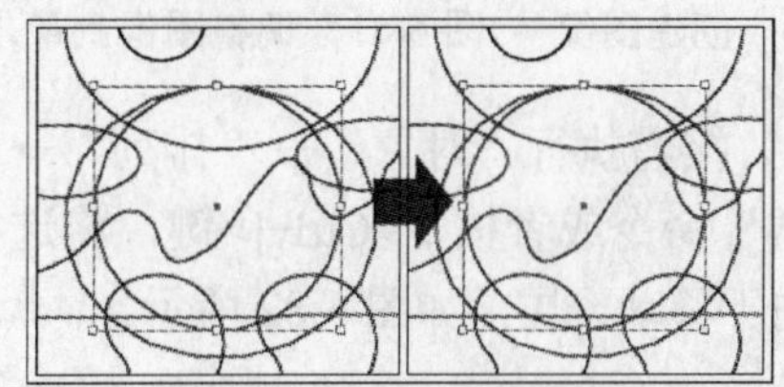

图 6-78　转换为椭圆

2）然后使用同样的方法，将熊猫身体图像的另一个多变形转换为椭圆路径，如图 6-79 所示。

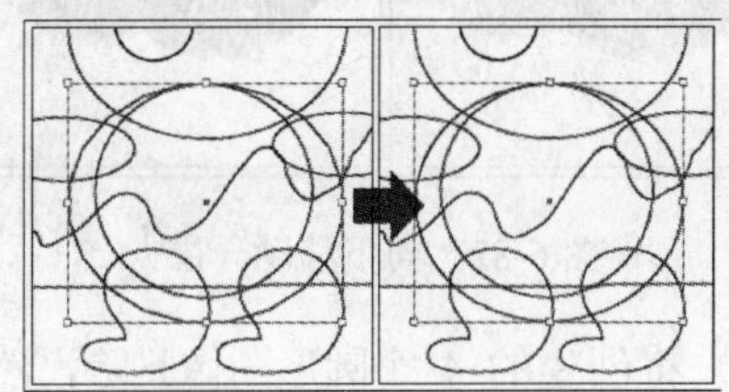

图 6-79　转换为椭圆路径

6.4 调整对象排列顺序

在文档中有很多的对象，如文本框、路径、图像等，这些对象都有一定的排列顺序。默认状态下是按照对象创建的先后次序确定对象的排列顺序，也就是说最后创建的对象在最上层。但这个顺序并不是固定的，可以执行“对象”→“排列”中的命令来调整对象的顺序。

1）使用“椭圆”工具，在文档空白处创建圆形图像，并为创建的图像填充不同的颜色，如图 6-80 所示。

2）使用“选择”工具，选择其中一个圆形图像，接着执行“对象”→“排列”→“置于顶层”命令或者按下<Shift+Ctrl+]>键，调整选择图像到最上面一层，如图 6-81 所示。

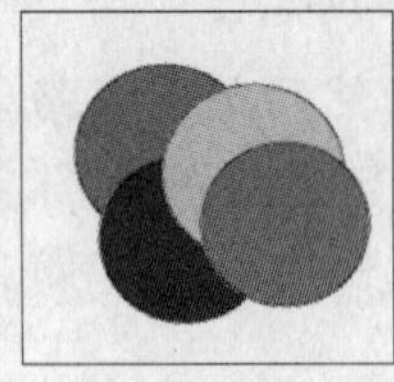

图 6-80 创建图像

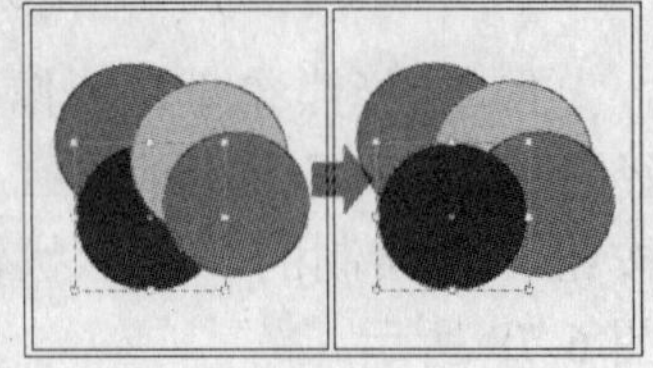

图 6-81 调整图像到最顶层

3）接着执行“对象”→“排列”→“后移一层”命令或者按下<Ctrl+[>键，将选择的图像向下移动一层，如图 6-82 所示。

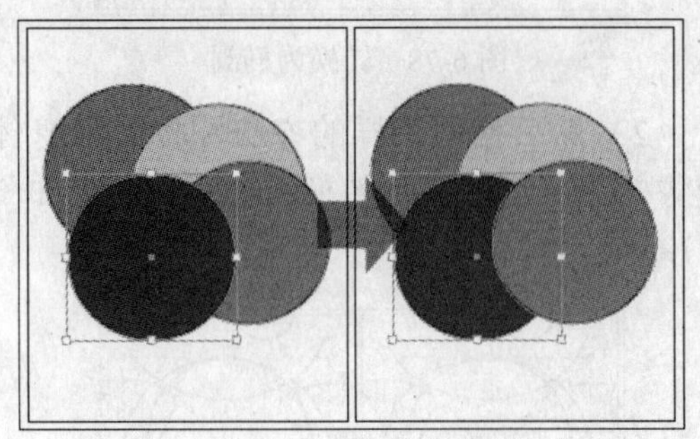

图 6-82 向下移动一层

4）将创建的 4 个圆形图像删除，然后为绘制的熊猫图像填充颜色，如图 6-83 所示。

5）然后参照图 6-84 所示，调整图像的顺序。

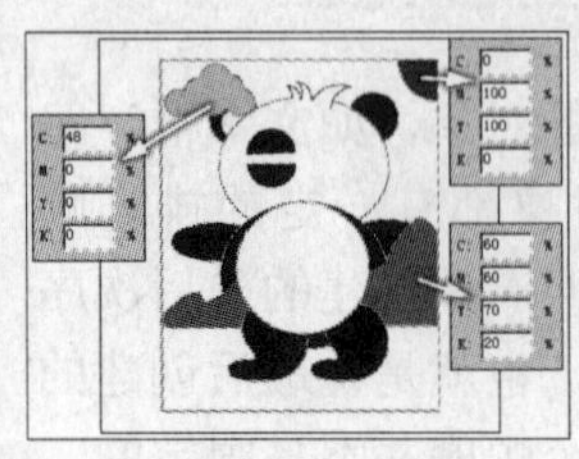

图 6-83 填充颜色

图 6-84 调整图像的顺序

6.5 描边

描边可以将线条设置应用于路径、形状、文本框架和文本轮廓。对描边的设置主要在“描边”调板中进行。“描边”调板提供对描边粗细和外观的设置，这些选项可以设置路径如何连接、起点形状和终点形状以及用于角点的选项。

6.5.1 描边调板

在“描边”调板中设置对象的描边效果，如描边线条的粗细、线条的样式、线条连接、起点形状和终点形状等选项。下面通过操作学习这些选项使用的方法。

1）使用“钢笔”工具在视图相应的位置创建直线图像，如图 6-85 所示。

2）执行“窗口”→“描边”命令，打开“描边”调板，如图 6-86 所示。

图 6-85 创建直线图像

图 6-86 “描边”调板

3）在“粗细”选项的文本框中输入数值，可以调整描边图像的宽度，数值越大描边越宽，如图 6-87 所示。

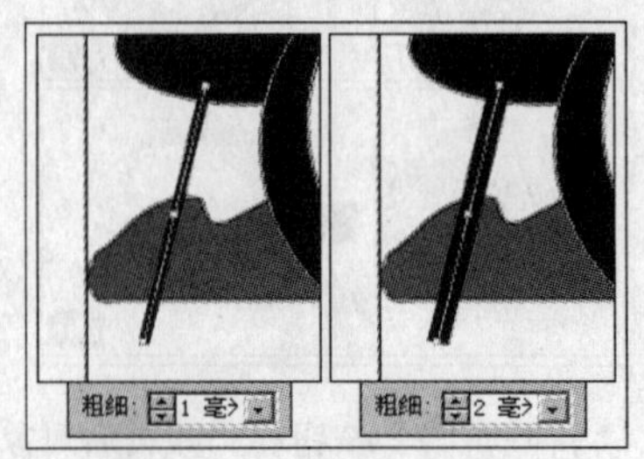

图 6-87 “粗细”选项

在“描边”调板右侧有 3 个按钮可以调

整开放路径端点显示的方式，如图 6-88 所示。

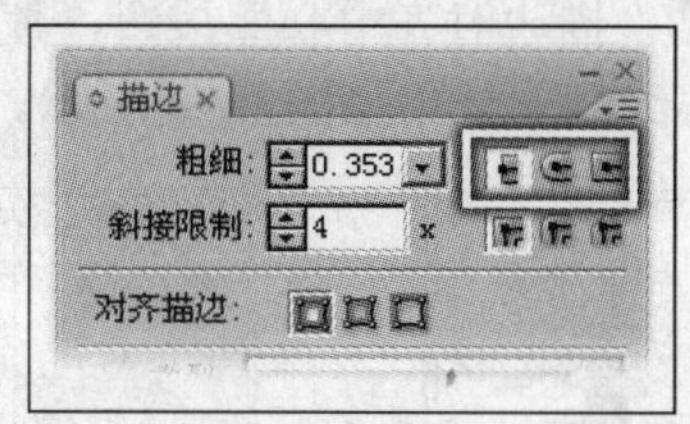

图 6-88　调整开放路径的末端

1）"平头端点"按钮可以使路径在末端锚点处中止，对精确布置路径非常重要。默认状态下该按钮为选择状态。

2）确认直线图像为选择状态，然后单击"圆头端点"按钮，使路径的末端向外衍生一个半圆，如图 6-89 所示。

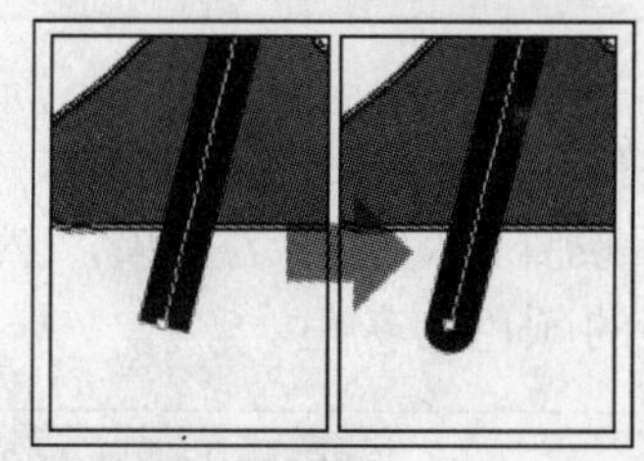

图 6-89　使用"圆端"按钮产生的效果

3）单击"投射末端"按钮，在路径末端的锚点处延长，如图 6-90 所示。

图 6-90　使用"投射末端"按钮产生的效果

"斜接限制"选项设置路径拐角处的斜角连接成为斜面之前拐点长度与描边宽度的限制。在该选项的后方有 3 个按钮，这 3 个按钮可以定义转角处的外观，如图 6-91 所示。

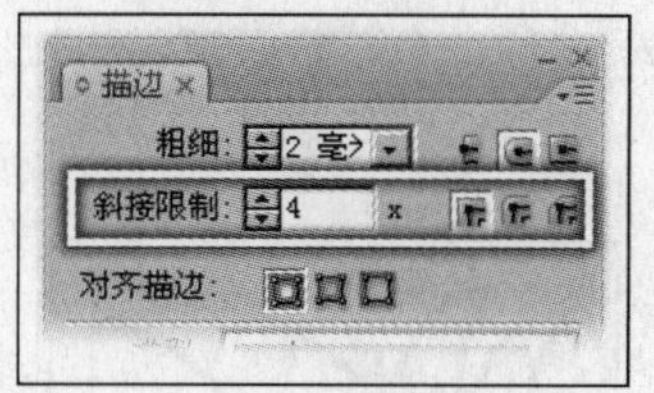

图 6-91　"斜接限制"选项和按钮

1）使用"选择"工具将熊猫头发图像选中，接着在"描边"调板中设置"斜接限制"选项参数为 10，要求在拐点成为斜面之前，拐点长度是描边宽度的 10 倍，效果如图 6-92 所示。

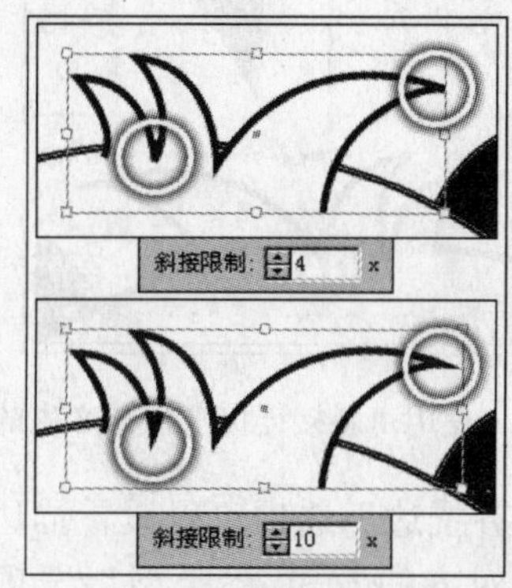

图 6-92　"斜接限制"选项

2）单击"斜面连接"按钮使转角外端效果如同方形斜切去一块，如图 6-93 所示。

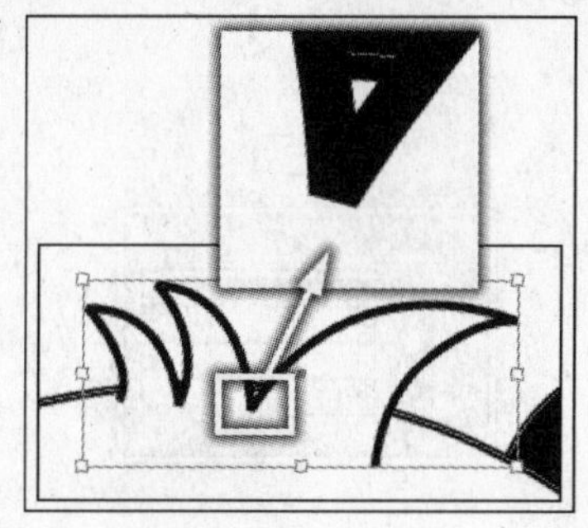

图 6-93　使用"斜面连接"按钮产生的效果

3）单击"圆角连接"按钮使转角外端效果成圆形，如图 6-94 所示。

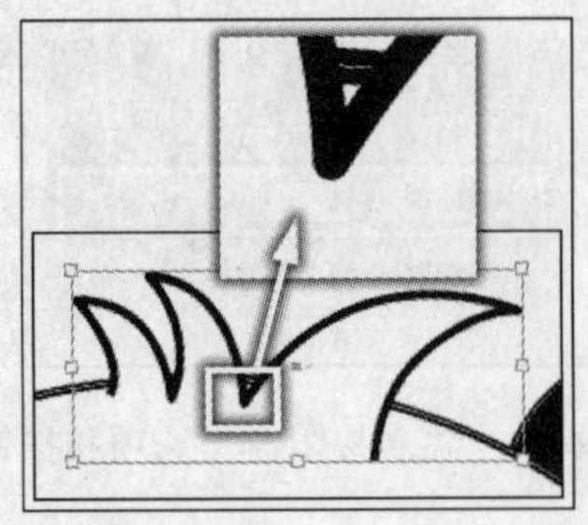

图 6-94　使用“圆角连接”按钮产生的效果

4）单击“斜接连接”按钮可以使转角处效果成尖角，如图 6-95 所示。

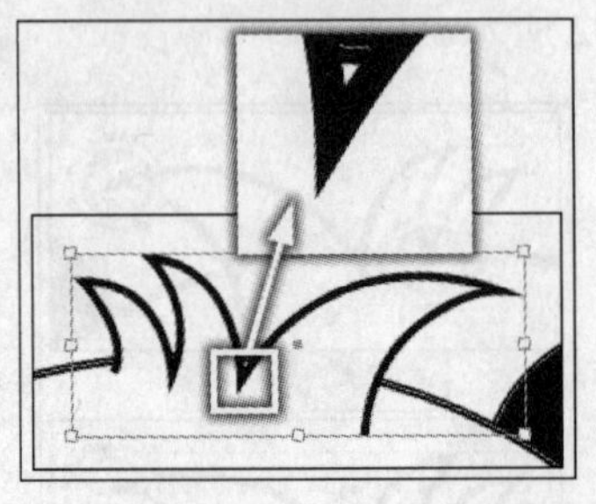

图 6-95　使用“斜接连接”按钮产生的效果

“对齐描边”选项可以设置描边和路径外观之间对齐的方式。“类型”选项设置描边的外观。“起点”选项和“终点”选项可以设置路径末端的样式。“间隙颜色”选项和“间隙色调”选项只有在设置“类型”选项为虚线时可用，设置虚线空白处的颜色，如图 6-96 所示。

图 6-96　“描边”调板中的其他选项

1）使用“选择”工具选择“云”图像，接着在工具箱中选择“直接选择”工具，显示选择图像的路径外观，如图 6-97 所示。

2）单击“描边居外”按钮，使描边沿路径外观外侧绘制；接着单击“描边居内”按钮，使描边沿路径外观内侧绘制；然后单击“描边对齐中心”按钮，使描边沿路径中心绘制，效果如图 6-98 所示。

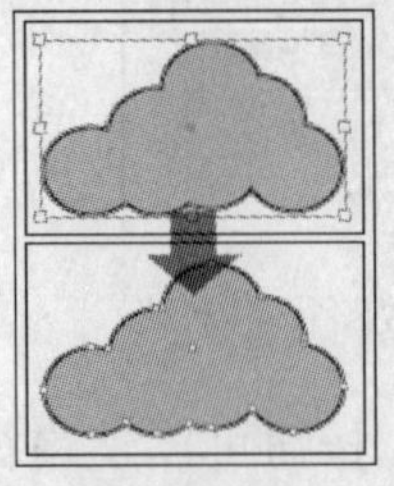

图 6-97　显示图像的路径外观　图 6-98　展示描边效果

注 意

为了方便读者观察效果，暂时将其他图像隐藏。

3）将绘制的直线图像选择，参照图 6-99 所示设置图像的描边效果，然后设置描边效果的颜色为灰色。

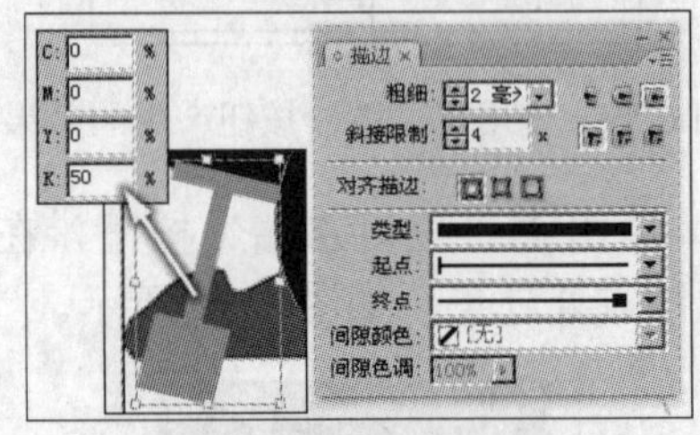

图 6-99　设置图像的描边效果

提 示

设置“起点”选项和“终点”选项不更改路径的长度，并且起点形状和终点形状的大小与描边粗细成正比。要注意的是起点形状和终点形状只有在开放路径的端点处显示。

4）参照图 6-100 所示将图像绘制完成，接着将文档中除绘制的铁铲图像以外的其他路径选中，然后设置路径的粗细。

图 6-100　设置路径

5）至此本实例已经完成，效果如图 6-101 所示。

提 示

如果读者在制作过程中遇到什么问题，可以打开本书附带光盘\Chapter-06\“熊猫.indd”文件进行查看。

图 6-101　完成效果

6.5.2　描边样式

在“描边”调板中可以通过设置“类型”选项来设置描边的预设样式，在预设样式中如果没有需要的样式，可以在“描边样式”调板中自定义描边的样式。

InDesign CS3 共提供了 3 种可以设置的样式：虚线用于定义一个以固定或变化间隔分隔虚线的样式；条纹线用于定义一个具有一条或多条平行线的样式；点线用于定义一个以固定或变化间隔分隔点的样式。

1）单击“描边”调板右上角的调板菜单按钮，在弹出的菜单中执行“描边样式”命令，打开“描边样式”对话框，如图 6-102 所示。

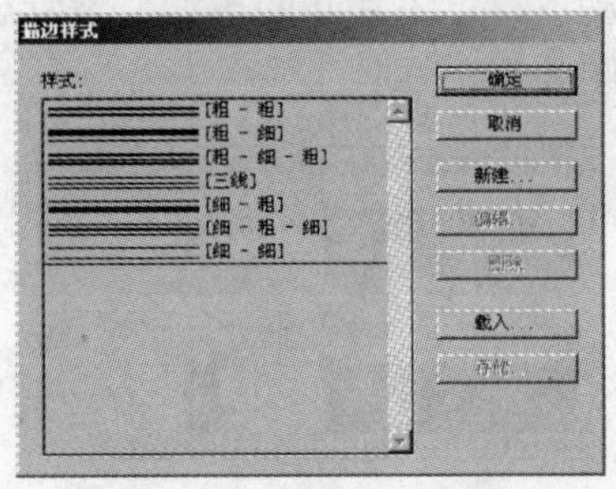

图 6-102　“描边样式”对话框

2）单击“新建”按钮，弹出“新建描边样式”对话框，如图 6-103 所示。

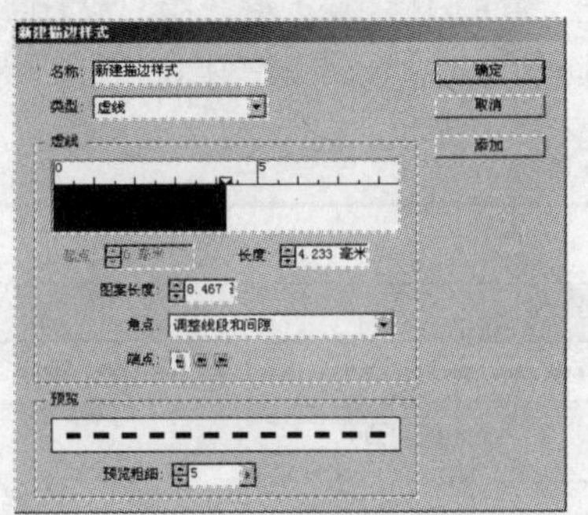

图 6-103　“新建描边样式”对话框

3）在“名称”选项的文本框中输入文本，可以设置描边样式的名称，如图 6-104 所示。

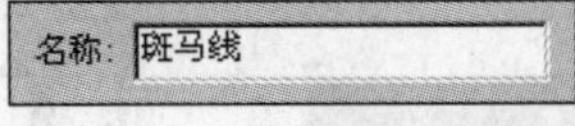

图 6-104　“名称”选项

4）在“类型”选项的下拉列表中选择描边的样式。该选项选择不同，下方的选项也不相同，如图 6-105 所示。

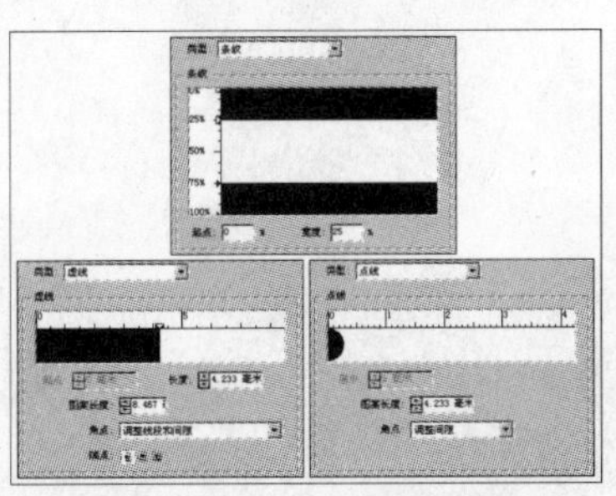

图 6-105　“类型”选项

5）选择“虚线”选项，在标尺栏中单击并拖动鼠标，添加新的虚线，设置虚线效果，如图 6-106 所示。

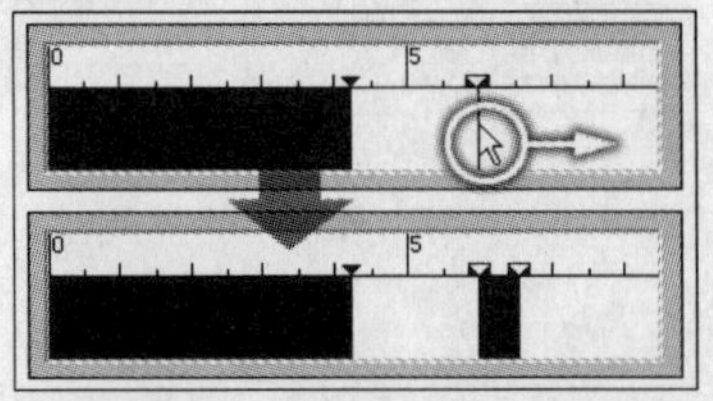

图 6-106　设置虚线效果

提示

在“描边样式”对话框下方的“预览”中可以查看设置好的描边效果，如图 6-107 示。

图 6-107　预览效果

6）“起点”选项设置绘制虚线的起点位置，“长度”选项设置虚线的样式，如图 6-108 所示。

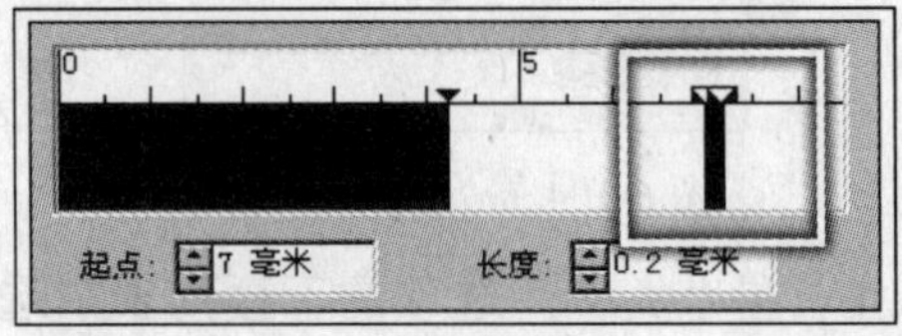

图 6-108　设置绘制的虚线

7）“图案长度”选项设置重复图案的长度，如图 6-109 所示。

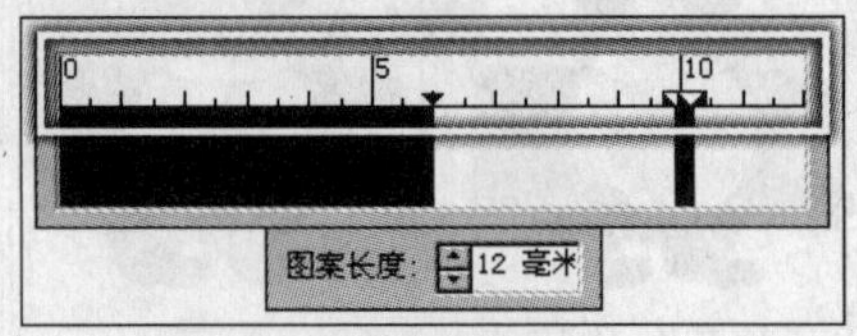

图 6-109　设置图案的长度

提示

如果需要删除虚线，拖动该虚线移动到标尺外即可。

如果需要设置拐角处虚线的外观，可以对“角点”选项进行设置，“端点”选项设置虚线端点的效果。

8）设置完毕后，单击“确定”按钮，返回到“描边样式”对话框，然后单击“确定”按钮，关闭对话框。可以在“描边”调板的类型中选择刚刚创建的描边样式，如图 6-110 所示。

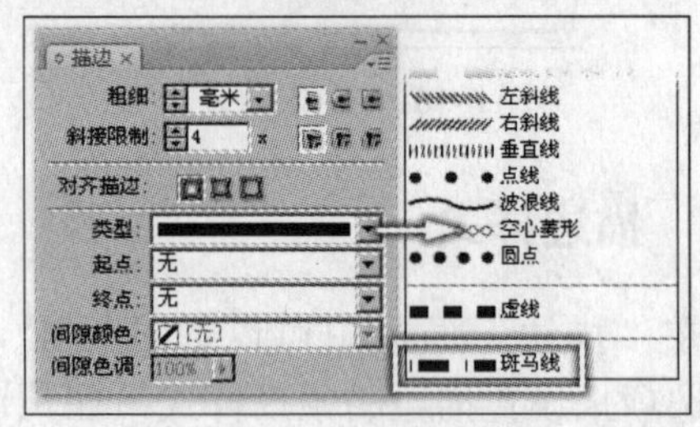

图 6-110　新建的描边样式

第7章

应用颜色

在 InDesign CS3 中提供了大量的应用颜色的工具，如“工具箱”、“色板”调板、“颜色”调板、“渐变”调板等来为对象设置颜色和描边效果。“工具箱”可以为对象设置纯色、渐变色或不应用颜色；“色板”调板可以将设置好的颜色存储和应用；“渐变”调板可以编辑对象的渐变色。这些工具的使用方法各有不同，在本章中将为读者详细介绍。在学习应用颜色前，先来学习颜色的一些基本概念。

7.1 颜色基本概念

在本节中为读者介绍几种常见的颜色模式，如 RGB（红色、绿色、蓝色）模式；CMYK（青色、品红、黄色、黑色）模式和 Lab 模式等。懂得这些颜色模式和色彩知识，有助于对颜色的管理和设置。

7.1.1 颜色模式

学习过 Photoshop 就会了解颜色模式。每种颜色模式都基于颜色模型或数学上定义的颜色空间。

为了补偿人们对颜色信息的主观感知，每种颜色模式都将一定的颜色再现为二维或三维空间。在该空间中，每种颜色都以一套数学坐标的形式存在，而且与空间中点的坐标一一对应。这种方法使颜色信息可以在计算机、软件和外围设备间交流。

1. RGB 颜色模式

RGB 颜色模式用于复制可见光光谱，它被用来描述传送过滤色或感知光波的任何东西。所有的光线都不存在时为黑色；当光线越来越多时颜色也就会越来越亮，因此把该颜色模式称为加色法模式。

RGB 模式是最常用的颜色模式。一方面，这个模式可以显示非常广的色域，对于高分辨率图像的编辑极为有用。另一方面，RGB 模式是依赖于设备的，这就是说，它与颜色的数量定义无关，其显示的方式完全依赖于用来显示颜色的硬件，因此在多台设备上显示一致颜色几乎是不可能的。

RGB 颜色模式分为红、绿、蓝 3 种颜色，从无到完全显示的过程，通过 0～255 之间数值表示。因为 RGB 模式是以光的颜色为基础的，所以越大的 RGB 值对应的光量也越多。因此，较高的 RGB 值会产生较淡的颜色。

RGB 图像有 3 个 8 位通道，可以在屏幕上重新生成多达 1670 万种颜色的 24 位图像，这 3 个通道的名称为红色、绿色和蓝色，如图 7-1 所示。（在 16 位/通道的图像中，这些通道转换为每像素 48 位的颜色信息，具有再现更多颜色的能力。）

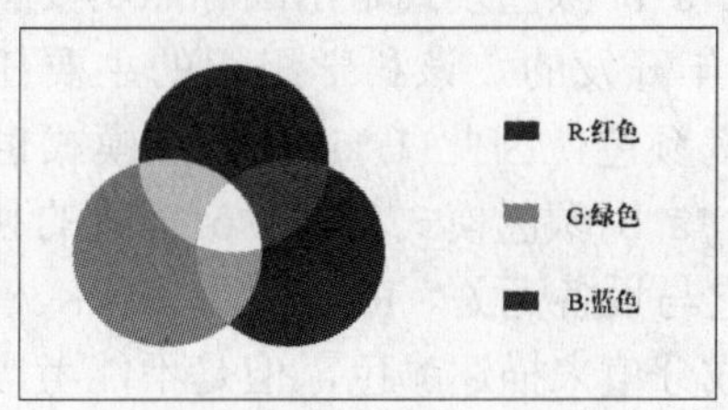

图 7-1 RGB 颜色

2. CMYK 颜色模式

CMYK 颜色模式使用 4 种颜色：青色（C）、品红（M）、黄色（Y）和黑色（K）重现彩色照片，图 7-2 出示了 CMYK 颜色模式图。该颜色模式以打印在纸上的油墨对光线产生反射特性为基础产生的。当白光照射到半透明油墨上时，白光中的一部分颜色被吸收，而另一部分颜色被反射回眼睛。通过反射某些颜色的光，并吸收其他颜色的光，油墨就可以产生颜色。黑色的墨吸收的光最多。因为 CMYK 颜色模式是以墨的颜色为基础的，所以百分比越高的颜色越暗。要产生不同的颜色时，可减少混合原色量，因此被称为减色模式。

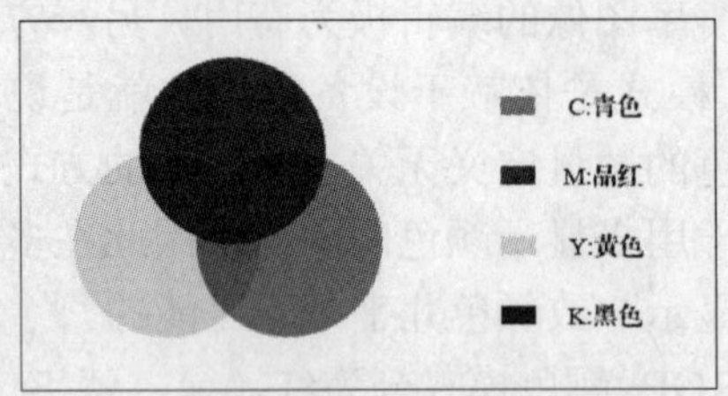

图 7-2　CMYK 颜色模式

理论上 CMY 这 3 种油墨等比例混合在一张白纸上时，所有光线都被吸收，就可以产生黑色，但实际产生的颜色为较暗淡的棕色。为了弥补墨的缺陷，黑色墨必须被加到颜色模式中。为了防止黑色（Black）的第一个字母与 RGB 中的蓝色（Blue）混淆，便采用了黑色的最后一个字母 K 来代表黑色。

3. Lab 颜色模式

L*a*b 颜色模式是由国际照明委员会在 1976 年开发的，该科学组织的主要任务就是测度颜色，因此 L*a*b 颜色模式也称为 CIE L*a*b 颜色模式。L*a*b 模式的独特性在于它与设备无关。RGB 和 CMYK 模式由原色成分值来描述颜色，但是不能考虑硬件和环境的可变性。L*a*b 颜色模型则根据实际存在的颜色以及它们如何在不同环境中被感知来构造。

基本想法是：虽然眼睛对红、绿、蓝色最敏感，但此时还是不能感知不同颜色，直到大脑接收了 3 个加色神经响应；红-绿的关系、黄-蓝的关系和明暗的关系。红色中不含绿；黄色中不含蓝；白色中不含黑。L*a*b 模型正确的认定任何可感知得到的颜色，能够通过量化它与其补色之间的位置来描述。当某种 L*a*b 规格要求需要考虑某种照明条件时，它能根据人眼如何对照明条件的响应而进一步修改颜色值。

“Lab”实际上是颜色空间 3 个组成分量的缩写。“L”代表亮度，即颜色有多亮。“*a”表示颜色在红和绿之间的位置，“*b”表示颜色在黄和蓝之间的位置，如图 7-3 所示。

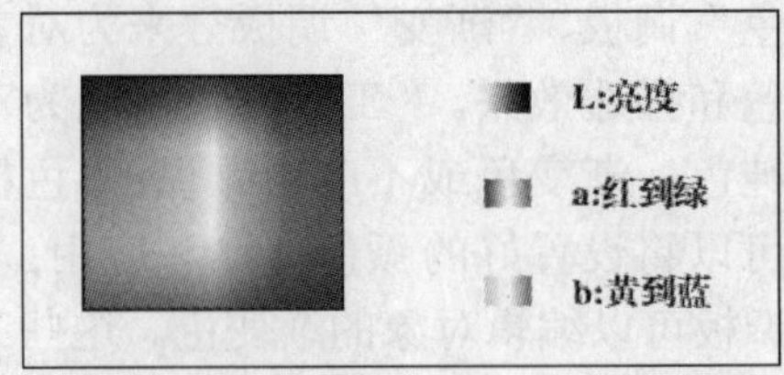

图 7-3　Lab 颜色模式

Lab 颜色模式是印刷界中使用最广的模式之一。Lab 颜色模式是在机器之间交换彩色信息的最高级模型。大部分与设备无关的彩色管理系统和许多扫描仪都使用 Lab 颜色模式进行彩色计算。

这就是说应该考虑在 Lab 颜色模式中执行颜色调整吗？绝对不是。由于它很抽象，而且高度数学化，因此用它来向普通人描述颜色是件很困难的事。它难于领会，更别提去精通它了。读者的时间最好花在 RGB 和 CMYK 颜色模式的关系上，在工作场所特别需要 Lab 颜色模式时再去研究它。

7.1.2　色域和溢色

每个颜色模型都体现独有范围的颜色，称为色域。在前面描述的颜色模式中，L*a*b 颜色模式与其他颜色模式相比拥有最大的色域，它包括 RGB 颜色模型空间的所有颜色。其次是 RGB 颜色模式，它含有颜色比 CMYK 颜色模式多；而 CMYK 颜色模式具有最小的色域。三种颜色空间的色域如图 7-4 所示。

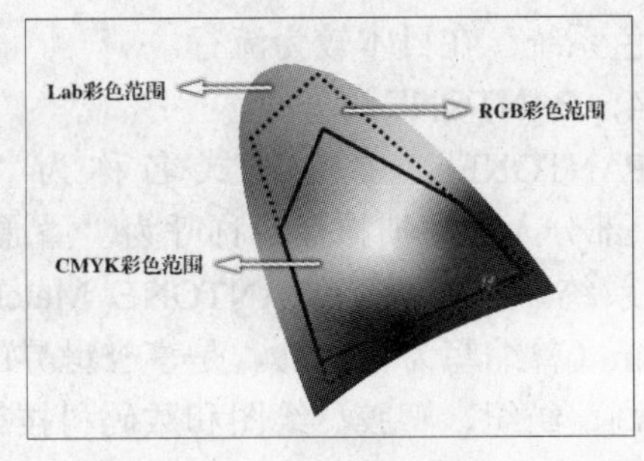

图 7-4　色域

色域在将颜色从一个颜色空间转换到另一颜色空间时会产生问题，特别是在从 Lab 颜色模式或 RGB 颜色模式转到 CMYK 颜色模式时，用户或软件必须用 CMYK 值的组合重新描述一个范围的颜色，或者使用最近的边界色。不过这会引起两个问题：首先，许多暗调和色调上细小变化会丢失。极端的颜色，如明亮蓝和新鲜绿，会大大变平、加暗。两个稍稍不同的 RGB 颜色甚至会改成相同的 CMYK 值。其次，只有一次机会在颜色空间之间转换。转换成 CMYK 时就不可挽回地裁剪掉所有落在色域外的颜色，再转换回以前的模型时就不能再得到它了。

7.1.3　印刷色和专色

印刷色是指青、品红、黄和黑这 4 种减色法原色。在印刷机上印刷全彩色文档的过程时，用户必须通过给每种油墨设置来定义 CMYK 色域中的全部颜色。用户这么做时，实际上是在印刷具体颜色的一种幻觉。其他那些除颜色外的颜色并不真正涂在之上，而是半透明油墨和印刷机特性，使得看上去像在之上。这一印刷过程称为 4 色印刷，因而青、品红、黄和黑称为印刷色。

专色是特殊的混合油墨，用于代替或对 CMYK 油墨进行补充，在颜色不足或颜色不够精确时使用专色。专色可以精确复制印刷色之外的颜色，它不会被指定的或颜色管理的颜色值所影响。当指定了专色值时，仅仅为显示器和打印机描述了模拟的颜色效果（受限于设备的色域）。用户可以使用所有的专色来印刷一个文档。如果用户愿意，并选择了许多专色，那将是非常昂贵的。因为每种专色都需要专门的一张胶片，并且专色油墨的价格比较贵。另外，用户无法使用专色来打印全彩色照片，因为这需要太多数量的专色种类。用户可以选择只给文档运用除黑色之外的一种专色，也可以添加一两种专色到 4 种原色上。专色适用于应用准确颜色，还能用于企业标语或其他标识性颜色。专色也最适合用于把颜色添加到一个可能只用黑色印刷的文档。油墨生产厂商都给客户提供说明他们所有油墨颜色的图表簿和图表，并且给油墨颜色定义了专有名称。InDesign CS3 让用户按照生产厂商的名称来选择颜色。通常，专色也被应用为发亮的清漆或发亮的保护膜。

InDesign CS3 在打印方面还进行了扩展，它支持“合成灰色”和“合成 RGB”，主要用于输出至喷墨打印机、胶片复制机或其他支持 RGB 输出的设备。在输出时还可以设置网屏和网角等相关参数。除此以外，InDesign CS3 还提供了用于专业印刷的“油墨管理器”。使用油墨管理器可以方便的管理分色的 4 色油墨和专色油墨，并设置油墨的特性参数，而无需在“色板”调板中修改。通过它还可以方便地设置油墨的陷印特性，包括透明、不透明和密度等。

7.1.4　油墨

在桌面设计软件所指定的油墨分为两大类：专色油墨和套印油墨。而现行世界上所使用的 4 色墨有 3 种体系，包括亚洲标准、美洲标准及欧洲标准。这 3 种体系是基于不同地区人们对颜色具有不同的喜好建立的。而专色油墨则有几套标准，例如 Pantone、DIC 及 ToyoInk 等，再细分为一般专色、荧光色及金属色。颜色指定有分 4 色及专色，所以设计者应按照印刷油墨来确定设计时使用的颜色，否则有可能无法达到预期效果。

应不同的需求，在大多数软件中有不同的配色系统选择，最为常见的有 PANTONE、TRUMATCH 、FOCOLTONE 、DIC 及 TOYOINK 等，它们分别适用于不同国家、地区。

因此设计配色事情根据印刷时会采用哪一系列的油墨系统来确定设计时选择哪一配色系统，并且应该买一本所选配色系统的颜色版本作为参考，因为在屏幕上所有看到的颜色，可能有一定差别。

1．TRUMATCH

数码印前技术允许用少至 1%的网点值的增量来指定颜色，这扩展了设计者和绘图者能用更多的颜色来创作图片。TRUMATCH 是为了上述原因而设计出来的配色系统，以小幅的 CMYK 增量来组织颜色。

TRUMATCH Swatching System 是专门设计来提高颜色规范精确度的。它提供了超过 2000 种由电脑生成的颜色，这些颜色为原色油墨指定了青、品红、黄和黑色的精确比例。TRUMATCH Swatching System 另一个重要革新是在于它组织颜色的方式，首先是色度（沿着彩色光谱，首先从红色开始），其次是饱和度（从深的、活泼的色调到浅色的色调），再次两度（增建黑色的数量）。

2．FOCOLTONE

FOCOLTONE Color System 是一种选择和匹配颜色的改进方法，主要以每一种色与其他共享多少百分比的青、品红、黄和黑色来分类，因此可以降低补漏白的需求。FOCOLTONE 的色域包括 763 种由 4 原色合成的颜色，4 种原色油墨中每种色调从 5%～85%变化。

3．DIC 及 TOYOINIK

这两套配色系统都是配合日本两件出名的油墨厂商的油墨而设计的，两者都是专色的配色系统，在日本较为流行。

4．PANTONE

PANTONE（中文正式名称为“彩通”，部分人士习惯按译音称呼为“潘通”）配色系统，英文名为 PANTONE Matching System（曾缩写为 PMS），是享誉世界的涵盖印刷、纺织、塑胶、绘图和数码科技等领域的颜色沟通系统，已经成为事实上的国际颜色标准语言。它的专色系统是基于一本颜色版本（PANTONE Color Formula Guide 1000），用 12 种基本油墨合成，可以配成 1012 种 PMS 颜色，而且提供油墨的配方。这套选色手册分为涂布纸和非涂布纸两种，以供选择。

PANTONE 配色系统的所有色板，都是 PANTONE 总部设在美国新泽西州卡尔士达特（Carlstadt，New Jersey）的自设工厂统一印制的，它能保证在世界各地发行的 PANTONE 色板完全一致，而且由于其制作工艺的复杂性和特殊性，至今还没听说有人仿制或假冒的。经过近 40 年的发展，PANTONE 公司的产品广泛的应用于世界各地。有了 PANTONE 配色系统，世界任何地方的客户，只要指定一个 PANTONE 颜色编号，之后只需查一下相应的 PANTONE 色卡，就可找到他所需颜色的色板，按他要求的颜色制作产品。许多油墨生产厂家和软件厂商声称他们的产品遵循 PANTONE 颜色标准，这意味着设计师能用桌面软件创作一幅彩色图片，并且放心的知道，即使屏幕上显示的颜色与颜色版本上的颜色有差异，但如果采用适当的专色油墨去印刷，印刷品上的颜色将与所期望的颜色相当接近。

然而，要注意那些宣称 PANTONE Certified 的桌面打印机仅仅能产生近似的 PMS 专色，因为 CMYK 能产生的颜色有限。

除了广为人知的专色系统以外，PANTONE 还推出一个基于 CMYK 颜色规范系统—PANTONE Process Color System，它是按 CMYK 的颜色比例标明 3000 多种颜色。前 2000 种是亮色合成的情况，剩下的是 3 色合成或 4 色合成。所有的颜色都基于 4 色油墨所能产生的颜色规范。

如采用 PANTONE 的专色系统配色后，转为 4 色印刷时，会有很多颜色不对的问题出现，因为 PANTONE 专色的组合中，只有约 50%可由 CMYK 模拟。为了要想获得准确的颜色，查阅 PANTONE Process Color Imagin Guide，它在每种专色旁边附上了用 4 原色所能生成的最接近的颜色版品，这本颜色版本对设计者非常重要，因为它实际的显示了许多用 CMYK 4 色方式合成而产生的专色。

PANTONE Hexachrome 是近年为配合高保真颜色 Hi-Fi Color 而设计的配色系统，其主要组合是由 4 原色加入专色橙和专色绿共 6 个色，由此组合可产生的颜色，能达到 95%PANTONE 专色效果。以前可能需要更多的专色才能达到的效果，现在只用 6 种原色合成就可以做到。

PANTONE 本身也是印刷品，同样会受到印刷条件的影响，所以其每一产品的色泽会有所不同。不可否认 PANTONE 是较为普遍的配色系统指南，给予印刷业统一的准则，然而有了它并不代表所选用的颜色会毫无偏差，当中还有印刷机、纸张、墨种、印刷技术师的经验、配色系统的色准的原因，会影响其色准。

7.2 选取颜色

在 InDesign CS3 中选取颜色的方法很多。可以在工具箱中的“填充”框和“描边”框中设置对象的颜色和描边效果，也可以在“色板”调板中选择存储的颜色，为对象添加颜色效果，还可以通过“渐变”调板为对象添加渐变色。在本节中将详细介绍选取颜色的方法。

7.2.1 在工具箱中选取颜色

在工具箱的底部可以设置对象的颜色，如图 7-5 所示。其中“填充”框和“描边”框可以设置对象的颜色和描边效果。“格式针对容器”按钮或“格式针对文字”按钮可以设置文本框的颜色或文本的颜色。“应用颜色”按钮为对象填充纯色。“应用渐变色”按钮为对象填充渐变色。“应用无”按钮可以使对象不应用颜色。

图 7-5 工具箱

1. 使用“填充”框和“描边”框设置颜色

1）启动 InDesign CS3，执行“文件”→“打开”命令，打开本书附带光盘\Chapter-07\“卡通轮廓.indd”文件，如图 7-6 所示。

图 7-6 素材文件

2）使用“选择”工具选择路径，接着双击工具箱中的“填充”框，打开“拾色器”对话框，如图 7-7 所示。

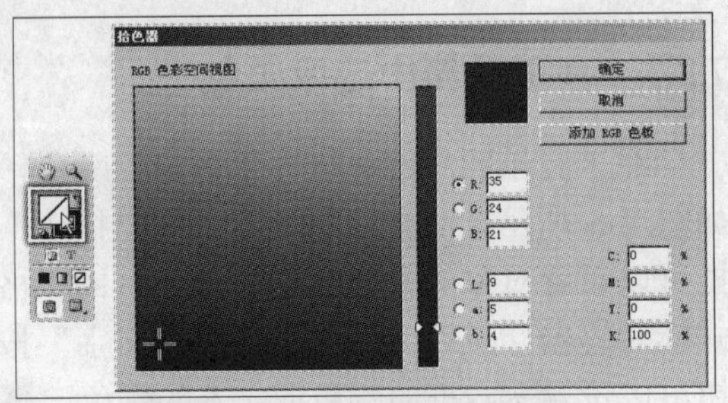

图 7-7 “拾色器”对话框

3）参照图 7-8 所示设置对话框的参数，调整图像的颜色，然后单击“确定”按钮，更改“填充”框的颜色。观察文档可以看到选中图像颜色随之也发生了变化。那么也就是选择对象后更改“填充”框的颜色，可以更改该对象的颜色。

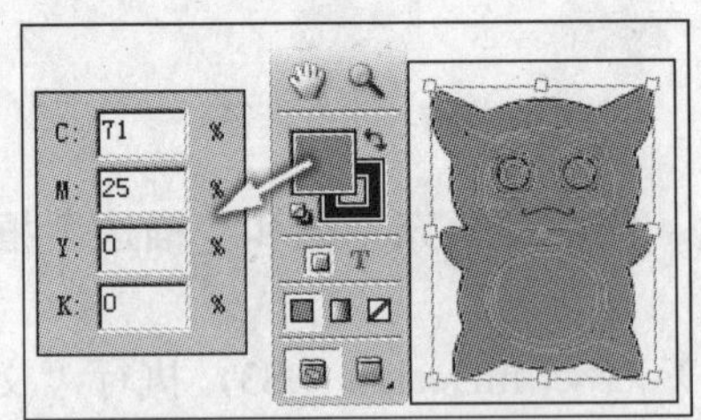

图 7-8 为图像填充颜色

4）在工具箱中单击“描边”框，使“描边”框完全显示，如图 7-9 所示。

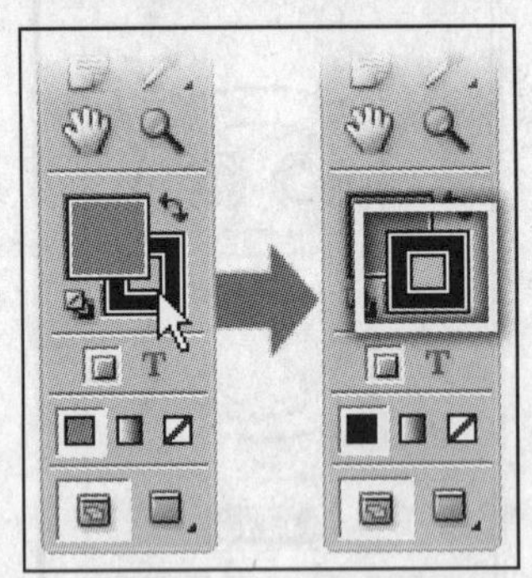

图 7-9 选择“描边”框

5）双击“描边”框打开“拾色器”对话框，设置对话框的参数，然后单击“确定”按钮，设置选择路径边缘的颜色，如图 7-10 所示。

图 7-10 设置路径的描边效果

6）单击工具箱中的“互换填充和描边”图标，使“填充”框颜色和“描边”框颜色相互交换，同样使选择对象的描边颜色和填充色互换，如图 7-11 所示。

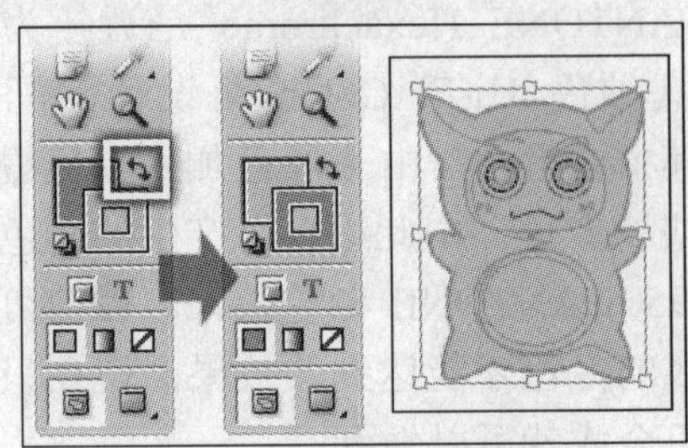

图 7-11 互换颜色

7）单击工具箱中的“默认填色和描边”图标，将“填充”框和“描边”框的颜色恢复到默认时的状态，同样使选择的图像发生改变，如图 7-12 所示。

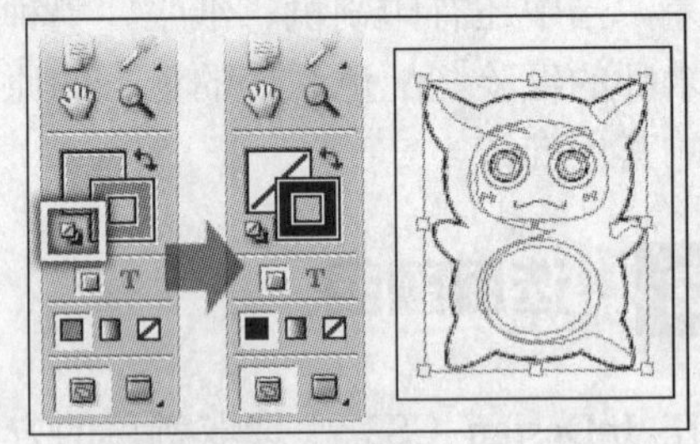

图 7-12 “默认填色和描边”图标

2．“格式针对容器”按钮和“格式针对文字”按钮

1）选择文档中的文本。单击“格式针对文本”按钮，这时“填充”框和“描边”框中出现了一个 T 字母，表示设置文

本框中文本的颜色或描边的效果，如图 7-13 所示。

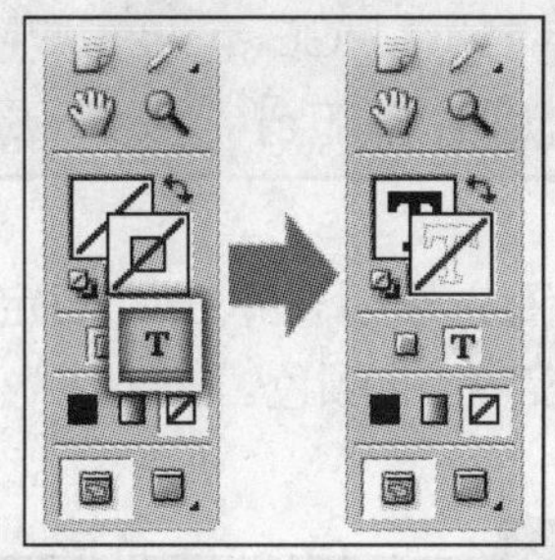

图 7-13　选择“格式针对文本”按钮

2）设置“填充”框的颜色，更改文本的颜色，效果如图 7-14 所示。

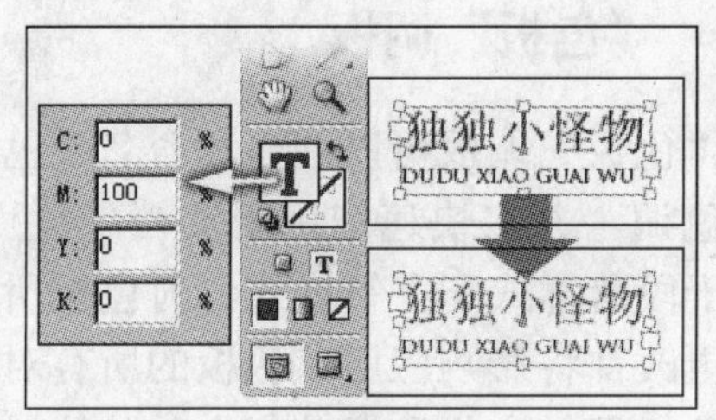

图 7-14　设置文本的颜色

3）选择“格式针对容器”按钮，设置文本框的颜色和描边效果。然后设置“填充”框的颜色，为文本框填充颜色，如图 7-15 所示。

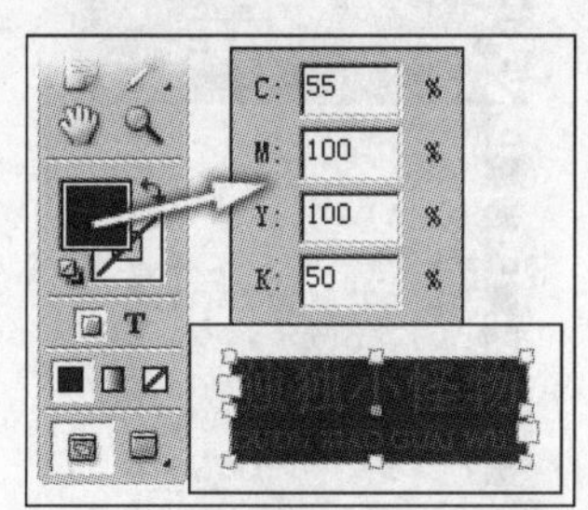

图 7-15　设置文本框的颜色

3．“应用渐变色”按钮和“应用无”按钮

1）单击“应用渐变色”按钮，可以为选择的图像填充渐变色，如图 7-16 所示。

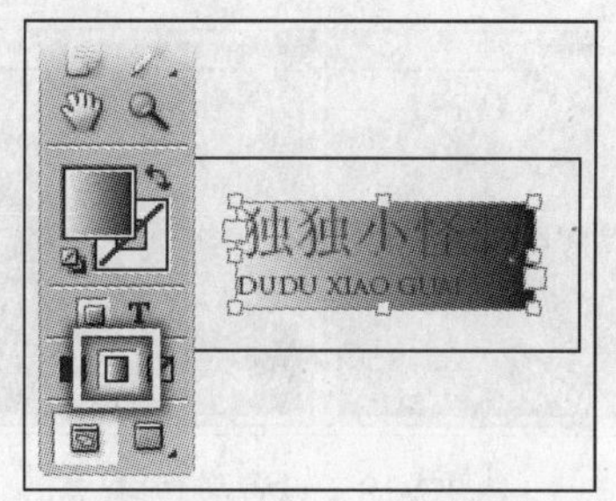

图 7-16　应用渐变色

2）单击“应用无”按钮，使选择的对象不应用颜色，如图 7-17 所示。

图 7-17　取消颜色

7.2.2　拾色器

使用“拾色器”可以从颜色色谱中选择颜色，或以数字方式指定颜色。可以使用 RGB、Lab 或 CMYK 颜色模型定义颜色。

1）在文档的空白处单击，取消路径的选择。双击“填充”框，打开“拾色器”对话框，如图 7-18 所示。

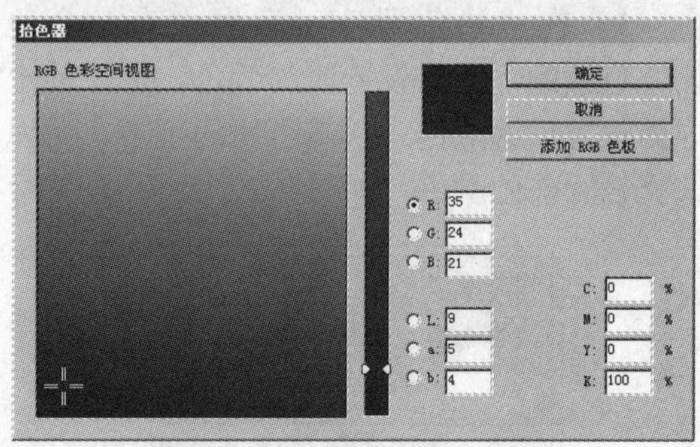

图 7-18　“拾色器”对话框

2）在“RGB 色彩空间视图”中单击，设置颜色中绿和蓝的成份，如图 7-19 所示。

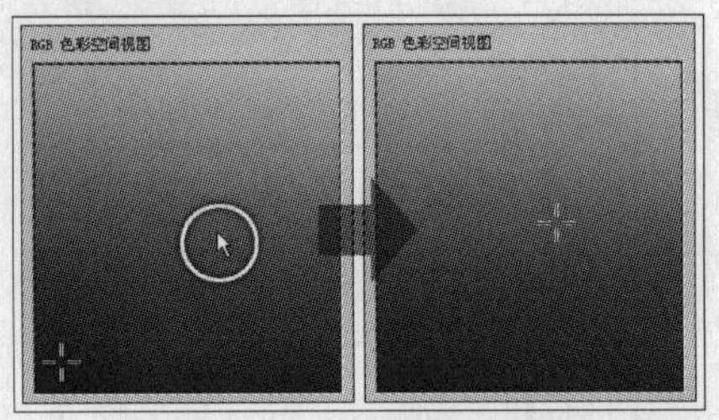
图 7-19　设置颜色

3）然后拖动右侧颜色条上三角滑块，设置颜色中红色的成份，如图 7-20 所示。

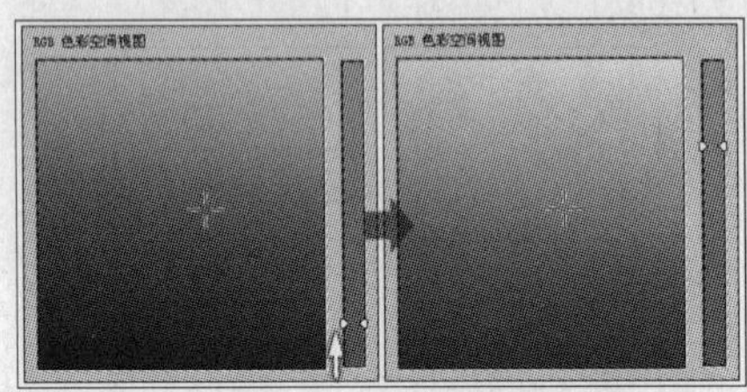
图 7-20　拖动滑块

4）也可以在右侧的文本框中输入数值，对颜色进行设置，如图 7-21 所示。

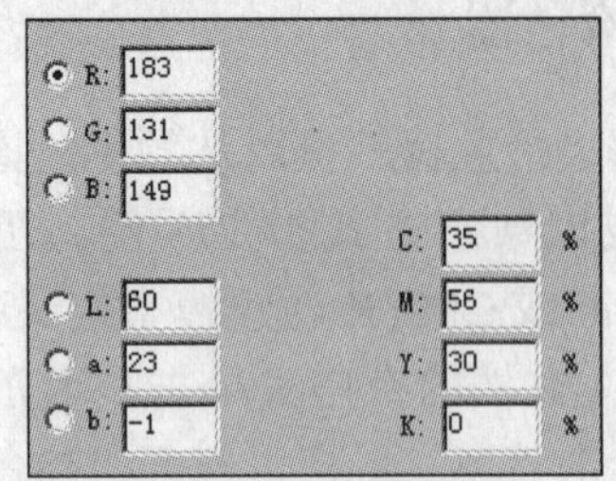

图 7-21　设置颜色

5）在“拾色器”对话框中有一个色块，色块的下方为设置前的颜色，色块的上方为设置后的颜色。单击色块的下方，可以选择设置前的颜色，如图 7-22 所示。

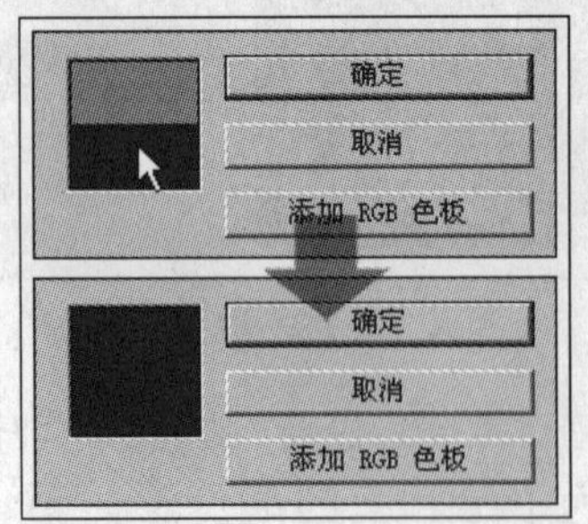

图 7-22　原来的颜色

提 示

单击“添加 RGB 色板”按钮，可以将设置好的颜色添加到“色板”调板中。

6）设置完毕后，单击“确定”按钮，设置“填充”框的颜色。

提 示

当文档中没有选择对象时，设置的“填充”框颜色将为默认的颜色。

7.2.3　“色板”调板

“色板”调板可以创建和命名颜色、渐变或色调，并将快速应用于文档。“色板”类似于段落样式和字符样式，对色板所做的任何更改都将影响应用该色板的所有对象。使用色板无需定位和调节每个单独的对象，从而使得修改颜色方案变得更加容易。

1. 使用“色板”调板

1）执行“窗口”→“色板”命令，打开“色板”调板，如图 7-23 所示。

图 7-23　“色板”调板

2）使用“选择”工具参照图 7-24 所示选择相应的路径，然后单击“色板”调板中的颜色，即可将相应的颜色填充到图像中。

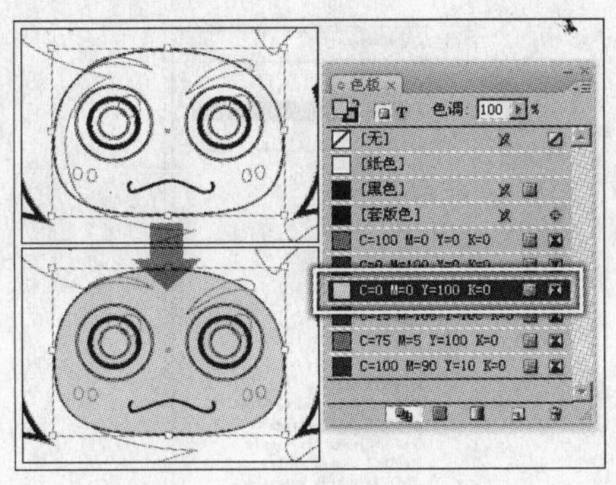

图 7-24　选择相应的路径

3）确认刚刚的图像为选择状态。在“色板”调板中单击“无”色板，使选择的路径图像不填充颜色，如图 7-25 所示。

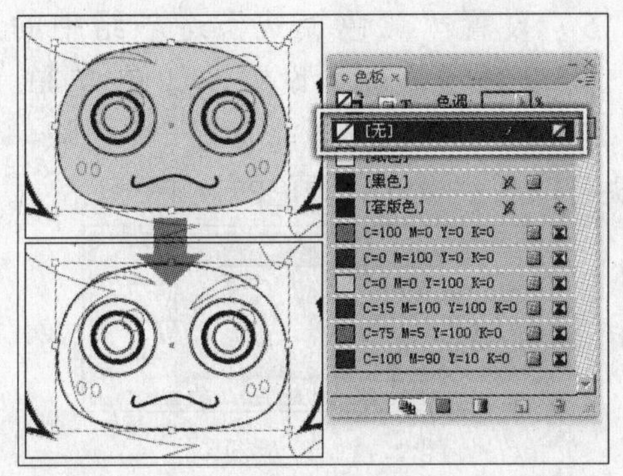

图 7-25　不填充颜色

提 示

在“色板”调板中还有 3 个较为特殊色板，为“纸色”色板、“黑色”色板和“套版色”色板。“纸色”色板使应用该色板的对象不印刷而显示纸张的颜色。应用“黑色”色板将使用该色板的对象用 100%的黑色油墨叠印。“套版色”色板是使对象可在 PostScript 打印机的每个分色中进行打印的内建色板，最好不要使用这种颜色来绘画。

4）使用“选择”工具选择路径。接着单击“色板”调板左上角的“描边”框，然后单击颜色选项，即可为路径的边缘添加颜色，如图 7-26 所示。

图 7-26　添加“描边”效果

5）确认路径为选择状态。单击“色板”调板左上角的“填充”框，然后单击颜色选项，将为路径填充颜色，如图 7-27 所示。

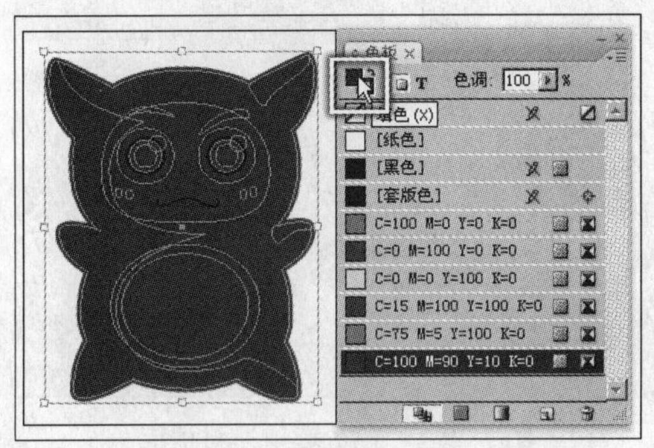

图 7-27　填充颜色

6）然后为卡通图案的脸和肚皮部分填充颜色，如图 7-28 所示。

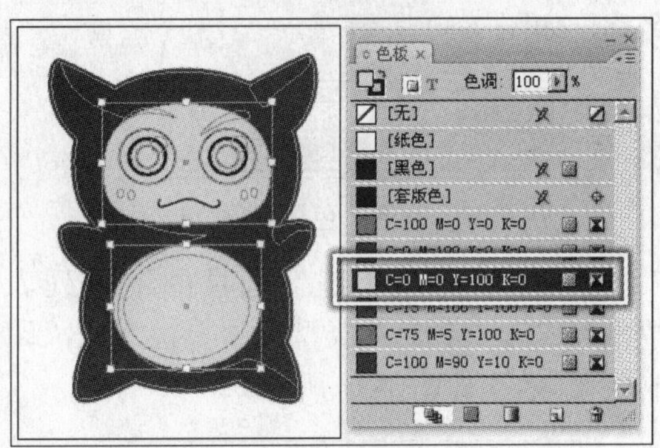

图 7-28　填充颜色

提 示

如果需要为文本框填充颜色，可以选择“格式针对容器”按钮，即可为文本框填充颜色。

2. 更改“色板”调板中的颜色

“色板”调板中的颜色并不是固定的，可以根据需要更改色板中的颜色，以方便下次使用。对“色板”调板的更改仅保存在当前文档中。下面通过操作演示更改“色板”调板颜色的方法。

1）在“色板”调板的黄色色板上双击，打开“色板选项”对话框，如图 7-29 所示。

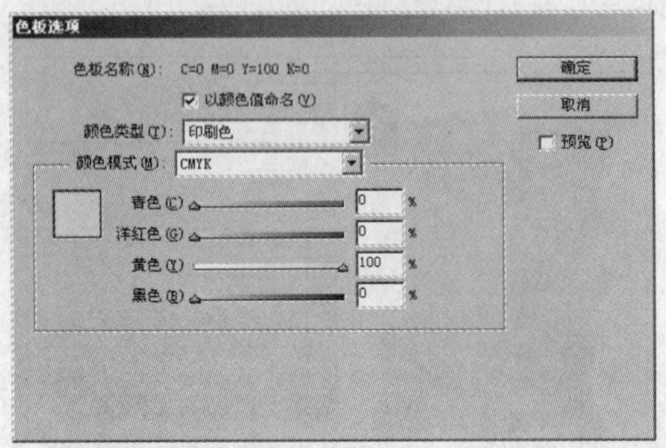

图 7-29 “色板选项”对话框

2）单击“以颜色值命名”选项，取消该选项的复选。“色板名称”选项为可用状态，在文本框中输入文本，可以设置颜色的名称，如图 7-30 所示。

图 7-30 设置“色板名称”选项

3）在“颜色类型”选项的下拉列表中，可以设置颜色的类型为“专色”或“印刷色”，效果如图 7-31 所示。

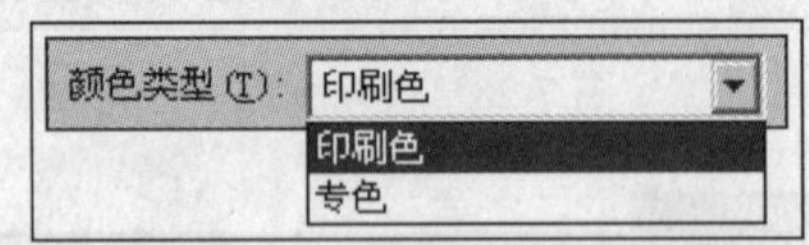

图 7-31 “颜色类型”选项

4）单击“颜色模式”选项的下拉按钮，在弹出的下拉列表中，可以设置颜色的模式，如图 7-32 所示。

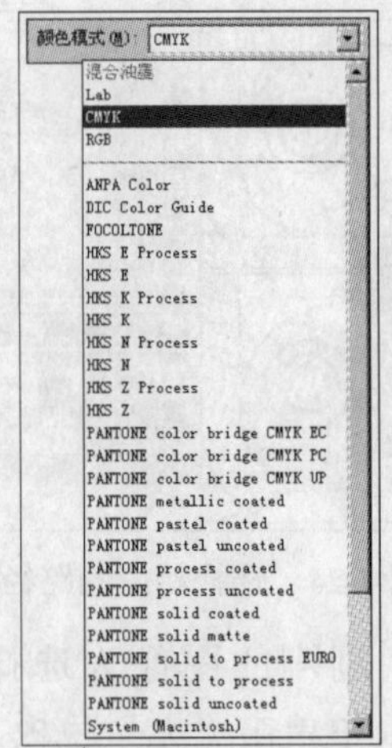

图 7-32 “颜色模式”选项

5）设置“颜色模式”选项组中的选项，可以对颜色进行设置，如图 7-33 所示。在设置颜色的选项前方有一个色块，该色块可以观察设置后颜色的效果。

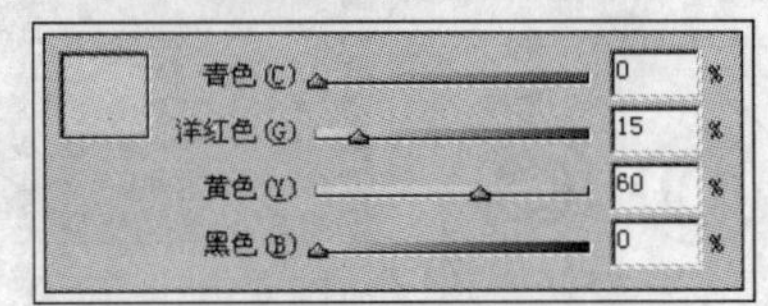

图 7-33 设置颜色

6）设置完毕后，单击“确定”按钮，关闭“色板选项”对话框，更改色板调板中的颜色。

7）观察文档中的图像，可以看到应用该颜色的路径，随着颜色改变而发生变化，如图 7-34 所示。

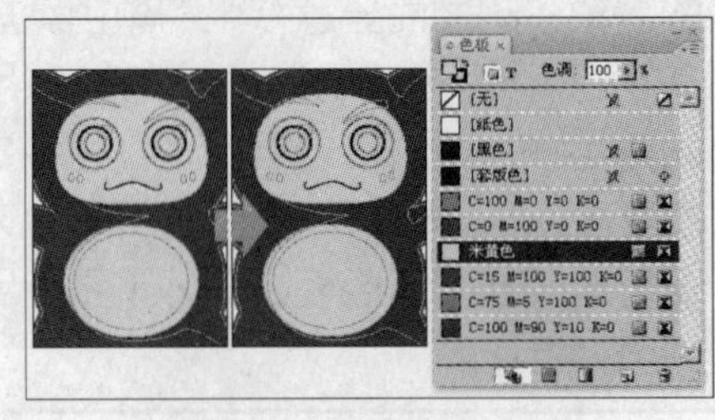

图 7-34 更改颜色

3. 油墨混合

当需要使用最少数量的油墨获得最大数量的印刷颜色时，可以通过混合两种专色油墨或将一种专色油墨与一种或多种印刷油墨混合来创建新的油墨色板。使用混合油墨颜色，可以增加可用颜色的数量，而不会增加用于印刷文档的分色的数量。在创建混合油墨颜色时，要注意“色板”调板中要有专色，才可以创建混合油墨颜色。

1）单击“色板”调板底部的“新建色板”按钮，新建一个色板，如图 7-35 所示。

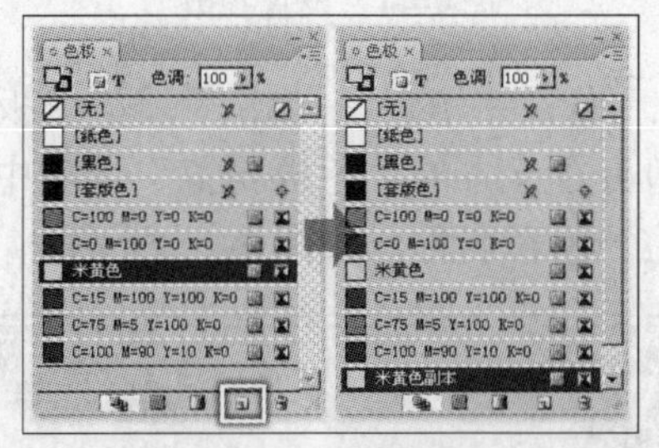

图 7-35　新建色板

2）双击新建的色板，打开“色板选项”对话框，参照图 7-36 所示设置对话框，创建专色色板。

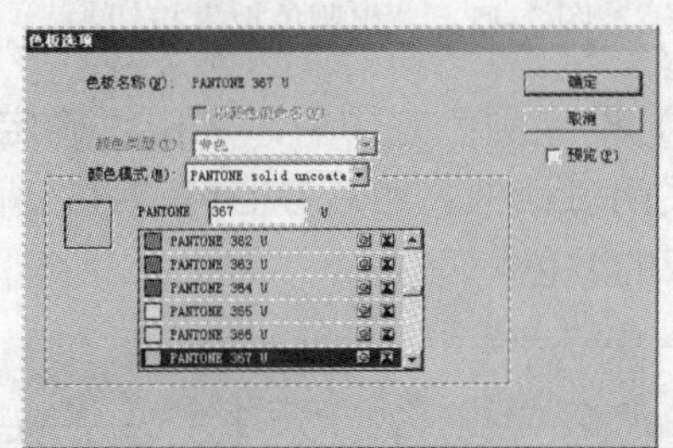

图 7-36　创建专色色板

3）然后参照图 7-37 所示，为图像填充颜色。

图 7-37　为图像填充颜色

4）接着单击“色板”调板右上角的按钮，在弹出的快捷菜单中执行“新建混合油墨色板”命令，打开“新建混合油墨色板”对话框，如图 7-38 所示。

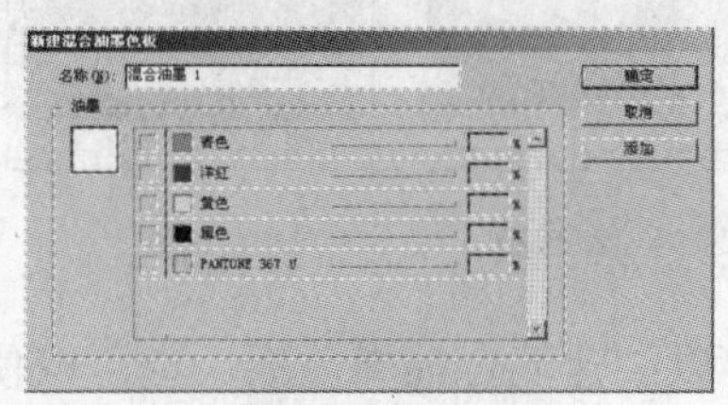

图 7-38　“新建混合油墨色板”对话框

5）在“名称”选项的文本框中输入文本，可以设置色板的名称，也可以保持该选项的默认状态。

6）在洋红、黄色和专色前单击，这时在颜色前方出现了带加号的印章图标，表示这些颜色混合，如图 7-39 所示。

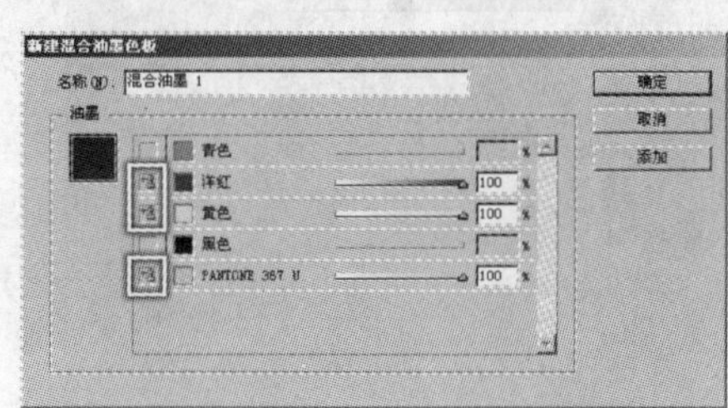

图 7-39　设置选项

7）拖动滑块或在文本框中输入文字，可以设置油墨的颜色，如图 7-40 所示。

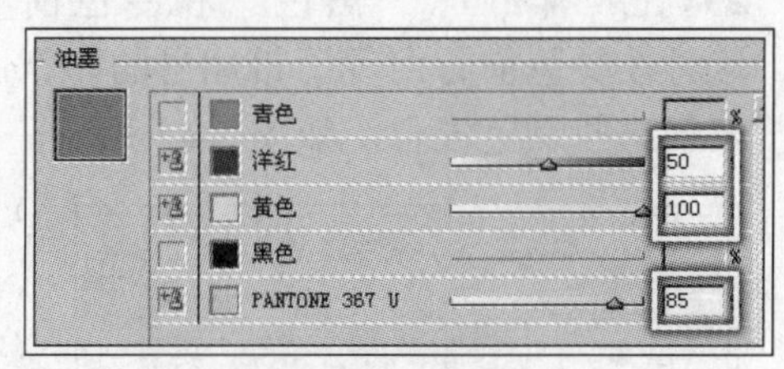

图 7-40　设置油墨的颜色

8）设置完毕后，单击“确定”按钮，关闭对话框，创建油墨颜色。

9）参照图 7-41 所示为图像填充颜色。

图 7-41　为图像填充颜色

可以创建混合油墨色板，也可以使用混合油墨组一次生成多个色板。混合油墨组可以创建一系列由百分比不断递增的不同印刷油墨和专色油墨创建的颜色。

1）单击“色板”调板右上角的▾≡按钮，在弹出的快捷菜单中执行“新建混合油墨组”命令，打开“新建混合油墨组”对话框，如图 7-42 所示。

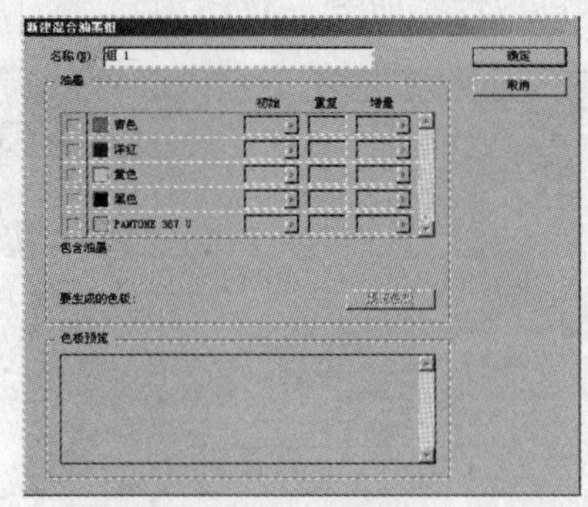

图 7-42　“新建混合油墨组”对话框

2）在“洋红”、“黑色”和专色前单击，这时在颜色前方出现了带加号的印章图标，表示这些颜色混合，如图 7-43 所示。

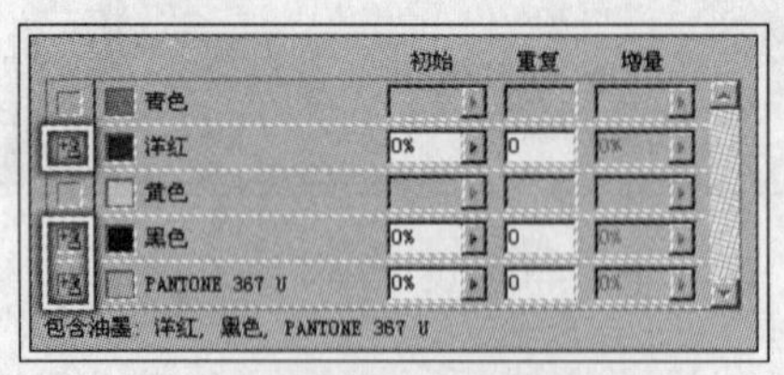

图 7-43　设置油墨颜色

3）在“初始”选项的文本框中输入数值，设置混合油墨的数量。接着在“重复”选项中输入数值，然后设置“增量”，如图 7-44 所示。

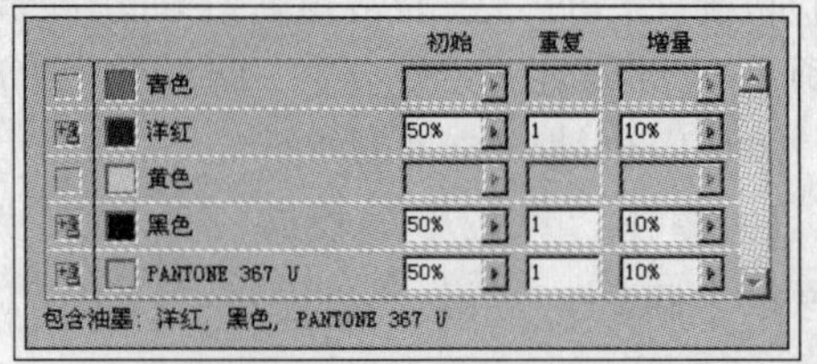

图 7-44　设置参数

4）设置完毕后，单击“预览色板”按钮，即可在下方的“色板预览”选项中显示色板的颜色和名称，如图 7-45 所示。

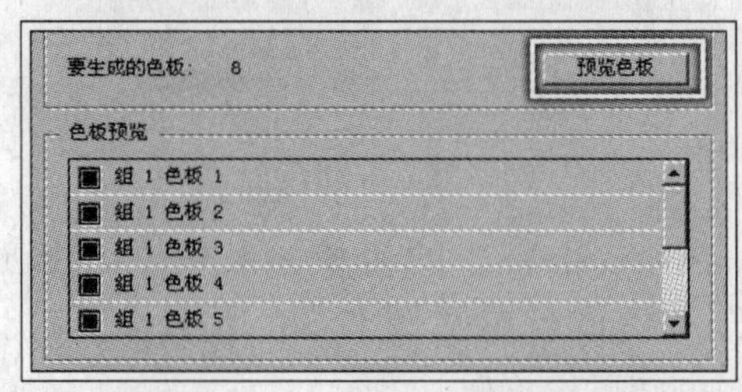

图 7-45　“预览色板”按钮

5）设置颜色完毕后，单击“确定”按钮，关闭对话框。然后参照图 7-46 所示设置图像的颜色。

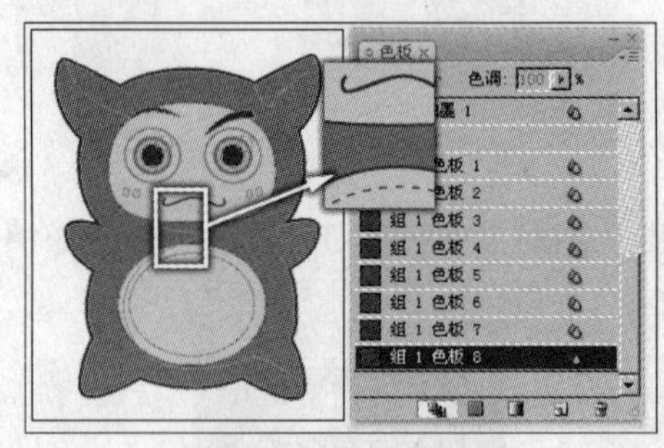

图 7-46　设置图像的颜色

4. 删除色板

1）拖动“米黄色”色板到“色板”调板底部的 “删除色板”按钮上。当删除的色板在文档中使用，就会弹出“删除色板”对话框，如图 7-47 所示。

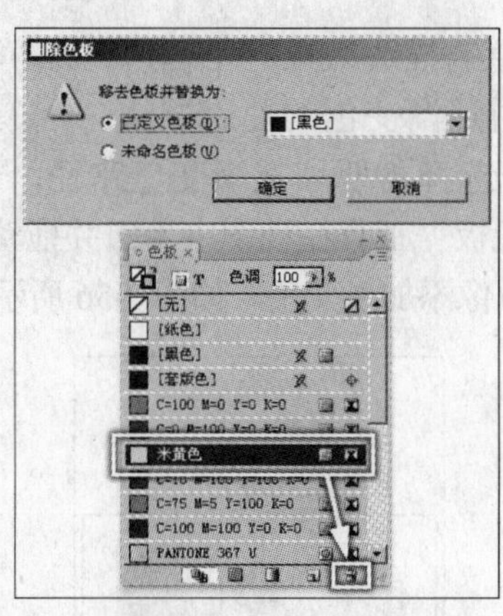

图 7-47 删除色板

2）单击“已定义色板”选项后的下拉按钮，弹出“色板”调板中色板的列表，在其中可以选择删除该颜色后替换的颜色。如果仍需要该颜色填充，可以选择“未命名色板”选项，如图 7-48 所示。

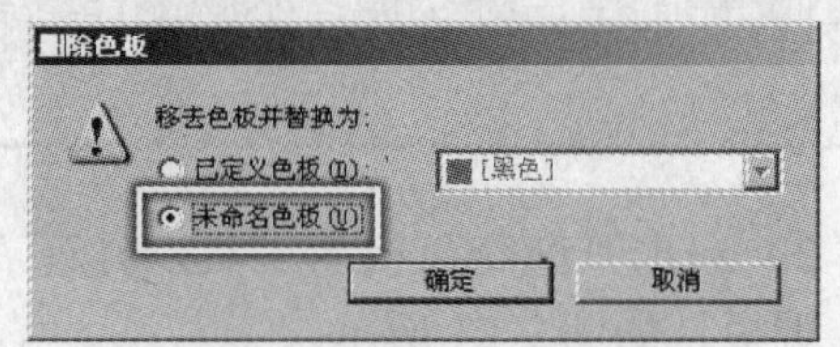

图 7-48 “删除色板”对话框

3）设置完毕后，单击“确定”按钮，关闭对话框，将该色板删除，如图 7-49 所示。

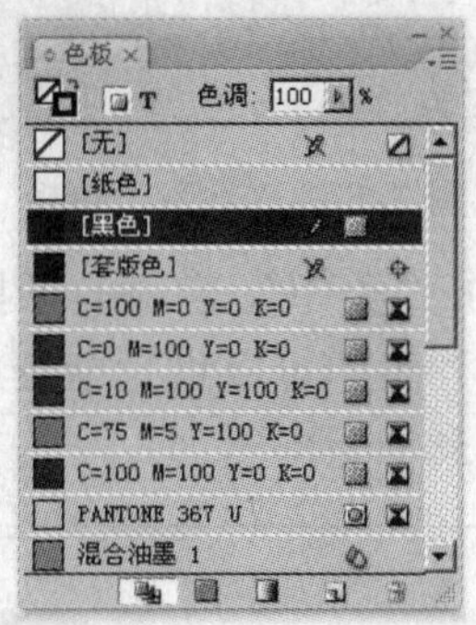

图 7-49 删除色板

7.2.4 “颜色”调板

“颜色”调板显示当前填充色和描边色的颜色值。使用“颜色”调板中的滑块，可以对颜色进行调整，也可以从显示在调板底部的四色曲线图中的色谱中选取颜色。在“颜色”调板中提供了多种颜色模式方便读者设置颜色。

1）参照图 7-50 所示选择路径并填充颜色。

图 7-50 选择路径并填充颜色

2）执行“窗口”→“颜色”命令，打开“颜色”调板，如图 7-51 所示。

图 7-51 “颜色”调板

3）单击“颜色”右上角的按钮，在弹出的菜单中执行 CMYK 命令，使调板中的颜色模式更改为 CMYK 模式，如图 7-52 所示。

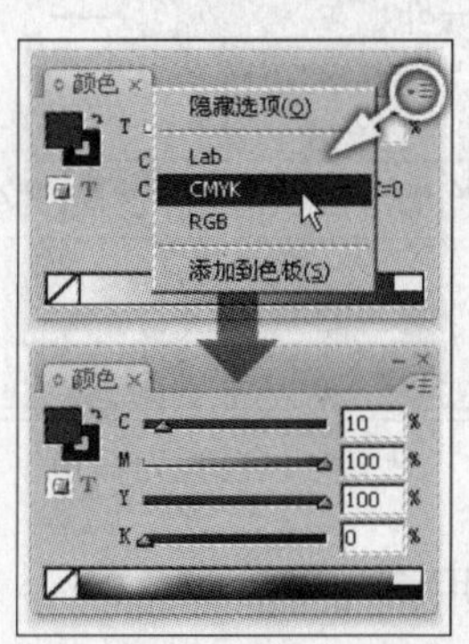

图 7-52 更改颜色模式

4）确认刚刚选择的路径仍为选择状态，然后设置“颜色”调板中的选项，调整路径的颜色，如图 7-53 所示。

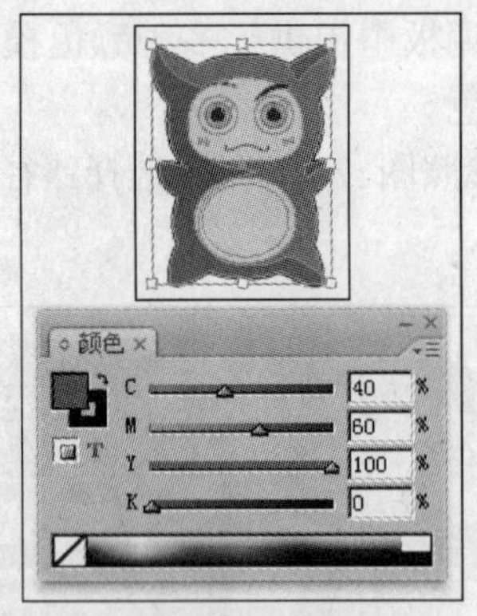

图 7-53 设置颜色

5）参照图 7-54 所示选择路径，然后在“颜色”调板的“色谱”中，当鼠标指针成状时单击，可以设置图像的颜色。

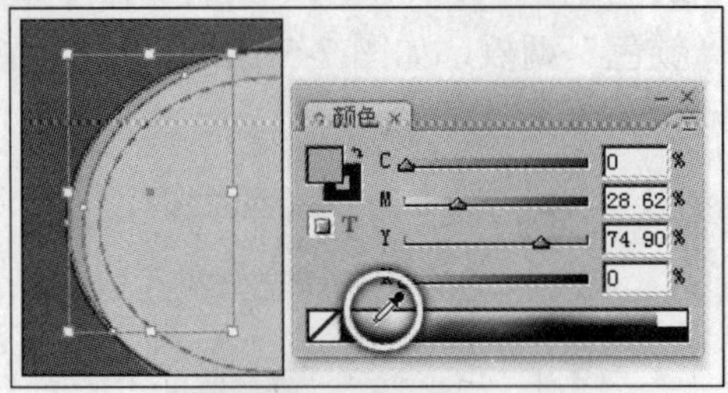

图 7-54 设置颜色

6）在色谱的右侧为黑色和白色，单击即可设置对象颜色为黑色或白色，如图 7-55 所示。

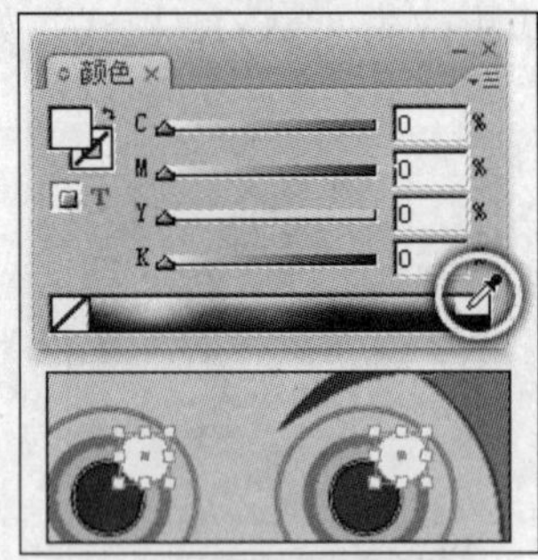

图 7-55 设置为白色

7.2.5 应用渐变色

渐变是两种或多种颜色之间或同一颜色的两个色调之间的逐渐混和。在 InDesign CS3 中可以为对象填充渐变色，也可以为对象添加渐变色的描边效果。下面以对象填充渐变色为例讲述渐变色的使用方法。

1）选择需要填充渐变色路径，选择“渐变色板”工具在视图中单击并拖动鼠标，即可为图像添加渐变色，如图 7-56 所示。

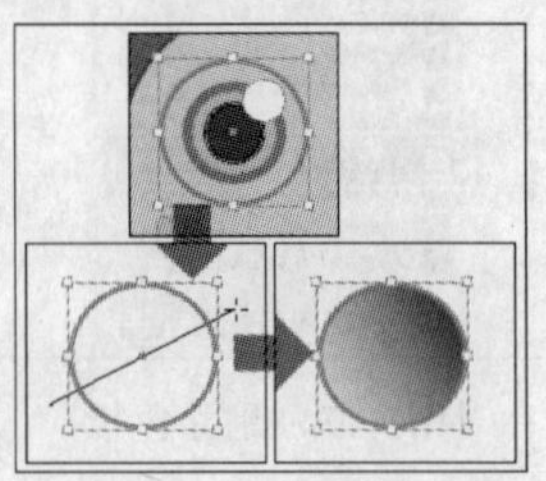

图 7-56 添加渐变色

提 示

为了便于读者观察，暂时将该路径移动到文档的空白处，读者不必制作这一步。

2）双击“渐变色板”工具，打开“渐变”调板，如图 7-57 所示。

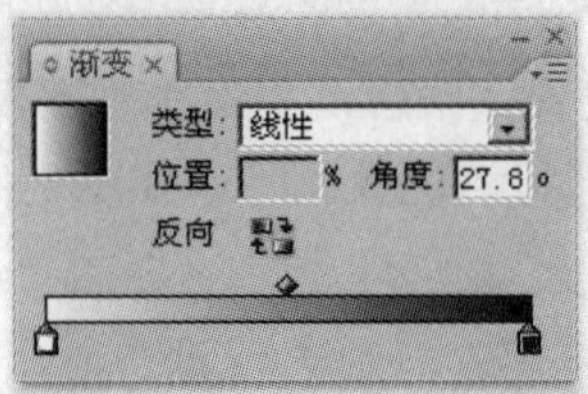

图 7-57 “渐变”调板

3）单击“类型”选项的下拉按钮，在弹出的下拉列表中可以设置渐变色填充的方式，如图 7-58 所示。

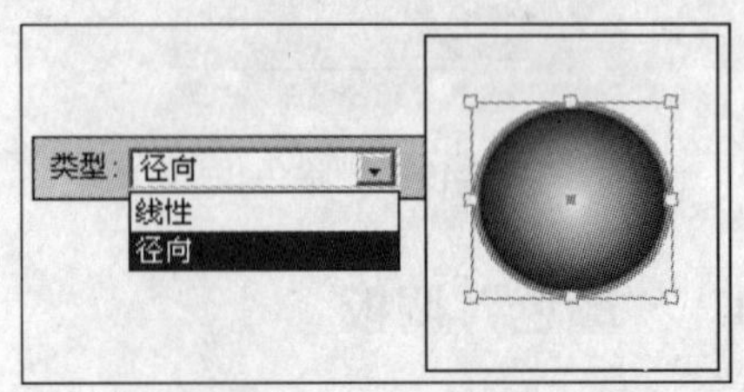

图 7-58 设置“类型”选项

4）单击“反向渐变”按钮，可以使

渐变色起点颜色和终点颜色互换，如图 7-59 所示。

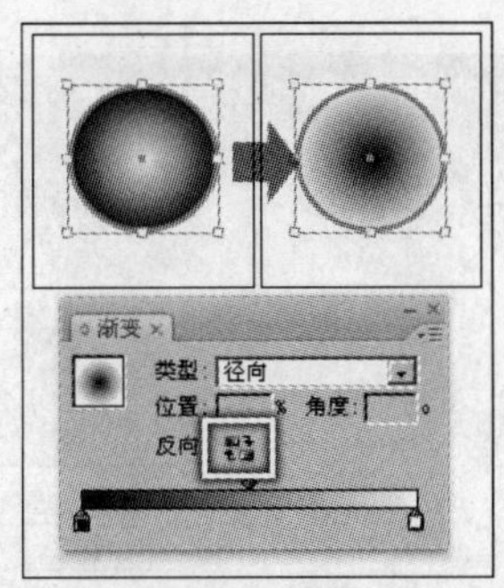

图 7-59 “反向渐变”按钮

5）单击“渐变”调板底部渐变条上的色标，然后双击工具箱上的“填充”框，打开“拾色器”对话框设置色标的颜色，如图 7-60 所示。

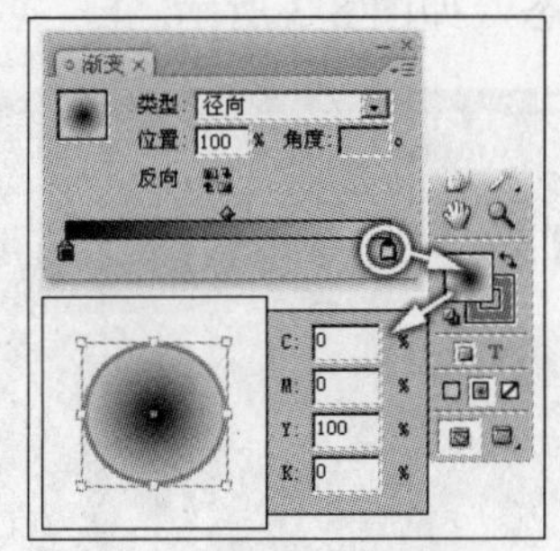

图 7-60 设置色标的颜色

6）在渐变条下单击，可以为渐变色添加色标，如图 7-61 所示。

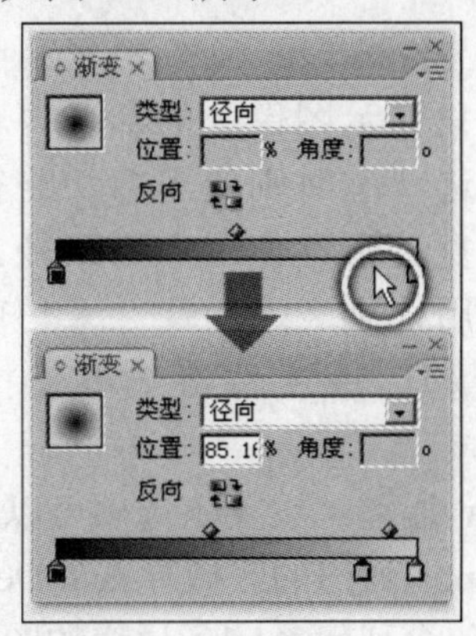

图 7-61 添加渐变色标

7）在渐变条上拖动色标的位置，可以调整该颜色的位置，如图 7-62 所示。

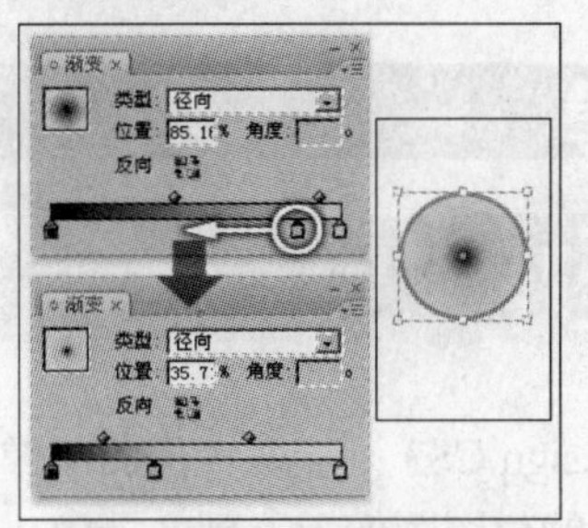

图 7-62 调整颜色的位置

8）拖动渐变条上方的◆图标，可以调整渐变色中心的位置，如图 7-63 所示。

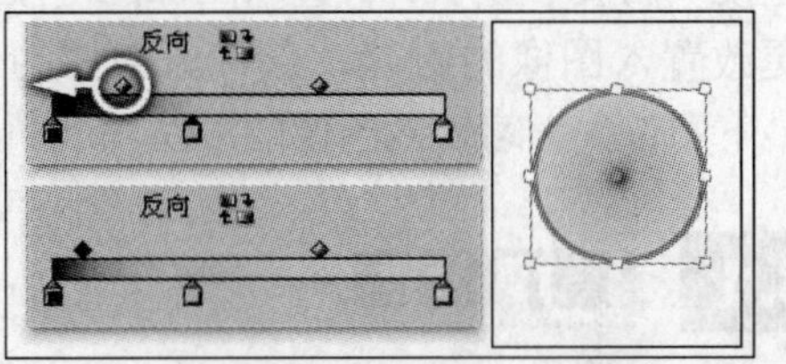

图 7-63 调整渐变色的中心位置

9）使用“吸管”工具，为卡通图案的另一只眼睛添加渐变色，效果如图 7-64 所示。

图 7-64 添加渐变效果

10）至此该实例已经制作完成，效果如图 7-65 所示。如果读者在制作过程中遇到什么问题，可以打开本书的附带光盘\Chapter-07\“卡通形象.indd”文件。

图 7-65 完成效果

第 8 章 图像处理

InDesign CS3 不能编辑位图图像，但可以将编辑好的位图图像置入到文档中。通过“自由变换”工具、“选择”工具和“直接选择”工具，可以调整图像的大小或隐藏图像，并且提供了“链接”调板来更好的管理图像。在“链接”调板中显示所有置入图像的链接，可以更改置入图像的内容，查询原图像的位置等。下面首先学习置入图像的方法。

8.1 置入图像

在 InDesign CS3 中可以将文本导入，同样可以将图像导入到文档中。导入不同格式的图像，会有不同的选项，对选项设置不同，导入图像的效果也不同。在本节中将详细介绍导入各种格式的图像时，各个选项的设置方法。

8.1.1 置入 Photoshop 图像

1）启动 InDesign CS3，执行“文件”→“新建”→“文档”命令，新建一个 A4 大小 1 页不分栏的空白文档。

2）执行“文件”→“置入”命令或者按下<Ctrl+D>键，打开“置入”对话框，选择本书附带光盘\Chapter-08\“天空.psd”文件，接着将“显示导入选项”复选，如图 8-1 所示。

图 8-1　置入对象

3）单击“打开”按钮，弹出“图像导入选项”对话框，如图 8-2 所示。

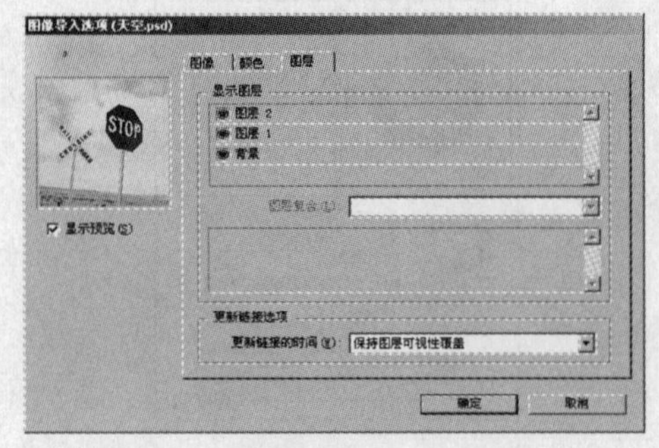

图 8-2　“图像导入选项”对话框

显示图层：单击该选项中的“眼睛”图标，设置图像中图层的显示状态。

4）单击“图像”图标，设置相关图层显示的状态，如图 8-3 所示。

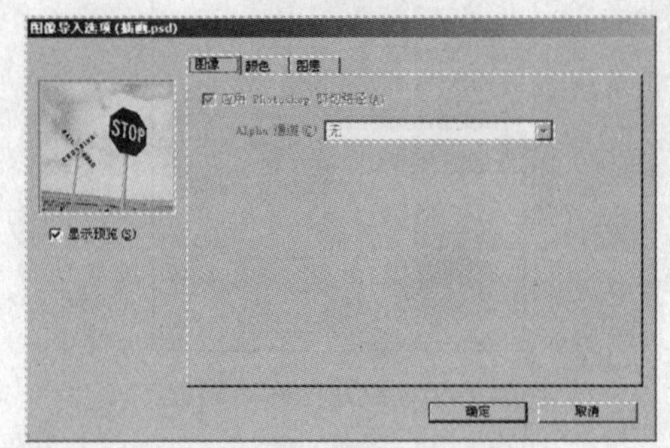

图 8-3　“图像”选项

应用 Photoshop 剪切路径：使用剪切路径可以只显示图像中的部分内容。当该选项为复选状态时则使用剪切路径，取消该选项的复选则不使用剪切路径。如果此选项不可用，则表示图像并未与剪切路径存储在一起，或文件格式不支持剪切路径。

Alpha 通道：设置该选项可以将图像中存储为 Alpha 通道的区域导入 InDesign CS3 中。对不包含任何 Alpha 通道的图像此选项不可用。

提 示

剪切路径可以裁切掉部分图像，将图像透过创建的路径形状显示出来。通过创建图像的路径和图形的框架，可以创建剪切路径来隐藏图像中不需要的部分。通过使用“直接选择”工具可以对剪切路径进行调整。

5）选择“颜色”标签，打开相关选项，如图 8-4 所示。

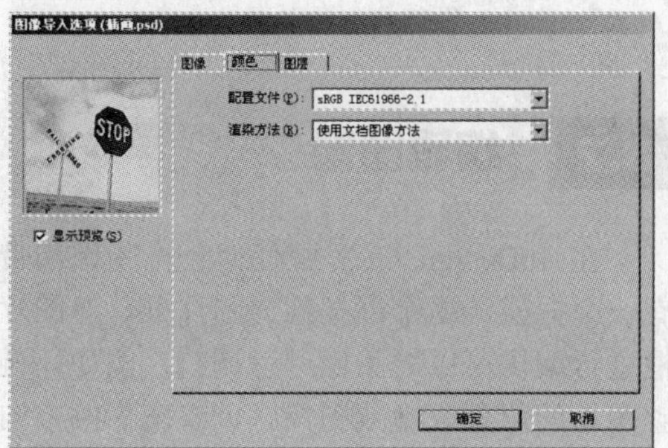

图 8-4 “颜色”选项

配置文件：设置与导入文件色域匹配的颜色源配置。

渲染方法：选择将图像的颜色范围调整为输出设备的颜色范围时要使用的方法。

6）设置完毕后，单击“确定”按钮，关闭对话框。鼠标指针显示出图像的缩览图，然后在页面中单击，即可将图像导入到文档中，如图 8-5 所示。

图 8-5 导入图像

8.1.2 置入 PDF 图像

1）执行“文件”→“置入”命令，打开“置入”对话框，选择本书附带光盘\Chapter-08\“PDF 文件.pdf”文件，如图 8-6 所示。

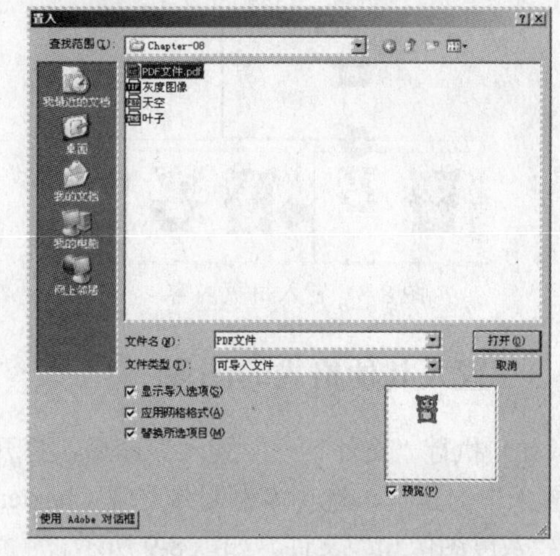

图 8-6 “置入”对话框

2）接着单击“打开”按钮，弹出“置入 PDF”对话框，如图 8-7 所示设置对话框。

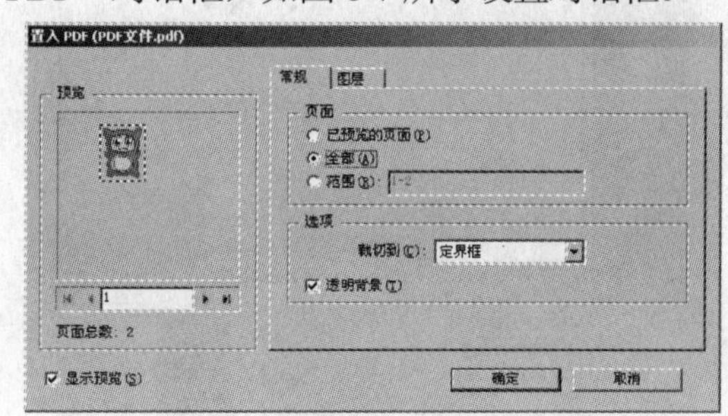

图 8-7 “置入 PDF”对话框

预览：在该选项下方的文本框中输入数值，可以将该页的内容显示。

页面：设置将 PDF 文件中哪些页的内容导入到文档中。选择“已预览的页面”，将预览的页面导入；选择“全部”，将全部内容导入；选择“范围”，在文本框中输入数值，可以将选择的页面导入。

选项：设置导入文件显示的内容。在“裁切到”选项的下拉列表中设置导入图像的范围。“透明背景”选项复选，导入的图像内容以外的内容设置为透明。

3）设置完毕后，单击“确定”按钮。鼠标指针显示图像的缩览图，然后在视图中单击，每次单击将导入其中一页的内容，效果如图 8-8 所示。

图 8-8　置入每页内容

8.1.3　置入其他格式的图像

1）执行“文件”→“置入”命令，打开“置入”对话框，选择本书附带光盘\Chapter-08\“灰度图像.tif”文件，如图 8-9 所示。

图 8-9　“置入”对话框

2）单击“打开”按钮，打开“图像导入选项”对话框，如图 8-10 所示。

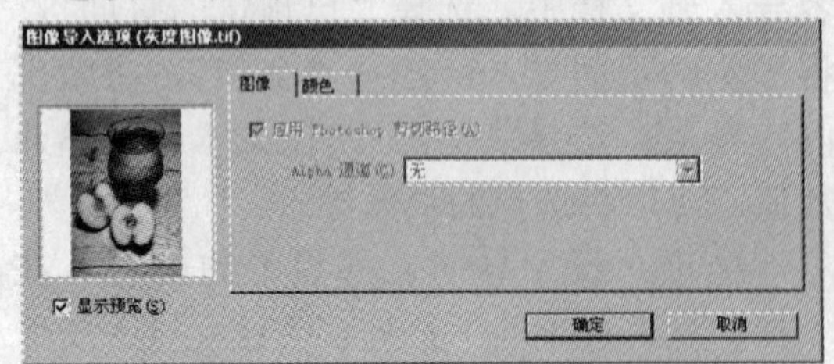

图 8-10　“图像导入选项”对话框

3）设置完毕后，单击“确定”按钮，关闭对话框。在视图中单击，即可将该图像导入到文档中，如图 8-11 所示。

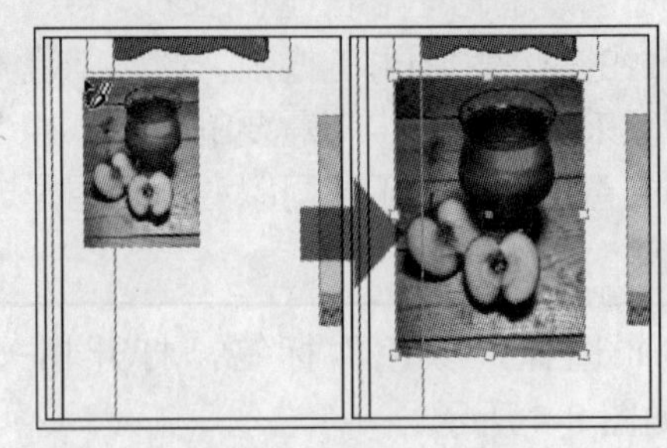

图 8-11　导入图像

8.2　编辑图像

在 InDesign CS3 中任何一个图像都带有一个框架，这个框架称为图片框。对图片框进行编辑可以对图像进行调整，例如：调整图像的位置、隐藏图像、调整图像的方向等。下面通过操作来演示编辑图像的方法。

8.2.1　选择图像

1）选择工具箱中的“选择”工具，单击并拖动鼠标，可以调整图像在文档中的位置，如图 8-12 所示。

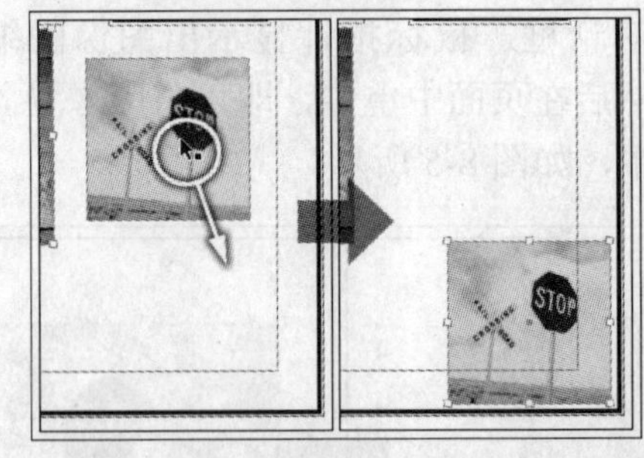

图 8-12　调整图像在文档中的位置

2）选择工具箱中“直接选择”工具，移动鼠标指针到图像上，指针呈状时单击并拖动鼠标，可以调整图像在图片框的位置，如图 8-13 所示。

图 8-13　调整图像在图片框的位置

8.2.2　调整图像大小

在 InDesign CS3 中可以使用“选择”工具、“直接选择”工具和“自由变换”工具。“选择”工具可以调整图像文本框的大小；“直接选择”工具可以调整图像的大小；“自由变换”工具可以同时调整图像和文本框的大小。

1）选择图像，使用“自由变换”工具拖动控制柄，可以调整图像和图片框的大小，如图 8-14 所示。

图 8-14　调整图像和图片框的大小

2）使用“选择”工具将图像选择，然后拖动控制柄，可以调整图片框的大小，如图 8-15 所示。

图 8-15　调整图片框的大小

3）使用“直接选择”工具，在图像上单击将图像选中，拖动控制柄即可调整图像的大小，如图 8-16 所示。

图 8-16　调整图像的大小

4）执行“对象”→“适合”→“使内容适合框架”命令，使图像的大小适合框架的大小，如图 8-17 所示。

图 8-17　使内容适合框架

5）读者可以执行“适合”命令中的其他命令，来调整图像和框架的大小和位置，如图 8-18 所示。

图 8-18　“适合”命令

6）当执行“对象”→“适合”→“框架适合选项”命令时，可以打开“框架适合选项”对话框，如图 8-19 所示。

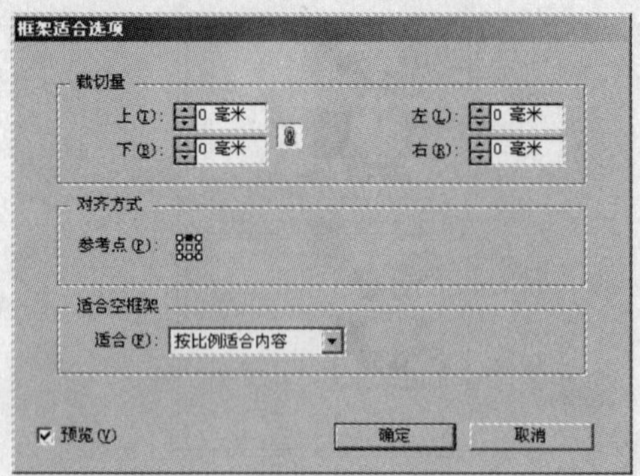

图 8-19 “框架适合选项”对话框

裁切量：设置图像靠近图片框时，裁切的数值。

对齐方式：在下侧的 9 个点上单击，可以调整图像和图片框对齐的方式。

适合：设置图像和框架适合的方式。

7）设置完毕后，单击“确定”按钮，关闭对话框。调整图像和图片框的大小，如图 8-20 所示。

图 8-20 调整图像和图片框的大小

8.2.3 图像的显示性能

显示图像的性能是指平衡图像的显示品质和性能，它提供了 3 个选项：“快速”、“典型”和“高品质”。这些选项控制图形在屏幕上的显示方式，但不影响打印品质或导出的输出。

快速显示：栅格图像或矢量图形绘制为灰色框，在需要快速翻阅包含大量图像或透明效果的跨页时，请使用此选项。

典型显示：绘制适合于识别和定位图像或矢量图形的低分辨率代理图像，该选项为默认选项，并且显示可识别图像的最快捷方法。

高品质显示：使用高分辨率绘制栅格图像或矢量图形，此选项提供最高的品质，但执行速度最慢，需要微调图像时使用此选项。

1）接着执行“视图”→“显示性能”→“快速显示”命令，使文档中的所有图像显示为灰色框，如图 8-21 所示。

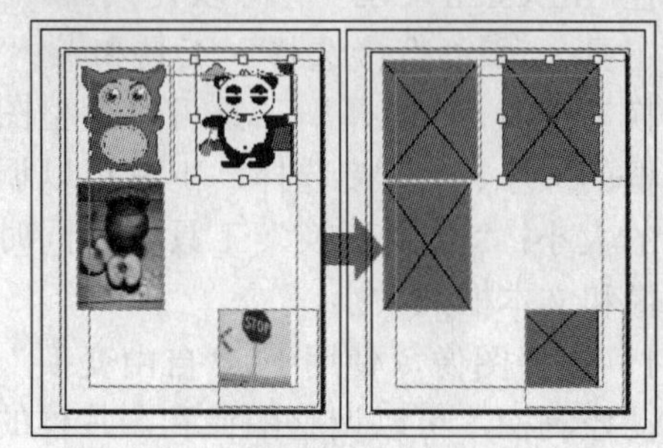

图 8-21 快速显示

2）选择一个图像，执行“视图”→“显示性能”→“高品质显示”命令，使选择的图像显示为清晰状态，其他图像仍然以快速方式显示，如图 8-22 所示。

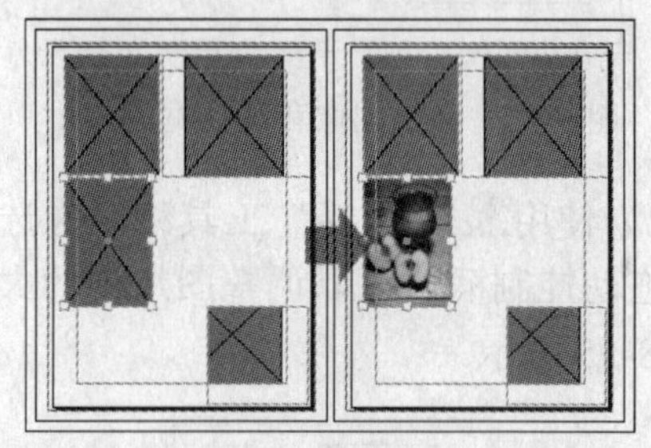

图 8-22 设置一个图像的显示方式

8.2.4 图像着色

在 InDesign CS3 中可以对“灰度”模式的图像进行着色。在 Photoshop 中可以将图像转换为“灰度”模式。“灰度”模式产生类似于黑白照片的图像效果，下面学习为

"灰度"模式图像着色的方法。

1）执行"图像"→"显示性能"→"典型显示"命令，将所有图像显示。接着使用"选择"工具调整黑白图像图片框的大小，如图 8-23 所示。

图 8-23 调整图片框的大小

2）打开"色板"调板，单击"黄色"为图片框填充颜色，灰度图像中的白色部分显示出图片框的颜色如图 8-24 所示。

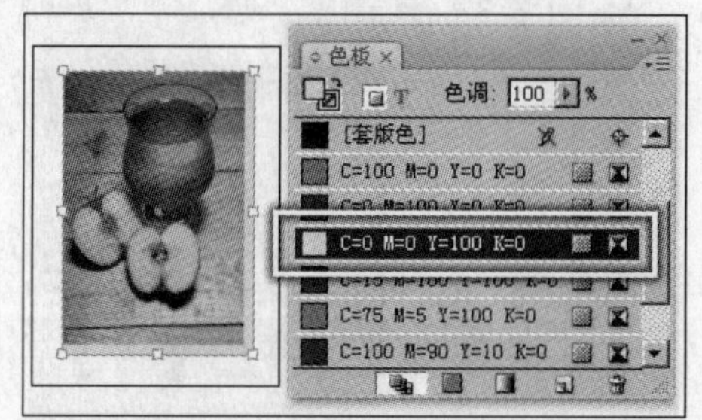

图 8-24 图片框填充颜色

3）使用"直接选择"工具，将图像选中，然后在"色板"中为图像填充颜色，效果如图 8-25 所示。

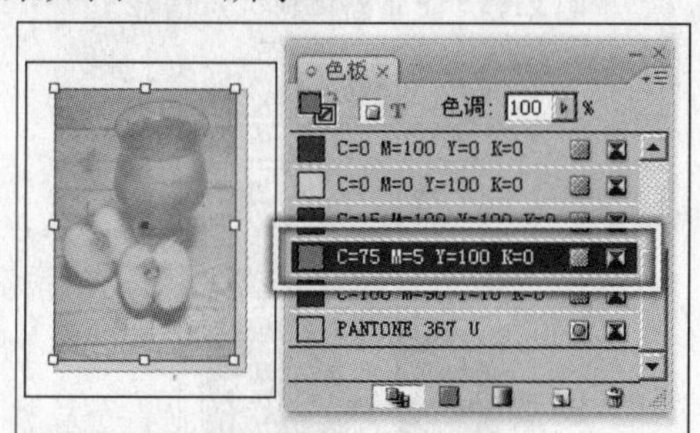

图 8-25 为图像填充颜色

8.2.5 隐藏图像

编辑图像的框架可以将部分图像隐藏，也可以先绘制路径，再将图像置入到路径中，同样可以隐藏图像。

1）执行"文件"→"置入"命令，将本书附带光盘\Chapter-08\"叶子.jpg"文件置入到文档中，如图 8-26 所示。

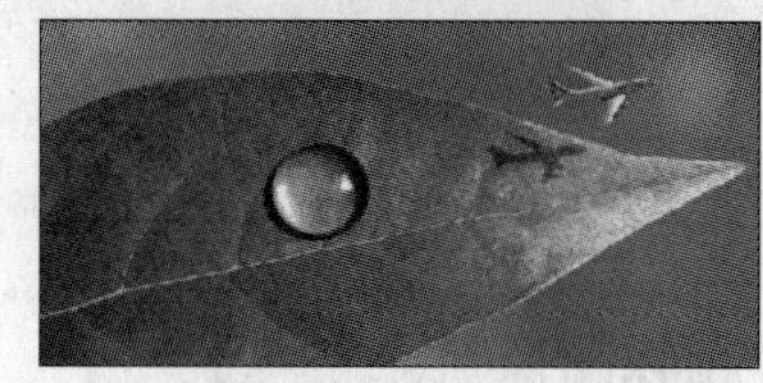

图 8-26 置入图像

2）使用"钢笔"工具，沿叶子的边缘绘制路径，如图 8-27 所示。

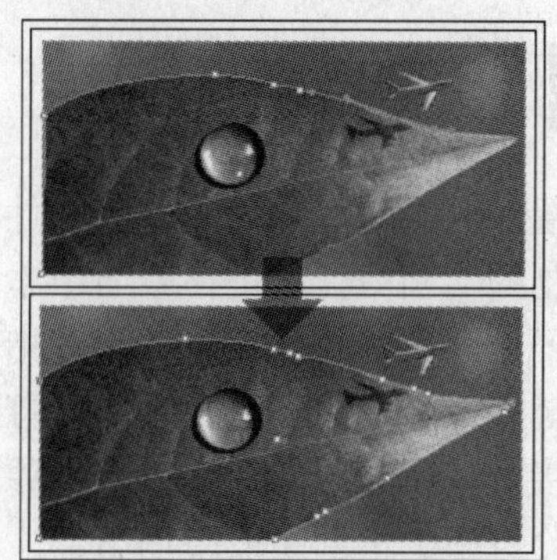

图 8-27 绘制路径

3）选择"直接选择"工具在叶子图像上单击，将图像的内容选中，按下<Ctrl+X>键将图像的内容剪切，如图 8-28 所示。

图 8-28 剪切图像

4）接着选择绘制的路径，执行"编辑"→"贴入内部"命令，即可将剪贴的图像粘贴到绘制好的路径中，如图 8-29 所示。

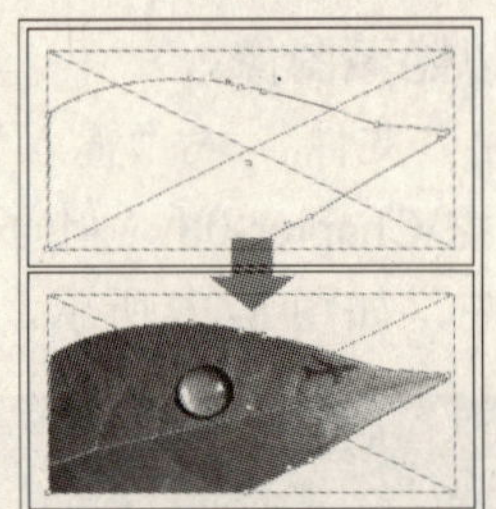

图 8-29　贴入内部

8.2.6　删除图像

使用"选择"工具将叶子图像和原有的空白路径选中，按下<Delete>键即可将置入文档的图像删除。

8.3　图像链接

在置入图像时，图像的原始文件实际上并未复制到文档中。只是在版面中添加了该文件的屏幕分辨率版本，然后创建指向原始文件的链接或文件路径。在导出或打印时，使用链接查找原始图像，然后根据原始图像的完全分辨率版本创建最终输出。

在"链接"调板中显示置入的所有图像文件。对图像的链接和管理都是在该调板中进行的。下面学习"链接"调板的使用的方法。

8.3.1　"链接"调板

1）执行"窗口"→"链接"命令，打开"链接"调板，在调板中显示图像的名称和格式，如图 8-30 所示。

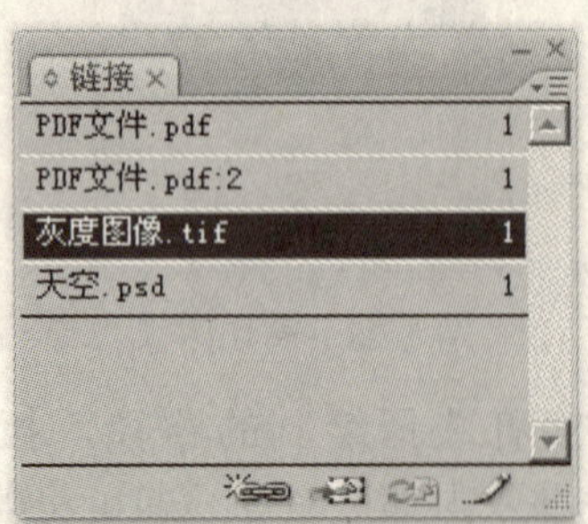

图 8-30　"链接"调板

2）单击"链接"调板中的"PDF 文件.pdf"，将其选中，单击该调板底部"转至链接"按钮，将和该链接的图像选中，如图 8-31 所示。

图 8-31　"转至链接"按钮

3）单击"链接"调板底部的"重新链接"按钮，打开"重新链接"对话框，如图 8-32 所示。任意选择一个图像，然后单击"打开"按钮，使图像内容更改，如图 8-33 所示。

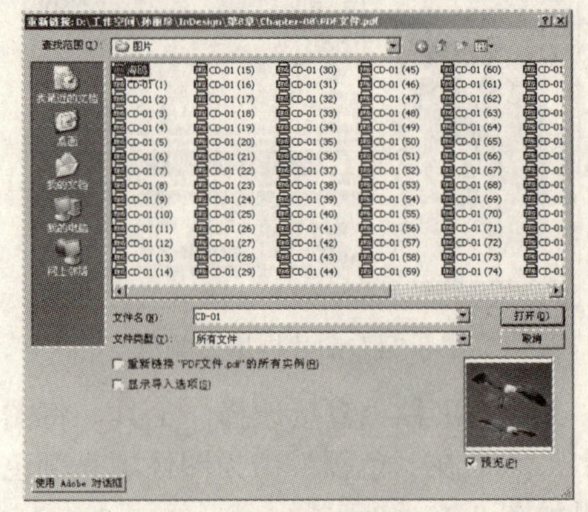

图 8-32　"重新链接"对话框

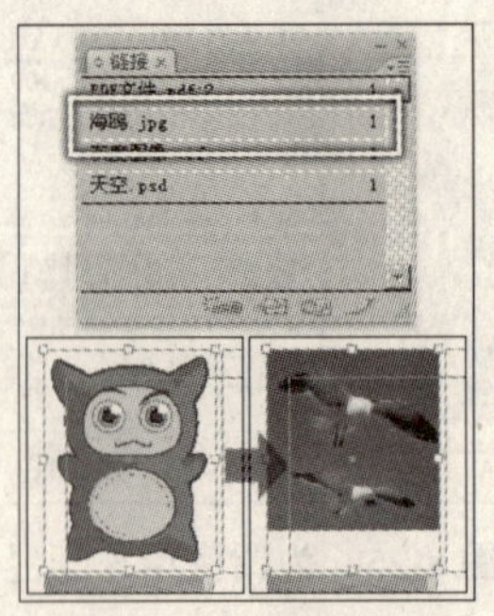

图 8-33　更该图像内容

4）在"链接"调板中将"海鸥.jpg"选中。接着单击"链接"调板底部"编辑原稿"按钮，原文件将在其他图像编辑软件中打开，对图像进行编辑。

5）转换到 InDesign CS3 中，可以看到“链接”调板中出现了一个图标，表示该图像的原文件已经修改，如图 8-34 所示。

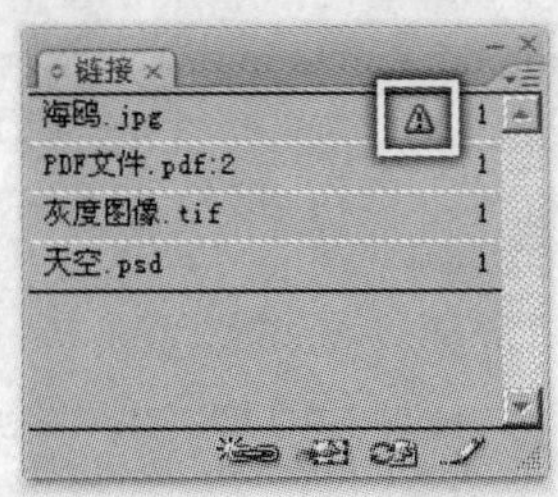

图 8-34　更改原文件

6）选择“海鸥.jpg”链接，单击“更新链接”按钮，将更改后的文件显示，如图 8-35 所示。

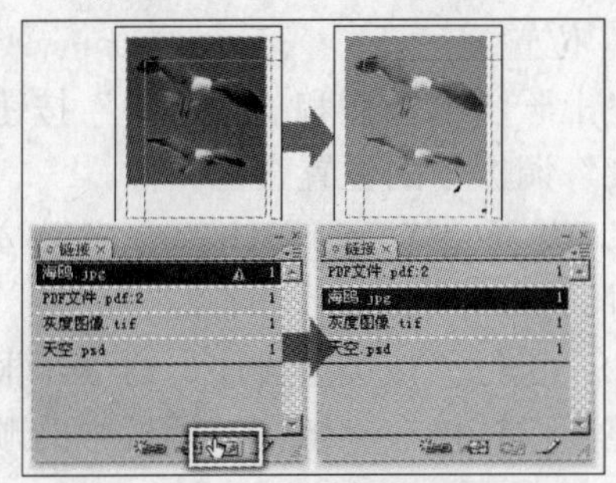

图 8-35　“更新链接”按钮

8.3.2　“链接”调板快捷菜单

单击“链接”调板右上角的按钮，即可弹出该调板的快捷菜单，如图 8-36 所示。在菜单中有些命令和调板中的按钮作用相同，在这里不再重复讲述。

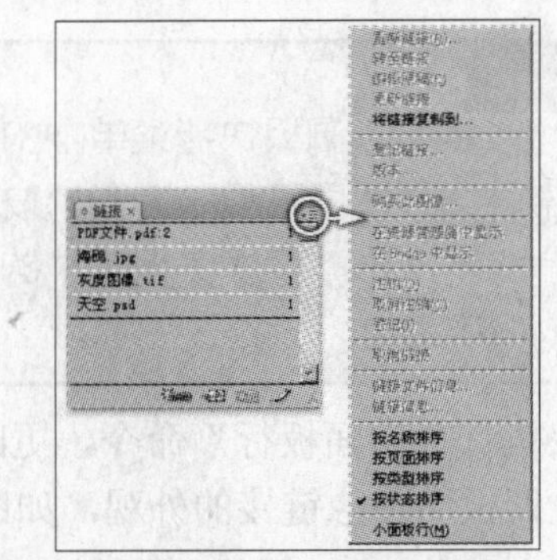

图 8-36　“链接”调板的快捷菜单

1）执行“链接”调板快捷菜单中的“将链接复制到”命令，打开“浏览文件夹”对话框，选择图像存储的位置，如图 8-37 所示。

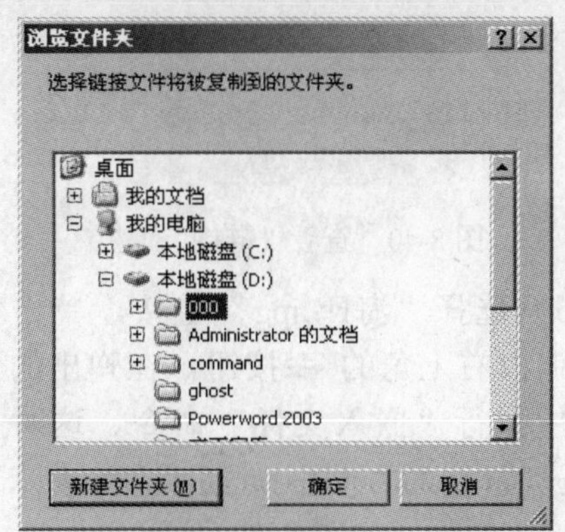

图 8-37　“浏览文件夹”对话框

2）然后单击“确定”按钮，即可将“链接”调板中的图像复制到选择的位置，并且与复制的图像连接，如图 8-38 所示。

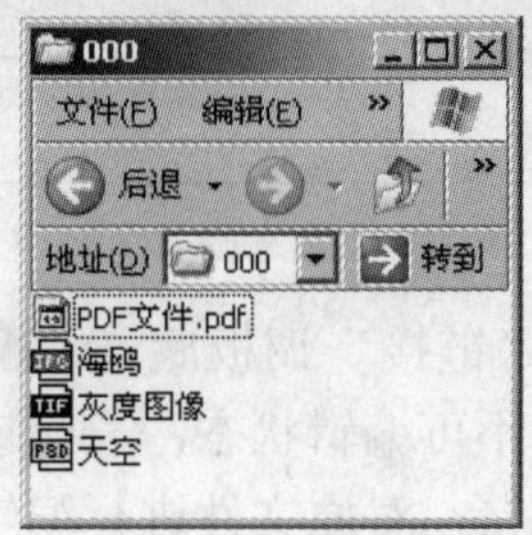

图 8-38　复制图像

3）选择“天空.psd”链接，在调板菜单中执行“在资源管理器中显示”命令，将链接图像所存储的位置显示，如图 8-39 所示。

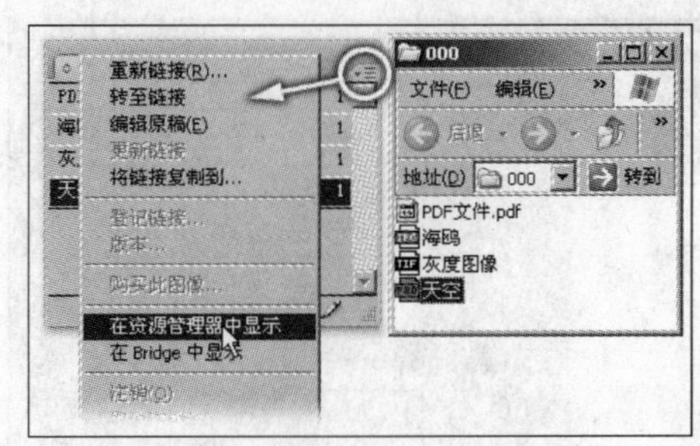

图 8-39　显示图像存储的位置

4）将“天空”图像删除。转换到 InDesign CS3 中，查看“链接”调板，在“天空.psd”链接的右侧显示图标，表示该图像的链接原件缺失，如图 8-40 所示。

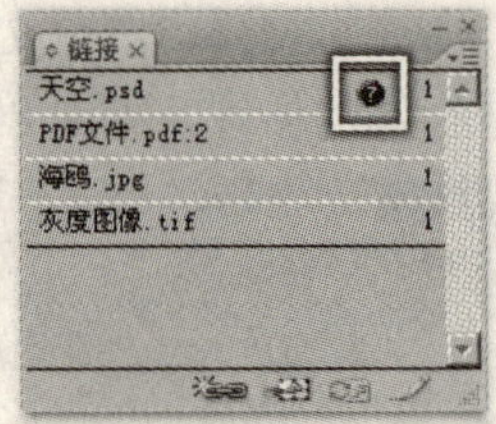

图 8-40　查看“链接”调板

5）选择“海鸥.jpg”链接，单击“链接”调板右上角的按钮，在弹出的快捷菜单中执行“嵌入文件”命令，这时“海鸥.jpg”链接的右侧出现标志，表示该图像为嵌入文件，如图 8-41 所示。

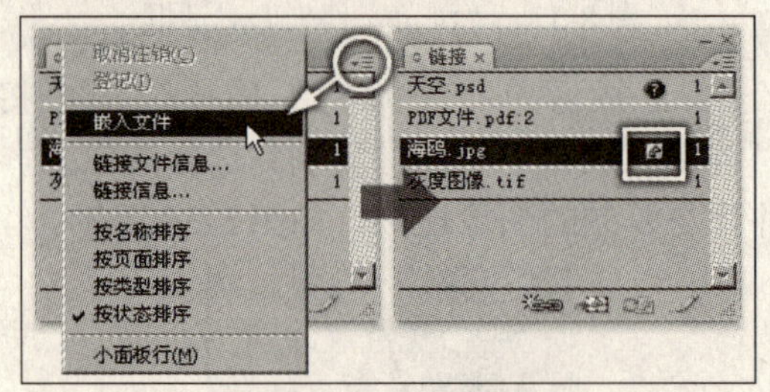

图 8-41　嵌入文件

6）在“链接”调板底部“编辑原稿”按钮为不可编辑状态，表明该图像不再和原文件链接，对原文件进行编辑不影响文档中图像的效果。

7）执行“链接文件信息”命令，打开“文件信息”对话框，如图 8-42 所示在对话框中可以查看文件的信息。

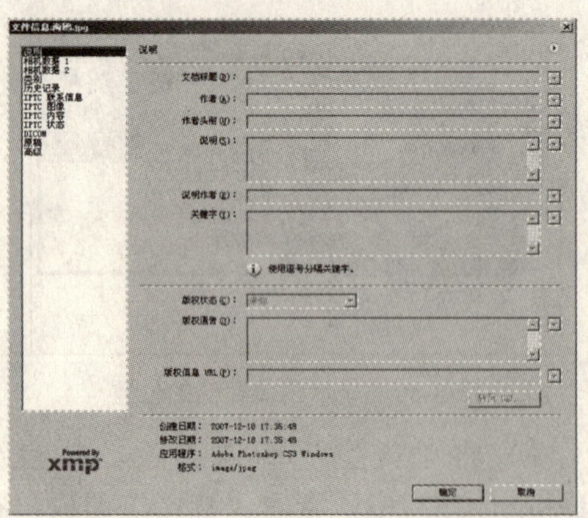

图 8-42　“文件信息”对话框

8）设置完毕后，单击“确定”按钮，关闭对话框。接着执行“链接信息”命令，打开“链接信息”对话框，在对话框中可以查看图像的相关信息，如图 8-43 所示。

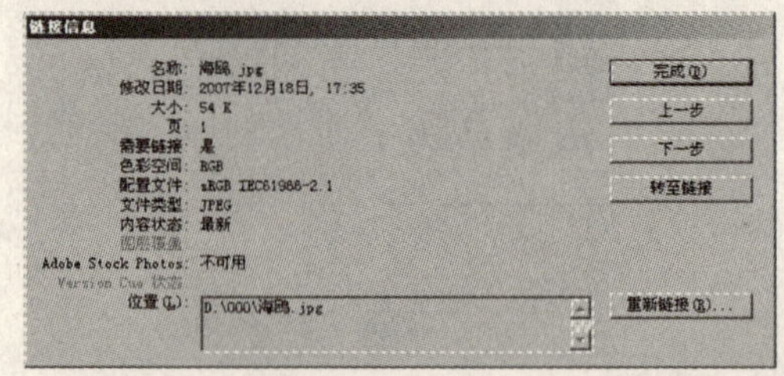

图 8-43　“链接信息”对话框

● 重新链接：可以重新设置图像的链接。

● 转至链接：可查看图像在文档中的位置。

“上一步”按钮和“下一步”按钮根据“链接”调板中的位置查看图像。

9）设置完毕后，单击“完成”按钮，关闭对话框。

10）执行“按类型排序”命令，根据类型调整图像链接在“链接”调板中的顺序，如图 8-44 所示。

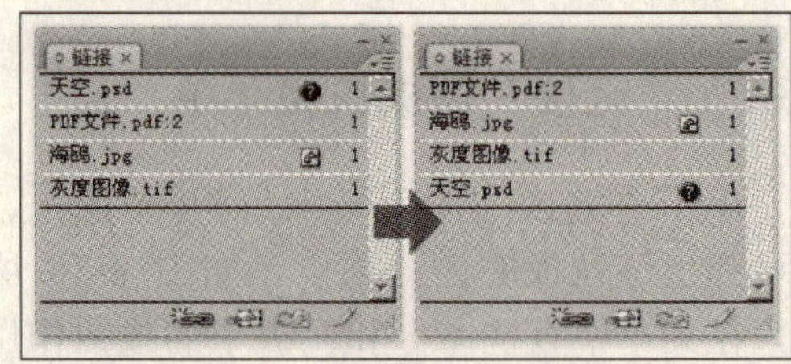

图 8-44　“按类型排序”命令

提　示

执行“链接”调板快捷菜单中的“按名称顺序”、“按页面顺序”和“按状态顺序”命令可以调整图像链接在“链接”调板中的排列顺序。

11）执行“小面板行”命令，更改调整“链接”调板中图像链接的外观，如图 8-45 所示。

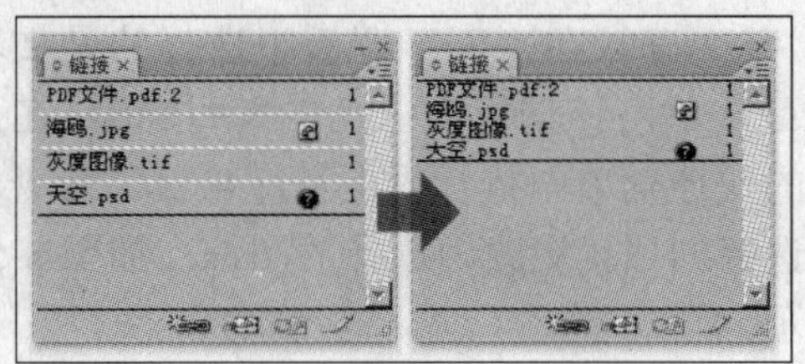

图 8-45 “小面板行”命令

8.4 对象库

在对象库中可以存储参考线、绘制的形状和编组图像等内容。在需要使用这些内容时，可从对象库中将内容置入到当前文档。在不需要使用时可以将对象库关闭，而且不会丢失对象库中的内容。

8.4.1 新建对象库

对象库在磁盘上是以命名文件的形式存在。对象库在打开后将显示为调板形式，可以与其他调板编组；对象库和其他调板相同文件名显示在调板选项卡中，下面学习创建对象库的方法。

1）执行“文件”→“新建”→“库”命令，打开“新建库”对话框，任意选择存储的位置并设置对话框中的选项，如图 8-46 所示。

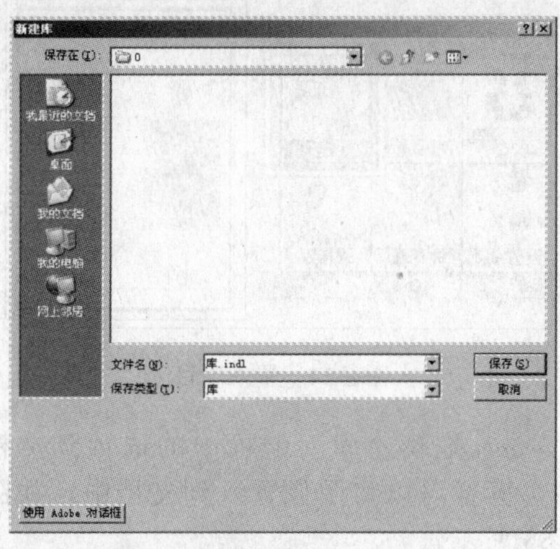

图 8-46 “新建库”对话框

2）设置完毕后，单击“保存”按钮，将对象库存储。对象库存储后，在文档中打开“库”调板，如图 8-47 所示。

图 8-47 打开“库”调板

3）单击“库”调板右上角的按钮，在弹出的快捷菜单中执行“添加第 1 页上的项目”命令，将第 1 页上的所有内容存储到对象库中并且在“库”调板上显示其缩览图，如图 8-48 所示。

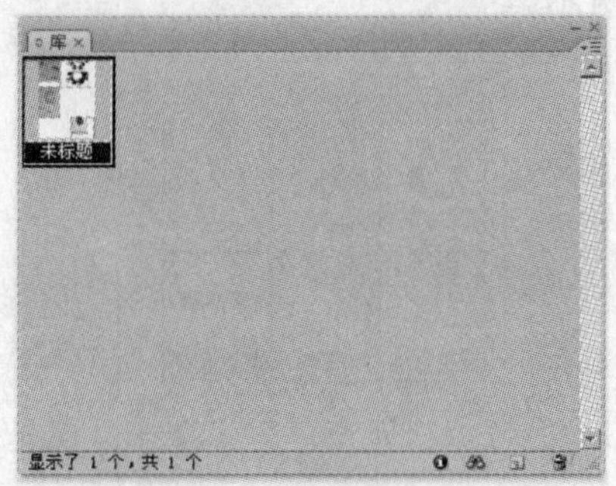

图 8-48 存储内容

4）再次单击“库”调板右上角的按钮，在弹出的菜单中执行“将第 1 页上项目作为单独对象添加”命令，将第 1 页上的每个内容作为单独的对象添加到对象库中，如图 8-49 所示。

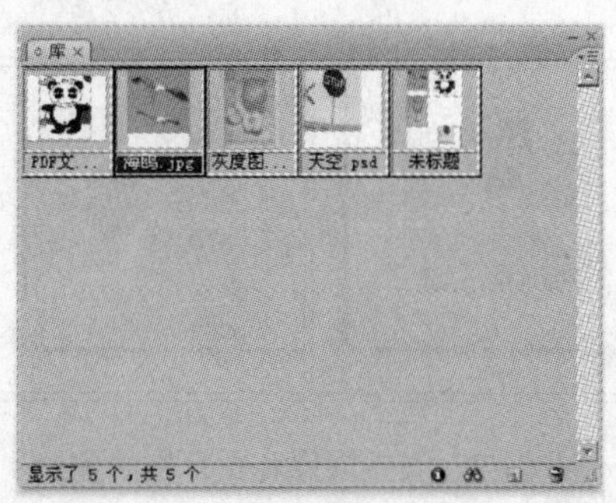

图 8-49 作为单独对象存储内容

5）在“文档”中创建文本框并填充文字，将该文本选中，如图 8-50 所示。

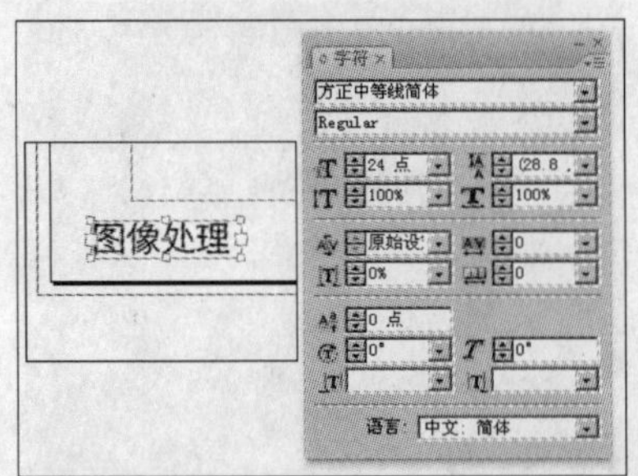

图 8-50　选择文本框

6）再次单击“库”调板右上角的按钮，在弹出的菜单中执行“添加项目”命令或者单击该调板底部“新建库项目”按钮，将选择的文本框添加到对象库中，如图 8-51 所示。

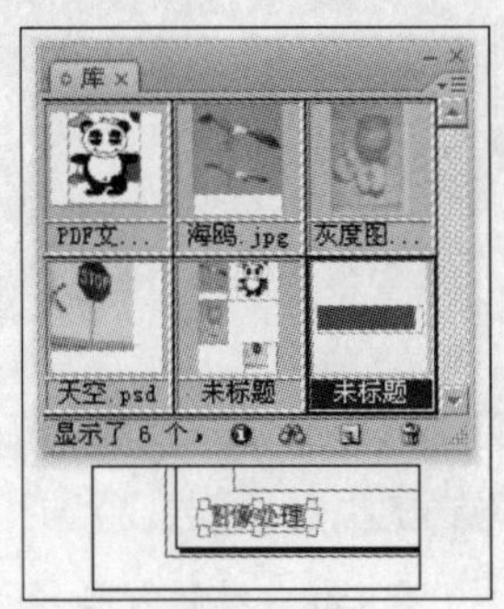

图 8-51　添加项目

7）在文档中将“天空”图像选中，执行“对象”→“适合”→“内容居中”命令，使图像在图片框的中心位置，如图 8-52 所示。

图 8-52　设置图像和图片框的位置

8）确认在“库”调板中选择的是文本项目，单击该调板右上角的按钮，在弹出的快捷菜单中执行“更新库项目”命令。使选择的项目更改为选择的图像，如图 8-53 所示。

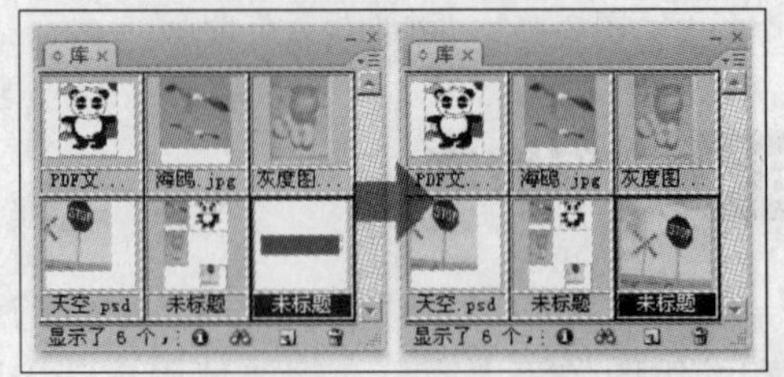

图 8-53　“更新库项目”命令

8.4.2　从对象库中置入对象

执行“置入项目”命令可以将对象库中选择的项目置入到当前文档中。

1）将文档中所有的对象删除。在“库”调板中单击“灰度图像.tif”选项，将该选项选中。

2）单击“库”调板右上角的按钮，在弹出的菜单中执行“置入项目”命令，将选择项目置入到文档中，如图 8-54 所示。

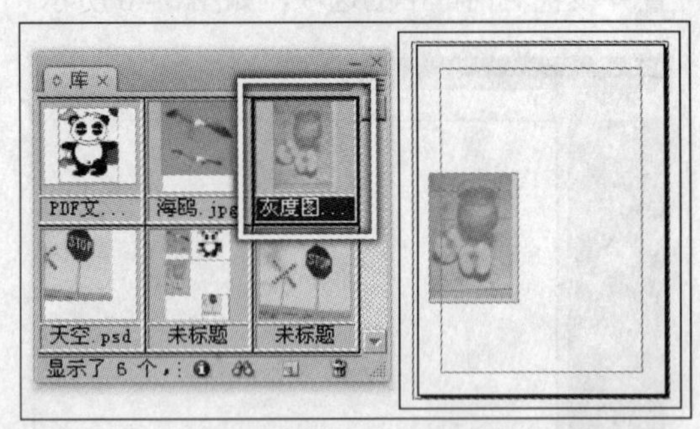

图 8-54　置入项目

3）拖动“库”调板中的选项到文档中，同样可以将图像置入到文档中，如图 8-55 所示。

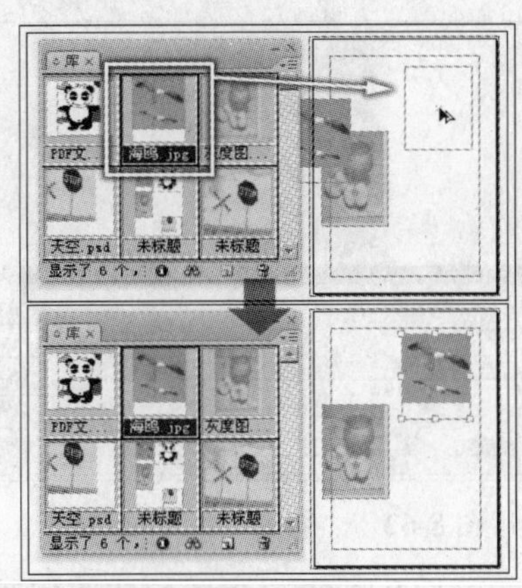

图 8-55　拖动图像置入到文档中

注 意

在对象库中存储的参考线项目只可以使用“置入项目”命令导入到当前文档，不能使用拖动的方法置入到当前文档。

8.4.3　管理对象库

为了方便查找对象库中的项目，在“库”调板中可以执行“项目信息”命令或单击“库”调板底部 “库项目信息”按钮，设置项目的名称、类型和相关说明，下面通过操作来演示该命令的使用方法。

1）选择相应的项目，然后单击“库”调板底部的 “库项目信息”按钮，打开“项目信息”对话框，如图 8-56 所示。

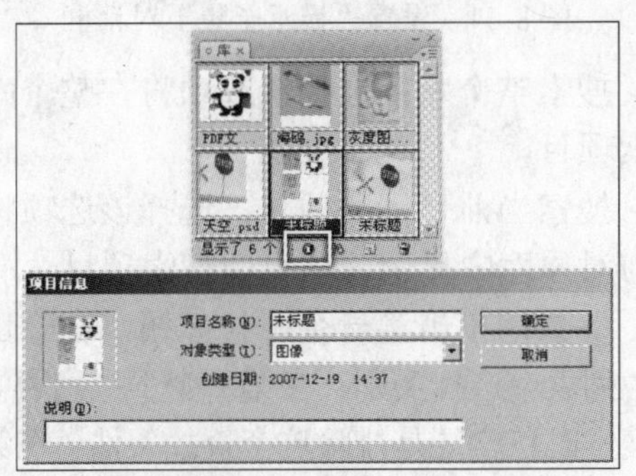

图 8-56　“项目信息”对话框

项目名称：在文本框中输入文字，可以更改项目的名称。

对象类型：在弹出的下拉列表中选择对象的类型。

说明：在文本框中输入文字，即可记录项目的相关说明。

2）参照图 8-57 所示设置“项目信息”的对话框，设置完毕后，单击“确定”按钮，关闭对话框，设置项目的属性。

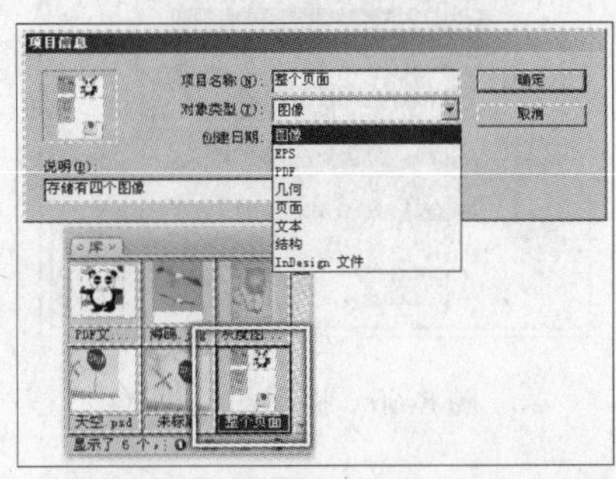

图 8-57　设置项目的属性

3）单击“库”调板右上角的 按钮，在弹出的菜单中执行“列表缩览图”命令，调整项目在调板中显示的状态，如图 8-58 所示。

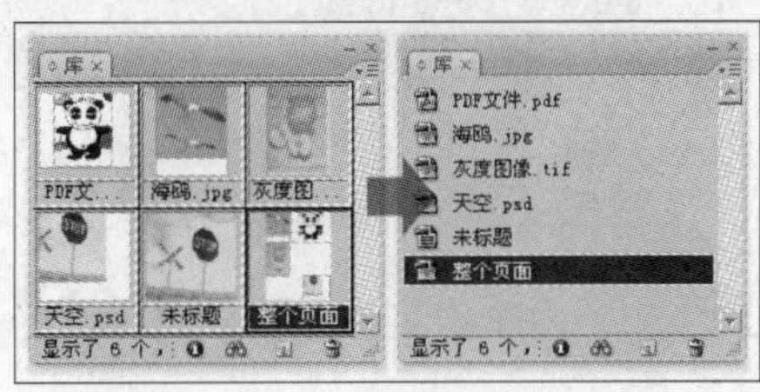

图 8-58　“列表缩览图”命令

4）再次单击“库”调板右上角的 按钮，在弹出的快捷菜单中执行“排列项目”→“按类型”命令，调整调板中选项的顺序，如图 8-59 所示。

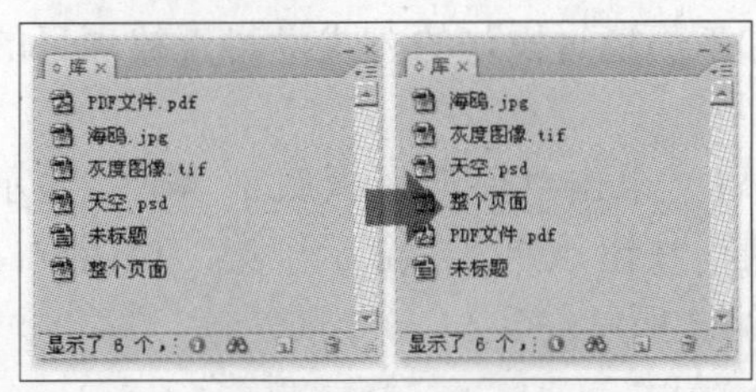

图 8-59　排列项目

5）选择“未标题”项目，单击“库”调板底部的“删除”按钮，弹出提示对话框，如图 8-60 所示。

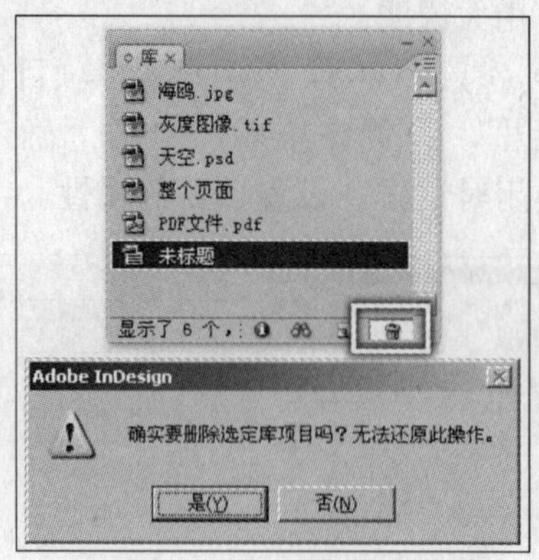

图 8-60　提示对话框

6）单击“是”按钮，即可删除选择的项目，如图 8-61 所示。

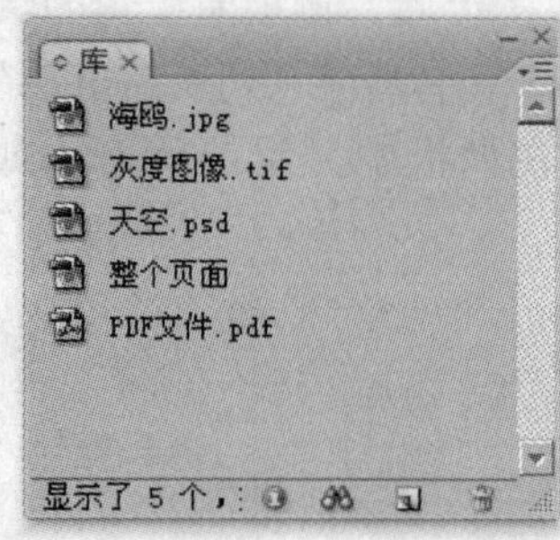

图 8-61　删除项目

8.4.4　查找项目

在对象库中可以存储多个项目，项目过多就会很难找到需要的项目。在“库”调板中提供了 “显示库子集”按钮和“显示子集”命令，可以在库中查找到需要的项目。下面通过操作的方式学习查找项目的方法。

1）单击“库”调板底部 “显示库子集”按钮，弹出“显示子集”对话框，如图 8-62 所示。

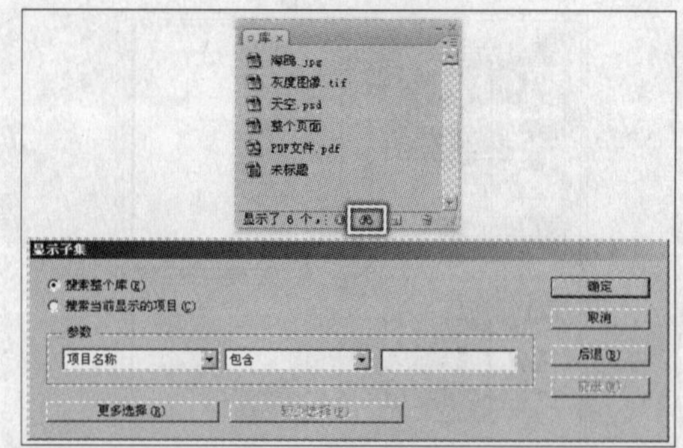

图 8-62　“显示子集”对话框

2）单击“更多选择”按钮可以增加一个查询条件，如图 8-63 所示。

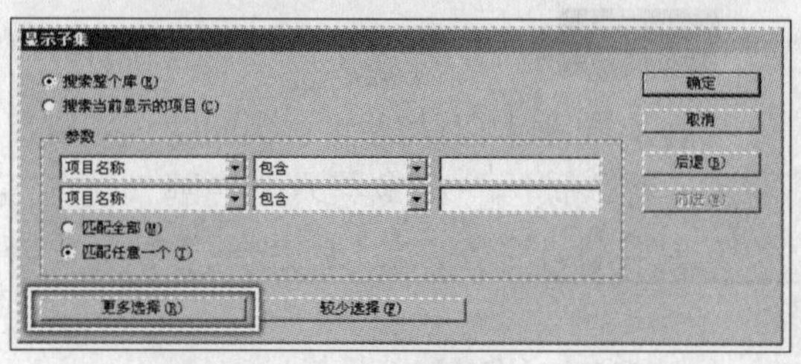

图 8-63　添加查询条件

3）参照图 8-64 所示设置对话框中的选项，确定查找的范围。

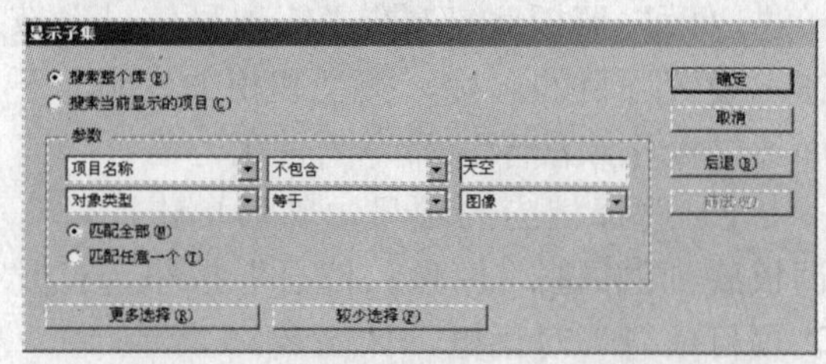

图 8-64　设置“显示子集”对话框

搜索整个库：选择该选项将在整个库中搜索项目。

搜索当前显示的项目：选择该选项将在当前对象库中显示的项目中搜索项目。

参数：单击第一个下拉按钮，在弹出的下拉列表中选择类别。在第二个下拉列表中选择搜索时包含还是排除这个查找条件。在第三个文本框中输入指定类别中搜索的关键词。

匹配全部：只显示与所有搜索条件都匹配的对象。

匹配任意一个：显示与条件中任一项匹配的对象。

4）设置完毕后，单击“确定”按钮，即可在“库”调板中显示要找的项目，如图 8-65 所示。

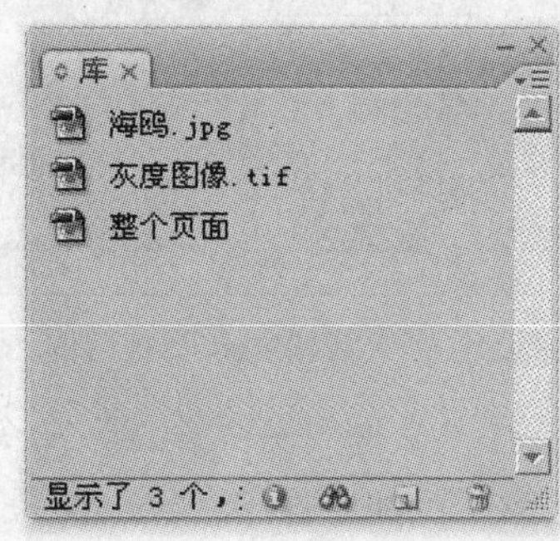

图 8-65 显示搜索项目

5）如果需要显示全部项目，单击“库”调板右上角的按钮，在弹出的菜单中执行“显示全部”命令，即可在调板中显示全部内容，如图 8-66 所示。

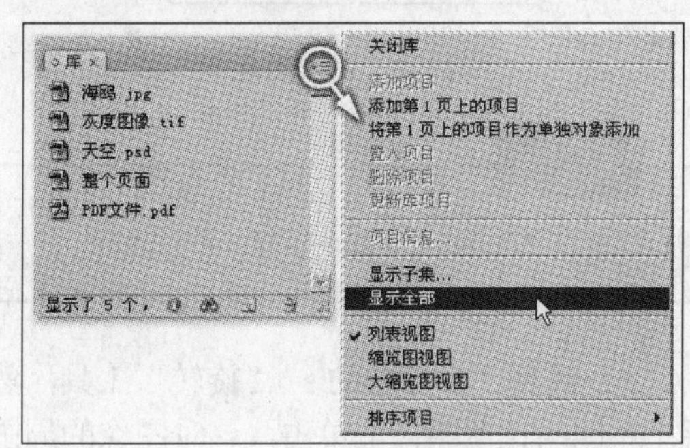

图 8-66 显示全部内容

8.4.5 关闭/打开对象库

1）单击“库”调板右上角的按钮，即可将对象库关闭。

2）执行“文件”→“打开”命令，打开“打开文件”对话框，在对话框中选择扩展名为“indl”的文件，如图 8-67 所示。

图 8-67 “打开文件”对话框

3）选择需要的对象库后，单击“打开”按钮，即可将对象库打开，如图 8-68 所示。

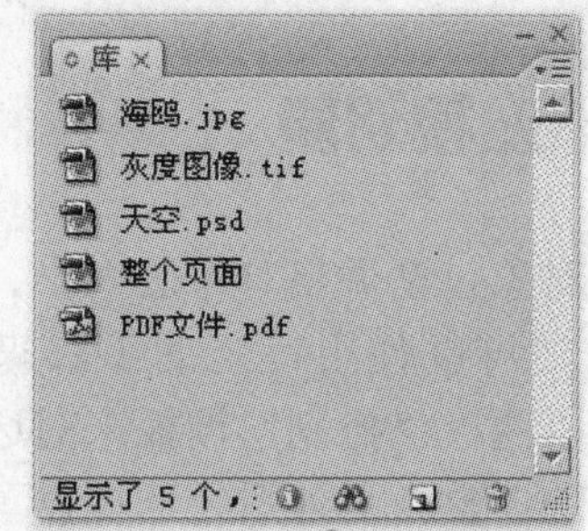

图 8-68 打开对象库

第9章 编辑对象

绝大部分的排版软件都为用户提供了强大的编辑对象功能，InDesign CS3 也不例外，它为用户提供各种编辑修改对象的工具，使用这些工具可以方便用户快速、精确地对对象的大小、位置和角度进行调整，还可以使对象按照指定的方式进行排列，快速创建出对象副本等。

另外，用户通过 InDesign CS3 还可以在文字流中内嵌入图形文件，该功能几乎是所有排版软件都拥有的功能，而 InDesign CS3 把该功能表现得最为到位。用户不仅可以调整嵌入图像的大小，而且可以将各种复杂的编组对象插入到文本流中，并且保留编组中原有的文本绕排设定，使整个编组对象绕着文字流动，从而简化了大量的编辑工作。

9.1 变换对象

变换对象包括调整对象的大小、位置和角度。用户可以使用特定的工具来变换对象，还可以通过“控制”调板来对选择对象进行相应的调整。另外系统还提供了专门用于精确变换对象的“变换”调板，通过该调板几乎可以完成 InDesign CS3 中的所有变换操作。下面我们将通过简单操作，来学习变换对象的各种方法。

9.1.1 旋转对象

用户可以通过“旋转”工具、“自由变换”工具，以及直接输入值的方式来对对象进行旋转操作。下面主要讲述使用“旋转”工具旋转对象的方法。

1）启动 InDesign CS3，执行“文件”→“新建”→“文档”命令，参照图 9-1 所示设置“新建文档”对话框，创建一个默认边距和分栏设置的文档。

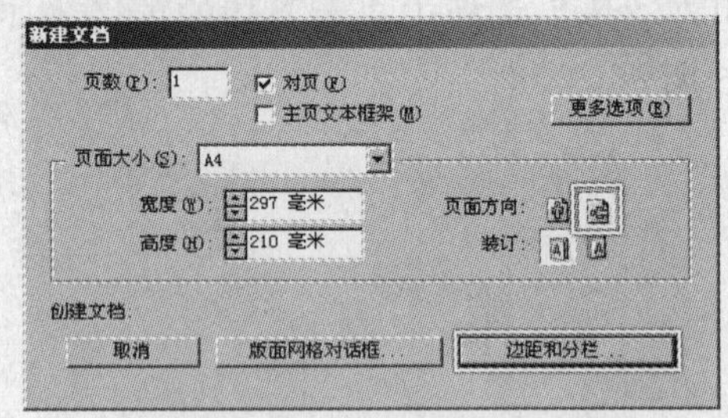

图 9-1 “新建文档”对话框

2）执行“文件”→“置入”命令，将本书附带光盘\Chapter-09\“天空.jpg”和“花草.jpg”文件置入到页面中，如图 9-2 所示。

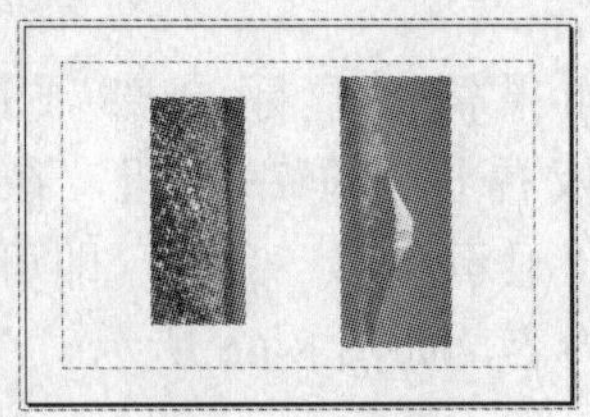

图 9-2 置入图片

> 提示
>
> 按下<Ctrl+;>键可将参考线隐藏。

3）选择工具箱中的“旋转”工具，然后在左侧的花草图像上单击，这时图像的周围将出现变换控制柄，并且鼠标指针将变成一个小十字光标，通过移动光标至图 9-3 所示的位置后单击，来指定变换控制中心点的位置。

图 9-3 光标状态

提 示

用户也可以通过将光标移动到中点控制点的上方，然后通过拖动的方式来调整控制中心点的位置。另外，默认变换中心点的位置在选择对象的中心位置，用户也可以在“控制”调板中通过单击图标上的任意一个节点，来设置变换中心的位置。

4）当光标变成十字形时，在页面的任意位置拖动鼠标对图片进行旋转，在旋转的过程中，“控制”调板中的“旋转角度”参数会随着光标的移动而发生变化，当该参数为 90°时，松开鼠标完成图片的旋转操作，如图 9-4 所示。

图 9-4　旋转图片

提 示

在旋转图片时，如果从左向右拖动鼠标，将按照逆时针的方向旋转图片，如果从右向左拖动鼠标，将按照顺时针的方向旋转图片。用户也可以直接在“旋转角度”参数栏中输入正值或负值来对对象进行旋转。

5）使用“选择”工具选择页面中的“天空”图片，然后单击“控制”调板中的“逆时针旋转 90°”按钮，将图片按照逆时针的方向一次性旋转 90°，并分别调整两个图片的位置，如图 9-5 所示。

图 9-5　旋转图片并调整图片的位置

提 示

通过单击“控制”调板中的“顺时针旋转 90°”按钮，可将图片按照顺时针的方向快速旋转 90°。另外在通过拖动的方式旋转对象时，结合按住<Shift>键可以强制旋转角度为 45°的整倍数。

6）当选中要变换的对象后，在工具箱中双击“旋转”按钮，或者将光标移动到变换中心位置处，按下<Alt>键的同时单击鼠标，将会弹出如图 9-6 所示的“旋转”对话框，在该对话框中可设置旋转的角度，然后单击“确定”按钮，完成旋转操作。

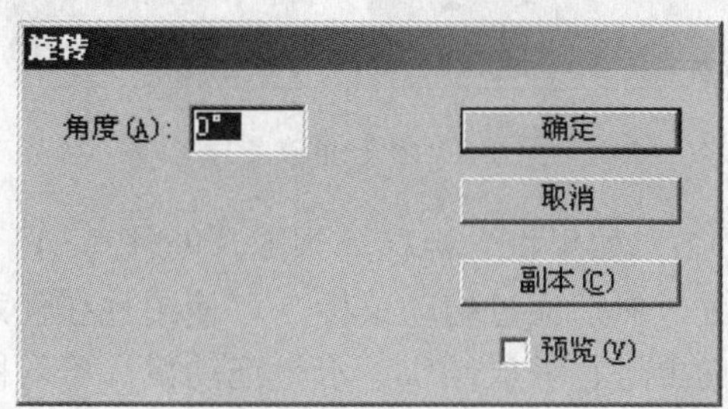

图 9-6　“旋转”对话框

9.1.2　缩放对象

InDesign CS3 为用户提供了多种调整对象大小的方法，例如，可以使用“缩放”工具、“自由变换”工具、“控制”或“变换”调板中的缩放百分比值，以及调板中的高度和宽度值等。使用这些工具可以对文本框、图片框和图文框的大小随意进行调整。接下来接着上一节操作来讲述这些缩放对象的方法。

1）选择页面中的“天空”图片，然后在工具箱中单击“缩放”工具按钮，如果将光标移动到选择图片的控制中心点的垂直方向位置，然后拖动鼠标，将限制图片在垂直方向上进行缩放操作，而不会影响到图片的水平宽度，如图9-7所示。

图9-7 垂直缩放图片

2）将光标移动到“天空”图片的控制中心点的水平位置，单击并拖动鼠标，可对图片进行水平缩放操作，而不会影响到图片的垂直高度，如图9-8所示。

图9-8 水平缩放图片

3）如果将光标移动到图片的任意4个角处，然后通过拖动鼠标，可使图片在任意方向上进行缩放操作。水平拖动鼠标可对图片进行水平缩放，而垂直拖动鼠标可对图片进行垂直缩放，如图9-9所示。

图9-9 水平并垂直缩放图片

提示

在缩放过程中，按住<Shift>键可对缩放长宽比进行限制。

4）在“控制”调板中有两个参数是用来调整对象缩放比例的，它们是“X缩放百分比”和“Y缩放百分比”参数，通过这两个参数可以精确控制对象的缩放比例。两个参数右侧的“约束缩放比例”按钮，可控制对象是按等比例进行缩放，还是按照不等比例进行缩放对象。设置任意一个缩放比例参数为120，然后按<Enter>键将对象按照120%的比例进行放大，如图9-10所示。

图9-10 通过参数精确缩放对象

提示

系统默认情况下，当设置完缩放比例参数后，数值会自动恢复到100%。如果再次设置缩放比例参数对对象进行缩放的话，系统将基于当前对象的大小，按照新指定的缩放比例重新设置对象的大小。

5）选择要进行比例缩放的对象后，双击工具箱中的“缩放”工具，可打开如图9-11所示的“缩放”对话框。在该对话框中通过“X缩放”和“Y缩放”参数来设置缩放比例，单击“确定”按钮即可完成缩放操作。

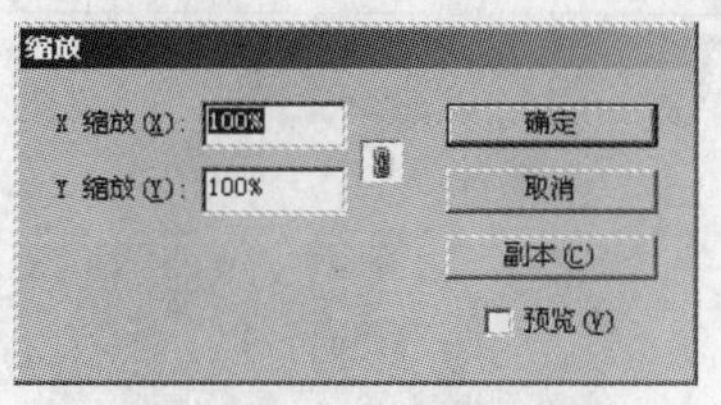

图 9-11 “缩放”对话框

6）由于我们需要将“天空”图片与“花草”图片拼合在一起，所以下面我们将通过设置“天空”图片的宽度，使其与“花草”图片的宽度相匹配。使用“选择”工具选择“花草”图片，然后在“控制”调板中可看到该图片的“宽度”、“高度”以及在页面中的精确坐标位置参数，如图 9-12 所示。

图 9-12 查看对象的大小和位置参数

提 示

由于我们对图片进行过 90° 的旋转操作，所以在页面中所观察的图像宽度，必须通过“控制”调板中的“高度”参数来进行设置。

7）使用“选择”工具选择“天空”图片，在“控制”调板中将其“高度”参数改成 125.73 毫米，如图 9-13 所示。

图 9-13 调整对象大小

8）当使用“控制”调板中的参数或使用“选择”工具来放大图片时，图片不会根据框架的大小和形状而更新。保持“天空”图片的选择状态，然后执行“对象”→“适合”→“使内容适合框架”命令，效果如图 9-14 所示。

图 9-14 使图像内容适合框架

9）选择工具箱中的“自由变换”工具，在“天空”图片上拖动鼠标，可对图片的位置进行调整，结合使用方向键微调图像的位置，使其下边缘与“花草”上边缘对齐，如图 9-15 所示。

图 9-15 调整图像位置

10）保持“天空”图片的选择状态，将光标移动到图片上侧中间的框架手柄上，此时光标将变成 ↕ 双向箭头，向下拖动鼠标来调整图像的高度，如图 9-16 所示。

图 9-16 调整图像高度

提 示

按住<Shift>键的同时，使用"自由变换"工具来拖动选择对象框架上的角手柄，可等比例对对象进行缩放。用户还可以通过将光标移动到选择对象的框架外侧，当光标变成弧形箭头时，拖动鼠标可对选择对象的角度进行调整。

9.1.3 切变和翻转对象

切变可以使对象沿着水平、垂直轴或水平垂直轴倾斜。在 InDesign CS3 中，还允许用户将对象水平或垂直翻转。

1）使用"选择"工具，将两个组合好的图片框选，然后选择工具箱中的"切变"工具，然后在页面中水平拖动光标，可在水平方向对选择的图片进行切变，同时"控制"调板中的"X 切变角度"参数随着光标的位置发生变化，如图 9-17 所示。

图 9-17 切变图像

提 示

通过在"切变角度"参数栏中输入值，并按<Enter>键，可快速切变对象。

2）在"控制"调板中通过"水平翻转"按钮和"垂直翻转"按钮，可将选择对象垂直或水平翻转。单击"水平翻转"按钮，效果如图 9-18 所示。

图 9-18 水平翻转图像

3）执行"窗口"→"对象和版面"→"变换"命令，打开"变换"调板，如图 9-19 所示。

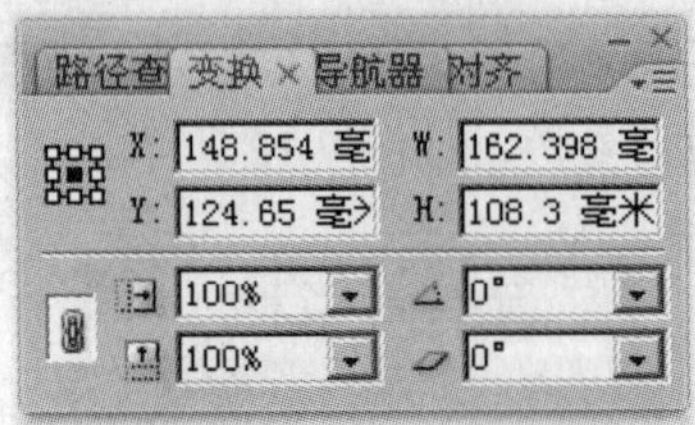

图 9-19 "变换"调板

4）"变换"调板中的各项参数在"控制"调板中都可以找到，通过这些参数可以设置对象的位置、大小、缩放比例、角度和切变角度。单击调板右上角的"调板菜单"图标，可打开"变换"调板菜单，如图 9-20 所示。

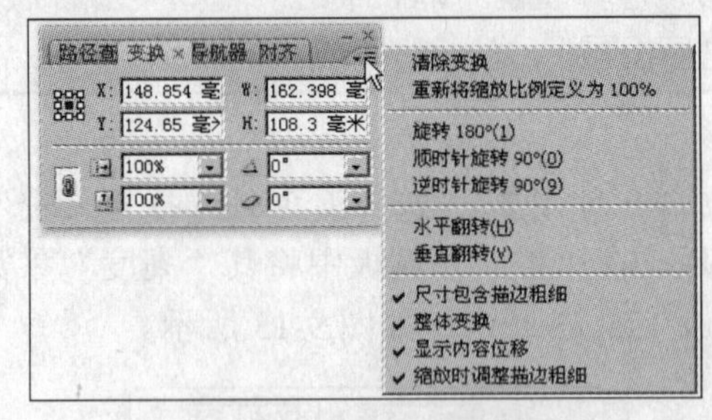

图 9-20 "变换"调板菜单

5）在弹出的调板菜单中选择"清除变换"选项，可将前面执行的一系列变换操作清除，使图片回到初始状态。选择"旋转 180°"选项，可将选择的对象旋转 180°，如图 9-21 所示。

图 9-21　旋转 180°

6）通过“切变”工具和“旋转 180°”命令，将图片正确放置，如图 9-22 所示。

图 9-22　图片效果

9.1.4　尺寸包含描边粗细

“尺寸包含描边粗细”就是说将对图文框的描边宽度也添加到系统所测量图文框的值中。选择该项时，系统将会以描边的外边缘作为计量边缘；如果没有选中该项，系统将以实际对象的外边缘作为计量边缘。

1）执行“文件”→“打开”命令，打开本书附带光盘\Chapter-09\“别墅.indd”文件，如图 9-23 所示。

图 9-23　打开文件

2）打开“变换”调板，读者可以看到当“尺寸包含描边粗细”选项为选择状态时，对象的长度和宽度参数，如图 9-24 所示。

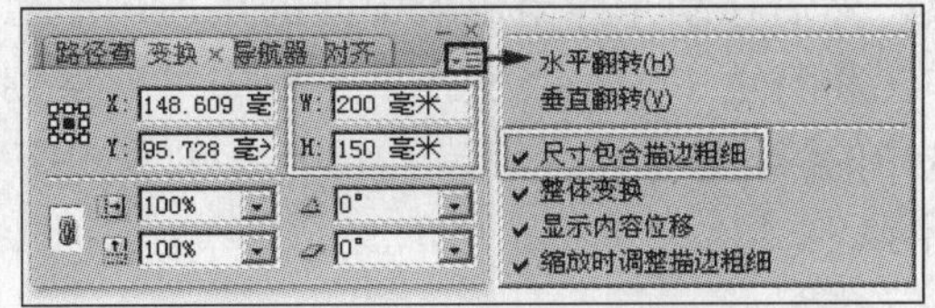

图 9-24　尺寸包含描边粗细

3）单击“变换”调板右上角的“调板菜单”图标，然后在弹出的菜单中选择“尺寸包含描边粗细”选项，取消该选项的选择状态。在“变换”调板中可看到图片对象的宽变成 190 毫米，高度变成了 140 毫米，正好减少了 10 毫米的描边宽度，如图 9-25 所示。

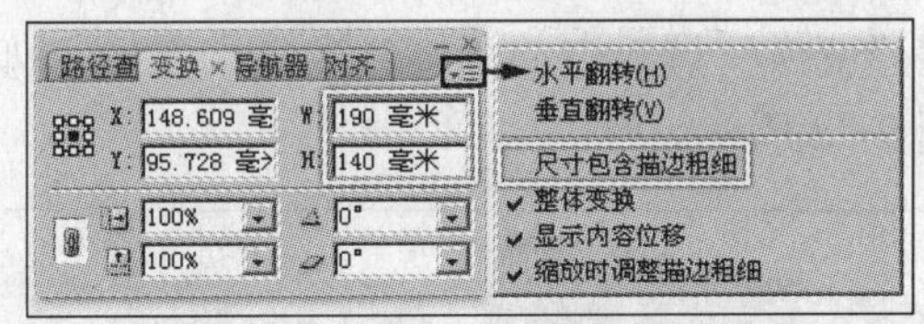

图 9-25　尺寸不包含描边粗细

9.1.5　整体变换对象

“整体变换”选项可决定编组对象中的单个内容是以整个文档粘贴板为参照测量对象角度，还是相对于容器测量对象角度。下面将通过具体操作讲述该选项的作用。

1）执行“文件”→“打开”命令，打开本书附带光盘\Chapter-09\“标志.indd”文件，如图 9-26 所示。

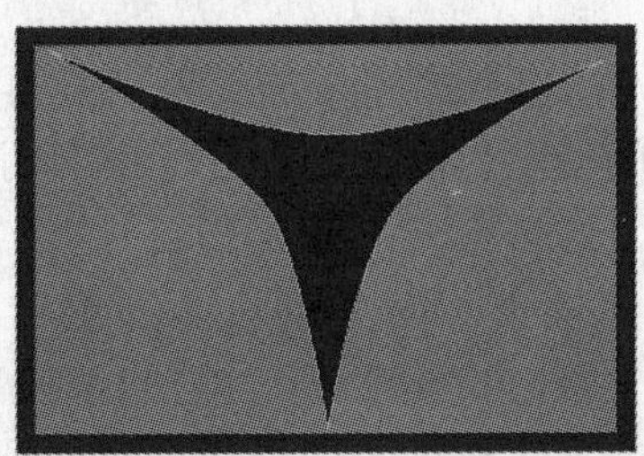

图 9-26　打开素材

2）选择工具箱中的“直接选择”工具，然后移动光标至矩形中间的黑色图形上单击将其选中，在“变换”调板中可观察到选中的黑色图形已经旋转了180°，如图9-27所示。

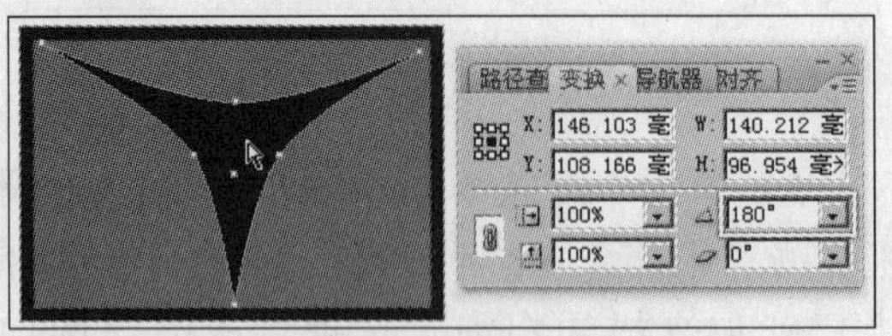

图9-27 观察图形的旋转角度

3）在页面的空白处单击，取消对象的选择状态，然后使用“选择”工具在任意图形上单击，将编组对象选中，接着再设置“变换”调板中的“旋转角度”参数，如图9-28所示。

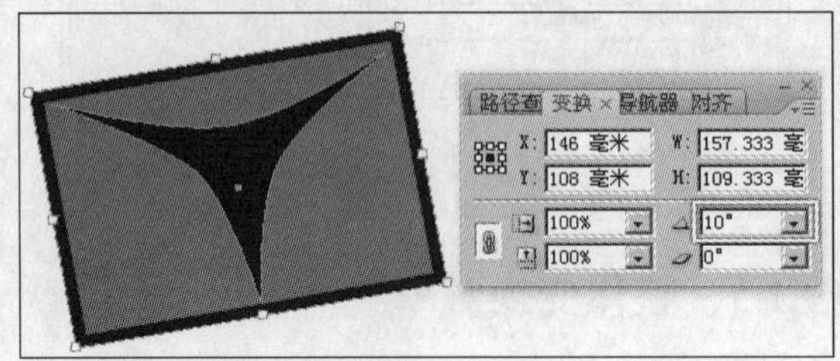

图9-28 旋转编组对象

提 示

有关编组对象的创建方法，我们将在后面小节中详细讲述。

4）使用“直接选择”工具再次选择矩形中间的黑色图形，在“变换”调板中可以看到“旋转角度”参数变成-170°。选择描边矩形图形，可看到该图形旋转角度为10°，如图9-29所示。它们都是在默认“整体变换”选项为选择状态时，根据整个文档粘贴板进行测量的。

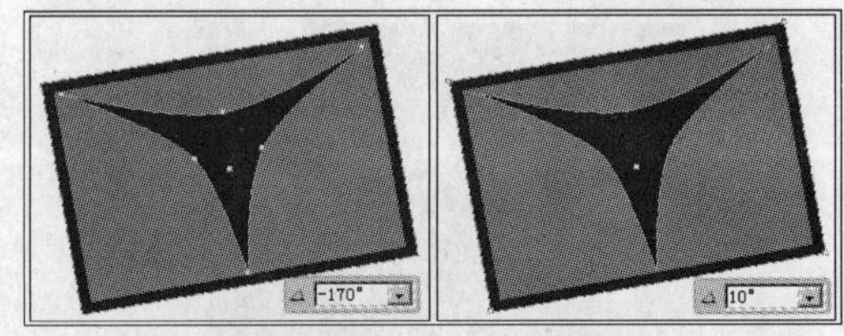

图9-29 选择“整体变换”时的对象角度

5）在“变换”调板菜单中取消“整体变换”选项的选择状态，接着分别使用“直接选择”工具选择内部的黑色图形和描边矩形，来观察“变换”调板中的“旋转角度”参数，如图9-30所示。读者会发现，在取消“整体变换”选项的选择状态时，系统将相对于编组对象的容器来测量选择对象的角度。

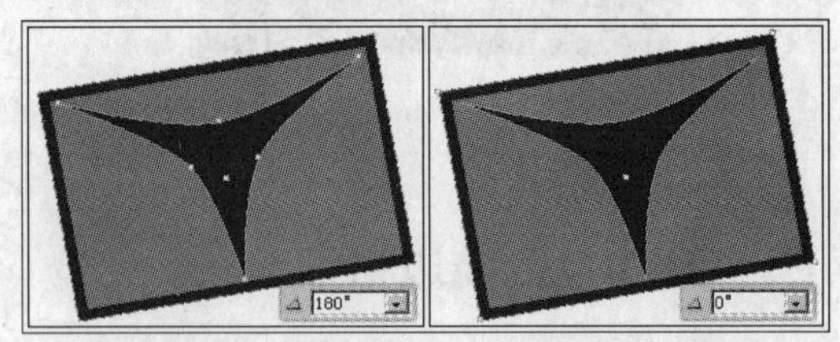

图9-30 取消“整体变换”选项时的对象角度

9.1.6 显示内容位移

“变换”调板中的“显示内容位移”选项可供用户查看图像与图片框之间的相对位置，以及图像所在页面中的绝对位置。

1）执行“文件”→“打开”命令，打开本书附带光盘\Chapter-09\“别墅01.indd”文件，如图9-31所示。

图9-31 打开素材

2）使用 “选择”工具，选择在页面中选择图片框，然后在“变换”调板中观察该图片框的变换中心在页面中的位置，如图9-32所示。

图 9-32　图片框的位置

3）使用 “直接选择”工具在图像上单击，将图像选中，在“变换”调板中可以看到X和Y值变成了X+和Y+，此时为选择“显示内容位移”选项状态下，图像与图片框之间的相对距离值，如图9-33所示。

图 9-33　图像相对图片框的位置

4）保持图像的选择状态，在“变换”调板菜单中取消“显示内容位移”选项的选择状态，这时“变换”调板中将显示图像在页面中的绝对位置参数，如图9-34所示。

图 9-34　图像在页面中的绝对位置

提 示

“变换”调板菜单中还包含了“缩放时调整描边粗细”选项，默认该选项为选择状态，表示当对带有描边的对象进行缩放时，描边的宽度将会按照对象的缩放比例进行同等缩放，否则不变。

9.2 对齐分布对象

通过 InDesign CS3 提供的“对齐”对象的功能，可将选定的对象按照指定的轴（水平轴或垂直轴）并通过指定的区域进行对齐。通过“分布”对象功能可以均匀地设置各选定对象间的间距。

9.2.1　对齐对象

1）执行“文件”→“打开”命令，打开本书附带光盘\Chapter-09\“对齐.indd”文件，如图9-35所示。

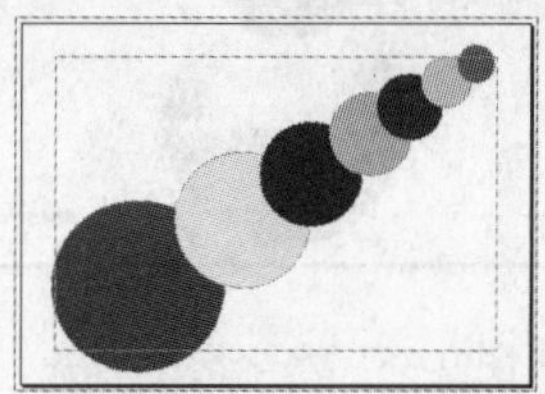

图 9-35　打开素材

2）使用 “选择”工具框选页面中的所有圆形，然后执行“窗口”→“对象和版面”→“对齐”命令，或者按下<Shift+F7>键，打开“对齐”调板，如图9-36所示。

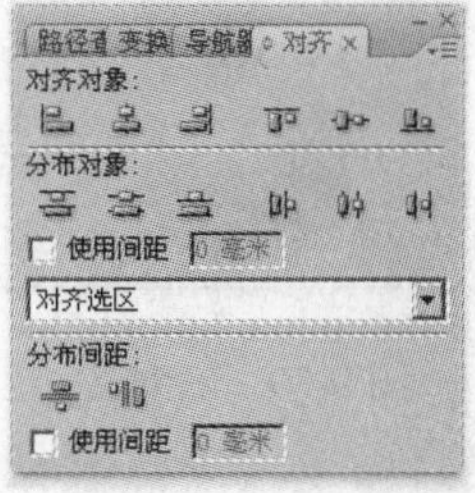

图 9-36　“对齐”调板

3）在“对齐”调板中单击“左对齐”按钮，可将选定对象与最左侧的圆形左边界对齐，如图 9-37 所示。

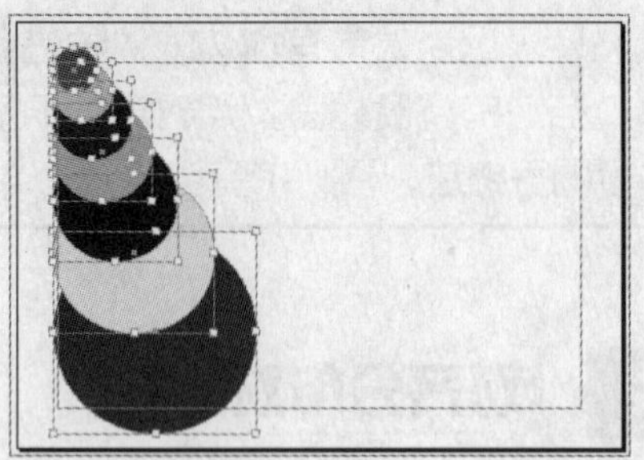

图 9-37　左对齐

4）按下<Ctrl+Z>键，撤销上一步操作。然后在“对齐”调板中单击“水平居中对齐”按钮，系统会自动根据选定对象的中心点在水平方向进行对齐，如图 9-38 所示。

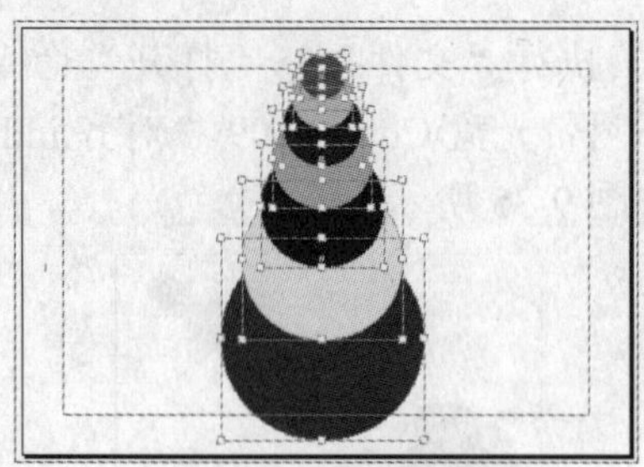

图 9-38　水平居中对齐

5）单击“右对齐”按钮，可根据选定对象的右侧边界进行对齐，如图 9-39 所示。

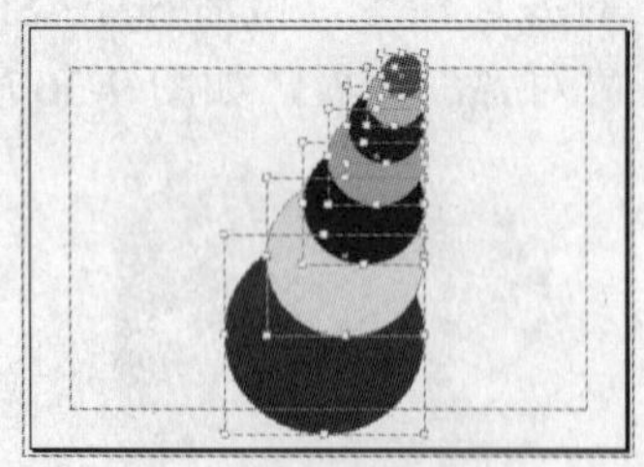

图 9-39　右对齐

6）其他对齐方式在此就不再一一进行讲述，图 9-40 所示为其他 3 种对齐方式所产生的图形效果。

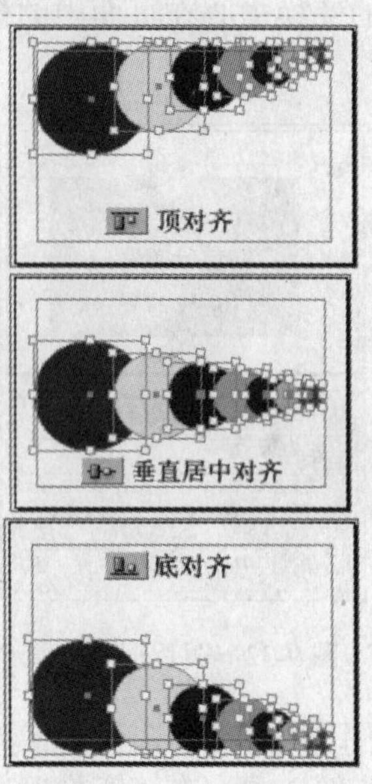

图 9-40　其他 3 种对齐方式

7）按<Ctrl+Z>键，撤销操作使图形回到初始状态。依次单击“水平居中对齐”和“垂直居中对齐”按钮，然后在页面的空白处单击，取消对象选择状态，创建如图 9-41 所示的图形效果。

图 9-41　图形效果

9.2.2　均匀分布对象

1．分布对象

1）执行“文件”→“打开”命令，打开本书附带光盘\Chatper-09\“分布.indd”文件，如图 9-42 所示。

图 9-42　素材文件

2）使用 “选择”工具，框选页面左侧的一列矩形，然后在“对齐”调板中单击 “按顶分布”按钮，系统会按照各选定对象的顶边在选择范围内进行均匀分布，如图 9-43 所示。

图 9-43　按顶分布

3）单击 “按底分布”按钮，系统会按照各选定对象的底边在选择范围内进行均匀分布，效果如图 9-44 所示。

图 9-44　按底分布

4）单击 “垂直居中分布”按钮，系统会根据选定对象各自的垂直中心位置在选择范围内均匀分布，如图 9-45 所示。

图 9-45　垂直居中分布

5）使用 “选择”工具，选择图片上侧的一行矩形，然后单击 “水平居中分布”按钮，系统将根据各选定对象的水平中心位置在选择范围内均匀分布。图 9-46 所示为取消对象选择状态后的效果。

图 9-46　水平居中分布

提 示

“按左分布”是将选定对象按照各对象的左侧边缘进行均匀分布。“按右分布”是将选定对象按照各对象的右侧边缘进行均匀分布。

6）在“对齐”调板中，当启用“分布对象”选项下侧的“使用间距”复选框后，用户可通过右侧的数值框来指定分布对象间的间距。图 9-47 所示为指定分布间距时，水平居中分布选定对象的效果。

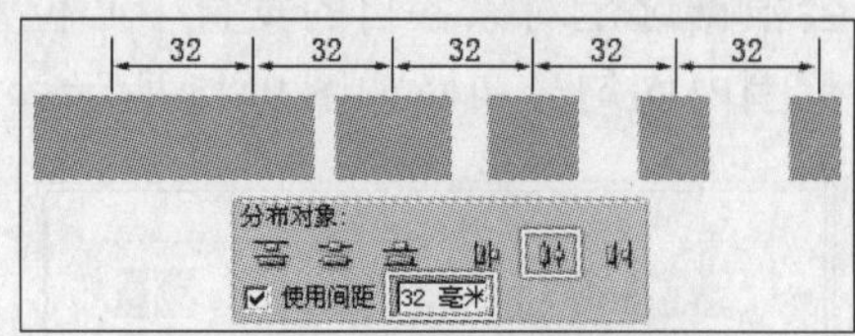

图 9-47　指定分布间距

7）默认情况下，InDesign CS3 将会在选定对象的范围进行对齐或分布。用户可以在“对齐”调板的“对齐方式”下拉列表中，设置选定对象的对齐方式，如图 9-48 所示。

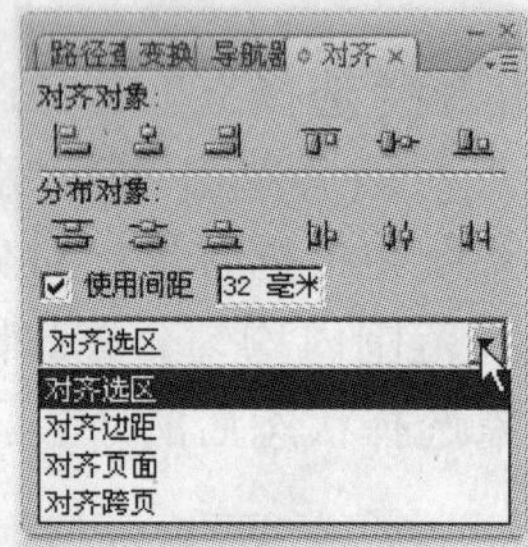

图 9-48　“对齐方式”下拉列表

2．分布间距

1）执行“文件”→“打开”命令，打开本书附带光盘\Chapter-09\“分布间距.indd”文件，如图 9-49 所示。

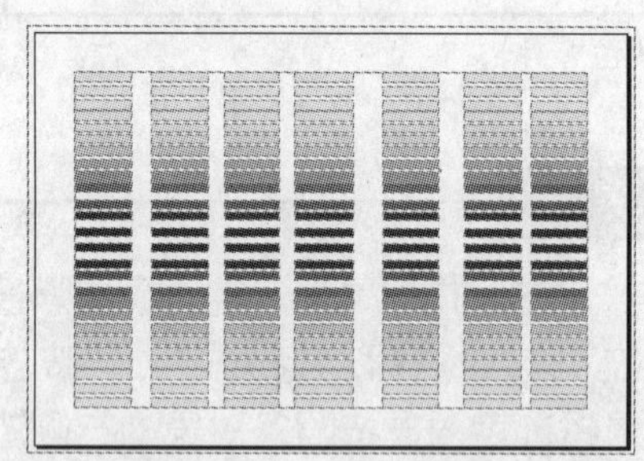

图 9-49　打开素材

2）使用“选择”工具，框选页面左侧的一列矩形条，然后在“对齐”调板中单击“垂直分布间距”按钮，将选定对象在选择范围内垂直分布，而且对象与对象之间的垂直间距相等，如图 9-50 所示。

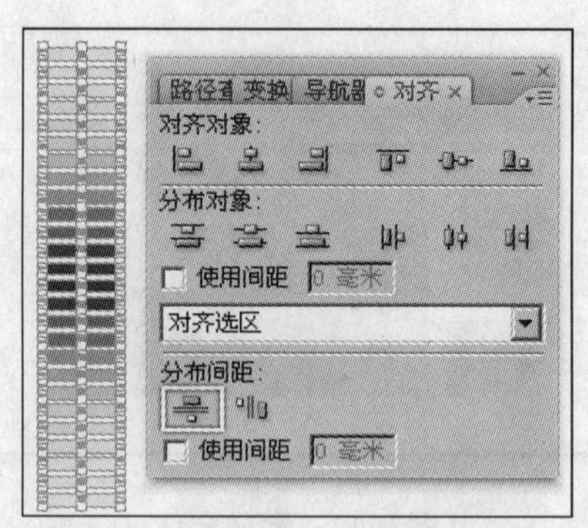

图 9-50　垂直分布间距

3）使用同样操作方法分别对其他几列矩形条进行分布间距，取消对象选择状态后的效果如图 9-51 所示。

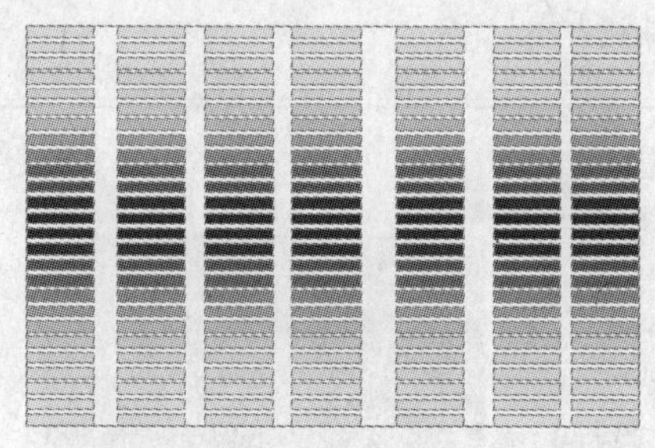

图 9-51　分布其他列的间距

4）使用“选择”工具，框选页面上侧的一行矩形条，然后在“对齐”调板中单击“水平分布间距”按钮，将选定对象在选择范围内水平分布，并且对象与对象之间的水平间距相等，如图 9-52 所示。

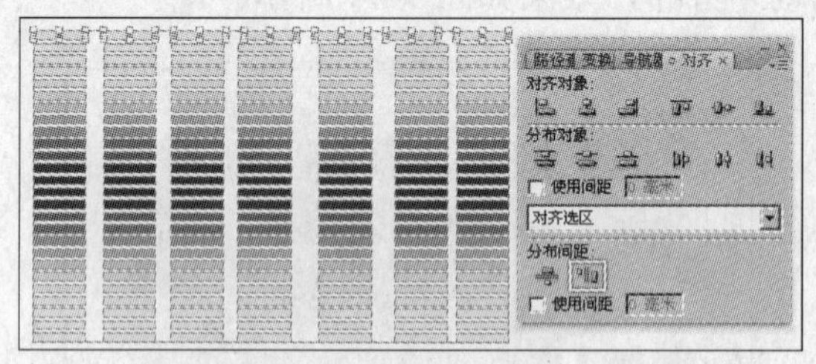

图 9-52　水平分布间距

5）接下来再对其他行分别进行“水平分布间距”操作，得到如图 9-53 所示的图形效果。

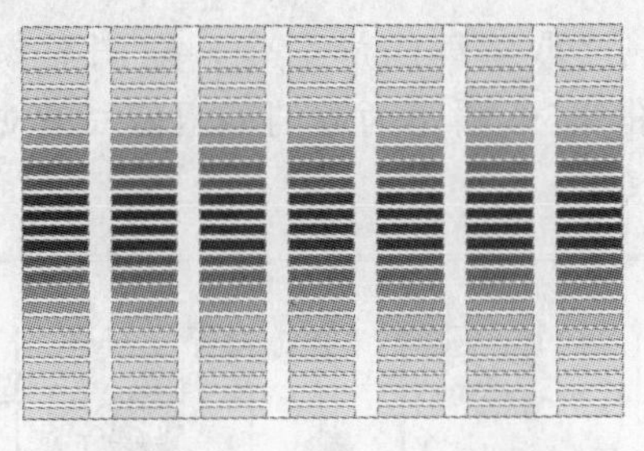

图 9-53　水平分布其他行的间距

6）启用“分布间距”选项下的“使用间距”复选框，这时可根据指定具体的距离参数，来设定选择对象间的水平或垂直间距。

7）InDesign CS3 还为用户提供了“对齐”调板菜单，通过该菜单中的“隐藏选项”，可以将“分布间距”选项隐藏。隐藏选项后还可以通过调板菜单中的“显示选项”，将“分布间距”选项在调板中显示，如图 9-54 所示。

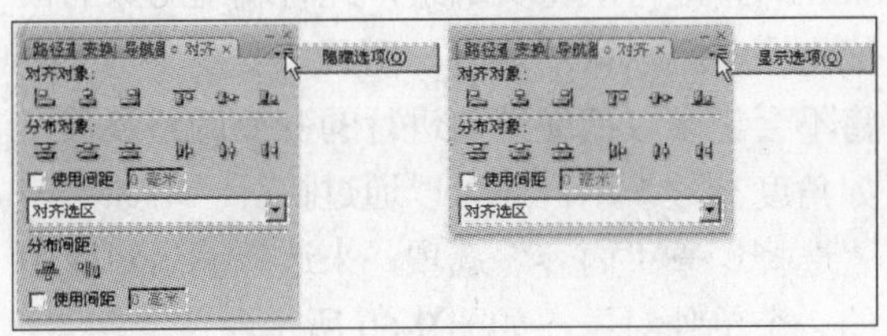

图 9-54　显示和隐藏选项

9.3 编组和锁定对象

通过使用 InDesign CS3 提供的“对象编组”和“锁定对象”功能，可以将多个对象看作成一个单元进行变换操作，在编辑完毕后还可以将其锁定，以避免变换特定对象，导致不希望的结果。

9.3.1　对象编组

通过将多个对象编辑成一个组，可以方便用户一次性将该组选中，并将其作为一个单元进行变换操作，从而减少了选择多个对象的麻烦。

1）执行“文件”→“打开”命令，打开本书附带光盘\Chapter-09\“编组.indd”文件，如图 9-55 所示。

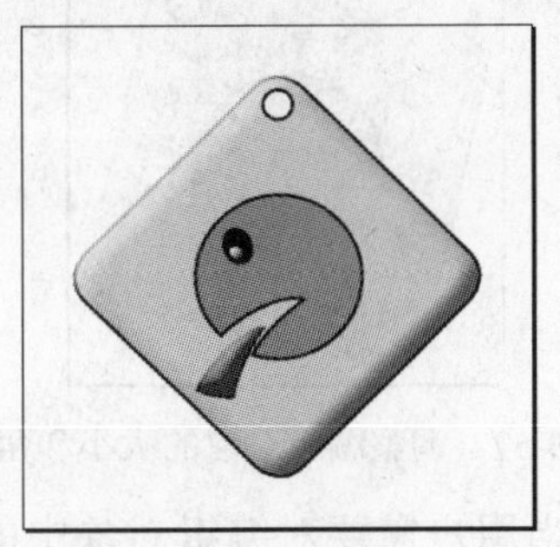

图 9-55　打开素材

2）页面的小装饰物是通过多个对象组成的，我们必须将所有对象选中，才能对整个装饰物进行变换调整。而且如果不小心很容易就对装饰物上的卡通图形进行修改，为了避免这些不必要的麻烦，用户可将其编组。使用“选择”工具框选页面中的所有图形，执行“对象”→“编组”命令，将选定对象编辑成一个组对象。图 9-56 所示为编组前后的图形选择状态。

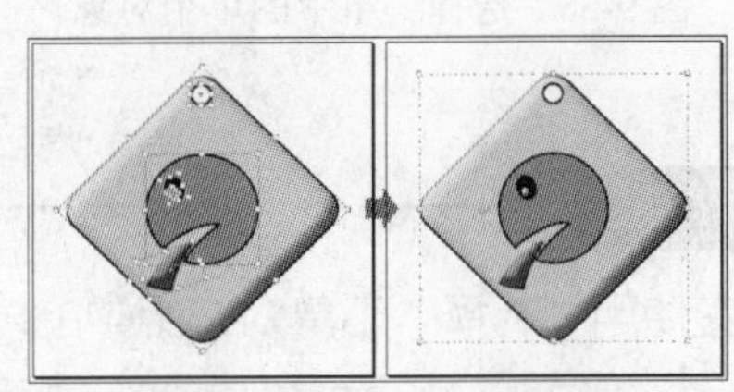

图 9-56　编组前后的图形选择状态

技 巧

用户也可以通过按下<Ctrl+G>键，快速执行“编组”命令。

3）在页面空白处单击，取消对象的选择状态，使用“选择”工具在任意一个图形上单击，即可将整个编组对象选中，这

9 编辑对象

时用户可使用变换调整工具对其进行调整。图 9-57 所示为使用“自由变换”工具调整对象缩放比例和角度后的效果。

图 9-57　调整编组对象的大小和角度

4）当用户需要对编组对象中的其中的一个对象进行变换调整时，可首先使用“直接选择”工具在要选择的对象上单击，然后再选择“选择”工具，这时对象将被“选择”工具选中，如图 9-58 所示。

图 9-58　选择编组中的单个对象

注 意

在使用“选择”工具对编组中的单个对象进行编辑时，只能通过拖动的方式来进行编辑，如果一不小心在页面中单击了一下，将会取消单个对象的选择状态。

5）当选择单个对象后，可通过“选择”工具或“自由变换”工具来对单个对象进行变换操作。用户也可以通过将编组对象取消编组，然后再进行单个对象的变换调整。使用“选择”工具选择在编组对象的任意位置单击，选择该对象，然后执行“对象”→“取消编组”命令，取消对象的编组。图 9-59 所示为取消编组前后的对象选择状态。

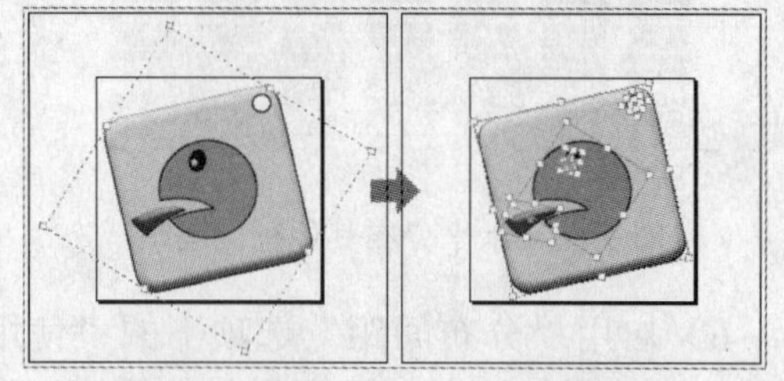

图 9-59　取消编组前后的对象选择状态

技 巧

通过按下键盘上的<Ctrl+Shift+G>键，可快速执行“取消编组”命令。

6）保持所有对象的选择状态，按下<Ctrl+G>键再次将其编组，此时编组对象的框架将恢复到默认的角度，而且“变换”调板中将不会记录取消编组前进行的变换调整参数，如角度参数。用户还可以通过执行“对象”→“选择”→“内容”选项，来选择编组对象中的一个单独对象，如图 9-60 所示。

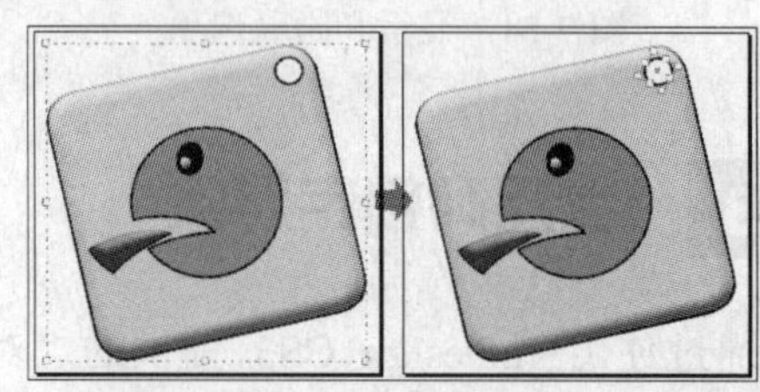

图 9-60　通过菜单项选择单独对象

提 示

当执行“内容”命令时，所选择的第一个对象就是编组对象中最顶层的圆形对象。

7）通过执行“对象”→“选择”→“上一对象”或“下一对象”命令，可在编组对象中的单独对象之间进行切换选择。图

9-61 所示为执行“下一对象”命令时所选择的单独对象。

图 9-61　选择下一对象

提 示

“上一对象”和“下一对象”命令是根据对象从顶层到底层的排列顺序循环进行选择的。

8）执行“对象”→“选择”→“容器”命令，可选择整个编组对象。

9.3.2　锁定对象

当我们已经确定文档中的某些特定对象的位置后，可将这些对象锁定，这样就不能再对其进行移动、旋转等变换操作。但是，用户选择这些锁定后的对象，也可以更改这些对象的其他属性（如颜色）。

1）接着上一节的操作，保持编组对象的选择状态，然后执行“对象”→“锁定位置”命令，这时编组对象将被锁定。当使用变换工具对锁定的对象进行变换操作时，可看到一个锁定图标，如图 9-62 所示。

图 9-62　锁定图标

技 巧

用户也可按下键盘上的<Ctrl+L>键，快速执行“锁定位置”命令。

2）使用“选择”工具在锁定对象上用鼠标右键单击，然后在弹出的菜单中执行“解锁位置”命令，可取消对象的锁定状态，如图 9-63 所示。

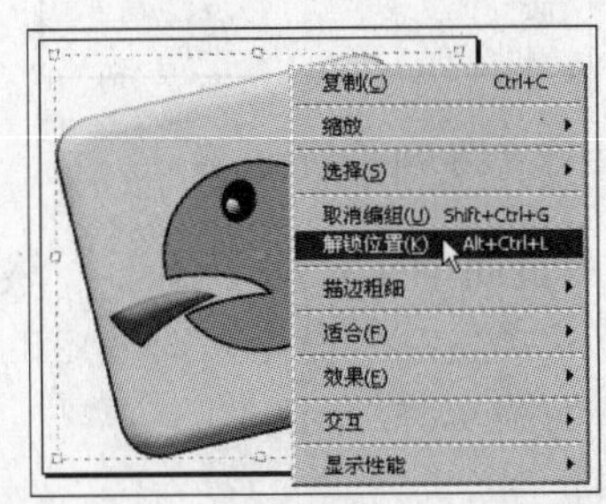

图 9-63　解锁位置

提 示

执行“对象”→“解锁位置”命令，或者按下<Ctrl+Alt+L>键，同样可将锁定的对象解锁。

9.4　创建对象的副本

当文档中需要多个相同结构的对象时，可通过 InDesign CS3 提供的复制命令，来创建对象的副本。InDesign CS3 为用户提供了 3 种创建对象副本的命令，分别为“复制”、“直接复制”和“多重复制”命令。除了“复制”命令需要结合“粘贴”命令来创建对象的副本外，其他两种方式可直接创建出对象的一个或多个副本。

9.4.1　复制并粘贴对象

通过“复制”命令，可将选定的对象暂时复制到剪贴板中，然后通过“粘贴”命令将其粘贴到当前文档的页面中，通过该操作可以创建出一个或多个副本对象。

1）执行“文件”→“打开”命令，打开本书附带光盘\Chapter-09\“复制.indd”文件，如图 9-64 所示。

图 9-64　打开素材

2）在页面中选择心形图形，然后执行“编辑”→“复制”命令，对选定的图形进行复制，如图 9-65 所示。

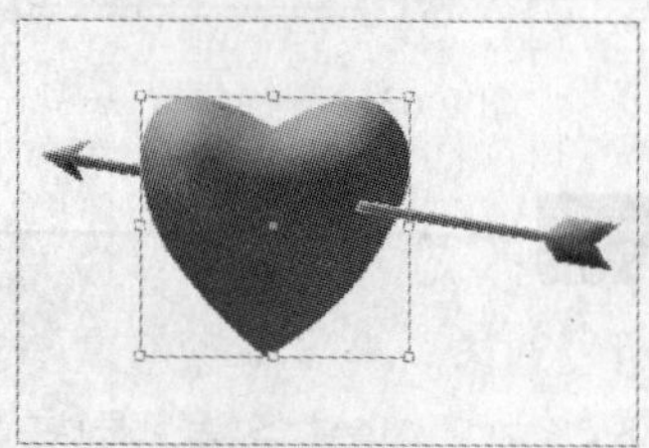

图 9-65　选择并复制图形

技 巧

按下键盘上的<Ctrl+C>键，可快速执行“复制”命令。

3）执行“编辑”→“粘贴”命令，对复制的心形图形进行粘贴，如图 9-66 所示。

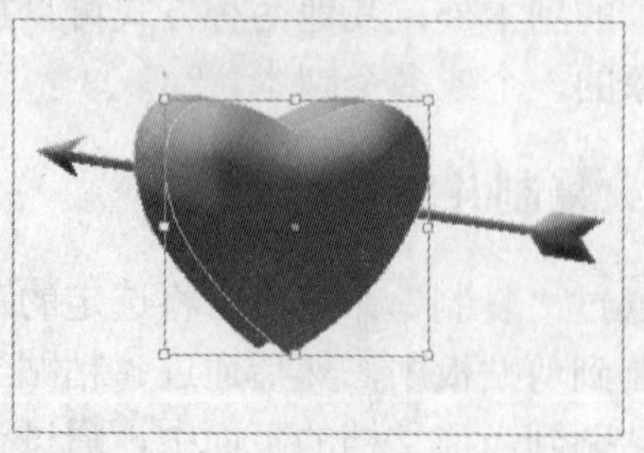

图 9-66　粘贴图形

技 巧

按下键盘上的<Ctrl+V>键，可快速执行“粘贴”命令。

4）保持复制出的心形图形为选择状态，按下<Ctrl+[>键，将选择对象后移一层，然后使用“选择”工具调整对象的位置，如图 9-67 所示。

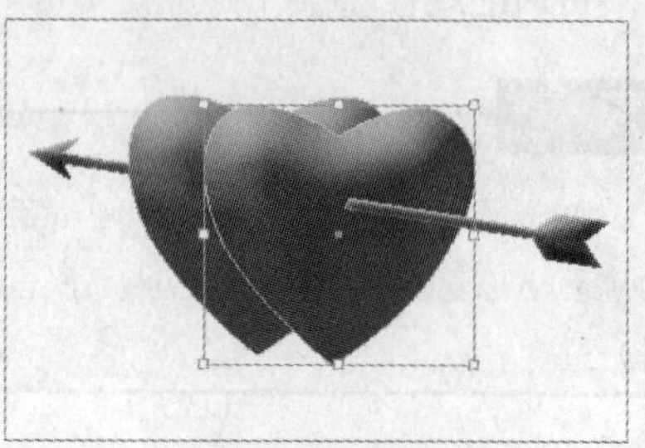

图 9-67　调整对象的位置和顺序

5）通过“粘贴”命令创建出的副本图形会自动放置到最顶层，为了避免调整图形顺序的麻烦，我们可通过鼠标拖动的方式来复制图形。结合<Ctrl+Z>键撤销到复制图形前的图形选择状态，然后使用“选择”工具，将光标移动到选择对象上，此时按下<Alt>键，光标将变成一个双层箭头，如图 9-68 所示。

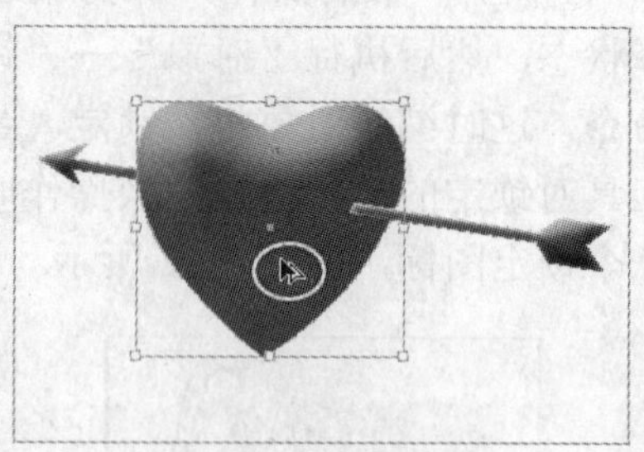

图 9-68　箭头状态

6）保持<Alt>键按下的同时，拖动鼠标即可创建出一个副本图形，如图 9-69 所示，至合适位置后松开鼠标，完成图形的复制操作。

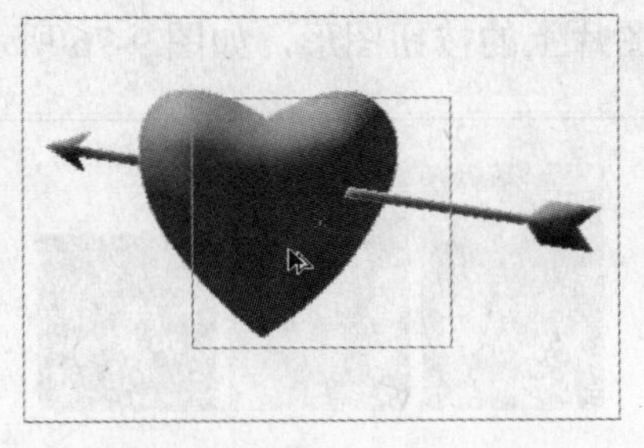

图 9-69　拖动复制图形

提 示

通过“原位粘贴”命令，可将图形粘贴到当前页面中与复制图形的同一位置。如果希望图形出现在多个页面的同一位置，可通过将其原位粘贴到主页中。

7）按下<Ctrl+D>键，置入本书附带光盘\Chatper-09\“花.jpg”文件。保持置入图像的选择状态，按下<Ctrl+C>键复制图像，然后选择复制的心形图形，执行“编辑”→“贴入内部”命令，如图 9-70 所示。

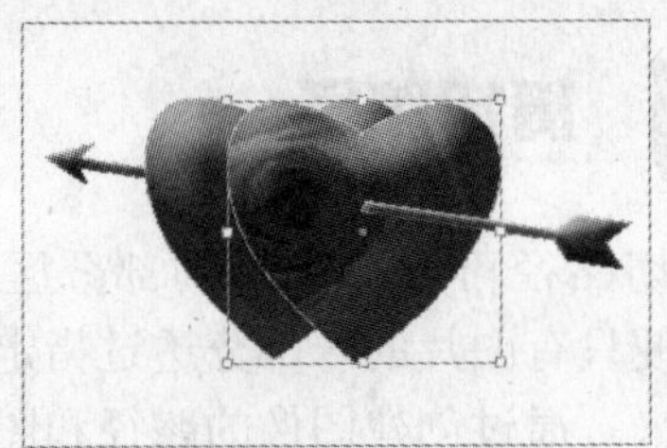

图 9-70　贴入图片

提 示

“贴入内部”命令是通过将图像粘贴到已转换的轮廓来给图像添加蒙版，以使轮廓外的图像隐藏。用户也可通过按下<Ctrl+Alt+V>键，快速执行“贴入内部”命令。

8）在“控制”调板中单击“选择内容”按钮，然后使用变换调整工具对图片的大小和位置进行调整，如图 9-71 所示。

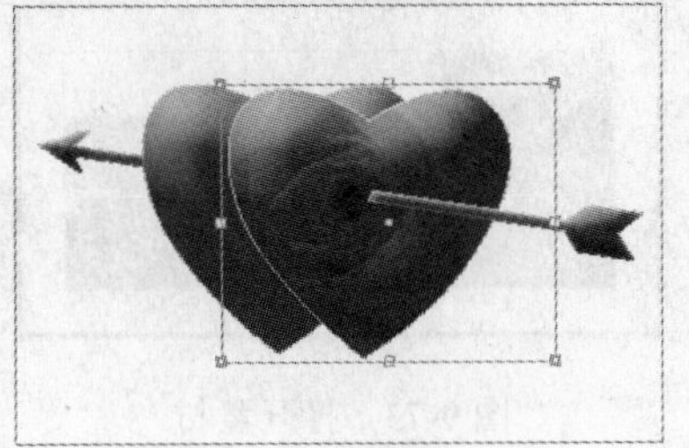

图 9-71　调整内部图片

9）在“控制”调板中单击“选择容器”按钮，参照前面操作方法，将“花”图像再贴入到另外一个心形图形中，并对图像进行调整，如图 9-72 所示。最后用户可将置入在页面外侧的图像删除。

图 9-72　将图像贴入到其他图形中

10）如果读者在制作过程中遇到什么问题，可打开本书附带光盘\Chapter-09\“一箭穿心.indd”文件进行查看。

9.4.2　多重复制和直接复制对象

“多重复制”命令是将选定对象按照指定的行偏移距离或列偏移距离一次性沿某个方向创建出多个副本对象。通过直接复制对象，可快速创建出对象的副本。副本对象与原对象间的距离由“多重复制”对话框中的“水平位移”和“垂直位移”值决定。

1）执行“文件”→“打开”命令，打开本书附带光盘\Chapter-09\“多重复制.indd”文件，如图 9-73 所示。

图 9-73　打开素材

2）使用“选择”工具选择页面中的按钮图形，然后执行“编辑”→“多重复制”命令，打开“多重复制”对话框，参照图 9-74 所示设置对话框。

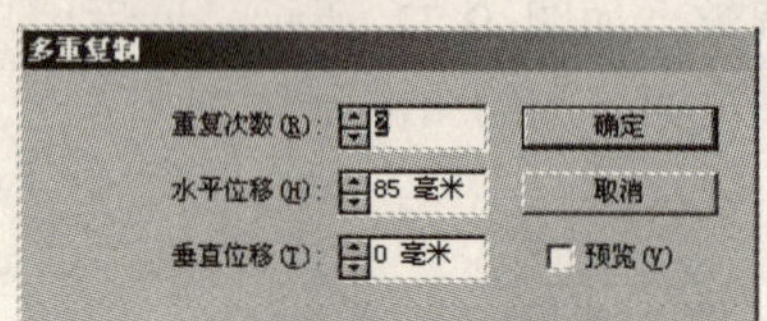

图 9-74　“多重复制”对话框

提 示

在“多重复制”对话框中，如果设置“水平位移”或“垂直位移”参数为正值，表示向右或向上多重复制对象；如果为负值，表示向左或向下复制对象。

3）单击“确定”按钮，关闭对话框，对选择对象进行多重复制，取消对象选择状态后，效果如图 9-75 所示。

图 9-75　多重复制对象

4）将复制出两个按钮图形删除，然后再次选择第一个按钮图形，然后执行“编辑”→“直接复制”命令，该命令将使用“多重复制”对话框中的位移参数创建出第二张图片上的按钮图形，如图 9-76 所示。

图 9-76　直接复制图形

5）保持复制出的按钮图形为选择状态，按下<Ctrl+Shift+Alt+D>键，再次执行“直接复制”命令，可创建出第三张图片上的按钮图形，如图 9-77 所示。

图 9-77　直接复制第三个按钮

9.5 剪切路径

剪切路径可以将图片的部分区域裁切掉，以便只有图片的一部分透过指定的形状显示出来。通过创建图像的路径和图形的框架，可以创建剪切路径来隐藏图像中不需要的部分；通过保持剪切路径和图形框架彼此分离，可以使用“直接选择”工具和工具箱中的其他绘制工具任意修改剪切路径，而不影响图形框架。

1）执行“文件”→“新建”→“文档”命令，新建一个页面宽度为 260 毫米、高度为 250 毫米，页数为 1，不分栏的空白文档。

2）按下<Ctrl+D>键，置入本书附带光盘\Chapter-09\“蔬菜水果.psd”文件，并将其放置到页面的中心位置，如图 9-78 所示。

图 9-78　置入图片

3）在页面中选择置入的图片，然后执行“对象”→“剪切路径”→“选项”命令，打开“剪切路径”对话框，如图 9-79 所示。

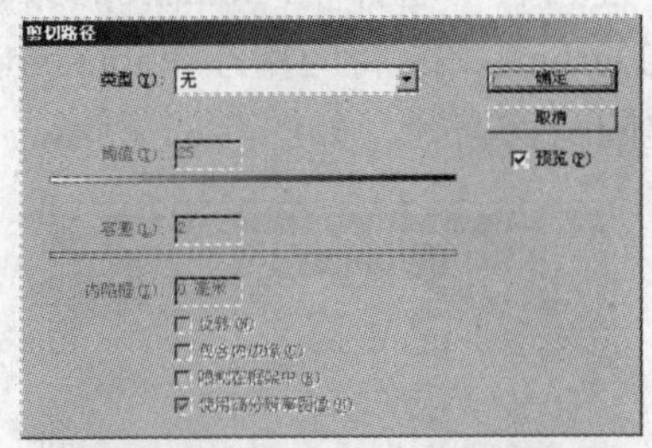

图 9-79　“剪切路径”对话框

4）在“类型”下拉列表中选择“检测边缘”选项，将根据图像最亮的区域的创建剪切路径，如图 9-80 所示。

图 9-80　创建剪切路径

5）将“阈值”参数设置为 125，指定和亮度相关的值，低于此值的像素将被遮盖，高于此值的像素将被保留，如图 9-81 所示。

图 9-81　设置阈值

6）“容差”值决定了建立剪切路径时相邻像素的变化情况。值越高，创建的路径越简单、平滑；值越低，创建的路径就越复杂、精确，但是会有更多的锚点。设置该值为 10，观察路径效果，如图 9-82 所示。

图 9-82　设置容差

7）通过“内陷框”数值可以调节整个路径与图片间的距离，负值扩大路径，正值缩小路径。图 9-83 所示为设置不同值的路径效果。

图 9-83　设置内陷框

8）启用“反转”复选框，可将剪切路径内的图像隐藏，显示剪切路径外的图像，如图 9-84 所示。

图 9-84　反转图像

9）禁用“反转”复选框，并将“内陷框”值设置为 0，然后启用“包含内边缘”复选框，这时将通过所设置的“阈值”和“容差”参数对图像内部进行挖空，如图 9-85 所示。

图 9-85　挖空图像内部

10）启用“限制在框架中”复选框后，创建的剪切路径将在图片的可见边缘（图片框处）停止。启用“使用高分辨率图像”复选框，可获得一个更好、更精细的剪切路径，以使图像的边缘平滑；如果禁用该复选框，剪切图像的边缘会显得很粗糙。

11）在“剪切路径”对话框中的“类型”下拉列表中选择“Alpha 通道”选项，这时将通过图片中包含的 Alpha 通道创建剪切路径，如图 9-86 所示。

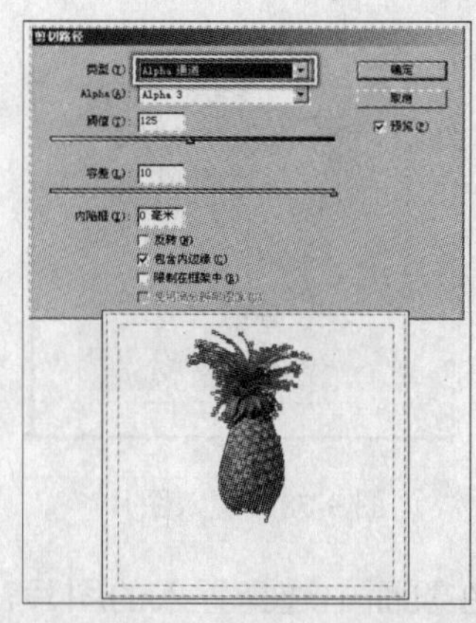

图 9-86　通过“Alpha 通道”创建剪贴路径

12）在“剪切路径”对话框中的“类型”下拉列表中选择“Photoshop 路径”选项，InDesign CS3 将应用在 Photoshop 软件中创建的剪切路径，如图 9-87 所示。

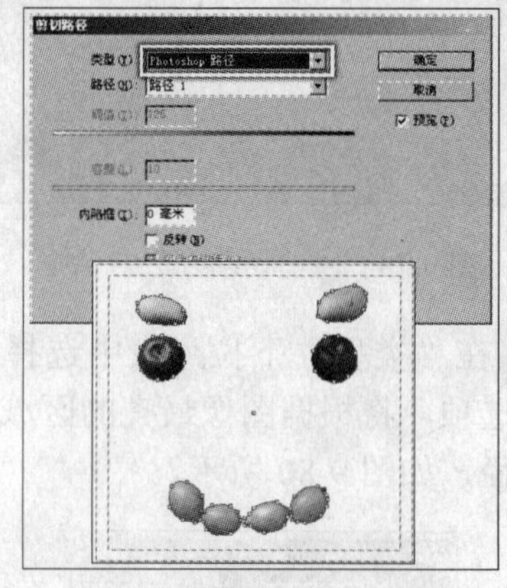

图 9-87　使用 Photoshop 剪切路径

13）用户也可通过使用“钢笔”工具在所需要的形状中绘制一条路径，然后通过“贴入内部”命令将图形粘贴到路径中，如图 9-88 所示。

图 9-88　通过“贴入内部”命令创建剪切路径

14）通过“Alpha 通道”创建出剪切路径，然后执行“对象”→“剪切路径”→“将剪切路径转换为框架”命令，原框架将被新框架替换，如图 9-89 所示。

图 9-89 将前切路径转换为框架

9.6 吸管工具

使用“吸管”工具可以从置入的图片或对象上吸取颜色属性，并将其应用到其他对象上，免去了重复设置相同颜色的麻烦。用户还可以使用“吸管”工具来复制字符、段落、填充和笔画等属性，然后将这些属性应用到其他文字。

1）执行“文件”→“打开”命令，打开本书附带光盘\Chapter-09\“吸管.indd”文件，使用 T “文字”工具，选择第一段文字的起始几个字符，如图 9-90 所示。

图 9-90 选择字符

2）打开“字符”调板，将字体改为“黑体”，字体大小设置为 16 点，并把字符颜色设置为红色，如图 9-91 所示。

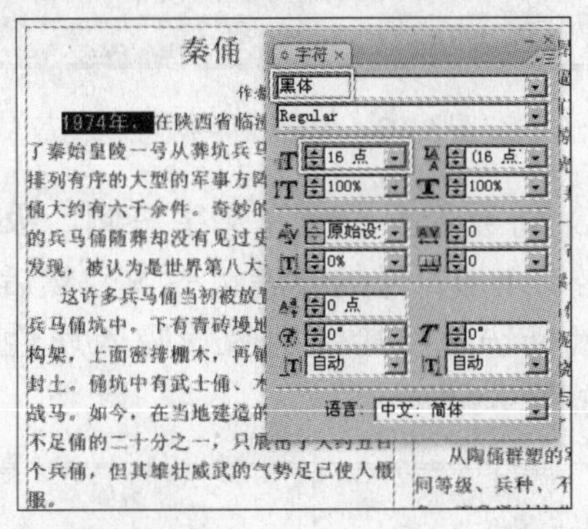

图 9-91 设置字体、字体大小和字符颜色

3）在工具箱中双击“吸管”工具，打开“吸管选项”对话框，在该对话框中可设置吸管工具影响的文本属性。参照图 9-92 所示取消“字符设置”选项中的“颜色和色调”复选框的选择状态，然后单击“确定”按钮，退出对话框。

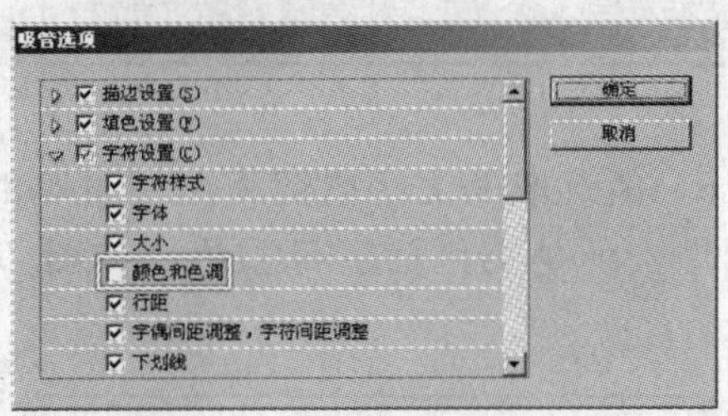

图 9-92 设置吸管的影响属性

提 示

如果只需要复制或应用段落属性，而不想更改“吸管选项”对话框中的设置，可在使用“吸管”工具单击吸取文本属性的同时，按住<Shift>键。

4）使用“吸管”工具，移动光标至更改格式后的文字上单击，光标将由普通的吸管状态，变成吸满状态，表明吸入了所复制的文字属性，如图 9-93 所示。

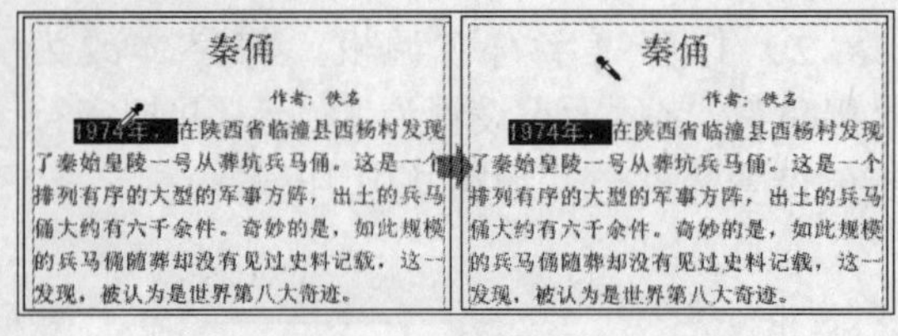

图 9-93 复制文字属性

5）将吸管置于选择文字右侧，吸管将变成带有 I 形符号的吸满状态，然后通过拖动鼠标选取要接受用吸管吸入属性的文本，如图 9-94 所示。

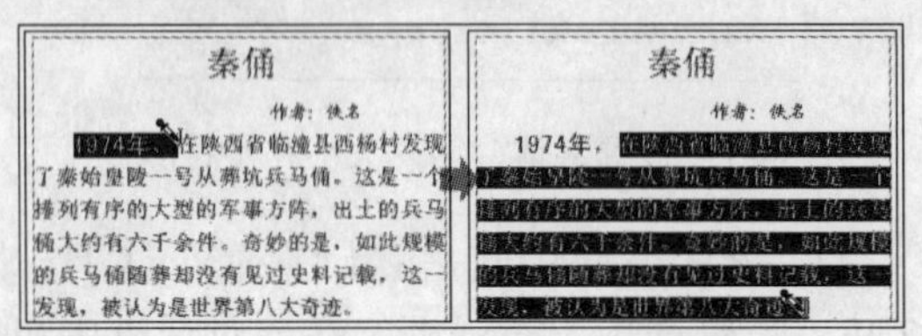

图 9-94 选取要更改属性的文字

注 意

要复制格式的文本必须与希望改变属性的文本在同一个 InDesign CS3 文档中。

6）所选取的文字内容将应用复制的文字属性，但是不包括字符颜色，如图 9-95 所示。

秦俑

作者：佚名

1974年，在陕西省临潼县西杨村发现了秦始皇陵一号从葬坑兵马俑。这是一个排列有序的大型的军事方阵，出土的兵马俑大约有六千余件。奇妙的是，如此规模的兵马俑随葬却没有见过史料记载，这一发现，被认为是世界第八大奇迹。

图 9-95 更改文字属性后的效果

7）使用"文字"工具选取第二段文字，然后使用"吸管"工具在希望从中复制属性的第一段的黑色文本上单击，这些属性将应用到选择的文本当中，如图 9-96 所示。

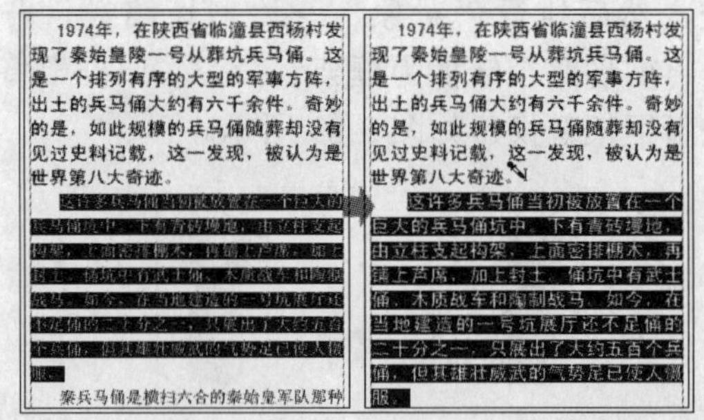

图 9-96 复制文字属性到已选取的文本

提 示

当"吸管"工具为吸满状态时，用户可通过按<Alt>键，将吸管转变方向并显示为空吸管，这时就可吸取新的属性。

9.7 定位对象

InDesign CS3 为用户提供了创建、编辑"定位"对象的功能，所谓"定位"对象就是我们在 InDesign 以前的版本中所提到的随文图，也就是一些附加或者定位到特定文本的项目，如图形、图像或文本框架。

9.7.1 创建定位对象

在 InDesign CS3 中，可以在当前文档中置入新的定位对象，也可以通过现有的对象创建定位对象，用户还可以通过在文本中插入一个占位符框架，来临时替代定位对象，在需要时为其添加相关的内容即可。

1）执行"文件"→"打开"命令，打开本书附带光盘\Chapter-09\"定位对象.indd"文件，如图 9-97 所示。

图 9-97　打开素材

2）选择页面左侧的图标，然后按下<Ctrl+X>键，将其剪切。接着使用 T“文字”工具，将光标插入到文本内容的指定位置，按下<Ctrl+V>键，创建定位对象，如图 9-98 所示。

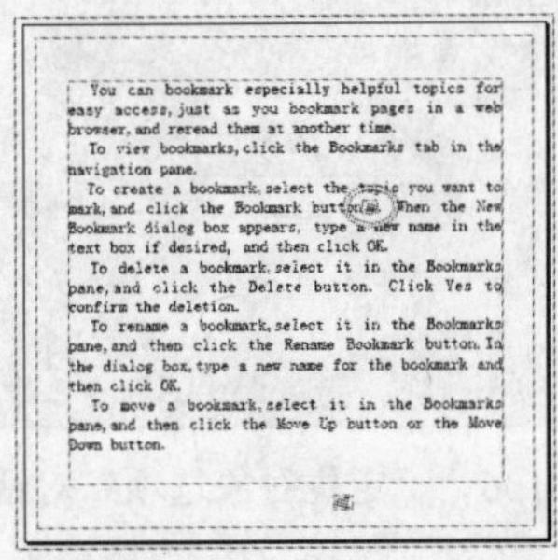

图 9-98　创建定位对象

提 示

默认情况下，定位对象的位置为“行中”。

3）使用同样操作方法再将另外一个图标剪切，并粘贴到文本中，成为定位对象，如图 9-99 所示。

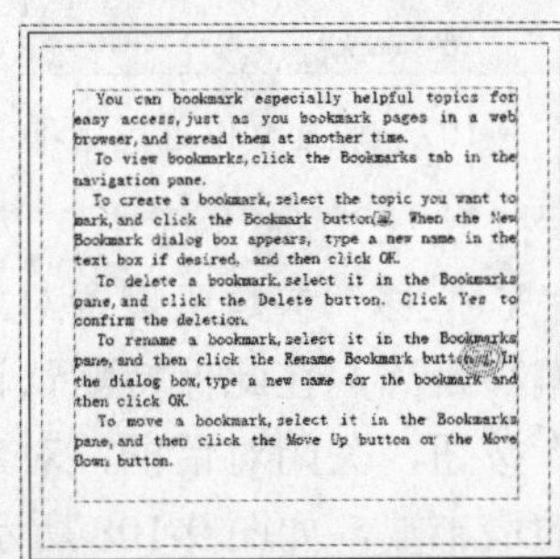

图 9-99　通过另外一个现有对象创建定位对象

4）参照图 9-100 所示将光标定位最后一段文本的相应位置，然后按下<Ctrl+D>键置入本书附带光盘\Chapter-09\“图标 3.tif”文件。

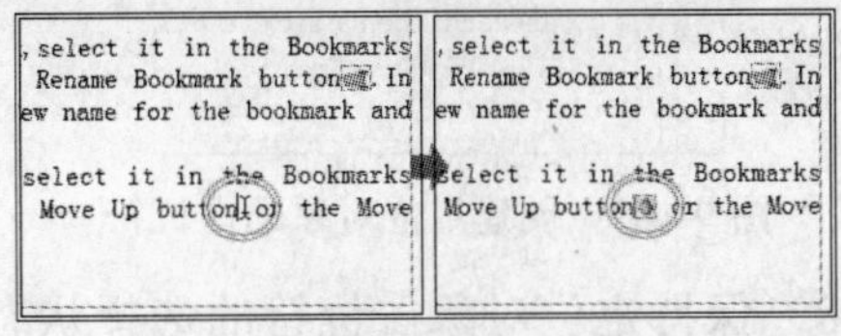

图 9-100　通过置入对象创建定位对象

5）将光标定位到文本的末端，然后执行“对象”→“定位对象”→“插入”命令，打开“插入定位对象”对话框，如图 9-101 所示。

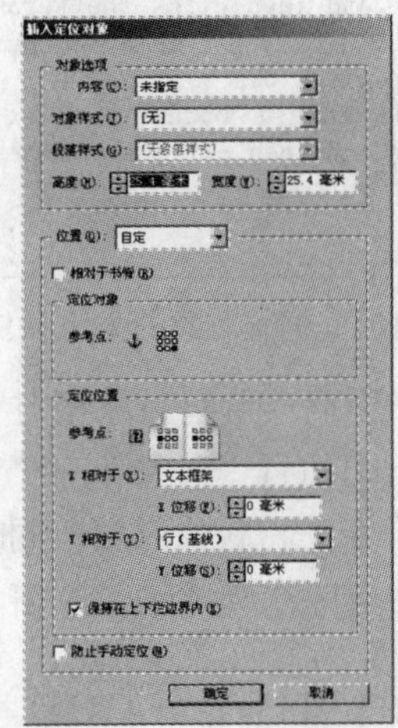

图 9-101　“插入定位对象”对话框

6）在“内容”选项的下拉列表中选择“图形”选项，指定占位符框所包含的对象类型。在“对象样式”下拉列表中选择“基本图形框架”选项，指定用来格式化对象的样式，如图 9-102 所示。

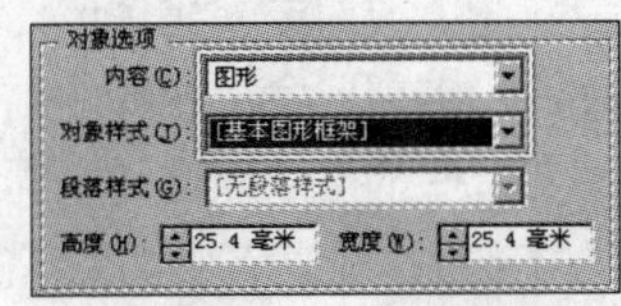

图 9-102　设置对象选项

7）单击“确定”按钮退出对话框，页面中会自动创建出一个以框架形式显示的定位对象占位符，如图 9-103 所示。

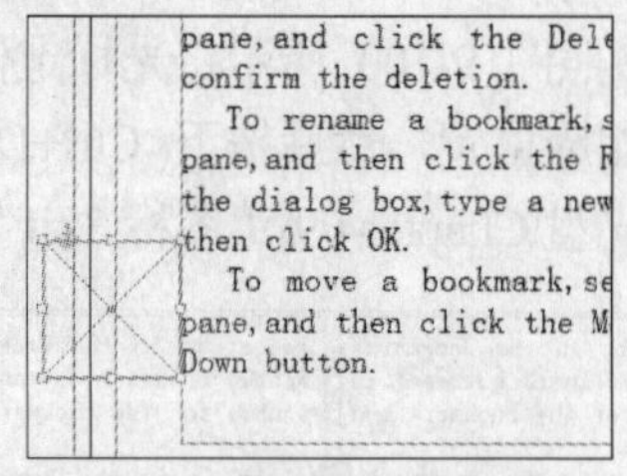

图 9-103　创建定位对象的占位符

8）保持定位对象占位符的选择状态，然后按下<Ctrl+D>键置入本书附带光盘\Chapter-09\“图标 4.tif”文件，接着使用“选择”工具调整框架的大小和位置，如图 9-104 所示。

To rename a bookmark, select
pane, and then click the Rename
the dialog box, type a new name
then click OK.
To move a bookmark, select
pane, and then click the Move Up
Down button.

图 9-104　调整对象的大小和位置

9）如果用户不希望对象相对于与它关联的文本移动，可执行“对象”→“定位对象”→“释放”命令，将对象释放，同时框架上侧的⚓图标将会丢失，如图 9-105 所示。

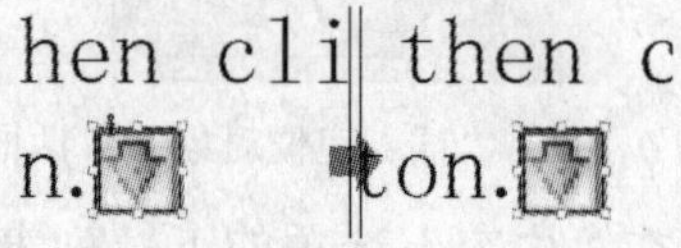

图 9-105　释放对象

提 示

将对象释放后，原对象的位置不会发生改变。用户可在释放对象前和释放对象后分别调整文本框的位置，会发现释放对象前，对象会随着文本框的移动而移动；而释放对象后，对象就不会跟随文本框移动了。

9.7.2　调整定位对象

当用户在文本流中创建出多个定位对象后，有时还需要对定位对象的位置和格式进行相应的调整，从而使定位对象与文本流相适应。

1）接着上一节的操作，按下<Ctrl+Z>键撤销对象的释放操作。保持文本流末端的定位对象为选择状态，执行“对象”→“定位对象”→“选项”命令，打开“定位对象选项”对话框，如图 9-106 所示，通过该对话框中的“自定”位置选项可以设置对象的精确位置。

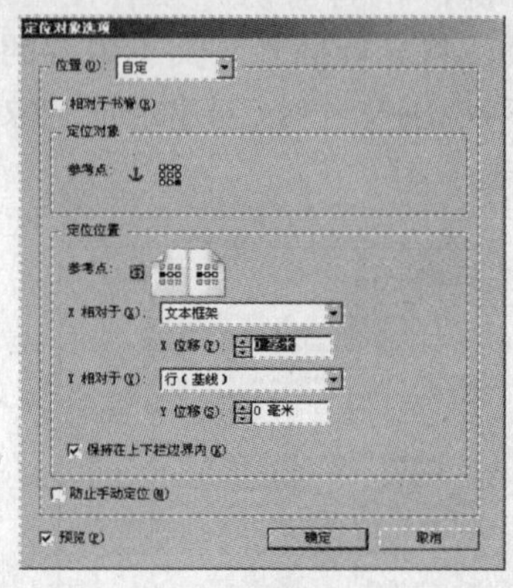

图 9-106　“定位对象选项”对话框

2）由于最后一个按钮图标不符合我们的版式要求，所以需要将其调整到文本流的字符中间。在“位置”下拉列表中选择“行中或行上”选项，如图 9-107 所示。

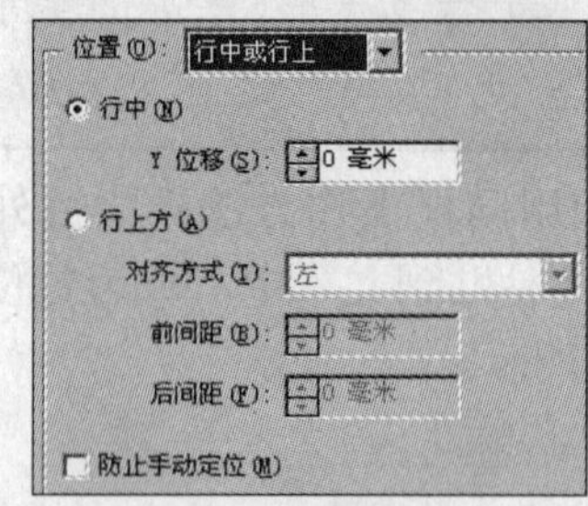

图 9-107　设置“位置”选项

3）保持默认选项“行中”为选择状态，通过“Y 位移”参数可设置对象与文字行的垂直偏移距离，在此保持默认设置，单击“确定”按钮，关闭对话框，对象将固定到文本流的最末端，如图 9-108 所示。

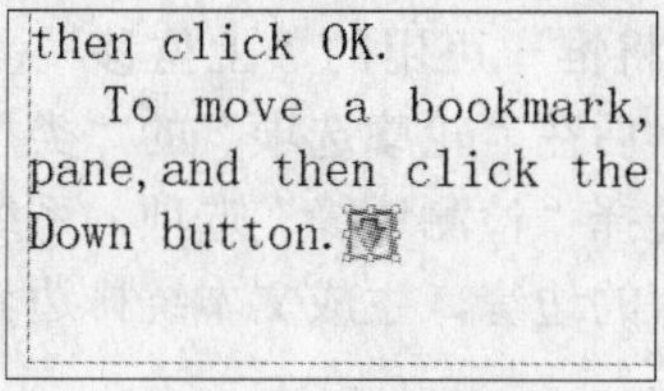

then click OK.
To move a bookmark,
pane, and then click the
Down button.

图 9-108　设置对象位置

4）保持对象的选择状态，然后按下<Ctrl+X>键将其剪切，将光标定位在末端标点前，按下<Ctrl+V>键，粘贴对象，如图 9-109 所示。

then click OK.
To move a bo
pane, and then cl
Down button.
then click OK.
To move a bo
pane, and then cl
Down button.

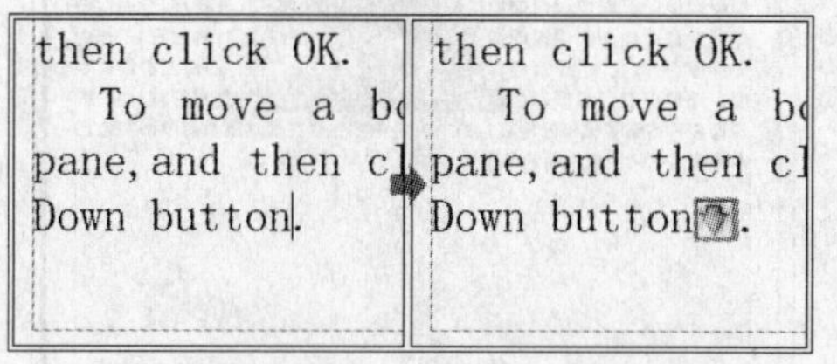

图 9-109　调整对象所在字符的位置

9.7.3　文本绕排

在 InDesign CS3 中，允许用户将文本绕排在任何对象的周围，这些对象可以是文本框、图文框，也可以是导入的对象或在文档中绘制的图形。当对一个对象应用文本绕排时，InDesign CS3 会自动在对象的周围创建一个边界，以阻止文本进入边界内。

1. 沿定界框绕排

1）执行“文件”→“打开”命令，打开本书附带光盘\Chapter-09\“文本绕排.indd”文件，如图 9-110 所示。

敦煌壁画的艺术特点

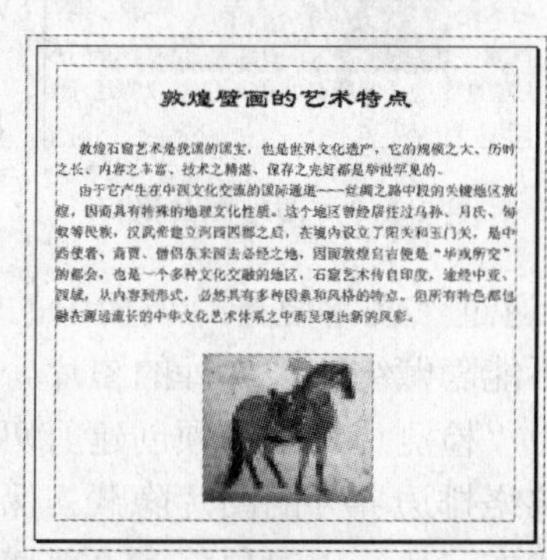

图 9-110　打开素材

2）使用“选择”工具选择页面中的图片，然后执行“窗口”→“文本绕排”命令，打开“文本绕排”调板，如图 9-111 所示。

文本绕排
反转
0 毫米
0 毫米
0 毫米
0 毫米
绕排选项：
绕排至：
左侧和右侧
轮廓选项：
类型：
包含内边缘

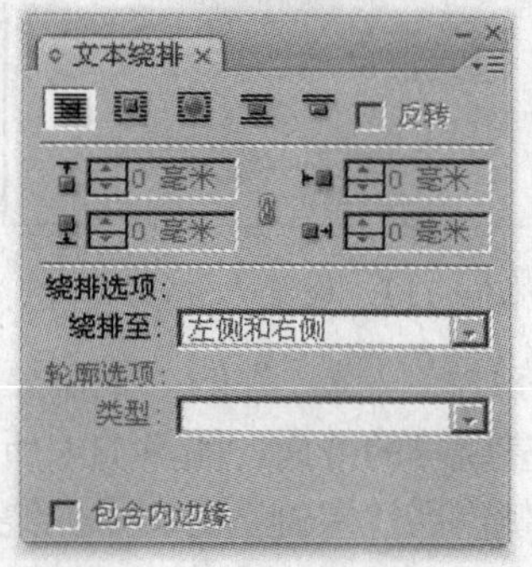

图 9-111　“文本绕排”调板

3）在“文本绕排”调板中单击“沿定界框绕排”按钮，然后使用“选择”工具在页面中将图片调整到文本所在位置，可观察到文本将根据图片定界框的宽度和高度，按矩形形状进行环绕排列，如图 9-112 所示。

敦煌壁画的艺术特点

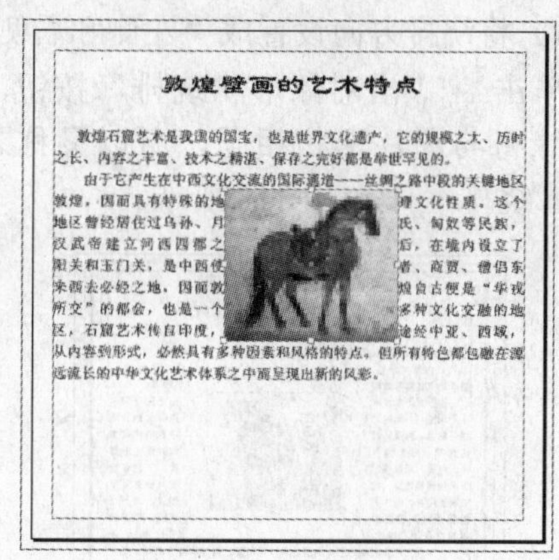

图 9-112　沿定界框绕排

4）调整“位移”参数，可设置定界框边缘与文字间的距离。如果是正值，绕排将远离框边缘；如果是负值，绕排边界将位于框边缘内。将 4 个“位移”参数均设置为 1，观察绕排效果，如图 9-113 所示。

图 9-113　设置“位移”参数

5）在“绕排选项”的“绕排至”下拉列表中可设置绕排的方向。图 9-114 所示为分别选择“右侧”和“左侧”时文本的绕排效果。

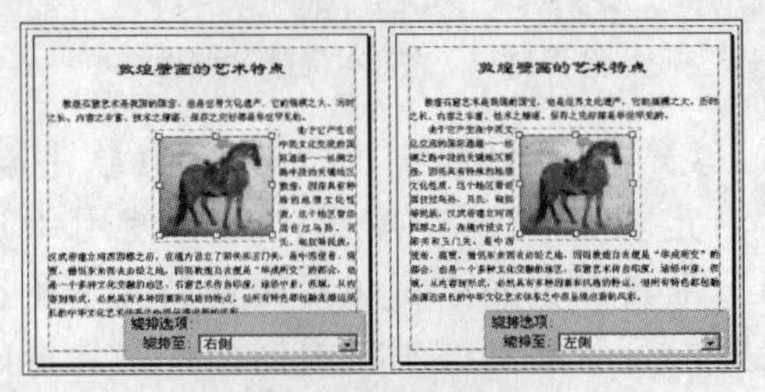

图 9-114　设置绕排方向

2．沿对象形状绕排

1）将绕排方向设置成“左侧和右侧”，然后单击“沿对象形状绕排”按钮，绕排边缘将与图片形状相同，所以又称之为“轮廓绕排”，如图 9-115 所示。

图 9-115　沿对象形状绕排

2）将惟一可用的“上位移”参数设置为 0，然后在“轮廓选项”的“类型”下拉列表中选择“检测边缘”选项，系统将自动检测图片的边缘，生成文本绕排边界，如图 9-116 所示。

图 9-116　通过“检测边缘”生成文本绕排边界

3）此时，文字会随着绕排边界的变化而变化，还有一部分文字被图片所遮盖，这时可使用“选择”工具选择页面中的图片，然后执行“对象”→“排列”→“置为底层”命令，将图片移动到文字的下方，效果如图 9-117 所示。

图 9-117　调整图片顺序

4）通过“文本绕排”调板中的轮廓选项，并不能隐藏绕排边界外的图片。只有再通过使用“检测边缘”选项创建剪切路径，才能够将绕排边界外的图片隐藏。保持对象的选择状态，执行“对象”→“剪切路径”

→“选项”命令，参照图 9-118 所示设置对话框，创建剪切路径。

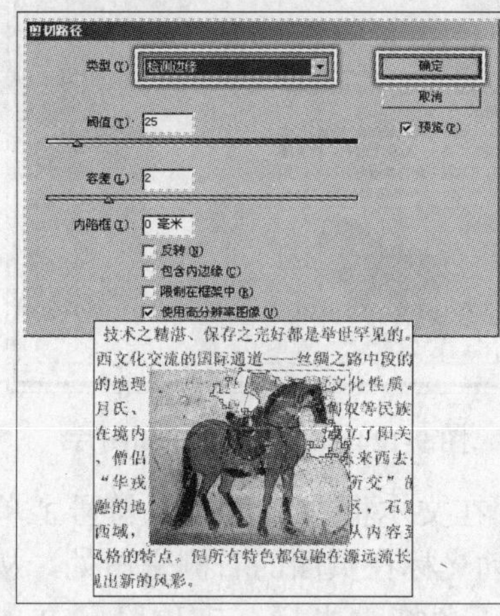

图 9-118　创建剪切路径

5）在“文本绕排”调板中的“轮廓选项”的“类型”下拉列表中选择“Alpha 通道”选项，将通过随图像一起保存的 Alpha 通道生成文本绕排边界。然后将“剪切路径”的类型同样设置成“Alpha 通道”选项，效果如图 9-119 所示。

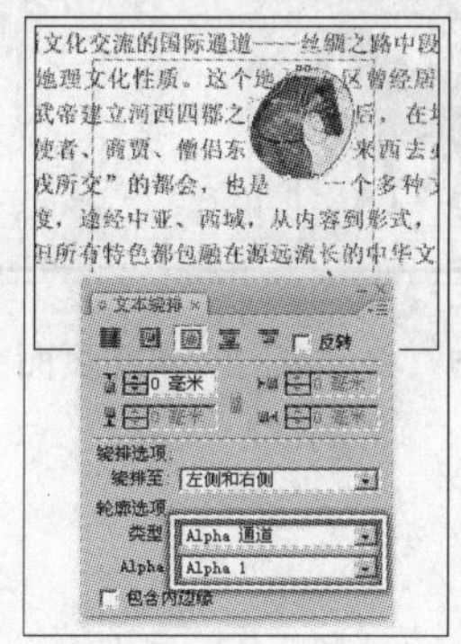

图 9-119　通过“Alpha 通道”创建绕排边界

6）在“轮廓选项”的“类型”下拉列表中选择“Photoshop 路径”选项，然后在“路径”下拉列表中选择“路径 2”选项，将根据随图像一起保存的路径生成绕排边界。然后将“剪切路径”的类型同样设置成“Photoshop 路径”选项的“路径 2”，效果如图 9-120 所示。

图 9-120　通过“Photoshop 路径”创建绕排边界

7）启用“反转”复选框，可将文本绕排的方向反转，如图 9-121 所示。

图 9-121　反转文本绕排

3. 其他绕排方式

1）在“文本绕排”调板中单击“上下型绕排”按钮，文本将在框架的上侧和下侧进行排列，而框架的左右两侧没有任何文本，如图 9-122 所示。

图 9-122　上下型文本绕排

2）单击“下型文本绕排”按钮，将强制周围的段落显示在下一个文本栏或文本框架的顶部。在该文档中，图片下方的文字将隐藏不可见，如图 9-123 所示。

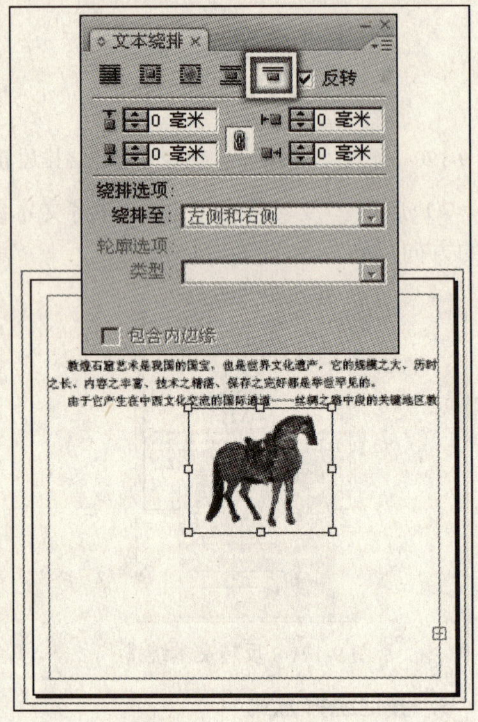

图 9-123　下型文本绕排

3）参照图 9-124 所示，调整文本框的大小和图片的位置。

图 9-124　调整文本框和图片

4）在文本框右下角的⊞符号上单击，然后移动光标在页面的右侧空白处，从左上角至右下角拖动光标，定位隐藏文本的位置，将其在页面中显示，如图 9-125 所示。

图 9-125　将隐藏的文本在页面中显示

第 10 章

图层和效果

在一个包含有多个对象的文档中，如果用户需要对特定区域或类型的对象进行单独调整时，会感觉非常麻烦。这时可借助 InDesign CS3 为我们提供的“图层”功能来对不同类型的对象进行管理，从而大大提高工作效率。另外，用户可以对在 InDesign CS3 中创建或置入的任何对象添加特殊效果，来丰富画面。

10.1 图层的应用

图层相当于层层叠加在一起的透明纸，如果图层上没有对象，就可以透过它看到后面图层上该页面中的对象。通过使用多个图层，可以创建和编辑文档中的特定区域或各种内容，而不会影响其他区域或其他种类的内容。例如，在一个包含有大量图形和文本的文档中，用户需要对文档中的文本进行校对时，如果将所有对象打印出来，速度会很缓慢，这时就可以为文档中的文本单独使用一个图层，在打印时将其他图层隐藏，仅将文本图层中的内容快速打印出来。

10.1.1 图层操作

本节我们将通过在多个图层中绘制不同形状的图形，来学习有关“图层”的一些基本操作方法。

1）执行“文件”→“新建”→“文档”命令，创建一个页面大小为 A4，页数为 1，页面方向为“横向”，不分栏的空白文档。

2）执行“窗口”→“图层”命令，或者按下<F7>键，打开“图层”调板，如图 10-1 所示，文档中已经包含了一个已命名的图层。

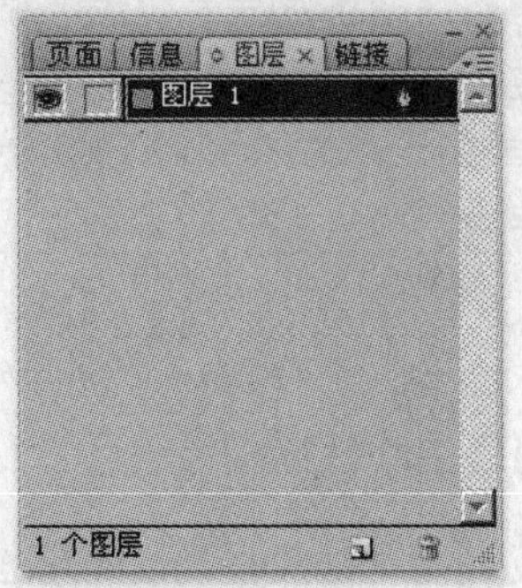

图 10-1 “图层”调板

3）使用“矩形”工具，绘制一个和版心参考线同等大小的矩形图像，然后将矩形的填充色设置为蓝色，如图 10-2 所示。

图 10-2 绘制蓝色矩形

4）在“图层”调板的底部单击“创建新图层”按钮，新建“图层 2”，如图 10-3 所示。

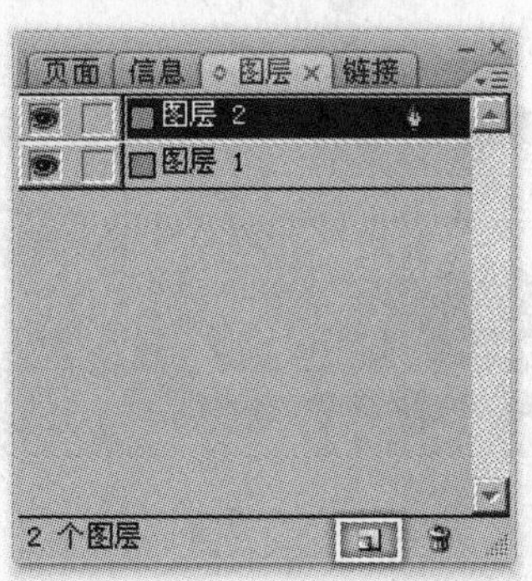

图 10-3 新建图层

提 示

在“图层”调板中，显示钢笔图标的图层为当前目标图层，在页面中创建或置入的任何对象都处在当前图层中。另外，如果用户按下<Ctrl>键的同时单击“创建新图层”按钮，可在当前选择图层的上方创建出新图层；如果在按下<Ctrl+Alt>键的同时单击“创建新图层”按钮，可在当前选择图层的下方创建出新图层。

5）使用“钢笔”工具，在视图中绘制不规则图形，然后为其填充渐变色，如图10-4所示。

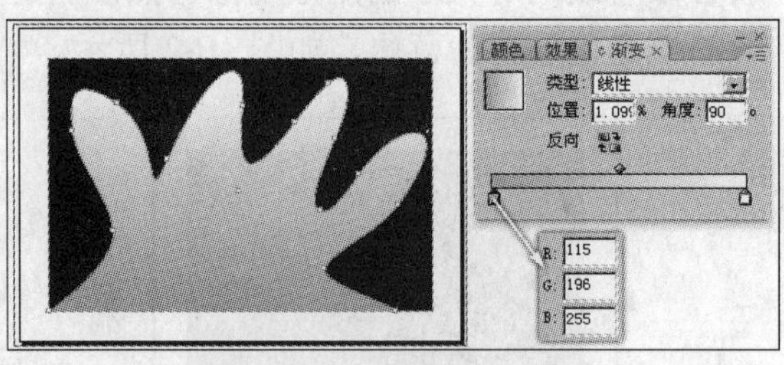

图 10-4　创建不规则图形

6）在“图层”调板中双击“图层 2”的图层名称，可打开“图层选项”对话框。在“名称”栏中重新设置图层的名称，在“颜色”下拉列表中可设置当前图层的颜色，然后启用“锁定图层”复选框，如图10-5所示。

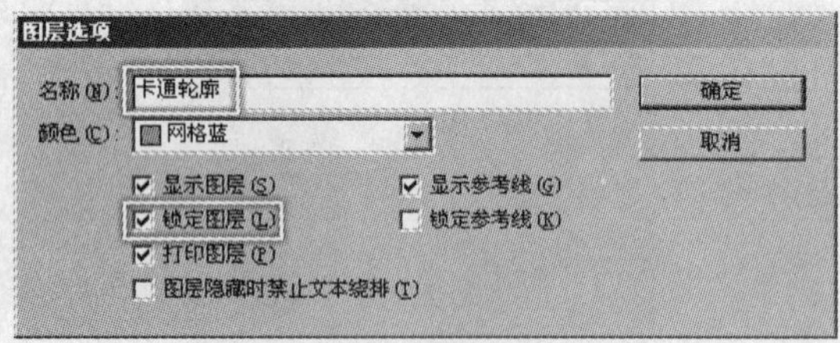

图 10-5　设置图层

7）单击“确定”按钮，关闭“图层选项”对话框，“图层”调板中的“图层 2”将变成“卡通轮廓”图层，并且图层名称前的方框内出现一个小锁图标，表示该图层处于锁定状态，如图10-6所示。

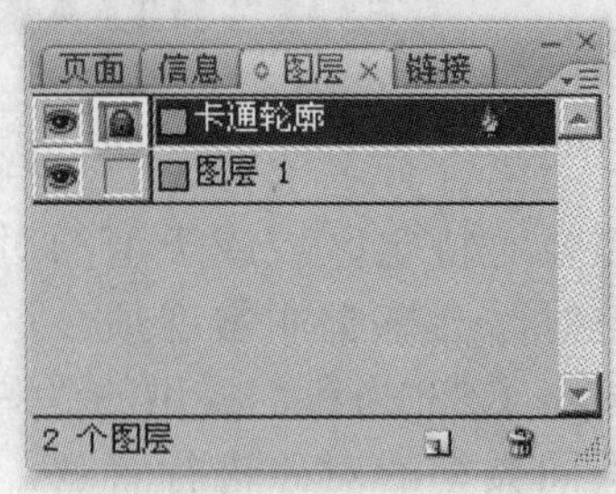

图 10-6　图层的锁定状态

提 示

用户也可以单击相应图层名称前的空白方框来锁定当前图层，如果在小锁图标上单击，可解除当前图层的锁定状态。

8）当当前图层处于锁定状态时，选择任意一个绘图工具，将光标移动到页面中，光标将变成一个带有斜杠的铅笔图标，表示当前图层不能绘制任何图形，如图10-7所示。

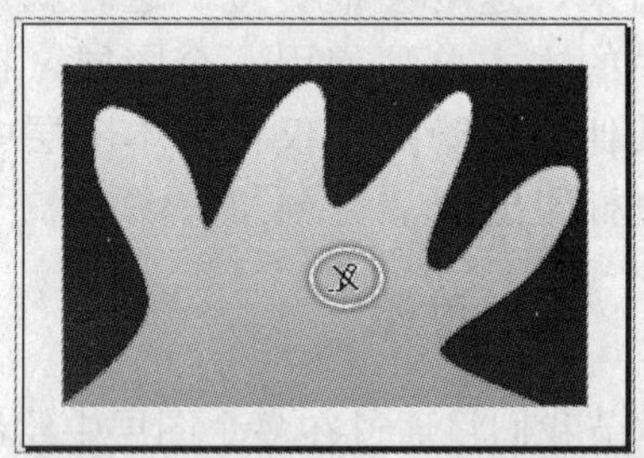

图 10-7　光标状态

9）按下<Alt>键的同时单击“图层”调板底部的“创建新图层”按钮，或者单击“图层”调板右上角的“调板菜单”图标，在弹出的菜单中选择“新建图层”选项，如图10-8所示。

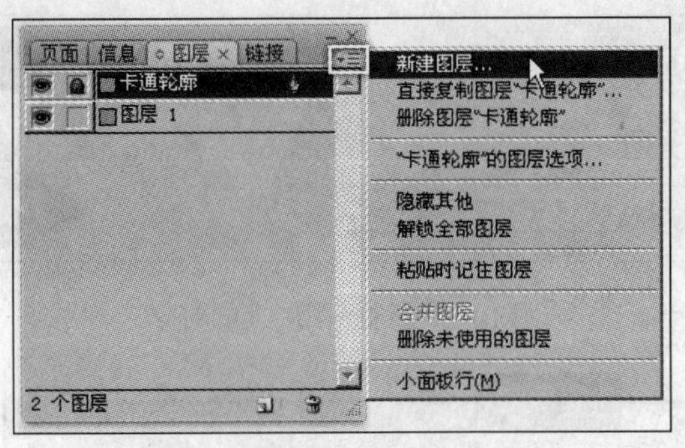

图 10-8　执行“新建图层”命令

10）无论使用哪种方法，都将打开“新建图层”对话框，参照图 10-9 所示设置对话框。

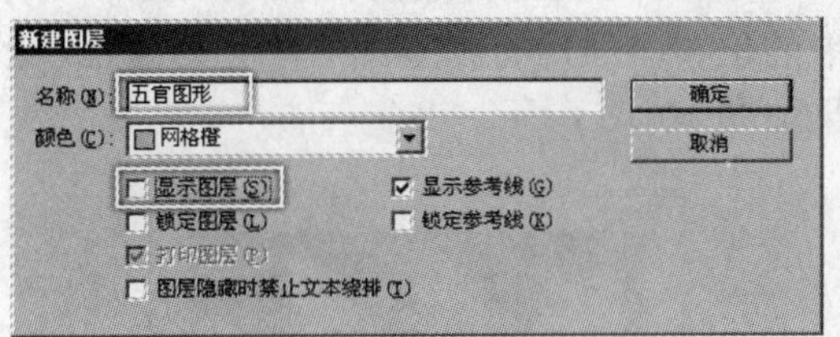

图 10-9　设置“新建图层”对话框

11）单击“确定”按钮，退出“新建图层”对话框。在“图层”调板中可观察到创建出的新图层的最前面的眼睛图标消失，表示该图层不可见。在图层最前端的空白方框处单击，使眼睛图标显示，如图 10-10 所示。

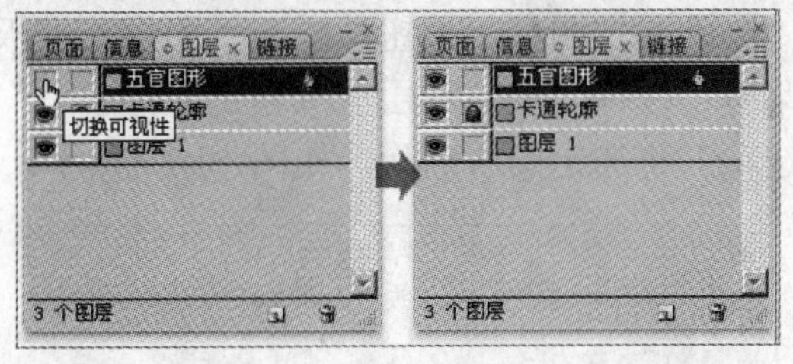

图 10-10　将图层显示

> **提 示**
>
> 用户不能在隐藏的图层上绘制或置入新对象，也不能对隐藏图层中的对象进行打印输出。

12）接下来配合使用工具箱中的“椭圆”工具和“钢笔”工具，在页面中绘制出如图 10-11 所示的卡通五官图形。

图 10-11　绘制卡通五官图形

> **提 示**
>
> 用户可打开本书附带光盘\Chapter-10\“卡通小人.indd”文件查看图形的完成效果。

10.1.2　图层编辑

当在“图层”调板中创建出多个图层后，用户可以对这些图层进行复制、删除、合并和调整图层顺序等操作。下面我们将通过前面绘制好的卡通图形，来学习图层的编辑方法和技巧。

1）接着上一节的操作，读者也可以打开本书附带光盘\Chapter-10\“卡通小人.indd”文件。在“图层”调板菜单中选择“解锁全部图层”选项，将锁定的图层全部解锁，如图 10-12 所示。

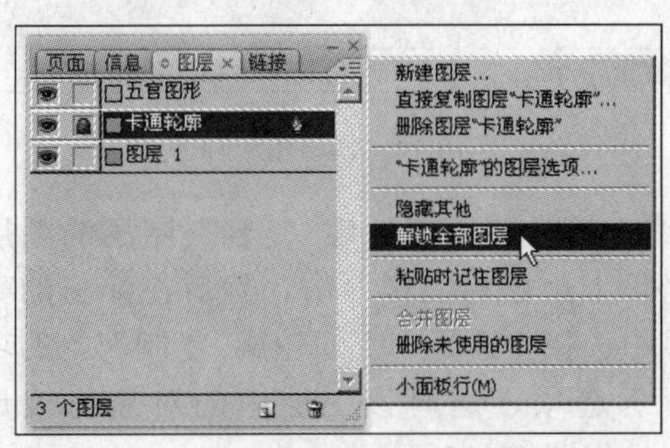

图 10-12　解锁全部图层

2）选择“卡通轮廓”图层，然后在调板菜单中选择“直接复制图层“卡通轮廓””选项，将打开“直接复制图层”对话框，保持对话框的默认设置，单击“确定”按钮，创建出一个副本图层，如图 10-13 所示。

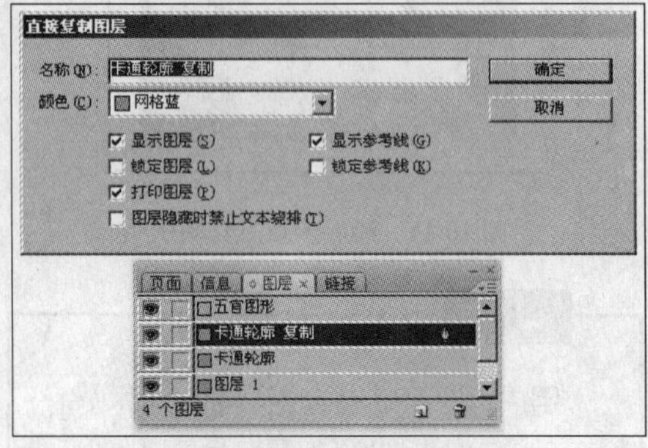

图 10-13　直接复制图层

技 巧

用户也可以通过拖动“卡通轮廓”图层至“图层”调板底部的 “创建新图层”按钮上，快速复制出该图层。

3）在“图层”调板中拖动“卡通轮廓 复制”图层至“卡通轮廓”图层的下方，调整该图层的顺序，如图 10-14 所示。

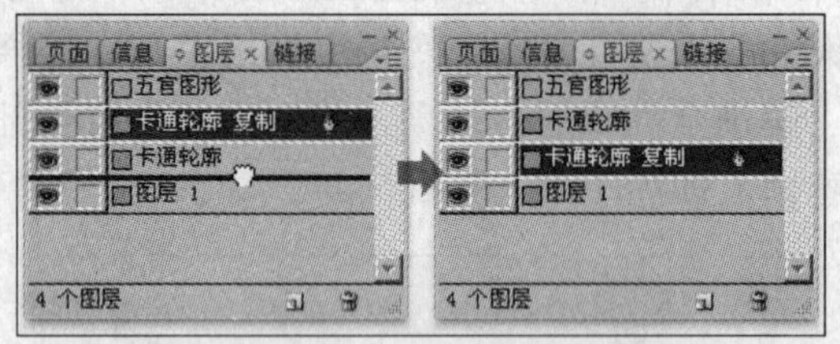

图 10-14　调整图层顺序

4）在“卡通轮廓 复制”图层的图层名称上用鼠标右键单击，然后在弹出的菜单中选择“选择“卡通轮廓 复制”上的项目”选项，这时该图层中的对象将被选中，如图 10-15 所示。

图 10-15　选择图层上的对象

提 示

用户也可以按下<Alt>键的同时在“卡通轮廓 副本”图层的图层名称上单击，快速选择该图层中的对象。

5）通过键盘上的方向键，调整副本对象的位置，然后将副本图形填充为黑色，效果如图 10-16 所示。

图 10-16　调整副本对象的位置

6）在“图层”调板中将“五官图形”图层复制，创建出“五官图形 复制”图层。选择该副本图层，然后通过单击 “删除选定图层”按钮，或在“图层”调板菜单中选择“删除图层“五官图形 复制””选项，将选定图层删除，如图 10-17 所示。

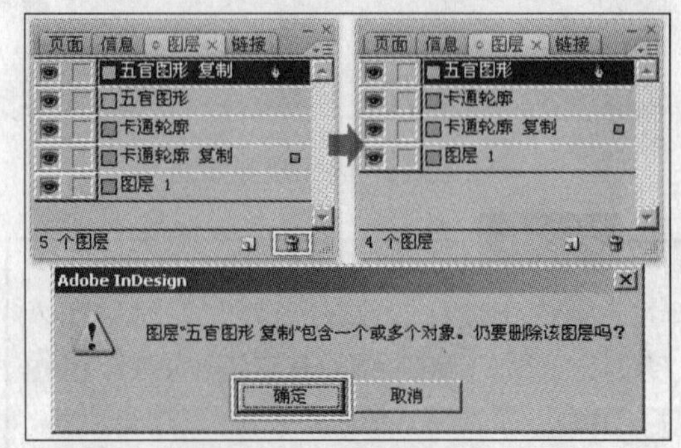

图 10-17　删除图层

7）保持“五官图形”图层的选择状态，然后按下<Shift>键的同时单击“图层1”，将“图层”调板中的所有图层选中，然后在“图层”调板菜单中选择“合并图层”选项，将选中的图层合并为一个图层，如图10-18所示。

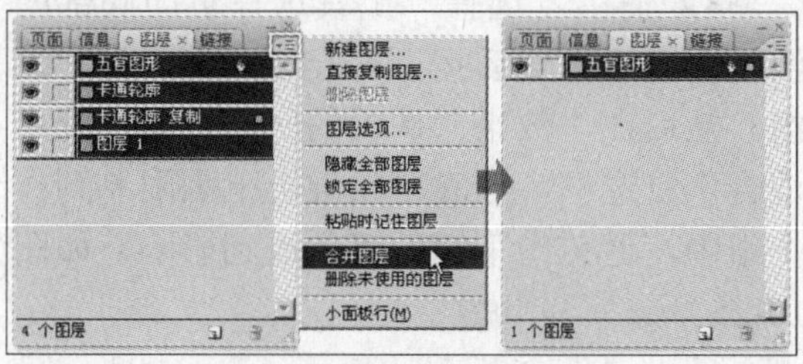

图10-18 合并图层

> **提 示**
>
> 用户也可以通过<Ctrl>键来选择不相邻的两个或多个图层。另外，合并后图层的名称是由在选择多个图层时，第一个选择图层的名称决定的。

10.2 混合对象

通过设置对象的“不透明度”和“混合模式”，可以控制当前对象与其下方对象相互作用的混合方式，从而产生一个特殊的画面效果。用户不仅可以选择对特定对象执行分离混合，而且还可以选择让对象挖空某个组中的对象，而不是与之混合。

10.2.1 设置对象的透明度

默认情况下，在InDesign CS3中创建的对象都显示为实底状态，即不透明度为100%。用户可通过多种方式来增加对象的透明度，可以将单个对象或一组对象的不透明度设置为从100%（完全“实心”）至0%（完全透明）中的任意等级。当降低对象的不透明度后，就可以透过该对象看到下面的对象。

1）执行“文件”→“打开”命令，打开本书附带光盘\Chapter-10\“透明度.indd”文件，如图10-19所示。

图10-19 打开素材

2）使用“选择”工具选择页面底部的绿色图形，然后执行“窗口”→“效果”命令，打开“效果”调板，如图10-20所示。

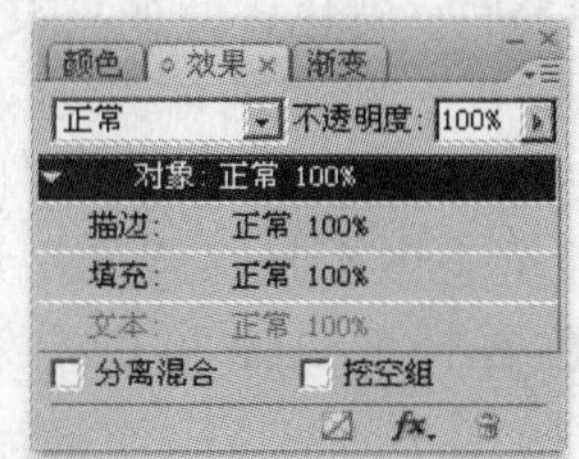

图10-20 “效果”调板

> **提 示**
>
> 用户也可以按下键盘上的<Ctrl+Shift+F10>键，快速打开“效果”调板。

3）参照图10-21所示将“不透明度”参数设置为85%，观察图形的透明效果。

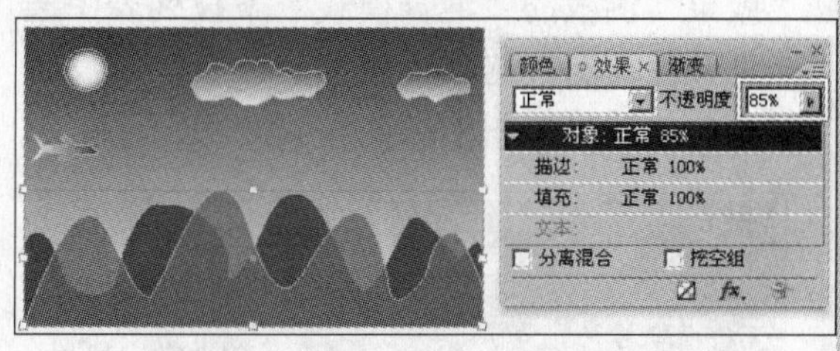

图10-21 设置“不透明度”参数

4）在页面中选择太阳图形，然后将该

图层的“不透明度”参数设置为60%，如图10-22所示。

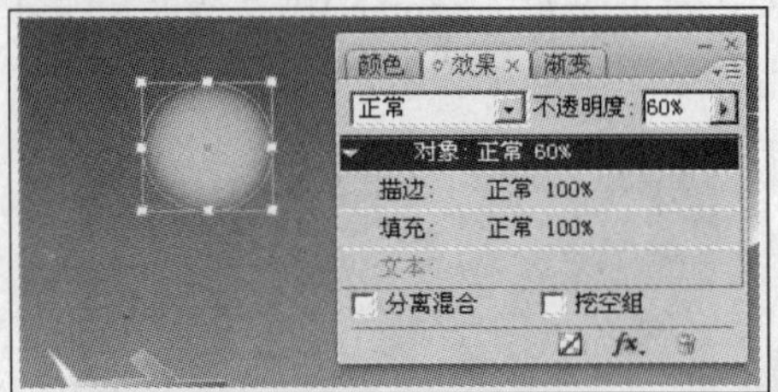

图10-22 调整太阳图形的不透明度

10.2.2 设置对象的混合模式

混合模式用于控制基色（底层图片的颜色）与混合色（选定对象或对象组的颜色）相作用的方式，结果色就是混合后生成的颜色。InDesign CS3为用户提供了多种混合模式，如正片叠底、滤色、叠加、柔光等。

1）选择页面底部的添加透明效果后的图形，然后在“效果”调板中的“混合模式”下拉列表中选择“强光”选项，将根据混合色复合或过滤颜色，效果如图10-23所示。

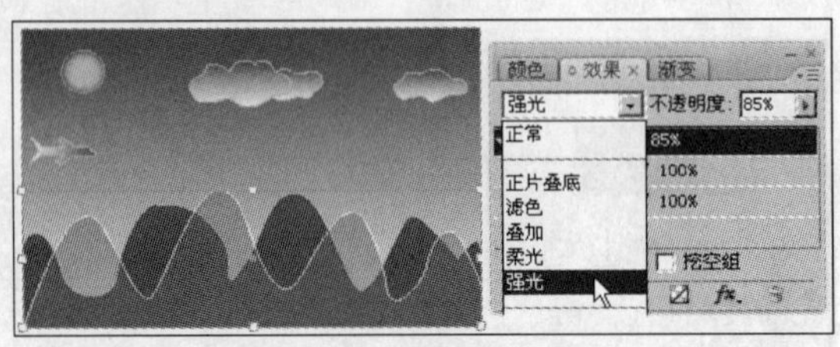

图10-23 设置混合模式

2）在页面中选择深绿色图形，然后在“效果”调板的“混合模式”下拉列表中选择“颜色加深”选项，将使基色变暗以反映混合色，效果如图10-24所示。

图10-24 编辑图像

提 示

其他混合模式的应用方法都基本相同，在此就不再一一进行介绍，用户可根据绘图需求来灵活应用这些混合模式。

3）使用“选择”工具选择页面底部的两座山图形，然后按下<Ctrl+G>键，将其编组。然后在“效果”调板的底部选择“分离混合”复选框，这时可将混合范围限制到一个组中，避免组下面的对象受到影响，如图10-25所示。

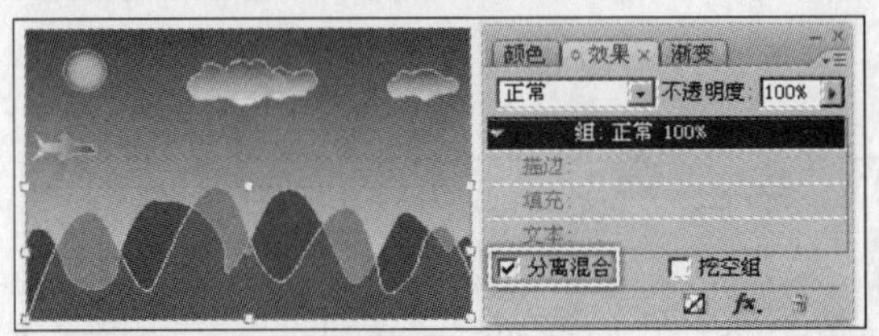

图10-25 分离混合

提 示

“分离混合”选项仅应用于组，它只有在组中才能够相互作用，并且不会影响直接应用于组本身的混合模式。

4）在“效果”调板的底部选择“挖空组”复选框，可以使选定组中的每个对象的不透明度和混合模式对当前组中最底层对象挖空，如图10-26所示。

图10-26 挖空组

注 意

混合模式和不透明度应用于单个对象，而“挖空组”选项应用于组。

10.3 对象效果

InDesign CS3 为用户提供了多种效果来更改对象的外观，如投影、内阴影、外发光和内发光、斜面和浮雕等。通过为对象添加效果，不仅可以制作出对象的投影、发光、立体效果，还可以为对象添加不同方式的羽化效果。

10.3.1 设置基本效果

除了“投影”和“羽化”效果外，其他效果都是 InDesign CS3 中新增的效果，有了新增的这些效果，可以大大拓展读者的想象空间，使制作的画面更加丰富多彩。

1. 设置投影效果

1）执行“文件”→“打开”命令，打开本书附带光盘\Chapter-10\“效果.indd”文件，如图 10-27 所示。

Adobe InDesign CS3
Adobe InDesign CS3
Adobe InDesign CS3
Adobe InDesign CS3
Adobe InDesign CS3
Adobe InDesign CS3

图 10-27 打开素材

2）使用“选择”工具，选择页面上侧的第一排文本，然后在“效果”调板的底部单击“向选定的目标添加对象效果”按钮，在弹出的菜单中选择“投影”选项，如图 10-28 所示。

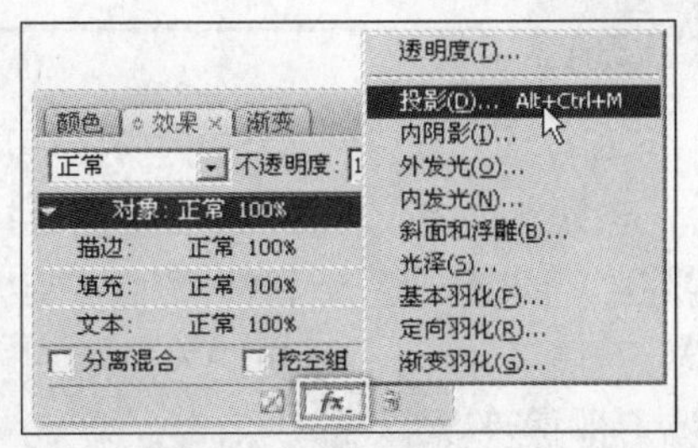

图 10-28 执行“投影”命令

3）执行“投影”命令后，将打开“效果”对话框，如图 10-29 所示。

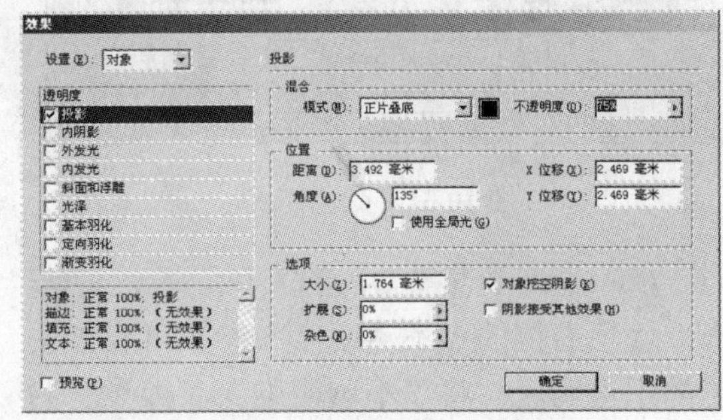

图 10-29 “效果”对话框

提 示

用户也可按下键盘上的<Ctrl+Alt+M>键，快速打开“效果”对话框中的“投影”选项。

4）在“混合”选项组中的“模式”下拉列表中可选择阴影的混合模式。单击右侧的设置阴影颜色的色块，打开如图 10-30 所示的“效果颜色”对话框。

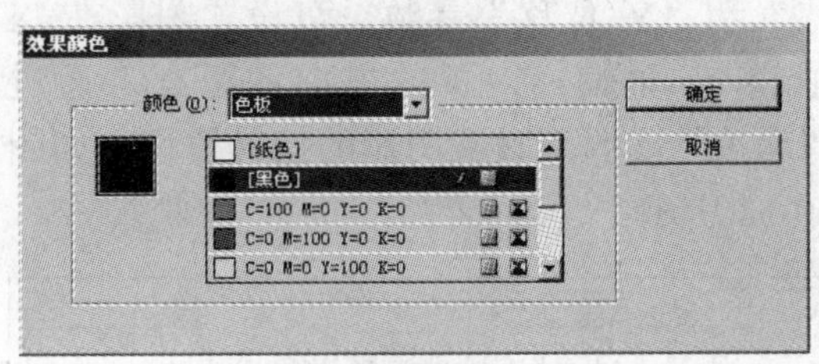

图 10-30 “效果颜色”对话框

5）在“效果颜色”对话框中的“颜色”下拉列表中可选择设置颜色的一种模式，包括“色板”、“Lab”、“CMYK”和“RGB”4 种模式，如图 10-31 所示。用户可根据需求设置出想要的阴影颜色。保持默认设置为黑色，单击“确定”按钮，关闭对话框。

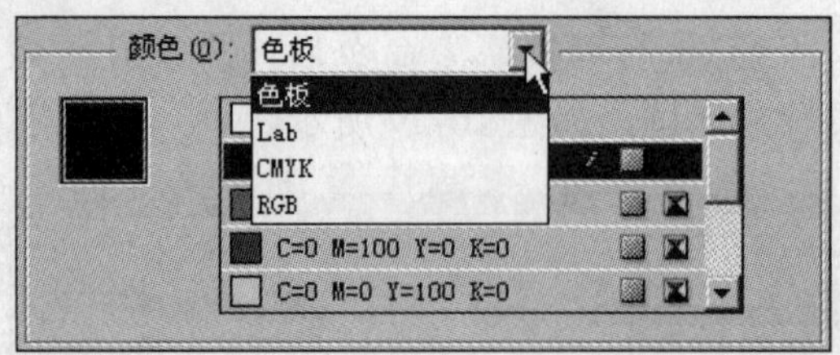

图 10-31　颜色模式

6）在“效果”对话框中，通过“混合”选项右侧的“不透明度”参数可设置阴影的不透明度。将“不透明度”参数设置为60%，然后启用对话框左下角的“预览”按钮，在页面中预览投影效果，如图 10-32 所示。

图 10-32　设置阴影不透明度

7）在“位置”选项组中通过“距离”参数可设置阴影与原对象的相对距离，将“距离”参数设置为 3 毫米。通过“X 位移”和“Y 位移”参数，可设置阴影在 X 轴和 Y 轴偏离对象的方向和距离。通过“角度”参数可设置阴影的投射角度，如图 10-33 所示。

图 10-33　设置阴影位置

8）启用“使用全局光”复选框后，投射的阴影角度将使用全局光照角度，如图 10-34 所示，该角度同样可应用到“内阴影”和“斜面和浮雕”效果中。

图 10-34　使用全局光

9）在“选项”组中，通过“大小”参数可设置阴影的大小，值越大，阴影边缘就越模糊；值越小，阴影边缘就越清晰。图 10-35 所示为设置“大小”参数分别为 1 和 3 时的阴影效果。

图 10-35　不同大小的阴影

10）通过“扩展”参数可设置阴影覆盖区域向外的扩展量，并会减小阴影模糊的半径，将该值设置为 20%。通过“杂色”参数可在阴影中添加杂色，将该参数同样设置为 20%，效果如图 10-36 所示。

图 10-36　设置“扩展”和“杂色”参数

提 示

InDesign CS3 还为用户提供了一种快速为对象添加阴影效果的方法，在选择要添加阴影的对象后，单击“控制”调板中的“阴影”按钮，可快速为选定对象添加默认的阴影效果。

11）最后单击“确定”按钮，完成文本投影效果的设置。

2．设置内阴影效果

1）在页面中选择第二排文本对象，然后执行“对象”→“效果”→“内阴影”命令，打开“效果”对话框中的“内阴影”设置选项，如图 10-37 所示。

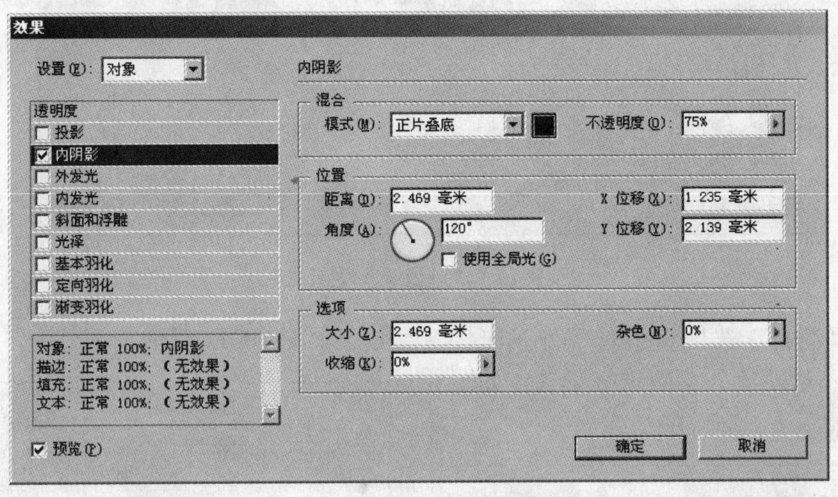

图 10-37 “内阴影”设置选项

2）“内阴影”选项中的大部分参数与“投影”选项中的参数基本相同，读者可参照图 10-38 所示来设置“混合”和“位置”选项组中的参数。

图 10-38 设置内阴影的颜色混合和位置

3）在“选项”设置组中，通过“大小”参数来设置内阴影的大小，然后将“收缩”参数设置为 30%，阴影将向对象的内容进行收缩，如图 10-39 所示。

图 10-39 内阴影的大小和收缩量

4）单击“确定”按钮，将“效果”对话框关闭，完成“内阴影”效果的设置。

3．设置外发光和内发光效果

1）使用“选择”工具选择页面中的第三排文本对象，然后在“效果”调板菜单中选择“效果”→“外发光”命令，打开“效果”对话框中的“外发光”设置选项，如图 10-40 所示。

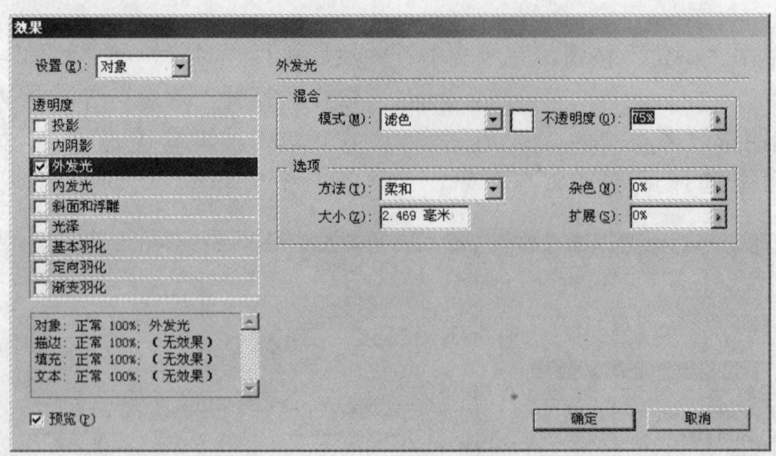

图 10-40 “外发光”设置选项

2）在“混合”选项组中对“外发光”的颜色和“不透明度”参数进行设置，如图 10-41 所示。

图 10-41 设置外发光颜色和不透明度

3）在“选项”设置组中的“方法”下拉列表中可选择外发光的计算方法，默认情况下会产生比较柔和的发光效果，如果在“方法”下拉列表中选择“精确”选项，将通过距离测量技术创建发光效果，如图 10-42 所示。

图 10-42 精确外发光

4）将方法设置为默认的“柔和”，然后将“大小”参数设置为 5，增加外发光的尺寸大小，接着将“扩展”参数设置为 10%，效果如图 10-43 所示。

图 10-43 设置外发光大小

5）在“效果”对话框左侧的“效果”列表中选择“内发光”选项，然后参照图 10-44 所示设置“内发光”的各项参数，为对象添加内发光效果。

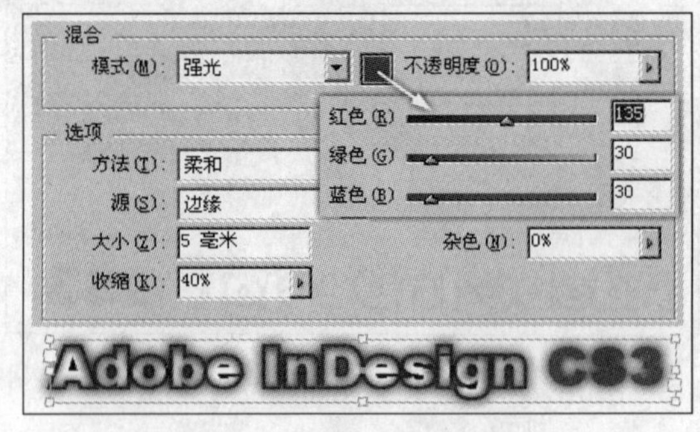

图 10-44 设置“内发光”参数

6）默认情况下，内发光是从对象的内部边缘所发光的，在“源”下拉列表中选择“中心”选项，将从对象的中心发光，如图 10-45 所示。

图 10-45　由对象中心发光

7）最后单击“确定”按钮，完成对象的“外发光”和“内发光”的设置。

4．设置斜面和浮雕效果

1）在页面中选择第四排文本对象，然后单击“效果”调板底部的 fx “向选定的目标添加对象效果”按钮，在弹出的菜单中选择“斜面和浮雕”选项，打开“效果”对话框中的“斜面和浮雕”设置选项，如图 10-46 所示。

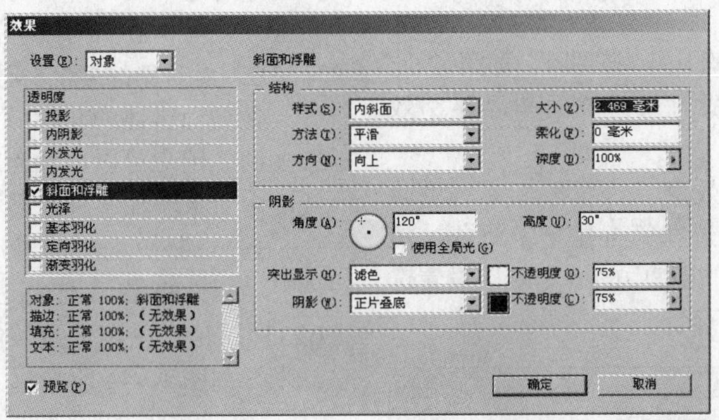

图 10-46　“斜面和浮雕”设置选项

2）在“结构”选项组中的“样式”下拉列表中可选择一种浮雕样式，图 10-47 所示为设置不同浮雕样式时的对象效果。

图 10-47　不同样式的浮雕效果

3）设置浮雕样式为“内斜面”，然后在“方法”下拉列表中选择“雕刻清晰”选项，文本上将出现棱角鲜明的浮雕效果，如图 10-48 所示。

图 10-48　设置应用浮雕效果的方法

4）在“方向”下拉列表中可设置浮雕效果的方向，参照图 10-49 所示设置浮雕的“大小”和“柔化”参数，观察浮雕效果。

图 10-49　设置浮雕大小

提 示

通过“深度”参数可以设置浮雕斜面的深度。

5）在“阴影”选项组中启用“使用全局光”复选框，然后将浮雕的高光颜色和阴影颜色的“不透明度”参数均设置为 100%，如图 10-50 所示。

图 10-50 设置“不透明度”参数

6）单击“确定”按钮，关闭“效果”对话框，完成对象“斜面和浮雕”效果的设置。

5．设置光泽效果

1）在页面中选择第五排文字对象，然后打开“效果”对话框中的“光泽”设置选项，如图 10-51 所示。

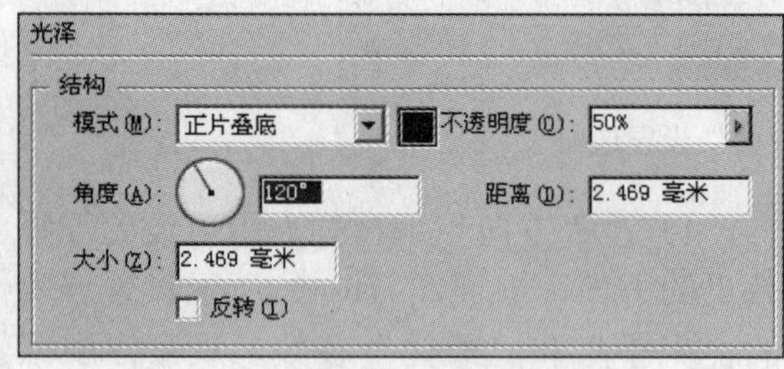

图 10-51 “光泽”设置选项

2）参照图 10-52 所示对“光泽”的混合模式、颜色、不透明度、距离和大小参数进行设置，观察添加光泽后的对象效果。

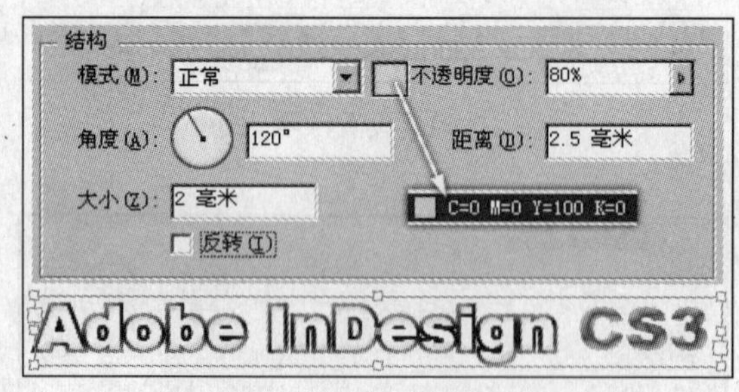

图 10-52 设置“光泽”参数

3）启用“反转”复选框，可将光泽纹理反转，如图 10-53 所示。

图 10-53 反转光泽纹理

4）单击“确定”按钮，退出“效果”对话框。在“效果”调板的底部单击“清除所有效果并使对象变为不透明”按钮，可将当前选择对象的所有效果清除，如果对象有透明度，并将对象的“不透明度”参数恢复为 100%，成为完全不透明状态。

6．为对象的各部分添加效果

在前面讲述的几种效果都是为整个对象添加的，用户可以单独为对象的描边、填充或文本对象添加一种或多种效果。

1）选择页面中的最后一排文本对象，然后为该对象填充蓝色（R0、G160、B233），轮廓色设置为黑色，轮廓宽度为两毫米，如图 10-54 所示。

图 10-54 设置对象填充和轮廓

2）保持设置填充和轮廓后的对象为选择状态，然后在“效果”调板中双击“描边”选项，打开“效果”对话框，如图 10-55 所示。

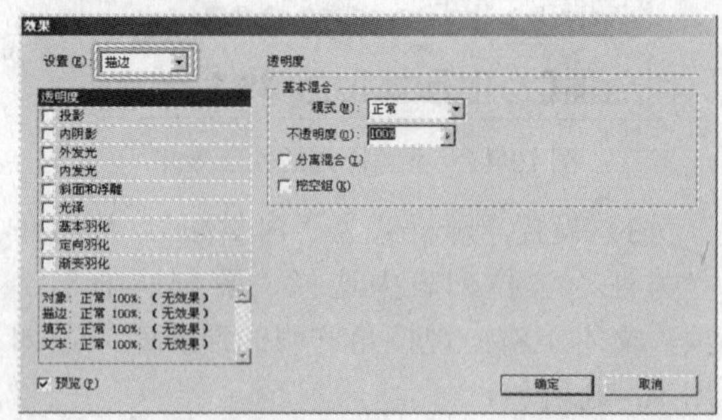

图 10-55 设置“描边”效果

3）在“效果”对话框的左侧选择“斜面和浮雕”选项，参照图 10-56 所示设置“斜面和浮雕”参数，为描边添加浮雕效果。

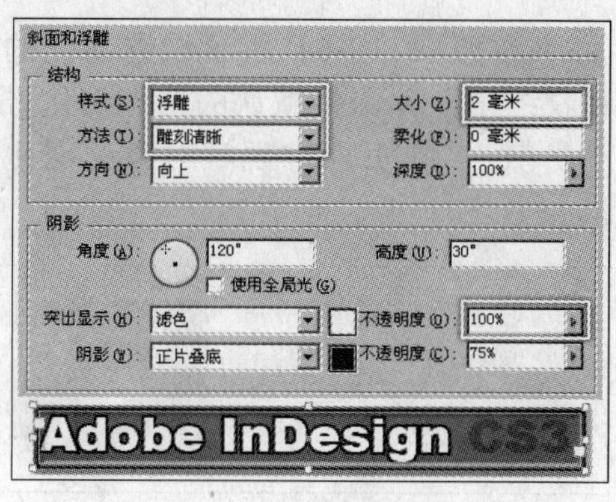

图 10-56　为描边添加浮雕效果

4）在“效果”对话框左上角的“设置”下拉列表中选择“填色”选项，然后在左侧“效果”列表中选择“光泽”选项，参照图 10-57 所示为填充色添加“光泽”效果。

图 10-57　为填充色添加光泽效果

5）在“效果”对话框左上角的“设置”下拉列表中选择“文本”选项，然后在左侧“效果”列表中选择“投影”选项，参照图 10-58 所示设置“投影”参数，为文本添加投影效果。

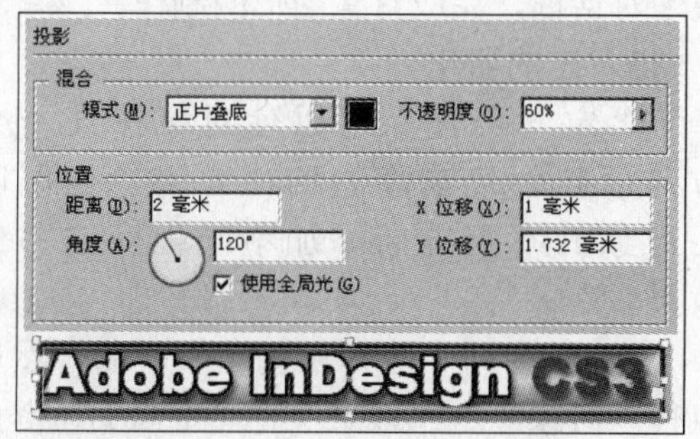

图 10-58　为文本添加投影效果

6）最后单击“确定”按钮，关闭对话框，完成对象效果的设置。

7．重新设置全局光照

用户除了可以在“效果”对话框中对全局光照的角度进行设置外，InDesign CS3 还为用户专门提供了一个设置全局光照的对话框，通过该对话框可以对所有使用全局光照的效果进行统一调整。

1）接着上一节的操作，首先来观察默认设置下全局光照的效果，如图 10-59 所示。

图 10-59　默认全局光照效果

2）执行“对象”→“效果”→“全局光”命令，打开“全局光”对话框，如图 10-60 所示。

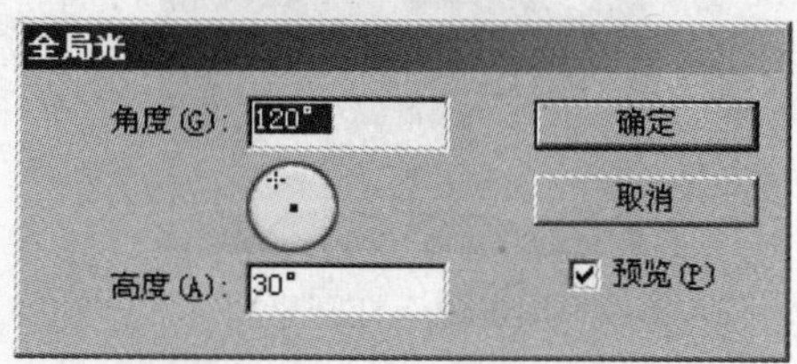

图 10-60　“全局光”对话框

3）将角度参数设置为 50°，高度参数设置为 35°，然后单击“确定”按钮，关闭对话框，效果如图 10-61 所示。

图 10-61　更改全局光后的效果

提 示

如果读者在制作过程中遇到什么问题，可打开本书附带光盘\Chapter-10\“效果完成.indd”文件查看最终完成效果。

10.3.2 设置羽化效果

通过为对象添加羽化效果，可以制作出对象由中心向外或由一侧到另一侧的渐隐或渐显效果。InDesign CS3 为用户提供了 3 种羽化效果，分别为：“基本羽化”、“定向羽化”和“渐变羽化”。

1. 基本羽化

“基本羽化”是将对象由中心向外创建出渐隐效果，用户可以对对象角点羽化的方式进行设置。

1）执行“文件”→“打开”命令，打开本书附带光盘\Chapter-10\“羽化.indd”文件，如图 10-62 所示。

图 10-62　打开素材

2）在页面中选择圆形对象，然后在“控制”调板中单击 fx. “向选定的目标添加对象效果”按钮，在弹出的菜单中选择“基本羽化”选项，打开“效果”对话框，如图 10-63 所示。

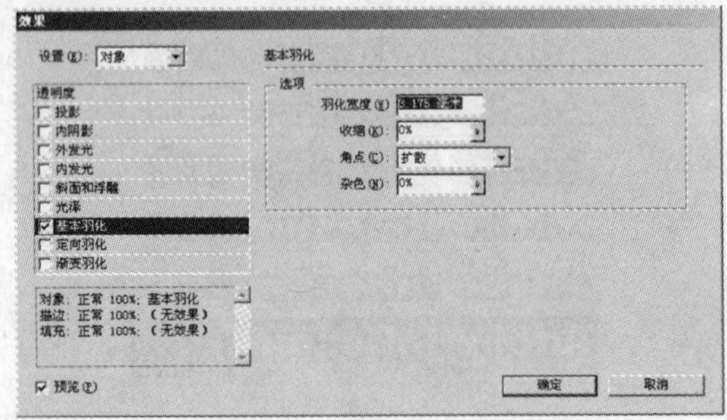

图 10-63　“基本羽化”设置选项

3）参照图 10-64 所示设置羽化的宽度和收缩量，并保持默认的角点羽化方式为“扩散”，在页面中观察对象的羽化效果。

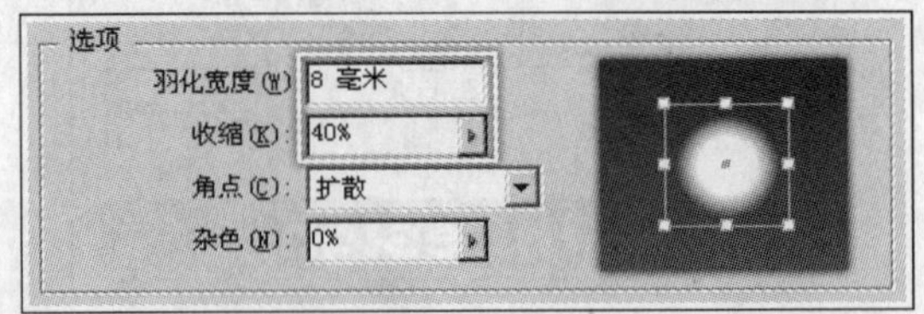

图 10-64　设置基本羽化

提 示

“基本羽化”还提供了另外两种角点羽化方式，分别为“锐化”和“圆角”。“锐化”选项可精确地沿着形状边缘进行羽化；“圆角”选项可将边角按羽化宽度修成圆角。图 10-65 所示为星形对象应用不同角点方式的羽化效果。

图 10-65　不同角点方式

4）最后单击“确定”按钮，退出“效果”对话框，完成月亮图形的制作。

2. 定向羽化

“定向羽化”可以使对象在某一个方向单独创建渐隐的羽化效果，也可以为对象的不同方向添加不同程度的羽化效果。

1）在页面中选择白色矩形对象，然后执行“对象”→“效果”→“定向羽化”命令，打开“效果”对话框中的“定向羽化”设置选项，如图 10-66 所示。

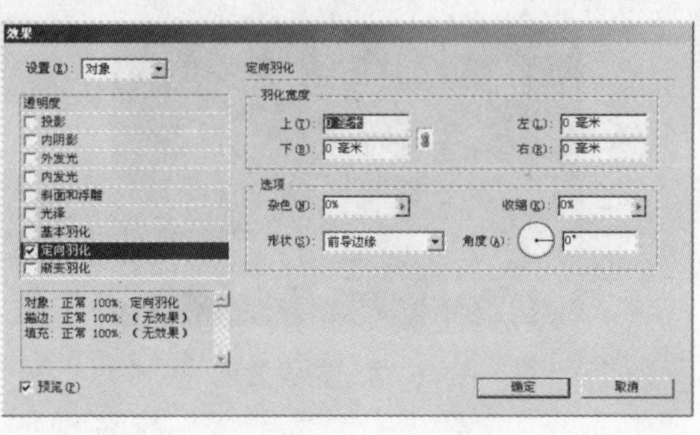

图 10-66 “定向羽化”设置选项

2）在“羽化宽度”选项组中单击“链接”图标，使其成为断开状态，然后参照图 10-67 所示设置其他参数。

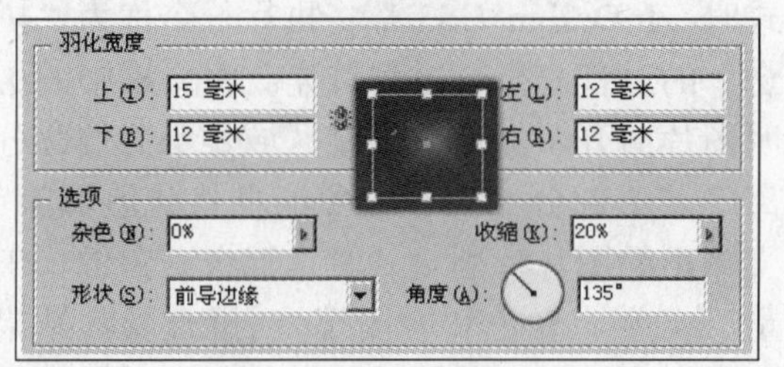

图 10-67 设置“定向羽化”参数

3）单击“确定”按钮，关闭对话框，完成星星对象的创建。然后参照图 10-68 所示将制作好的星星复制多个，并分别调整复制对象的大小和位置。

图 10-68 复制并调整星星图形

3. 渐变羽化

“渐变羽化”可以使对象由一侧到另一侧创建出线性渐隐效果，也可以使对象由中心到边缘创建出径向渐隐或渐显效果。

1）选择页面底部的深蓝色图形，然后单击“效果”调板底部的 fx “向选定的目标添加对象效果”按钮，在弹出的菜单中选择“渐变羽化”选项，打开“效果”对话框的“渐变羽化”设置选项，如图 10-69 所示。

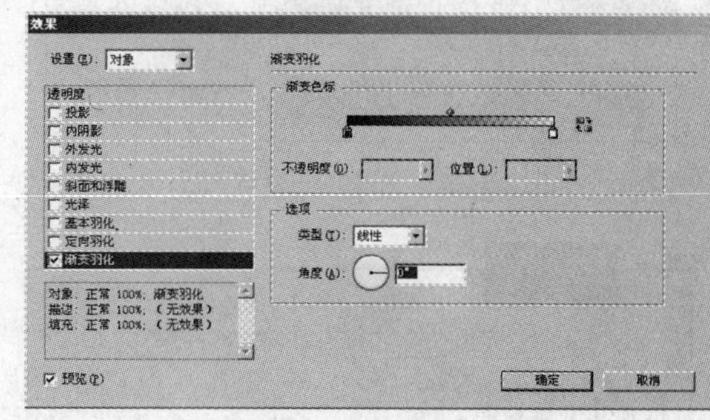

图 10-69 “渐变羽化”设置选项

2）在“选项”设置组中将“角度”参数设置为 90°，更改渐变羽化的角度，如图 10-70 所示。

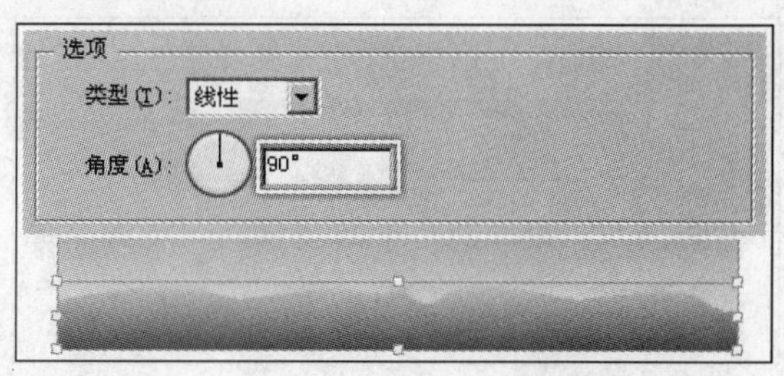

图 10-70 更改渐变羽化的角度

3）在“渐变色标”选项组中单击“反向渐变”按钮，将渐变的方向反转，效果如图 10-71 所示。

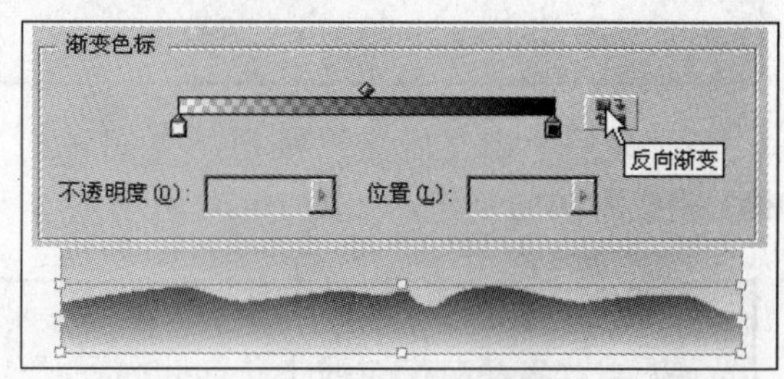

图 10-71 反向渐变

4）在白色色标上单击将其选中，然后将其“不透明度”参数设置为 40%，如图 10-72 所示。

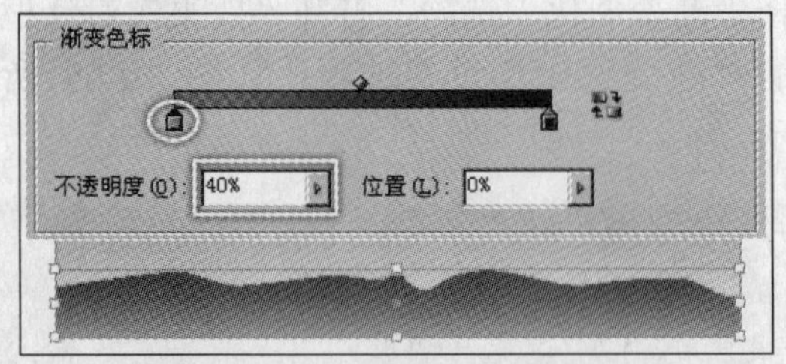

图 10-72　设置色块不透明度

提 示

用户还可以在渐变色条的下方的空白处单击来添加色标，以设置出复杂的渐变羽化效果。

5）选择两个色块间的“渐变位置”滑块，然后设置该滑块的“位置”参数，如图 10-73 所示。

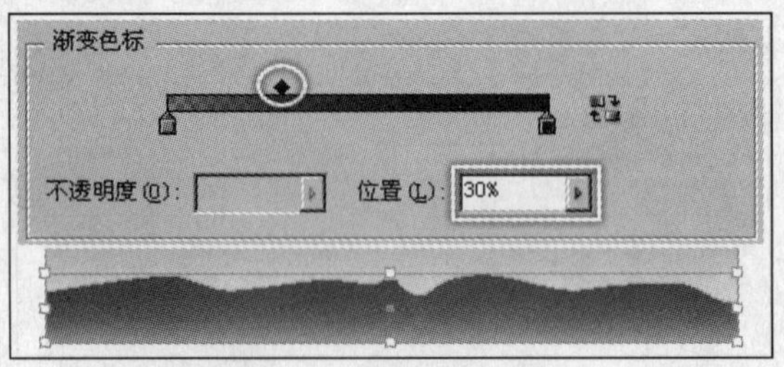

图 10-73　设置滑块的位置

提 示

在“选项”设置组中的“类型”下拉列表中可选择渐变羽化的类型。其中“径向”渐变类型适用于制作光晕、光环等特效。

6）最后单击“确定”按钮，关闭对话框，完成海面的制作，如图 10-74 所示。

提 示

如果读者在制作过程中遇到什么问题，可打开本书附带光盘\Chapter-10\“羽化完成.indd”文件进行查看。

图 10-74　完成效果

10.4　拼合透明图片

当用户从 InDesign CS3 中打印或导出为 Adobe PDF 1.4 或更高版本以外的其他格式时，InDesign CS3 都将执行一个称为“拼合”的过程。拼合过程首先会将文档中的透明图片剪开，然后将重叠区域显示为彼此分离的若干部分（矢量对象或栅格化区域）。当输出的图片特别复杂时（混合有图像、矢量、文字、专色和叠印等），拼合及其结果的复杂度也会随着相应提高。

10.4.1　应用拼合预设

当文档中的图片包含透明时，可使用透明预设来拼合透明对象。InDesign CS3 为用户提供了 3 种拼合预设，分别为低分辨率、中分辨率和高分辨率。用户可通过“透明度拼合预设”对话框、“打印”或“导出 Adobe PDF”对话框中的“高级”面板，以及“拼合预览”调板，访问并指定拼合设置。这些设置在指定之后，就可以作为透明度拼合预设存储并应用。InDeisgn CS3 将根据选定拼合透明对象。

10.4.2　自定义拼合预设

在“透明度拼合预设”对话框中可以设置拼合预设。

1）执行“编辑”→“透明度拼合预设”命令，打开“透明度拼合预设”对话框，如图 10-75 所示。

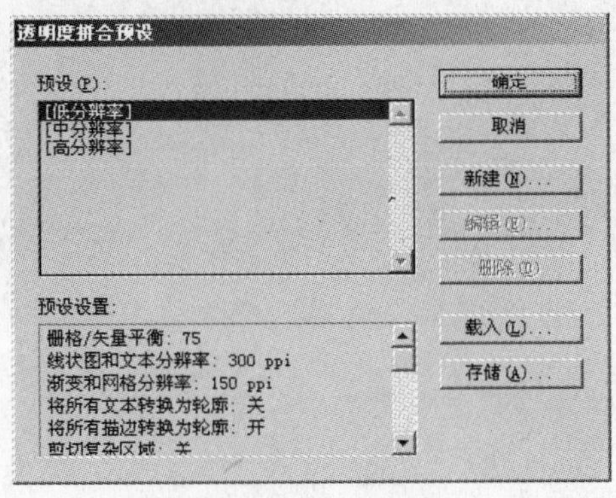

图 10-75 “透明度拼合预设”对话框

2）单击“新建”按钮，打开“透明度拼合预设选项”对话框，如图 10-76 所示。

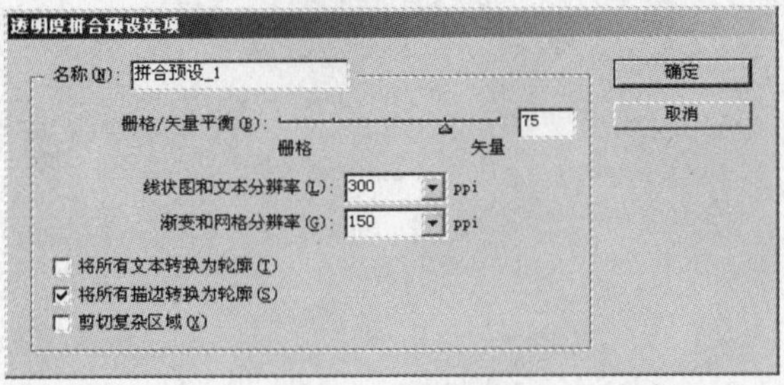

图 10-76 “透明度拼合预设选项”对话框

栅格/矢量平衡：指定栅格化量。该设置越高，对图片执行的栅格化就越少。若选择最高设置，会将图片尽可能多的部分保留为矢量数据；若选择最低设置，会将整幅图片栅格化。栅格化量取决于页面的复杂程度和重叠对象的类型，如图 10-77 所示。

图 10-77 “栅格/矢量平衡”选项

线状图和文本分辨率：是作为拼合结果而被栅格化的矢量对象指定分辨率，拼合时，该分辨率会影响交叉处的精度。

渐变和网格分辨率：是作为拼合结果而被栅格化的渐变指定分辨率，打印或导出时投影和羽化效果也会使用该分辨率，拼合时，该分辨率会影响交叉处的精度，如图 10-78 所示。

图 10-78 “渐变和网格分辨率”选项

将所有文本转换为轮廓：该选项将所有文本的对象转换为轮廓，并放弃具有透明度的跨页上的所有文本字形信息，此选项可确保在拼合过程中文本宽度保持一致。

将所有描边转换为轮廓：将具有透明度的跨页上的所有描边转换为简单的填色路径。此选项可确保在拼合过程中描边宽度保持一致。注意，启用此选项后，细的描边将显示得略粗。

剪切复杂区域：请确保矢量图片和栅格化图片之间的边界落在对象路径上。当对象的一部分被栅格化而另一部分保留矢量形式时，选择此选项可减小由此产生的接合不自然。但是，选择此选项可能导致路径过于复杂，以至于打印机难以处理。

3）设置完毕后，单击“确定”，创建新的拼合预设，如图 10-79 所示。然后单击“确定”按钮，关闭“透明度拼合预设”对话框。

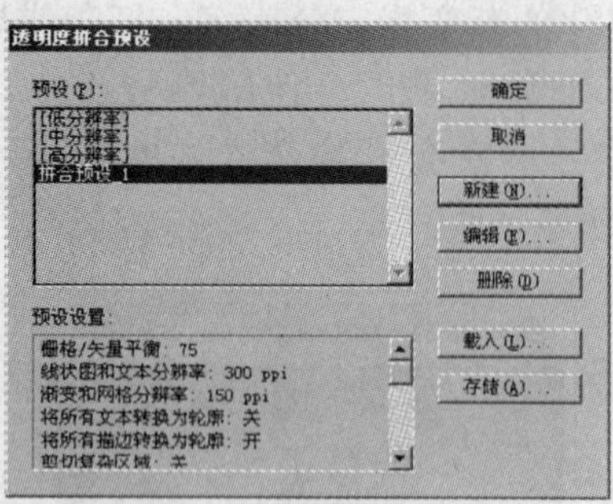

图 10-79　创建新的拼合预设

第 11 章 制作表格

表格是由成行和成列的单元格组成。单元格类似于文本框架，可以在单元格中添加文本、随文图或其他表格。表格随周围的文本一起移动，就像文本中的图像一样。在InDesign CS3 中每个表格都带有一个框架，这个框架可以是纯文本框、框架网格，但不能是路径文本框架。表格不能在路径文本框架上显示。

11.1 创建表格

在文档中创建表格有 3 种方法：直接创建表格，将表格导入和将文本转换为表格。直接创建表格是指在空白文档中先创建表格再输入文本；导入表格是指在其他软件中创建好表格后再导入；将文本转换为表格是指在文档中创建带有符号的文本，然后转换为表格。接下来通过操作来详细学习创建表格的具体方法。

11.1.1 直接创建表格

在文档中如果需要直接创建表格，需要先使用文字工具在文档中创建文本框，然后才可以插入表格。插入的表格会填满作为容器的文本框宽度。下面学习直接创建表格的方法。

1）启动 InDesign CS3，执行“文件”→“新建”→“文档”命令，新建一个 A4 大小 1 页不分栏的空白文档。

2）使用 T. “文字”工具，在视图中单击并拖动鼠标，在文档中创建纯文本框，如图 11-1 所示。

图 11-1 创建纯文本框

3）执行“表”→“插入表”命令，打开“插入表”对话框，如图 11-2 所示。

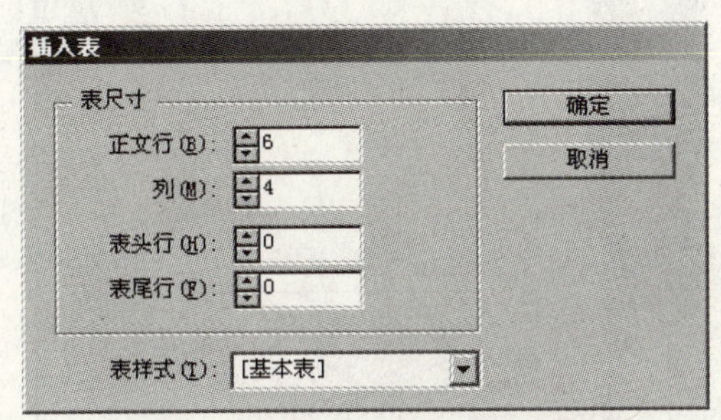

图 11-2 “插入表”对话框

正文行：设置创建表格的行数。

列：设置创建表格列数。

表头行：在表头重复信息的行数。

表尾行：在表尾重复信息的行数。

表样式：单击该选项的下拉按钮，在弹出的下拉列表中选择需要的样式。

4）设置完毕后，单击“确定”按钮，关闭对话框。在创建的纯文本框中插入表格，如图 11-3 所示。

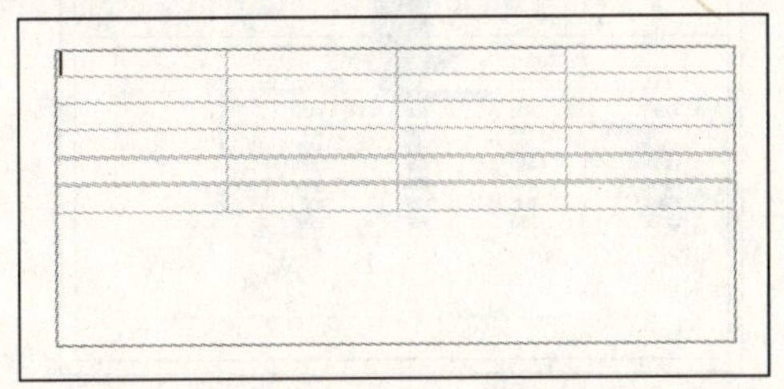

图 11-3 插入表格

11.1.2 置入 Word 或 Excel 表格

置入 Word 或 Excel 表格的方法和置入文本、图像的方法相同。都是执行“文件”→“置入”命令，即可导入到文档中。在这里以 Word 表格为例为读者讲述导入表格的方法。

1）执行“文件”→“置入”命令，打开“置入”对话框，选择本书附带光盘\Chapter-11\“Word 表格.doc”文件，并取消“应用网格格式”选项，如图 11-4 所示。

图 11-4 “置入”对话框

2）单击“打开”按钮，鼠标指针显示导入表格的部分内容。在文档中单击，即可创建表格图像，如图 11-5 所示。

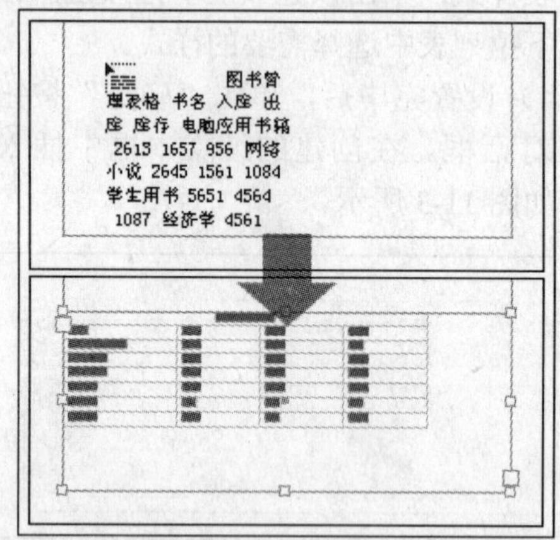

图 11-5 导入表格

11.1.3 表格与文本的相互转换

在 InDesign CS3 中可以将表格转换为文本，也可以将文本转换为表格。将文本转换为表格前，要在文本中插入制表符、逗号、段落回车符或其他字符。转换为表格时，将根据插入的符号来分隔表格的行或列。下面学习表格与文本相互转换的方法。

1）在置入的表格中双击插入光标。接着执行“表”→“将表转换为文本”命令，打开“将表转换为文本”对话框，如图 11-6 所示。

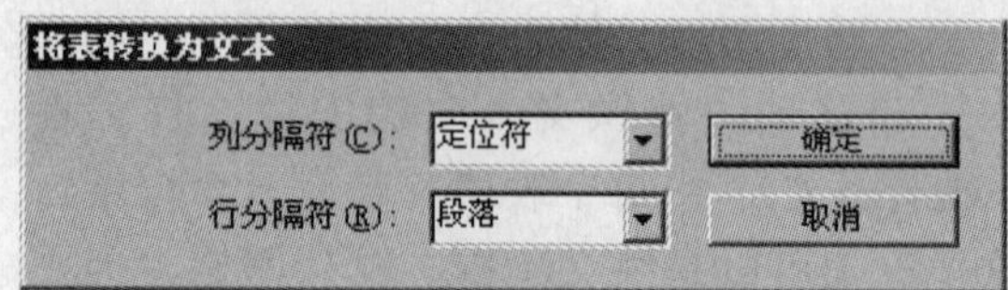

图 11-6 “将表转换为文本”对话框

2）单击“列分隔符”选项的下拉按钮，在弹出的下拉列表中可以选择转换为文本时的符号。也可以在文本框中输入需要的符号，如图 11-7 所示。

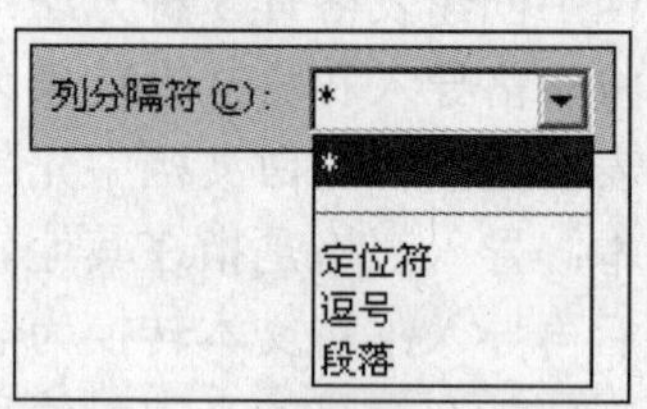

图 11-7 设置列分隔符

3）设置“行分隔符”选项。设置完毕后，单击“确定”按钮，即可将表格转换为文本，如图 11-8 所示。

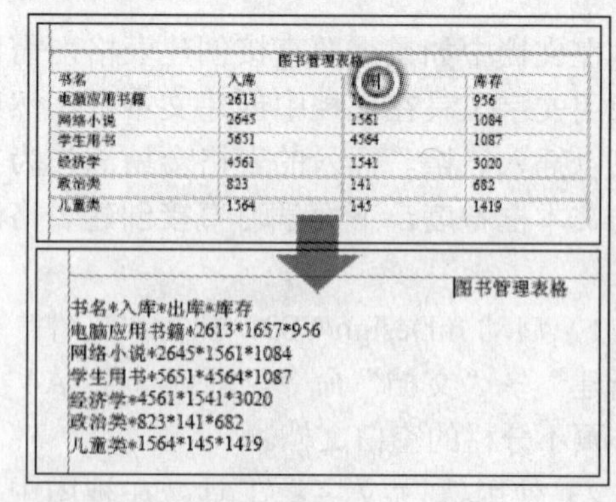

图 11-8 将表格转换为文本

4）使用“文字”工具，将需要转换为表格的文本选择，如图 11-9 所示。

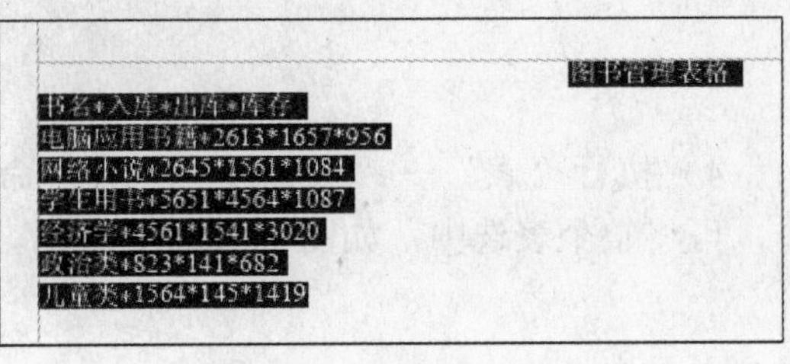

图 11-9　选择文本

5）执行“表”→“将文本转换为表”命令，打开“将文本转换为表”对话框，在“列分隔符”中输入“*”符号设置列的分隔符号。“表样式”选项设置文本转换为表后的样式效果，如图 11-10 所示。

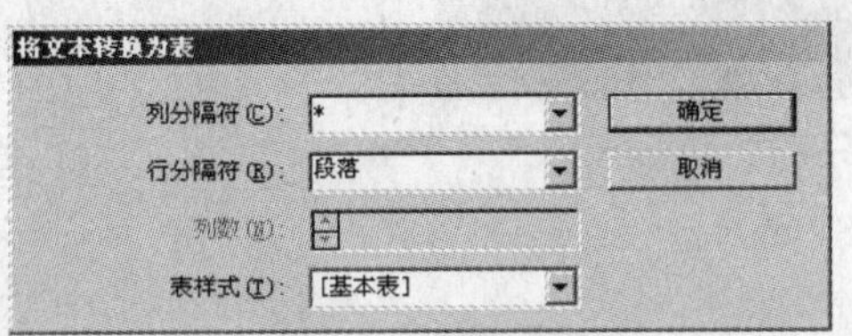

图 11-10　将文本转换为表

6）设置完毕后，单击“确定”按钮，将选择的文本转换为表格，如图 11-11 所示。

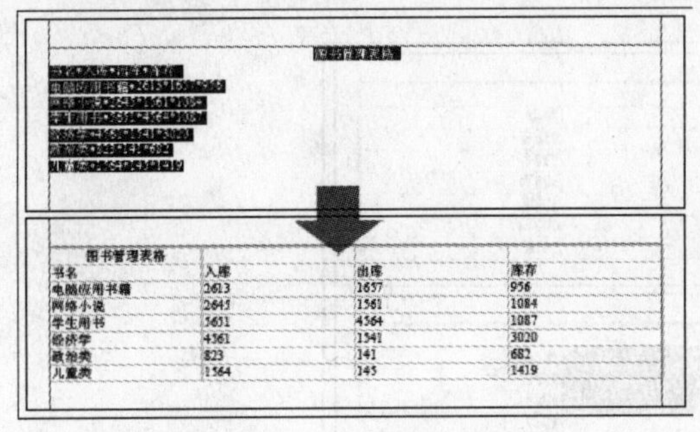

图 11-11　将文本转换为表格

11.2 编辑表格

11.2.1 选择表格内容

选择表格文本的方法和选择对象的方法完全不同。必须在表格中双击插入光标后才可以选择表格中的文本。当选择表格中的全部或部分文本时，不但选择表格中的文本内容，还将相应的单元格一并选择。下面演示选择表格的方法。

1）在表格上双击插入光标，然后执行“表”→“选择”→“单元格”命令，可以将光标所在的单元格选择，如图 11-12 所示。

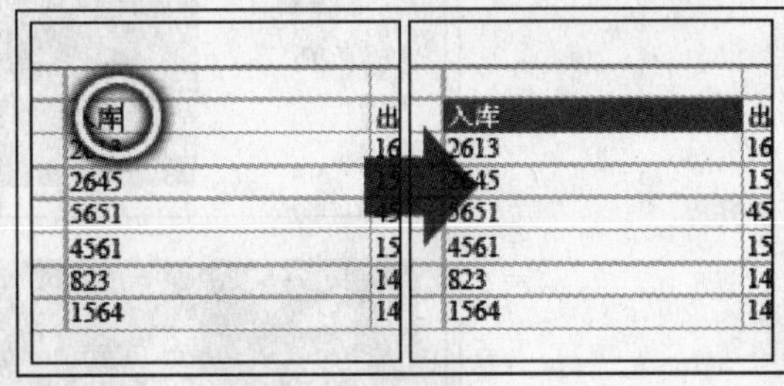

图 11-12　选择单元格

2）执行“表”→“选择”→“行”命令，可将被选择单元格的那一行选中，如图 11-13 所示。

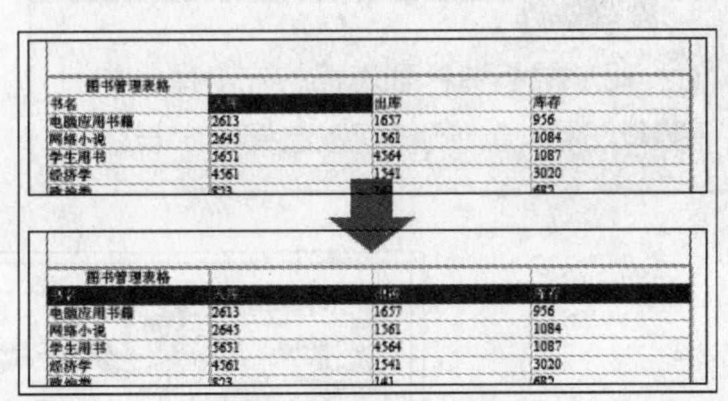

图 11-13　选择行

3）移动鼠标到列的顶部，鼠标指针呈状时单击鼠标，即可将该列全部选中，如图 11-14 所示。

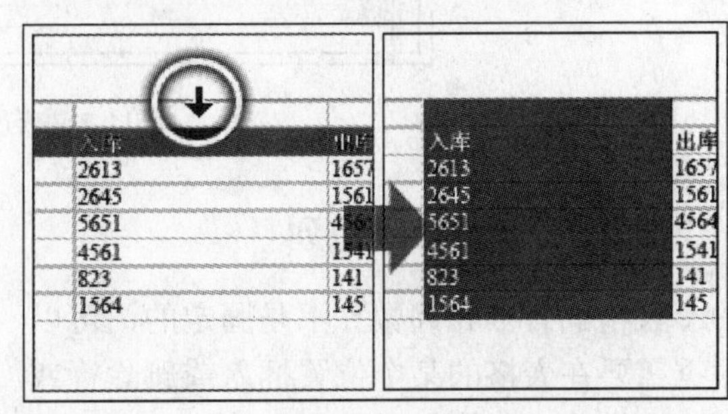

图 11-14　选择整列

> **提 示**
>
> 选择行时，也可以将鼠标移动到行的左端，鼠标指针呈➡状时单击，即可将整行的内容选中。

4）执行“表”→“选择”→“表”命令，可将整个表选中，如图 11-15 所示。

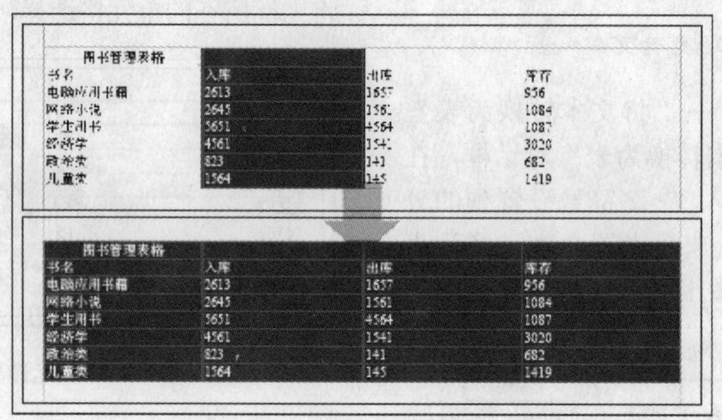

图书管理表格			
书名	入库	出库	库存
电脑应用书籍	2613	1657	956
网络小说	2645	1561	1084
学生用书	5651	4564	1087
经济学	4561	1541	3020
政治类	823	141	682
儿童类	1564	145	1419

图 11-15　选中整个表

> **提 示**
>
> 移动鼠标指针到表格的左上角，指针呈↘状时单击，同样可以选择整个表格。

5）在单元格中单击并拖动鼠标，可将需要选择的单元格选中，如图 11-16 所示。

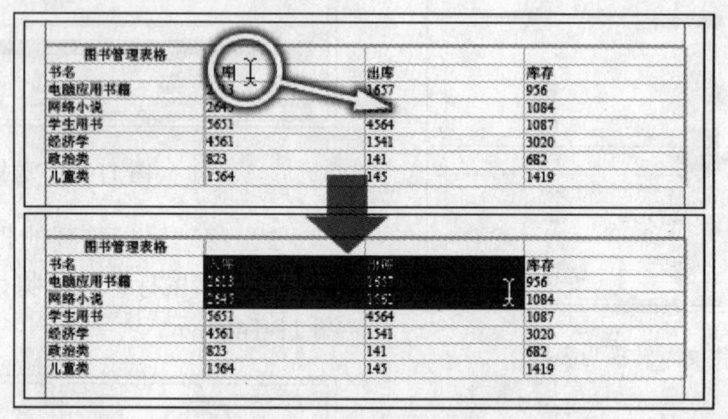

图书管理表格			
书名	入库	出库	库存
电脑应用书籍	2613	1657	956
网络小说	2645	1561	1084
学生用书	5651	4564	1087
经济学	4561	1541	3020
政治类	823	141	682
儿童类	1564	145	1419

图 11-16　任意选择单元格

11.2.2　插入/删除行和列

表格的行数和列数并不是固定的，可以根据需要在表格的某个位置插入或删除行或列。插入的单元格样式和原有表格的样式相同。当删除行和列时，行和列中的内容将一并删除。下面通过操作学习插入和删除表格中行和列的方法。

1）在“学生用书”的单元格中单击插入光标。

2）执行“表”→“插入”→“行”命令，打开“插入行”对话框，如图 11-17 所示。

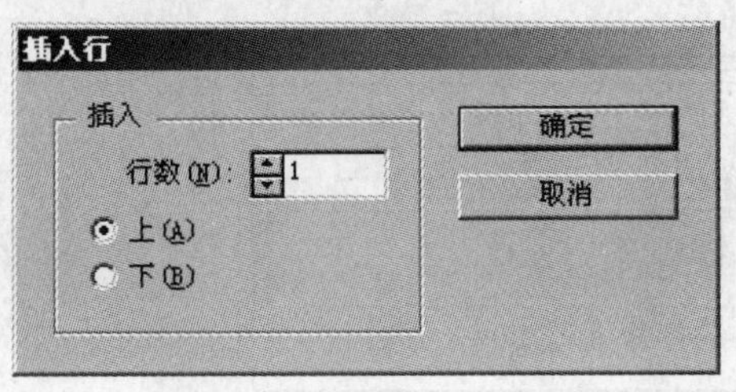

图 11-17 “插入行”对话框

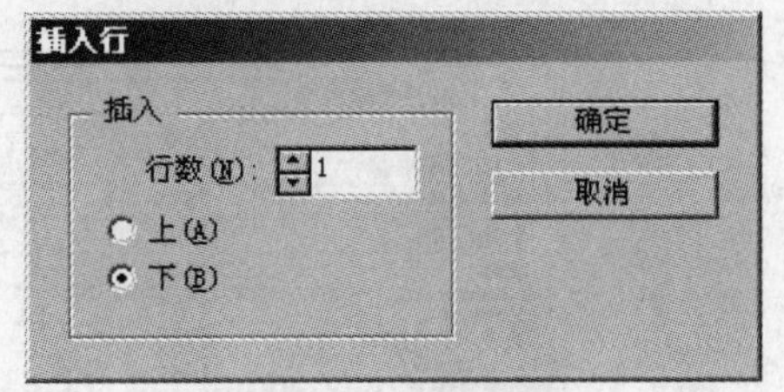

图 11-18 设置参数

3）在“行数”选项的文本框中输入数值，设置插入行的数目。然后选择“上”或“下”选项，设置插入行的位置，如图 11-18 所示。

4）单击“确定”按钮，即可在“学生用书”的下方插入一行空白表格，如图 11-19 所示。

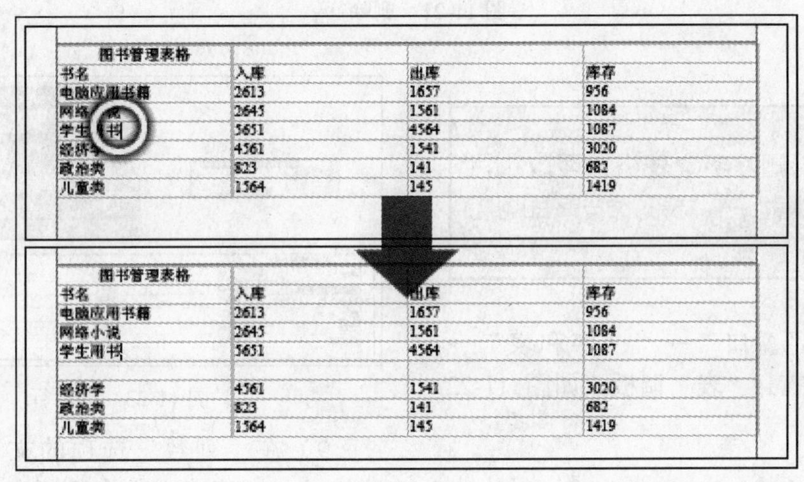

图书管理表格			
书名	入库	出库	库存
电脑应用书籍	2613	1657	956
网络小说	2645	1561	1084
学生用书	5651	4564	1087
经济学	4561	1541	3020
政治类	823	141	682
儿童类	1564	145	1419

图书管理表格			
书名	入库	出库	库存
电脑应用书籍	2613	1657	956
网络小说	2645	1561	1084
学生用书	5651	4564	1087
经济学	4561	1541	3020
政治类	823	141	682
儿童类	1564	145	1419

图 11-19 插入行

提 示

插入列的方法和插入行的方法相同，在这里不再讲述。

5）在刚刚插入的单元格中输入文字，如图 11-20 所示。

图书管理表格			
书名	入库	出库	库存
电脑应用书籍	2613	1657	956
网络小说	2645	1561	1084
学生用书	5651	4564	1087
文学	4516	1561	2955
经济学	4561	1541	3020
政治类	823	141	682
儿童类	1564	145	1419

图 11-20 输入文字

6）在“政治类”单元格中单击，插入光标。执行“表”→“删除”→“行”命令，将插入光标的行和行中的内容删除，如图 11-21 所示。

图书管理表格			
书名	入库	出库	库存
电脑应用书籍	2613	1657	956
网络小说	2645	1561	1084
学生用书	5651	4564	1087
文学	4516	1561	2955
	4561	1541	3020
政治类	823	141	682
	1564	145	1419

图书管理表格			
书名	入库	出库	库存
电脑应用书籍	2613	1657	956
网络小说	2645	1561	1084
学生用书	5651	4564	1087
文学	4516	1561	2955
经济学	4561	1541	3020
儿童类	1564	145	1419

图 11-21 删除行

提 示

如果需要删除整个表格，可以执行“表”→“删除”→“表”命令，即可将整个表格删除。

7）执行“窗口”→“文字和表”→“表”命令，打开“表”调板，如图 11-22 所示。

图 11-22 “表”调板

8）在“表”调板中“行数”选项的文本框中输入数字 7，然后按下<Enter>键，将其应用，这时弹出提示对话框，单击“确定”按钮，将从表格的最底部删除一行，如图 11-23 所示。

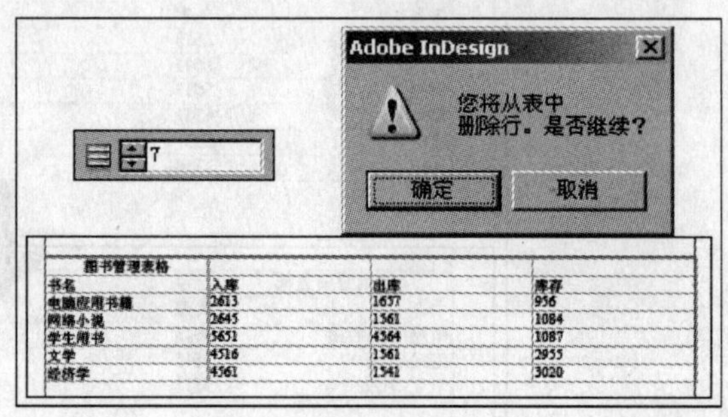

图 11-23 删除行

9）在“列数”选项的文本框中输入数值 5，在表格中的右侧插入一列，如图 11-24 所示。

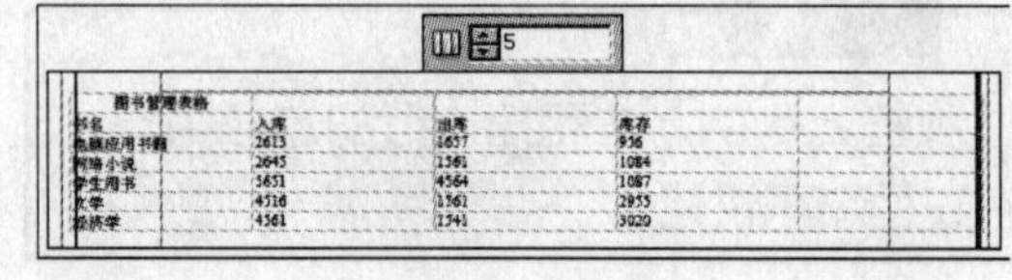

图 11-24 插入列

10）参照图 11-25 所示，在插入的空白单元格中输入文字，如图 11-25 所示。

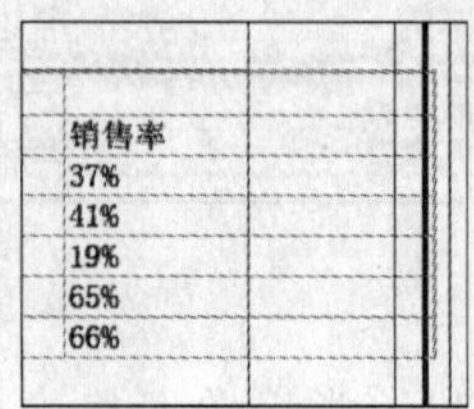

图 11-25 输入数值

11.2.3　调整表格大小

使用鼠标拖动的方法可以调整整个表格的大小，并且行和列的宽度和高度比例不改变。该方法不但可以调整整个表格的大小，也可以单独设置行或列的宽度和高度。下面就来学习设置表格大小的方法。

1）确认表格中的光标为插入状态，移动鼠标指针到表格的右下角，当鼠标指针呈⤡状时，单击并拖动鼠标可调整整个表格的大小，如图 11-26 所示。

图书管理表格				
书名	入库	出库	库存	销售率
电脑应用书籍	2613	1657	956	37%
网络小说	2645	1561	1084	41%
学生用书	5651	4564	1087	19%
文学	4516	1561	2955	65%
经济学	4561	1541	3020	66%

图 11-26　调整整个表格的大小

2）在“出库”的单元格中单击，插入光标。接着在“表”调板中设置“列宽”选项，可调整插入光标中列的宽度，如图 11-27 所示。

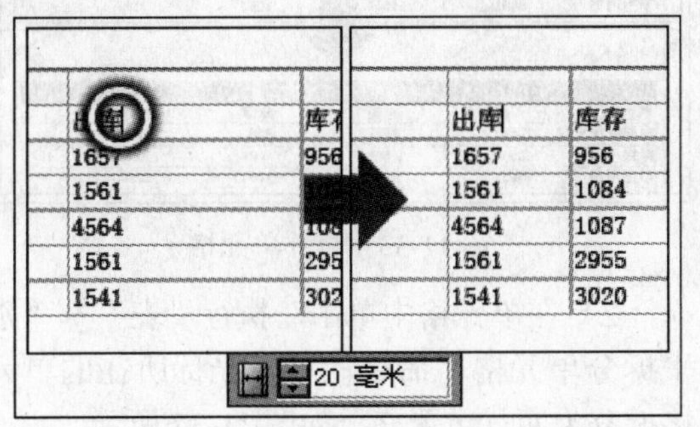

图 11-27　调整列的宽度

3）在“行高”选项中多出一个下拉框，在下拉框中有两个选项为“最少”和“精确”，如图 11-28 所示。选择“最少”时设置的行高小于字体大小，将根据表格中的字体大小调整行高。“精确”根据输入的数值设置行高。

图 11-28　“行高”选项

4）在下拉选项中选择“精确”选项，在文本框中输入 2 毫米，调整“出库”的行高，如图 11-29 所示。

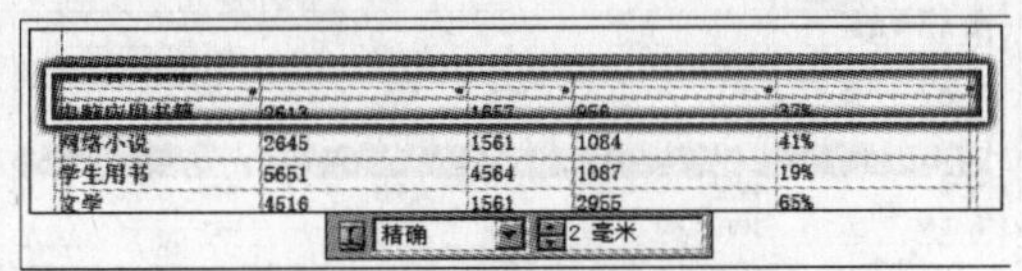

图 11-29　“精确”选项

提 示

在单元格中显示◘图标时，表示单元格过小，无法显示单元格中的文本或不能完全显示单元格中的文本。

5）在下拉选项中选择“最少”选项，

“出库”行的行高将根据字体的大小设置高度，如图 11-30 所示。

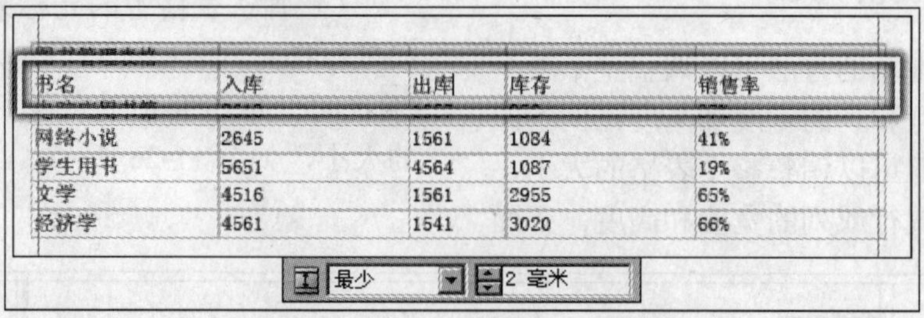

图 11-30　“最少”选项

6）移动鼠标指针到“列线上”，鼠标指针呈↔状时，单击并拖动鼠标，即可调整该列的宽度，如图 11-31 所示。

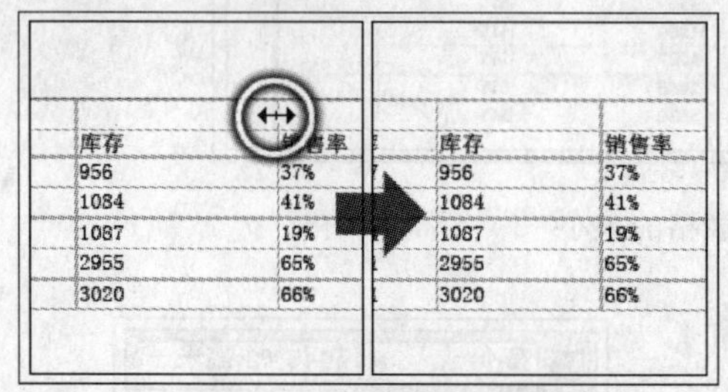

图 11-31　调整列的宽度

7）在表格中任意选择一行。执行“表”→“均匀分部列”命令，可以平均分部表格中列的宽度，并且不更改表格的整体宽度，如图 11-32 所示。

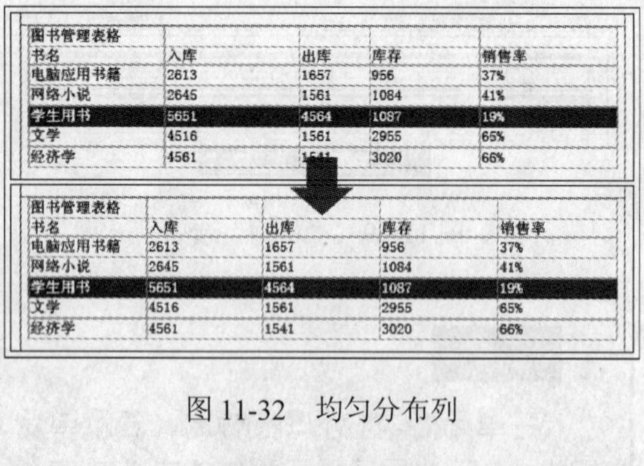

图 11-32　均匀分布列

11.2.4　合并/拆分单元格

合并单元格可以将多个选择的单元格合并为一个单元格，合并后的单元格不丢失被选择单元格中的所有内容。在 InDesign CS3 中不但可以将选择的多个单元格合并，还可以取消合并的单元格，将其恢复为多个单元格。

拆分单元格可以在一个单元格中创建两个单元格。多次执行“拆分单元格”命令，可在一个单元格中创建多个单元格。

1）选择表格的第一行，执行“表”→“合并单元格”命令，将第一行合并为一个单元格，如图 11-33 所示。

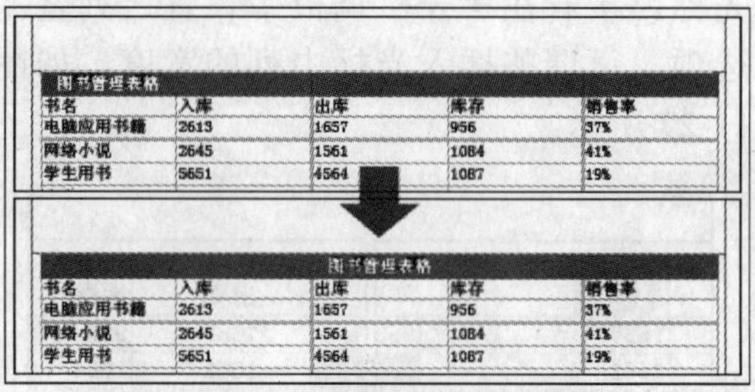

图 11-33　合并单元格

2）在单元格中单击，执行“表”→“水平拆分单元格”命令，可将光标所在的单元格拆分为两行单元格，如图 11-34 所示。

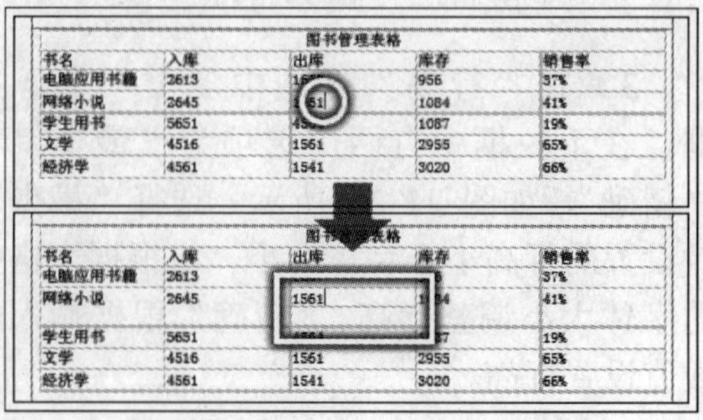

图 11-34　水平拆分单元格

3）参照图 11-35 所示选择单元格，接着执行“表”→“取消合并单元格”命令，将选择的单元格分开。

书名	入库	出库
电脑应用书籍	2613	1657
网络小说	2645	1561
学生用书	5651	4564
文学	4516	1561
经济学	4561	1541

书名	入库	出库
电脑应用书籍	2613	1657
网络小说	2645	1561
学生用书	5651	4564
文学	4516	1561
经济学	4561	1541

图 11-35　取消合并单元格

11.3 表头和表尾

创建长表格时，表格可能会跨多个栏、框架或页面。使用表头或表尾可以在表格的每个拆开部分的顶部或底部重复信息。可以在创建表格时添加表头行和表尾行。也可以使用“表选项”对话框来添加表头行和表尾行并更改它们在表中的显示方式。还可以执行“转换行”中的命令将正文行转换为表头行或表尾行。

1）执行“文件”→“打开”命令，打开本书附带光盘\Chapter-11\“销售表格.indd”文件，如图 11-36 所示。

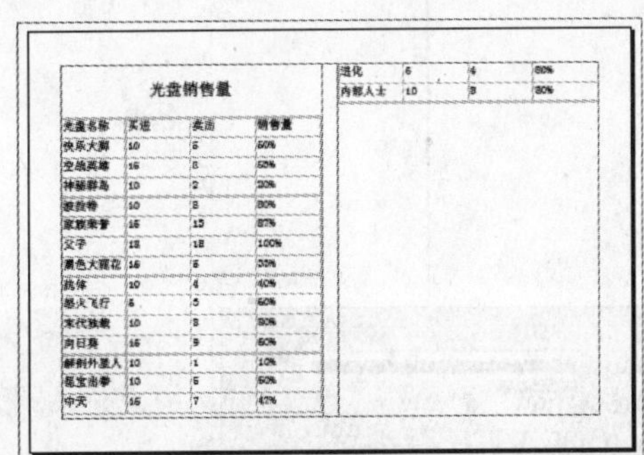

图 11-36　素材文件

2）将表格的第一行选中，执行“表”→“转换行”→“到表头”命令，将选择的行转换为表头，并且在第二栏中显示，如图 11-37 所示。

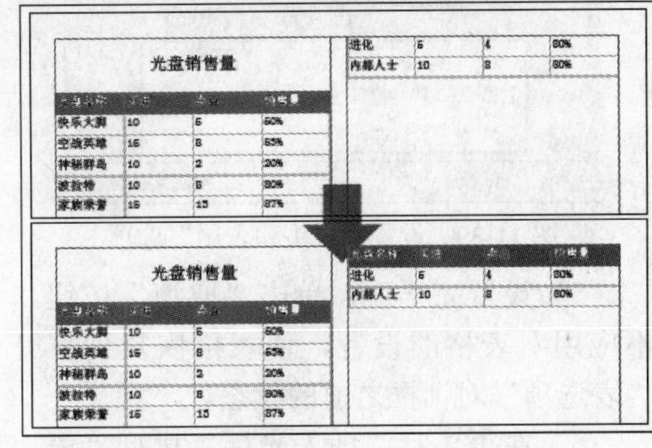

图 11-37　将正文转换为表头

3）在表头中的“销售量”单元格中单击，接着将文本“销售量”更改为“销售率”，可以看到表头中的“销售量”都更改为“销售率”，如图 11-38 所示。

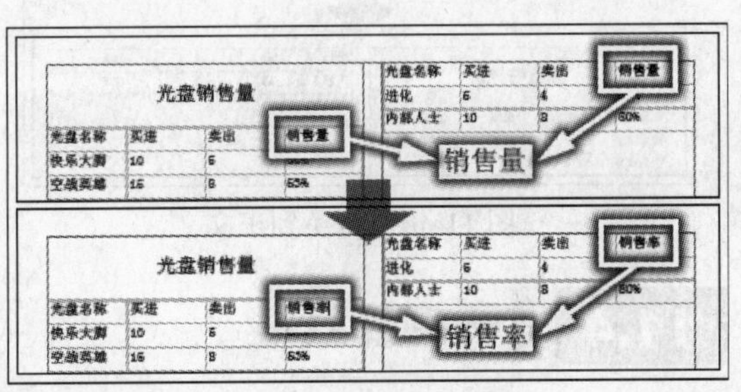

图 11-38　更改表头

> **提 示**
>
> 如果移动鼠标到第 2 栏中的表头上单击，鼠标指针显示为🔒状，表示该表头不可以编辑。

4）执行“表”→“表选项”→“表头和表尾”命令，打开如图 11-39 所示对话框。其中设置“表头行”选项和“表尾行”选项，可以在表格中插入表头和表尾。“重复表头”选项和“重复表尾”选项，可以设置表头和表尾重复的状态。

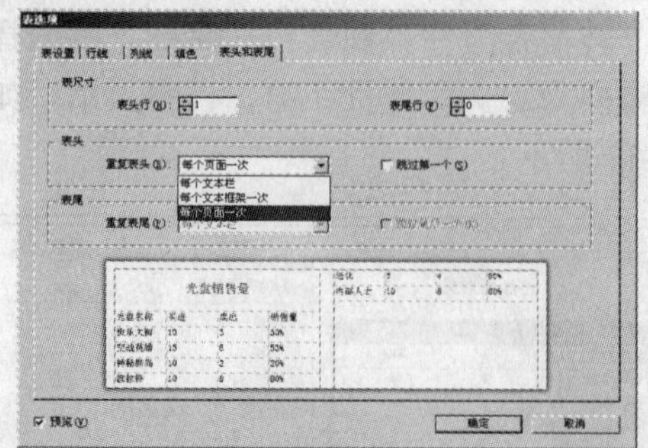

图 11-39　设置“表头和表尾”选项

5）设置完毕后，单击“取消”按钮，不应用对表格的设置，使表格恢复到打开“表选项”对话框之前的状态。

6）在表头行中插入光标，执行“表”→“转换行”→“到正文”命令，即可将表头转换为正文，如图 11-40 所示。

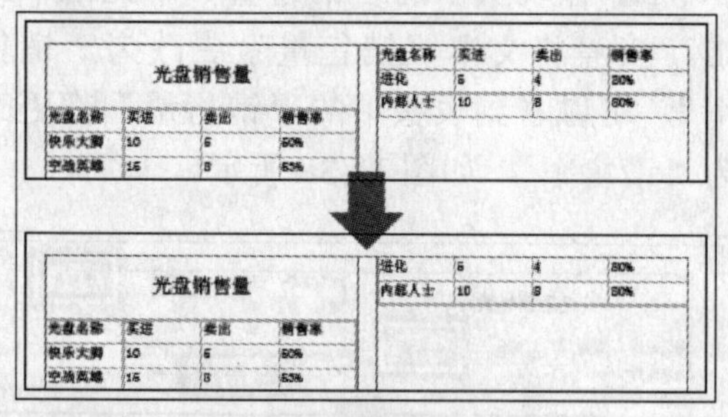

图 11-40　转换到正文

11.4 表格样式

表格样式设置表格线样式、表格线颜色、表格填充色和表间距。还提供了“表样式”调板，在该调板中可以对表格样式进行管理和设置。下面通过操作学习表格样式的设置方法。

11.4.1 表设置

1）确认光标插入到表格中。执行“表”→“表选项”→“表设置”命令，打开“表设置”对话框，如图 11-41 所示。

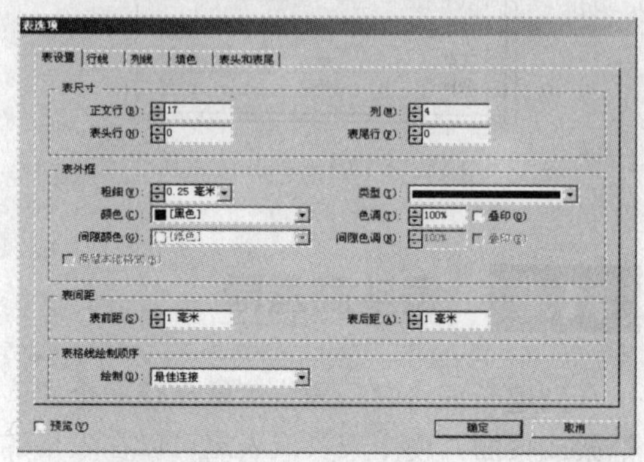

图 11-41　“表设置”对话框

2）将对话框左下角的“预览”选项复选，在视图中显示表格样式的设置效果。

3）设置“表外框”选项组中的选项，可以设置外框的颜色、样式等，如图 11-42 所示。

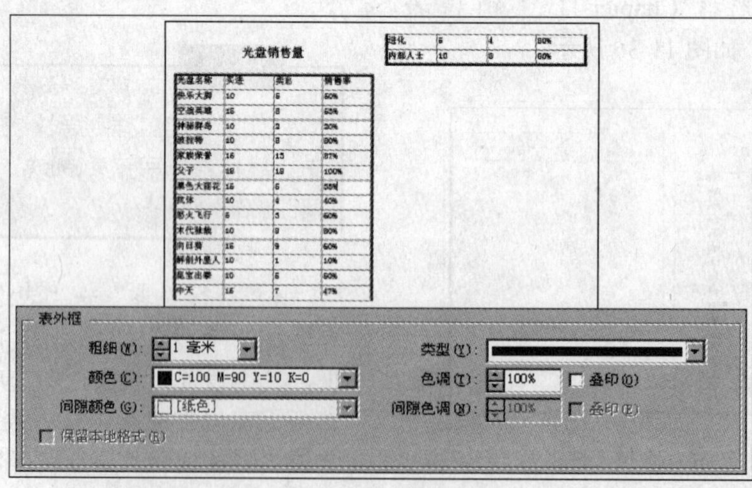

图 11-42　设置表外框

4）“表前距”选项设置表格和表格前文字的距离；“表后距”选项设置表格和表格后文字的距离，如图 11-43 所示。

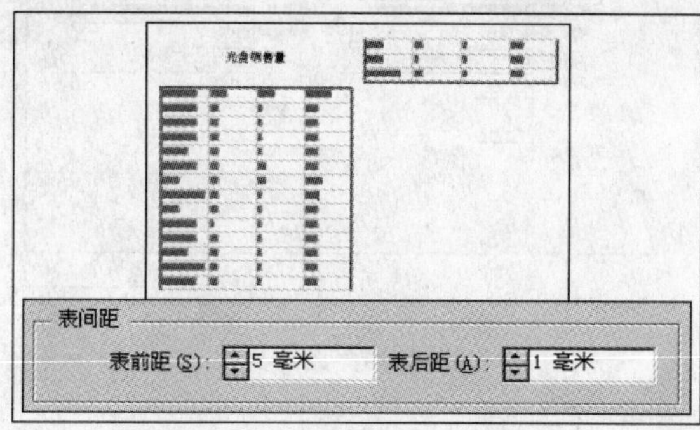

图 11-43　设置“表间距”选项组

5）“绘制”选项设置线与线之间交叉处的效果，如图 11-44 所示。

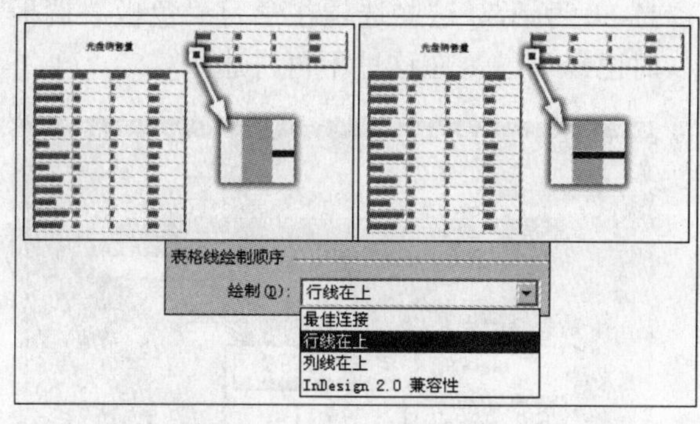

图 11-44　“绘制”选项

> **提 示**
>
> 为了便于读者观察交叉处的效果，暂时更改了外边框的颜色。

11.4.2　行线

在对话框的顶部单击“行线”标签，打开行线设置的相关选项。在这些选项中设置表格中每行线的颜色、样式等，如图 11-45 所示。

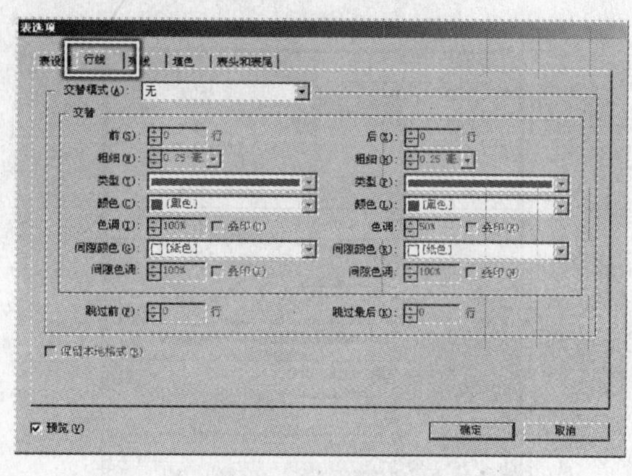

图 11-45　行线

1）“交替模式”选项可以交替使用描边样式来提高可读性或增强表的外观。选择“每隔一行”，使表格每隔一行的颜色或样式发生变化。

2）在“前”选项和“后”选项中设置交替行的行数。

3）在“前”选项下方的选项中可以设置“前”选项指定行的样式和颜色，如图 11-46 所示。

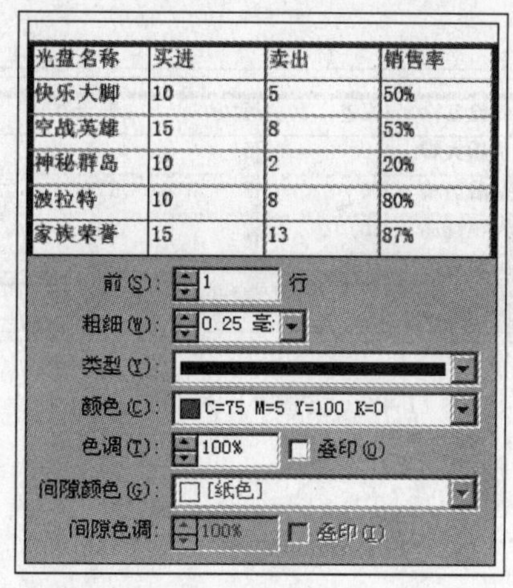

光盘名称	买进	卖出	销售率
快乐大脚	10	5	50%
空战英雄	15	8	53%
神秘群岛	10	2	20%
波拉特	10	8	80%
家族荣誉	15	13	87%

图 11-46　设置行的样式和颜色

4）设置“后”选项下方的选项，设置“后”选项指定行的样式和颜色，如图 11-47 所示。

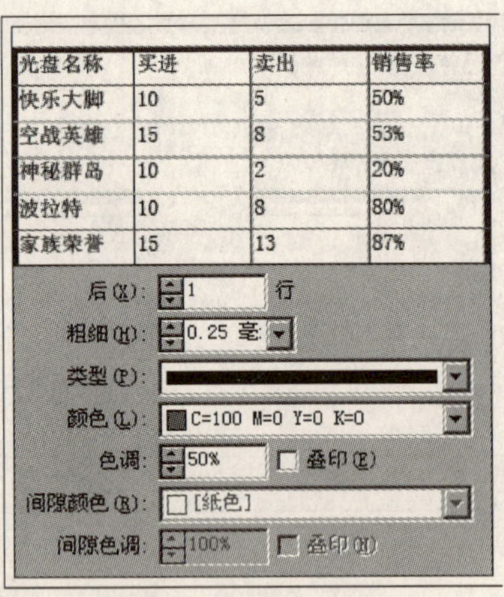

图 11-47　设置行

提 示

如果需要表中的每个正文单元格中行的样式相同，设置“后”选项为 0 即可。

5）“跳过前”和“跳过最后”选项设置在表格中不应用样式的行线，如图 11-48 所示。

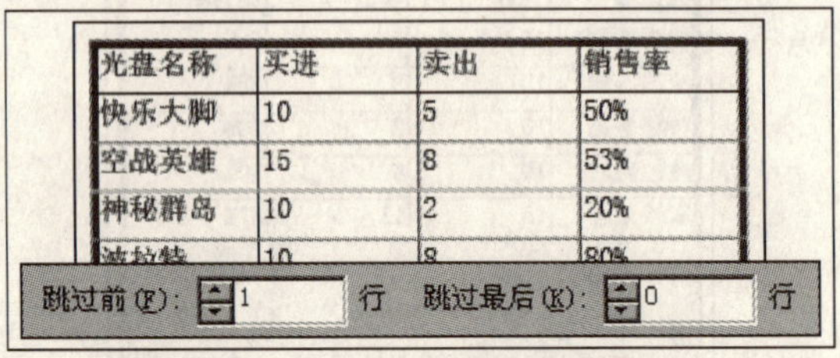

光盘名称	买进	卖出	销售率
快乐大脚	10	5	50%
空战英雄	15	8	53%
神秘群岛	10	2	20%
波拉特	10	8	80%

跳过前(F): 1 行　跳过最后(K): 0 行

图 11-48　设置不应用样式的行线

11.4.3　列线

单击“列线”标签打开相应的选项，这些选项和“行线”中的选项相同，在这里不再重复讲述使用方法。

参照图 11-49 所示设置选项，调整表格中列线的效果。

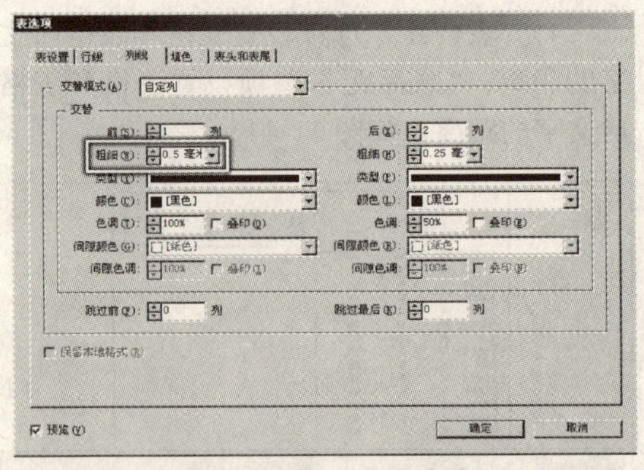

图 11-49　设置列线

11.4.4　填色

单击“填色”标签，打开相应的选项，并对其进行设置，为表格填充颜色，如图 11-50 所示。这些选项在学习“色板”调板时已经学过，在这里不再讲述。

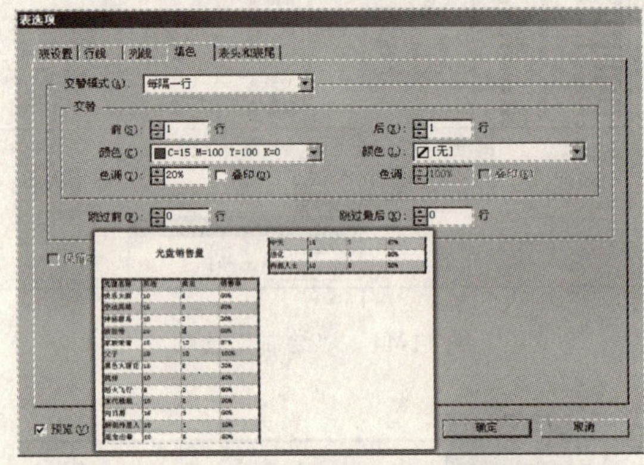

图 11-50　为表格填充颜色

11.5　单元格样式

“单元格样式”根据单元格设置表格的样式，除了可以设置行线、列线和填充色外，还可以设置单元格中文本的对齐方式，为单元格添加对角线，设置表格的行高和列宽等。具体的操作方法将在下面的操作中为读者详细地讲述。

11.5.1 文本

“文本”选项设置文本在单元格中的对齐方式、排版方式、文字和边线的距离、文字的角度等。

1）执行“文件”→“打开”命令，打开本书附带光盘\Chapter-11\“课程表.indd”文件，将该文档中的表格选中，如图 11-51 所示。

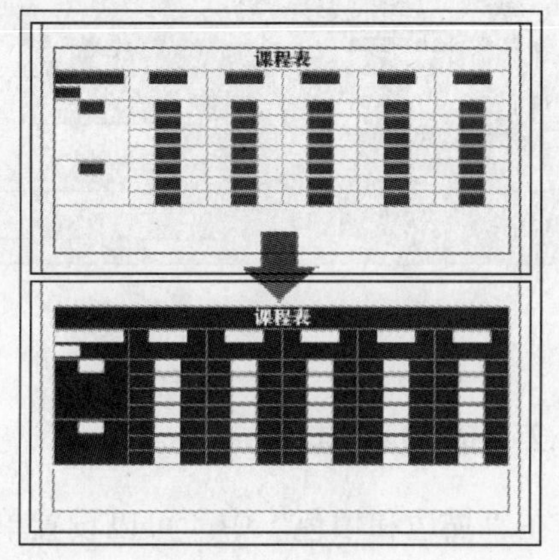

图 11-51　选中表格

2）执行“表”→“单元格选项”→“文本”命令，打开“单元格选项”对话框，如图 11-52 所示。

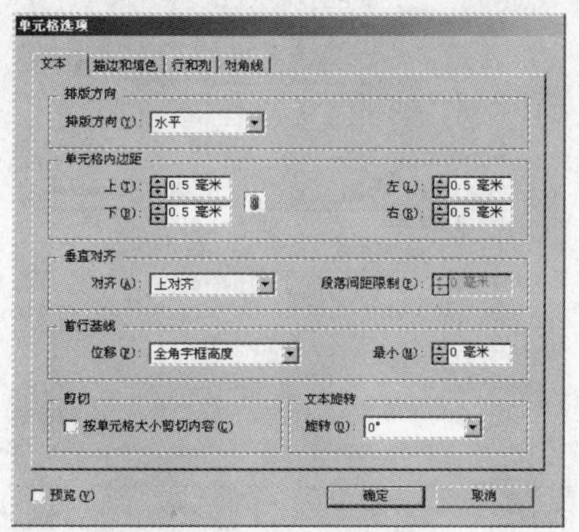

图 11-52　“单元格选项”对话框

3）“排版方向”选项设置文字在表格中的方向，如图 11-53 所示。

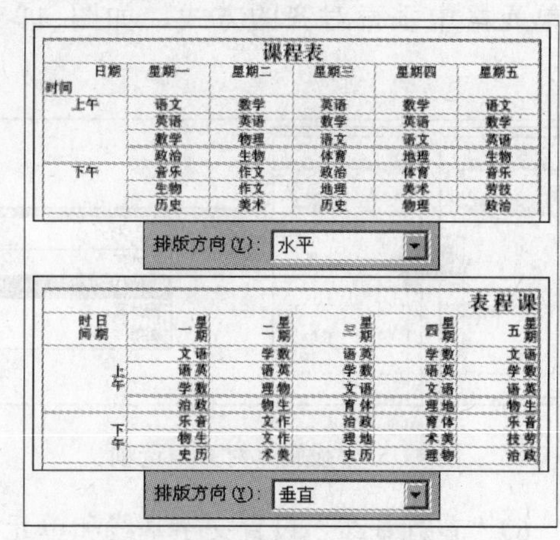

图 11-53　设置文本的排版方向

> **提 示**
>
> 为了便于读者观察，出示的图中取消了表格的选择。

4）设置“单元格内边距”选项，设置单元格中文本和边线的距离，如图 11-54 所示。

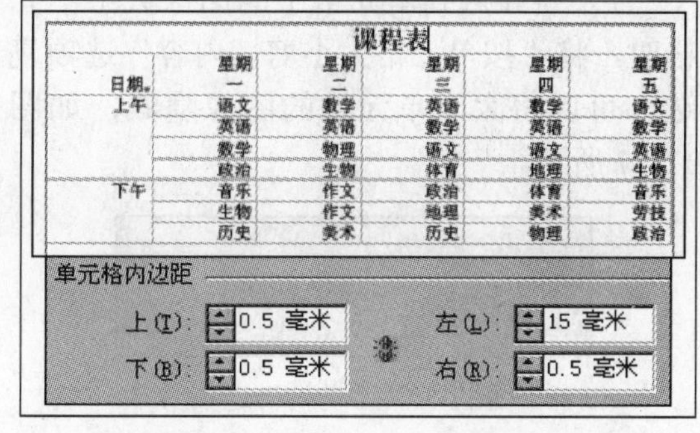

图 11-54　设置文本和边线的距离

> **提 示**
>
> 单击“将所有设置设为相同”按钮，这时按钮状态转换为，即可单独设置文本和单元格边框“上”、“下”“左”和“右”的距离。

5）设置“对齐”选项，可以设置文本在单元格中垂直对齐的方式，如图 11-55 所示。

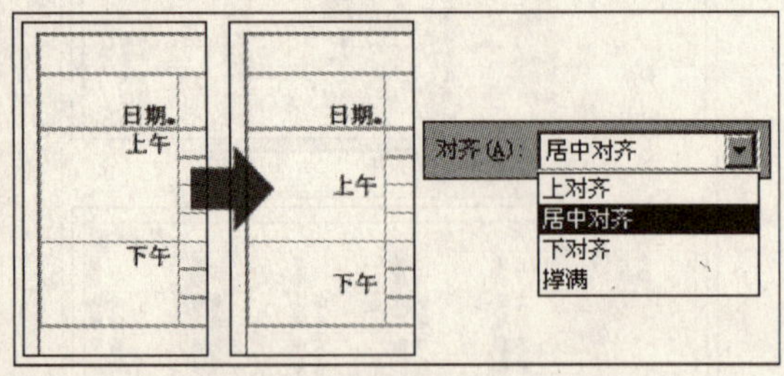

图 11-55　设置“对齐”选项

6）“首行基线”设置文字基线和单元格顶部行线对齐的方式，如图 11-56 所示。

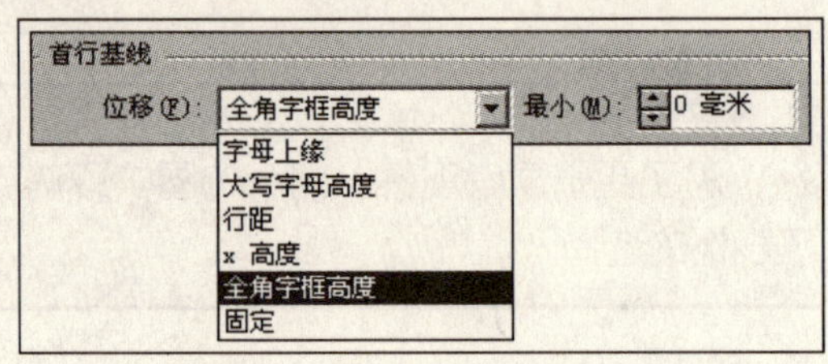

图 11-56　设置“首行基线”选项

7）当导入到单元格中的图像大于单元格时，将“按单元格大小剪切内容”选项复选，可以将大于单元格的图像隐藏，如图 11-57 所示。

图 11-57　“剪切”选项

8）单击“旋转”选项的下拉按钮，在弹出的下拉列表中选择，可以调整文本在单元格中的角度，如图 11-58 所示。

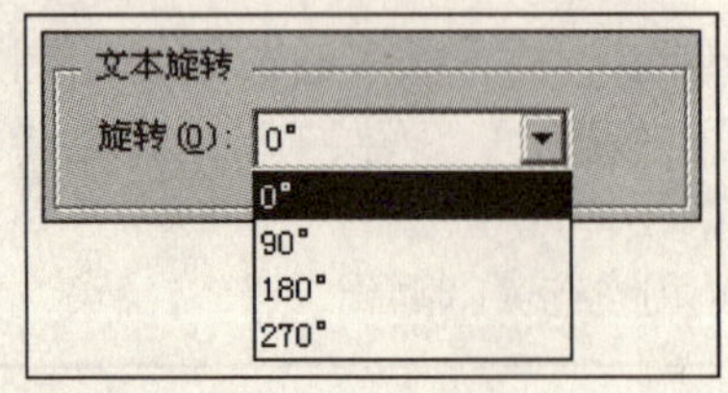

图 11-58　“旋转”选项

9）最后参照图 11-59 所示设置“文本”的相关参数。

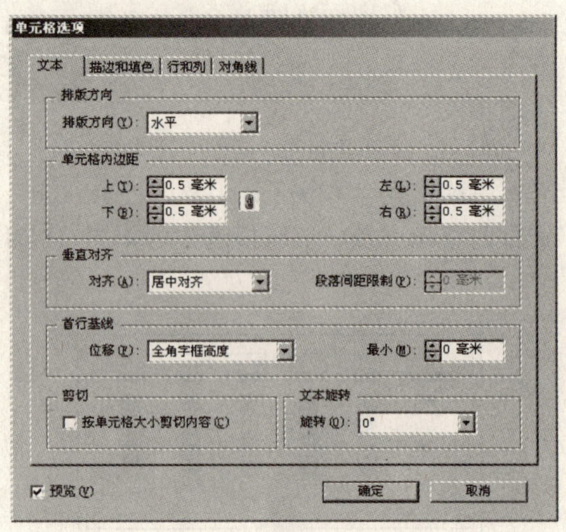

图 11-59　设置“文本”

11.5.2　描边和填色

在“描边和填色”中，可以设置单元格边线的颜色和样式，还可以设置单元格填充的颜色。

1）单击“描边和填色”标签，打开相关选项，如图 11-60 所示。

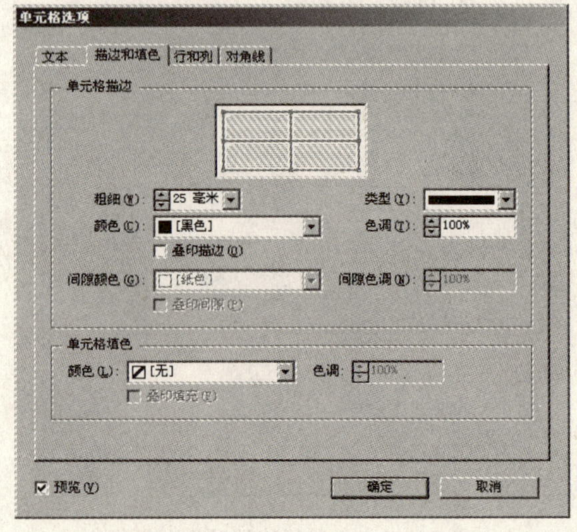

图 11-60　“描边和填色”选项

2）在表格缩览图中单击蓝色线，可以

设置样式应用于哪些边线，如图 11-61 所示。其中“十”字线表示表格中正文的行和列，其他线表示表外框。

图 11-61　设置应用的边线

3）设置其他选项，效果如图 11-62 所示。

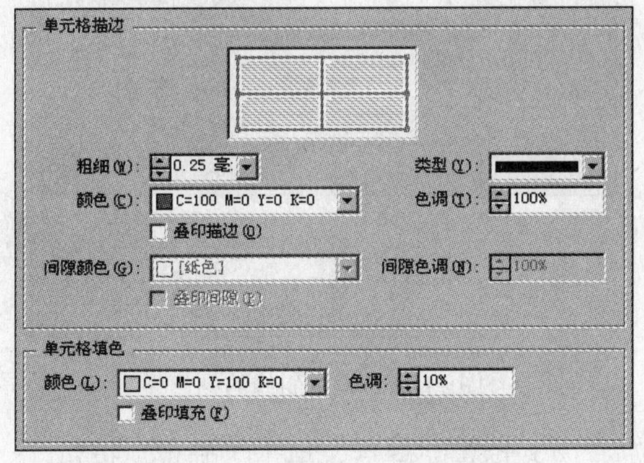

图 11-62　设置单元格的边线

4）设置完毕后，单击“确定”按钮，关闭对话框，将其应用，如图 11-63 所示。

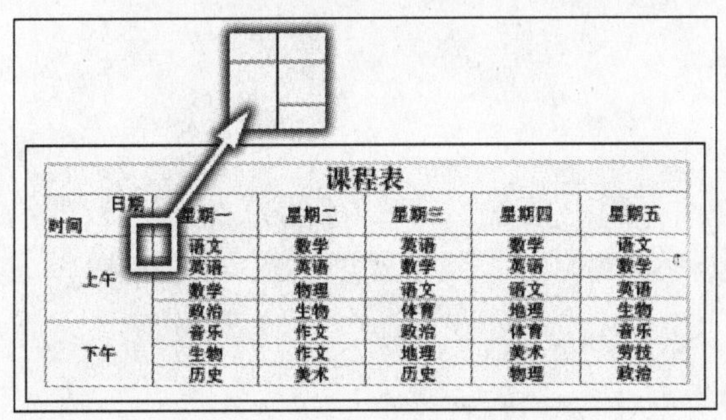

课程表

日期 时间		星期一	星期二	星期三	星期四	星期五
上午		语文	数学	英语	数学	语文
		英语	英语	数学	英语	数学
		数学	物理	语文	语文	英语
		政治	生物	体育	地理	生物
下午		音乐	作文	政治	体育	音乐
		生物	作文	地理	美术	劳技
		历史	美术	历史	物理	政治

图 11-63　设置后的单元格效果

11.5.3　行和列

在“行和列”选项中可以设置表格的行高和列宽。还提供了“保持选项”，该选项组中的选项可以将行保留在一起，或者指定换行的位置，例如栏或框架的顶部。

1）在文本框的出口处单击，接着在文档的空白处单击并拖动鼠标创建一个文本框，如图 11-64 所示。

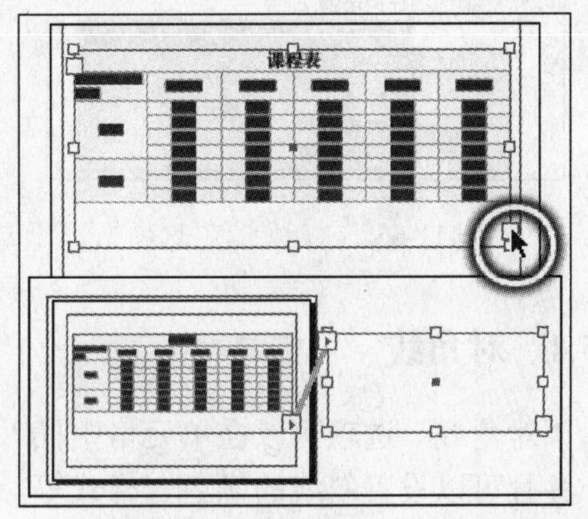

图 11-64　创建串接的文本框

2）参照图 11-65 所示，在相应的单元格中单击，插入光标。执行“表”→“单元格选项”→“行和列”命令，打开“单元格选项”对话框。

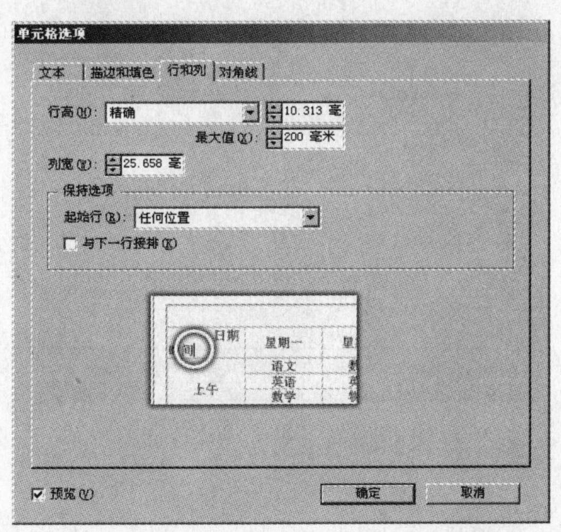

图 11-65　“单元格选项”对话框

3）单击“起始行”选项的下拉按钮，在弹出的下拉列表中选择“下一文本栏”选项，这时从插入光标的位置移动到了下一栏，如图 11-66 所示。

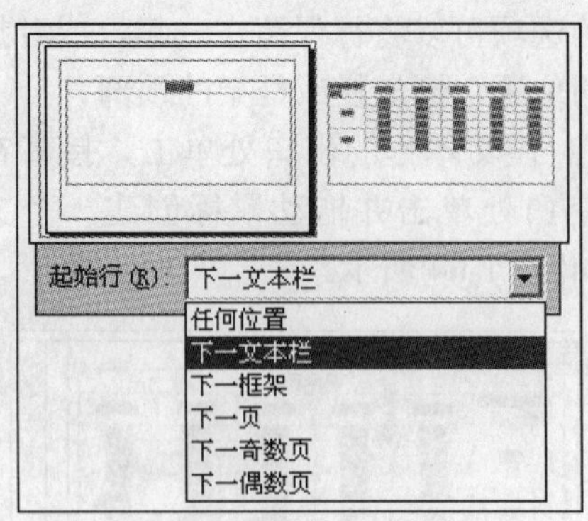

图 11-66 “起始行”选项

11.5.4 对角线

“对角线”选项可以在单元格中插入斜线，并且可以设置斜线的颜色、样式等。下面学习对角线的使用方法。

1）设置“起始行”选项为“任何位置”。单击“对角线”标签，打开相应选项，如图 11-67 所示。

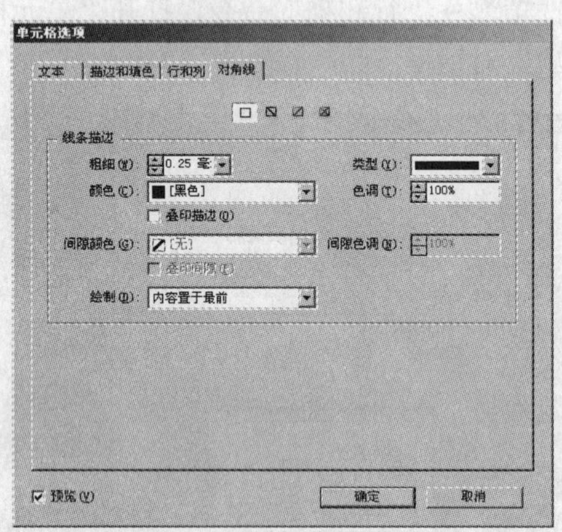

图 11-67 “对角线”选项

2）在对话框的上方有 4 个按钮，这 4 个按钮可以设置插入对角线的样式，如图 11-68 所示。

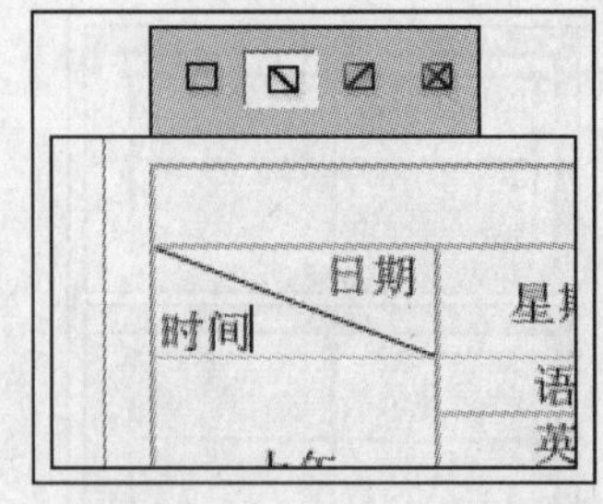

图 11-68 插入对角线

3）参照图 11-69 所示设置其他参数，设置斜线的颜色。

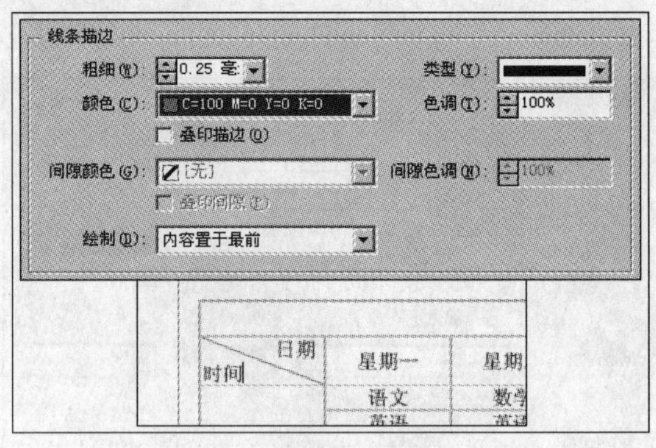

图 11-69 设置斜线的颜色

4）设置完毕后，单击“确定”按钮，关闭对话框。

第 12 章 页面操作和书籍

在本章中将为读者介绍“页面”调板，在该调板中可以设置页面的数量，调整页面的位置，创建多个页面折页，还可以在该调板中创建主页和编辑主页。主页就像是文档中的背景，同样可以对主页进行编辑和操作。

在本章中除了介绍页面的操作方法外，还介绍书籍文档的创建和编辑，目录的创建和目录样式的存储等相关的操作。

12.1 页面操作

在创建后的文档中可以添加、删除、移动、复制文档中的页面，这些对页面编辑的操作主要是在“页面”调板中进行。在对页面进行编辑时，页面中的内容也会随着操作进行改变，因此当需要删除、复制或移动页面中内容时，对页面进行操作也可以得到相应的效果。

12.1.1 添加/删除页面

1）启动 InDesign CS3，执行“文件”→“新建”→“文档”命令，创建一个 A4 大小 7 页的空白文档，如图 12-1 所示。

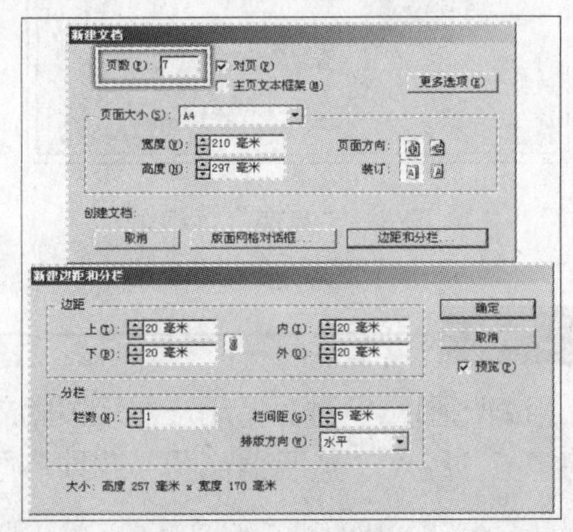

图 12-1 创建文档

2）按照页面的顺序在页面中输入数字，如图 12-2 所示。

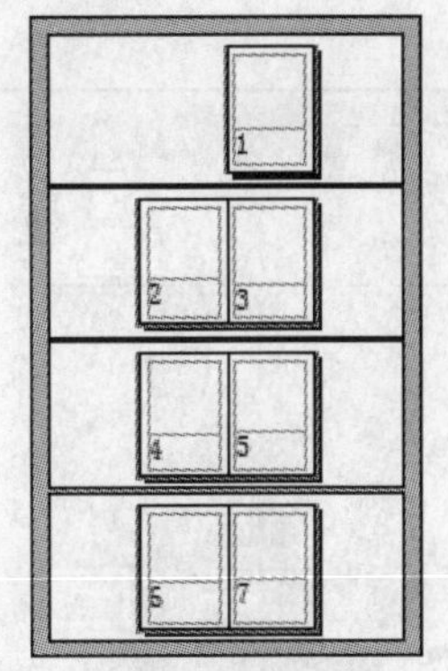

图 12-2 输入数字

3）执行“窗口”→“页面”命令，打开“页面”调板，如图 12-3 所示。观察“页面”调板，在调板中显示当前文档中所有的页面缩览图和主页缩览图。

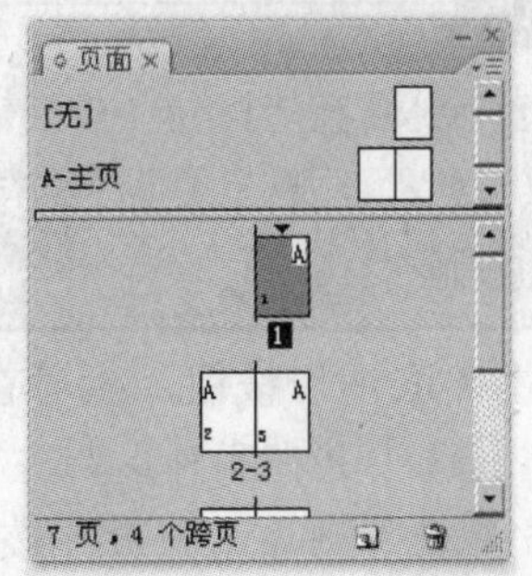

图 12-3 “页面”调板

4）单击该调板底部的 “创建新页面”按钮，可以在当前显示页面的后面，新建一个页面，如图 12-4 所示。

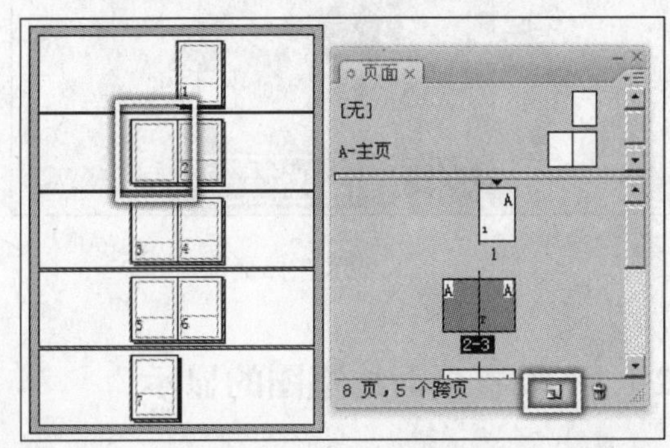

图 12-4 新建页面

5）单击“页面”调板底部的 “删除选中页”按钮，弹出提示对话框，如图12-5所示。

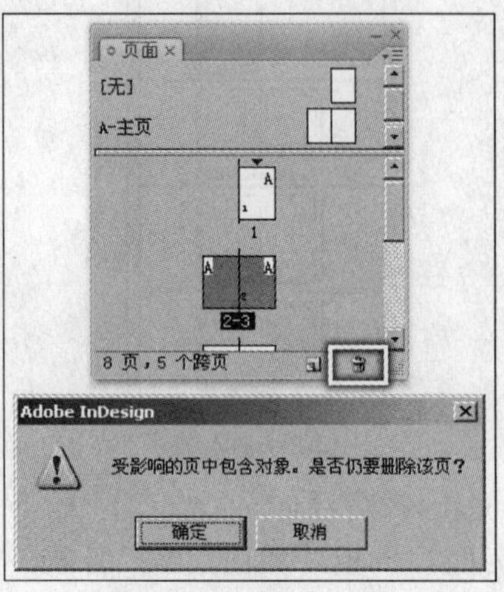

图 12-5 提示对话框

提 示

单击该调板右上角的 按钮，在弹出的菜单中执行“删除页面”命令，同样可以将页面删除。

6）单击“取消”按钮，接着在第2页上双击，将其选中并在工作区域中显示。然后再次单击 “删除选中页”按钮，将选中的页面删除，如图12-6所示。

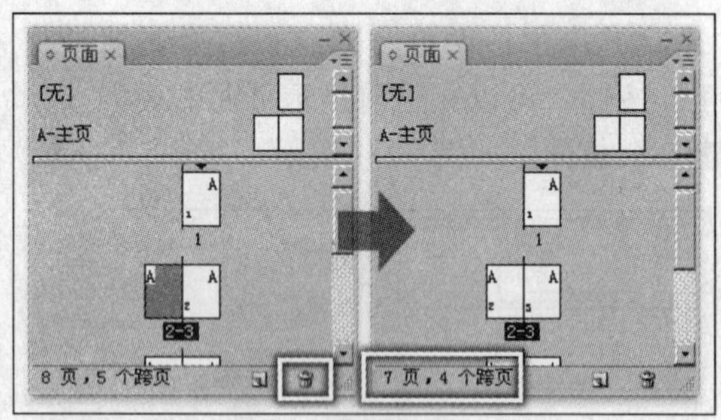

图 12-6 显示选择页面

12.1.2 设置页面缩览图的显示

在“面板选项”对话框里可以设置在“页面”调板中显示页面缩览图或主页缩览图的大小、排列方向等选项设置。

1）单击“页面”调板右上角的 按钮，在弹出的菜单中执行“面板选项”命令，打开“面板选项”对话框，如图12-7所示。

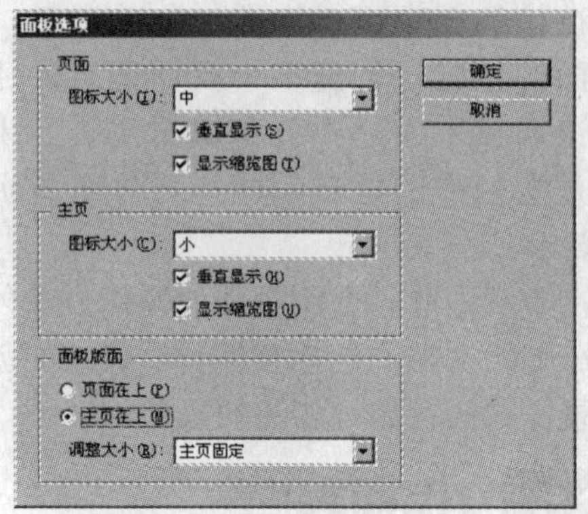

图 12-7 “面板选项”对话框

2）在“页面”选项组中，“图标大小”选项设置在“页面”调板中显示页面缩览图的大小。取消“垂直显示”选项的复选，页面缩览图在调板中可以横向排列。“显示缩览图”选项设置页面缩览图是否显示页面中内容的缩览。如图12-8所示设置该选项组。

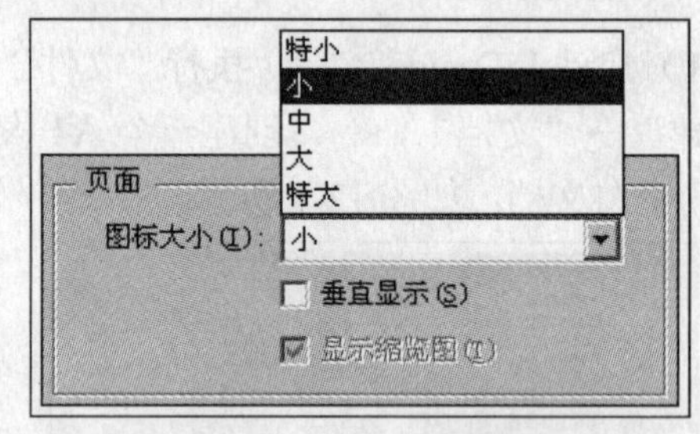

图 12-8 “页面”选项组

提 示

当缩览图过小时，将无法显示页面内容的缩览，因此“显示缩览图”选项不可用。

3）在“主页”选项组中的选项和“页面”选项组中的选项相同，作用也相同。如图 12-9 所示设置该选项组。

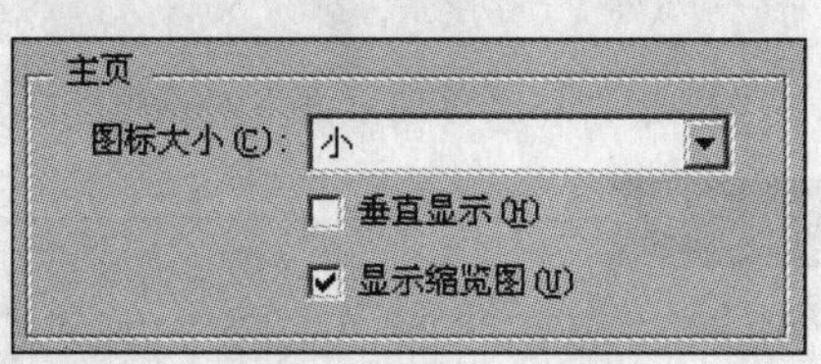

图 12-9 “主页”选项组

4）在“面板版面”选项组中，选择“页面在上”选项可以使页面缩览图在调板的上方显示；选择“主页在上”选项可以使主页缩览图在上方显示，默认状态下该选项为选择状态。“调整大小”选项，用于在调整“页面”调板大小时，页面缩览图和主页缩览图范围大小的设置，如图 12-10 所示。

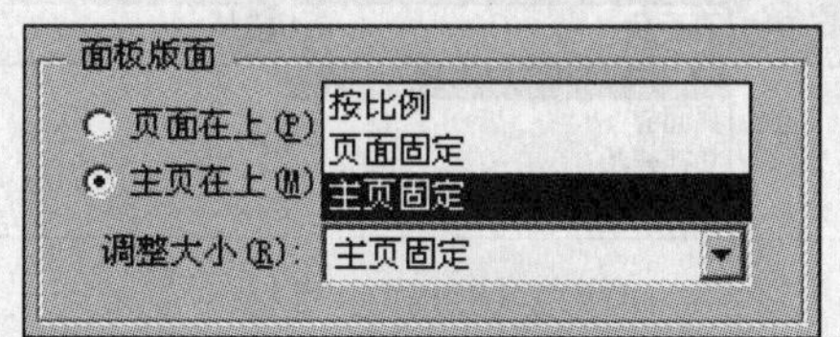

图 12-10 “面板版面”选项组

5）设置完毕后，单击“确定”按钮，关闭对话框，效果如图 12-11 所示。

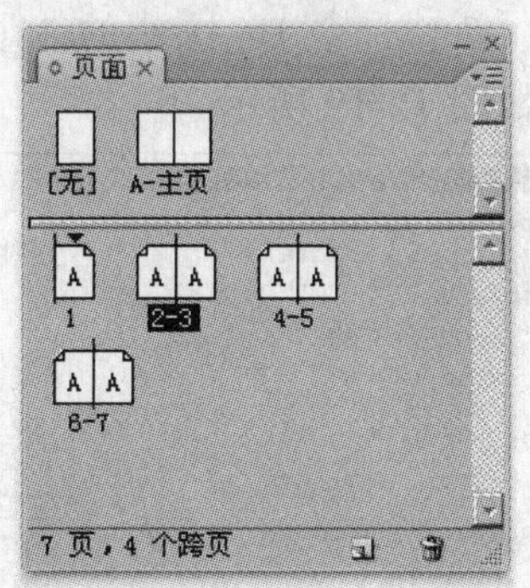

图 12-11 设置后的“页面”调板

12.1.3 选择页面

在页面缩览图上单击，页面缩览图为蓝色，表示该页面为选择状态。在缩览图上双击，页面上的页码为反白状态时，表示该页面为编辑的对象，也就是目标对象。在“页面”调板中还可以选择多个页面。

1）在页面缩览图上单击，页面缩览图呈现为蓝色，表示该页面为选择状态，如图 12-12 所示。

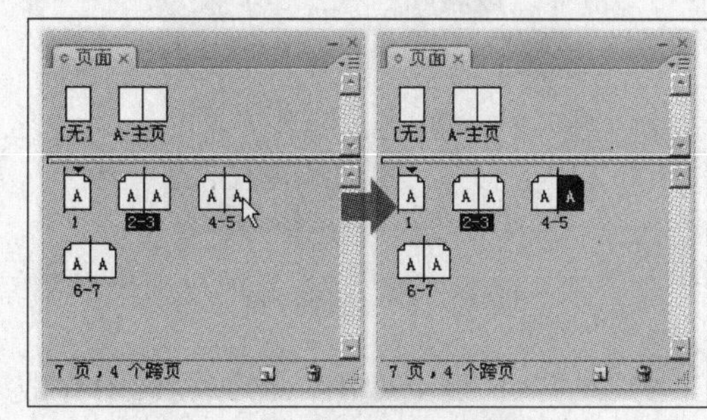

图 12-12 选择页面

2）按下<Shift>键，在其他页面上单击，可以将两个页码之间所有的页面选择，如图 12-13 所示。

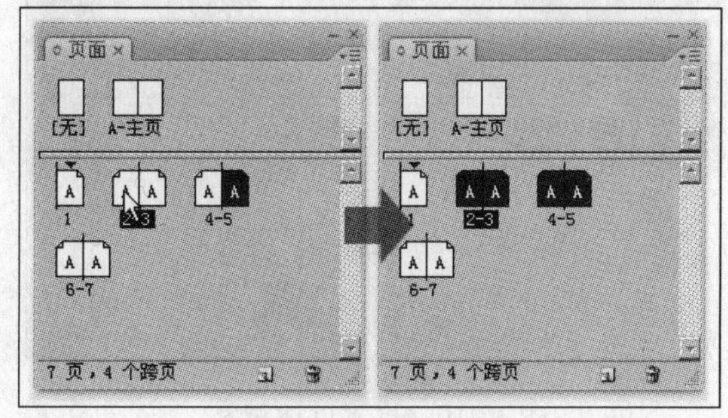

图 12-13 选择多个页面

3）按下<Ctrl>键，在其他页面缩览图上单击，可以选择不相邻的页面，如图 12-14 所示。

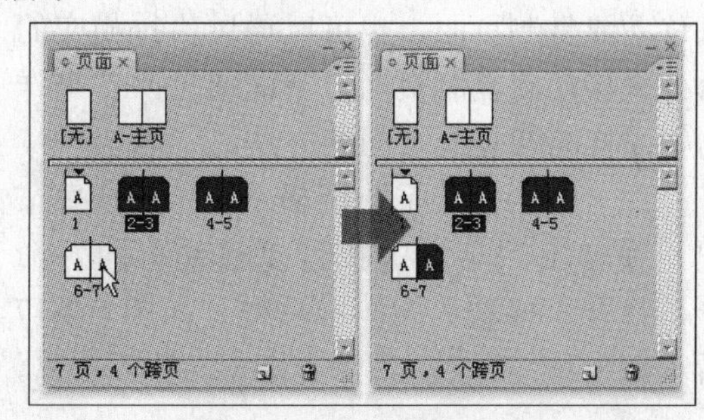

图 12-14 选择不相邻的页面

4）在折页的页码上单击，可以选择折页，如图 12-15 所示。

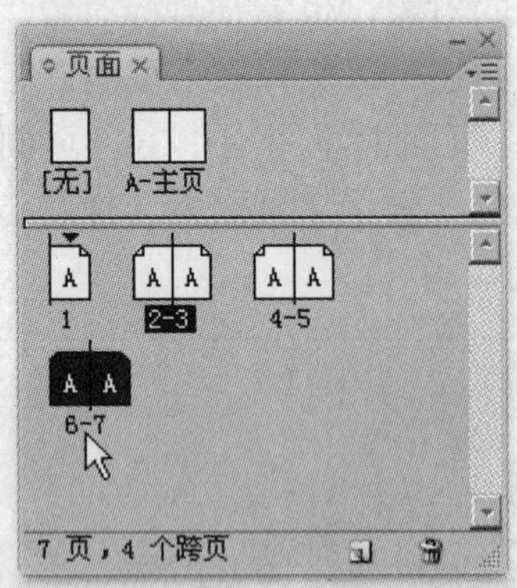

图 12-15　选择折页

5）在第 1 页上双击，将该页选中并成为当前的目标对象，并且在工作区域中显示该页。在“页面”调板中该页的名称显示为反白状态，如图 12-16 所示。

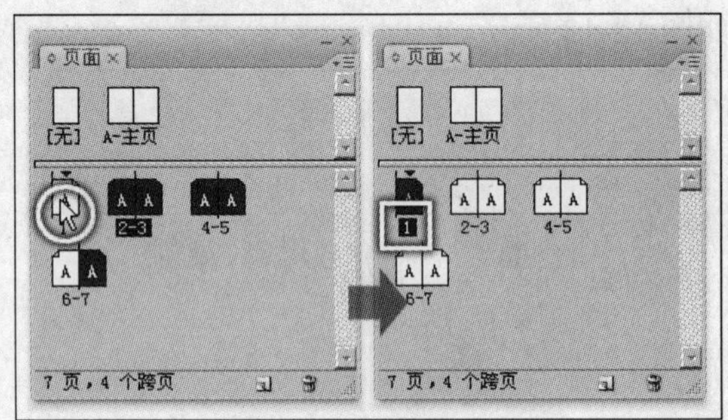

图 12-16　设置目标对象

12.1.4　移动/复制页面

通过拖动“页面”调板中页面缩览图可以移动或复制页面，也可以通过执行相应的命令来移动或复制页面。下面通过操作来详细学习移动和复制页面的方法。

1）单击“页面”调板右上角的按钮，在弹出的菜单中执行“移动页面”命令，打开“移动页面”对话框，如图 12-17 所示。

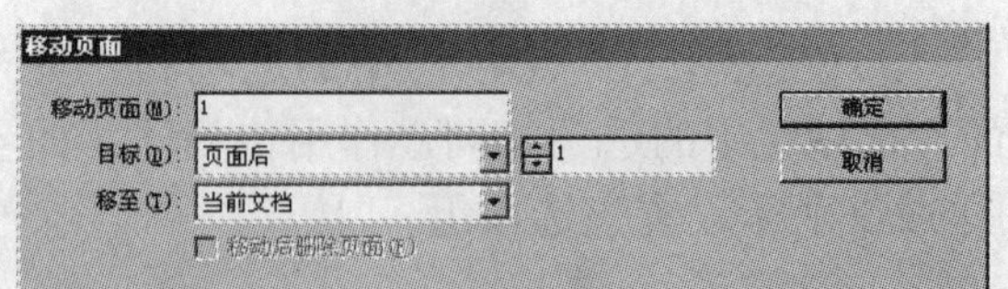

图 12-17　“移动页面”对话框

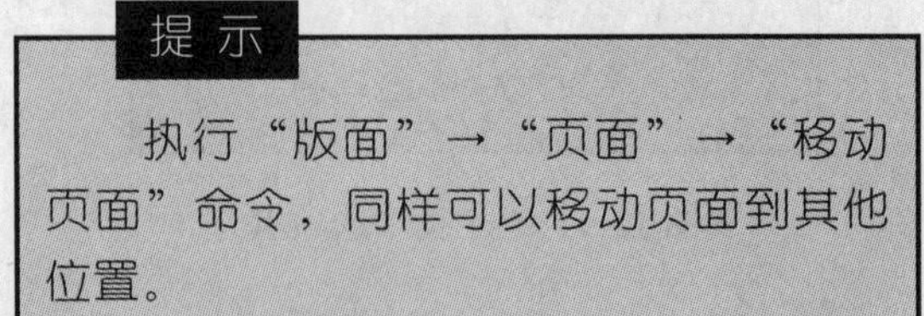

提 示

执行“版面”→“页面”→“移动页面”命令，同样可以移动页面到其他位置。

2）在“移动页面”选项的文本框中输入数值，可以指定需要移位的页面。

3）在“目标”选项的文本框中输入数值，指定页面移动到哪一页。然后单击下拉按钮，在弹出的下拉列表中选择移动到指定页的具体位置，如图 12-18 所示。

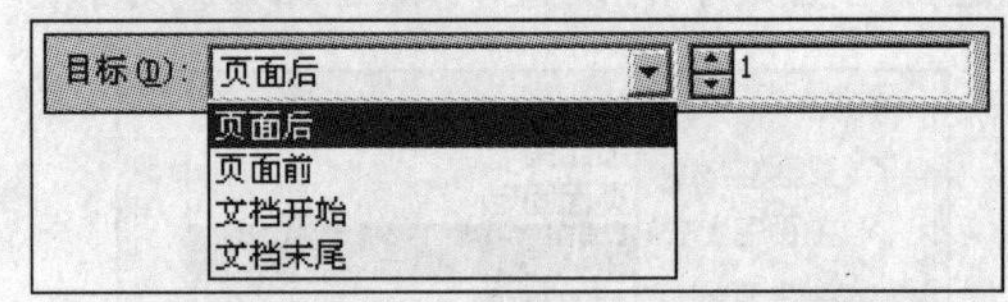

图 12-18　指定目标

4）在“移至”选项的下拉列表中可以将需要移动的页面移动到当前打开的文档中。单击“取消”按钮，将对话框关闭。

5）执行“文件”→“新建”→“文档”命令，新建一个 B6 大小的 1 页文档，不分栏，如图 12-19 所示。

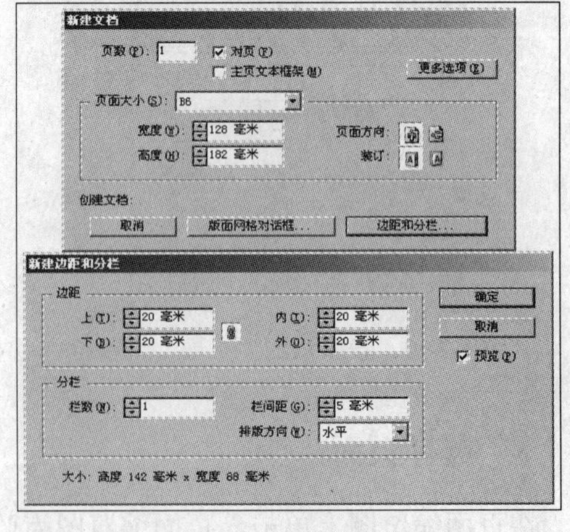

图 12-19　新建文档

6）执行“窗口”→“未标题-1”命令，转换到“未标题-1”文档中，然后再次打开“移动页面”对话框，参照图 12-20 所示，设置对话框的参数。

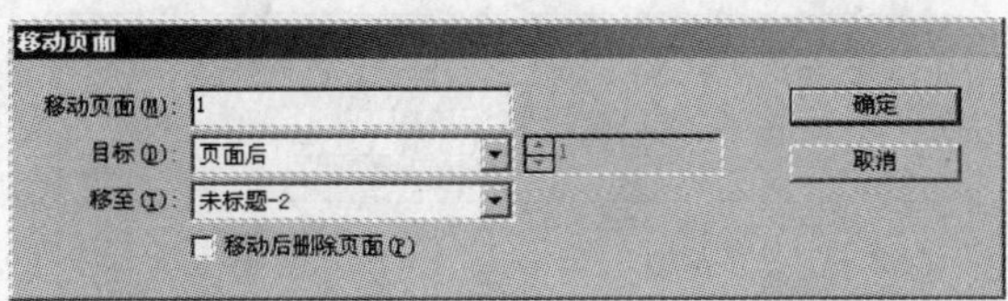

图 12-20　设置“移动页面”对话框的参数

7）设置完毕后，单击“确定”按钮，弹出“警告”对话框，如图 12-21 所示。

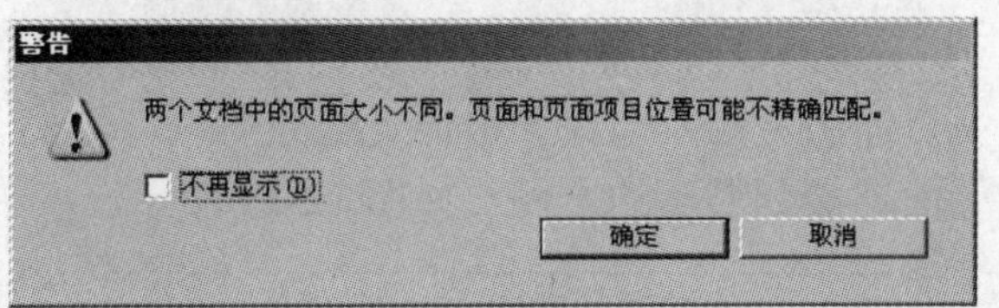

图 12-21　“警告”对话框

8）单击“确定”按钮，关闭对话框，即可将页面移动到“未标题-2”文档中，如图 12-22 所示。

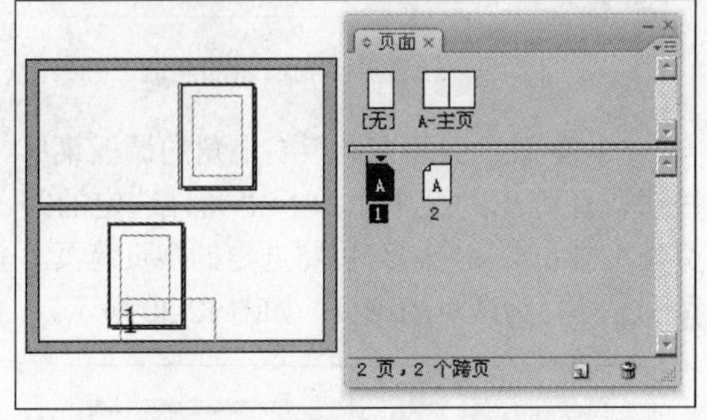

图 12-22　移动页面到其他文档

9）执行“版面”→“页面”→“直接复制跨页”命令，将选择的页面复制，并穿插到所有页面的最后，如图 12-23 所示。

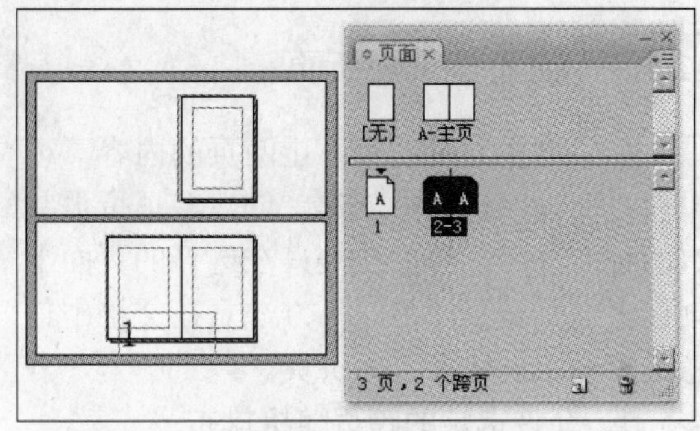

图 12-23　复制页面

10）在“页面”调板中，按下<Alt>键的同时，拖动页面缩览图到调板的空白处，鼠标指针呈状时，松开左键，将该页面复制，效果如图 12-24 所示。

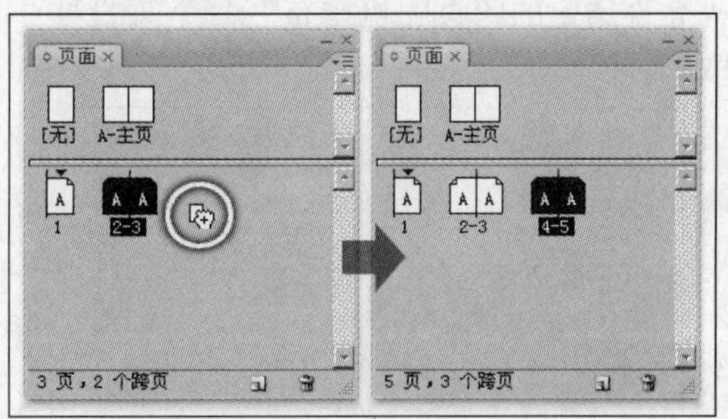

图 12-24　再次复制页面

11）使用鼠标拖动页面到需要移动的位置，即可将页面的位置更改，如图 12-25 所示。

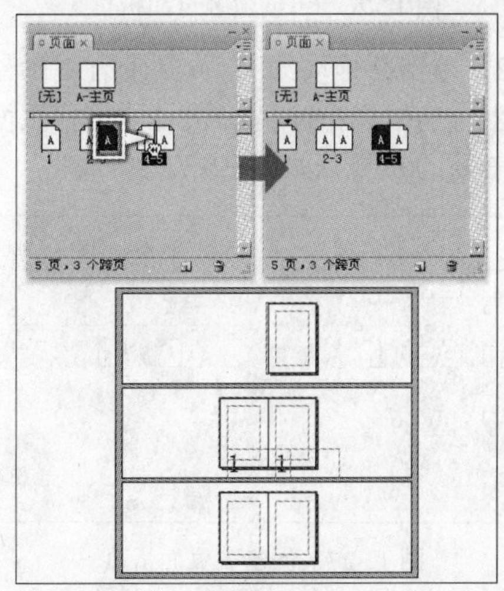

图 12-25　移动页面的位置

12.1.5 创建多页面折页

如果希望同时看到不止两页的内容，可以在“页面”调板中创建。创建多页折页共有两种方法：一种方法是只在选择的页面上创建多页面折页；另一种方法是在文档中任意的页面上创建多页面折页。

1. 允许选定的跨页随机排布

1）在“未标题-1”文档中选择 2-3 页，单击“页面”调板中的调板菜单按钮，在弹出的菜单中执行“允许选定的跨页随机排布”命令，这时选定页面的名称显示为带有中括号的状态，如图 12-26 所示，并且使“允许选定的跨页随机排布”命令前的对号取消。

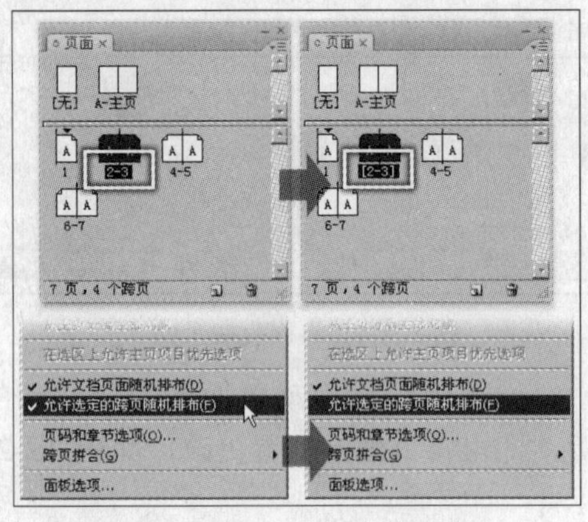

图 12-26 可创建多页面折页

2）单击并拖动第 4 页到带有中括号的页面上，当鼠标指针呈![]状时，可将页面连接到书籍的右侧，如图 12-27 所示。

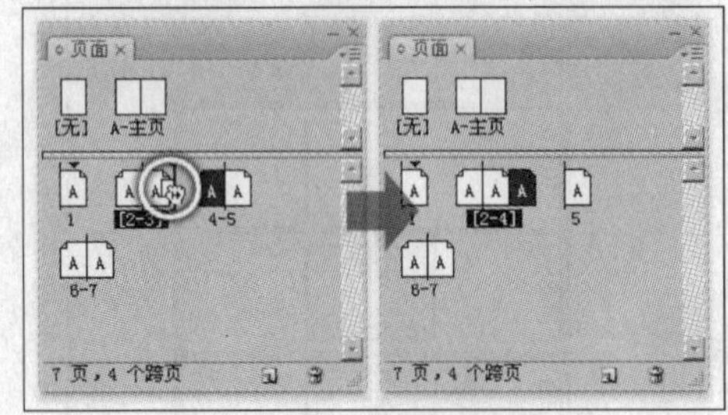

图 12-27 创建多页面折页

3）移动第 5 页到第 6 页，可以发现第 5 页无法和第 6-7 页组合为多页面折页，如图 12-28 所示。执行“允许选定的跨页随机排布”命令，只有执行该命令的跨页可以创建多页面折页，没有执行该命令的跨页，无法创建多页面折页。

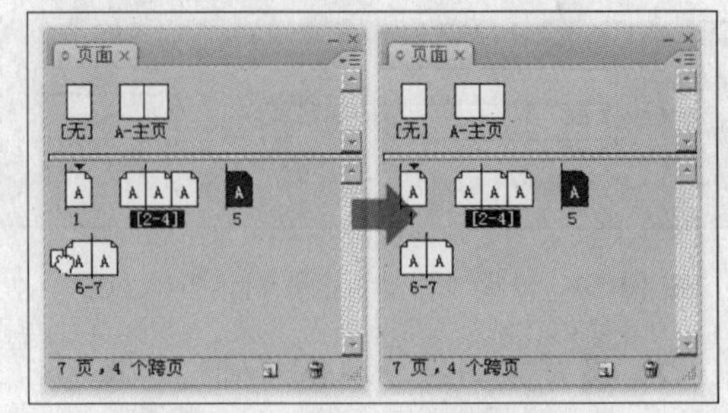

图 12-28 无法创建多页面折页

4）单击并拖动第 5 页到带有中括号的页面的左侧，当鼠标指针呈![]状时，可将页面连接到书籍的左侧，如图 12-29 所示。

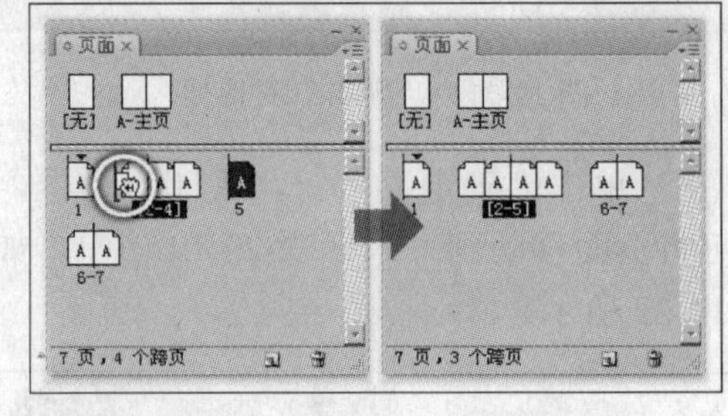

图 12-29 创建页面到书籍的左侧

5）单击“页面”调板右上角的调板菜单按钮，在弹出的菜单中执行“允许选定的跨页随机排布”命令，可以将选定的多页跨页，按顺序转换为两页的跨页，如图 12-30 所示。

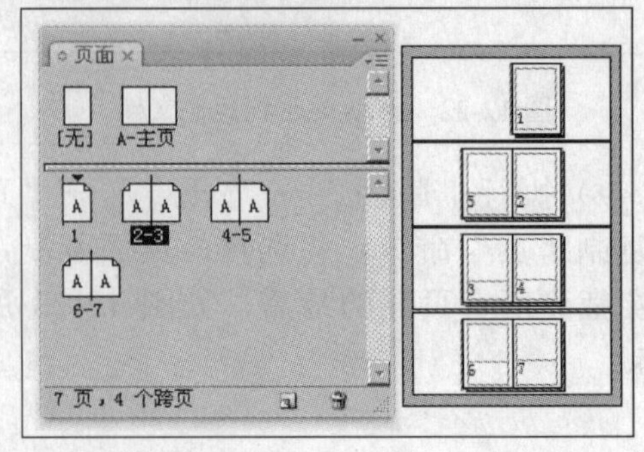

图 12-30 将多页跨页转换为两页跨页

2. 允许文档页面随机排布

1）单击“页面”调板右上角的调板菜单按钮，在弹出的菜单中执行“允许文档页面随机排布”命令，将该命令前的对号取消。

2）单击并拖动第 4 页到第 2-3 页的右侧，创建多页面折页，如图 12-31 所示。

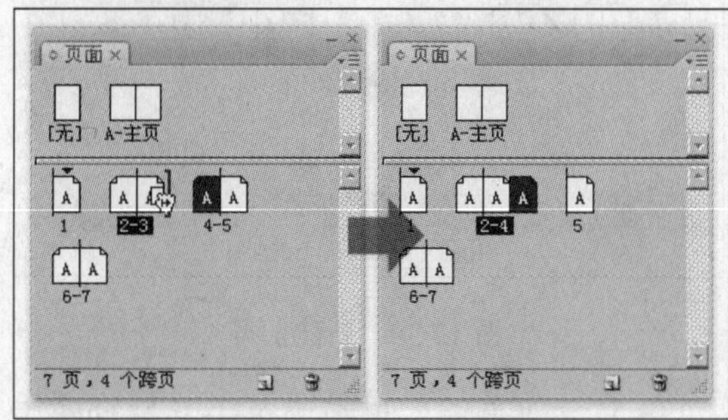

图 12-31 创建多页面折页

3）单击并拖动第 5 页到第 6-7 页的左侧，创建多页面折页，如图 12-32 所示。执行“允许文档页面随机排布”命令，可以将文档中任意页面创建为多页面折页。

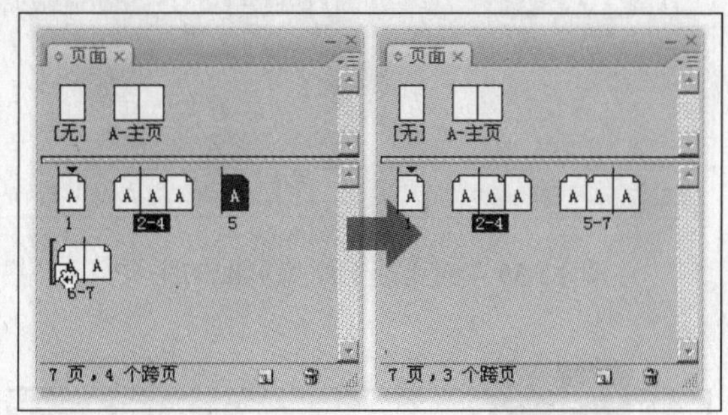

图 12-32 任意创建多页面折页

4）再次执行“允许文档页面随机排布”命令，这时弹出提示对话框，如图 12-33 所示。

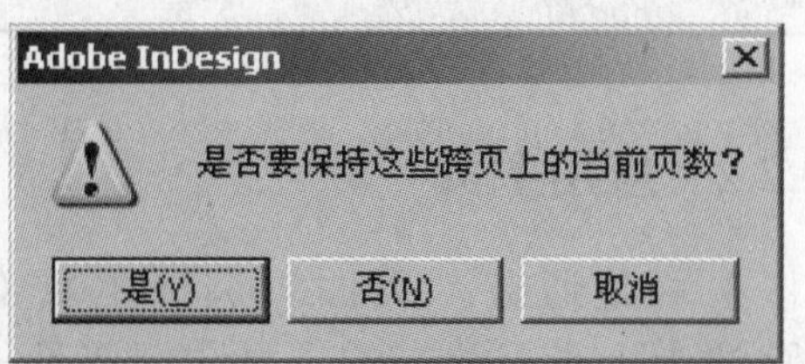

图 12-33 提示对话框

提 示

当单击“是”按钮时，文档中页面的位置不变；单击“否”按钮，将不保存文档当前页面的位置，并以对页跨页的形式重新排列文档中页面。

5）单击“否”按钮，重新以对页跨页的形式排列文档中页面的位置，如图 12-34 所示。

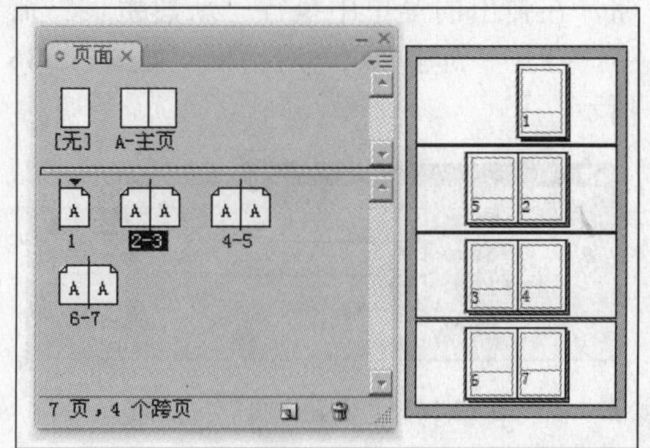

图 12-34 重新排列文档的页面

12.2 主页

主页像一个背景，可以快速地应用到多个页面上。主页上的对象将显示在应用该主页的所有页面上。在主页上做的修改会自动应用到相关的页面。主页上通常包括重复出现的公司标志、页码、页眉和页脚等内容，还可以包括空的文本框或图片框，作为文档页面上的占位框。InDesign CS3 中主页与主页间还可具有嵌套应用关系。

12.2.1 创建主页

1）观察“页面”调板，在页面调板的上方为主页的显示区域，如图 12-35 所示。

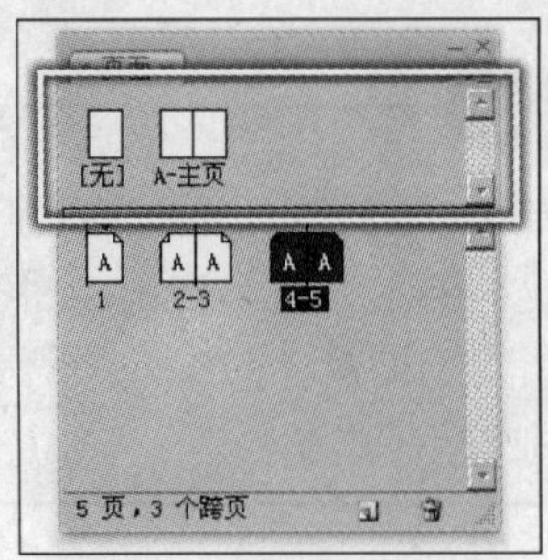

图 12-35 “页面”调板

2）单击“页面”调板右上角的 按钮，在弹出的菜单中执行“新建主页”命令，打开“新建主页”对话框，如图 12-36 所示。

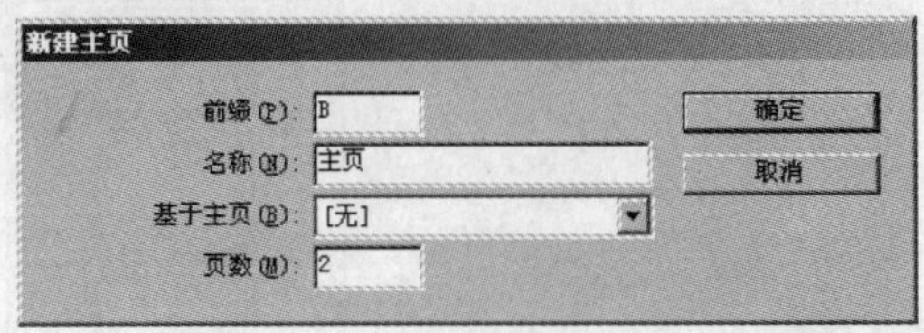

图 12-36 “新建主页”对话框

前缀：在该选项的文本框中输入一个字符，以标识“页面”调板中的各个页面所应用的主页。

名称：设置主页的名称。

基于主页：在另一个样式的基础上创建新样式。

页数：设置创建的主页页数。

3）设置完毕后，单击“确定”按钮，即可创建新的主页，如图 12-37 所示。

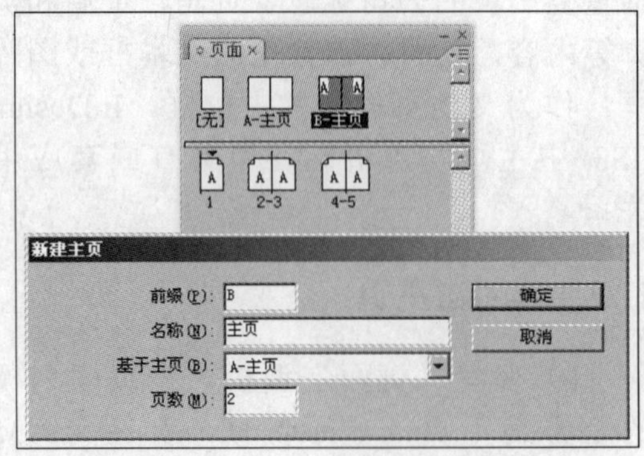

图 12-37 创建主页

4）按下<Ctrl>键的同时单击 “创建新主页跨页”按钮，可以创建新的主页，如图 12-38 所示。

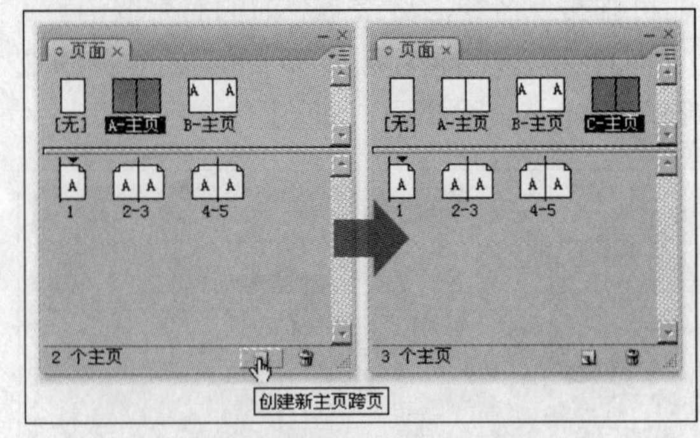

图 12-38 新建主页

5）在“页面”调板中单击并拖动跨页页面到主页的范围，创建基于原始页面的主页，如图 12-39 所示。

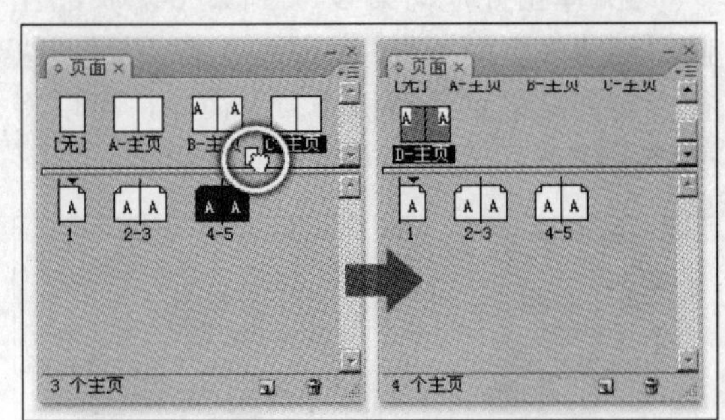

图 12-39 创建基于原始页面的主页

提 示

也可以选择需要创建为主页的跨页页面，然后单击“页面”调板右上角的 按钮，在弹出的快捷菜单中执行“存储为主页”命令，即可将选择的跨页页面存储为主页。

12.2.2 应用主页

主页是通过“页面”调板主页部分（默认为上半部分）的主页图标或是“页

面”调板菜单的命令来管理的。每个主页有一个名称前缀，出现在使用该主页的页面图标之上。

1）观察“页面”调板中的页面，在每个页面上都有一个字母 A，表示这些页面都应用了名为“A-主页”，如图 12-40 所示。

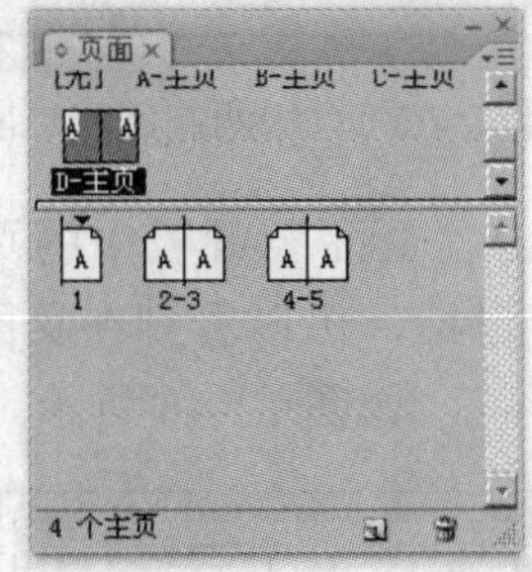

图 12-40　观察“页面”调板

2）单击“页面”调板右上角的按钮，在弹出的菜单中执行“将主页应用于页面”命令，打开“应用主页”对话框，如图 12-41 所示。

图 12-41　“应用主页”对话框

应用主页：设置要使用到页面上的主页。

于页面：设置应用主页页面的范围。

3）设置完毕后，单击“确定”按钮，即可将主页应用到指定的页面上，如图 12-42 所示。

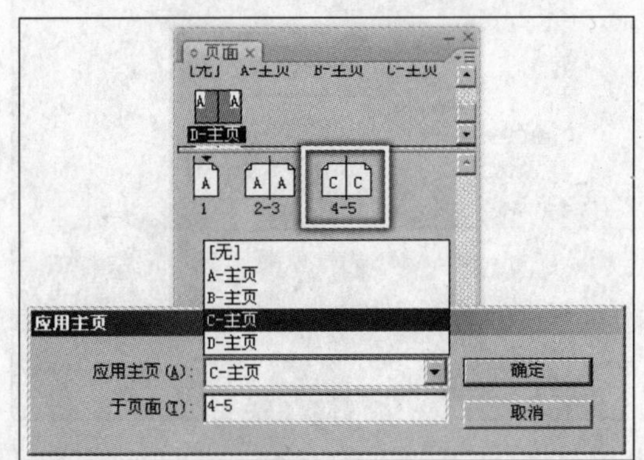

图 12-42　应用主页

4）选择需要更改主页的页面，按下<Alt>键的同时单击主页，可将主页应用到选择的页面，如图 12-43 所示。

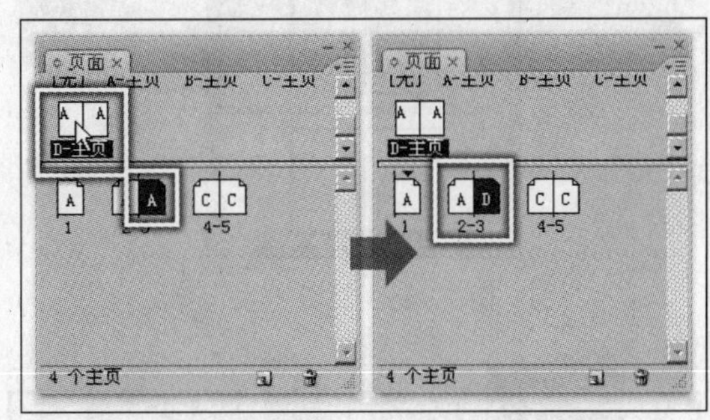

图 12-43　将主页应用到选择的页面

12.2.3　编辑主页

对主页进行编辑和修改会自动反映在所有应用了该主页的页面上。对主页的编辑、修改和对页面的编辑、修改的方法基本相同。可以对主页添加文本、图像、页码等内容。

1．绘制图像

1）双击“A-主页”，将该主页显示在工作区域中。使用“矩形”工具，在视图中绘制矩形图像，并为图像填充颜色，如图 12-44 所示。

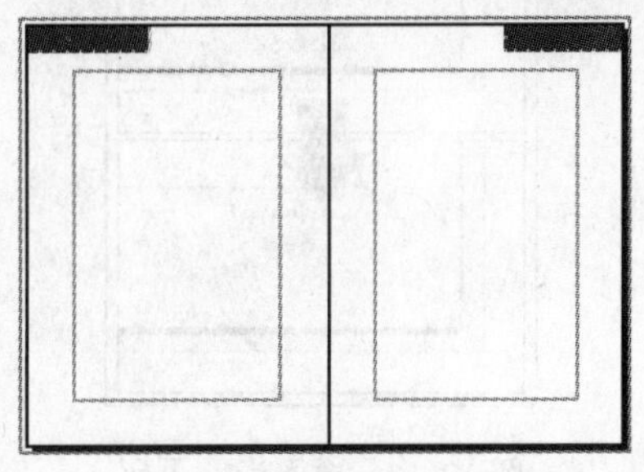

图 12-44　绘制图像

2）双击第 1 页，转换到编辑页面的工作区域中，如图 12-45 所示在应用“A-主页”的页面中显示了相应的图像。

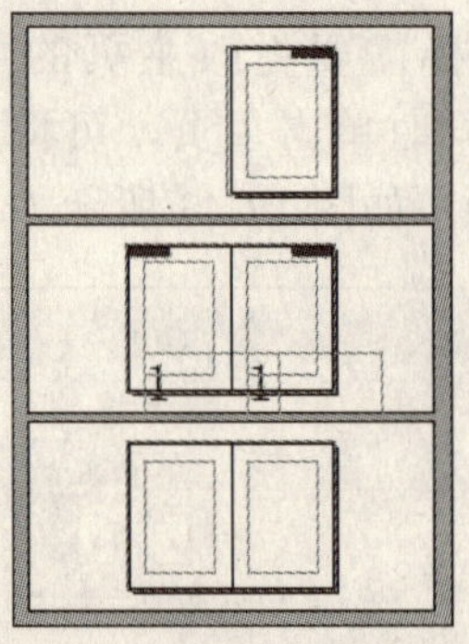

图 12-45　设置主页

提 示

由于“D−主页”基于“A=主页”，因此当“A−主页”更改时，“D−主页”也会随之发生改变。

2．添加页码

1）双击“A-主页”，使该主页成为编辑目标。

2）接着使用 T “文字”工具，在视图中绘制文本框，然后执行“文字”→“插入特殊符号”→“标点符”→“当前页码”命令，在文本框中插入当前页码符，如图 12-46 所示。

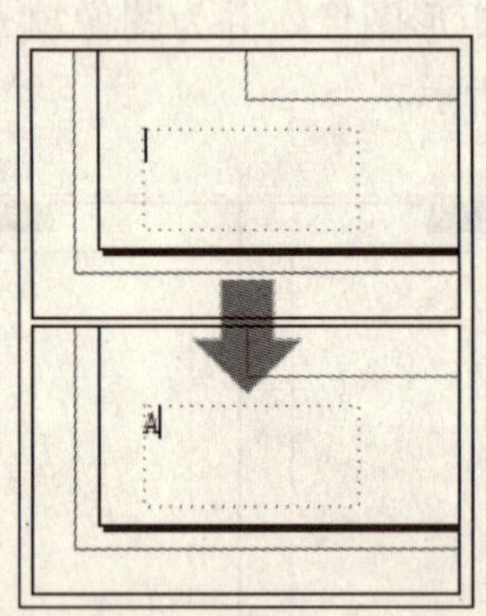

图 12-46　插入当前页码

提 示

插入的页码符符号是根据主页的前缀来显示的，例如：主页的前缀为 A，那么显示的页码符符号也为 A。

3）将该文本框复制并移动到跨页的右侧，如图 12-47 所示。

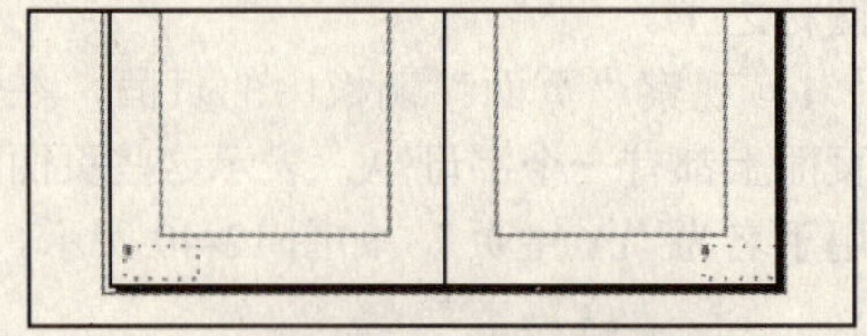

图 12-47　在跨页的两侧创建当前页码

4）双击“页面”调板中的页面，使页面成为编辑目标，可以看到在页面相应的位置显示了页码，如图 12-48 所示。

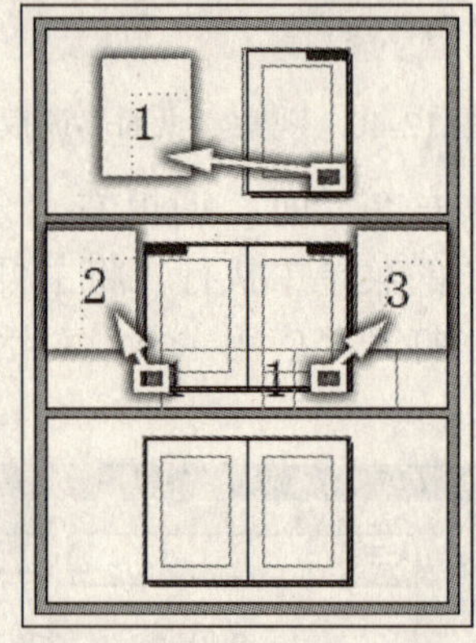

图 12-48　显示页码

5）执行“版面”→“页码和章节选项”命令，打开“新建章节”对话框，如图 12-49 所示。

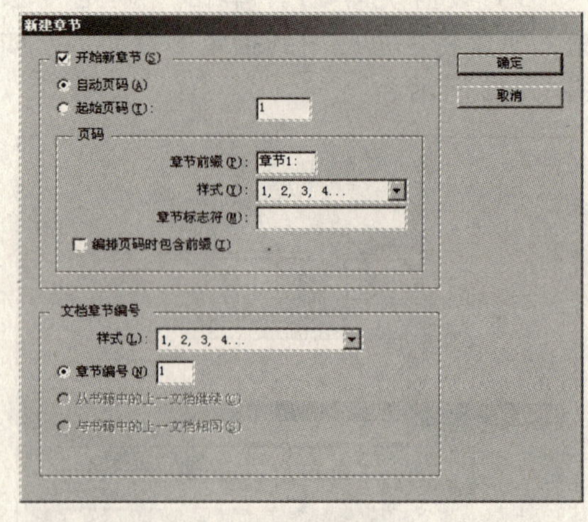

图 12-49　“新建章节”对话框

开始新章节：该选项可以从选择的页面重新开始排列页码。

自动页码：该选项将当前的页码跟随前一页的页码。使用此选项，在增加页码时可以自动更新页码。

起始页码：可以从选择的页面其独立于文档的其余部分进行单独编排。

章节前缀：为每个页码前设置一个标签。在此选项的文本框中输入的字符仅限于8个。

样式：从菜单中选择一种页码样式。该样式仅应用于本章节中的所有页面。

章节标志符：键入字符，将把该字符插入页面上章节标志符字符所在的位置。

编排页码时包含前缀：如果要在生成目录或索引时或在打印包含自动页码的页面时显示章节前缀，选择此选项。

文档章节编号：在该选项文本框中输入数值，使选择页面中的章节不按照顺序排列。

6）设置完毕后，单击“确定”按钮，即可调整页码，如图 12-50 所示。

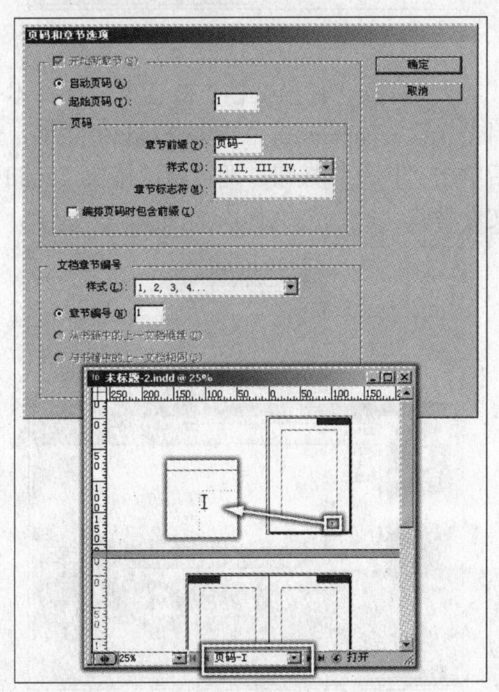

图 12-50　调整页码

12.3 书籍

传统的长文档便是书籍。书籍会对索引、目录、页码和样式等方面要求有一致性。在 InDesign CS3 中提供了“书籍”调板，可以把多个单独的 InDesign CS3 文档合并为一个书籍文档，但书籍中的各个文档仍然单独存在并可以单独修改。通过“书籍”调板可以非常容易的将书籍中各章节和页码编排，文件包含的样式统一。

12.3.1 创建书籍

书籍是一个文档，在创建时要先设置存储书籍的位置和名称，存储后才可以打开相应的调板。然后再在调板中添加相应的文档，组合成书籍。

1）执行“文件”→“新建”→“书籍”命令，打开“新建书籍”对话框，如图 12-51 所示。

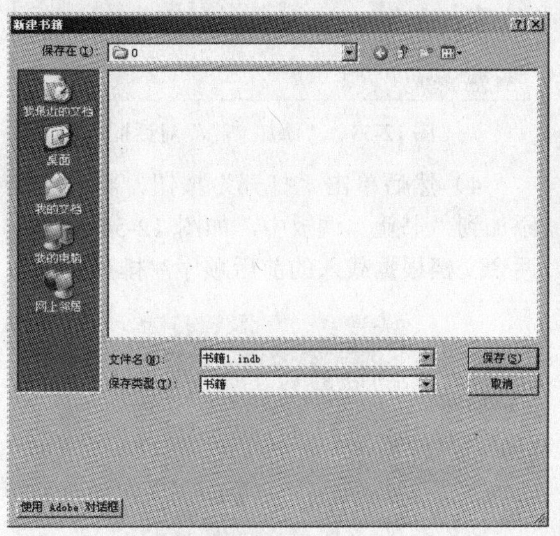

图 12-51　“新建书籍”对话框

2）选择存储书籍的位置，保持文件名的默认状态，单击“保存”按钮，打开“书籍”调板，如图 12-52 所示。

图 12-52 “书籍”调板

3）单击“书籍”调板底部 “添加文档”按钮，打开“添加文档”对话框，选择本书附带光盘\Chapter-12\“诗集 1.indd”和“空白.indd”文件，如图 12-53 所示。

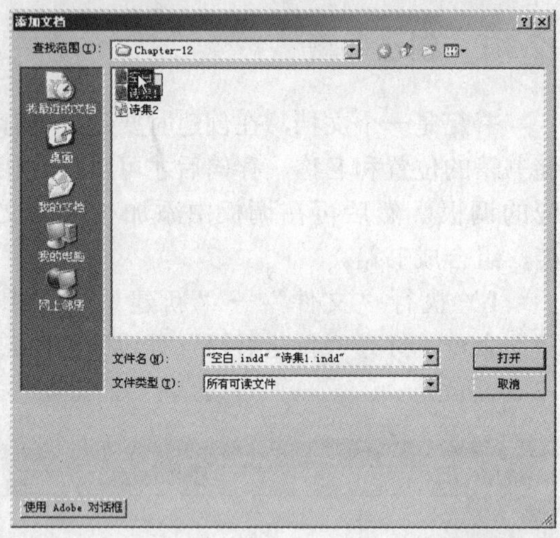

图 12-53 “添加文档”对话框

4）然后单击“打开”按钮，将该文件添加到“书籍”调板中，如图 12-54 所示。两个文档根据载入的前后顺序，排列页码。

图 12-54 添加到“书籍”调板

5）双击“书籍”调板中的文档名称，即可打开相应的文件，如图 12-55 所示。文件打开后，在“书籍”调板文档名称中添加了 图标，表示该文件为打开状态。

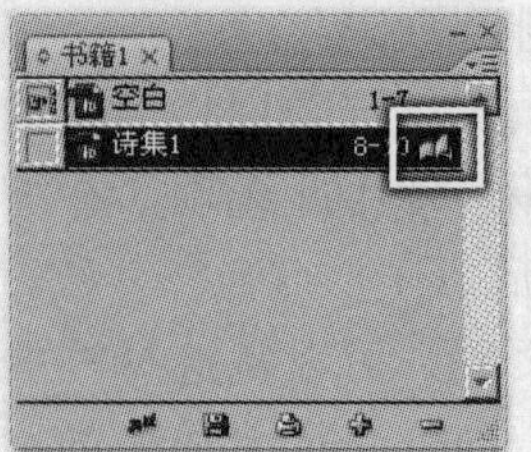

图 12-55 打开文件

6）单击“空白”文档名称，将其选中，接着单击“书籍”调板右上角的 按钮，在弹出的菜单中执行“替换文档”命令，如图 12-56 所示。

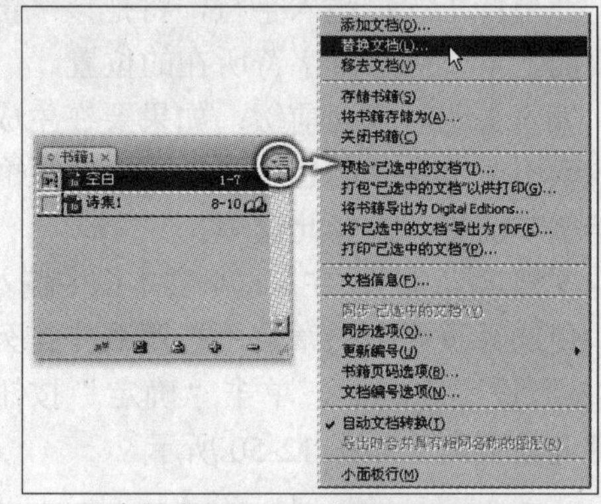

图 12-56 执行“替换文档”命令

7）打开“替换文档”对话框，选择本书附带光盘\Chapter-12\“诗集 2.indd”文件，然后单击“打开”按钮，即可将“诗集 2.indd”文件替换“空白”文件，如图 12-57 所示。

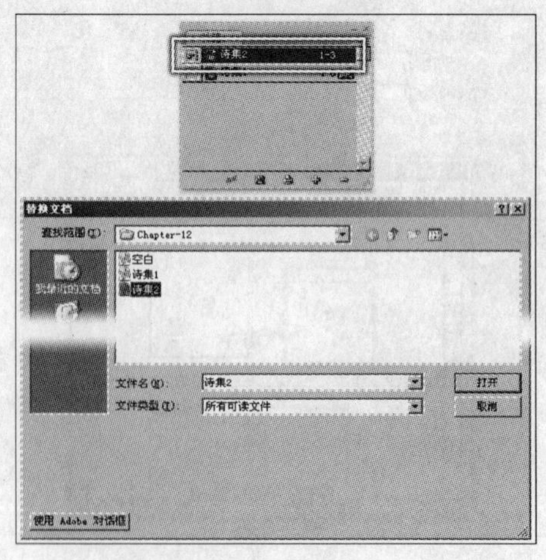

图 12-57 替换文件

12.3.2 在书籍文档中编排页码

在书籍调板中，页码范围出现在各个文件名字后面。编辑样式和开始页根据各个文件在文件页码编排对话框中的设置。如果选择自动编排页码，则书籍中的文档将被连续地编排页码。在“书籍页码选项”对话框中可以设置书籍页面的编码方式。

1）在“书籍”调板中，拖动调板中的选项卡，可以调整文档在调板中的顺序，并且更改页码的顺序，如图 12-58 所示。

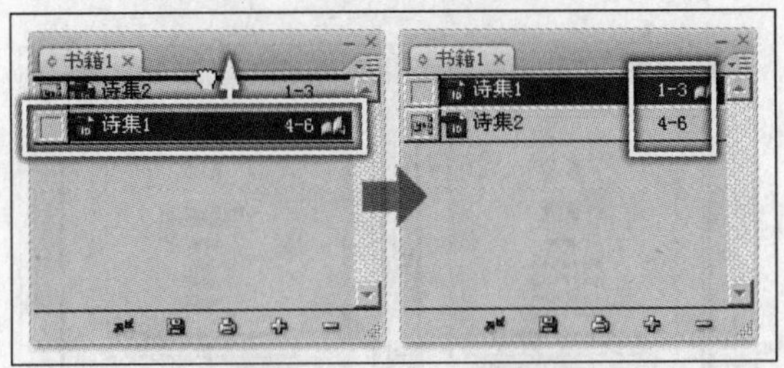

图 12-58 调整文档的顺序

2）单击“书籍”调板右上角的按钮，在弹出的菜单中执行“书籍页码选项”命令，打开“书籍页码选项”对话框，如图 12-59 所示。

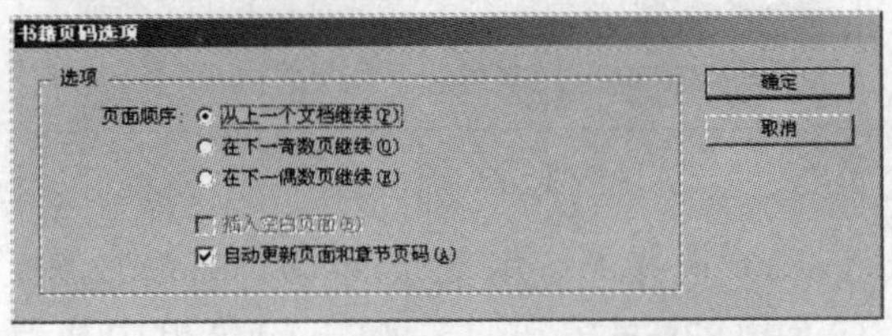

图 12-59 “书籍页码选项”对话框

从上一个文档继续：页码顺序为连续编码。例如：第一个文档为 3 页，则第二个文档的第 1 页被重排为 4 页。

在下一奇数页继续：下面的文档将在下一个奇数页开始编排。如第一个文档为 3 页，则第二个文档第 1 页为 5 页，并且不在两个文档中添加一个空白页。如果需要插入空白页面，将“插入空白页面”选项复选即可。

在下一偶数页继续：下面的文档将在下一个偶数页开始编排。如第一个文档为 4 页，则第二个文档第 1 页为 6 页，并且不在两个文档中添加一个空白页。如果需要插入空白页面，将“插入空白页面”选项复选即可。

自动更新页面和章节页码：取消该选项的复选。每个文件的开始均会自动另起一页。

3）取消“自动更新页面和章节页码”选项，单击“确定”按钮。

4）将本书的附带光盘\Chapter-12\“空白.indd”文件添加到“书籍”调板中，“空白”文档的页码没有发生改变，如图 12-60 所示。

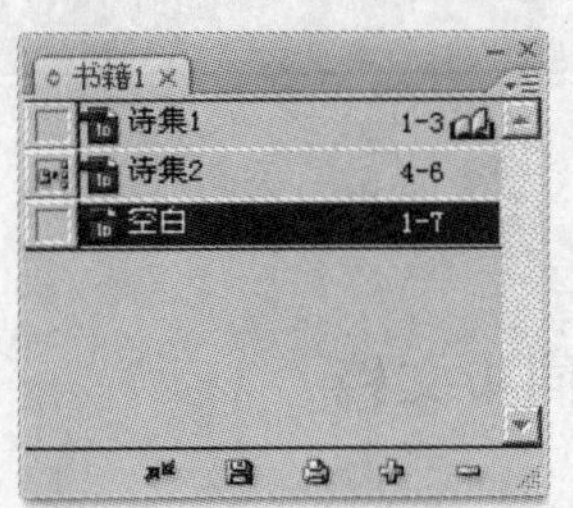

图 12-60 添加文档

5）单击“书籍”调板右上角的按钮，在弹出的菜单中执行“更新编号”→“更新所有编号”命令，可以将添加的文档中的页码和其他文档中的页码连接起来，如图 12-61 所示。

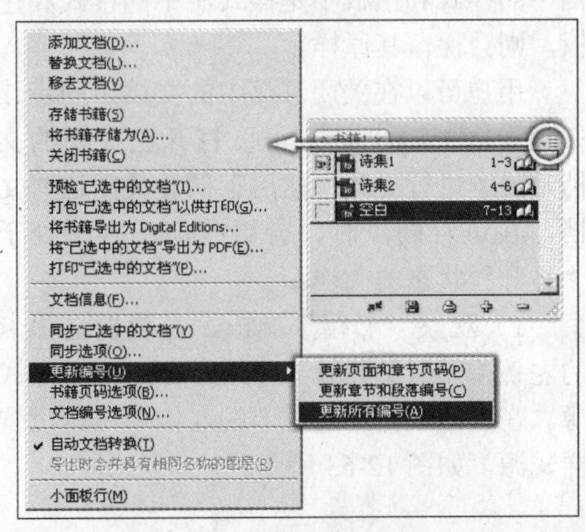

图 12-61 “更新所有编号”命令

6）再次打开“书籍页码选项”对话框，参照图 12-62 所示设置对话框的参数，然后单击“确定”按钮，关闭对话框，调整“书籍”文档中的页码排序。

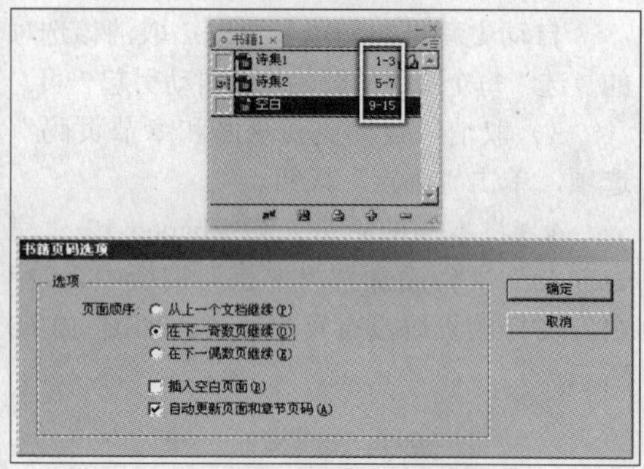

图 12-62 关闭对话框

12.3.3 同步文档

在同步书籍中的文档时，会将样式和色板从样式源复制到书籍中指定的文档，以替换具有相同名称的所有样式和色板。使用“同步选项”对话框可以确定复制的样式和色板。

如果没有在同步的文档中找到样式源中的样式和色板，则会添加它们；如果同步文档中的样式和色板不是样式源中的样式和色板，则会保留其原样。

用户可以在关闭书籍中的文档后同步该书籍。InDesign CS3 可以打开已关闭的文档，随意进行更改，然后存储并关闭这些文档。在进行同步时，会更改但不存储处于“打开”状态的文档。

1）观察“书籍”调板，在调板选项卡的左侧有一个图标，表示该文档为样式源。在“诗集 1”选项卡的左侧单击，设置样式源，如图 12-63 所示。

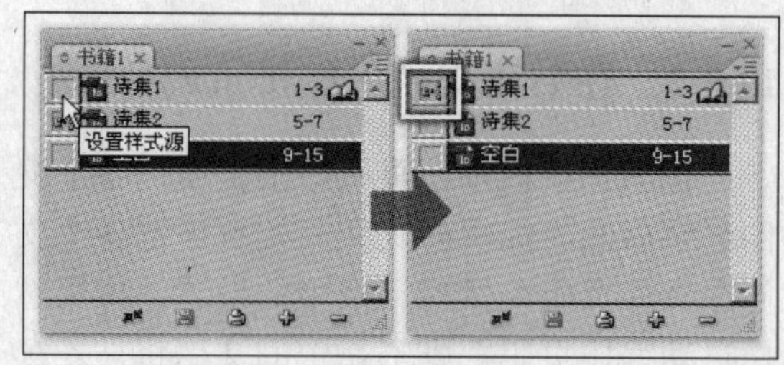

图 12-63 设置样式源

2）双击“诗集 2”将其打开，观察文本的样式和“诗集 1”中的文本样式不完全相同，并且在段落样式调板中的名称也有所差异，如图 12-64 所示。

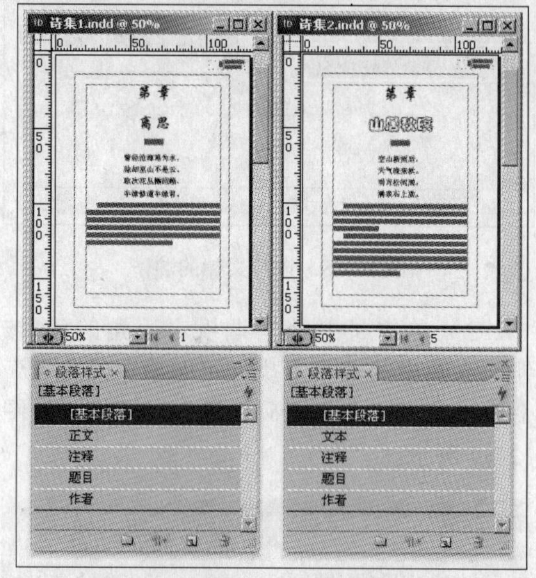

图 12-64 比对样式

3）选择“诗集 2”，单击“书籍”调板右上角的按钮，在弹出的菜单中执行“同步‘已选中的文档’”命令，打开文档进度提示对话框，如图 12-65 所示。

图 12-65 文档进度提示对话框

> **提 示**
>
> 在“书籍”调板没有选中文档，选择调板菜单中的“同步‘已选中的文档’”将更改为“同步‘书籍’”命令，“同步‘书籍’”命令将对书籍中所有的文档进行同步处理。

4）单击“确定”按钮，关闭对话框，使选择的文档和样式源中的样式相同，如图12-66所示。

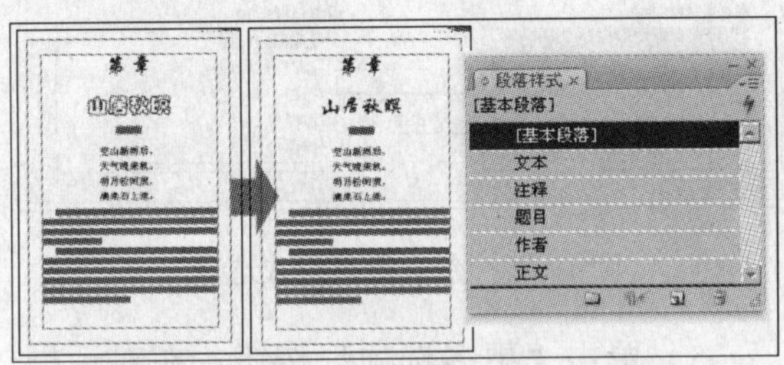

图 12-66　同步‘已选中的文档’命令

5）单击“书籍”调板右上角的按钮，在弹出的菜单中执行“同步选项”命令，打开“同步选项”对话框，如图12-67所示。在该对话框中设置应用同步选项的样式。

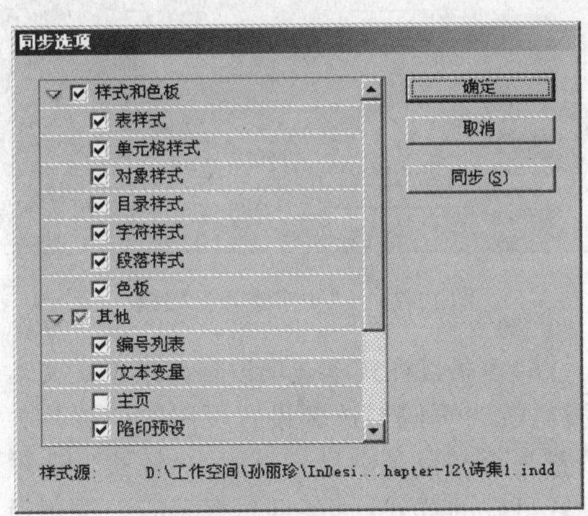

图 12-67　“同步选项”对话框

6）单击“确定”按钮，关闭对话框，对同步样式进行设置。如果单击“同步”按钮，将根据已经设置好的同步样式应用同步文档。

12.3.4　删除/存储书籍

1）单击“书籍”调板底部“存储书籍”按钮，将创建的书籍存储。

2）选择“空白”文档选项卡，单击“书籍”调板底部“移去文档”按钮，将选择的文档从书籍中删除，如图12-68所示。

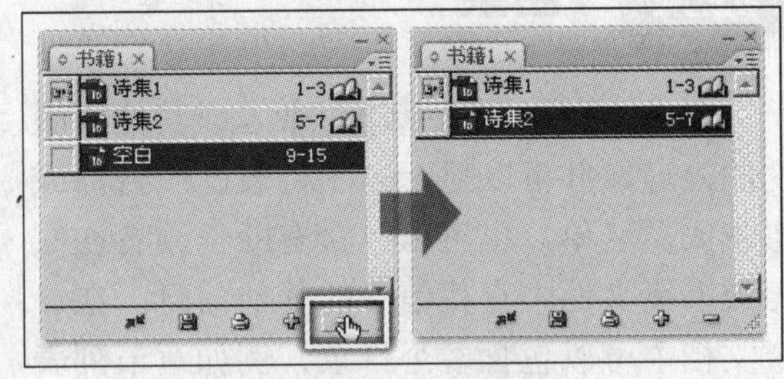

图 12-68　删除文档

3）单击“书籍”调板的按钮，在弹出的菜单中执行“将书籍存储为”命令，打开“将书籍存储为”对话框，设置书籍存储的位置和名称，如图12-69所示。

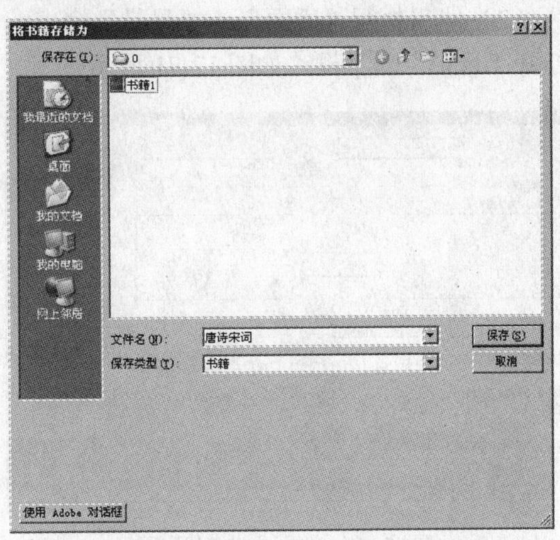

图 12-69　“将书籍存储为”对话框

4）单击“保存”按钮，关闭对话框，在“书籍”调板中打开的为刚刚存储的书籍，如图12-70所示。

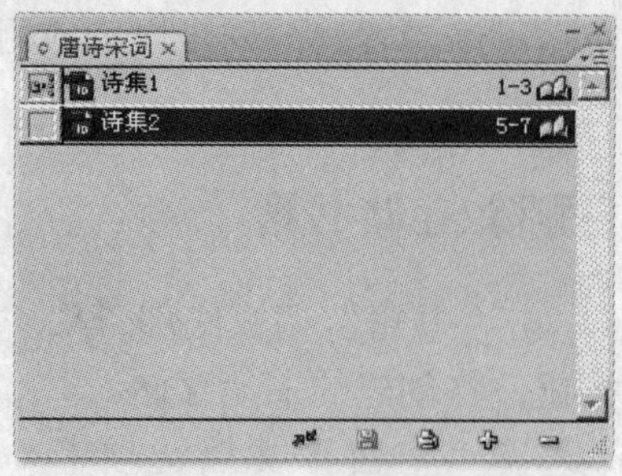

图 12-70　自动更新为刚刚存储的书籍

12.4 目录

目录中可以列出书籍、杂志或其他出版物的内容，并可以显示插图列表、广告商或摄影人员名单，也可以包含有助于读者在文档或书籍文件中查找信息的其他信息。在一个文档中可以包含多个目录，例如章节列表和插图列表。

12.4.1 创建目录

1）打开“诗集 1”，在第 1 页的前方添加 1 页。

2）然后执行“版面”→“目录”命令，打开“目录”对话框，如图 12-71 所示。

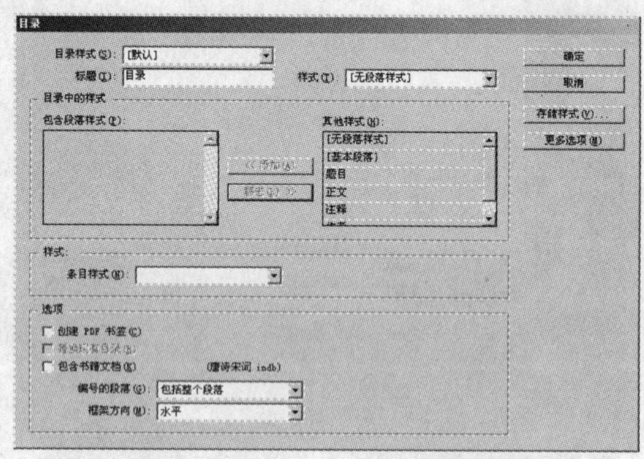

图 12-71　“目录”对话框

3）在“目录样式”选项的下拉列表中选择目录样式，默认状态下为默认样式。在“标题”文本框中输入文字，设置目录的名称。“样式”选项设置目录文字的样式。

4）在“其他样式”选项中，选择应用哪种样式的文字成为目录。接着单击“添加”按钮，将该样式添加到“包含段落样式”选项中，如图 12-72 所示。

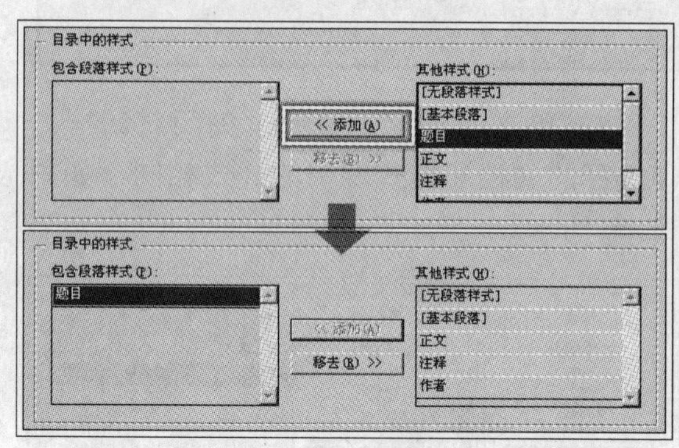

图 12-72　包含段落样式选项

5）单击“更多选项”按钮，在对话框中显示较多的选项，如图 12-73 所示。

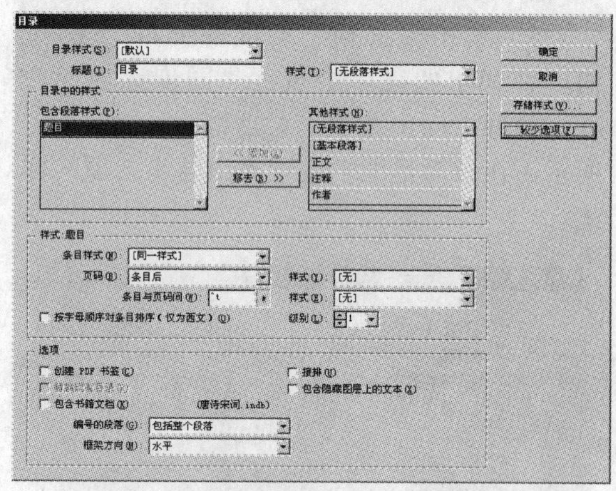

图 12-73　“更多选项”按钮

6）“条目样式”选项设置目录正文文本的样式；“页码”选项设置页码的位置，并设置是否在目录中显示页码；“样式”选项设置页码的样式；“条目与页码间”选项设置文本和页码之间连接的符号，该选项后的“样式”选项设置文本和页码之间符号的样式，如图 12-74 所示。

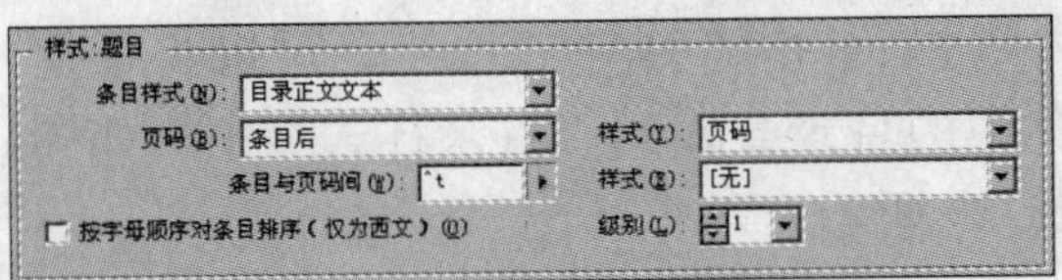

图 12-74　“题目”选项组

7）“包含书籍文档”选项，将为书籍中的所有文档创建目录，如图 12-75 所示。

图 12-75　“选项”组

8）设置完毕后，单击“确定”按钮，在页面中拖动鼠标，即可在视图中创建目录，如图 12-76 所示。

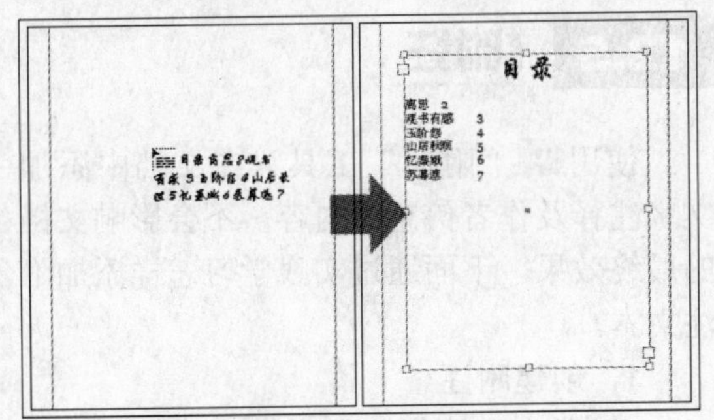

图 12-76　创建目录

12.4.2　目录样式

目录样式存储目录中要包含的段落样式标记内容，以及如何设置标题、条目和页码的格式，以便在以后的工作中直接选择应用样式。还可以为文档或书籍中包含的不同目录创建惟一的目录样式，例如：将一个样式应用于内容列表，将另一个样式用于广告商、插图或摄影人员列表。

1）执行“版面”→“目录样式”命令，打开“目录样式”对话框，如图 12-77 所示。

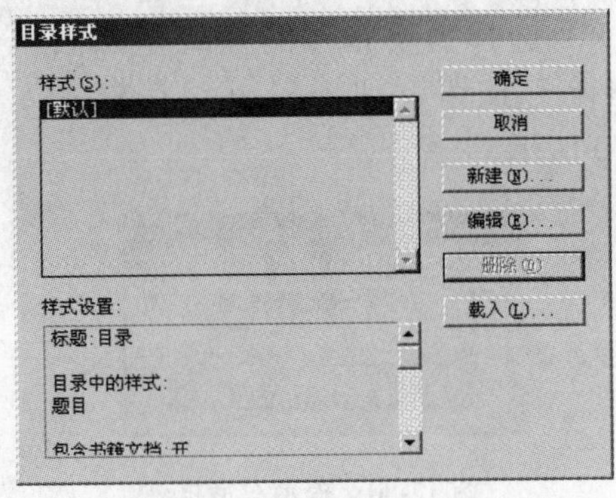

图 12-77　“目录样式”对话框

2）单击“新建”按钮，打开“新建目录样式”对话框，设置对话框参数，如图 12-78 所示。

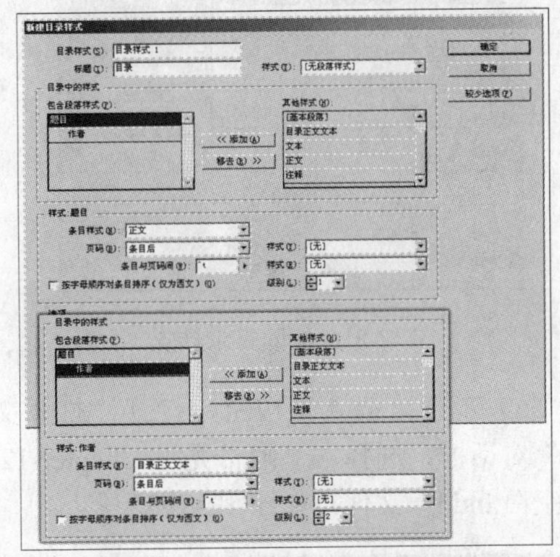

图 12-78　“新建目录样式”对话框

3）然后单击“确定”按钮，即可创建一个新的目录样式，如图 12-79 所示。

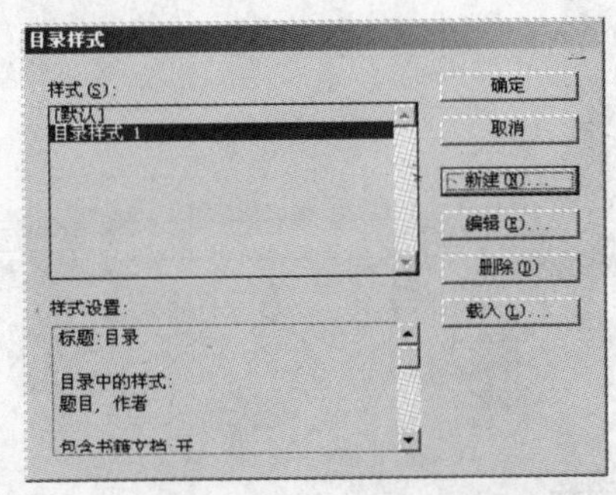

图 12-79　创建“目录样式”

4）选择需要删除的样式，然后单击“删除”按钮，弹出提示对话框，如图12-80所示。

图12-80　提示对话框

5）单击“确定”按钮，即可将“目录样式”删除，如图12-81所示。

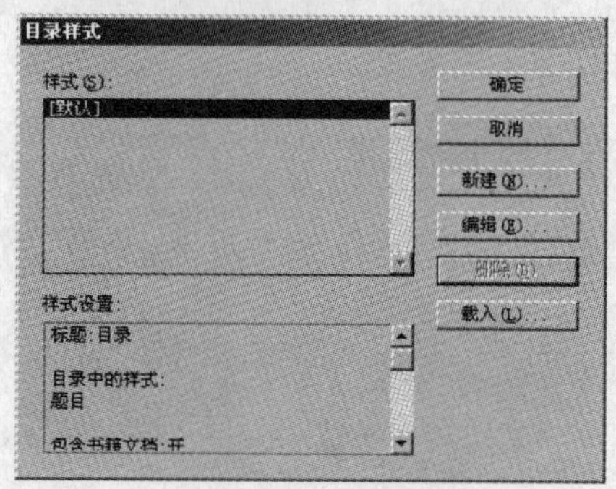

图12-81　删除目录样式

6）单击“载入”按钮，打开“打开文件”对话框，选择本书附带光盘\Chapter-12\“空白.indd”文件，如图12-82所示。

图12-82　“打开文件”对话框

7）单击“打开”按钮，可以将该文件中的目录载入到“目录样式”中，如图12-83所示。

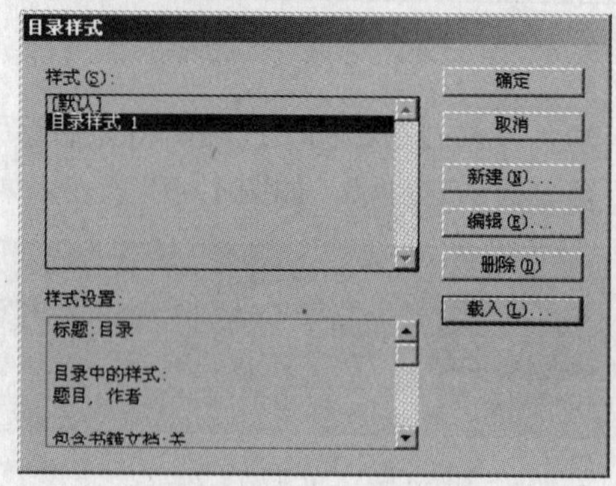

图12-83　载入目录样式

8）设置完毕后，单击“确定”按钮，即可关闭对话框。

12.5 附注

使用“附注”工具只在文档中添加文字注释及作者信息等内容，不会影响文档的最终效果，下面通过实践学习怎样添加附注文本。

1. 创建附注

1）确定“诗集1”文档，选择工具箱中的“附注”工具，参照图12-84所示在相应的位置单击，添加附注标记，并自动打开“附注”调板。

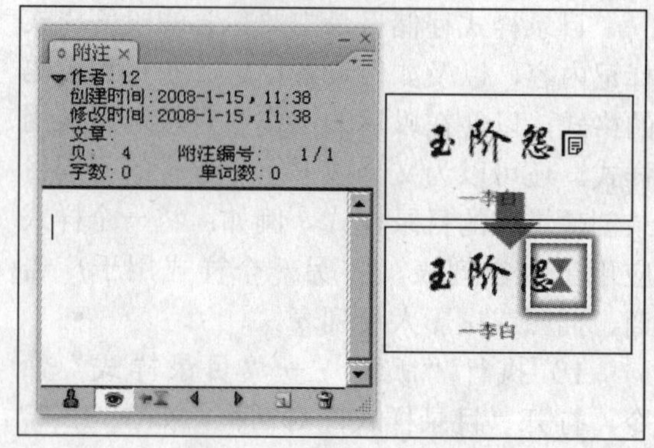

图12-84　添加附注标记

2）在“附注”调板的文本框中输入内容，如图 12-85 所示。

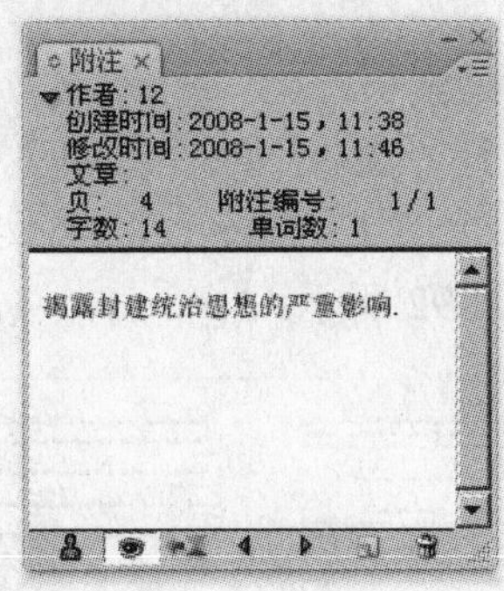

图 12-85 输入内容

3）参照图 12-86 所示再次添加附注。

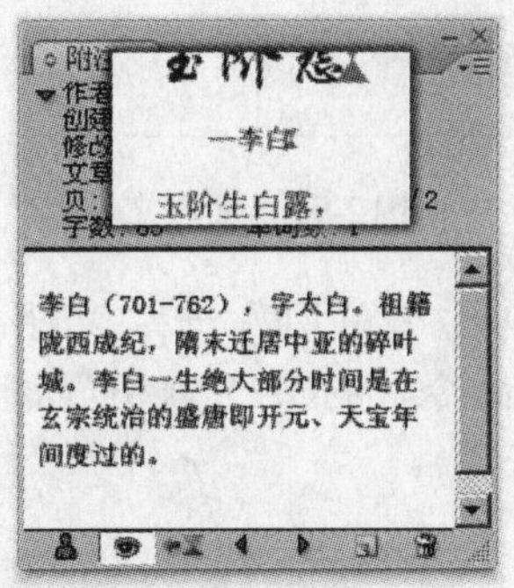

图 12-86 再次添加附注

4）使用 T “文本”工具，在文本中输入文字。接着将输入的文字选中，执行菜单栏中的“附注”→“转换为附注”命令，可将选择的文本转换为附注，如图 12-87 所示。

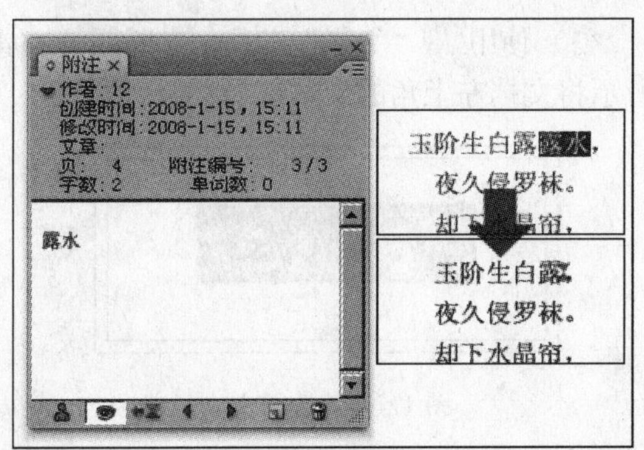

图 12-87 转换为附注

5）使用 T “文本”工具在文本框中单击，即可退出添加附注时的状态。

2．显示附注

1）在文本框中双击插入光标，单击“附注”调板底部的 “转到下一附注”按钮，可显示文档中的附注内容，并且光标在该附注标志的位置显示，如图 12-88 所示。

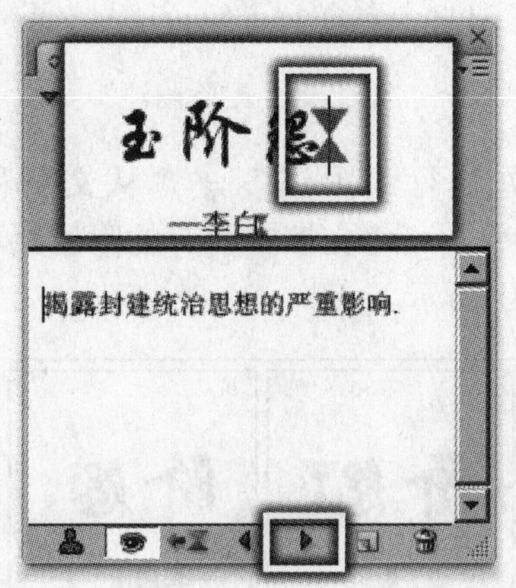

图 12-88 显示附注内容

2）在文本框中单击，接着移动鼠标指针到附注标记上，当鼠标指针呈 状时单击，可选择和显示附注，如图 12-89 所示。

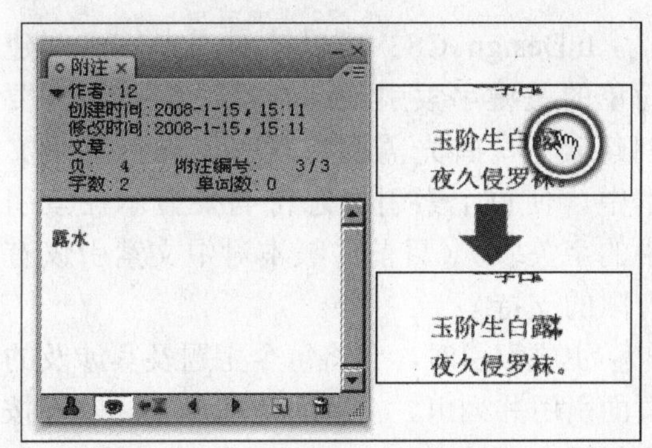

图 12-89 选择附注

3．删除附注

1）单击“附注”调板底部的 “删除附注”按钮，可将选择的附注删除，如图 12-90 所示。

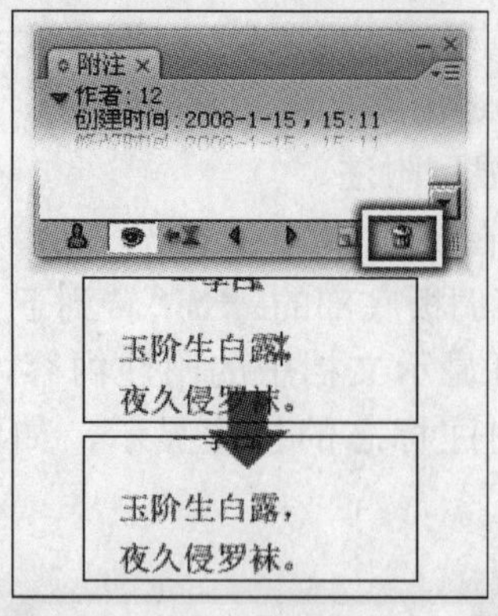

图 12-90　删除附注

2）执行“附注”→“从文章移去附注”命令，可将文档中所有的附注删除，如图 12-91 所示。

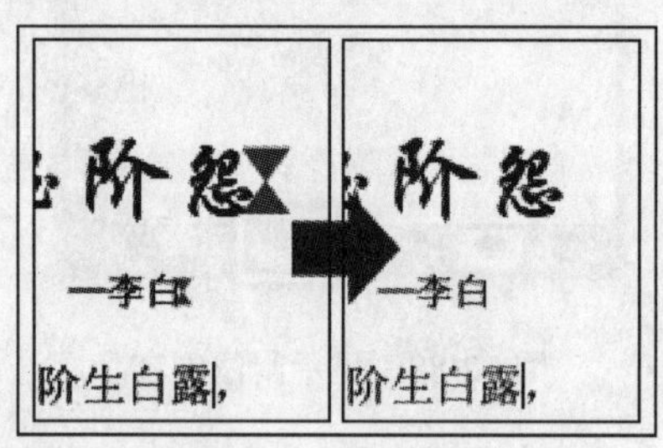

图 12-91　删除附注

12.6 索引

InDesign CS3 可以针对书中信息创建简单的关键字索引或综合性详细指南。要创建索引，首先需要将索引标志符置于文本中，使每个索引标志符与要显示在索引中的字关联。（目前的版本对中文索引仅有有限的支持）

生成索引时，会将每个主题及其涉及的页面引用并列出。主题通常在分类标题下按字母顺序排序（A、B、C，依此类推）。每个索引条目包含一个主题（即读者所查找的词条），再加上一个页面引用（页码或页面范围）或交叉引用。交叉引用（以“参见”或“另请参见”开头）将读者指引到索引中的其他条目，而不是转到某一页。

可以使用横排或直排文本排列索引页。创建直排文本索引时，页码自动设置为直排内横排。

1. 创建索引

1）执行“文件”→“打开”命令，打开本书附带光盘\Chapter-12\“英文.indd”文件，如图 12-92 所示。

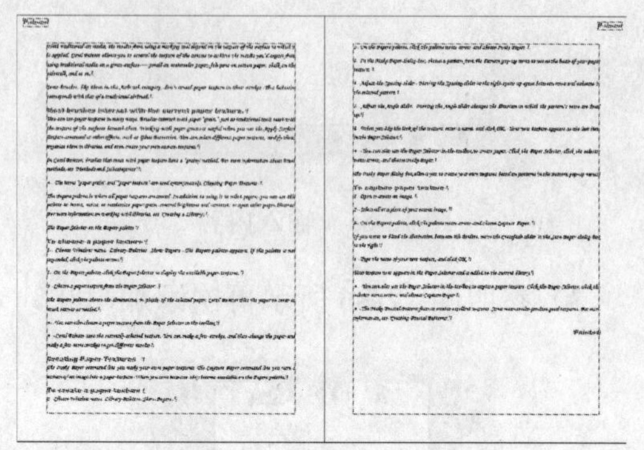

图 12-92　素材文件

2）执行“窗口”→“文字和表”→“索引”命令，打开“索引”调板，如图 12-93 所示。

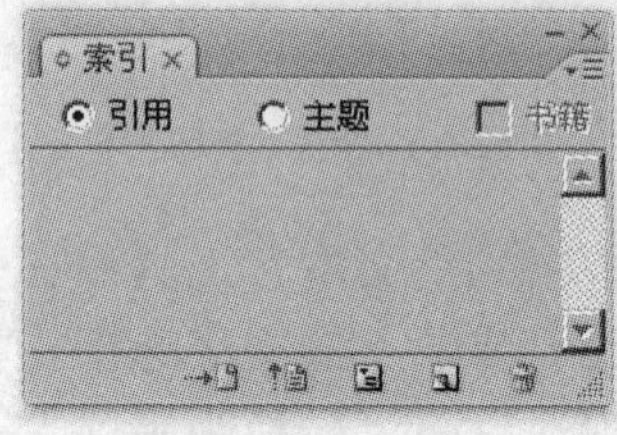

图 12-93　“索引”调板

3）使用 T. “文字”工具，参照图 12-94 所示将文档左上角的文本选择。

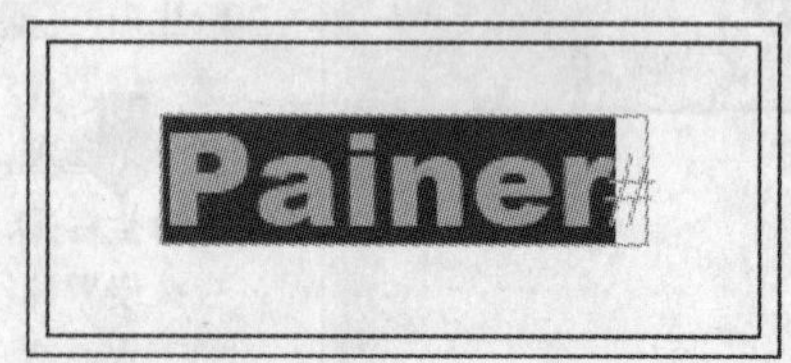

图 12-94　选择文本

4）确认“索引”调板顶部的“引用”选项为选择状态，单击调板右上角的

“调板菜单”按钮，在弹出的菜单中执行“新建页面引用”命令，打开“新建页面引用”对话框，如图 12-95 所示。

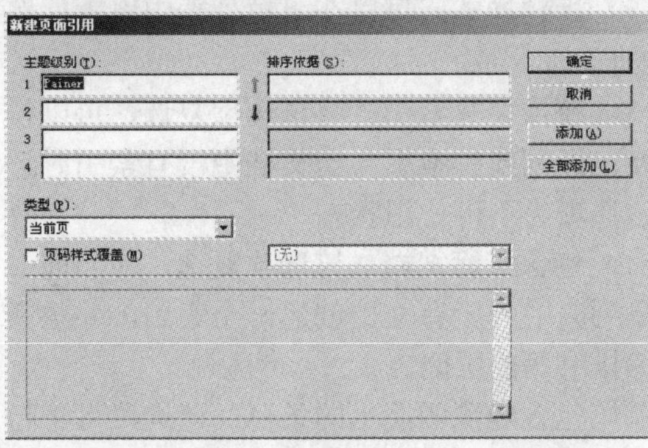

图 12-95 “新建页面引用”对话框

提 示

在“索引”调板中当“引用”选项为选择状态时，可以创建索引条目。当“主题”选项为选择状态时，可以创建和编辑主题列表，在主题列表中不显示索引的页码。

技 巧

单击“索引”调板底部 “创建索引条目”按钮，同样可以打开“新建页面引用”对话框。

主题级别：在该选项的左侧显示索引的级别数目。在相应的文本框中输入文本，可以创建不同级别的索引。

排序依据：将根据输入的字母或数字设置索引的文本的排序顺序。

类型：该选项设置索引的范围。

页码样式覆盖：将该选项复选，可以在该选项右侧的下拉列表中选择字符样式，设置页码的样式。

5）参照图 12-96 所示设置“新建页面引用”对话框。设置完毕后，单击“全部添加”按钮，将文档中相应的文本全部设置为索引。

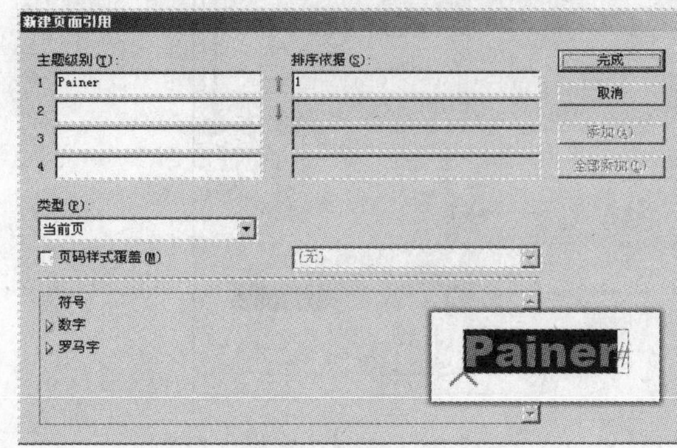

图 12-96 “全部添加”按钮

提 示

单击“添加”按钮，将当前选择的文本添加到索引中。单击“全部添加”按钮，将选择范围内相应的文本添加到索引中。当文本为索引时，将在文本前添加 索引符。

2. 引用索引

1）添加索引完成后，单击“完成”按钮，关闭对话框。在“索引”调板中单击“数字”前的 三角按钮，将该“数字”目录中的索引展开，这时可以看到创建的“painer”索引，并将其展开，如图 12-97 所示。

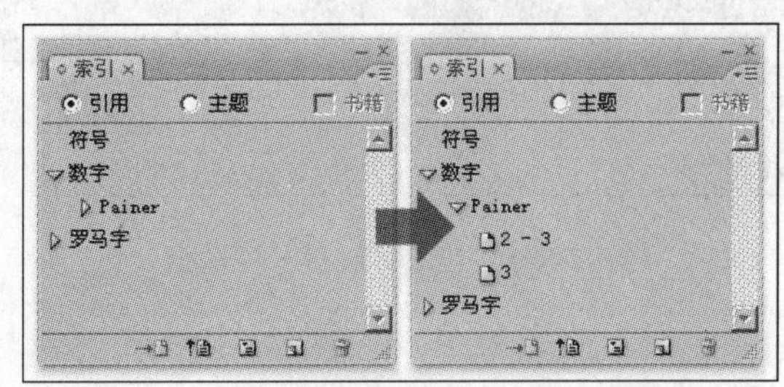

图 12-97 展开索引

2）单击名为 3 的标签，这时 “转到选定标志符”按钮为可以使用状态。单击该按钮，将鼠标指针移动到右侧的文本，如

图 12-98 所示。

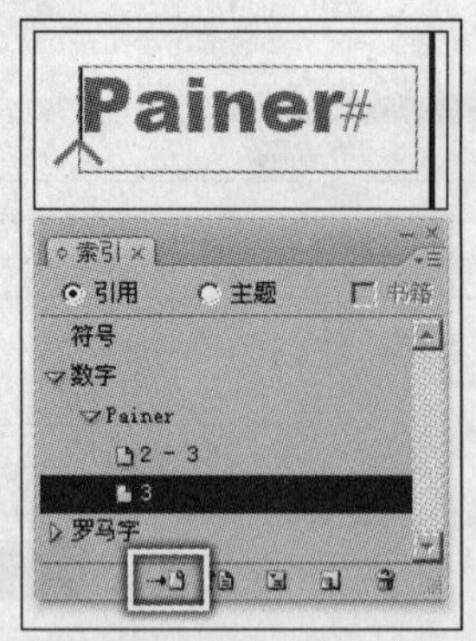

图 12-98　转到选定标志符

3. 生成索引

1）单击“索引”调板顶部的“主题”选项，在该选项中可以查看生成索引的主题，如图 12-99 所示。

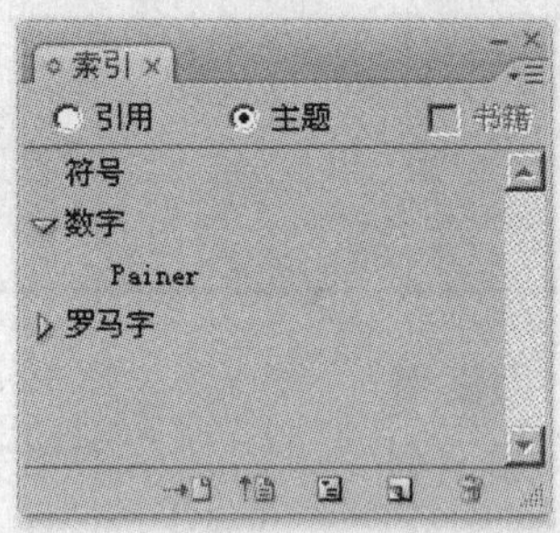

图 12-99　查看主题

2）单击 “生成索引”按钮，打开“生成索引”对话框，如图 12-100 所示。

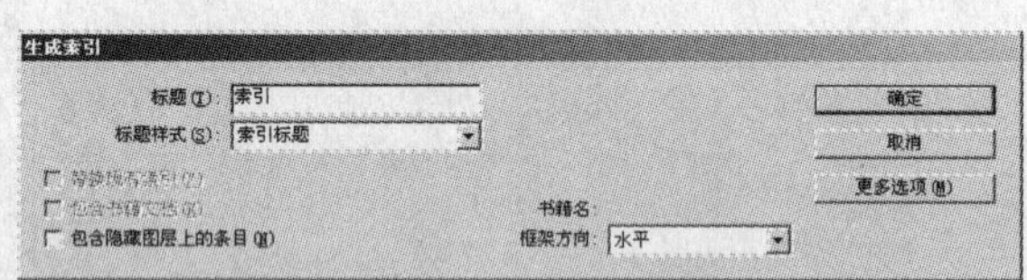

图 12-100　“生成索引”对话框

标题：设置导入到文本中索引的标题名称。

标题样式：可以在下拉列表中设置标题的样式。

替换现有索引：将该选项复选，可以替换已经创建的索引。当文档中没有索引时，该选项为不可使用状态。

包含书籍文档：该选项复选，为当前书籍列表中的所有文档创建一个索引，并重新编排书籍的页码。

包含隐藏图层上的条目：该选项可将隐藏图层上的索引标志符包含在索引中。

书籍名：显示文档所在书籍的名称。

框架方向：设置索引文本框的方向。

3）保持对话框的默认状态，单击“确定”按钮，关闭对话框。这时鼠标指针为置入文本状态。然后在文档中单击并拖动鼠标，将索引导入，如图 12-101 所示。

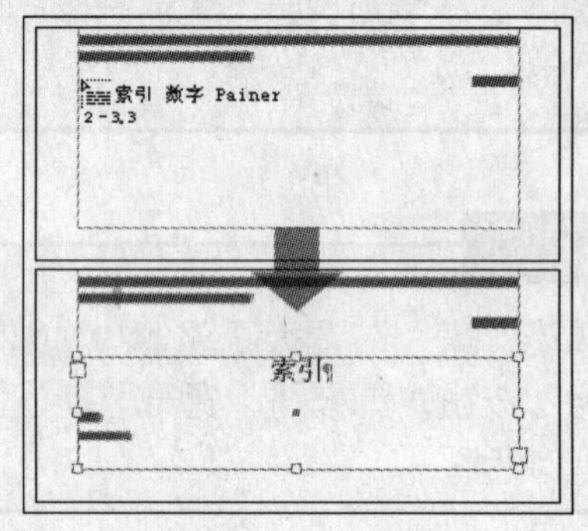

图 12-101　导入索引

第 13 章

打印输出

在印刷和打印输出前要检查文档中的相关信息，如图片的模式、文字字体是否缺失、图片是否链接等，以防止在输出时出现错误。在 InDesign CS3 中提供了“预检”命令可以查看文档中的相关信息，避免输出时错误的出现。此外，还提供了叠印和陷印的设置，避免在印刷时出现漏白的现象。

13.1 叠印和陷印

13.1.1 叠印

叠印是指对重叠的对象进行油墨混合。例如：绘制一个矩形填充色 C：100，圆形填充色 M：100。在通常情况印刷时，两个重叠对象会挖空后边的对象，也就是说顶层对象与底层对象油墨不混合。叠印就是将底层的对象不挖空，使上层的对象和底层的对象油墨混合，如图 13-1 所示。

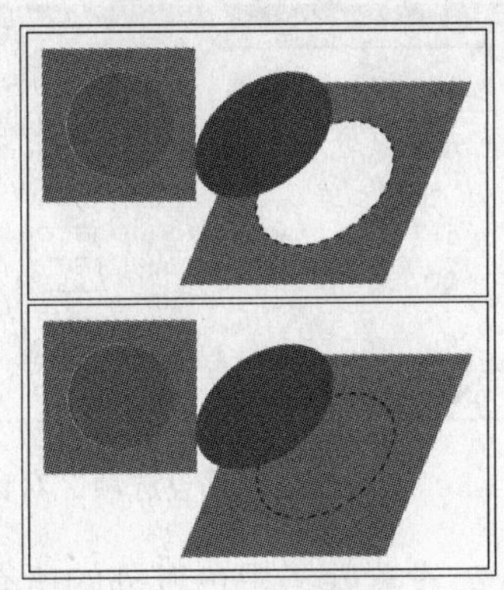

图 13-1 叠印图像

13.1.2 陷印

在使用将后边对象挖空的方法印刷时，印刷色板不会像理想中的那样完全对齐，也就是套印不准，从而使一部分与底色进行混合，而另一部分则会漏出白边，如图 13-2 所示。处理这个现象的方法就叫做陷印，也称补漏白。

图 13-2 套印不准

陷印是将一种颜色稍微扩展到其相邻的颜色中，从而纠正“套印不准”的问题。这样，即使发生偏移，叠印的油墨也会遮盖产生的缺陷而不会歪曲物体的形状，如图 13-3 所示将品红版稍微往青色板中扩张时两种颜色发生重叠，即使品红色板有轻微偏移也不会漏出白边。

图 13-3 陷印

并不是任何情况下都需要使用陷印的，如以下列出的几种情况。

含有孤立、纯色页面元素的文档是不需要陷印的。其上没有相邻的颜色，这样即使套印不准也不会出现间隙，如图 13-4 所示。

图 13-4　纯色图像

使用厚重黑墨轮廓的图像可以不必陷印，黑色油墨使用多种颜色合成，不会出现漏白边的效果。

由套版色组成的出版物在相邻颜色共享足够高的百分比的套版色组时，不必陷印。

13.1.3　补漏白基础

补漏白是将一种颜色稍微伸展到另一种颜色中。通常是较浅的颜色扩展到较深的颜色中，这样重叠部分看起来不明显，可以尽可能最好地保持形状的完整性。对此，有外展和内缩之分，如图 13-5 所示。

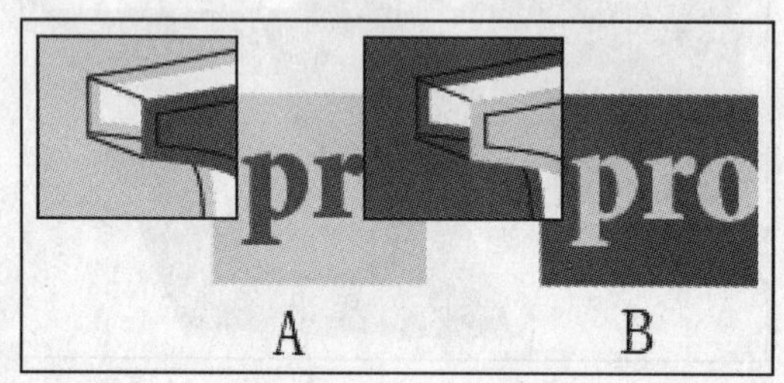

图 13-5　外展和内缩

13.1.4　陷印样式

陷印预设是陷印设置的集合，可将这些设置应用于文档中的一页或一个页面范围。

1. 设置陷印样式

1）启动 InDesign CS3，执行“窗口”→“输出”→“陷印预设”命令，打开“陷印预设”调板，如图 13-6 所示。

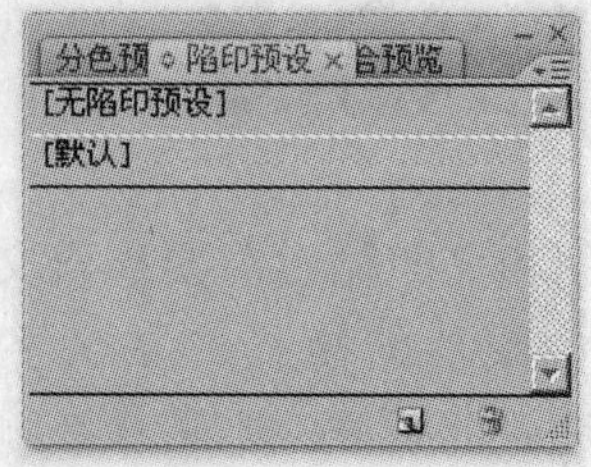

图 13-6　“陷印预设”调板

2）单击“陷印预设”调板底部 “创建新陷印预设”按钮，可以创建新的陷印样式，如图 13-7 所示。

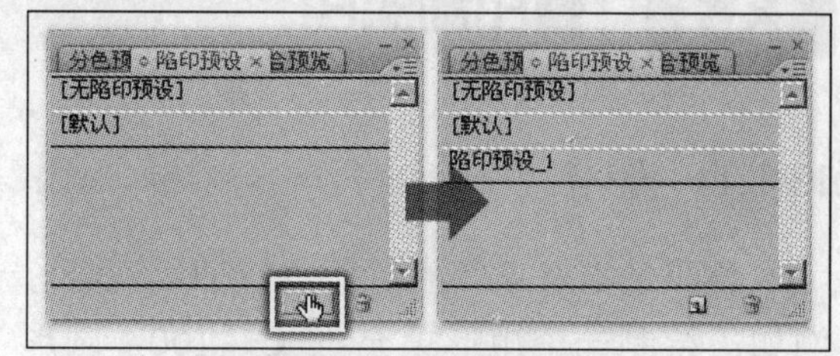

图 13-7　创建新的陷印样式

3）双击“陷印预设_1”样式，打开“修改陷印预设选项”对话框，如图 13-8 所示。

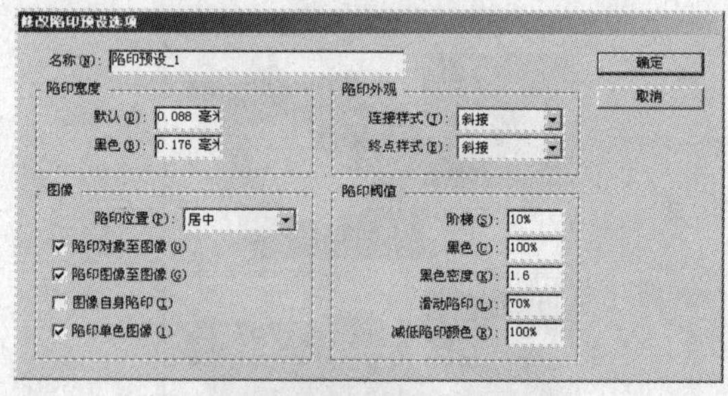

图 13-8　“修改陷印预设选项”对话框

默认：设置除了黑色以外的所有颜色的陷印宽度。

黑色：设置黑色边缘与下层油墨之间的距离。默认值是 0.176 毫米。该值通常设置为默认陷印宽度值的 1.5 倍到两倍。

连接样式：提供“斜接”、“圆形”和“斜角”3 个选项，可控制 3 个颜色陷印之间的交叉点连接处的陷印外观，如图 13-9 所示。

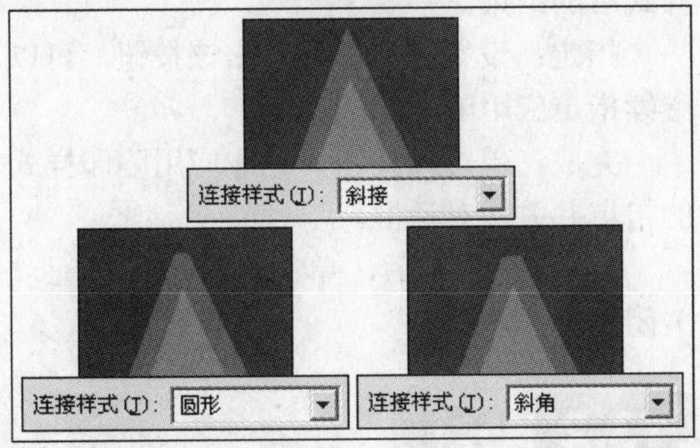

图 13-9　连接样式

终点样式：共有“斜接”和“重叠”两个选项，可控制转角处陷印的外观，如图 13-10 所示。“斜接”选项并不重叠。

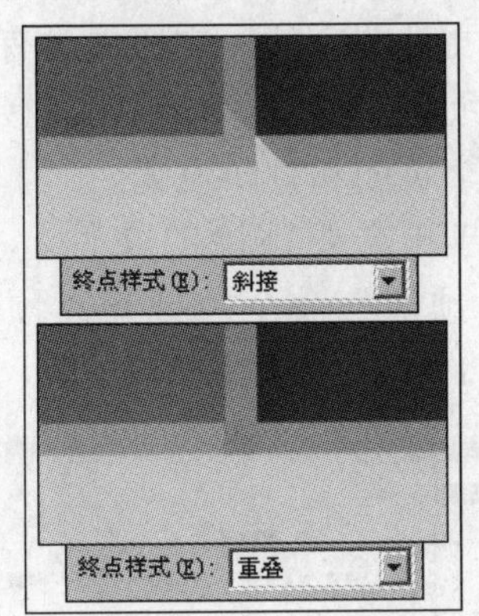

图 13-10　终点样式

陷印位置：在文字和图像对象之间所设置的陷印样式，设置陷印的方式。

陷印对象至图像：保证陷印对象陷印，对图像使用陷印样式设置。

陷印图像至图像：设陷印沿界限重叠或紧靠图像。

图像自身陷印：打开每个单独的位图图像中颜色之间的陷印。仅对包含简单、高对比度图像的页面范围使用该选项。

陷印单色图像：确保单色图像陷印到相邻对象中。

阶梯：设置陷印的临界值，数值越小百分比越低，即使对细小的色彩变化，都会执行陷印命令。当数值越大时，只有大的色彩变化才使用陷印。默认值为 10%，为了获得更佳效果，使用 8%到 20%的值。

黑色：设置黑色陷印宽度的量，输入值从 0%～100%，或是使用默认值 100%。为了获得更高的效果，请不要高于 70%。图 13-11 所示当不设置“黑色”宽度值时，辅助色板可能会露出来；当设置了“黑色”宽度值时，将内缩辅助色板。

图 13-11　“黑色”选项

黑色密度：表明中立密度值，可以使用从 1～10 的任意值，为了得到最佳效果，这个值建议设置在 1.6 左右。

滑动陷印：表明百分比区别于中立密度紧靠的颜色之间的陷印，可输入百分比 0～100，或直接使用默认值 70%。如果设置为 0%，则所有陷印默认为中心线；若设为 100%，则平滑陷印被关闭，不管紧靠的颜色的中立密度关系。图 13-12 所示渐变色与实色接触时可能会生成不合要求的陷印，设置使用“滑动陷印”后可以创建平滑变化的陷印。

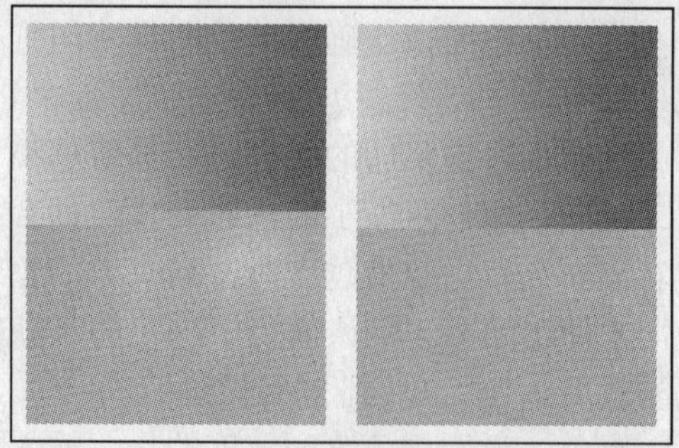

图 13-12　使用“滑动陷印”选项的效果

减低陷印颜色：表明 InDesign CS3 从紧靠的颜色使陷印颜色降低的程度，指示 InDesign CS3 使用相邻颜色中的成份来减低陷印颜色深度的程度，这样做有助于防止某些相邻颜色产生比任一颜色都深的、缩小很难看的陷印效果。指定低于 100%的“陷印颜色缩小”会使陷印颜色开始变亮；“减低陷印颜色”值为 0%时，将产生中性密度等于较深颜色的中性密度的陷印。

4）设置完毕后，单击“确定”按钮，关闭对话框。

2．指定陷印

1）执行“文件”→“新建”→“文档”命令，创建一个 A4 大小 1 页的不分栏文档。

2）单击“陷印预设”调板右上角的按钮，在弹出的菜单中执行“指定陷印预设”命令，打开“指定陷印预设”对话框，如图 13-13 所示。

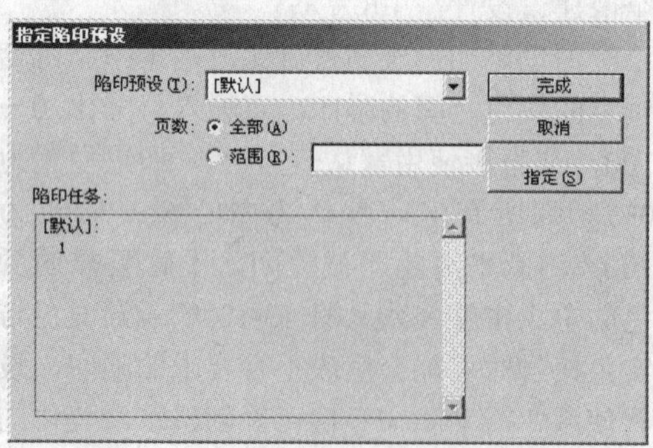

图 13-13　“指定陷印预设”对话框

陷印预设：提供了“陷印预设”调板中的陷印样式。

页数：设置应用陷印样式的范围。

陷印任务：使用文字显示指定应用陷印样式后的结果。

指定：设置完毕后，单击该按钮，可以继续指定应用陷印样式。

完成：单击该按钮，完成应用陷印样式的指定并关闭对话框。

3）设置完毕后，单击“完成”按钮，关闭对话框。

13.2 预检

打印文档或将文档提交给服务提供商之前，可以对此文档进行品质检查，预检是此过程的行业标准术语。预检实用程序会警告可能影响文档或书籍不能正确成像的问题，例如缺失文件或字体。它还提供有关文档或书籍的帮助信息，例如使用的链接、显示字体的第一个页面和打印设置。

1）打开需要预检的文件，执行“文件”→“预检”命令，打开“预检”对话框，如图 13-14 所示。

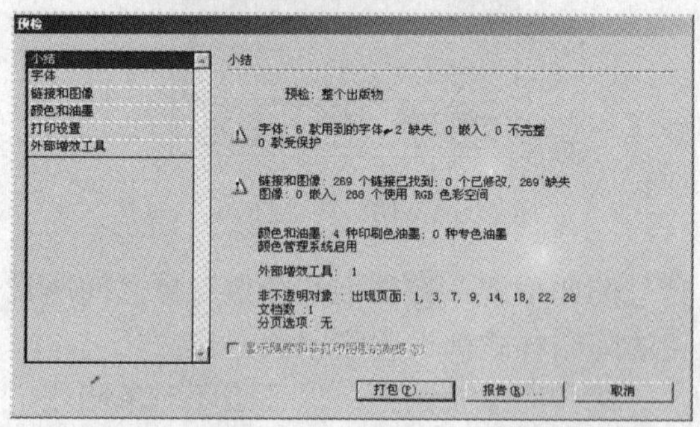

图 13-14　“预检”对话框

提 示

在对话框中显示图标，表示有问题的区域。

“字体”信息包括字体、使用字体、丢失、嵌入字体、不完全和限制等 6 种。该信息表示当前文件中所有采用的字体总数、有无缺失字体、有无嵌入字体、有无不完整字体和受保护字体，确保文档中使用的字体在计算机或输出设备上已获得许可安装并激活。

“链接和图像”信息包括链接、修改、图像缺失、嵌入、使用 RGB 色彩空间等 5 种。该信息表示该文件的链接对象总数、有无修改过的图像、有无丢失的图像、有无嵌入字体，有无使用 RGB 色彩空间的图像。

“颜色和油墨”信息包括印刷油墨、专色油墨和 CMS 关闭等 3 种。

2）单击“预检”对话框右侧的相应项目，可以详细查看相关的信息，如图 13-15 所示。

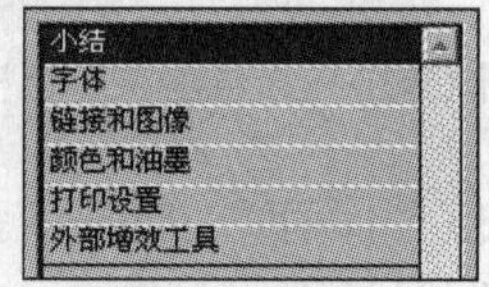

图 13-15 相关项目

3）查看完毕后，单击“取消”按钮，关闭对话框。

13.3 打包

为了更好地方便输出，InDesign CS3 提供了功能强大的“打包”命令。该命令能将当前文件中用到的所有英文字体文件与图像文件复制到指定的文件夹中，同时将对打印输出信息保存为一个文本文件。这样避免在打印输出时因缺少字体或图像而无法打印的问题。

1）打开需要打包的文件，执行“文件”→“打包”命令，打开“打印说明”对话框，如图 13-16 所示。

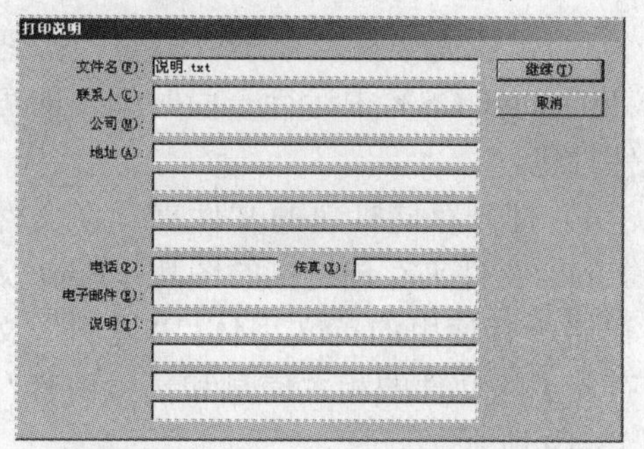

图 13-16 “打印说明”对话框

提 示

当文档中出现问题，执行“打包”命令时将弹出提示对话框，如图 13-17 所示。单击“查看信息”按钮，打开“预检”对话框；单击“继续”按钮，打开“打印说明”对话框，继续打包。

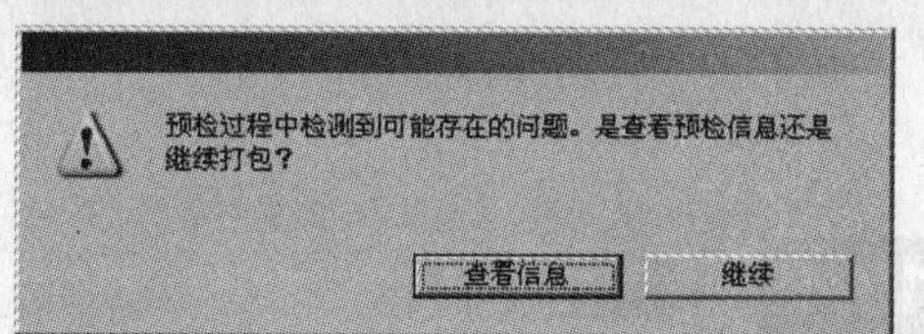

图 13-17 提示对话框

2）根据实际情况填写表格，完成后，单击“继续”按钮，打开“打包出版物”对话框，选择存储打包后的文件夹的位置和名称，如图 13-18 所示。

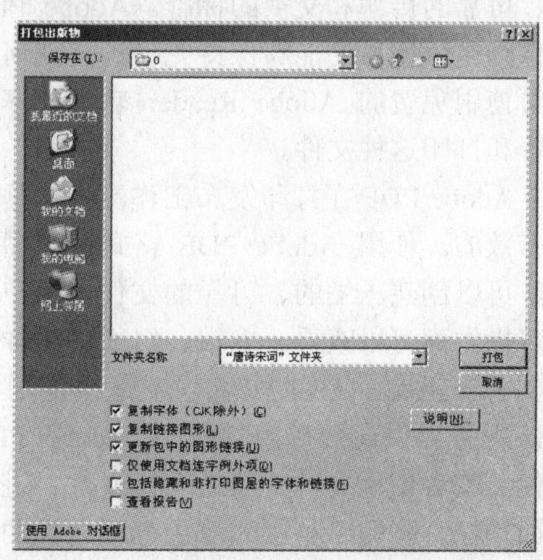

图 13-18 “打包出版物”对话框

3）设置完毕后，单击“打包”按钮，在 InDesign CS3 中运行一段时间，即可将文件打包。

4）打开存储打包的文件夹。在文件夹中 Links 文件夹存储链接的图片；Font 文件夹存储所有使用的英文字体；“说明”文档中存储了该文件的相关信息和预检内容，如图 13-19 所示。

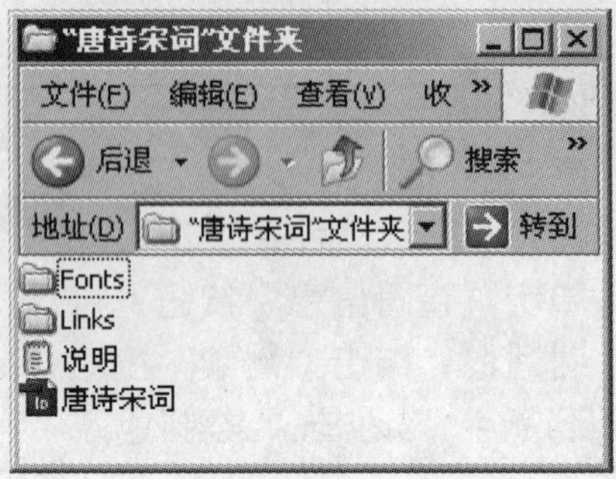

图 13-19　存储打包的文件夹

13.4 输出 PDF

便携文档格式（PDF）是一种通用的文件格式，这种文件格式保留了在各种应用程序和平台上创建的源文档的字体、图像以及版面。PDF 是全球电子文档和表格进行安全、可靠的传输和交换的标准。Adobe PDF 文件经过压缩后还能够保持完整性，任何人都可使用免费的 Adobe Reader 软件共享、查看和打印这种文件。

Adobe PDF 在打印发布工作流程中是非常有效的。使用 Adobe PDF 格式存储图片后，可以创建压缩的、可靠的文件，用户和服务提供商可以查看、编辑、组织和校样此类文件。然后，在工作流程中适当的时间里，服务提供商可以直接输出 Adobe PDF 文件，或者使用各种工具处理此文件，进行例如预检、陷印、整版和颜色分色之类的后台处理。

13.4.1 输出 PDF 选项

1）打开需要输出的文件，执行“文件”→“导出”命令，打开“导出”对话框，如图 13-20 所示。

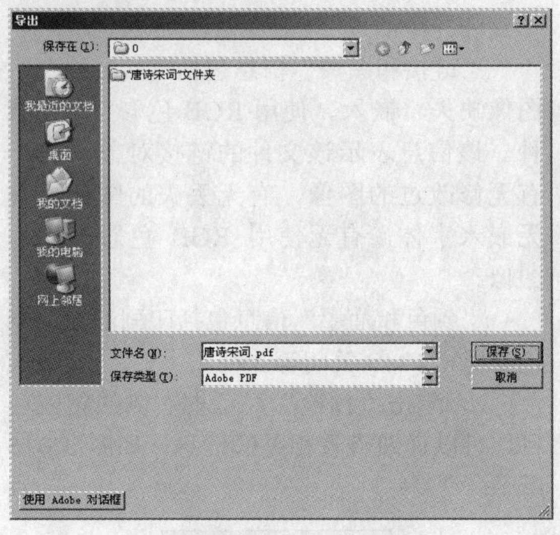

图 13-20　“导出”对话框

2）单击“保存”按钮，弹出“导出 Adobe PDF”对话框，如图 13-21 所示。在默认状态下选择“常规”项目。

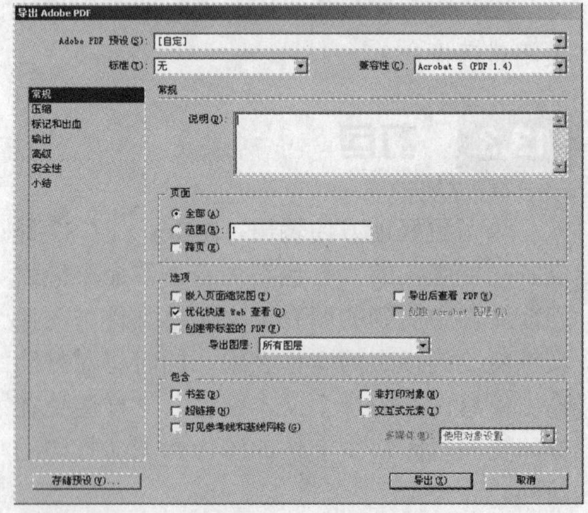

图 13-21　“导出 Adobe PDF”对话框

说明：显示选定预设的说明，并提供编辑说明所需的位置，可以从剪贴板粘贴说明。编辑预设的说明会将“(已修改)”一词添加到预设名称后。相反，更改预设中的设置将预先考虑“[基于‘[当前预设名称]’]”的说明。

页面：设置导出文件的范围。“全部”选项即可将文件全部导出；在“范围”选项的文本框中输入数值，可以设置导出的页数；“跨页”选项复选，将导出的文件以两页并排的状态显示。

嵌入页面缩览图：在输出生成的 PDF 文件中自动生成页面缩略图，这样可以在 Acrobat 中浏览时看到 PDF 文件每页的缩览图显示。

优化快速 Web 查看：通过重新组织文件以使用一次一页下载，减小 PDF 文件的大小，并优化 PDF 文件以在 Web 浏览器中更快地查看。此选项压缩文本和线状图，无需考虑“导出 Adobe PDF”对话框的“压缩”调板中选择的压缩设置。

导出后查看 PDF：当选择该选项时，输出 PDF 文件完成后系统将自动运行 Acrobat Reader 并打开生成的 PDF 文件进行查看。

创建带标签的 PDF：生成 Acrobat PDF 文件，它可在文章中根据 InDesign CS3 支持的 Acrobat 标记的子集自动标记元素。此子集包括段落识别、基本文本格式、列表和表格。导出到 PDF 之前，可以在文档中插入并调整这些标签。

创建 Acrobat 图层：在 PDF 文档中，将每个 InDesign CS3 图层存储为 Acrobat 图层。

超链接：创建 InDesign CS3 超链接、目录项和索引项的 Adobe PDF 超链接注释。

书签：创建目录项的书签，保留 TOC 级别。根据“书签”调板中指定的信息创建书签。

非打印对象：如果需要在 PDF 中显示或打印 InDesign CS3 文档中的辅助线，可选中此选项。

交互式元素：选中此选项后，下方的下拉菜单将被激活，通过下拉菜单指定文档中调用的多媒体交互对象是通过连接方式还是通过嵌入方式存储在 PDF 文档中。

可见参考线和基线网格：导出此文档中当前可见的边距参考线、标尺参考线、栏参考线和基线网格。网格和参考线以文档中使用的相同颜色导出。

3）设置完毕后，单击“压缩”项目，打开相应的选项，如图 13-22 所示。将文档导出为 Adobe PDF 时，可以压缩文本和线状图，并压缩和缩减像素采样位图图像。根据选择的设置，压缩和缩减像素采样可以明显减小 PDF 文件的大小，而不会影响或稍微影响细节和精度。

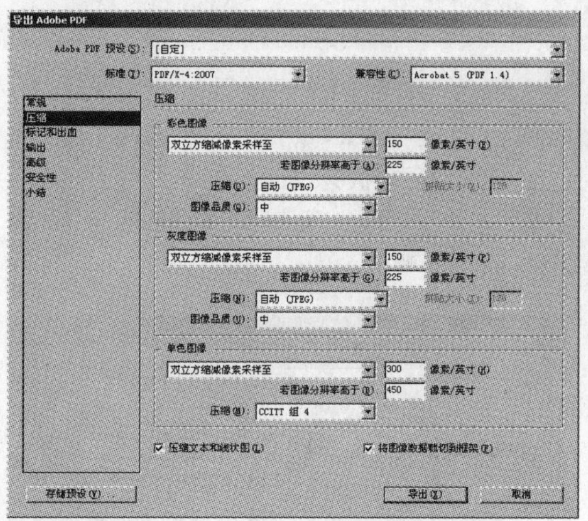

图 13-22 “压缩”项目

“压缩文本和线状图”选项将纯平压缩应用到文档中的所有文本和线状图，而不损失细节或品质；“将图像数据裁切到框架”选项通过仅导出位于框架可视区域内的图像数据，可能会缩小文件的大小。如果在后续操作中需要其他信息，请勿选择此选项。

13 打印输出

4）单击“标记和出血”项目，打开相应的选项，如图 13-23 所示。在此面板中可以指定页面的打印标记、色样、页面信息等，以及出血标志离版面的距离，此信息的详细介绍请参见打印和输出相关介绍。

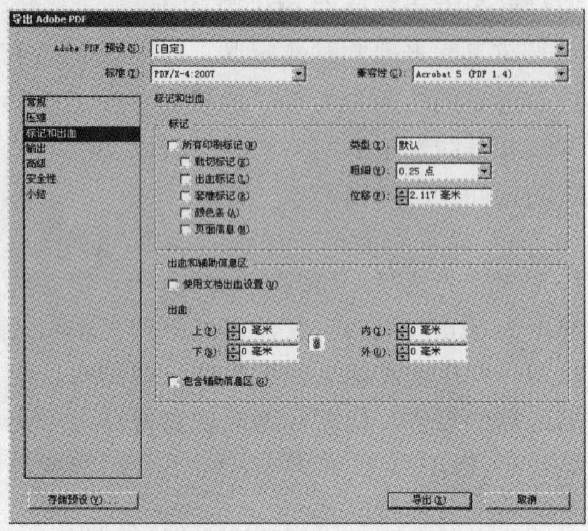

图 13-23 “标记和出血”项目

5）单击“输出”项目，打开相应的选项，如图 13-24 所示。该选项根据颜色管理的开关状态来确定是否使用颜色配置文件为文档添加标签以及选择的 PDF 标准。

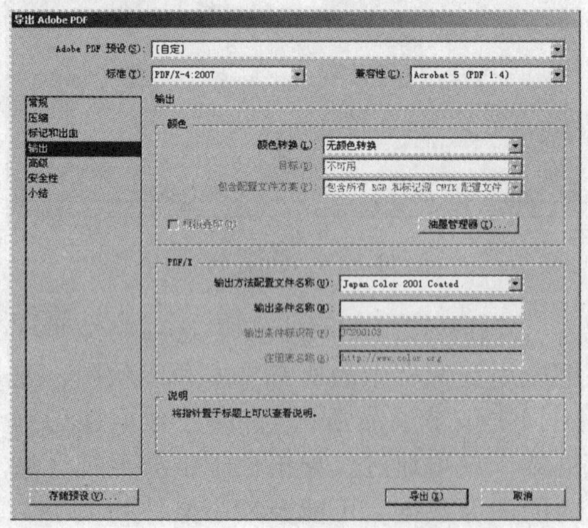

图 13-24 “输出”项目

颜色转换：指定在 Adobe PDF 文件中表示颜色信息的方式。在颜色转换期间，将保留所有专色信息，只有进程颜色对应量转换到指定的颜色空间。

目标：说明最终 RGB 或 CMYK 输出设备的色域，例如显示器或 SWOP 标准。

配置文件包含策略：确定文件中是否包含次颜色配置文件。根据“颜色转换”菜单中的设置来确定是否选择 PDF/X 标准之一以及颜色管理的开关状态，此选项会有所不同。

模拟叠印：通过保持复合输出中的叠印外观，模拟打印到分色的外观。当取消选择“模拟叠印”时，必须在 Acrobat 中选择“叠印预览”，才可以查看叠印颜色的效果。当选择“模拟叠印”时，则将专色更改为它们的进程对应量，并正确的覆盖颜色显示和输出，且无需在 Acrobat 中选择“叠印预览”。当打开“模拟叠印”且将“兼容性”设置为“Acrobata（PDF1.3）”时，则可以在特定输出设备上再现文档之前，直接在显示器上校样此文档的颜色。

油墨管理器：控制是否将专色转换为进程对应量，并指定其他油墨设置。如果使用“油墨管理器”更改文档，则这些更改将反映在导出文件和存储文件中，但设置不会存储到 Adobe PDF 预设。

输出方法配置文件名称：指定文档的特殊打印条件。创建 PDF/X 兼容文件需要输出方法配置文件。只有在“导出 Adobe PDF”对话框的“常规”调板中选择 PDF/X 标准时，才可以使用此菜单。此可用选项取决于颜色管理开关的状态。例如，如果颜色管理处于关闭状态，则此菜单仅列出与目标配置文件的颜色空间相匹配的输出配置文件。如果打开颜色管理，则输出方法配置文件与为“目标配置文件”选择的同一配置文件相同。

输出条件名称：描述所用的打印条件。此项对于 PDF 文档的预期接收者很有用。

输出条件标识符：通过指针指示有关预期打印条件的更多信息。系统会为 ICC 注册表中包括的打印条件自动输入标识符。在使用 PDF/X-3 预设或标准时，不可以使用此选项，因为在使用 Acrobat 7.0 预检功能或 Enfocus PitStop 应用程序（它是 Acrobat 6.0 的一个增效工具）检查文件时，会出现不兼容问题。

注册表名称：表明有关注册表更多信息的 Web 地址。系统会为 ICC 注册表名称自动输入此 URL。在使用 PDF/X-3 预设或标准时，不可以使用此选项，因为在使用 Acrobat 7.0 预检功能或 Enfocus PitStop 应用程序检查文件时，会出现不兼容问题。

6）单击“高级”项目，打开相应的选项，如图 13-25 所示。

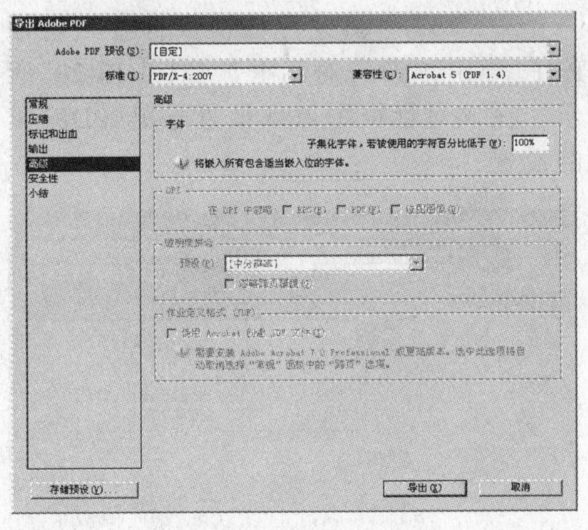

图 13-25 “高级”项目

字体：子集化字体，若被使用的字符百分比低于根据文档中使用的字体字符的数量，设置此域值以嵌入完整的字体。如果超过文档中使用的任一指定字体的字符百分比，则完全嵌入特定字体，否则，子集化此字体。嵌入完整字体会增大文件的大小，但如果要确保完整嵌入所有字体 0（零）。也可以在“常规首选项”对话框中设置域值，以根据字体中包含字形的数量触发字体子集化。

OPI：使用户能够在将图像数据发送到打印机或文件时有选择地忽略不同的导入图形类型，并只保留 OPI 链接（注释），交由 OPI 服务器以后处理。

使用 Acrobat 创建 JDF 文件：创建作业定义格式文件，并启动 Acrobat 7.0 专业版以处理此 JDF 文件。Acrobat 中的作业定义包含对要打印的文件的引用，以及为生产地点的印前服务提供商提供的说明和信息。此选项只在装有 Acrobat 7.0 专业版的计算机上才可以使用。

7）单击“安全性”项目，打开相关选项，如图 13-26 所示。该选项控制生成的 PDF 是否具有 PDF 文件的使用权限。

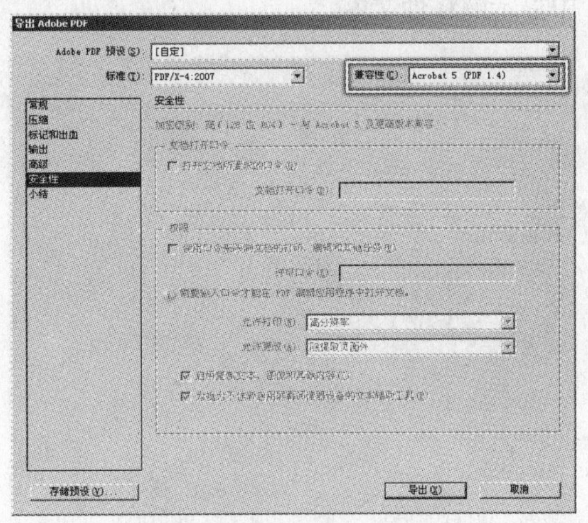

图 13-26 “安全性”项目

兼容性：用于打开受口令保护的文档的加密类型。Acrobat 4（PDF 1.3）选项使用低加密级别（40 位 RC4），而其他选项则使用高加密级别（128 位 RC4）。Acrobat 6（PDF 1.5）和更高版本能够在导出的文件中使用搜索功能。

需要输入口令才能在 PDF 编辑应用程

序中打开文档：要求尝试打开此 PDF 文件的任何用户都要输入指定的口令。

使用口令限制打印、编辑和其他任务：限制访问 PDF 文件的安全性设置。如果在 Adobe Acrobat 中打开文件，用户可以查看此文件，但必须输入指定的“许可”口令，才可以更改文件的“安全性”和“许可”设置。如果在 Illustrator、Photoshop 或 InDesign CS3 中打开文件，则用户必须输入“许可”口令，因为不可能在仅查看模式下打开文件。

8）单击“小结”项目，打开相应的选项，如图 13-27 所示。在该面板中，可以单击选项中的箭头以查看各个设置的情况。要将小结存储为 ASCII 文本文件，请单击“存储小结”按钮。如果无法执行选定预设中的设置并且必须重新设置，则在“小结”项目旁显示警告图标⚠，并在“警告”选项中显示解释性文本。

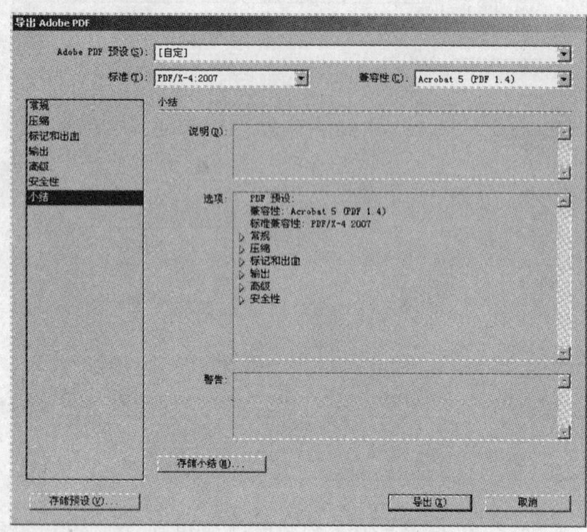

图 13-27　“小结”项目

9）设置完毕后，单击“导出”按钮，在 InDesign CS3 中运行一定时间，即可将文件导出为 PDF 文件。

13.4.2 PDF 样式

在“Adobe PDF 预设”对话框中，可以将输出 PDF 文件时的设置存储，当再次输出 PDF 文件时，可以直接选择该设置，方便 PDF 文件的输出。

1）执行“文件”→“Adobe PDF 预设”→“定义”命令，打开“Adobe PDF 预设”对话框，如图 13-28 所示。

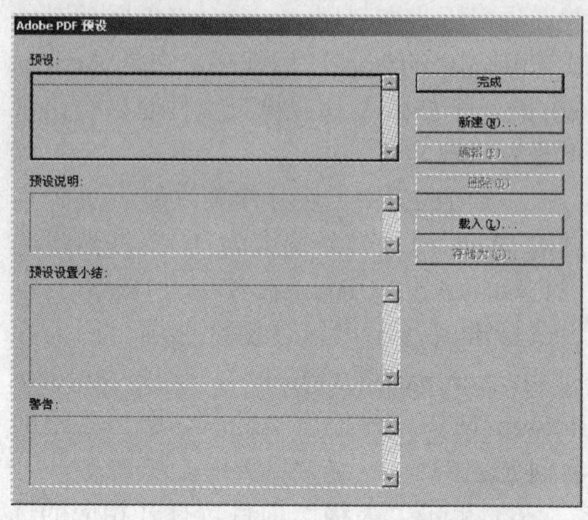

图 13-28　“Adobe PDF 预设”对话框

2）单击“新建”按钮，打开“新建 PDF 导出预设”对话框，如图 13-29 所示。在该对话框中可以设置导出 PDF 时的设置。

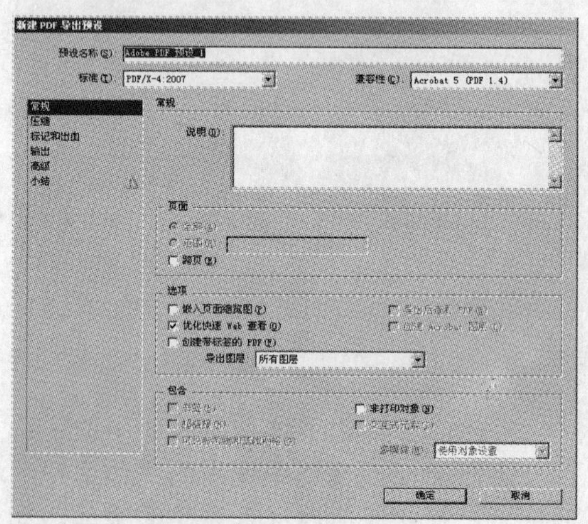

图 13-29　“新建 PDF 导出预设”对话框

3）设置完毕后，单击“确定”按钮，

即可将设置好的预设保存，并返回到“Adobe PDF 预设”对话框中，如图 13-30 所示。

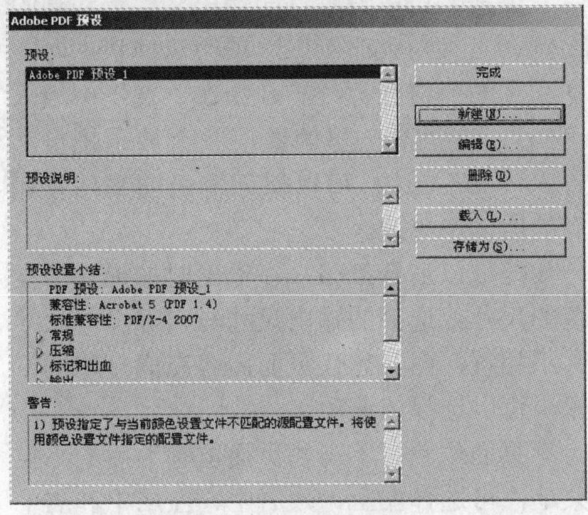

图 13-30 保存设置

4）然后单击“完成”按钮，将该对话框关闭，即可存储 PDF 导出时的预设。

13.5 打印

InDesign CS3 的“打印”对话框是为了协助用户进行打印工作流程而设计的，对话框中的每个选项组都是按照进行文件的打印作业的方式组织而成。无论将彩色文件送到外面的输出中心，或只是将草稿由喷墨、激光打印机、喷绘机印出来，多了解一些打印的基本原理，可让打印工作进行得更顺利，也有助于确保文件如期呈现。

13.5.1 打印选项

当整个排版文件完成后，用户能够根据需要对排版文件的内容进行以下的输出操作。

1）执行“文件”→“打印”命令，打开“打印”对话框，如图 13-31 所示。

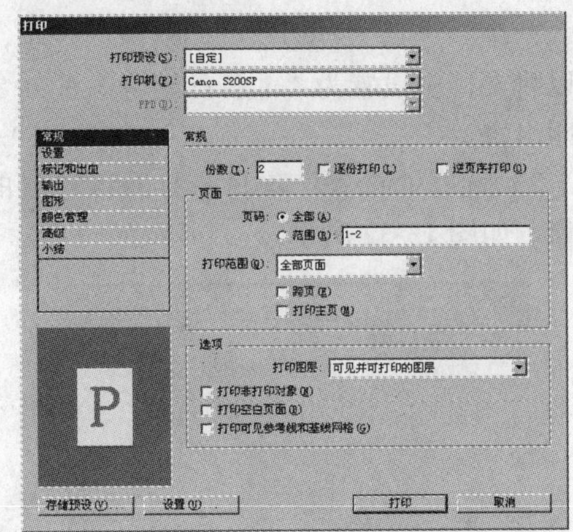

图 13-31 “打印”对话框

提 示

在对话框左下角的“蓝色 P”的对话框是以页面的形式显示打印的设置，表示此打印样式为竖式打印，并可以显示打印标记。在页面上单击鼠标则会显示当前打印机的部分设置。再次单击则会显示是否为彩色打印，在小页面左下角会显示一个 4 色的小方框，表明此时正是用彩色打印。再一次单击将回到“蓝色 P”的显示状态。

份数：设置打印文档的份数。在打印多份的情况下，可以设置多份文档的输出形式。选中“逐份打印”选项，将按顺序逐页输出，并重复输出多次。选择“逆页序打印”选项，将从后到前一次输出多份。

页面：选择“全部”可将文档中全部的内容打印出来，在“范围”选项中输入数值可以将一定范围的页面打印出来。可以输入的形式有“2-8”或分别输入页码“6，7，8，10”、“2-4，5，7-10”等方式。

打印范围：单击该选项的下拉按钮，在弹出的下拉列表中按奇、偶页的方式来打印。“跨页”选项，可以将设置为跨页的稿样一次并行输出。“打印主页”选项，选择该选项只打印主页上的信息内容。

选项：选择“打印非打印对象”选项，可以将文档中设置为“非打印对象”的对象打印出来。

2）选择“设置”项目，打开该项目的选项，如图 13-32 所示。

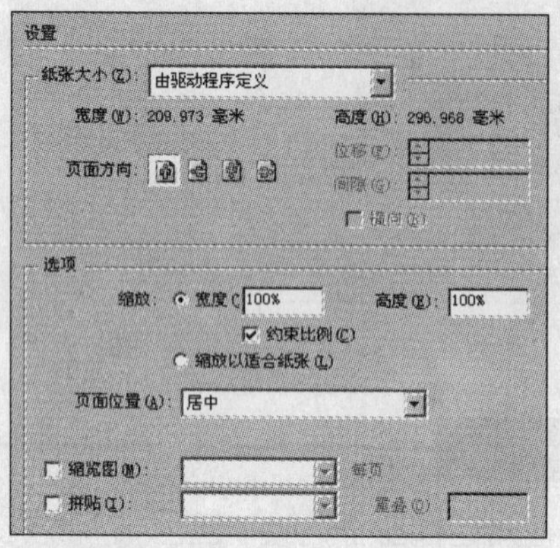

图 13-32 “设置”项目中的选项

纸张大小：在下拉列表中可以设置页面尺寸，这里的页面尺寸必须小于输出设备所支持的最大尺寸，否则会在输出时切去多余的内容。

页面方向：单击“方向”选项后面的按钮，可以控制文件输出时的方向。

“直式向上”按钮：以直式方向打印，竖向并由上到下打印页面内容，右边朝上。

“横式向左”按钮：以横式方向打印，横向并由左至右打印页面内容，向左旋转。

“直式向下”按钮：以直式方向打印，竖向并由下至上打印页面内容，上边朝下。

“横式向右”按钮：以横式方向打印，横向并由右至左打印页面内容，向右旋转。

位移：输出时可强行将整个页面在输出介质上强制移动一定尺寸，此项的选择必须在页面尺寸中选择“自定义尺寸”后才可以使用。

间隙：指在连续输出两个页面以上时每个页面之间的空隙距离。同样，也必须在选择“自定义尺寸”后才可以使用。

横向：打印文件时旋转 90°，但内容仍然为纵向的输出方向，必须使用可支持横置打印和自定页面尺寸的 PPD，才能使用此选项。

缩放：可以设置打印输出文件宽和高的比例。当“约束比例”选项为选择状态时，宽和高的值将强行统一，如在“宽”中填入“50”，在“高”里的数值就会被系统自动置入“50”。这样可以保证输出的文件宽和高的比例不更改。

缩放以适合纸张：在输出时如果输出设备的尺寸或选择的输出尺寸与实际页面尺寸并不相符，而又想让页面内容充满打印的纸张，可以选择该选项。

页面位置：单击“页面位置”后的下拉菜单，可选择左上、顶居中、左居中和居中 4 项，表示可以控制页面内容以这 4 种摆放方式在纸张上输出。

缩览图：选择该选项可以从下拉列表中选择在页面上排列多个文档的缩小副本。

拼贴：当输出文件的页面大于所设定的纸张页面时是不能实现等大输出的，可以把文档的各部分分别打印在纸张上，然后手工拼起来。在“重叠”选项中可以设置打印时相邻页面间重叠部分的宽度。

3）选择“标记和出血”项目，在该项目选项选择在打印输出时图像以外的标记，如图 13-33 所示。

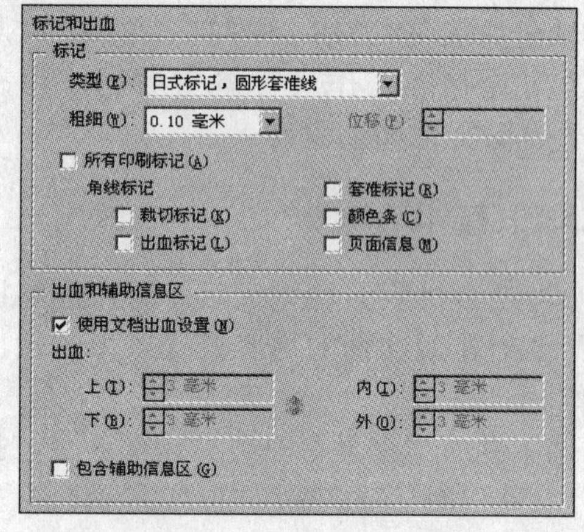

图 13-33 “标记和出血”项目

类型：打印罗马和日文标记。

粗细：制定裁切标记的宽度。

所有印刷标记：一次选择所有输出的标记。

裁切标记：用于加入定义页面要剪裁的区域的细线水平和垂直标尺。对象裁切线也有助于进行个分色彼此的拼版。

套准标记：在页面区外加上小“标记”，以对齐彩色文件中的不同分色。

颜色条：加入代表 CMYK 墨水和灰色淡印色的彩色小方块。服务供应商会使用这些标记来调整印刷时的墨水浓度。

页面信息：以文件名称、打印日期时间、使用网频、分色片的网角即每个特定通道的颜色来标识底片，这些标签会显示在图像上方。

出血：指定裁切标记与文件之间的距离。若要避免在出血上绘制打印机的标记，则输入大于出血值的位移值。

上、下、内、外：输入 0 点~72 点之间的值，指定出血标记的位置。

连接图标：可以使上出血、下出血、左/内出血和右/外出血使用相同的值。

4）选择“输出”项目，打开该项目的选项，如图 13-34 所示。在该项目中可以设置将要打印的文件是用单色打印还是进行分色输出，如果要采用单色打印，则选择“合成 XXX”选项，如果采用 4 色分色输出，则选择“输出 XXX”选项。

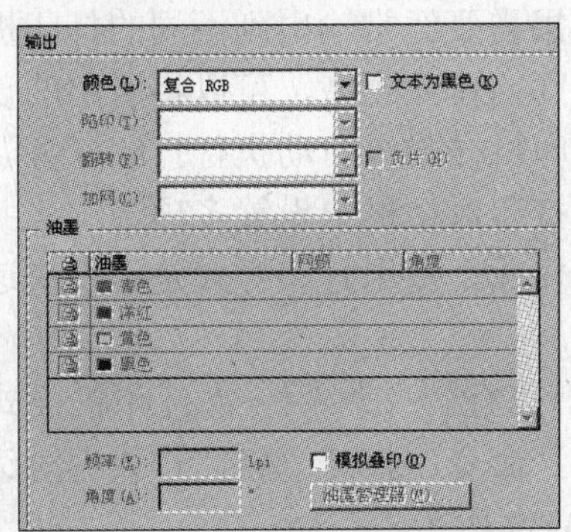

图 13-34 “输出”项目

5）选择“图形”项目，打开该项目的选项，如图 13-35 所示。

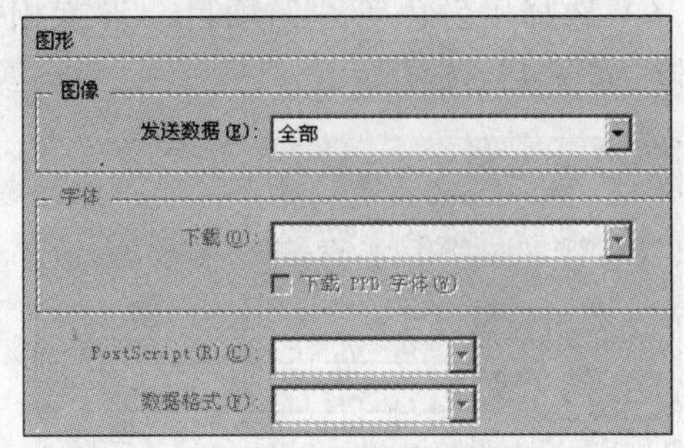

图 13-35 “图形”项目

图像：在下拉菜单中有“优化次像素采样”、“全部”、“代理”和“无”4 个选项。“全部”在打印时采用高精度的图像，用于高质量的输出，如输出胶片。选择“代理”即以版面上的代理显示图像精度输出，可以用于输出校稿等。选择“无”则代表所有图像不会被输出。“优化次像素采样”是指根据打印机设置分辨率进行取样，比如设置打印机分辨率为 100ppi，而 72ppi 的图片和 300ppi 的图片数据发送时都会取样到 100ppi。“代理”是创建一个的带有分辨率版本的图片占位符，通常在打样时使用。

字体：在弹出的菜单中有“无”、“全部”、“子集”和“大子集”4 个选项。选择“无”表示不采用字体下载，此时紧随其后的“下载 PPD 载体”复选项将不起作用；选择“子集”选项，表示只将版面中用到需要下载的字体的文字信息下载到输出设备中；选择“全部”选项，表示将版面中用到的需要下载的字体的所有文字信息下载到输出设备中；复选项“下载 PPD 字体”选项，在选择“子集”选项或“全部”选项时起作用，选择该选项可以确保文件中的字体版本下载到输出设备中。

数据格式：PostScript 语言就是由高级程序语言集合的程序集，在对程序进行编写或阅读时一般都采用二进制或 ASCII 码两种格式，二进制目前已很少应用，所以为了阅读方便，最好采用ASCII码方式。

6）选择“颜色管理”项目，设置相关选项，如图13-36所示。

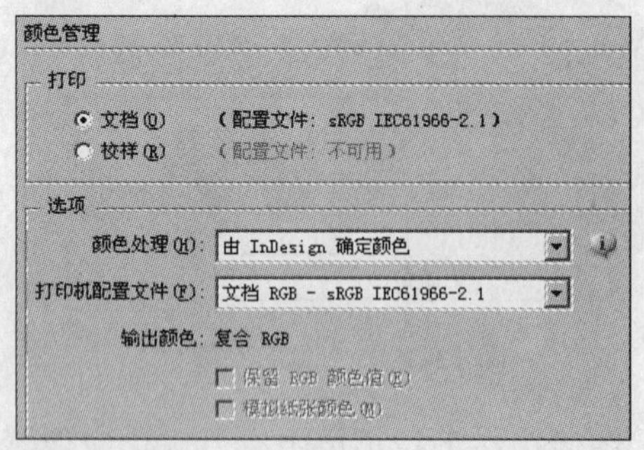

图13-36 “颜色管理”项目

打印：可以将文档的颜色转换为台式打印机的色彩空间。选择“文档”选项将打印机的配置文件替代当前文档的配置文件。如果选择“校样”选项色彩空间并针对RGB打印机，则使用选择的颜色配置文件将颜色数据转换为RGB值。

7）选择“高级”项目，设置相关选项，如图13-37所示。

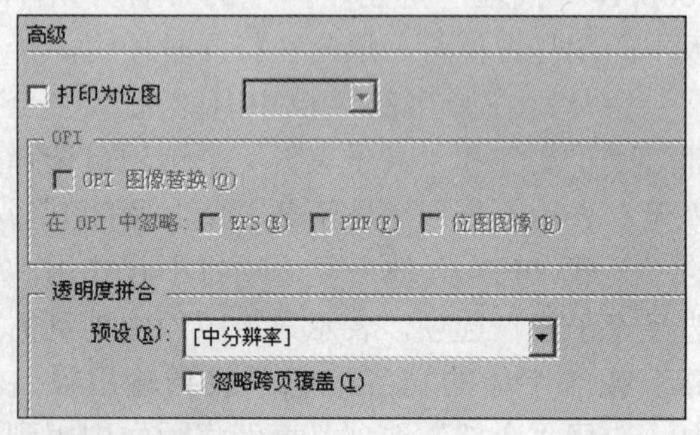

图13-37 “高级”项目

打印为位图：可以将打印的文件以打印图像的方式打印，并且在后面的选项中可以设置打印时的分辨率。

在OPI中忽略：选取选项中的EPS或PDF或“位图图像”选项，则在打印时将不打印EPS格式或PDF格式以及位图图像格式的内容。

预设：在页面内容中如果使用透明的效果，可以选择此功能下拉菜单中的“高分辨率”、“中分辨率”和“低分辨率”3项来控制透明效果的输出精度。

忽略跨页覆盖：选择该选项则表示在跨页或页拼合中如果使用透明效果则透明的精度控制仍然有效。

8）选择“小结”项目，可以查看“打印”设置的全部内容，如图13-38所示。通过对这些内容的复核来确定设置是否正确，以避免输出的错误。单击“存储小结”按钮会弹出一个保存对话框，可以将小结保存为文本文件，以提供给输出中心或后续的制作者，起到说明的作用。

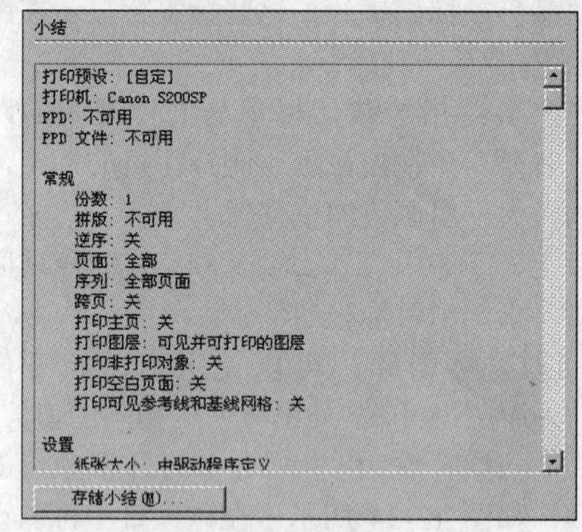

图13-38 “小结”项目

13.5.2 打印样式

如果需要经常输出到不同的打印机或是输出不同的作业类型，可以将所用的设置保存为打印机样式以自动执行打印任务。对于需要在打印对话框中设置多项选项，并保持一致的作业，使用打印样式是一个快速可靠的方法。

1）执行“文件”→“打印机样式”→“定义”命令，打开“打印预设”对话框，如图13-39所示。

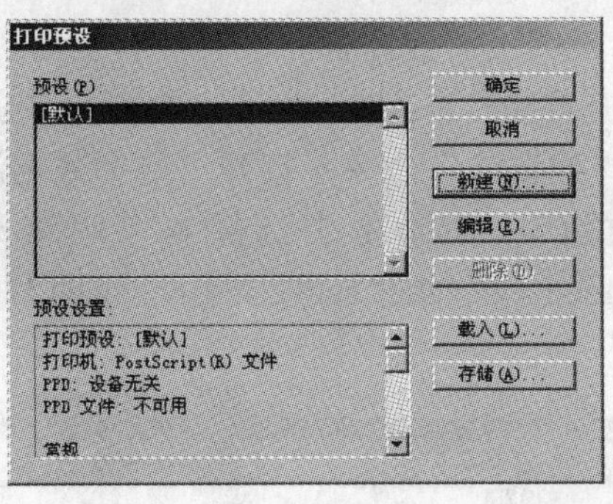

图 13-39 “打印预设”对话框

2）单击“新建”按钮，打开“新建打印预设”对话框，如图 13-40 所示。在该对话框中可以设置打印输出时的设置。

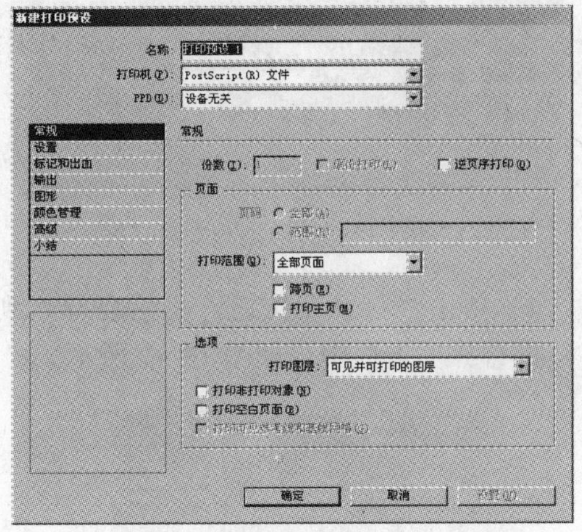

图 13-40 “新建打印预设”对话框

3）设置完毕后，单击“确定”按钮，即可将设置好的预设保存，并返回到“打印预设”对话框中，如图 13-41 所示。

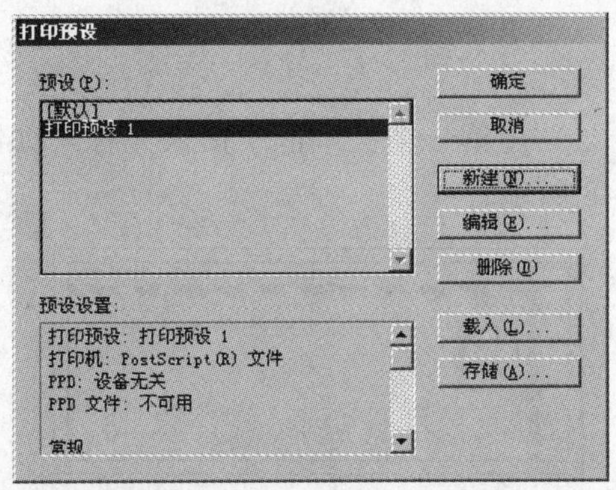

图 13-41 保存设置

4）然后单击“确定”按钮，将该对话框关闭，即可创建打印预设的样式。

13.5.3 打印输出网格

InDesign CS3 中的辅助排版元素包括布局网格、网格文本框、标尺辅助线和基线网格等，使用常规的打印或输出命令无法将这些元素打印或输出。如果需要打印这些元素，执行“文件”→“打印/导出网格”命令，在弹出的“网格打印”对话框中可以选择哪些辅助元素需要输出打印，如图 13-42 所示。这样做最常用的就是将设置好的布局网格打印，以供版面设计使用。

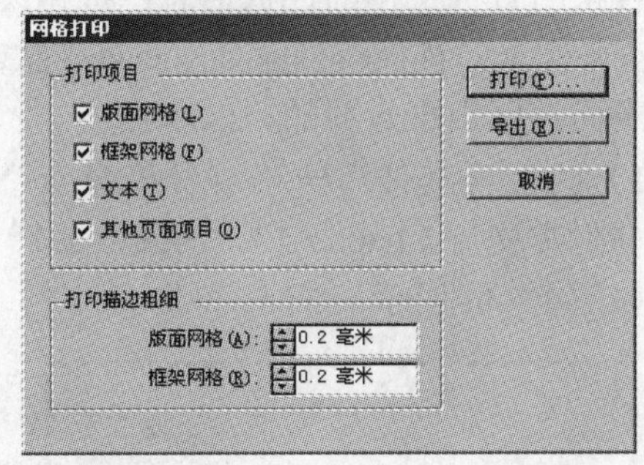

图 13-42 “网格打印”对话框

13.6 数据合并

当需要创建多个信函、信封或邮寄地址签时，可以使用“数据合并”，将创建的文档源与数据源合并，从而创建多个页面。“数据合并”对中文文本无法应用，只可以对英文或数字应用。

“数据源文件”中包含的信息在目标文档中每次出现时均不同，例如信函收信人的姓名及地址。数据源文件由域和记录组成。域是特定信息的集合，如公司名称或邮政编码等。而记录是一行行完整信息集，例如公司的名称、所在街道、城市、省以及邮政编码。数据源文件中的内容可以使用逗号分隔，也可以使用<Tab>键创建的定位符分隔。图 13-43 出示了下面制作实例的数据源文件，在源文件中第一行为源文件的域，其他信息为记录。

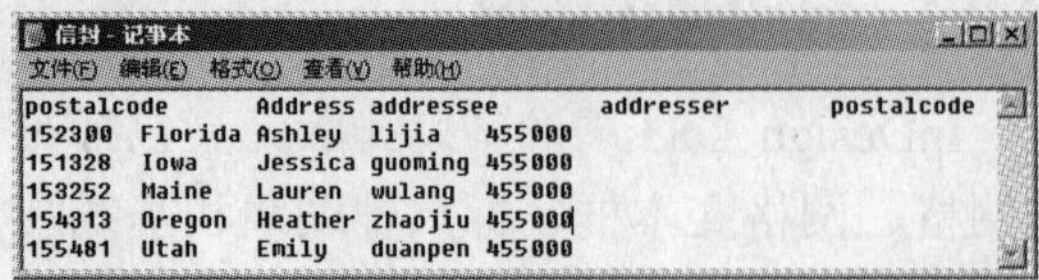

图 13-43　源文件

"目标文档"是一个 InDesign 文档，其中包含数据域占位符、所有样板材料、文本以及其他在合并的每个迭代中保持不变的项目。

"合并文档"是生成的 InDesign 文档，它包含来自目标文档的样板信息，数据源中有多少条记录，样板信息就会重复多少次。

下面演示数据合并的方法和技巧。

1）执行"文件"→"打开"命令，打开本书附带光盘\Chapter-13\"信封.indd"文件，如图 13-44 所示。

图 13-44　素材文件

2）执行"窗口"→"自动"→"数据合并"命令，打开"数据合并"调板，如图 13-45 所示。

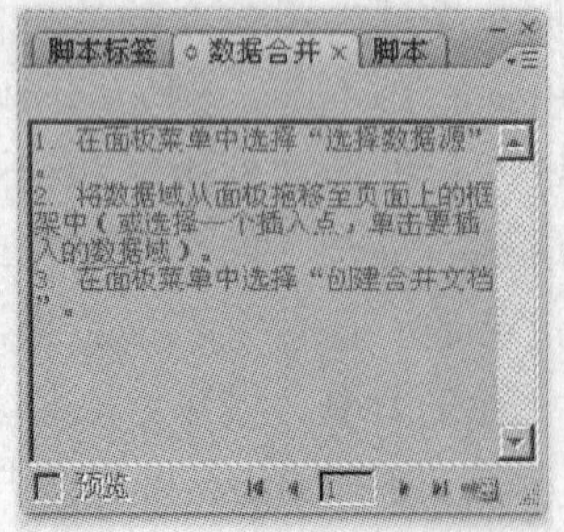

图 13-45　"数据合并"调板

3）单击"数据合并"调板右上角的"调板菜单"按钮，在弹出的菜单中执行"选择数据源"命令，打开"选择数据源"对话框，在对话框中选择本书附带光盘\Chapter-13\"信封.txt"文件，如图 13-46 所示。

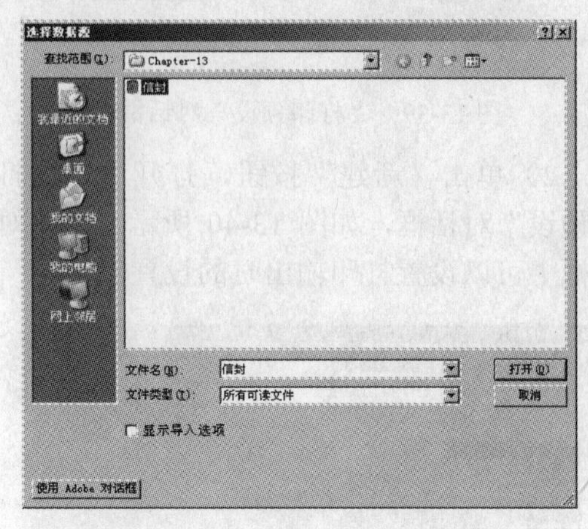

图 13-46　"选择数据源"对话框

4）单击"打开"按钮，将信息导入到"数据合并"调板中，如图 13-47 所示。

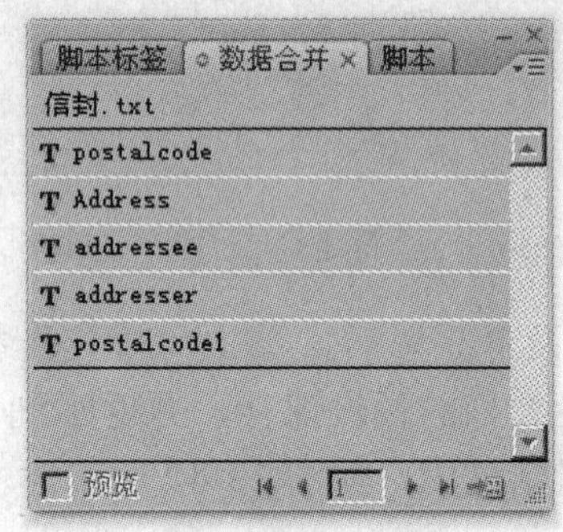

图 13-47　导入信息

5）在第一个文本框中插入光标，如图 13-48 所示。

图 13-48　插入光标

6）单击“数据合并”调板中的第一个信息，将域插入到文本框中，如图 13-49 所示。

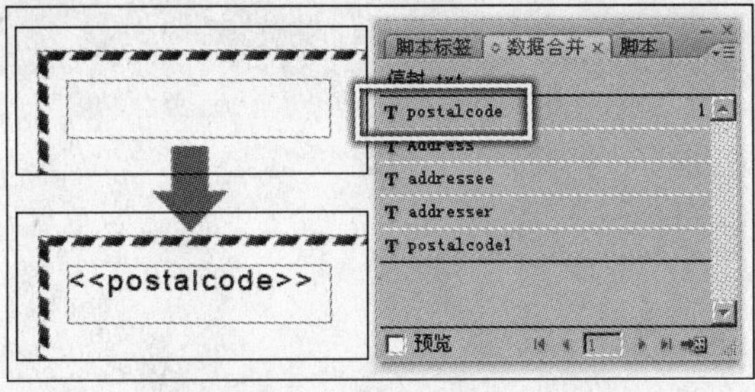

图 13-49　插入域

7）使用同样的方法依次为其他文本框添加域，如图 13-50 所示。

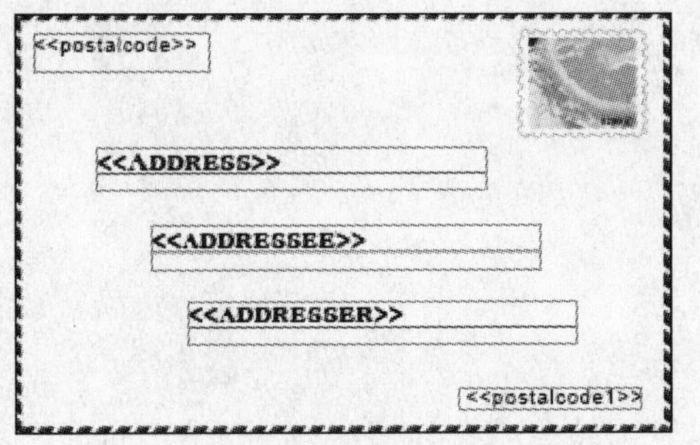

图 13-50　添加域

8）设置完毕后，单击“数据合并”调板右上角的“调板菜单”按钮，在弹出的菜单中执行“创建合并文档”命令，打开“创建合并文档”对话框，如图 13-51 所示。

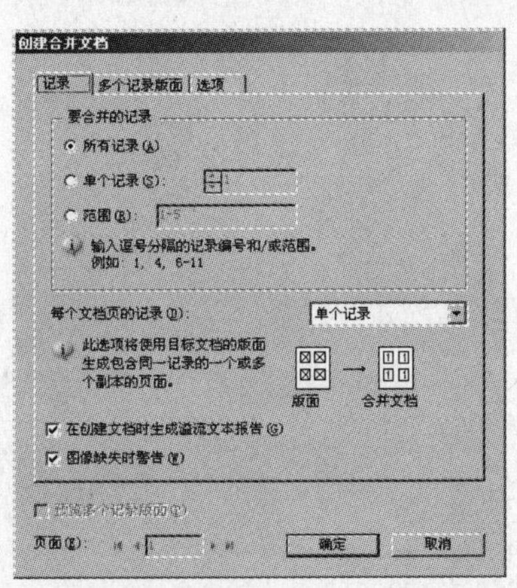

图 13-51　“创建合并文档”对话框

提 示

单击“数据合并”调板底部的“创建合并文档”按钮，同样可以打开“创建合并文档”对话框。

要合并的记录：该选项组中的选项设置合并记录的范围。

每个文档页的记录：在该选项的下拉列表中共有两个选项，“单个记录”和“多个记录”两个选项。“单个记录”选项使每条记录在下一页的顶部开始。“多个记录”选项可以在每个页面上创建多个记录。

多个记录版面：当“每个文档页的记录”选项为“多个记录”时，该面板中的选项才可使用，如图 13-52 所示。

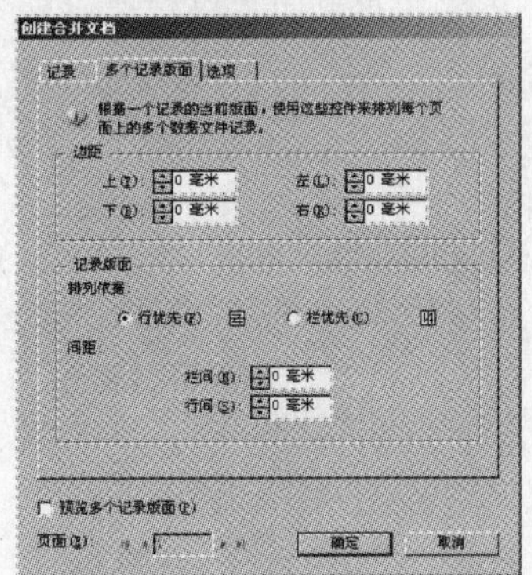

图 13-52　多个记录版面

选项：合并文档时对图片的设置，如图 13-53 所示。

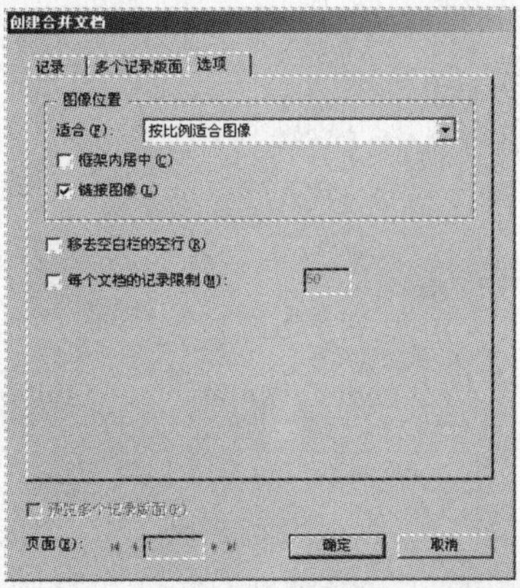

图 13-53　选项

9）保持对话框的默认状态，单击“确定”按钮。这时在 InDesign CS3 中处理一段时间，创建一个名为“信封-1”的文档，在该文档中显示合并后的内容，如图 13-54 所示。

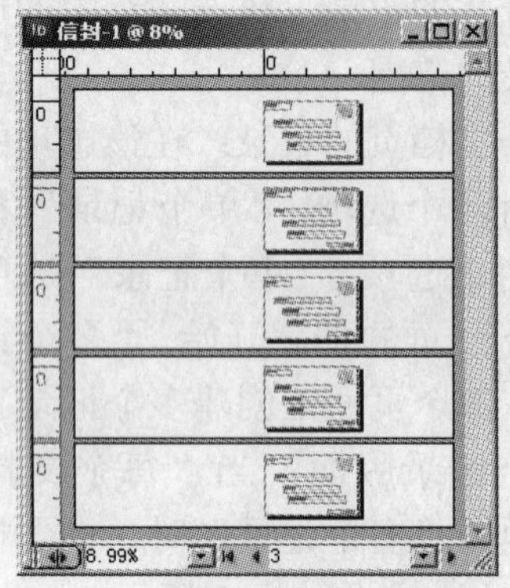

图 13-54　合并文档

第 14 章

综合实例演示

通过前面几章的学习，相信读者对 InDesign CS3 有了统一的了解。在本章中将为读者安排 3 组实例，如图 14-1 所示。通过这些实例的制作可以使读者对 InDesign CS3 的功能更快地掌握。

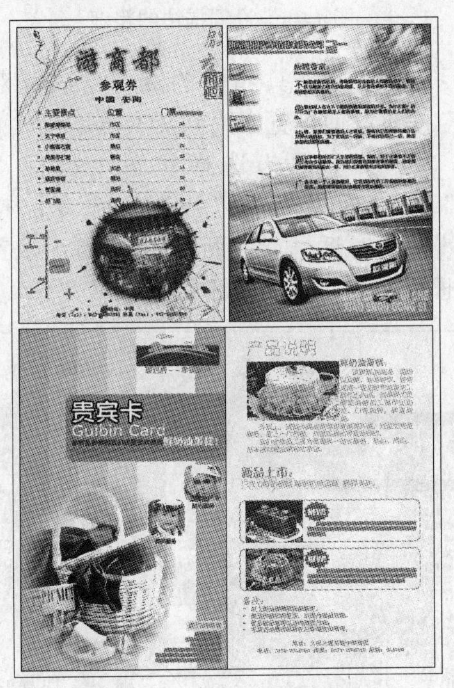

图 14-1　本章实例完成效果

14.1 旅游宣传页

本节制作了一个旅游宣传页，画面颜色清新亮丽，效果古朴大方，使人过目不忘。在本实例的制作过程中，为文字添加投影效果，为段落添加项目符号和段落线，从而使宣传页效果不古板、不单调，变得更加丰富多彩。本实例的制作概览如图 14-2 所示。

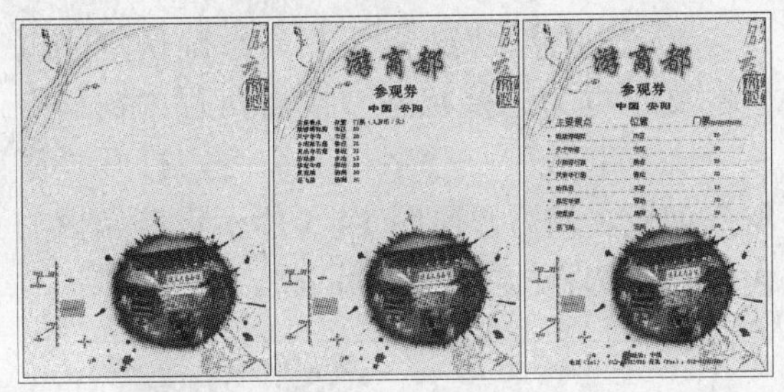

图 14-2　制作概览

1. 编辑标题

1）启动 InDesign CS3，执行“文件”→“打开”命令，打开本书附带光盘\Chapter-14\“宣传页背景.indd”文件，如图 14-3 所示。

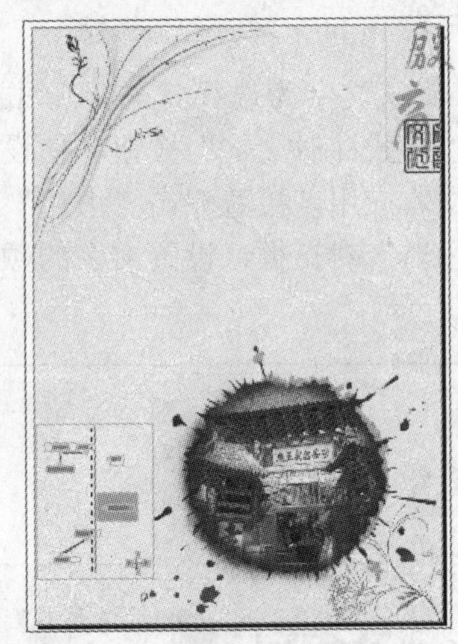

图 14-3　素材文件

2）选择工具箱中的 T “文字”工具，在视图相应的位置单击并拖动鼠标，创建纯文本框，然后输入文字，如图 14-4 所示。

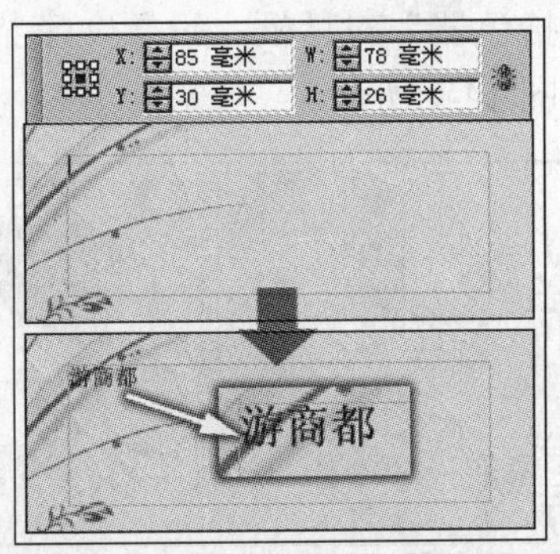

图 14-4　创建文本框并输入文字

3）选择“选择”工具，确认刚刚创建的文本框为选择状态，接着执行“窗口”→“文字和表”→“字符”命令，打开“字符”调板，然后参照图 14-5 所示设置调板的内容，对选择的文字进行调整。

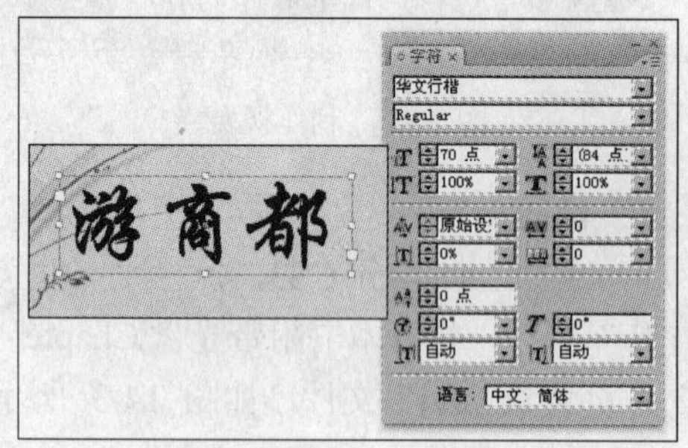

图 14-5 “字符”调板

4）确认文字为选择状态，单击工具箱中的“格式针对文本”按钮，使设置只对选择的文本应用。接着双击“填色”框，打开“拾色器”对话框，设置文字的颜色，如图 14-6 所示。

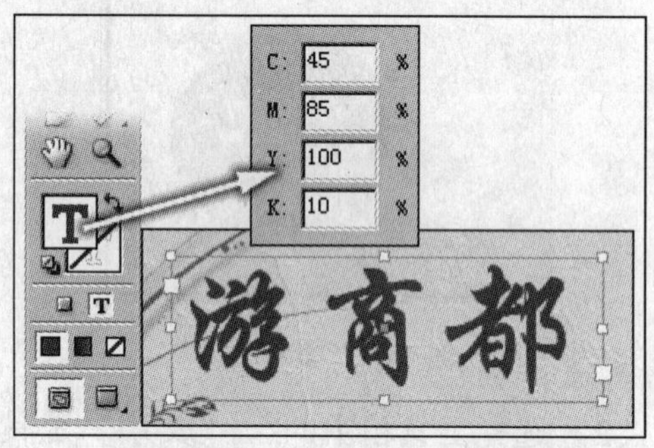

图 14-6 设置文字的颜色

5）接着双击工具箱中的“描边”框，打开“拾色器”对话框，设置文字描边的颜色，如图 14-7 所示。

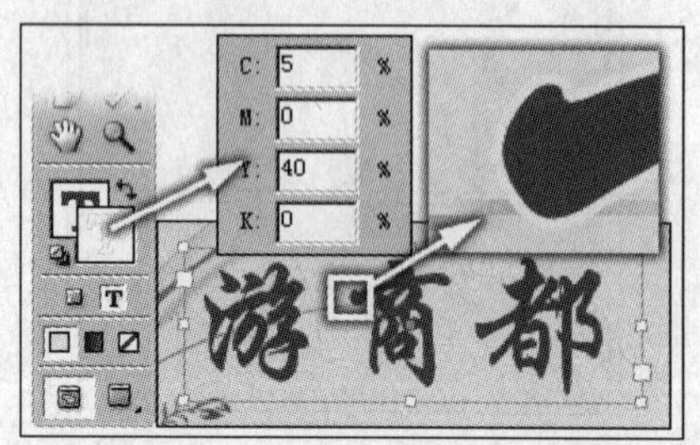

图 14-7 设置文字描边颜色

6）执行“窗口”→“描边”命令，打开“描边”调板，参照图 14-8 所示设置描边的粗细。

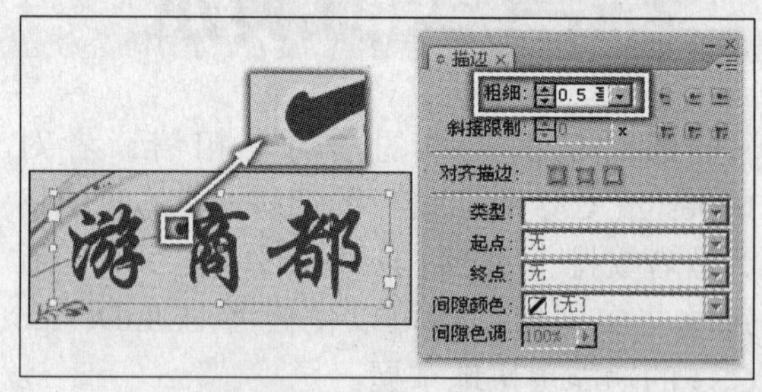

图 14-8 设置描边的粗细

7）单击工具箱中的“格式针对容器”按钮，使设置应用到文本框。

8）文本框为选择状态，执行“对象”→“效果”→“投影”命令，打开“效果”对话框，参照图 14-9 所示设置对话框的参数，为文字添加投影效果。

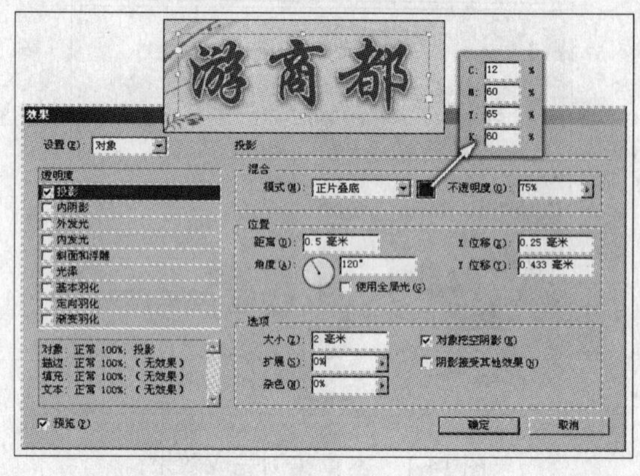

图 14-9 “效果”对话框

9）使用“文字”工具在视图相应的位置绘制文本框，并输入文字，如图 14-10 所示。

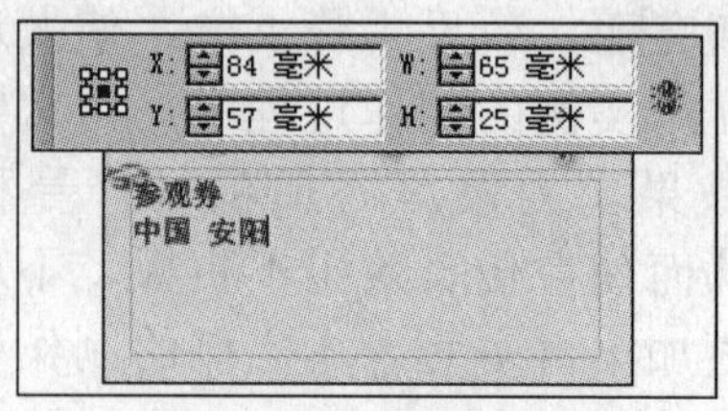

图 14-10 创建文字

10）参照图 14-11 所示依次将文本中的文字选中并对其进行设置。

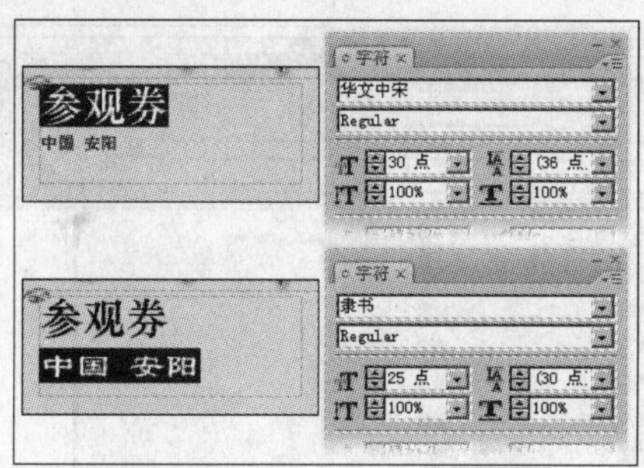

图 14-11 设置文字格式

11）选择工具箱中 “选择” 工具，确认刚刚设置的文本为选择状态，执行“窗口”→“文字和表”→“段落”命令，打开“段落”调板，设置段落的对齐方式，如图 14-12 所示。

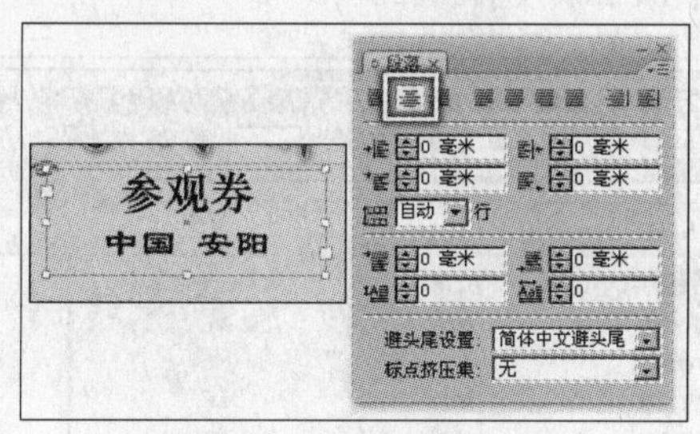

图 14-12 设置段落的对齐方式

2. 编辑正文

1）执行“文件”→“置入”命令，将本书附带光盘\Chapter-14\“文字.txt”文件置入到文档中，置入的文字不带网格，如图 14-13 所示。

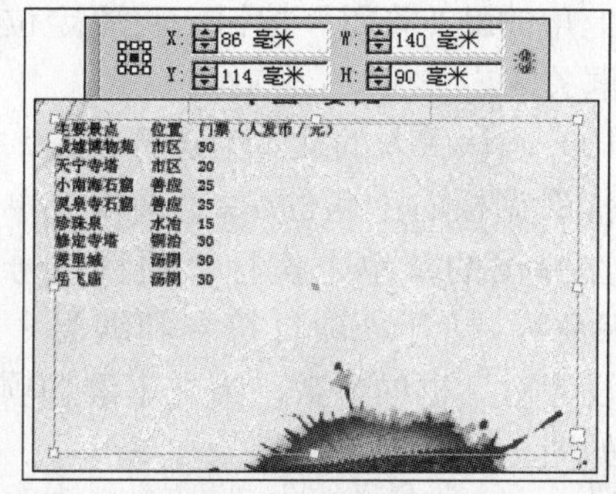

图 14-13 置入文本

2）单击工具箱中的 “格式针对文本”按钮，接着双击“填充”框，打开“拾色器”对话框设置文本的颜色，如图 14-14 所示。

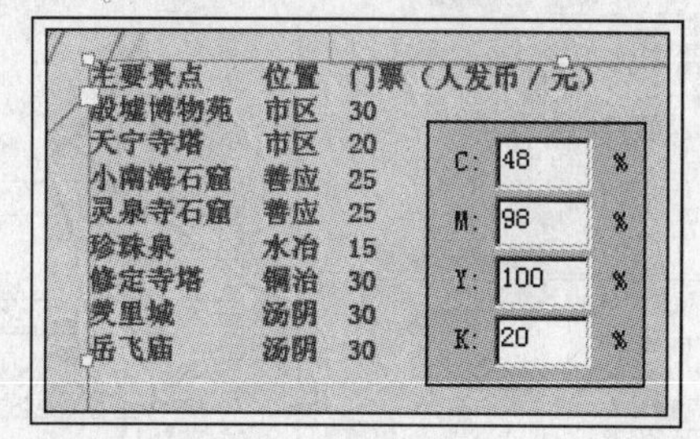

主要景点	位置	门票（人发币/元）
殷墟博物苑	市区	30
天宁寺塔	市区	20
小南海石窟	善应	25
灵泉寺石窟	善应	25
珍珠泉	水冶	15
修定寺塔	铜冶	30
羑里城	汤阴	30
岳飞庙	汤阴	30

图 14-14 设置文本的颜色

3）设置颜色完毕后，使用 “文字”工具参照图 14-15 所示分别设置文本的样式。

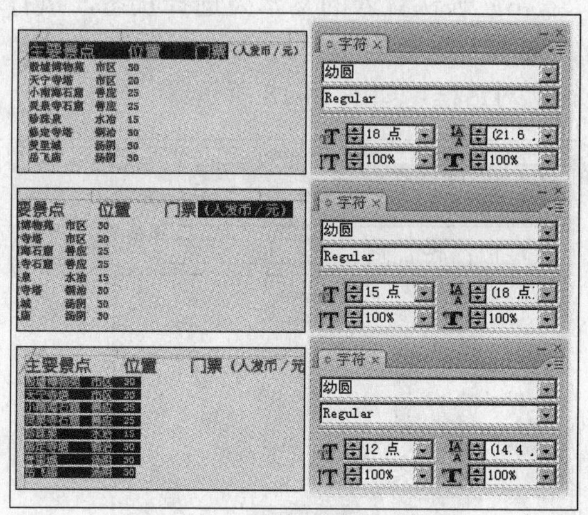

图 14-15 设置文本的样式

4）参照图 14-16 所示将相应的文字选中，然后单击“字符”调右上角的 “调板菜单”按钮，在弹出的快捷菜单中执行“下标”命令，使选择的文字产生下标的效果。

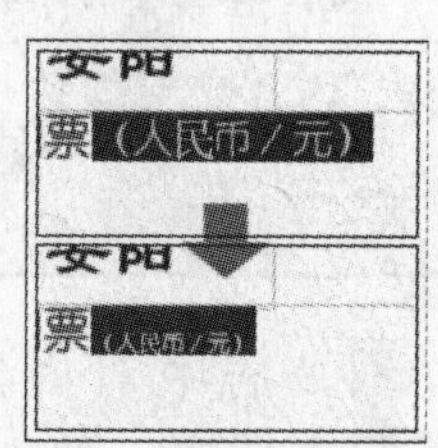

图 14-16 设置下标

5）选择工具箱中的“选择”工具，使置入的文本为选择状态。在“段落”调板中设置段落的样式，如图14-17所示。

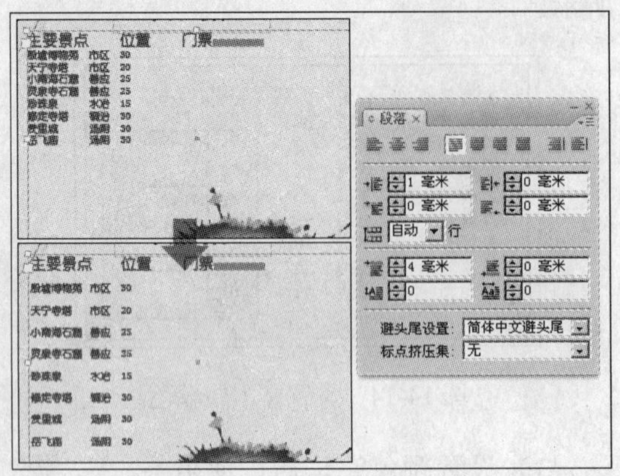

图14-17　设置段落文本

6）确认置入的文本为选择状态，执行“文字”→“定位符”命令，打开“定位符”对话框，如图14-18所示。

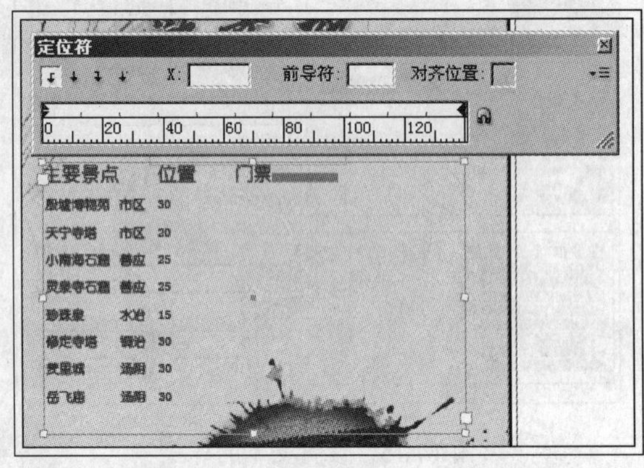

图14-18　“定位符”对话框

提 示

使用“定位符”命令对齐文本，只有在文本中输入定位符才可以使用该命令。在本实例中置入的文本已经输入了定位符，因此可以使用该命令。

7）单击“居中对齐定位符”按钮，接着在标尺上单击，使文本根据单击的位置居中对齐文本，然后设置X选项的值，精确调整对齐的位置，如图14-19所示。

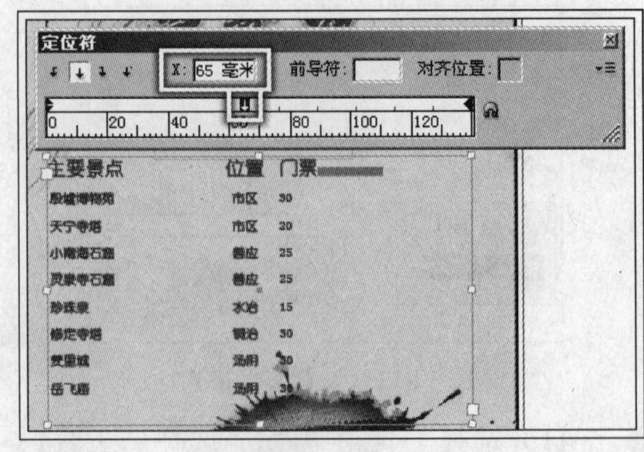

图14-19　对齐文本

8）使用同样的方法，再次在标尺上单击并设置X选项，调整文本对齐的位置，如图14-20所示。

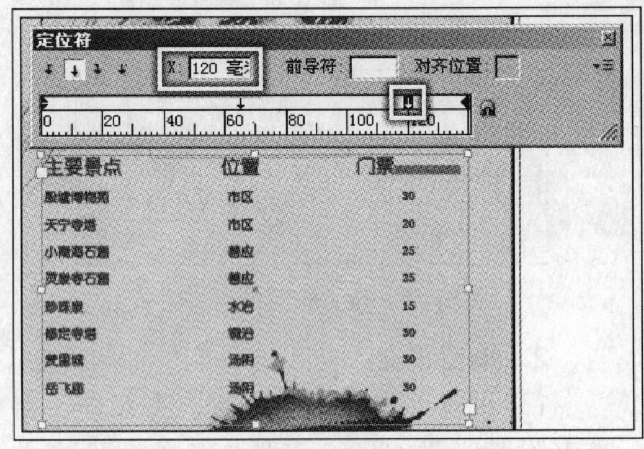

图14-20　设置文本对齐

9）设置完毕后，单击“定位符”对话框右上角的“关闭”按钮，将“定位符”对话框关闭。

10）确认置入的文本为选择状态，单击“段落”调板右上角的“调板菜单”按钮，在弹出的菜单中执行“项目符号和编号”命令，打开“项目符号和编号”对话框，设置对话框的参数，为文本添加项目符号，如图14-21所示。

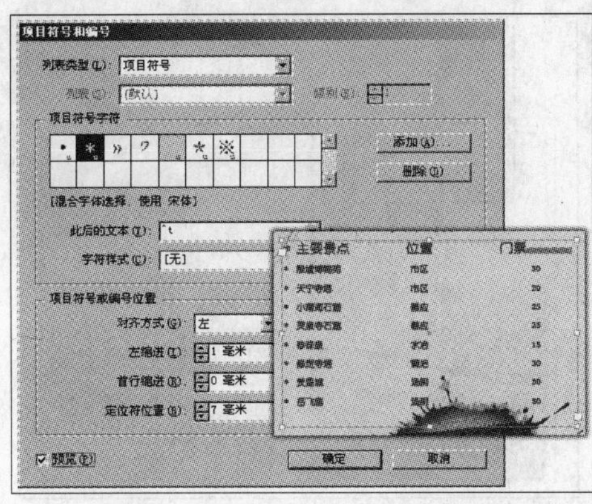

图 14-21　为文本添加项目符号

11）再次单击“段落”调板右上角的“调板菜单”按钮，在弹出的菜单中执行“段落线”命令，设置对话框的参数，为文本添加段落线，如图 14-22 所示。

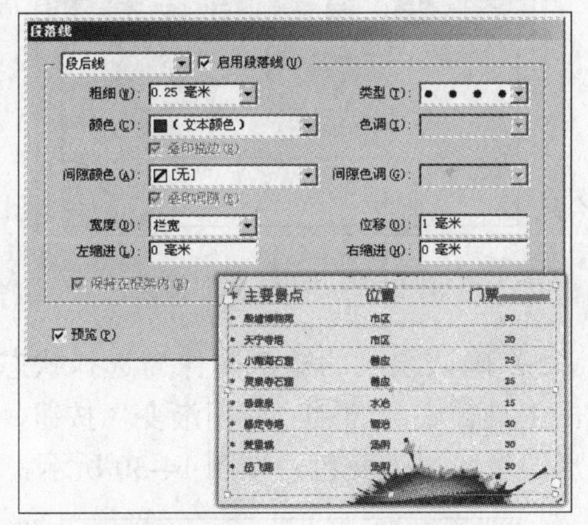

图 14-22　添加段落线

12）使用“文字”工具，在视图相应的位置添加文本并对其进行设置，如图 14-23、图 14-24 所示。

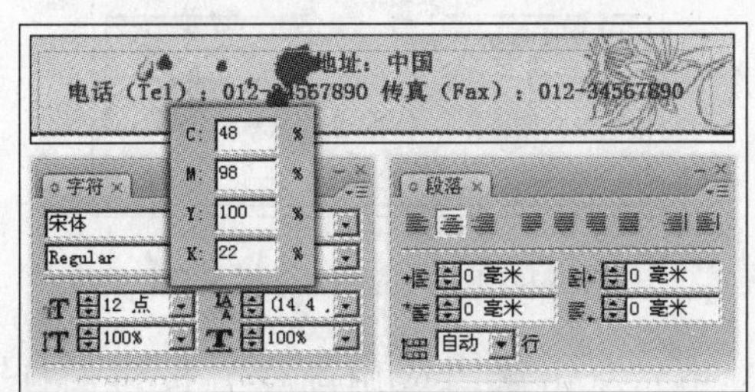

图 14-23　添加文本

13）至此本实例已经制作完成，效果如图 14-24 所示。

提 示

如果在制作过程中遇到什么问题，可以打开本书附带光盘\Chapter-14\“旅游宣传页.indd”文件进行查看。

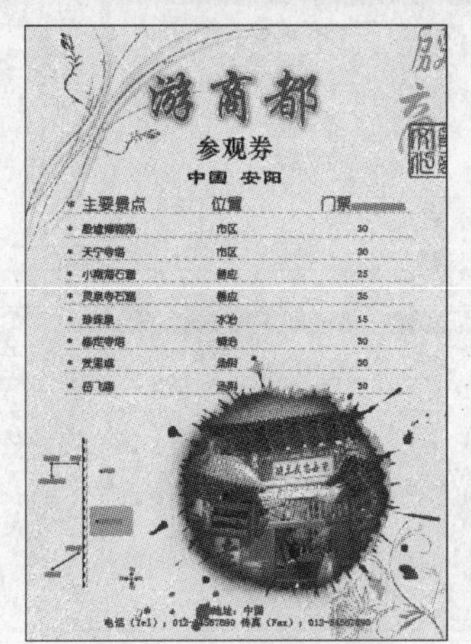

图 14-24　完成效果

14.2 招聘启事

在本节中制作了一个“招聘启事”的小宣传页。画面颜色浓郁，给人稳重、深沉的感觉，体现了公司对人才的渴望。在本实例的制作过程中，多处使用渐变色，在文字中添加图像，还使用每段文字首字下沉的样式效果。图 14-25 出示了本实例的制作概览。

图 14-25　制作概览

1．编辑辅助文本

1）启动 InDesign CS3，执行“文件”→“新建”→“文档”命令，参照图 14-26 所示创建一个 1 页自定义大小的文档。

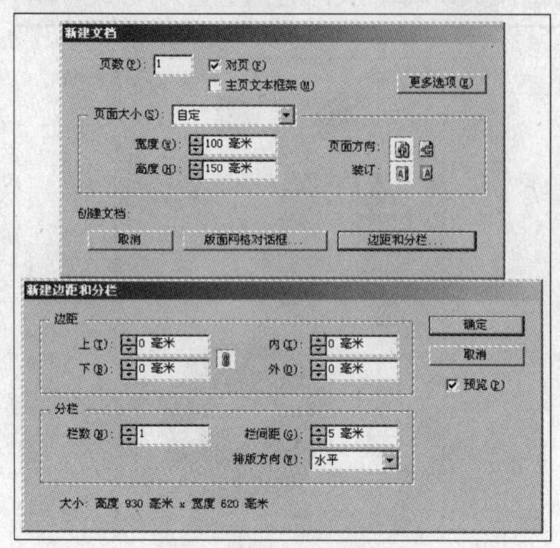

图 14-26　新建文档

2）执行“文件”→“置入”命令，将本书附带光盘\Chapter-14\“风景.jpg”文件，置入到文档中并调整图像的位置，效果如图 14-27 所示。

图 14-27　置入图像

3）执行“视图”→“显示性能”→“高品质显示”命令，可以将导入的图像显示清晰，如图 14-28 所示。

图 14-28　显示清晰

4）使用“矩形”工具，在视图相应的位置绘制矩形图像，如图 14-29 所示。

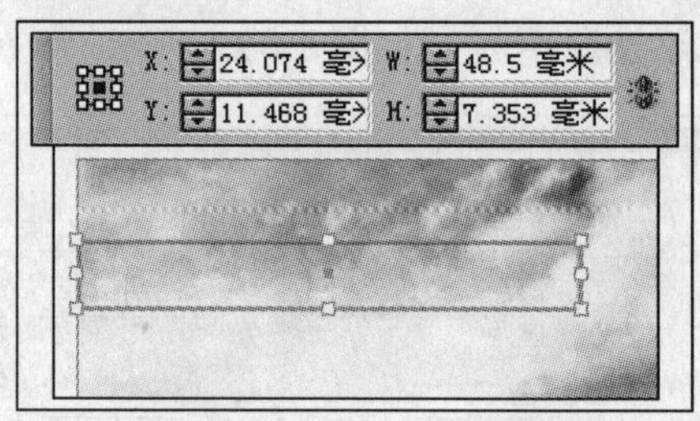

图 14-29　绘制矩形图像

5）确认绘制的矩形图像为选择状态，单击工具箱底部的“应用渐变”按钮，使矩形图像应用渐变色，如图 14-30 所示。

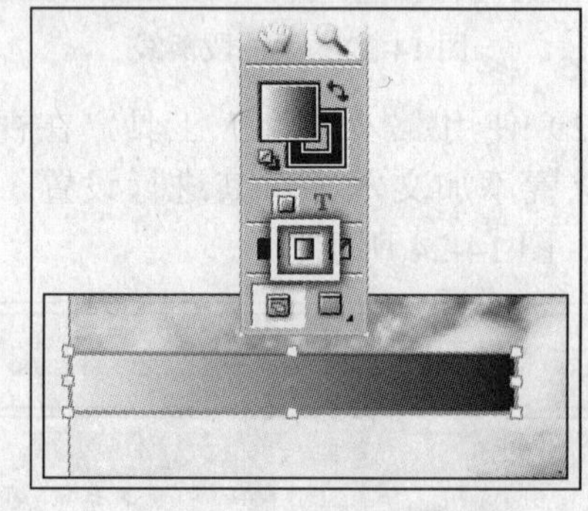

图 14-30　“应用渐变”按钮

6）双击“应用渐变”按钮，打开“渐变”调板，单击该调板上的“白色”色标将其选中，然后双击“填色”框，打开“拾色器”对话框，设置该色标的颜色为橙色，如图 14-31 所示。

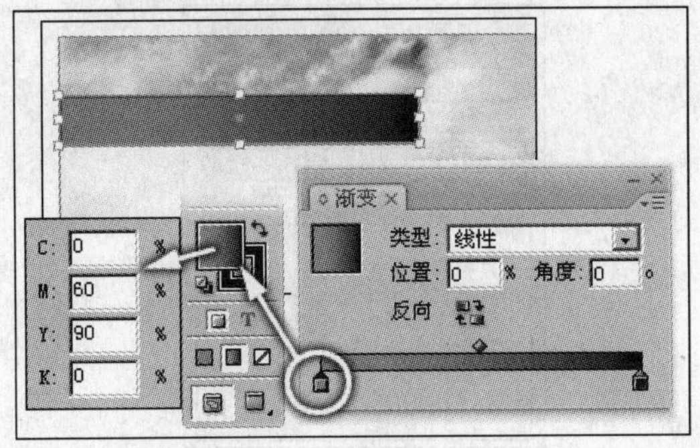

图 14-31　设置渐变色的色标

7）选择黑色色标，将该色标的颜色设置为白色，然后在“位置”选项中输入值，设置该色标的位置，调整渐变色，效果如图 14-32 所示。

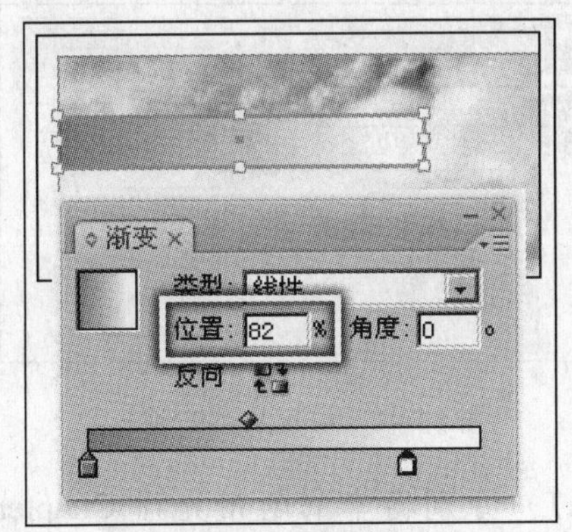

图 14-32　设置渐变色

8）单击工具箱中的“描边”框，接着单击“填充无”按钮，使矩形图像的边框不填充，如图 14-33 所示。

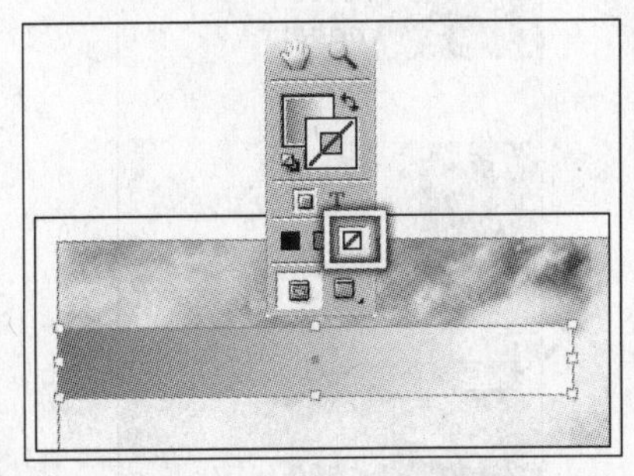

图 14-33　不填充描边

9）将绘制好的矩形图像复制，并调整位置和大小，如图 14-34 所示。

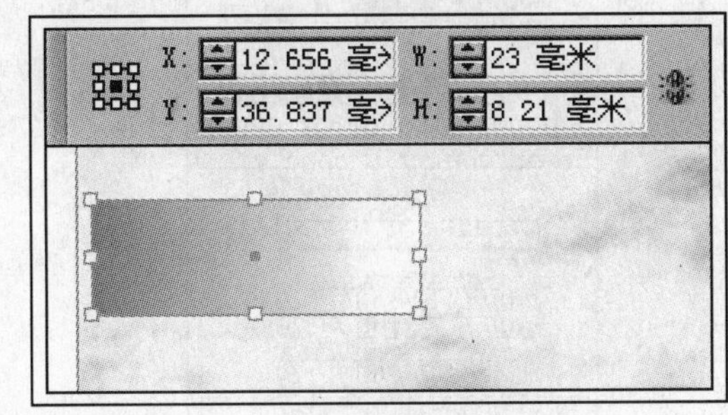

图 14-34　调整副本图像

10）将调整后的图像多次复制，并调整图像的位置和颜色，如图 14-35 所示。

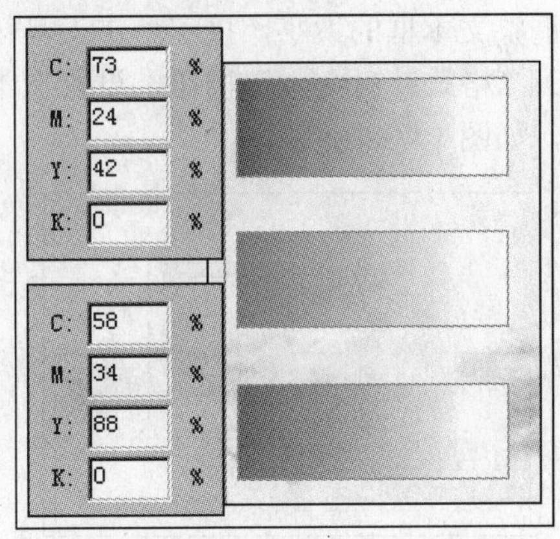

图 14-35　调整图像的颜色和位置

11）使用 T “文字”工具，在文档相应的位置绘制文本框并输入文字，如图 14-36 所示。

世纪明琪汽车销售有限公司
SHI JI MING QI QI CHE XIAO
SHOU YOU XIAN GONG SI

图 14-36　输入文字

12）参照图 14-37 所示分别对文本样式进行设置。

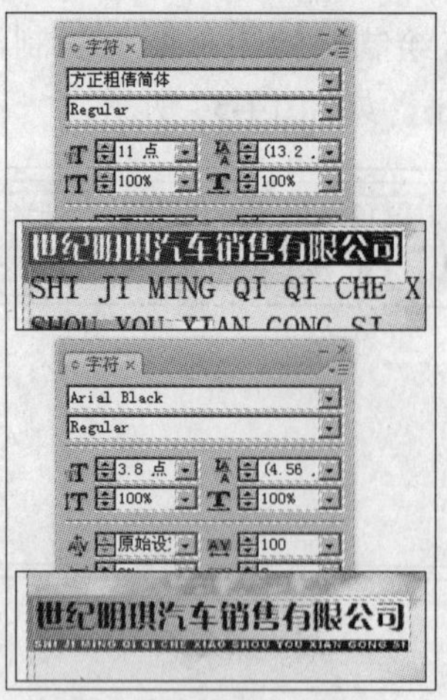

图 14-37　设置文本样式

13）选择工具箱中的"选择"工具，调整文本框的大小，接着单击工具箱底部的"格式针对文本"按钮，设置文本的颜色，如图 14-38 所示。

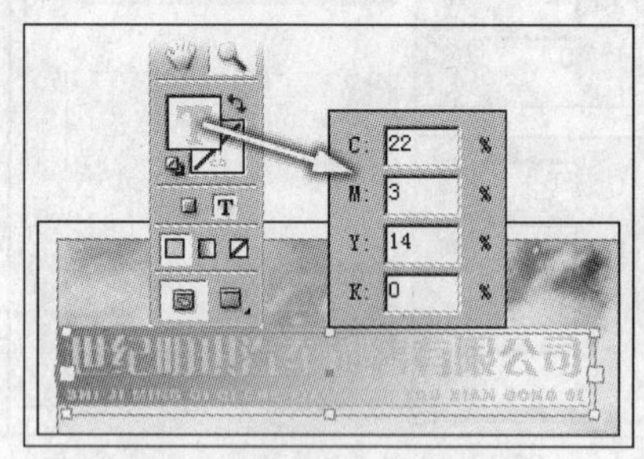

图 14-38　设置文本的颜色

14）然后设置文本描边颜色为黑色。再打开"描边"调板，在调板中设置"粗细"选项为 0.2，为文本添加描边效果，效果如图 14-39 所示。

图 14-39　为文本添加描边效果

15）使用"文字"工具，在视图中创建文本框，接着设置文字的大小为 3 点，然后输入文本，如图 14-40 所示。

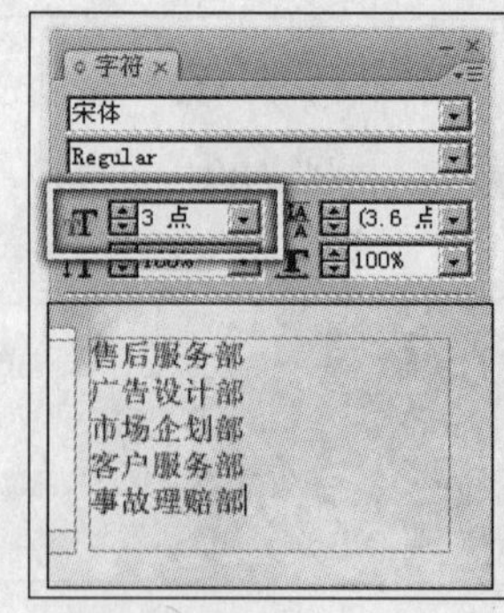

图 14-40　创建文本并更改文本的大小

16）将部分文字选中，在"字符"调板中设置文本的大小和字体，在"段落"调板中设置段落的对齐方式。然后为文本框中的文本设置颜色，效果如图 14-41 所示。

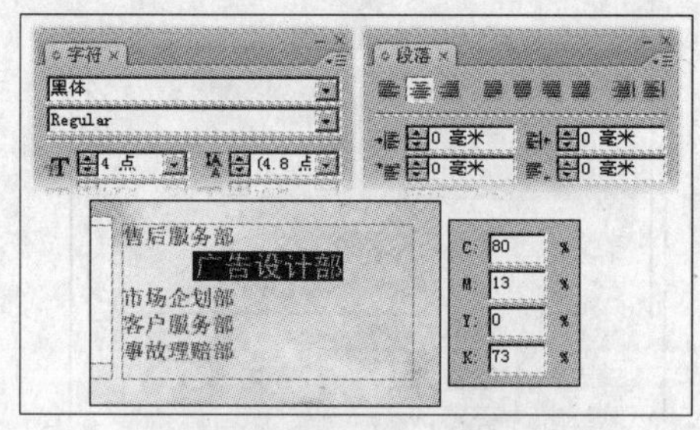

图 14-41　设置文本的颜色

17）分别将本书附带光盘\Chapter-14\"图片 1.jpg"、"图片 2.jpg"和"图片 3.jpg"置入到文档中，添加相应的文本并对文本进行设置，效果如图 14-42 所示。

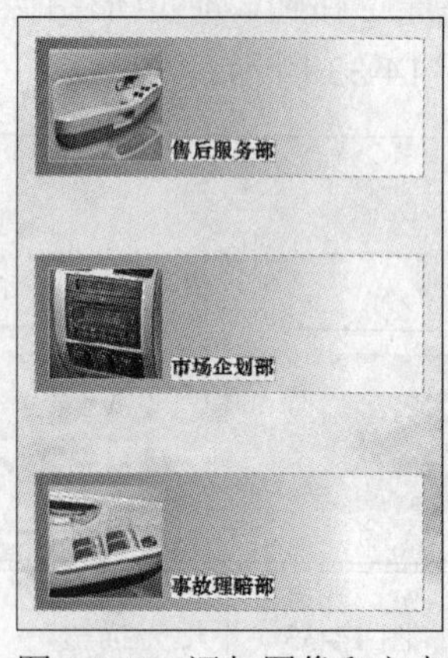

图 14-42　添加图像和文本

2．编辑正文

1）参照图 14-43 所示在视图相应的位置创建文本，并对文本进行设置。

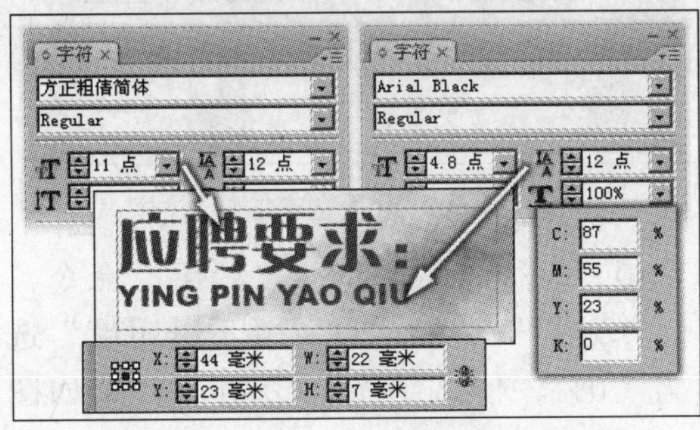

图 14-43　创建文本

2）执行“文件”→“置入”命令，将本书附带光盘\Chapter-14\“应聘要求.txt”文件置入到文档中，效果如图 14-44 所示。

图 14-44　置入文本

注 意

在打开“置入”对话框时，取消“应用网格”选项的复选，使置入的文本不带网格。

3）使用“选择”工具，选择刚刚置入的文本，在“字符”调板中对文本进行设置，如图 14-45 所示。

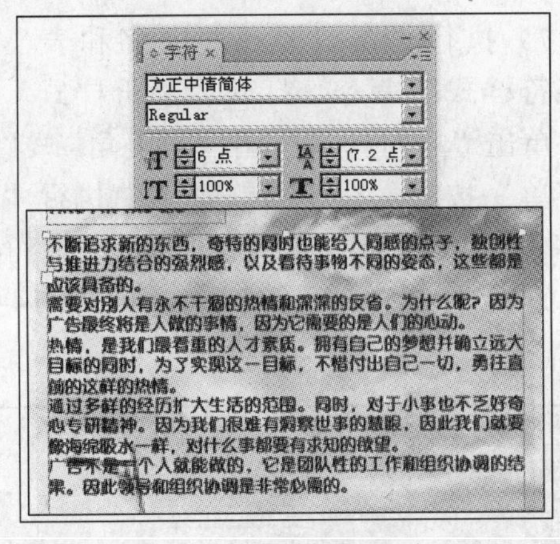

图 14-45　设置文本

4）然后在“段落”调板中设置段落与段落之间的距离，效果如图 14-46 所示。

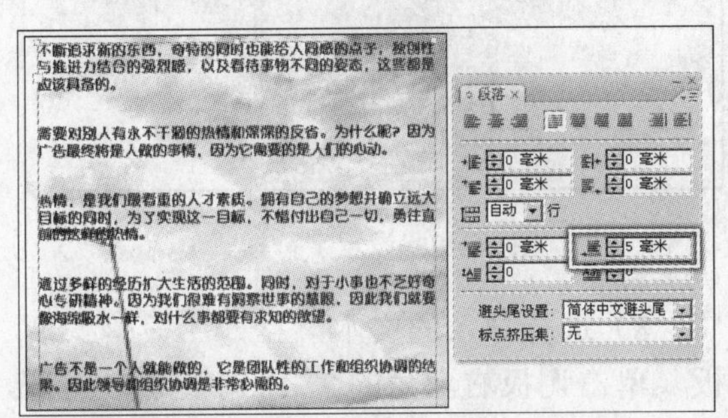

图 14-46　设置段落之间的距离

5）在文档的空白处单击，不选择文档中的任意对象。接着执行“窗口”→“色板”命令，打开“色板”调板。

6）单击“色板”调板右上角“调板菜单”按钮，在弹出的菜单中执行“新建颜色色板”命令，打开“新建颜色色板”对话框，设置色板，如图 14-47 所示。

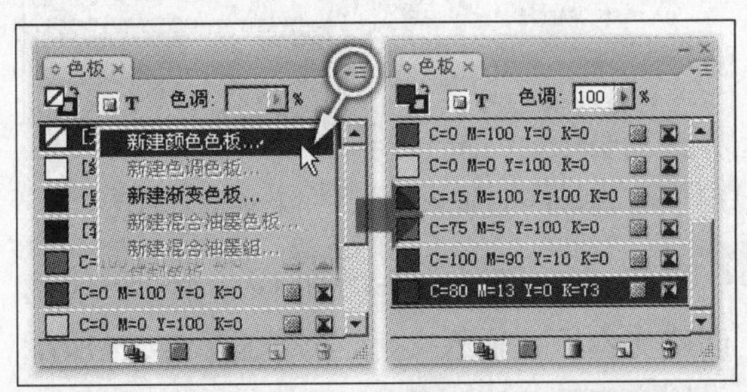

图 14-47　新建色板

7）执行“窗口”→“文字和表”→“字符样式”命令，打开“字符样式”调板。单击“字符样式”调板右上角“调板菜单”按钮，在弹出的菜单中执行“新建字符样式”命令，打开“新建字符样式”对话框，设置字符样式，如图 14-48 所示。

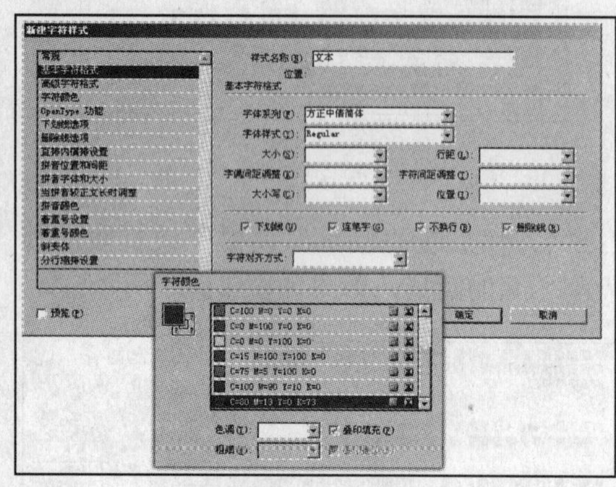

图 14-48　设置字符样式

8）选择导入的文本，打开“段落”调板，单击调板右上角的“调板菜单”按钮，在弹出的菜单中执行“首字下沉和嵌套样式”命令，打开“首字下沉和嵌套样式”对话框，设置首字下沉，并将刚刚创建的字符样式应用到下沉的文字中，效果如图 14-49 所示。

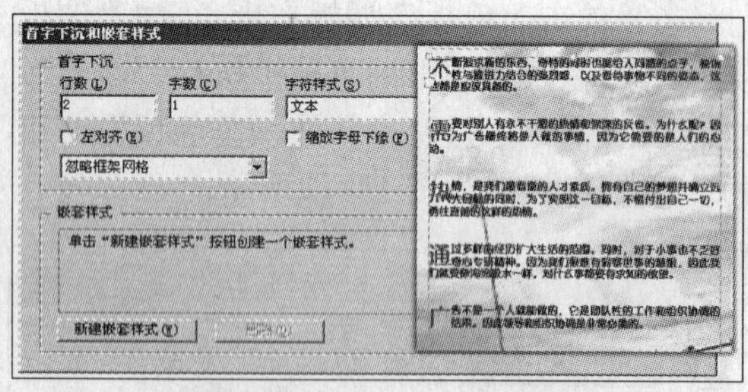

图 14-49　设置“首字下沉和嵌套样式”

9）使用“文字”工具，在文档底部创建文本框并输入文字，参照图 14-50 所示设置文本的样式。

图 14-50　设置文本的样式

10）执行“窗口”→“效果”命令，打开“效果”调板，设置“不透明度”选项为 70%，使文字图像透明，效果如图 14-51 所示。

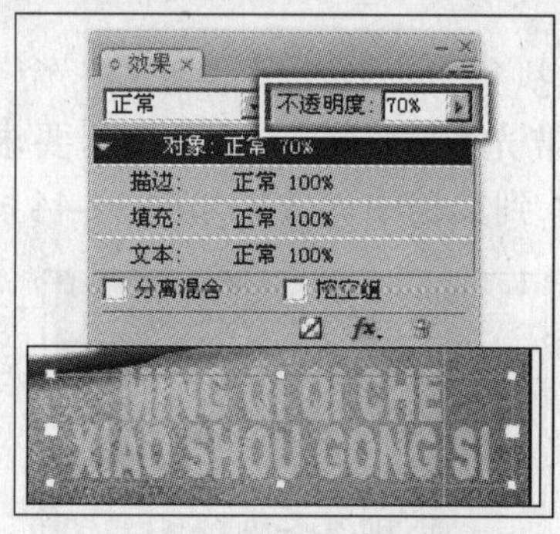

图 14-51　设置对象的不透明度

11）执行“文件”→“图像”命令，将本书附带光盘\Chapter-14\“汽车.psd”文件置入到文档中。

12）使用工具箱中的“自由变换”工具，调整图像的大小和位置，效果如图 14-52 所示。

图 14-52　编辑图像

13）执行“窗口”→“文本绕排”命令，打开“文本绕排”调板。确认刚刚置入的图像为选择状态，单击该调板中的 "沿定界框绕行"按钮，使文本根据图形的形状绕排文字，如图 14-53 所示。

图 14-53　文本绕排

14）最后参照图 14-54 所示为文档添加文本，并对文本进行设置。

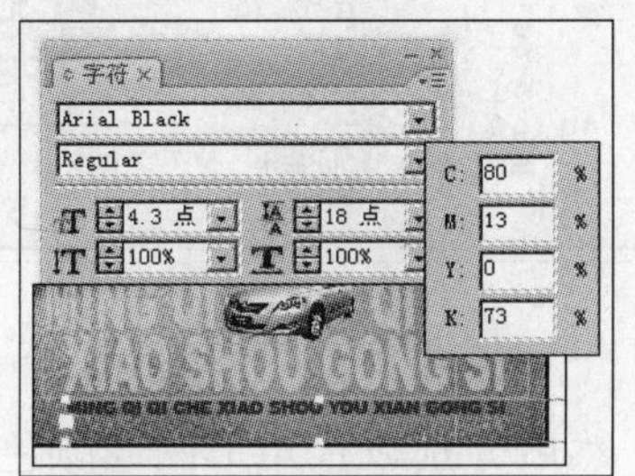

图 14-54　添加并设置文本

15）至此该实例已经制作完成，效果如图 14-55 所示。

提 示

读者在制作过程中如果遇到什么问题，可以打开本书附带光盘\Chapter-14\"招聘启事.indd"文件进行查看。

图 14-55　完成效果

14.3 贵宾卡

本节制作了一个蛋糕房的贵宾卡。贵宾卡以黄色调为主，激发人们食欲。同时，使用写实的方法，表现商品的外观，充分展示了商品美味诱人的特点。在本实例的制作过程中，通过绘制图像来制作背景，接着将素材置入到文档中添加效果，然后添加文字并为文字设置不同的样式。图 14-56 为该实例的制作概览。

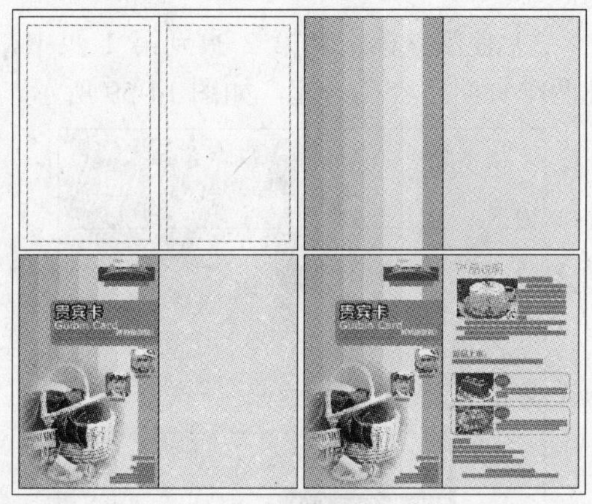

图 14-56　制作概览

1. 绘制标志

1）启动 InDesign CS3，执行"文件"→"新建"→"文档"命令，参照图 14-57 所示创建一个空白文档。

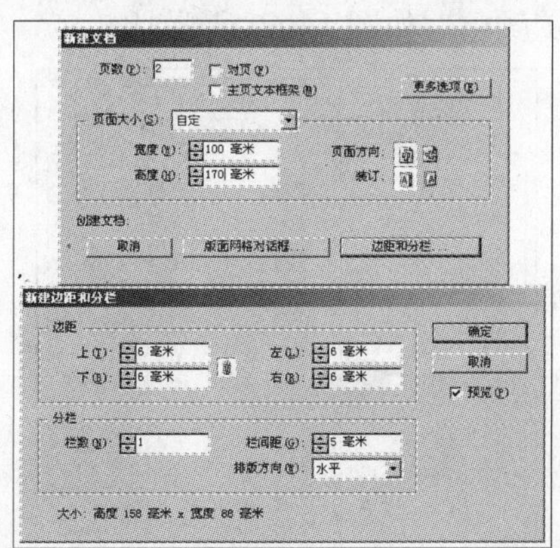

图 14-57　新建文档

2）执行"窗口"→"页面"命令，打

开“页面”调板，单击该调板右上角的“调板菜单”按钮，在弹出的菜单中执行“允许选定的跨页随机排布”命令，使该页面可以和其他页面拼合，如图 14-58 所示。

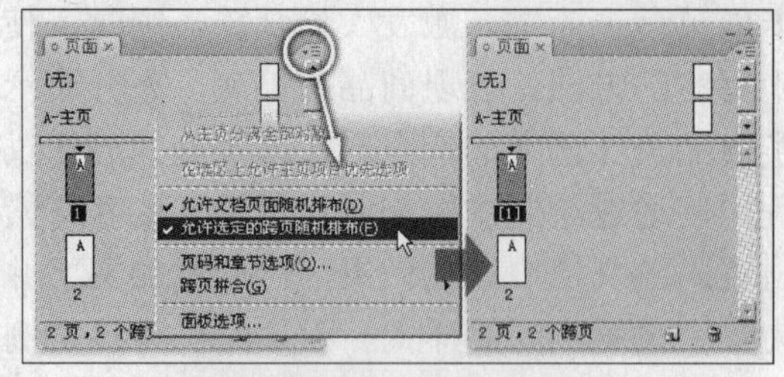

图 14-58 “页面”调板

3）使用鼠标拖动第 2 页到第 1 页中，使两个页面拼合在一起，如图 14-59 所示。

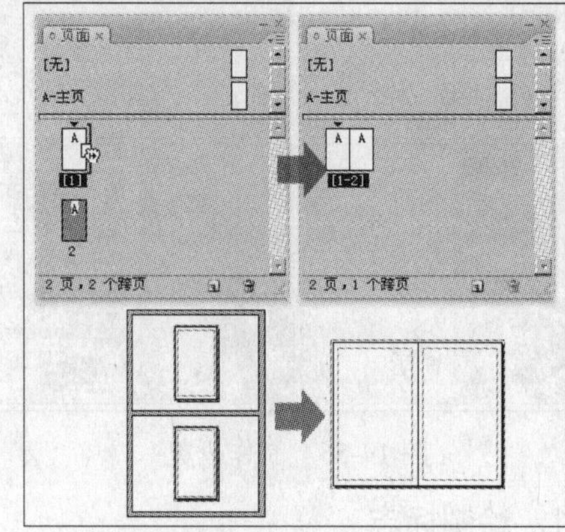

图 14-59 拼合页面

4）使用“矩形”工具，在视图中绘制一个矩形图像，然后在工具箱中为矩形图像设置颜色，如图 14-60 所示。

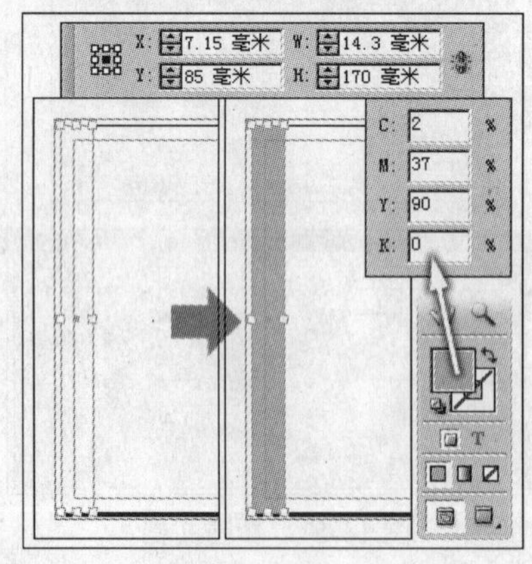

图 14-60 绘制图像

5）执行“编辑”→“多重复制”命令，打开“多重复制”对话框，参照图 14-61 所示设置对话框的参数，将图像复制并调整图像的位置。

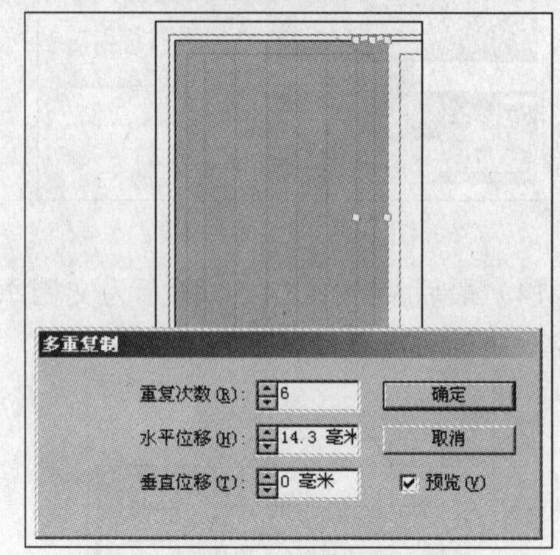

图 14-61 多重复制

6）然后分别设置矩形图像颜色，效果如图 14-62 所示。

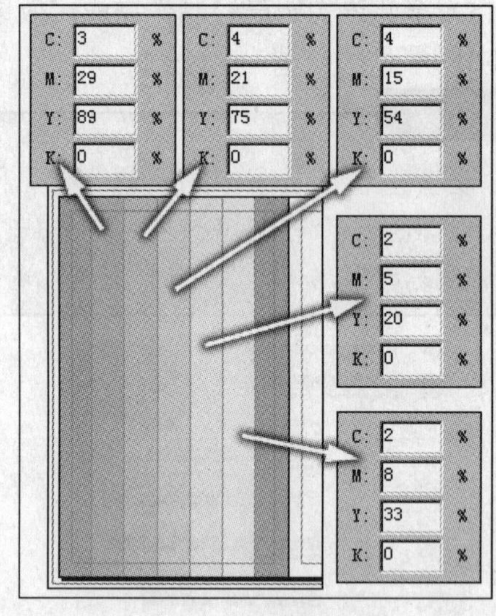

图 14-62 设置图像颜色

7）继续使用“矩形”工具在页面中绘制矩形图像，并设置矩形图像的颜色，如图 14-63 所示。

图 14-63　设置矩形图像的颜色

8）执行“文件”→“置入”命令，将本书附带光盘\Chapter-14\“静物.jpg”文件置入到文档中，调整图像的位置，效果如图 14-64 所示。

图 14-64　置入图像

9）确认刚刚置入的图像为选择状态，执行“对象”→“效果”→“渐变羽化”命令，打开“效果”对话框，设置图像羽化的效果，如图 14-65 所示。

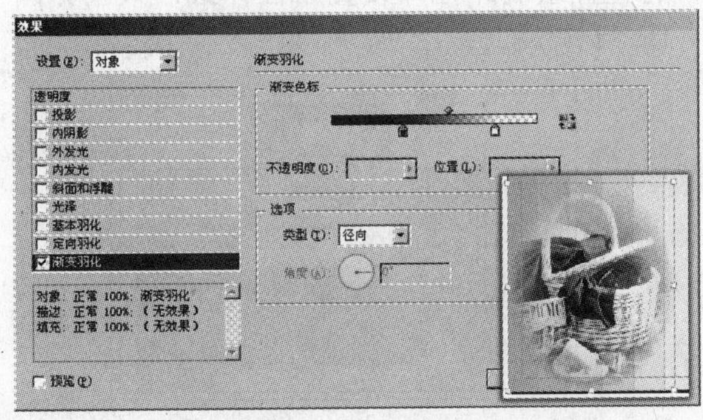

图 14-65　设置图像羽化

10）使用“矩形”工具在页面中绘制矩形图像并设置矩形图像的颜色，如图 14-66 所示。

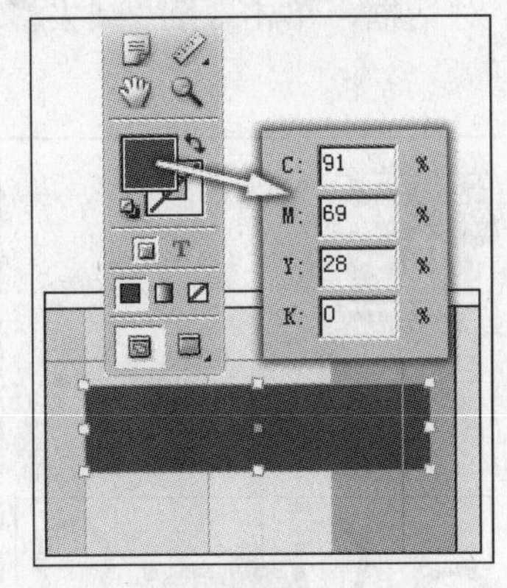

图 14-66　绘制矩形图像

11）使用“椭圆”工具，参照图 14-67 所示在视图相应的位置绘制多个椭圆图像。

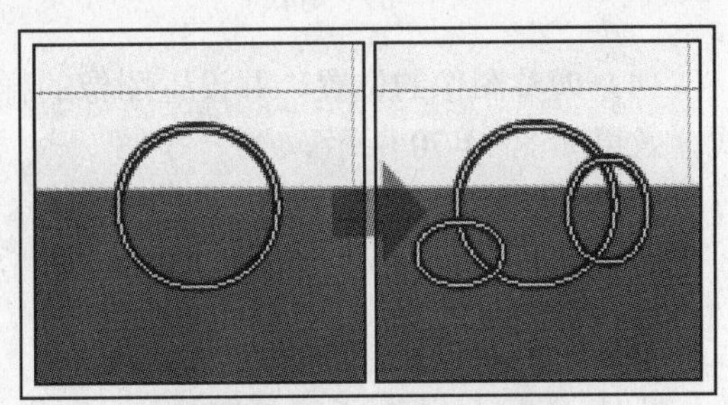
图 14-67　绘制椭圆图像

12）使用“选择”工具，配合按下<Shift>键将多个图像选中，然后按下<Alt>键的同时拖动选择图像，将其复制，效果如图 14-68 所示。

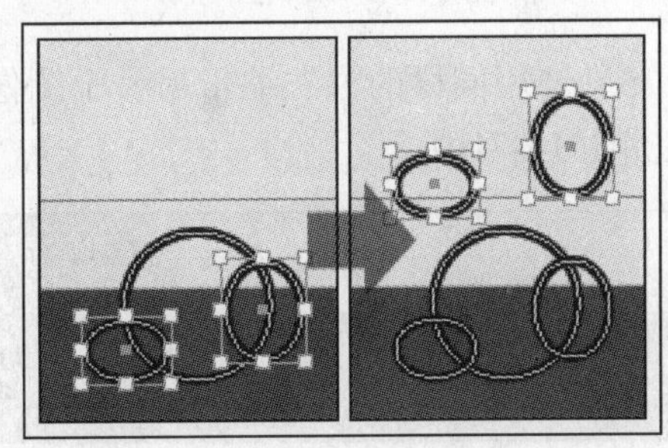
图 14-68　复制图像

13）参照图 14-69 所示将部分绘制的椭圆形选中，执行“窗口”→“对象和版面”→“路径查找器”命令，打开“路径查找器”对话框，单击“减去”按钮，将图像剪裁。

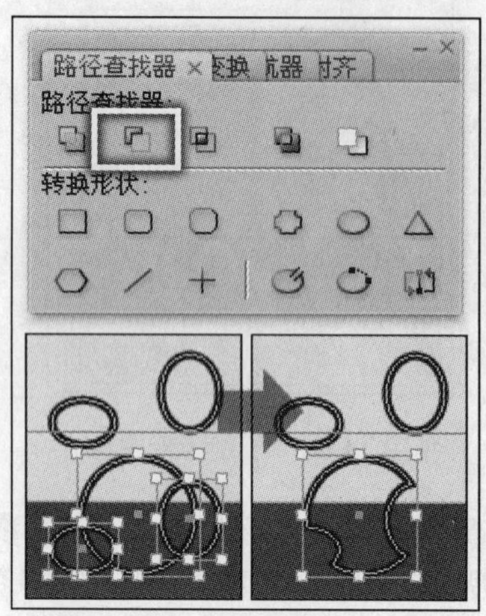

图 14-69　剪裁

14）调整图像的位置，并设置图像的样式，效果如图 14-70 所示。

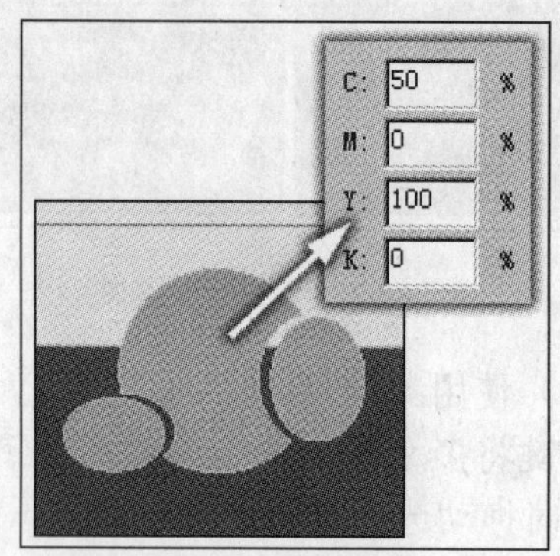

图 14-70　编辑图像

15）使用同样的方法编辑另一个图像，效果如图 14-71 所示。

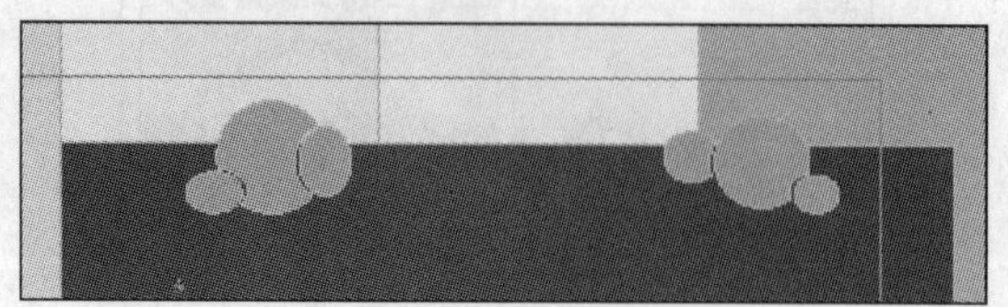

图 14-71　绘制图像

16）使用“钢笔”工具，在视图中绘制相应的图像，并设置图像的颜色，效果如图 14-72 所示。

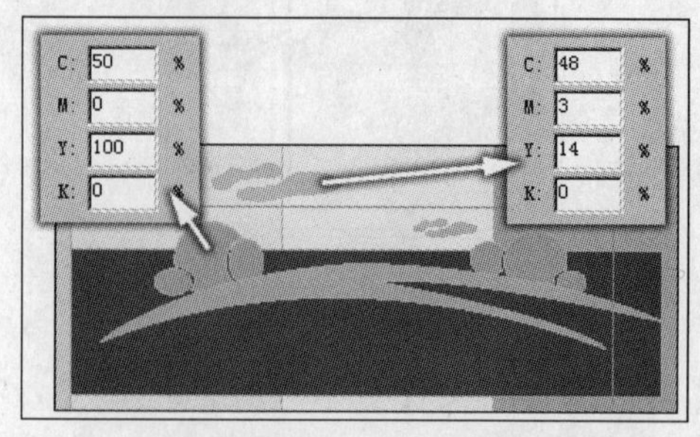

图 14-72　绘制图像

17）使用“文字”工具，在视图相应的位置创建文本，并设置文本的样式，效果如图 14-73 所示。

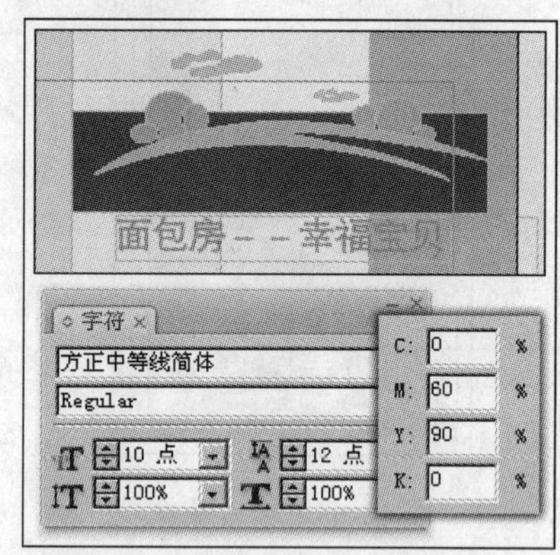

图 14-73　创建文字

2. 绘制贵宾卡的正面

1）使用“钢笔”工具，在视图相应的位置绘制路径并设置路径样式，效果如图 14-74 所示。

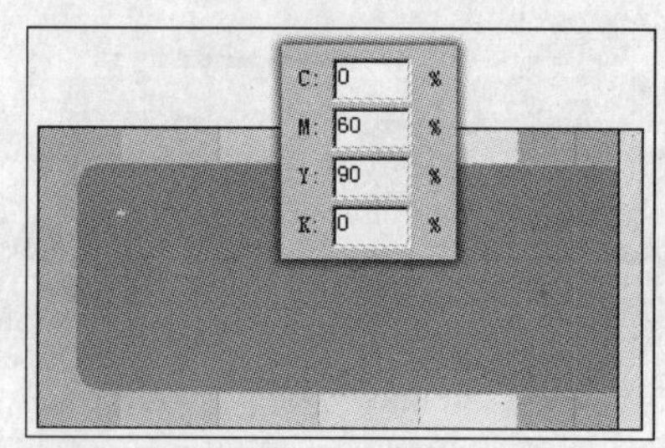

图 14-74　绘制路径

2）使用T“文字”工具，在视图相应的位置绘制文本框，并在文本框中输入文字，如图 14-75 所示。

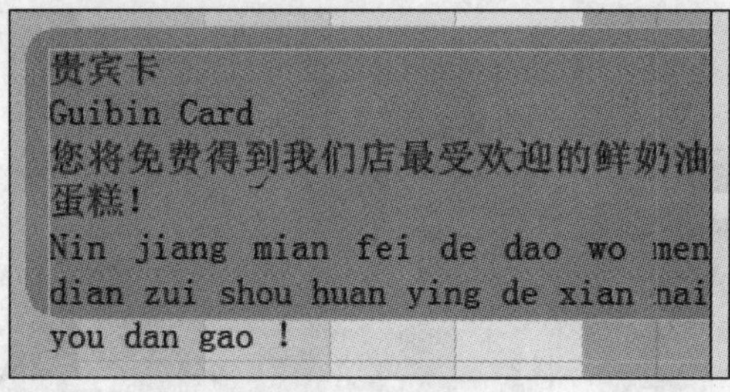

图 14-75　创建文本

3）将最后两行中的文本选中，参照图 14-76 所示设置文本样式。

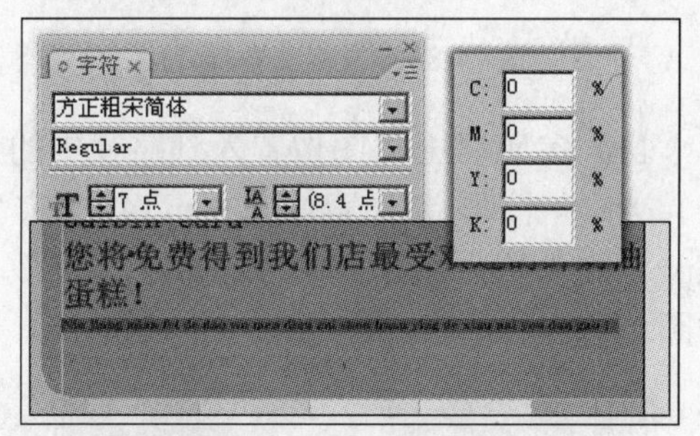

图 14-76　设置文本样式

4）接着将第一行的文本选中，设置文字的填充颜色为白色、描边颜色为黑色，然后参照图 14-77 所示设置文本的其他样式。

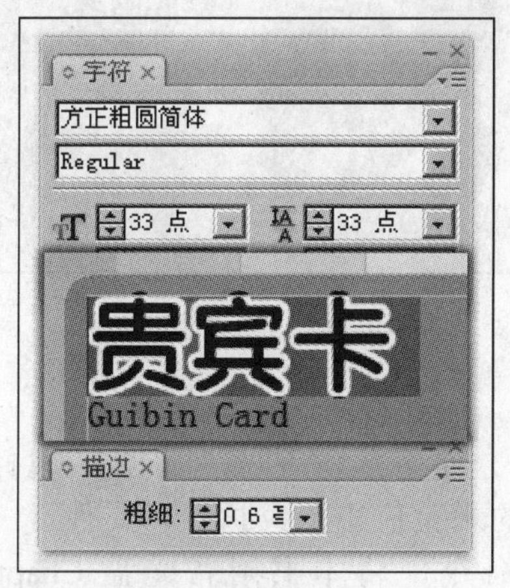

图 14-77　文本样式

5）使用选择文本，并设置文本样式的方法，对其他文字设置样式，如图 14-78 所示。

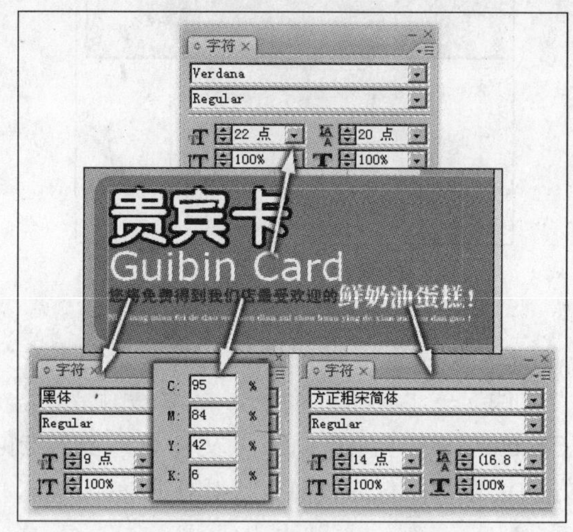

图 14-78　设置部分文本样式

6）使用“矩形”工具，按下<Shift>键在视图相应的位置绘制正方形图像，并设置描边为白色，如图 14-79 所示。

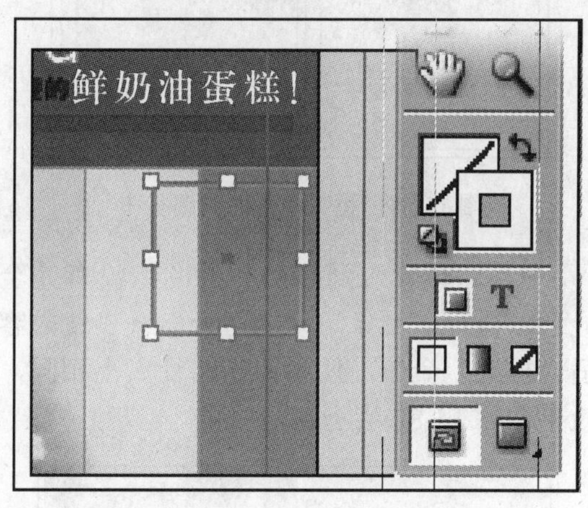

图 14-79　绘制正方形

7）确认正方形图像为选择状态，执行“对象”→“角选项”命令，打开“角选项”对话框，设置对话框的参数，使正方形图像的角成为圆角形，如图 14-80 所示。

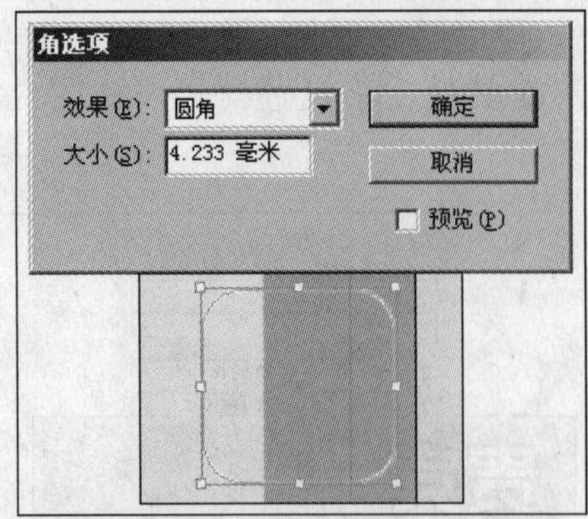

图 14-80 设置正方形图像的边缘

8）确认正方形图像为选择状态，执行“文件”→“置入”命令，将本书附带光盘\Chapter-14\“宝宝 1.jpg”文件置入到绘制好的正方形图像中，如图 14-81 所示。

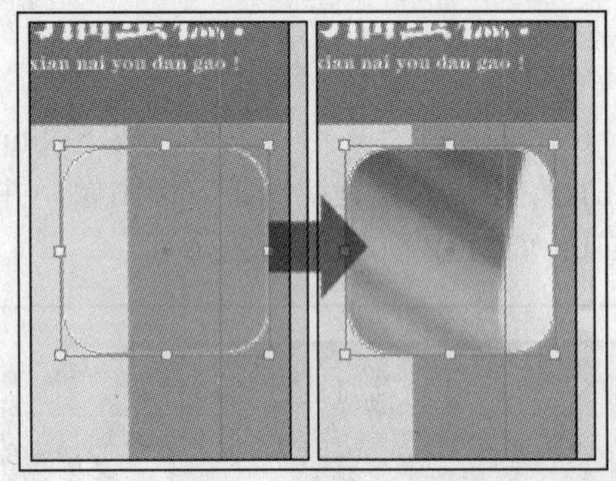

图 14-81 将图像置入到路径中

9）这时置入到路径中的图像没有完全显示，执行“对象”→“适合”→“使内容适合框架”命令，使图像和路径大小相同，效果如图 14-82 所示。

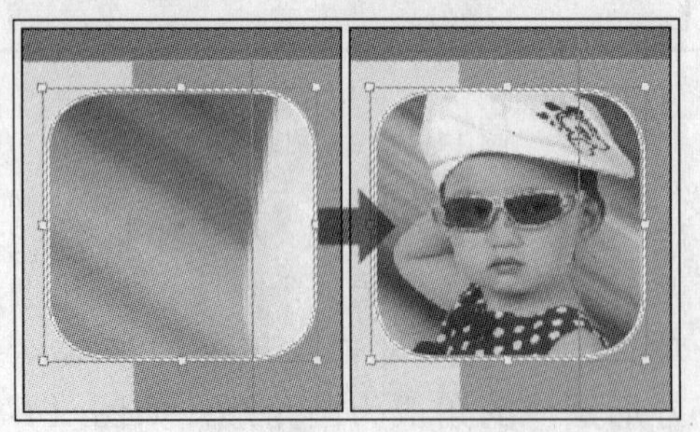

图 14-82 使内容适合框架

10）使用“文字”工具，在视图中创建文本框架并输入文字，接着参照图 14-83 所示为文本和文本框设置样式。

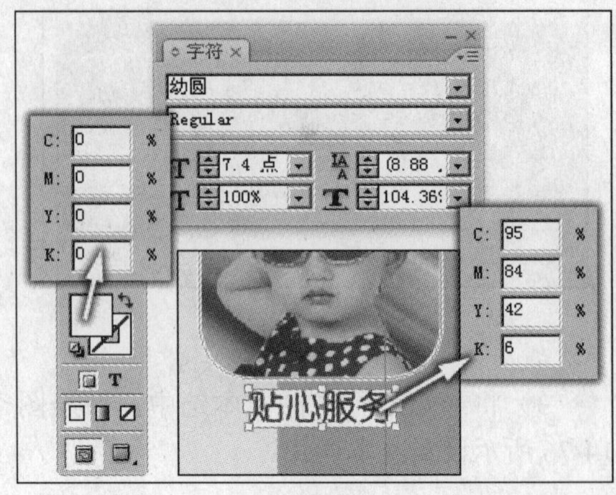

图 14-83 设置文本样式

11）参照以上将图像置入到路径中的方法，将本书附带光盘\Chapter-14\“宝宝 2.jpg”文件置入到路径中并添加文字，效果如图 14-84 所示。

图 14-84 置入图像到路径

3. 绘制贵宾卡的背面

1）使用“选择”工具，选择页面右侧的米黄色矩形，执行“文件”→“置入”命令，将本书附带光盘\Chapter-14\“纸屑.psd”文件置入到路径中，效果如图 14-85 所示。

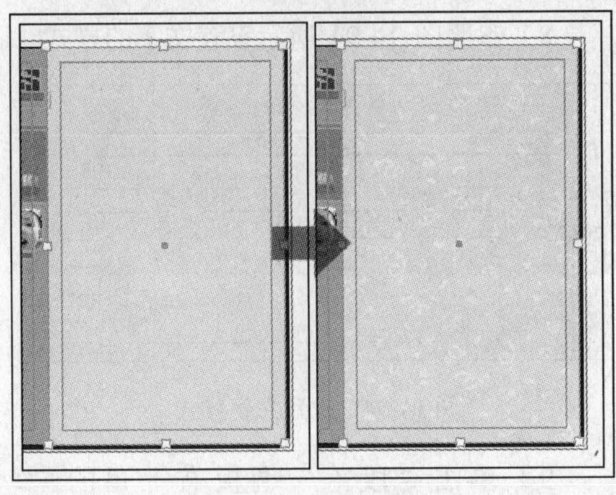

图 14-85　置入图像

2）接着将本书附带光盘\Chapter-14\“产品说明.txt”文件置入到文档中，如图 14-86 所示。

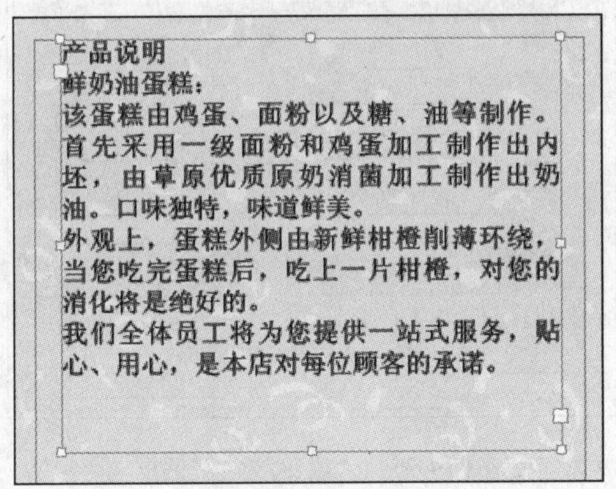

图 14-86　置入说明书

3）参照图 14-87、图 14-88 和图 14-89 所示设置文字的样式。

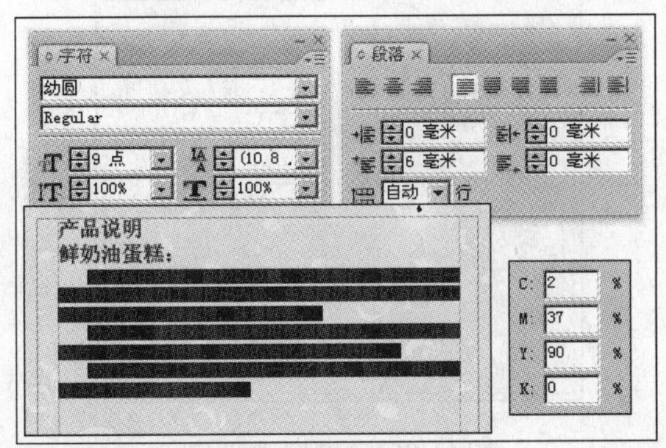

图 14-87　设置段落文字

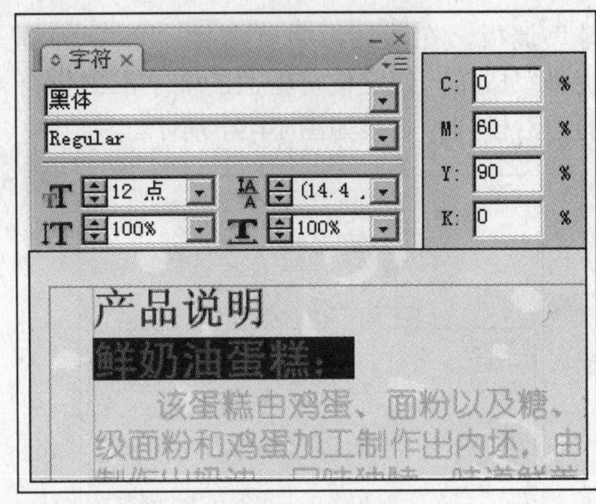

图 14-88　设置标题

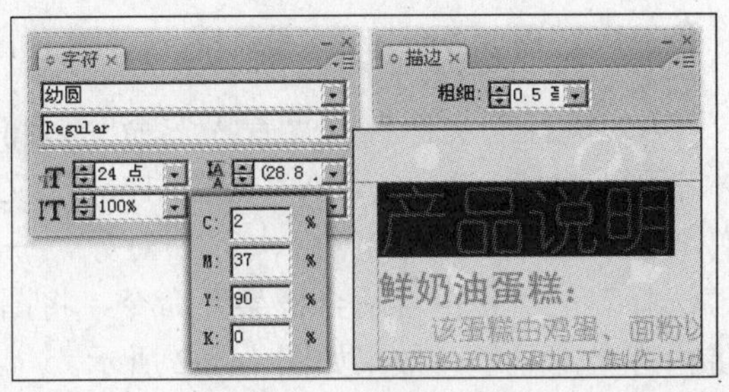

图 14-89　设置主标题

4）使用“矩形框架”工具在视图中绘制矩形占位符，设置占位图的描边，效果如图 14-90 所示。

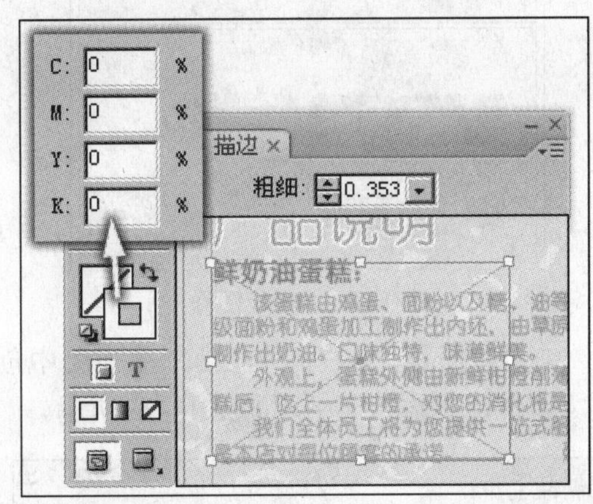

图 14-90　创建占位符

5）确定占位符为选择状态，执行“窗口”→“文本绕排”命令，打开“文本绕排”调板，在该调板中单击“沿定界框绕排”按钮，使定位符覆盖的文字沿占位符的边沿排列，效果如图 14-91 所示。

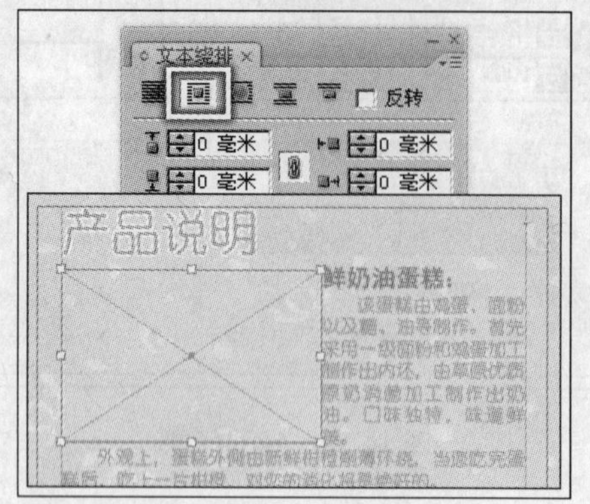

图 14-91　沿定界框绕排

6）执行“文件”→“置入”命令，将本书附带光盘\Chapter-14\“蛋糕 1.jpg”文件置入到占位符中。然后执行“对象”→“选择”→“使内容适合框架”命令，将图像内容全部显示，效果如图 14-92 所示。

图 14-92　置入图像

7）使用“文字”工具，在视图中创建文本框，并输入文字，如图 14-93 所示。

图 14-93　创建文字

8）参照图 14-94 所示设置文字的样式。

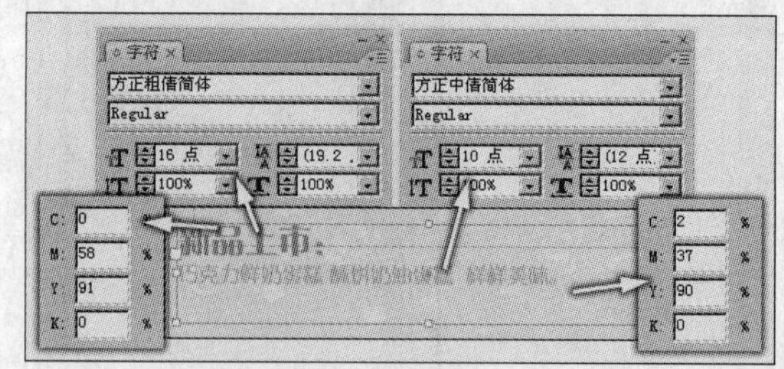

图 14-94　设置文字样式

9）单击“段落”调板右上角的“调板菜单”按钮，在弹出的菜单中执行“段落线”命令，打开“断落线”对话框，设置对话框参数，为文字添加段后线，效果如图 14-95 所示。

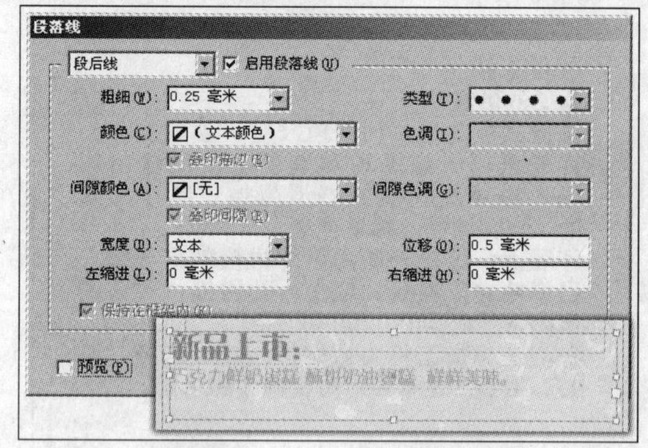

图 14-95　“段落线”对话框

10）使用“矩形”工具在视图相应的位置绘制矩形图像，并设置矩形图像的描边颜色，如图 14-96 所示。

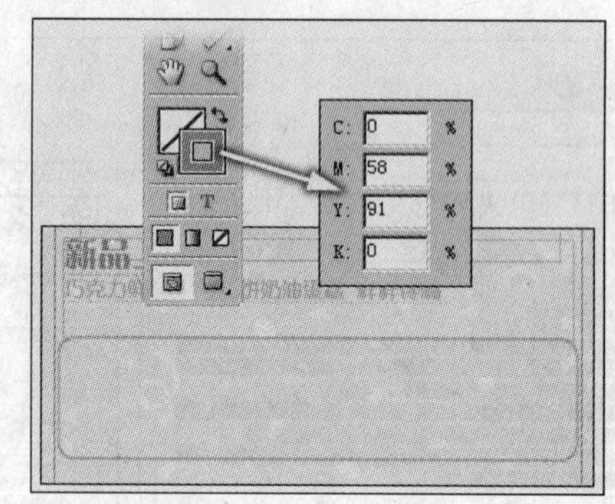

图 14-96　绘制矩形图像

11）执行“文件”→“置入”命令，将本书附带光盘\Chapter-14\“蛋糕 2.jpg”文件置入，然后使用“自由变换”工具更改图像的大小，如图 14-97 所示。

图 14-97　置入图像并更改图像的大小

12）选择“多边形”工具，在视图中单击打开“多边形”对话框，设置对话框中的参数，创建多边形图像，如图 14-98 所示。

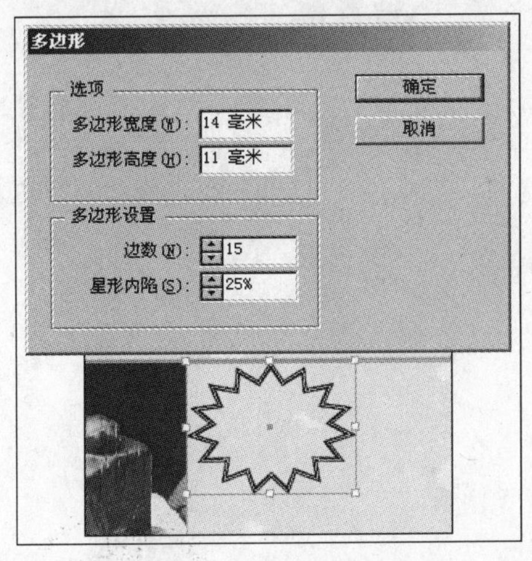

图 14-98　创建多边形图像

13）确认多边形图像为选择状态，执行“对象”→“角选项”命令，打开“角选项”对话框，设置对话框的选项，使多边形的角成为圆角，效果如图 14-99 所示。

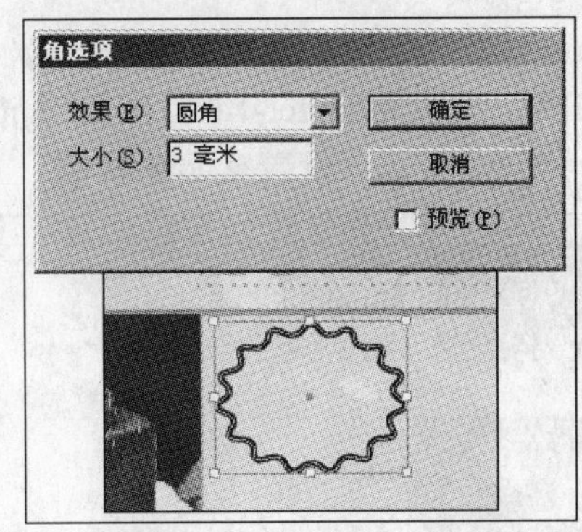

图 14-99　设置圆角图像

14）然后设置多边形图像的填充色为桔红色，效果如图 14-100 所示。

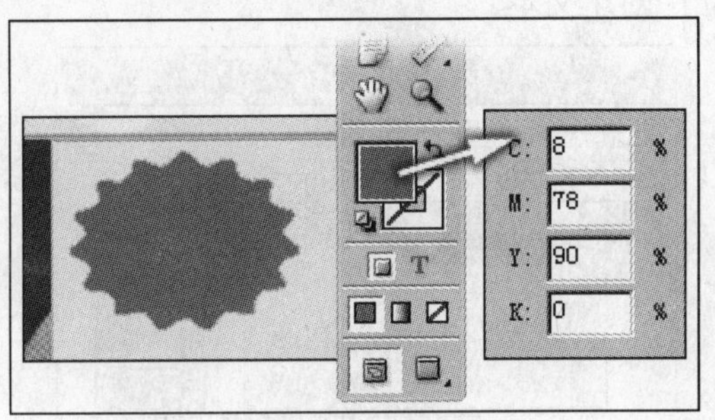

图 14-100　设置对象样式

15）接着使用“文字”工具，在视图中创建文本框并添加文字，然后分别设置文字的样式，效果如图 14-101 所示。

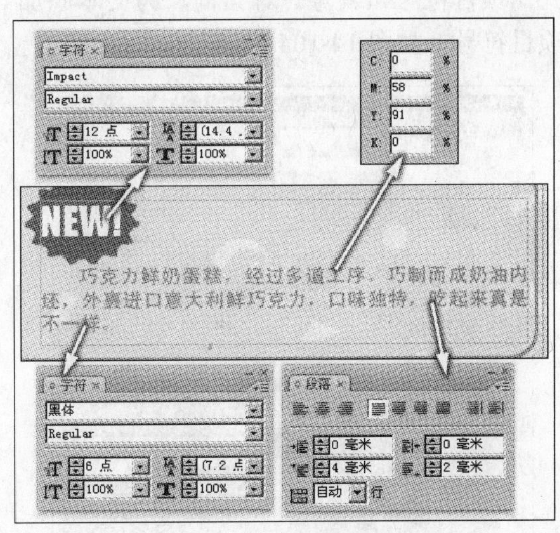

图 14-101　设置文字样式

16）参照图 14-102 所示创建图像，置入本书附带光盘\Chapter-14\“蛋糕 3.jpg”文件，并创建文本，设置文本的样式。

图 14-102　创建另一个文本

17）参照图 14-103 所示在视图相应的位置创建文本。

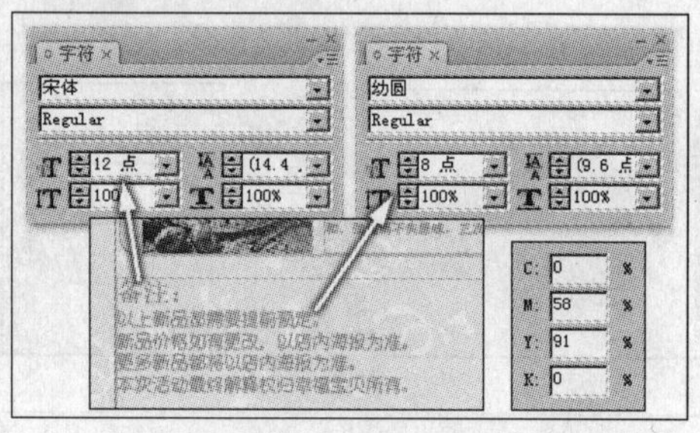

图 14-103　创建文本

18）将部分文本选中，单击“段落”调板右上角的“调板菜单”按钮，在弹出的菜单中执行“项目符号和编号”命令，打开“项目符号和编号”对话框，为文本添加项目符号，如图 14-104 所示。

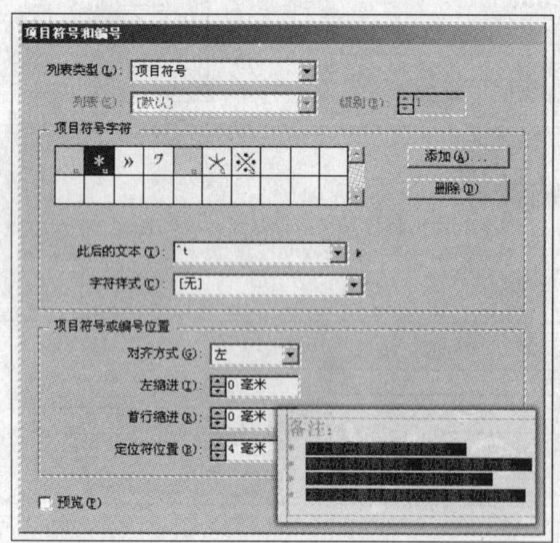

图 14-104　添加项目符号

19）最后在文档中添加其他文本和图像，完成本实例的制作，效果如图 14-105 所示。

提 示

如果读者在制作过程中遇到什么问题，可以打开本书附带光盘\Chapter-14\“贵宾卡.indd”文件进行查看。

图 14-105　完成效果

第 15 章 化妆品宣传册

在本章中将通过化妆品宣传册的设计制作，使读者对整个出版物的制作流程有个简单的了解，图 15-1 出示了本章实例的完成效果。

在广告的整个设计表现中，对于色彩的考虑往往贯穿于全部的设计过程。本章制作的是化妆品的宣传册。由于化妆品几乎是女人的专利，因此在色调上采用了统一商品色的粉红色，从而达到突出主题，吸引消费者的目的。

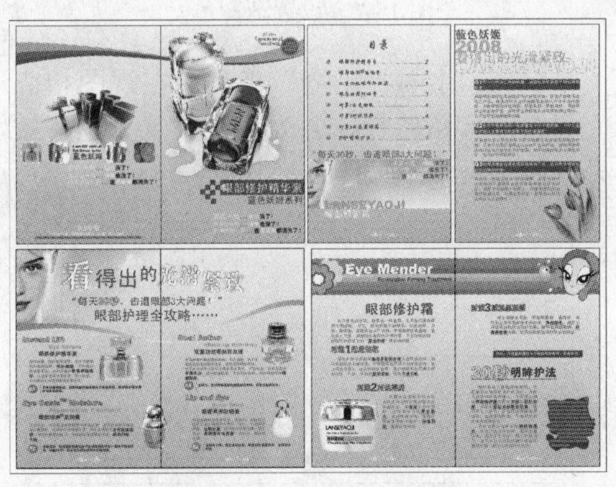

图 15-1　本章实例完成效果

15.1 制作封面和封底

本节制作宣传册的封面和封底。封面和封底是宣传册的外观，效果的和谐统一很重要，因此将其单独创建为一个文档。在制作过程中，通过工具箱中的工具绘制背景和装饰性图像，然后将素材导入到文档中，并添加文字。图 15-2 所示为本实例的制作概览。

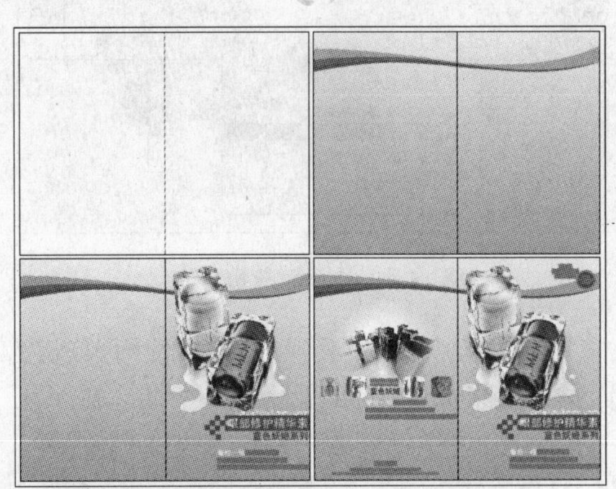

图 15-2　制作概览

1）启动 InDesign CS3，执行“文件”→“新建”→“文档”命令，参照图 15-3 所示新建一个两页的文档。

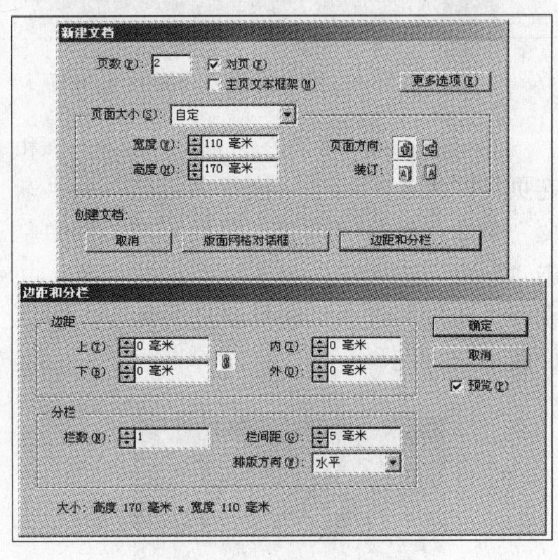

图 15-3　新建文档

2）打开“页面”调板，单击该调板右上角的“调板菜单”按钮，在弹出的菜单中执行“允许选定的跨页随机排布”命令，使选择页面可以随机分布，如图 15-4 所示。

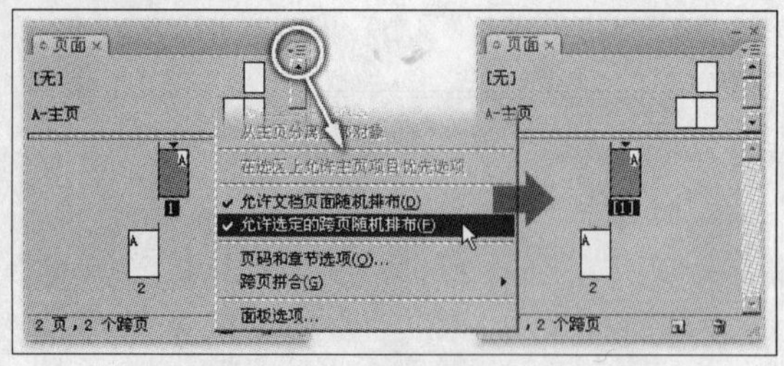
图 15-4　使页面随机分布

3）拖动第 2 页到第 1 页，使两页成为连页，效果如图 15-5 所示。

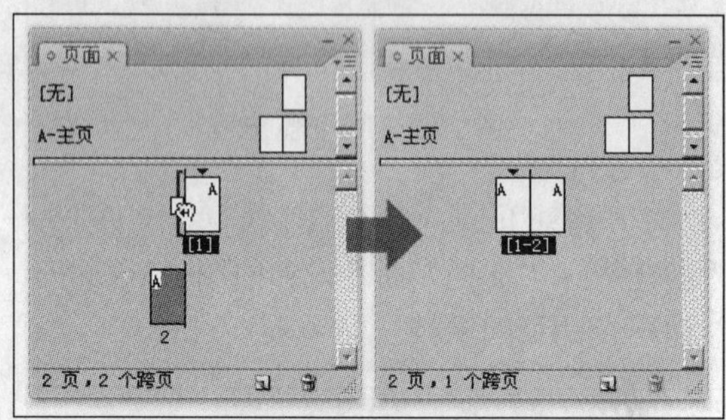
图 15-5　使两页成为连页

4）使用"矩形"工具，绘制一个和连页相同大小的矩形。执行"窗口"→"渐变"命令，打开"渐变"调板，在调板中单击"渐变"缩览图，为图像添加渐变色，并设置"角度"选项，调整渐变的角度，效果如图 15-6 所示。

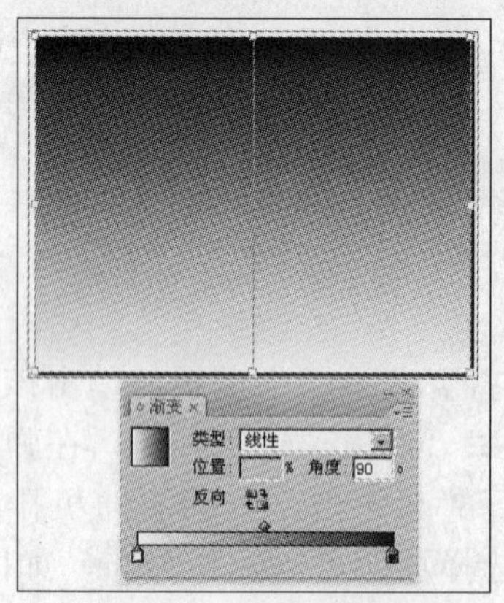
图 15-6　为图像添加渐变

5）单击"渐变"调板上的色标，双击工具箱中的"填色"框，打开"拾色器"对话框，设置渐变色的颜色，使用同样的方法设置渐变色，然后设置矩形的描边为"无"，效果如图 15-7 所示。

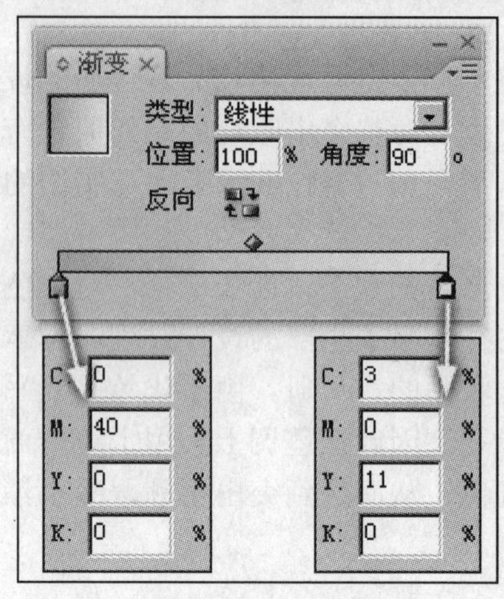

图 15-7　设置渐变色

6）使用"钢笔"工具，在视图相应位置绘制多条路径，并为路径设置颜色，效果如图 15-8 所示。

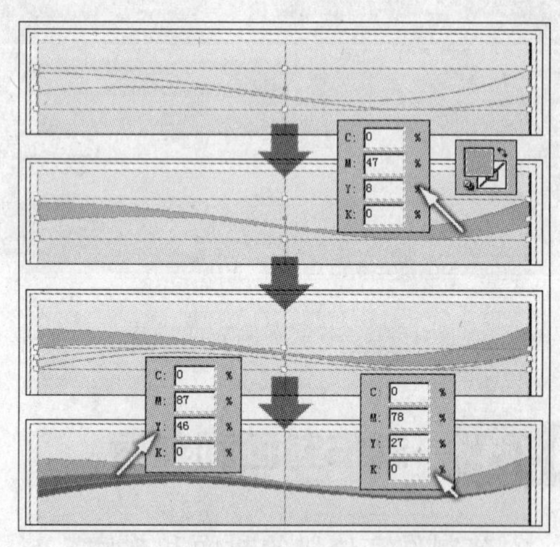
图 15-8　绘制路径

7）执行"文件"→"置入"命令，将本书附带光盘\Chapter-15\"化妆品 1.psd"文件置入到文档中，并调整图像的位置，效果如图 15-9 所示。

图 15-9　置入图像

8）使用"矩形"工具，在视图相应的位置绘制矩形图像，并设置图像的颜色，如图 15-10 所示。

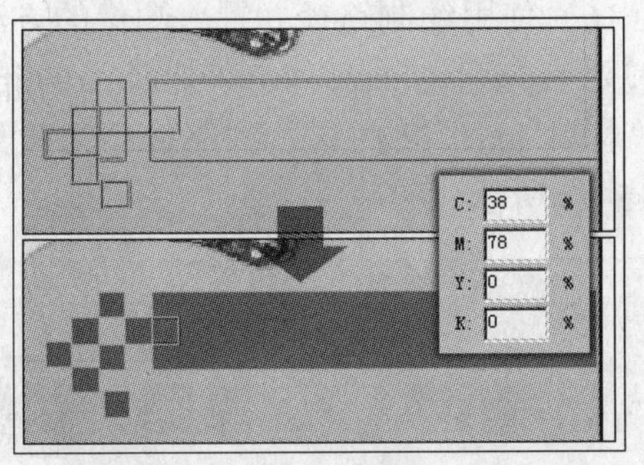

图 15-10　绘制图像并设置颜色

9）使用"选择"工具选择部分矩形图像，执行"窗口"→"对象和版面"→"路径查找器"命令，打开"路径查找器"调板，单击"减去"按钮，使两个图像相交的位置减去，效果如图 15-11 所示。

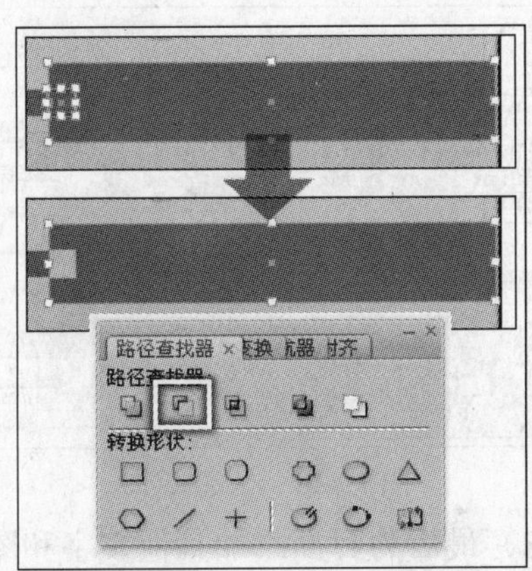

图 15-11　"减去"按钮

10）使用"文字"工具，在视图相应的位置创建文本，在文本框中输入文字，并分别设置文字的样式，效果如图 15-12 所示。

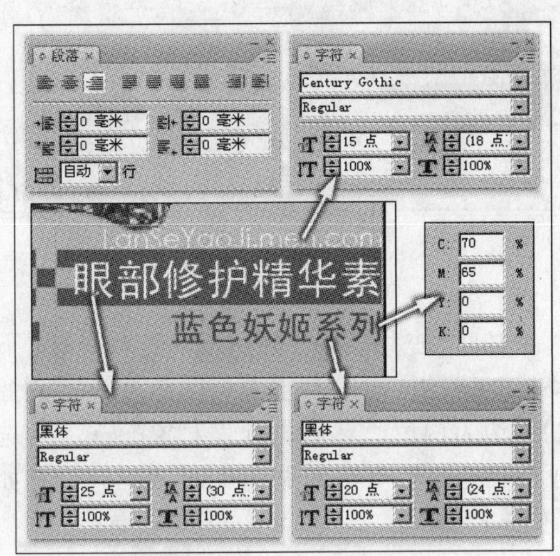

图 15-12　创建文本

11）执行"文件"→"置入"命令，将本书附带光盘\Chapter-15\"化妆品 2.jpg"文件置入到文档。使用"自由变换"工具，调整图像的大小和位置，效果如图 15-13 所示。

图 15-13　置入图像

12）执行"对象"→"效果"→"渐变

羽化”命令，打开“效果”对话框，设置图像羽化的效果，如图 15-14 所示。

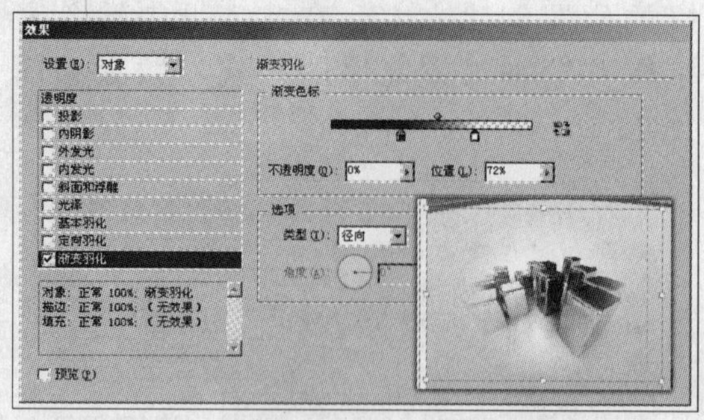

图 15-14　羽化图像

13）使用“矩形”工具，按下<Shift>键的同时绘制正方形图像并设置图像的描边为白色。然后执行“对象”→“角选项”命令，打开“角选项”对话框，设置如图 15-15 所示。

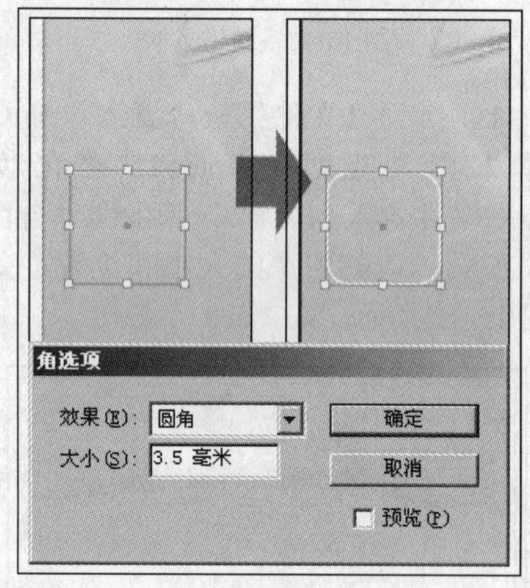

图 15-15　绘制矩形图像

14）确认圆角矩形图像为选择状态，执行“文件”→“置入”命令，将本书附带光盘\Chapter-15\“化妆品 3.jpg”文件置入到绘制的图像中。

15）选择“直接选择”工具，在置入图像的路径中单击，调整图像的大小和位置，效果如图 15-16 所示。

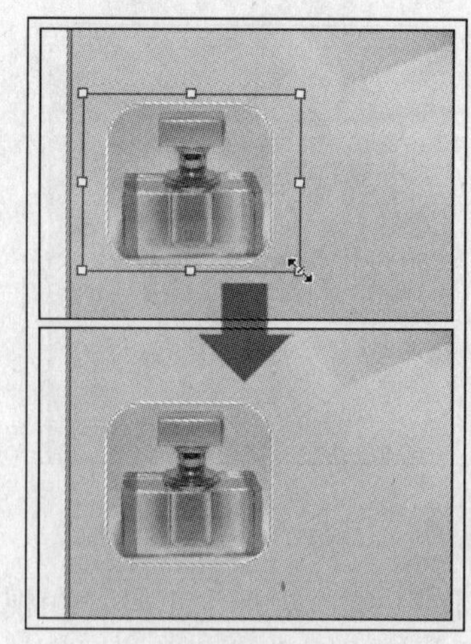

图 15-16　设置图像的大小和位置

16）使用绘制路径并置入图像的方法将本书附带光盘\Chapter-15\“化妆品 4.jpg”和“树叶.jpg”文件置入到路径中，效果如图 15-17 所示。

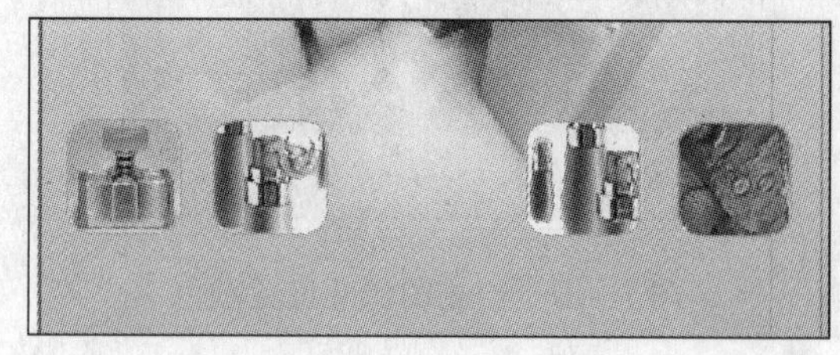

图 15-17　绘制图像

17）使用“文字”工具，在视图相应的位置绘制文本框，输入文字，并分别设置文本的样式，效果如图 15-18 所示。

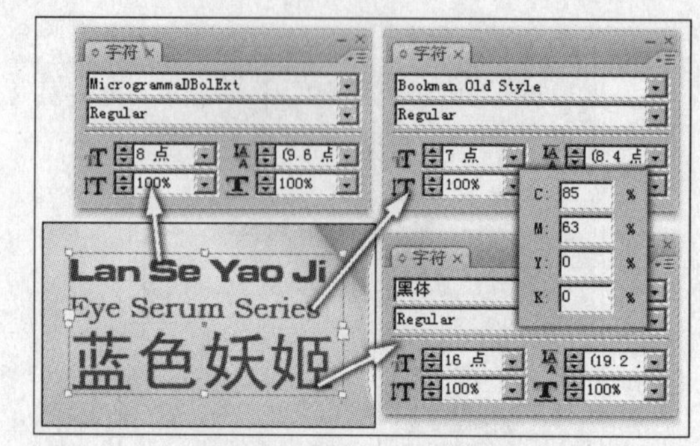

图 15-18　创建文本

18）最后为封面添加其他文字和图像，完成本实例的制作，效果如图 15-19 所示。

提 示

如果读者在制作过程中遇到什么问题，可以打开本书附带光盘\Chapter-15\“封面.indd”文件进行查看。

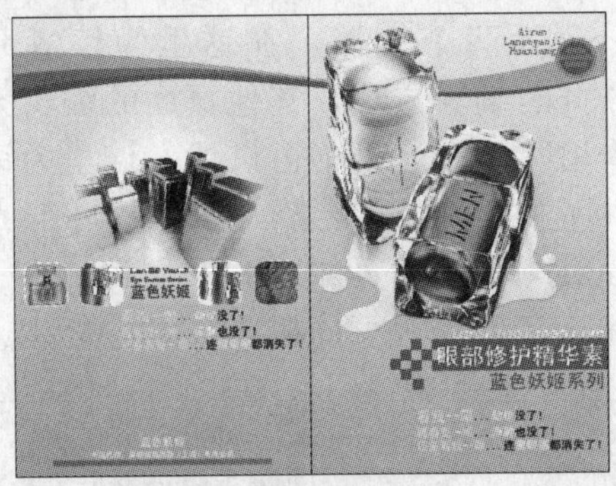

图 15-19　完成效果

15.2 编辑主页

完成宣传册的封面与封底的制作后，下面开始编辑主页部分。产品的宣传册页面务必要做到全册风格统一，对于页数较多的小册子来说，每一页都去编辑相同的东西实在是费时费力。如果运用 InDesign CS3 中的主页功能，这些繁琐的重复性工作，就可以解决。

1）执行“文件”→“新建”→“文档”命令，参照图 15-20 所示创建一个 3 页不分栏的空白文档。

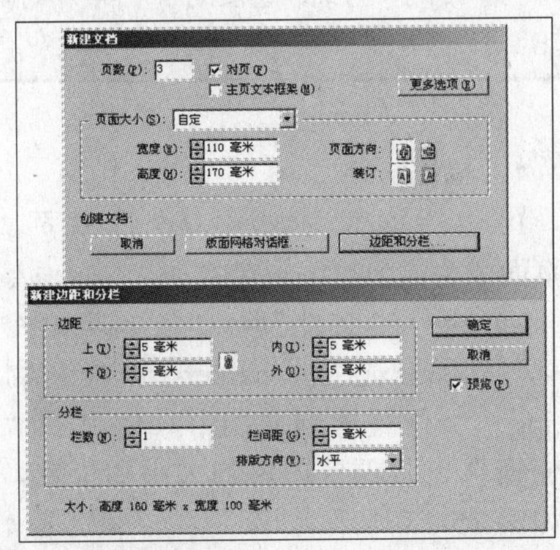

图 15-20　创建文档

2）执行“窗口”→“页面”命令，打开“页面”调板，双击“A-主页”的名称，使主页成为当前可编辑的状态，如图 15-21 所示。

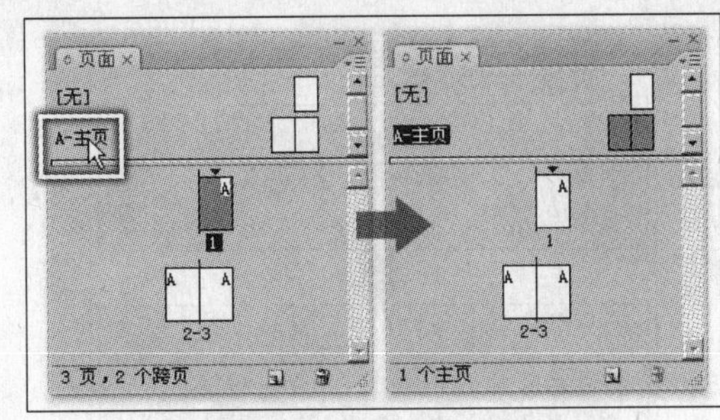

图 15-21　使主页可以编辑

3）使用“矩形”工具绘制一个和跨页同等大小的矩形框，打开“渐变”调板，单击“渐变”调板上的渐变缩览图，为图像添加渐变色，然后对渐变色进行设置，设置矩形描边为“无”，效果如图 15-22 所示。

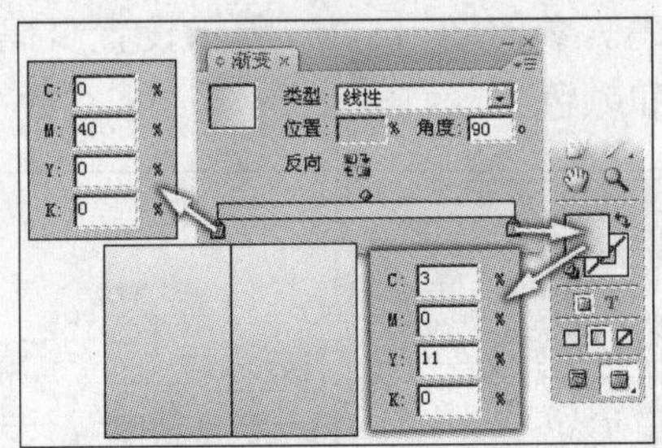

图 15-22　填充渐变色

4）使用“钢笔”工具，在视图的底部绘制路径，并为路径填充米黄色，无描边颜色，如图 15-23 所示。

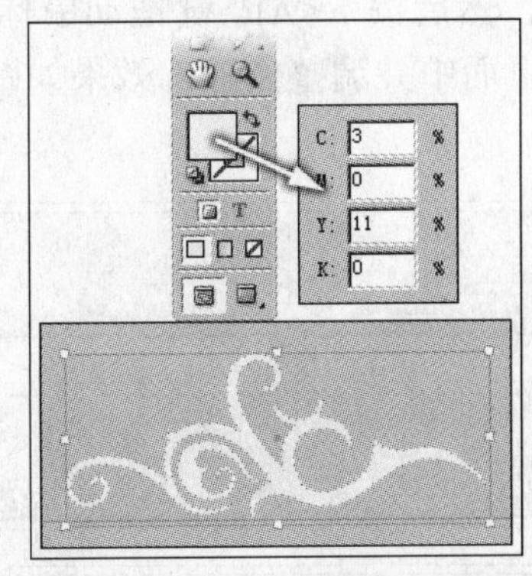

图 15-23　绘制路径

5）将绘制的路径复制，选择副本路径，单击“控制”调板上的“水平翻转”按钮，将图像水平翻转，效果如图15-24所示。

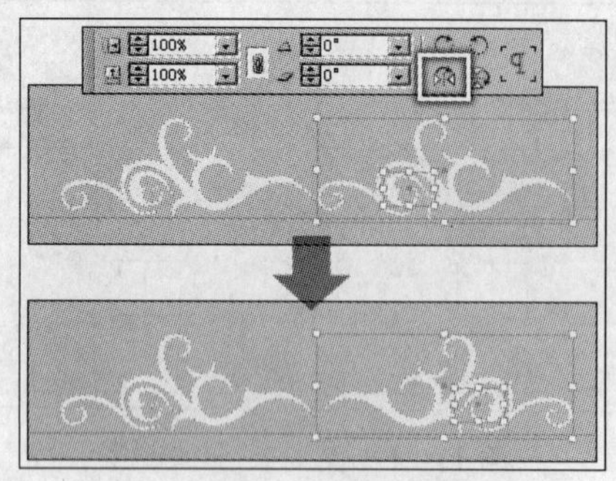

图 15-24　翻转图像

6）使用“文字”工具，在视图底部绘制文本框，接着执行“文字”→“插入特殊字符”→“标志符”→“当前页码”命令，将页码标志插入到文本框中设置页码。参照图 15-25 所示设置页码符的大小和颜色。

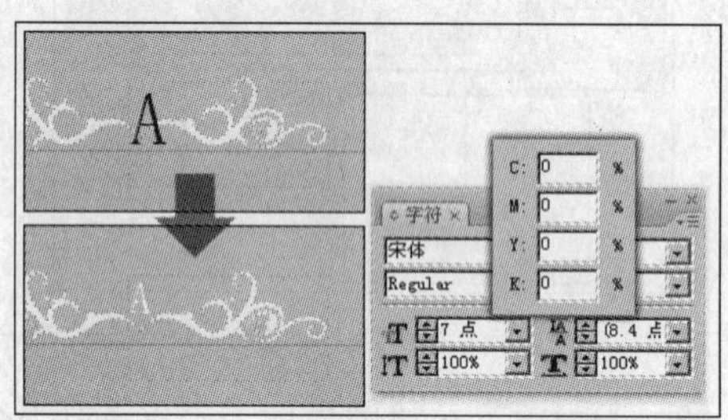

图 15-25　插入页码

7）使用“选择”工具将创建的页码选择，然后按下<Alt>键拖动鼠标复制到另一个页面中并调整位置，效果如图 15-26 所示。

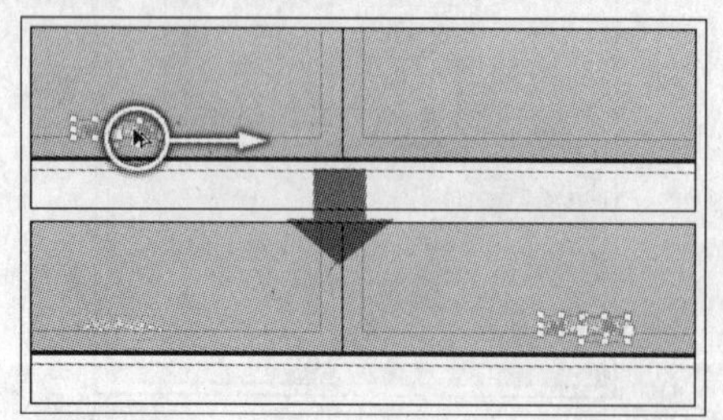

图 15-26　复制页码

15.3 编辑内页

主页部分编辑完成后，接下来开始编辑宣传册的内页部分。内页部分共有 6 页，分为两个文档，在这里为读者介绍1~3 页的编辑方法，其他页面的编辑方法基本相同，在这里不再讲述。这里为读者提供了完成后的效果，为本书附带光盘\Chapter-15\“内页 2.indd”文件。图 15-27 出示了制作内页的概览。

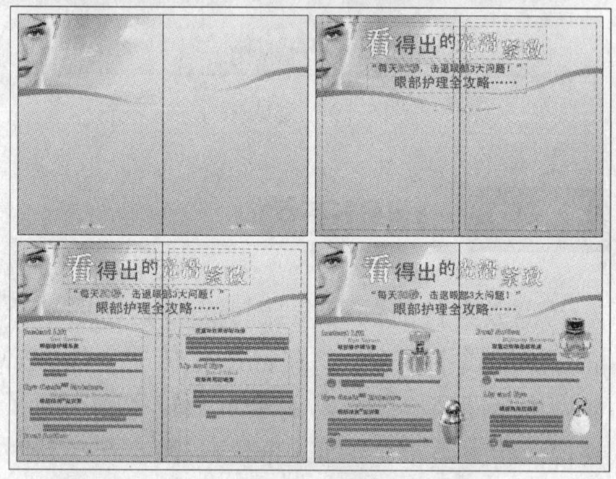

图 15-27　制作概览

> **提 示**
>
> 第 1 页为目录，将在第 4 节中介绍该页的编辑方法。

1. 编辑标题

1）在“页面”调板中双击 2～3 页，使该页面成为当前可编辑对象。

2）执行“文件”→“置入”命令，将本书附带光盘\Chapter-15\“人物素材.jpg”文件置入到文档中，使用“自由变换”工具调整图像的大小和位置，效果如图 15-28 所示。

图 15-28　调整图像

3）确认图像为选择状态，执行“对象”→“效果”→“渐变羽化”命令，打开“效果”对话框，为图像添加羽化效果，如图 15-29 所示。

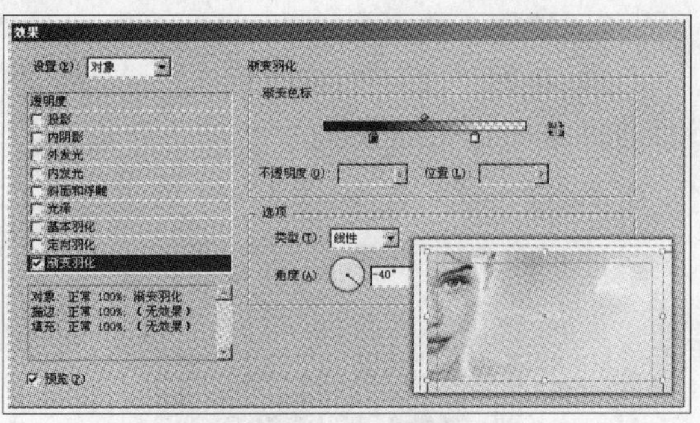

图 15-29　添加羽化效果

4）使用“钢笔”工具绘制装饰图像，为图像设置填充色为渐变颜色，描边颜色为“无”，效果如图 15-30 所示。

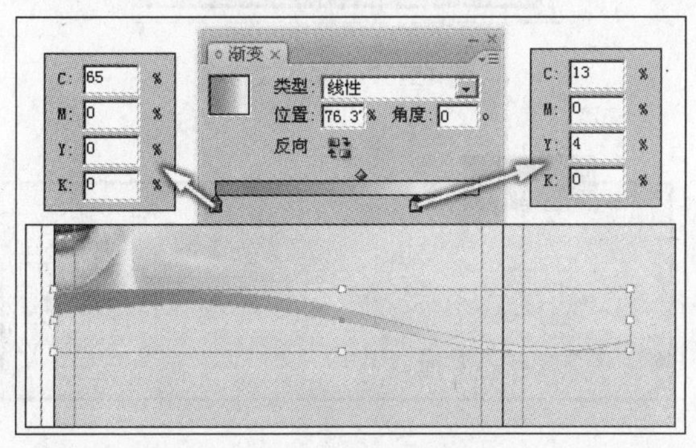

图 15-30　设置渐变色

5）将绘制的路径复制并翻转，然后使用“直接选择”工具对路径进行编辑，效果如图 15-31 所示。

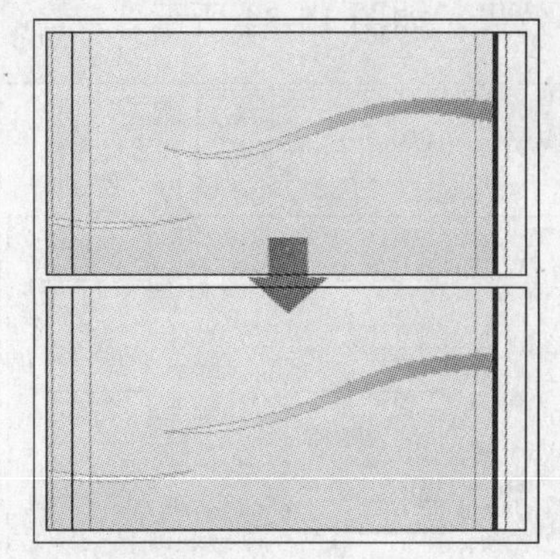

图 15-31　编辑路径

6）使用“文字”工具，在视图中创建文本框并输入文字，如图 15-32 所示。

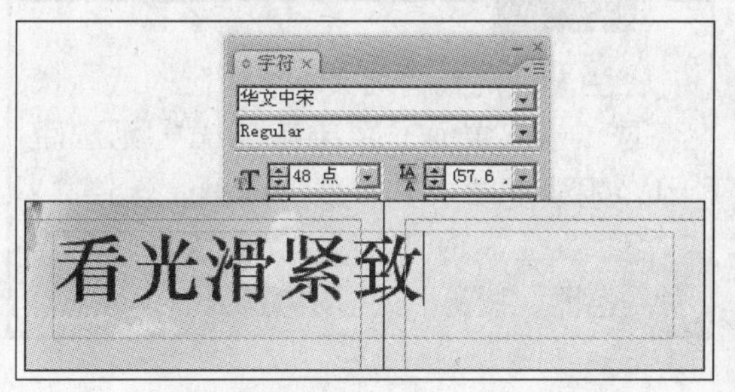

图 15-32　输入文字

7）参照图 15-33 所示分别设置文字的样式。

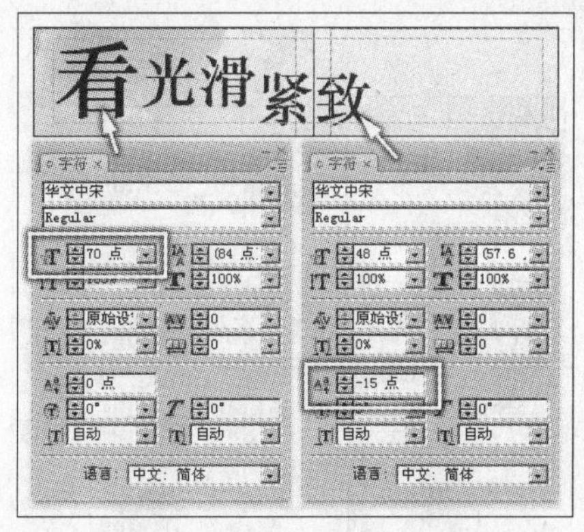

图 15-33　设置文字

8）设置文字的颜色为白色，执行“对

象”→“效果”→“投影”命令，打开“投影”对话框，设置对话框的参数，为文字添加投影效果，如图 15-34 所示。

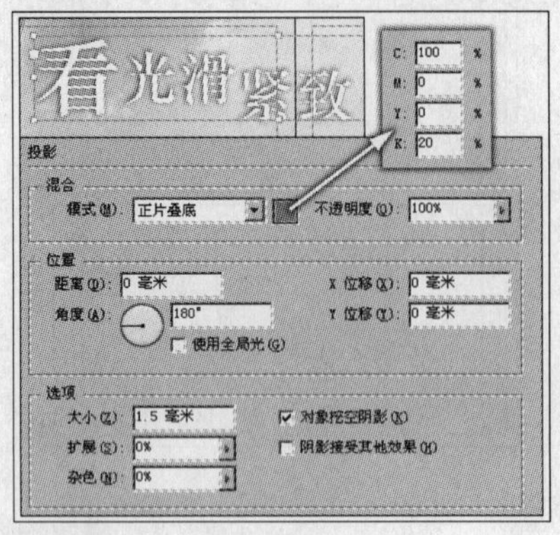

图 15-34　添加投影效果

提 示

当“格式针对文本”按钮为选择状态时，“效果”子菜单中的命令无法使用。如果需要为文字添加效果，选择“选择”工具将文本选中或单击“格式针对容器”按钮，即可添加效果。

9）插入光标到“看”文字的后方，单击空格键 6 次，调整文字间距。使用“文字”工具，在空格的位置创建文本，并分别设置文本的样式，效果如图 15-35 所示。

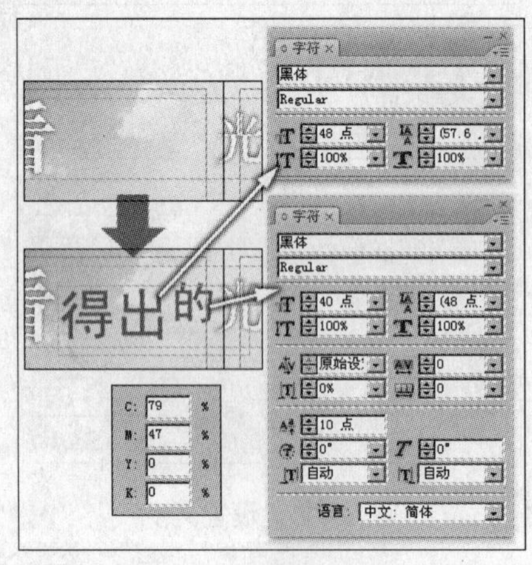

图 15-35　分别设置文本样式

10）继续使用“文字”工具，在视图相应的位置创建文本，并分别设置文本的样式，效果如图 15-36 所示。

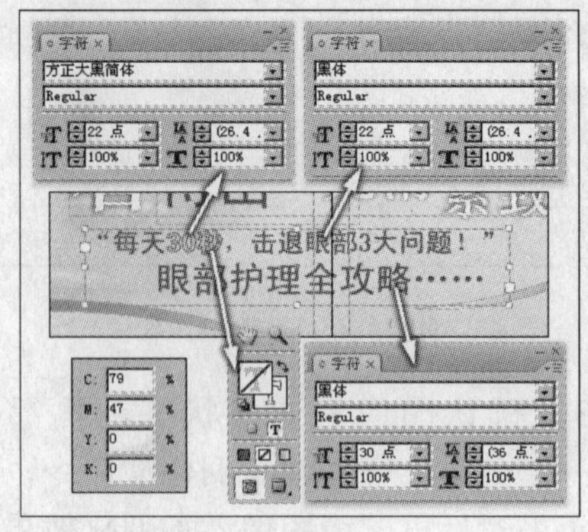

图 15-36　创建文字

2. 编辑正文

1）执行“文件”→“置入”命令，将本书附带光盘\Chapter-15\“产品介绍.txt”文件置入到文档中，如图 15-37 所示。

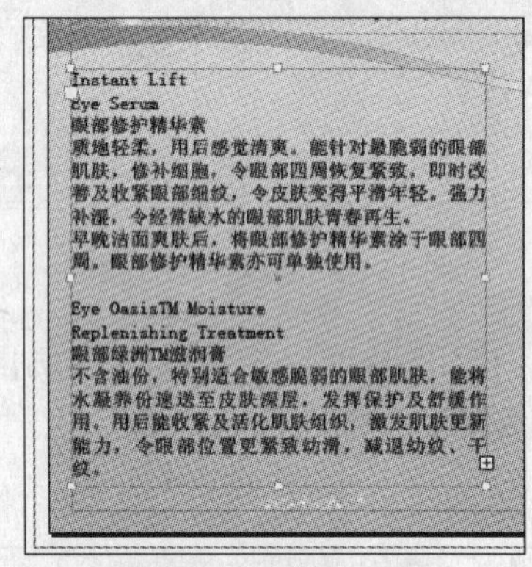

图 15-37　置入文本

注 意

在置入文本时，将“置入”对话框中的“应用网格格式”选项取消，使置入的文本为纯文本框。

2）单击红色加号，接着在页面右侧单击并拖动鼠标，使溢出的文本在新创建的文本框中显示，如图 15-38 所示。

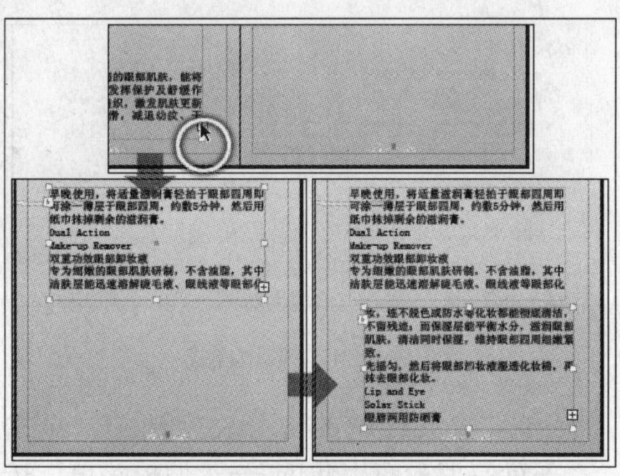

图 15-38　显示溢出的文本

3）参照图 15-39，将文本选中，并设置文本的样式。

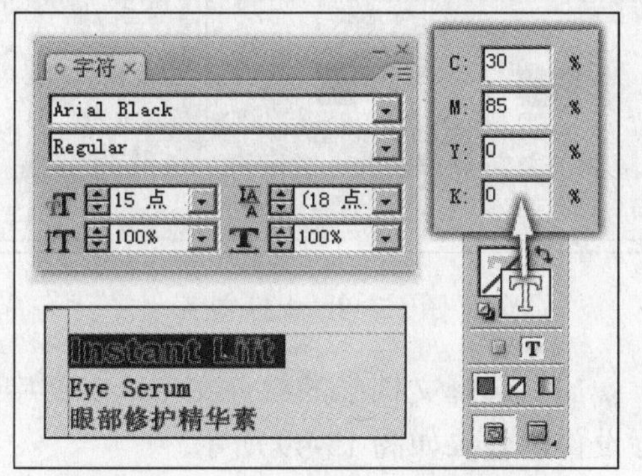

图 15-39　设置文本样式

4）确定文本为选择状态，执行“窗口”→“文字和表”→“段落样式”命令，打开“段落样式”调板，单击该调板底部的“创建新样式”按钮，将选择的文本的样式存储，如图 15-40 所示。

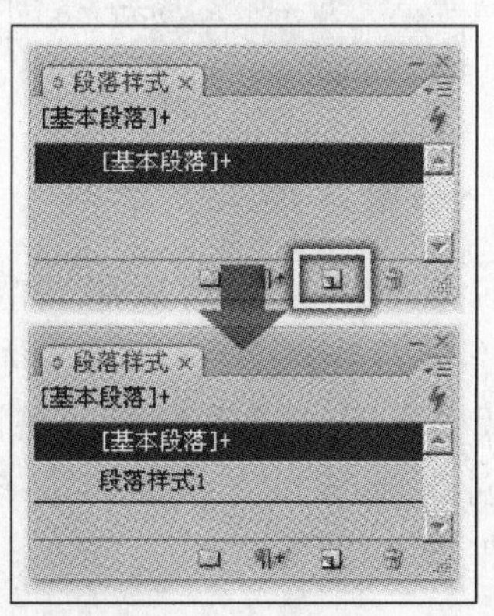

图 15-40　存储样式

5）接着单击“段落样式 1”样式，使选择的文本应用该样式，然后在样式名称上单击，使名称为反白状态，设置该样式的名称，如图 15-41 所示。

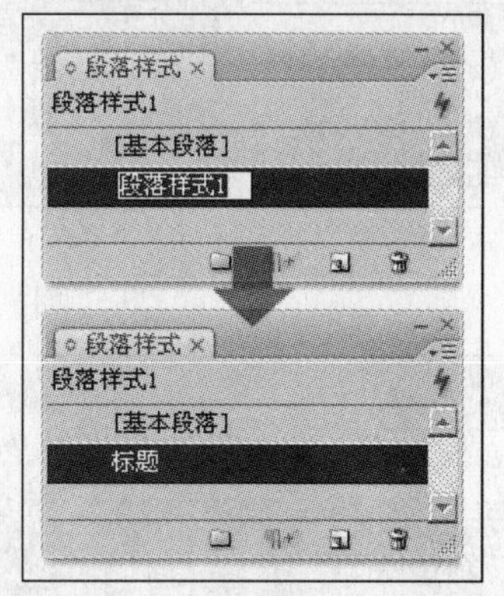

图 15-41　设置样式的名称

6）参照图 15-42、图 15-43、图 15-44 和图 15-45 所示分别设置文本的样式。

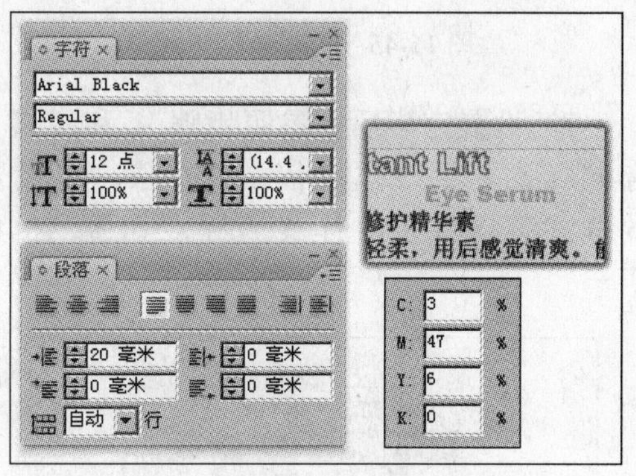

图 15-42　设置文本样式

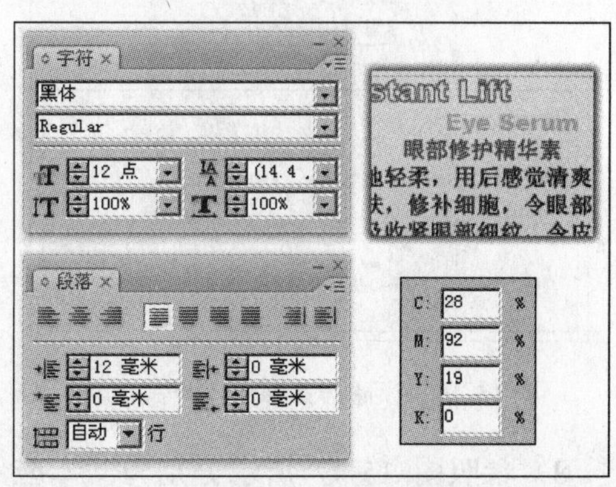

图 15-43　文本样式

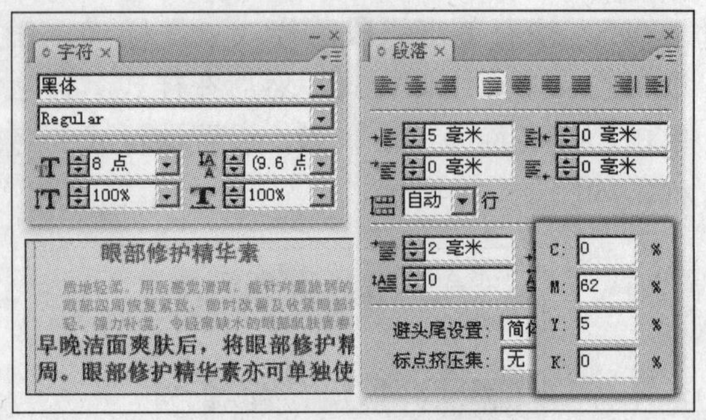

图 15-44　设置样式

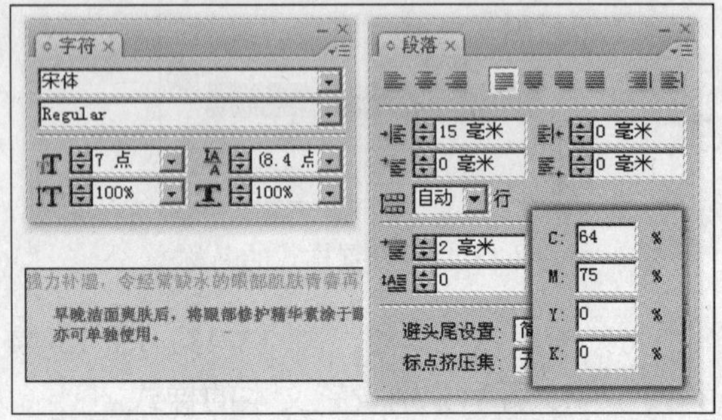

图 15-45　设置段落样式

7）设置完毕后，参照步骤 4 和步骤 5 存储样式并更改样式名称的方法，将设置的样式存储并更改样式名称，如图 15-46 所示。

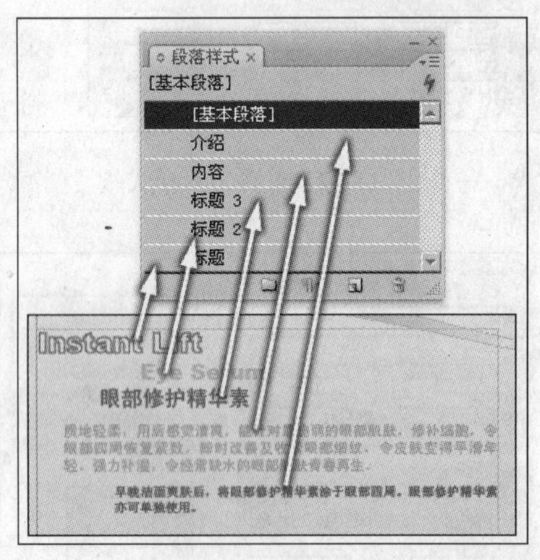

图 15-46　存储样式并更改样式名称

8）参照图 15-47 所示分别为文本应用样式。

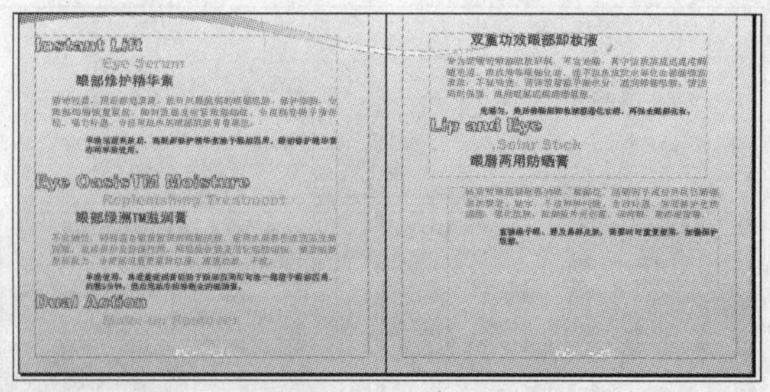

图 15-47　应用样式

9）将文档中的部分文字选中，单击“字符”调板右上角的“调板菜单”按钮，在弹出的菜单中执行“上标”命令，使文字上标，效果如图 15-48 所示。

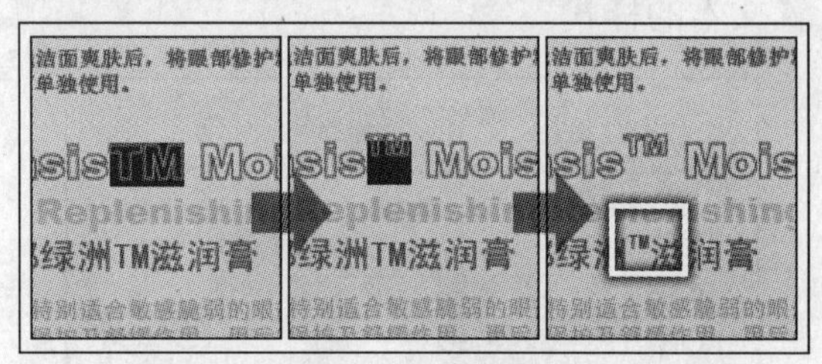

图 15-48　上标文字

10）选择文档中的部分文字，对文字进行设置，效果如图 15-49 所示。

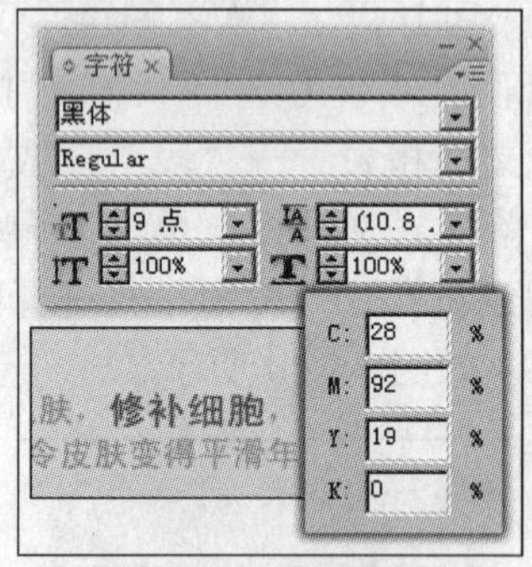

图 15-49　设置文字

11）将设置的文字选中，执行“窗口”→“字符和表”→“字符样式”命令，打开“字符样式”调板，在该调板中单击“创建新样式”按钮，将该样式存储，如图 15-50 所示。

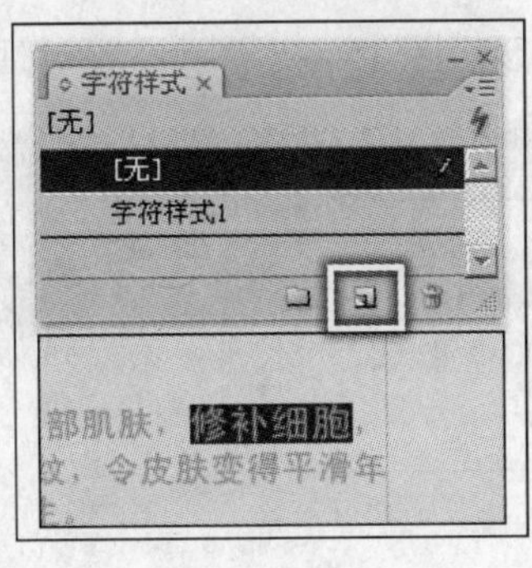

图 15-50　存储字符样式

12）然后参照图 15-51 所示分别为文字添加样式效果。

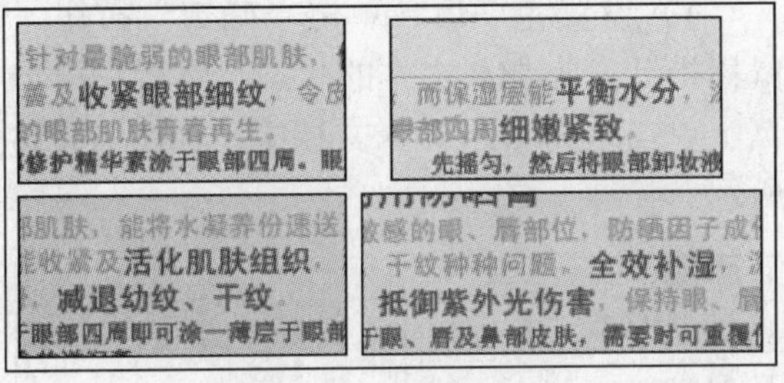

图 15-51　文字样式

13）执行“文件”→“置入”命令，将本书附带光盘\Chapter-15\“素材 1.psd”、“素材 2.psd”、“素材 3.psd”和“素材 4.psd”4 个文件，置入到文档中，然后使用“自由变换”工具设置图像的大小和位置，效果如图 15-52 所示。

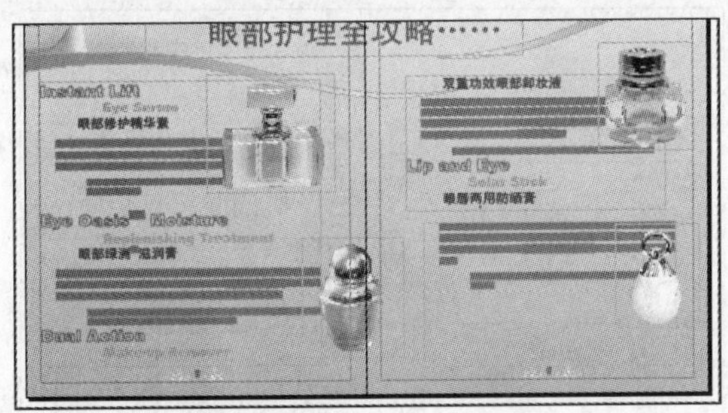

图 15-52　置入文件

14）使用“选择”工具，按下<Shfit>键依次将置入的图像选择，执行“窗口”→“文本绕排”命令，打开“文本绕排”调板，单击调板中的“沿定界框绕排”按钮，使文字沿图像的边缘排列，然后使用“选择”工具，对文本框进行选择，如图 15-53 所示。

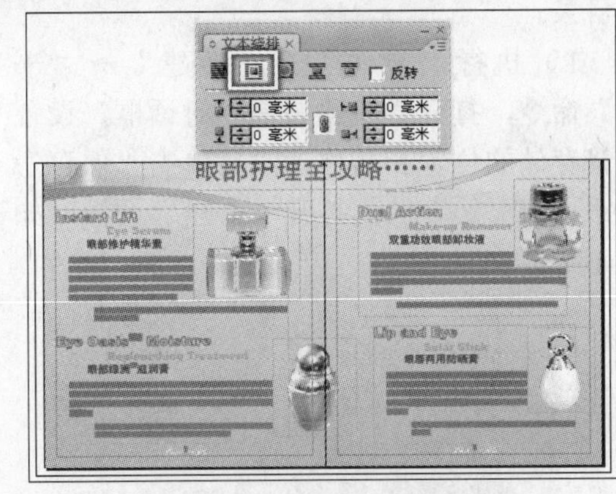

图 15-53　设置文本绕排

15）为图像添加装饰图像和文字，完成本实例的制作，效果如图 15-54 所示。最后将该文档存储。

> **提 示**
>
> 如果读者在制作过程中遇到什么问题，可以打开本书附带光盘\Chapter-15\“内页 1.indd”文件，进行查看。

图 15-54　完成效果

15.4 创建书籍

在制作宣传册或书籍时，由于页面太多

无法在同一个文档中创建，将其分为了多个文档。这时可以创建一个书籍，将多个文档中的页码统一排列，使页面统一，避免繁琐的工作。书籍创建后，可以抽出整个宣传册的目录。

1）执行“文件”→“新建”→“书籍”命令，打开“新建书籍”对话框，设置书籍存储的位置和名称，然后单击“保存”按钮，将书籍存储，打开“书籍”调板，如图 15-55 所示。

图 15-55 “书籍”调板

2）单击“书籍”调板底部的 “添加文档”按钮，打开“添加文档”对话框，将创建的“内页 1.indd”文件和本书附带光盘\Chapter-15\“内页 2.indd”文件添加到书籍中，如图 15-56 所示。

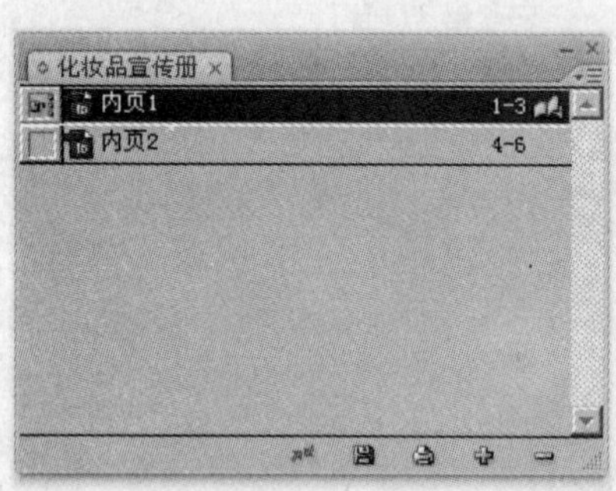

图 15-56 添加文档

3）执行“版面”→“目录”命令，打开“目录”对话框，单击“其他样式”选项中的“标题 3”，接着单击“添加”按钮，将“标题 3”添加到“包含段落样式”选项中，然后参照图 15-57 所示设置对话框。

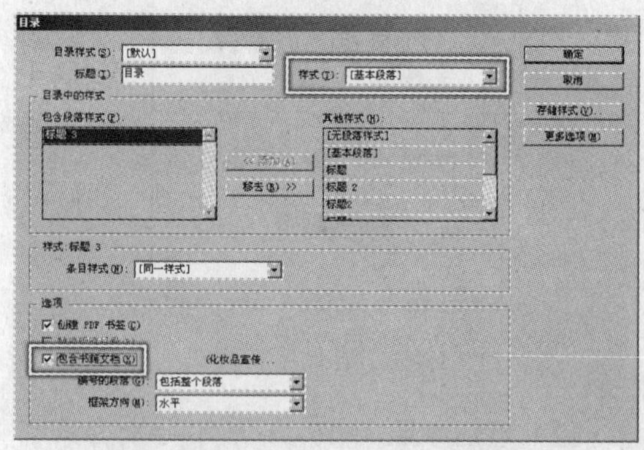

图 15-57 “目录”对话框

4）设置完毕后，单击“确定”按钮，鼠标指针变为加载文本的状态，然后在第一页上单击，将目录导入文档中，如图 15-58 所示。

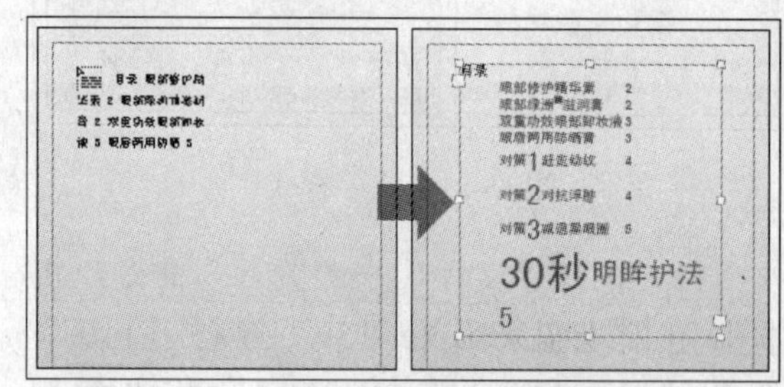

图 15-58 创建目录

5）参照图 15-59 所示对目录中文本的样式进行设置。

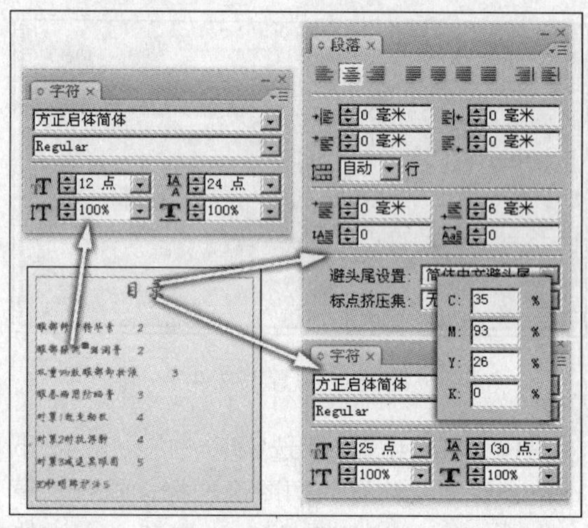

图 15-59 设置目录样式

6）将除“目录”以外的文字选中，单击“段落”调板右上角的▾≡“调板菜单”按钮，在弹出的菜单中执行“项目符号和编号”命令，打开“项目符号和编号”对话框，设置对话框的参数，为文本添加项目符号和编号，如图 15-60 所示。

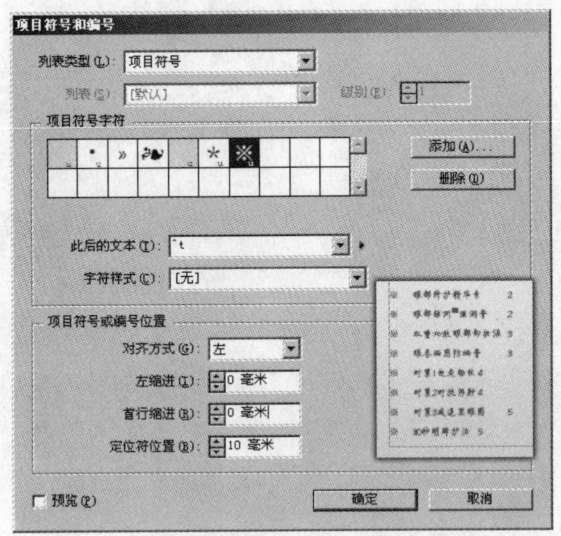

图 15-60　项目符号和编号

7）文本框为选择状态，执行“文字”→“定位符”命令，打开“定位符”对话框，在标尺上单击插入对齐符号，使页码和对齐符号对齐，效果如图 15-61 所示。

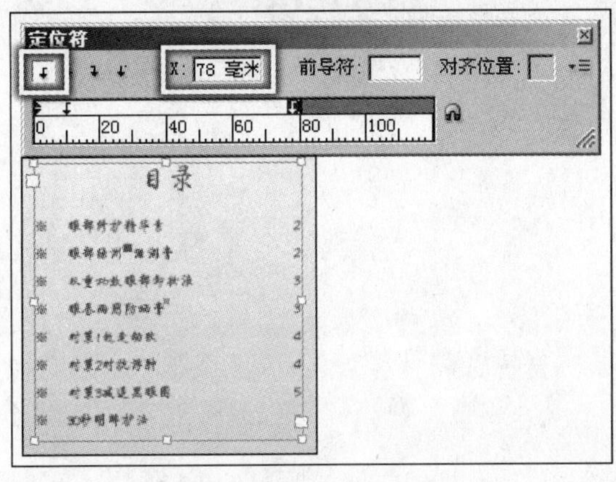

图 15-61　对齐文本

8）设置完毕后，关闭“定位符”对话框，使用╲“直线”工具，在文本和页码之间绘制直线。执行“窗口”→“描边”命令，打开“描边”调板，设置直线的样式，如图 15-62 所示。

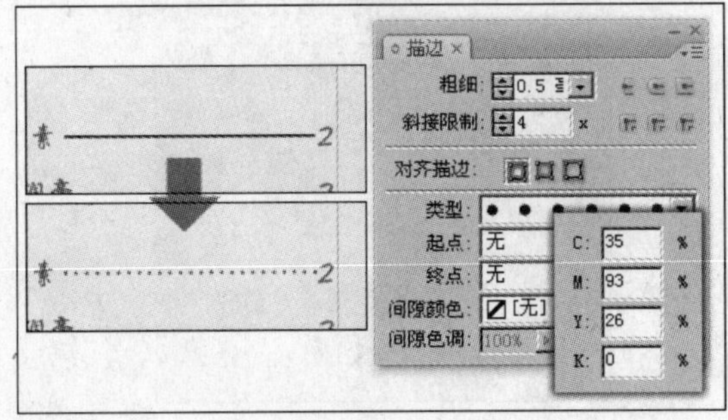

图 15-62　设置描边样式

9）然后将设置好的直线复制，并调整副本直线的长短和位置，效果如图 15-63 所示。

图 15-63　复制直线

10）最后添加其他文本和图像，完成本实例的制作，效果如图 15-64 所示。

提 示

如果读者在制作过程中遇到什么问题，可以打开本书附带光盘\Chapter-15\“内页 1.indd”和“化妆品宣传册.indd”文件，进行查看。

目录

眼部修护精华素……………………2
眼部绿洲■滋润膏……………………2
双重功效眼部卸妆液……………………3
眼唇两用防晒膏……………………3
对策1赶走细纹……………………4
对策2对抗浮肿……………………4
对策3减退黑眼圈……………………5
30秒明眸护法……………………5

“每天30秒，击退眼部3大问题！”

LANSEYAOJI
眼部修护霜

图 15-64　完成效果